Protel 99 SE 电路设计实例教程

（第二版）

刘志友　汤园园　高峰　刘坤　编著

清华大学出版社
北　京

内 容 简 介

Protel 99 SE 是 Protel Technology 公司开发的基于 Windows 环境下的电路板设计软件。该软件功能强大，人机界面友好，易学易用，是大中专院校电学专业必学课程，同时也是业界人士首选的电路板设计工具。

本书由 13 章、3 个附录组成，主要内容包括 Protel 99 SE 简介、原理图设计环境的配置、基础原理图设计、原理图元件库的编辑、原理图设计进阶、层次原理图的设计、印制电路板基础、配置 PCB 设计环境、基础 PCB 设计、PCB 元件的制作、电路仿真分析、综合案例演练，以及 Protel 99 SE 常用快捷键、常用封装和元件封装缩写含义等。

本书通俗易懂、条理清晰，可以帮助读者在短时间内成为电路板设计高手。本书既可作为高校现代电子技术 EDA 方面的教材，同时也可作为电路及电路板设计工作人员的自学用书。

图书在版编目(CIP)数据

Protel 99 SE 电路设计实例教程/刘志友等编著. —2 版. —北京：清华大学出版社，2019(2025.1 重印)
ISBN 978-7-302-51473-2

Ⅰ. ①P… Ⅱ. ①刘… Ⅲ. ①印刷电路—计算机辅助设计—应用软件—教材 Ⅳ. ①TN410.2

中国版本图书馆 CIP 数据核字(2018)第 255806 号

责任编辑：魏 莹 刘秀青
装帧设计：杨玉兰
责任校对：王明明
责任印制：沈 露
出版发行：清华大学出版社
网 址：https://www.tup.com.cn, https://www.wqxuetang.com
地 址：北京清华大学学研大厦 A 座 邮 编：100084
社 总 机：010-83470000 邮 购：010-62786544
投稿与读者服务：010-62776969, c-service@tup.tsinghua.edu.cn
质量反馈：010-62772015, zhiliang@tup.tsinghua.edu.cn
课件下载：https://www.tup.com.cn, 010-62791865
印 装 者：三河市龙大印装有限公司
经 销：全国新华书店
开 本：185mm×260mm 印 张：23 字 数：560 千字
版 次：2008 年 5 月第 1 版 2019 年 1 月第 2 版 印 次：2025 年 1 月第 7 次印刷
定 价：59.00 元

产品编号：074138-01

前言

使用电脑设计电路原理图和电路板图是把电子技术从理论应用到实际的第一步，在学习了模拟和数字电路之后，首先应该学的就是电路原理图和电路板图的绘制。本书的目的就是帮助读者从理论走向实践，掌握电子产品开发的基本技术。

Protel 99 SE 是 Protel Technology 公司开发的基于 Windows 环境下的电路板设计软件。该软件功能强大，人机界面友好，易学易用，是大中专院校电学专业必学课程，同时也是业界人士首选的电路板设计工具。

本书由 13 章、3 个附录组成。

第 1 章对 Protel 99 SE 作一些概要性的介绍，使读者对 Protel 99 SE 的发展历史、特点、安装和运行有一个基本的了解。

第 2 章利用实例介绍了如何进行 Protel 99 SE 系统参数的设置，然后介绍了一个设计任务的建立以及管理，其中还包括了 Protel 99 SE 中一些基本的文件操作方法。

第 3 章对原理图编辑器界面的管理、工作区参数的设置、图纸参数的设置以及一些其他参数的设置作详细的介绍。

第 4 章对原理图设计的一般流程、基本操作和一些基本设计工具的使用方法进行详细的介绍。

第 5 章对元件库编辑器的使用方法进行了介绍，并通过具体的例子对怎样进行元件的创建和定义的修改进行了详细的讲解。

第 6 章对原理图设计中高级功能的使用以及一些常见问题的处理技巧进行详细的介绍。

第 7 章对层次原理图设计的基本思想、具体的设计方法以及管理方法进行介绍。

第 8 章对印制电路板的一些基本知识进行介绍。

第 9 章对 PCB 编辑器的构成进行介绍，然后对在 PCB 设计中需要进行的工作层参数、系统参数等的设置方法进行详细的介绍。

第 10 章对使用 PCB 编辑器进行 PCB 设计的过程作基本的介绍，涉及规划电路板、生成 PCB、元件布局、自动布线、设计规则的检查以及结果输出等步骤中的基本操作。

第 11 章介绍新的 PCB 元器件封装的创建。

第 12 章介绍 Protel 99 SE 的仿真工具的设置和使用，以及电路仿真的基本方法。

第 13 章为综合案例演练，本章利用较大篇幅为读者介绍了高速 A/D、D/A 电路设计，

前言

单片机最小系统板设计，FPGA 系统板设计和 DSP 系统板设计的详细过程。

本书通俗易懂、条理清晰，既是高校现代电子技术 EDA 方面的教材，同时也是初学者和进行电路及电路板设计工作人员的自学用书。

本书由华北理工大学的刘志友、汤园园、高峰、刘坤编写，参与本书编写的还有吴涛、阚连合、张航、李伟、封超、刘博、王秀华、薛贵军、周振江、张海兵、刘阁等，在此一并表示感谢。

Protel 99 SE 软件使用的电气符号是国外标准，与中国标准有不一致之处，特此说明。由于编者水平有限，本书难免有不足之处，恳请广大读者批评指正！

编　者

目录

目录

目录

第1章 Protel 99 SE 概述

本章内容提示

随着电子行业的飞速发展，电子线路的设计日趋复杂，传统的人工方式早已无法适应，取而代之的是便捷、高效的计算机辅助设计方式，许多电子设计CAD软件应运而生。Protel就是这些软件中的典型代表。在众多计算机辅助设计工具云集的今天，历经新发展的Protel 99 SE仍以其易用、高效等优点赢得了众多电子设计者的青睐。

本章中将对Protel 99 SE作一些概要性的介绍，使读者对Protel 99 SE的发展、特点、安装和运行有一个基本的了解。读者可以根据自己的需求选择是否需要仔细了解本章内容。

学习要点

- Protel 99 SE的发展历史
- Protel 99 SE的主要特点
- 软件的运行环境及安装

1.1 Protel 99 SE 的发展历史

Protel 是 Protel Technology 公司在 20 世纪 80 年代末推出的 EDA 软件，在电子行业中，它当之无愧地排在众多 EDA 软件的前面，是电子设计者的首选软件。国内较早使用该软件，普及率也最高，许多高校的电子专业都专门开设了相关的学习课程，而且几乎所有的电子公司都要用到它，因此会使用 Protel 也成了许多大公司在招聘电子设计人才时的必要条件之一。

第一个应用于电子线路设计的软件包是 1987 年、1988 年由美国 ACCEL Technologies Inc.推出的 TANGO，它开创了电子设计自动化(Electronic Design Automation，EDA)的先河。但是由于过于简陋，TANGO 难以适应电子业的飞速发展，因而为了响应时代的需求，澳大利亚的 Protel Technology 公司以其强大的研发能力推出了 Protel for DOS 作为 TANGO 的升级版本，从而打响了 Protel 在电子设计行业的第一炮。20 世纪 90 年代，随着 Windows 操作系统不断发展并日益流行，众多应用软件也纷纷跟随给予支持，Protel 为了适应形势的需要，相继推出了 Protel for Windows 1.0、Protel for Windows 1.5 等版本，这些版本开始提供可视化功能，从而给电子线路的设计带来了极大的方便。

20 世纪 90 年代中期，Protel 推出了基于 Windows 95 的 3.×版本，采用了新颖的主从式结构，但在自动布线方面却没有出众的表现，而且是 16 位与 32 位的混合型软件，运行不太稳定。1998 年，Protel 公司推出了新版本的 Protel 98，极大地增强了自动布线能力，从而获得了业内人士的一致好评。1999 年，Protel 公司又推出了最新一代的电子线路设计系统——Protel 99。Protel 99 是一个全面、集成、全 32 位的电路设计系统，提供了在电路设计时从概念到成品过程中所需的一切——输入原理图设计，建立可编程逻辑器件，直接进行电路混合信号仿真，进行 PCB 设计和布线并保持电气连接和布线规则，检查信号完整性，生成一整套加工文件，等等。Protel 99 以其优异的性能奠定了 Protel 公司在电子设计行业的领先地位。

Protel 99 SE 是 Protel 99 的增强版本，在文件组织方面既可以采用传统的 Windows 文件格式，也可以采用 Access 数据库文件格式，同时具有更强大的功能和良好的操作性，给设计者的工作带来了更大的便利。此外，Protel 公司还不断推出 Protel 99 的升级包，对原有系统的问题加以修正和改良，目前最新版本出到了 Service Pack 6。

1.2 Protel 99 SE 的主要特点

Protel 99 SE 是一个 Client/Server 应用程序，它提供了一个基本的框架窗口和相应的 Protel 99 SE 组件之间的用户接口，在运行主程序时各服务器程序可在需要的时间调用，从而加快了主程序的启动速度，而且极大地提高了软件本身的可扩展性。Protel 99 SE 中的这些服务程序基本上可以分五大组件，即原理图设计组件、PCB 设计组件、布线组件、可编程逻辑器件组件和仿真组件。其中原理图设计组件和 PCB 设计组件是一般设计工作中的重点，而其他组件可以说是为这两个组件服务的。

1.2.1 原理图设计组件

原理图设计组件包括电路图编辑器、电路图元件库编辑器和各种文本编辑器。它为用户提供了智能化的高速原理图编辑方法，能够准确地生成原理图设计并输出，具有自动化的连线工具，同时具有功能强大的电气法则检测(ERC)。其主要特点归纳如下。

1. 模块化的原理图设计

Protel 99 SE 支持自上而下或自下而上的模块化设计方法。用户可以将要设计的系统按功能划分为几个子系统，每个子系统又可以划分为多个功能模块，从而实现分层设计。设计时，可以先明确各个子系统或模块之间的关系，然后再分别对每个功能模块进行具体的电路设计，也可以先进行功能模块的设计，最后再根据它们之间的相互关系组装到一起，形成一个完整的系统。层次原理图的设计如图 1-1 所示。Protel 99 SE 对一个设计的层次数和原理图张数没有限制，为用户提供了更为灵活方便的设计环境，使用户在遇到复杂系统设计的时候仍然能够轻松把握设计思路，让设计变得游刃有余。有关层次原理图的设计方法将会在第 7 章中进行详细的介绍。

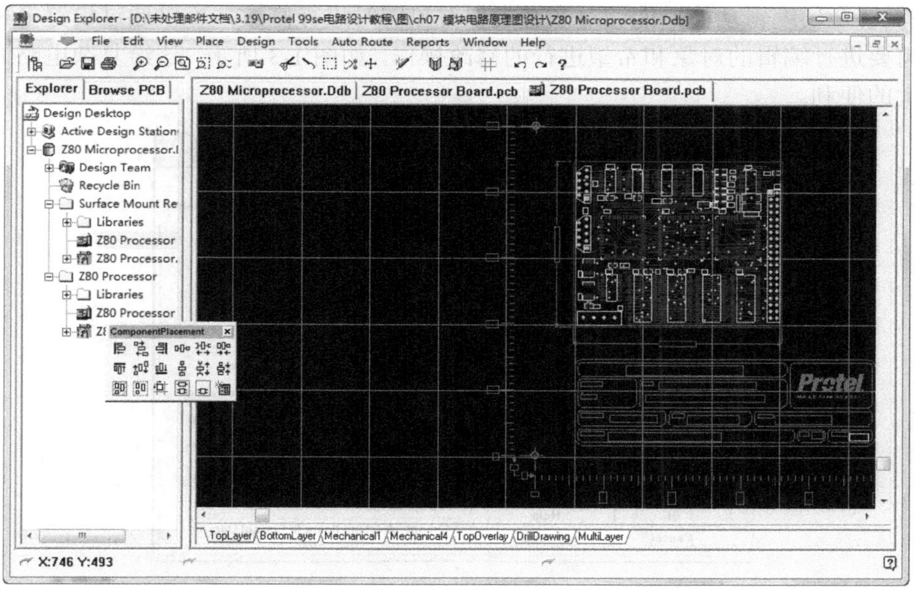

图 1-1 层次原理图的设计

2. 具有强大的原理图编辑功能

Protel 99 SE 的原理图编辑采用了标准的图形化编辑方式，用户能够非常直观地控制整个编辑过程。在原理图编辑器中，用户可以实现如复制、剪切、粘贴等类似 Windows 的普通编辑操作，可以实现多层次的撤销/重复功能。编辑器所带电气栅格特性提供了自动连接功能，使得布线更为方便，如图 1-2 所示。

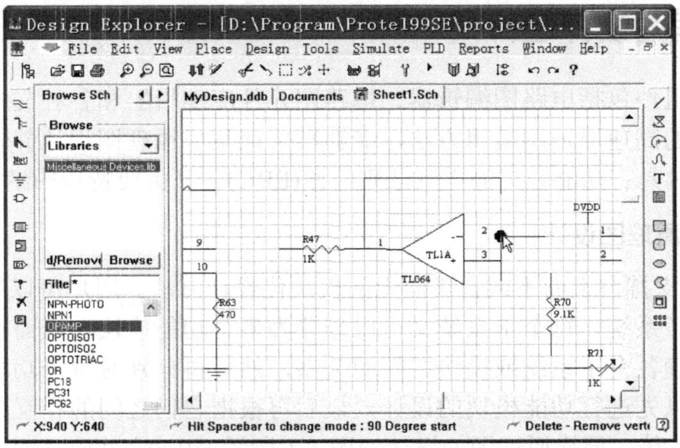

图 1-2　利用电气栅格放置导线

编辑器中采用了交互式的编辑方法，在编辑对象属性时，用户只需要在所需编辑的对象上双击，即可打开对象属性对话框，直接对其进行修改，非常直观、方便。而且，Protel 99 SE 还提供了全局编辑功能，能够对多个类似对象同时进行修改，可以通过设置多种匹配条件选择需要进行编辑的对象和希望进行的修改操作，如图 1-3 所示，这给复杂电路的设计带来了极大的便利。

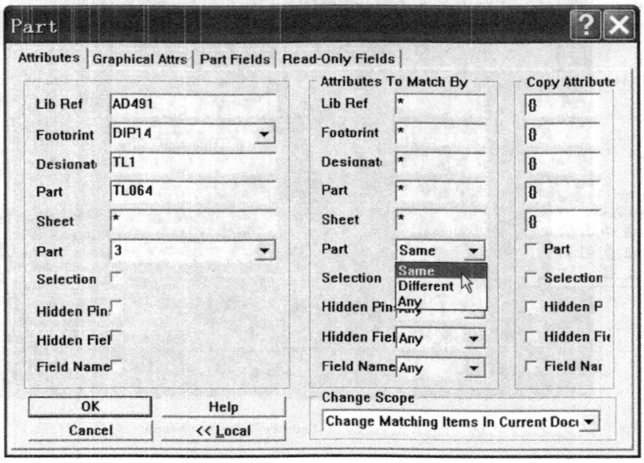

图 1-3　对象属性编辑对话框和全局编辑功能

此外 Protel 99 SE 还提供了快捷键功能，用户可以使用系统默认的快捷键设置，也可以自定义快捷键，熟练使用一些快捷键能够让设计工作更加得心应手。

3. 功能强大的电气检测

电路原理图设计完成，在进行 PCB 设计之前，至少需要确定所设计的电路没有电气连接上的错误，这样才能提高电路设计的效率，避免一些不必要的麻烦。Protel 99 SE 提供了强大的电气规则检查功能(ERC)，能够迅速对大型复杂电路进行电气检查。用户可以通过设置忽略电气检查点以及修改电气规则等操作对 ERC 过程进行控制，检查结果会直接标注在原理图上，方便用户进行修改。

4. 完善的库元件编辑和管理功能

Protel 99 SE 提供了完善的库元件编辑和管理功能。首先原理图设计器提供了众多元件库，一些著名厂商如 AMD、Intel、Motorola 等的常用器件都能够在这里找到定义。如果用户在这些库中没有找到所需的元件定义，则可以使用元件库编辑器自行创建。

5. 同步设计功能

Protel 99 SE 完善了原理图和 PCB 之间的同步设计功能，使得原理图和 PCB 之间的变换更为容易。元件标号可双向注释，既可以从原理图将修正信息传递到 PCB 中，也可以从 PCB 中将修正信息传递到原理图中，从而保证了原理图和 PCB 之间的高度一致性。

1.2.2 PCB 设计组件

进行电路设计最终是要设计出一个高质量的、可加工的 PCB，这是一个电子产品的基础。因而 PCB 设计系统的功能往往是用户在选用 EDA 软件时最关心的，而 Protel 99 SE 在这方面做出了突出的表现。

1. 具有 32 位高精度设计系统

Protel 99 SE 的 PCB 设计组件是一个 32 位的 EDA 设计系统，系统分辨率可达 0.0005mil(毫英寸，1mil=0.0254mm)，线宽范围为 0.001～10 000mil(图 1-4 所示为修改线宽)，字符串高度范围为 0.012~1000mil。能够设计的工作层数达 32 个，最大板图的大小为 2 540mm×2 540mm，可以旋转的最小角度达到 0.001°，能够管理的元件、网络以及连接的数目仅受限于实际的物理内存，而且还能够提供各种形状的焊盘。

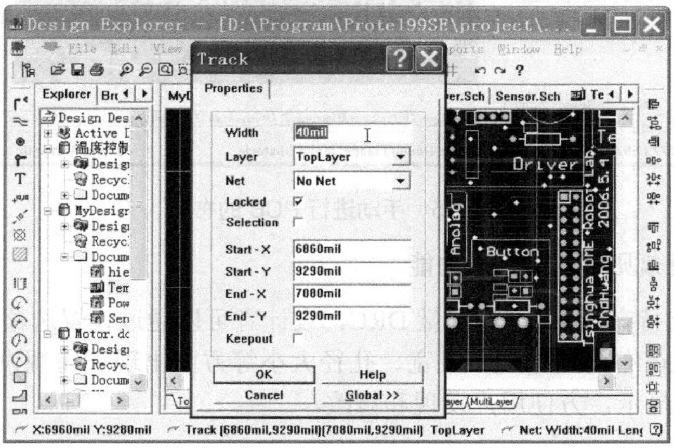

图 1-4　修改线宽

2. 丰富而灵活的编辑功能

和原理图设计组件相似，Protel 99 SE 的 PCB 编辑器也提供了丰富而灵活的编辑功能，用户可以很容易地实现元件的选取、移动、复制、粘贴、删除等操作，能够直接通过双击打开对象属性对话框进行修改，PCB 编辑器也提供了全局属性修改，方便用户操控。

3. 功能完善的元件封装编辑和管理器

Protel 99 SE 也提供了众多常见 PCB 元件封装定义，用户可以通过加载这些库文件方便地使用功能；同时也具备完善的库元件管理功能，用户可以通过多种方式方便快速地创建一个新的 PCB 元件封装定义。

4. 强大的布线功能

Protel 99 SE 强大的布线功能尤其引人注目。首先 Protel 99 SE 有一些极好的手动布线特性，包括绕障碍(slam-and-jam)方式，能够自动地弯折线，并与设计规则完全一致，结合拖拉线时自动抓取实体电气网格特性和预测放线特性，能够在很理想的网格上有效地布出带有混合元件技术的复杂板。其回路清除功能能够自动删除多余连线，具有智能推挤布线功能，同时还提供了任意角度、45°角、90°角、45°角带圆弧、90°角带圆弧等多种放线方式，可以通过 Shift+空格键快捷方式很方便地进行切换，如图 1-5 所示。

此外，Protel 99 SE 还提供了功能强大的自动布线功能，能够实现设计的自动化。

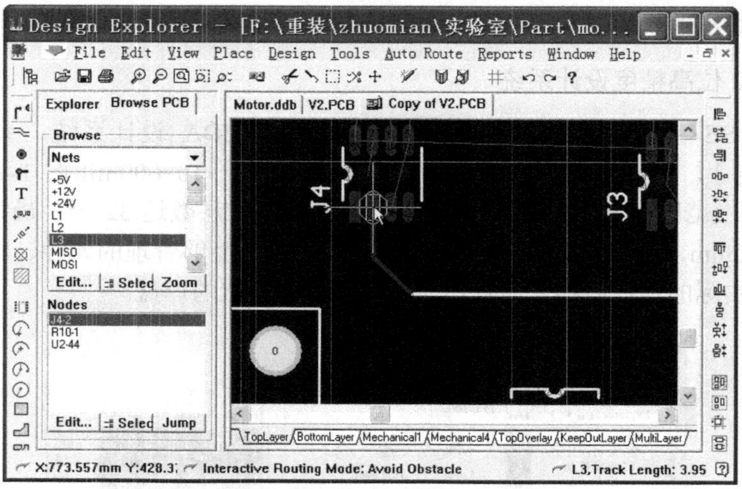

图 1-5　手动进行 PCB 的布线

5. 完备的设计规则检查(DRC)功能

Protel 99 SE 支持在线 DRC 和批量 DRC，设计者可以通过设置选项打开在线 DRC，在设计过程中，如果在布局、布线、线宽、孔径大小等方面出现了违规设计，系统会自动提示错误，并以高亮显示，方便用户发现和修改。

1.2.3　PCB 自动布线组件

Protel 99 SE 的自动布线组件是通过 PCB 编辑器实现与用户的交互的。其布局方法是基于人工智能，对 PCB 版面进行优化设计，采用了拆线重组的多层迷宫布线算法，可以同时处理全部信号层的自动布线，并不断进行优化，如图 1-6 所示。Protel 99 SE 提供了丰富的设计规则，用户可以通过设置这些规则控制自动布线的过程，实现高质量的自动布线，减少布通后的手动修改。此外，Protel 99 SE 还支持基于形状(shape-based)的布线算法，可以实现高难度、高精度的 PCB 自动布线。充分理解和合理使用 Protel 99 SE 提供的自动布线功能，能够大大提高 PCB 设计的效率，极大地减轻用户的设计工作量。

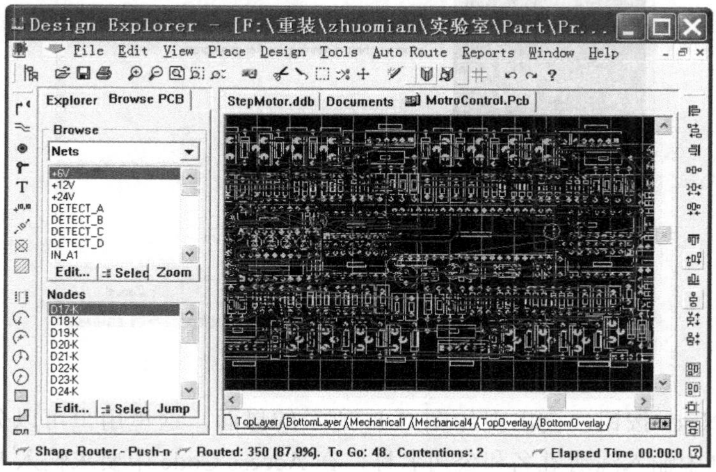

图 1-6　自动布线过程

1.2.4　可编程逻辑器件设计组件

Protel 99 SE 中包含一个新的 SCH-to-PLD 符号库，使得可编程逻辑器件设计更容易实现。设计时从 PLD 符号库中使用组建，再从唯一的器件库中选择目标器件，进行编译将原理图转换成 CPUL.PLD 文件后，即可编译生成下载文件。此外，用户还可以使用 Protel 99 SE 文本编辑器中易掌握而且功能强大的 CPUL 硬件描述语言(VHDL)直接编写 PLD 描述文件，然后选择目标器件进行编译。

1.2.5　电路仿真组件

Protel 99 SE 提供了优越的混合信号电路仿真引擎，全面支持含有模拟和数字元件的混合电路设计。同时还提供了大量的仿真用元件，每个都链接到标准的 SPICE 模型。用户在进行信号仿真时操作十分简单，只需要选择所需元件，连接好原理图，加上激励源即可进行仿真。

1.3　安装 Protel 99 SE

Protel 99 SE 的安装很简单，与大多数 Windows 程序类似，只需要按照安装向导的提示进行操作即可，具体安装步骤如下。

(1)　将 Protel 99 SE 安装光盘放入光驱，系统会自动运行安装向导程序，弹出如图 1-7 所示的安装画面。也可以打开光盘文件找到 Protel 99 SE 文件夹中的 Setup.exe 文件，双击运行，进入安装程序。

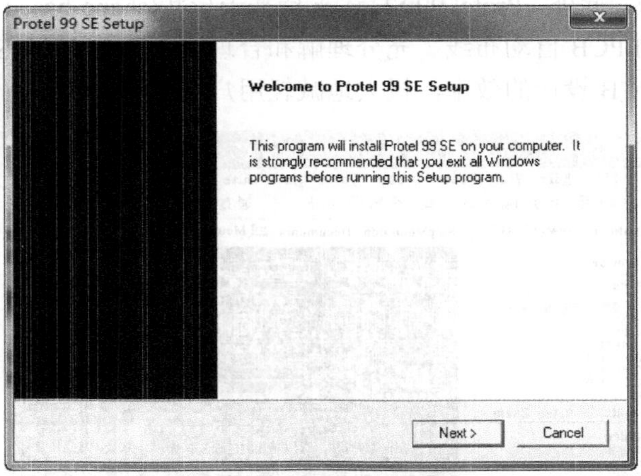

图 1-7　进入安装界面

(2) 单击 Next 按钮，会出现如图 1-8 所示的界面，这里用户可以分别在 Name 和 Company 文本框中输入注册姓名和公司名称，在 Access Code 中要求输入 Protel 99 SE 产品的序列号，然后单击 Next 按钮，进入如图 1-9 所示的界面。

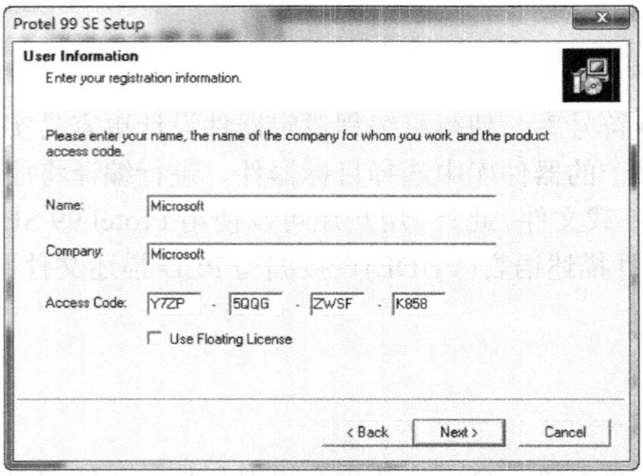

图 1-8　输入用户名和产品序列号

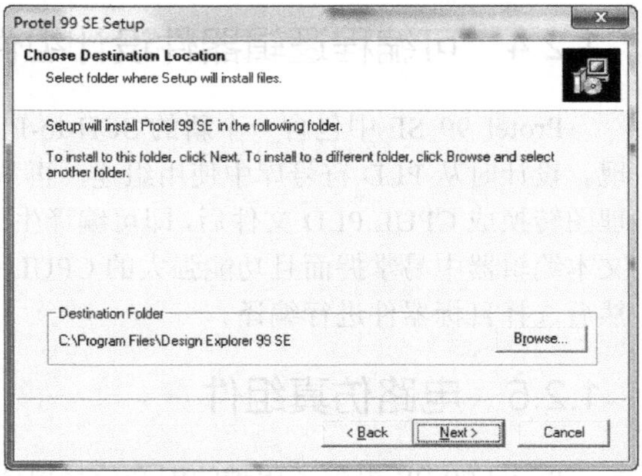

图 1-9　提示安装路径界面

(3) 在图 1-9 所示的界面中会提示当前的安装路径，可以单击 Browse 按钮进行修改，如图 1-10 所示。选择好安装路径，单击“确定”按钮。

(4) 这时会进入选择安装类型界面，如图 1-11 所示，一般选择 Typical(典型安装)。单击 Next 按钮，进入下一步。

(5) 这时系统提示创建开始菜单，如图 1-12 所示，单击 Next 按钮进入下一步。

(6) 设置完成，单击 Next 按钮开始安装，如图 1-13 所示。如果需要更改设置，则可以单击 Back 回到上一步骤进行修改。安装过程如图 1-14 所示。

(7) 安装完成后会出现如图 1-15 所示界面，单击 Finish 按钮完成安装。

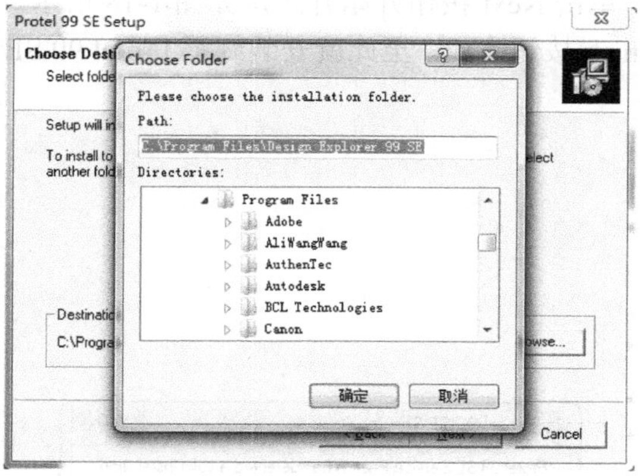

图 1-10　选择安装路径

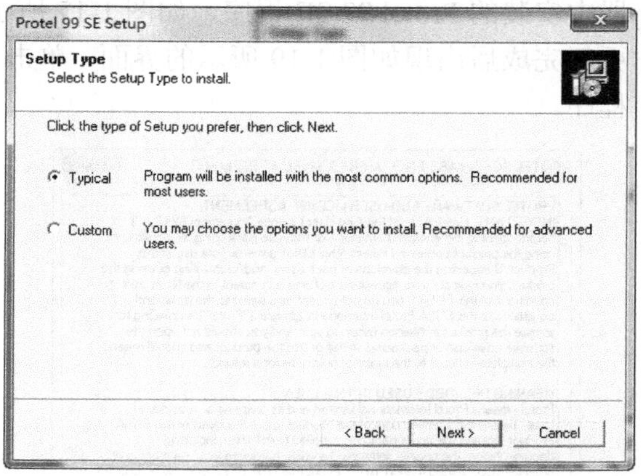

图 1-11　选择安装类型

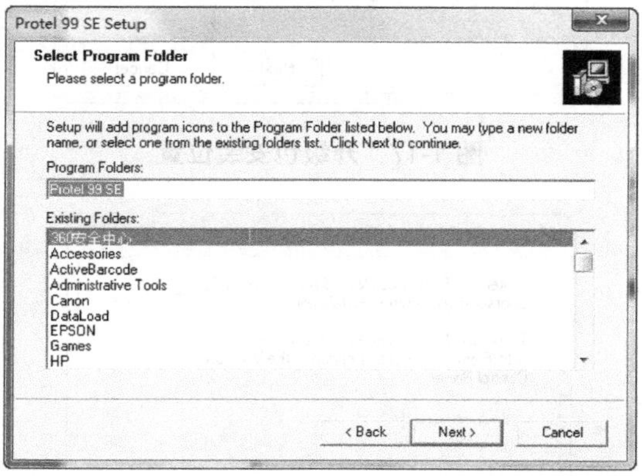

图 1-12　创建开始菜单

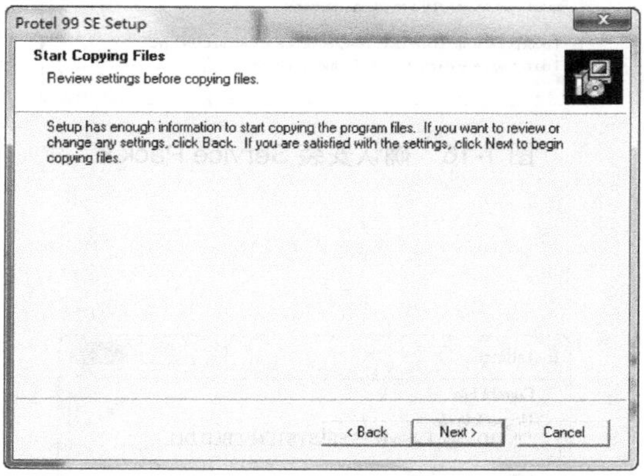

图 1-13　完成设置

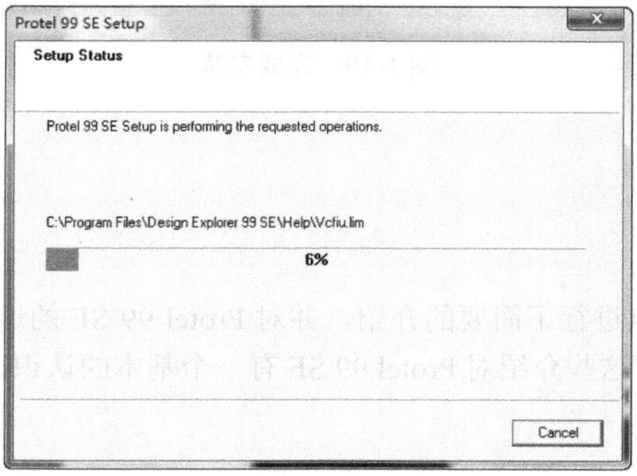

图 1-14　软件安装过程

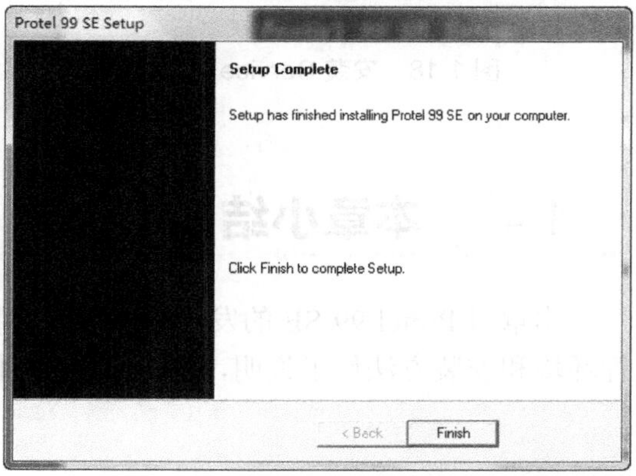

图 1-15　安装完成

如果安装的 Protel 99 SE 不是最新版本，则最好安装升级包，这样能够保证程序拥有最好的性能，方便后面的学习和使用。目前最新的升级包是 Service Pack 6，双击其安装文件，出现如图 1-16 所示的确认界面，选择“同意协议内容”继续，则更新程序会自动搜索到机器中安装的 Protel 99 SE 程序，如图 1-17 所示，单击 Next 按钮开始升级，如图 1-18 所示。更新完成后出现如图 1-19 所示的界面，单击 Finish 按钮完成。至此就安装好了 Protel 99 SE 程序。

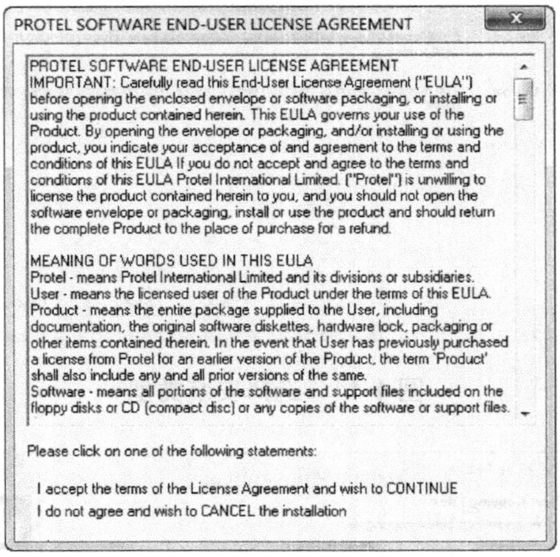

图 1-16　确认安装 Service Pack 6

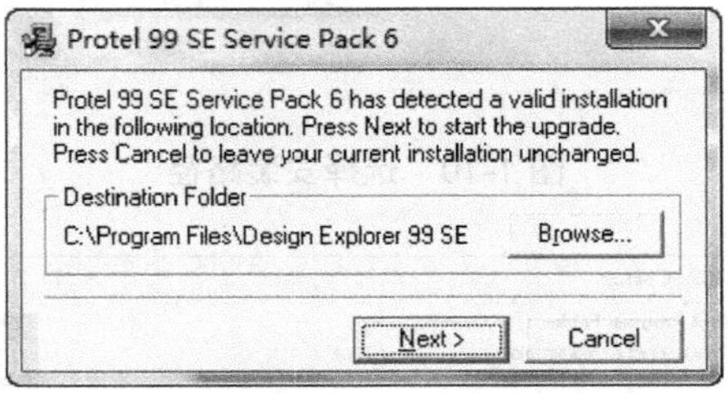

图 1-17　升级包安装位置

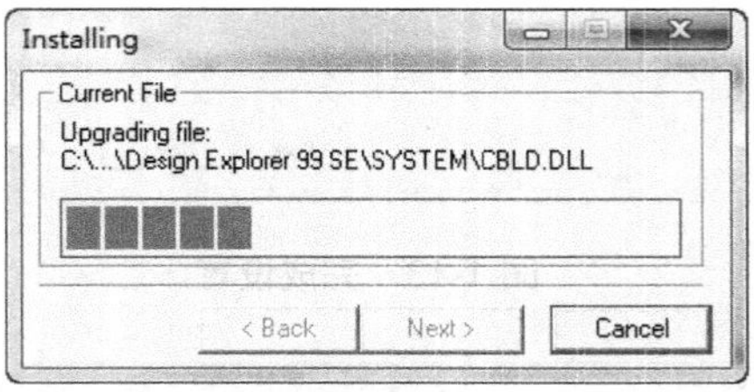

图 1-18　安装 Service Pack 6

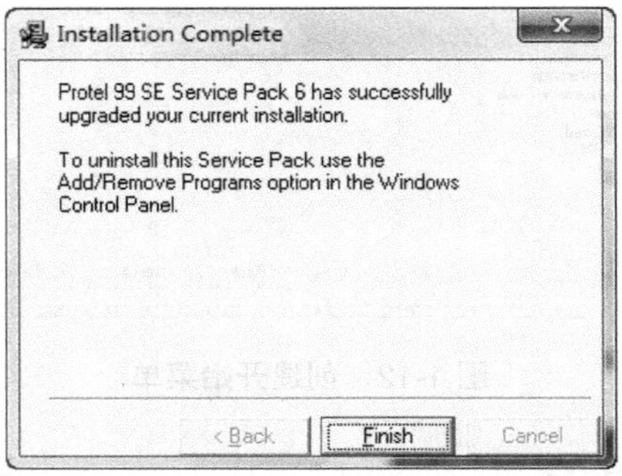

图 1-19　完成安装

1.4 本章小结

本章对 Protel 99 SE 的发展历史、主要特点进行了简要的介绍，并对 Protel 99 SE 的运行环境和安装方法作了说明，希望读者能够通过这些介绍对 Protel 99 SE 有一个基本的认识。

第 2 章

初识 Protel 99 SE

本章内容提示

安装好程序，就可以开始进入 Protel 99 SE 进行学习。首先来了解一下有关 Protel 99 SE 操作的基本知识，对其形成一个初步的印象。

本章中首先介绍了如何进行 Protel 99 SE 系统参数的设置，然后介绍了一个设计任务的建立以及管理，其中还包括了 Protel 99 SE 中一些基本的文件操作方法。读者可以很快地浏览一遍，对其有一个大概的印象。

学习要点

- Protel 99 SE 的启动方法
- 设计任务的建立与管理
- 对设计文档的基本操作
- 系统参数的设置
- 主要设计文档的介绍

2.1 启动 Protel 99 SE

与其他 Windows 程序类似，除直接在安装目录下双击运行程序外，启动 Protel 99 SE 还有以下几种方式。

1. “开始”菜单启动

单击任务栏上的“开始”按钮，选择“所有程序”| Protel 99 SE | Protel 99 SE 命令，即可启动程序，如图 2-1 所示。

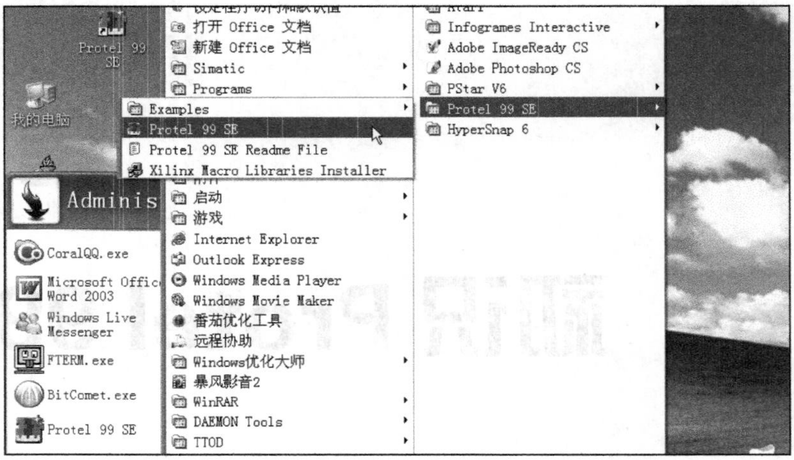

图 2-1 “开始”菜单启动 Protel 99 SE

2. 使用“开始”菜单中的快捷命令

在 Protel 99 SE 的安装过程中，安装程序自动在“开始”菜单中建立了快捷方式，可以直接单击启动 Protel 99 SE 程序，如图 2-2 所示。

图 2-2 使用“开始”菜单中的快捷命令

3. 桌面快捷方式

Protel 99 SE 安装的同时也在桌面创建了快捷方式，可以直接双击启动，如图 2-3 所示。

4. 通过设计数据库文件启动

直接在工作目录中双击一个 Protel 99 SE 的设计数据库文件(.DDB 文件)也可以启动 Protel 99 SE 程序，同时所选择的设计数据库也会被打开，如图 2-4 所示。

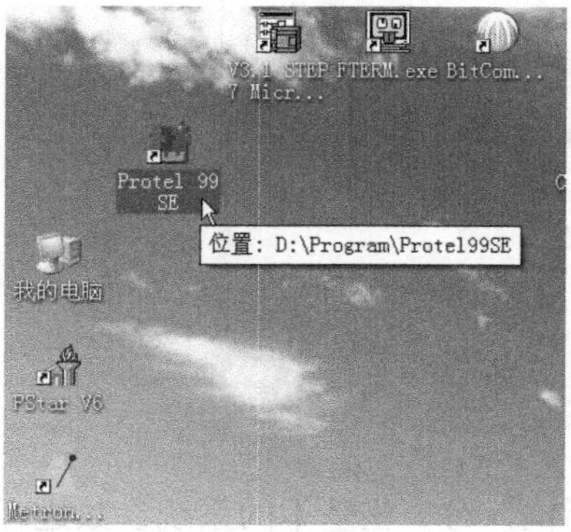

图 2-3　桌面上 Protel 99 SE 的快捷方式

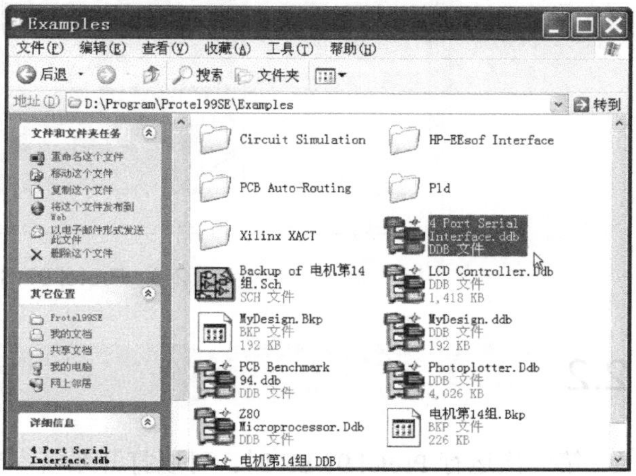

图 2-4　双击设计数据库文件启动 Protel 99 SE

Protel 99 SE 启动后，屏幕上将出现如图 2-5 所示的启动画面，随后系统将进入 Protel 99 SE 的主程序界面，如图 2-6 所示。

图 2-5　启动画面

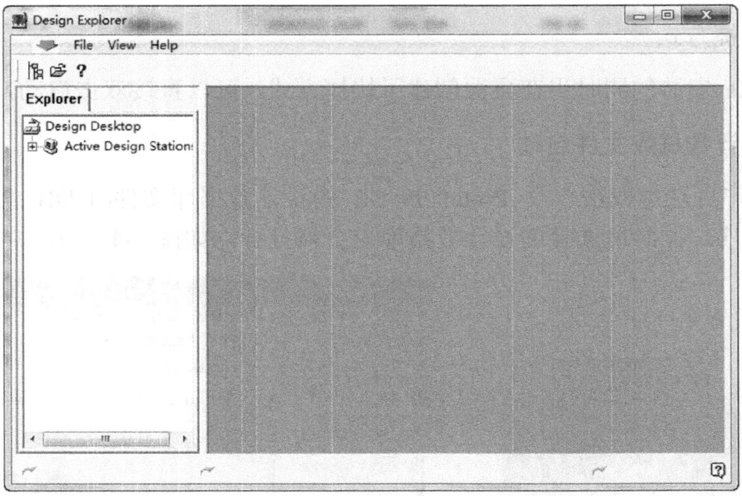

图 2-6　Protel 99 SE 主界面

2.2　设置系统参数

第一次运行 Protel 99 SE 时，可以打开系统参数对话框，对一些基本的系统参数进行设置。方法如下：单击菜单栏中 File 菜单旁的 按钮，出现如图 2-7 所示的菜单选项，选择 Preferences 选项，即可打开 Preferences(参数)对话框，如图 2-8 所示。

图 2-7　菜单选项

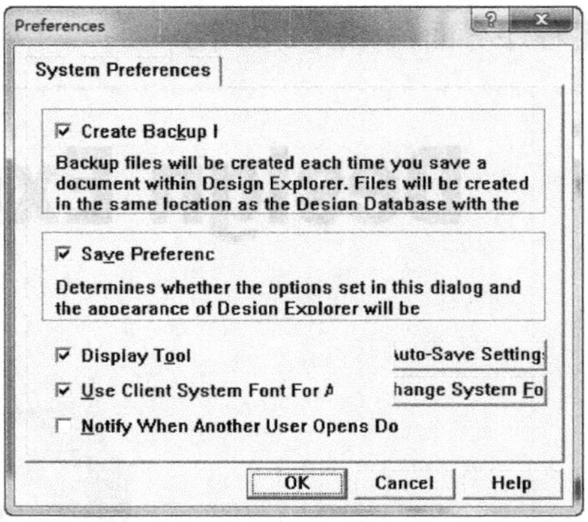

图 2-8　Preferences(参数)对话框

在图中的 System Preferences(系统参数)选项卡中有 5 个复选框，其作用分别说明如下。

- **Create Backup Files**：选中该复选框，则系统会在每次保存设计文档时生成备份文件，保存在和原设计数据库文件相同的目录下，并以前缀 Backup of 和 Previous Backup of 加原文件名来命名备份文件。
- **Save Preferences**：选中该复选框，则在关闭程序时系统会自动保存用户对设计环境参数所作的修改。
- **Display Tool Tips**：激活工具栏提示特性，选中此复选框后，当鼠标指针移动到工具按钮上时会显示工具描述。

- **Use Client System Font For All Dialogs**：选中此复选框，则所有对话框文字都会采用用户指定的系统字体，否则会采用默认字体显示方式。图 2-9 是取消选择后系统参数对话框的显示效果。如要指定或更改系统字体，可以点击 Change System Font 按钮，打开系统“字体”对话框进行设置，如图 2-10 所示。
- **Notify When Another User Opens Document**：当有其他用户打开文档时显示提示。

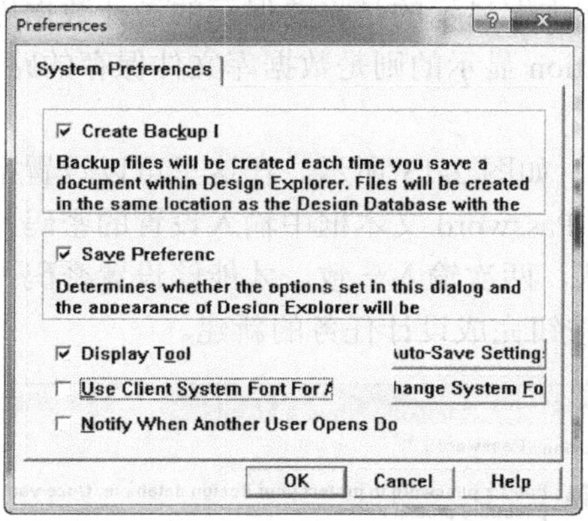

图 2-9　取消 Use Client System Font For All Dialogs 选项后的显示效果

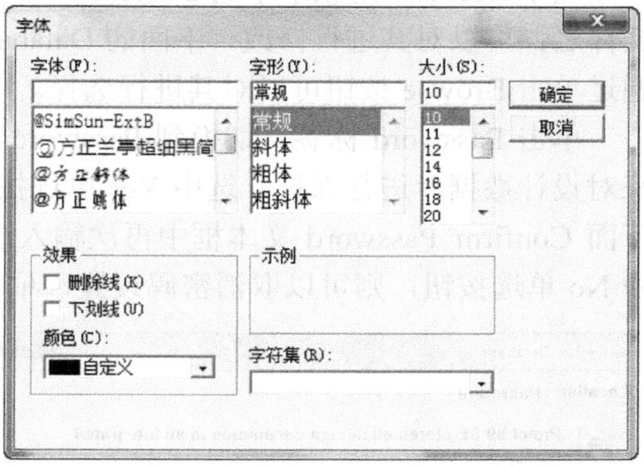

图 2-10　系统“字体”对话框

此外还有一个 Auto-Save Settings 按钮，可以打开 Auto Save(自动保存)对话框，如图 2-11 所示，在这里可以选择是否启用自动保存功能(Enable 复选框)，如启用，则可以设置备份文件数(Number，最大为 10)、自动备份的时间间隔(Time Interval，单位为分钟)以及设置备份文件夹用于存放备份文件(User backup folder)。右侧的 Information 选项组中有关于这些选项的详细介绍。

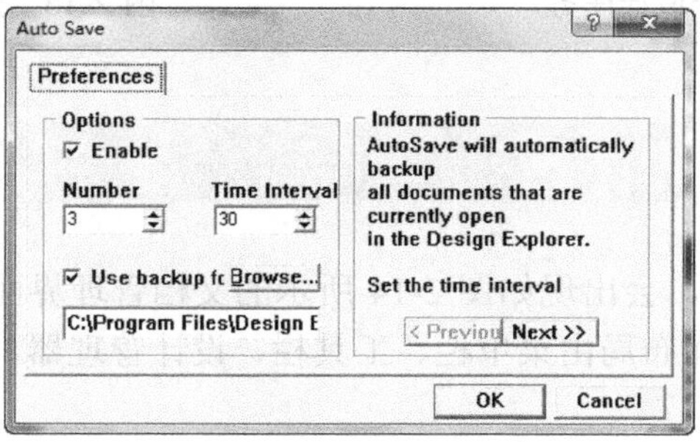

图 2-11　Auto Save 对话框

2.3　建立一个设计任务

Protel 99 SE 对原理图、印制电路板图等文件的管理，借用了 Microsoft Access 数据库的存取技术，将所有相关的文档资料都封装在一个称为“设计数据库”的文件中，统一进行管理，这是一种面向对象的管理方式。对用户来说，一个数据库就是一个工程项目，其中包括了原理图、PCB 等各种有关的文档。这种整合封装可以将用户从一大堆文档当中解脱出来，而通过设计数据库来对文档进行更有效的管理。

大概了解了这些内容以后，让我们来新建一个自己的设计任务吧。在图 2-6 所示的主程序界面中选择 File | New 命令，打开 New Design Database(新建设计数据库)对话框，如图 2-12 所示。

图中 Location 选项卡中的 Database File Name 文本框显示的是将要保存的设计数据库的文件名，可以对其进行修改。下面的 Database Location 显示的则是数据库文件保存的路径，通过单击 Browse 按钮可以对其进行选择。

单击 Password 标签，切换到 Password 选项卡，如图 2-13 所示。在这里可以设置密码来对设计数据库进行保护。选中 Yes 单选按钮，在 Password 文本框中输入设置的密码，在下面 Confirm Password 文本框中再次输入进行确认，两次输入一致，才能够设置密码。选中 No 单选按钮，则可以取消密码设置，单击 OK 按钮完成设计任务的新建。

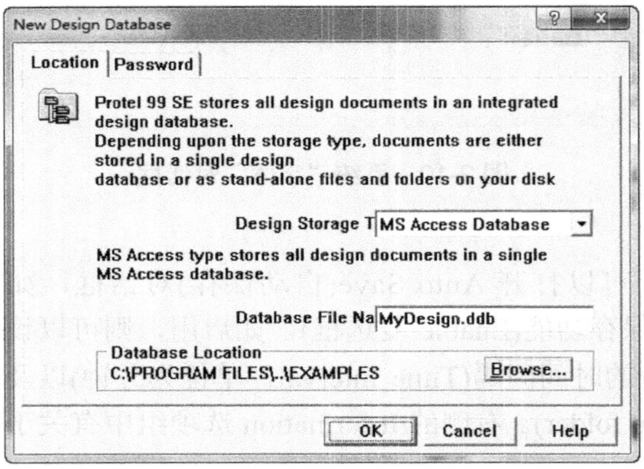

图 2-12 新建一个设计任务

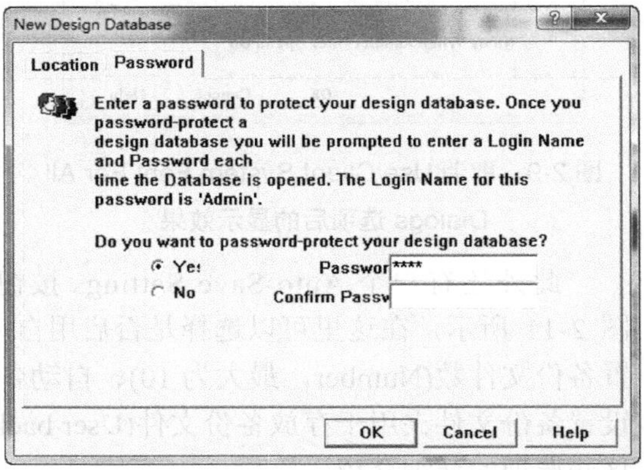

图 2-13 为设计任务设置密码

2.4 设计任务的管理

新建一个设计任务后，会出现如图 2-14 所示的文档管理界面，在这里我们可以很清楚地看到 Protel 99 SE 的界面布局由菜单栏、工具栏、设计管理器、工作区以及状态栏等部分组成。

在设计管理器中可以看到，一个设计任务包含 3 个项目，分别是 Design Team(设计团队管理)、Recycle Bin(回收站)和 Documents(文件管理)。

1. Design Team(设计团队)

Protel 99 SE 通过 Design Team 来管理多用户使用相同的设计数据库，而且允许多个设计者同时安全地在相同的设计图上进行工作。应用 Design Team 我们可以设定设计小组成员，管理员能够管理每个成员的使用权限，拥有权限的成员还可以看到所有正在使用设计数据库的成员的使用信息。下面我们就来进行一些介绍。

双击 Desing Team 图标，打开 Desing Team 窗口，可以看到有 3 个项目，如图 2-15 所示，Members 用来管理设计队伍的成员，Permissions 中可以设置设计成员的工作权限，而在 Sessions 中可以看到每个成员的工作范围。

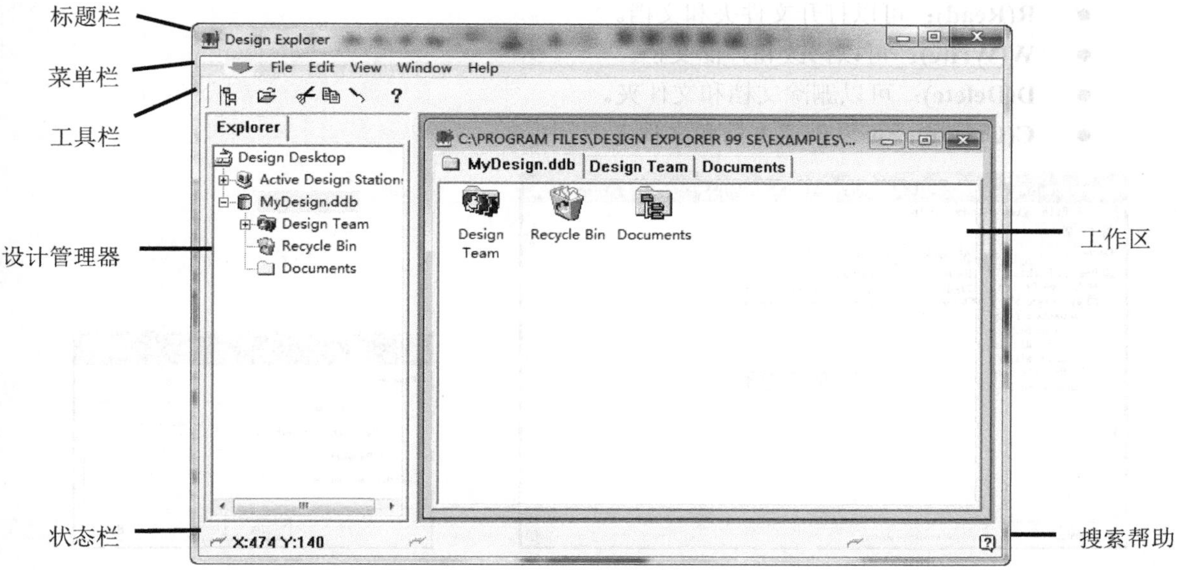

图 2-14　文档管理界面

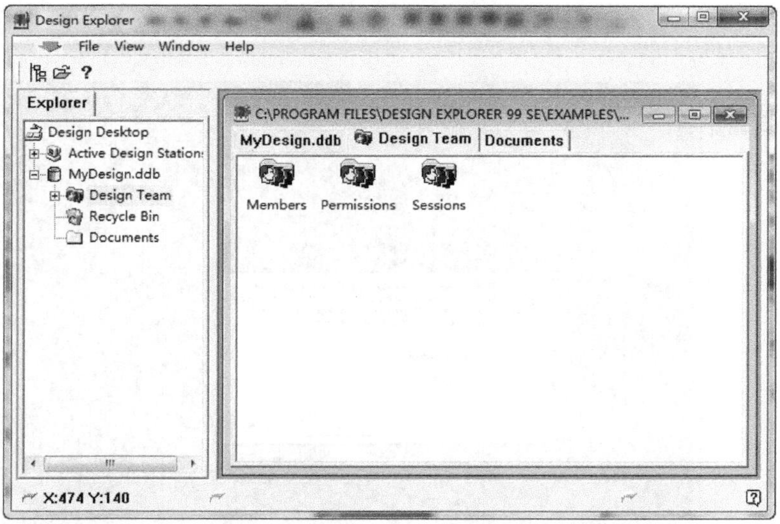

图 2-15　Design Team 窗口

双击 Members 打开 Members 窗口，这里系统默认有两个成员 Admin 和 Guest，我们可以通过右键菜单来新加成员，如图 2-16 和图 2-17 所示。对每个成员可以通过双击或选择右键菜单中的 Properties 命令来设置密码，当设置了管理员(Admin)密码时，下次再打开设计数据库程序就会提示输入用户名和密码了，如图 2-18 所示。

双击打开 Permissions 窗口，可以设置每个成员的访问权限，通过右键菜单 New Rule 来增加规则设置，如图 2-19 和 2-20 所示，可以在 User Scope 下拉列表中选择想要设置权限的用户，在 Document Scope 中输入其可以操作的文件范围，而通过下面的复选框来设置用户访问权限。在这里访问权限分为 4 种。

- **R(Read)**：可以打开文件夹和文档。
- **W(Write)**：可以修改和存储文档。
- **D(Delete)**：可以删除文档和文件夹。
- **C(Create)**：可以创建文档和文件夹。

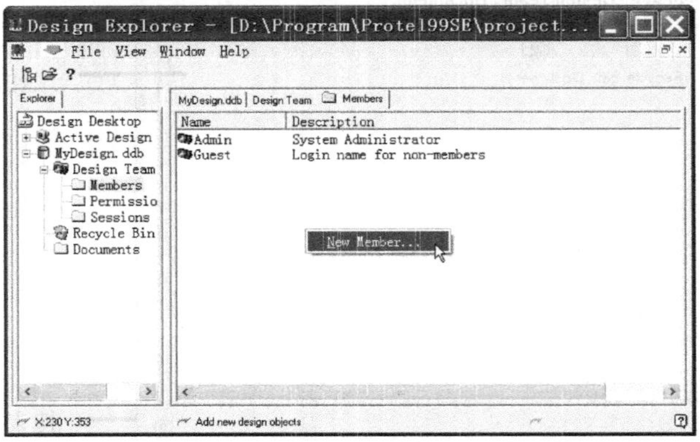

图 2-16　通过右键菜单创建用户

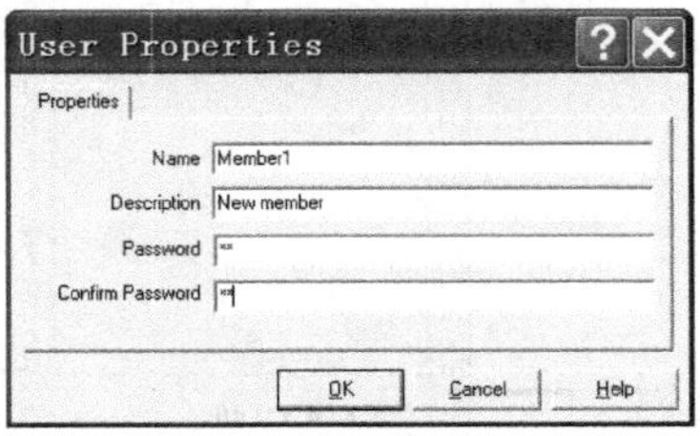

图 2-17　用户属性界面

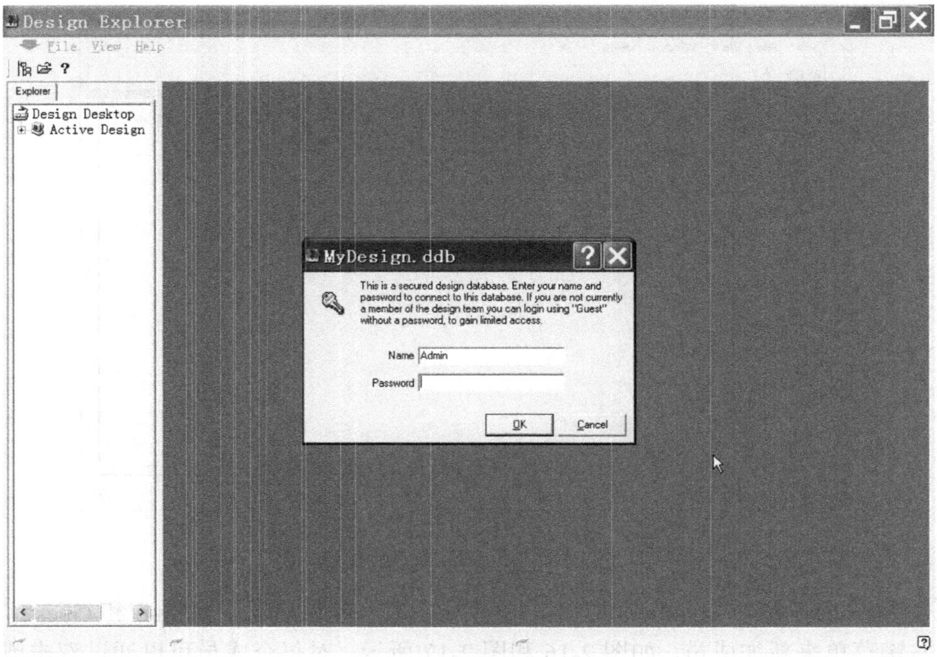

图 2-18　设置管理员密码后的登录界面

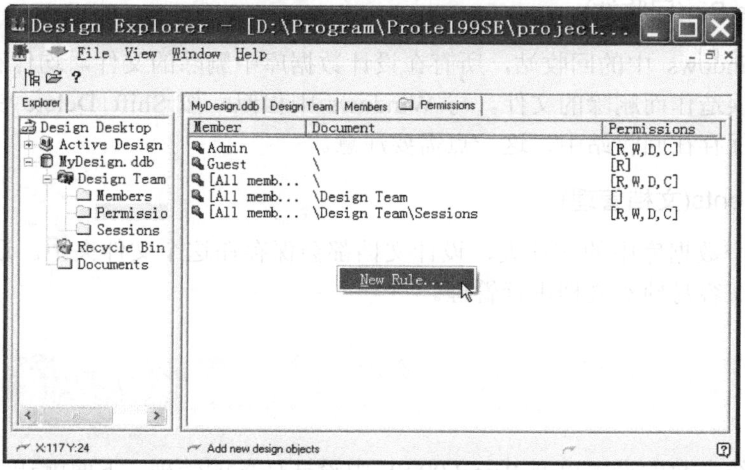

图 2-19 通过右键菜单新建访问权限规则

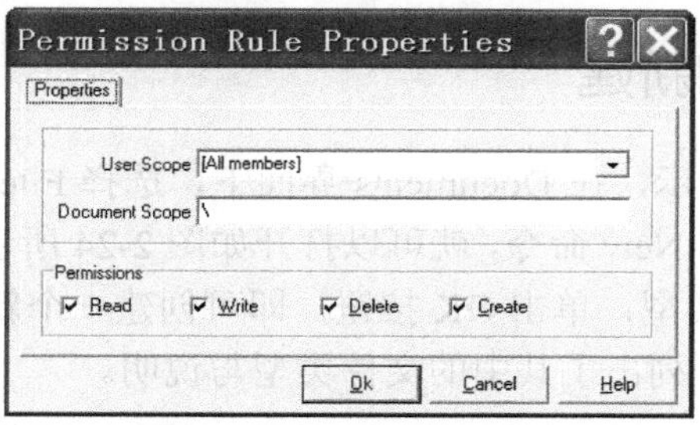

图 2-20 访问权限设置界面

此外，在 Sessions 窗口中还可以看到同一时间设计数据库被使用的情况，如图 2-21 所示。

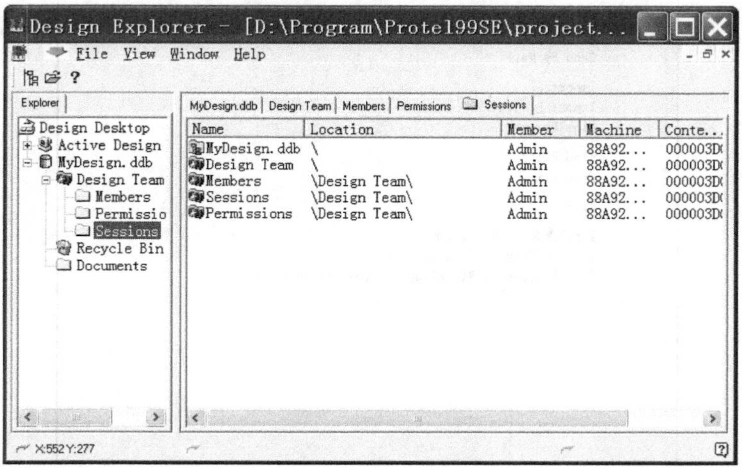

图 2-21 Sessions 窗口

2. Recycle Bin(回收站)

相当于 Windows 中的回收站，所有在设计数据库中删除的文件，均保存在回收站中，可以找回由于误造作而删除的文件。与 Windows 中相似，按 Shift+Delete 快捷键会彻底删除文档而不会保存在回收站中，这一点需要注意。

3. Documents(文档管理)

相当于一个数据库中的文件夹，设计文档都会保存在这个文件夹中。通过左侧的设计管理器，可以很容易地对文档进行管理。

2.5 建立设计文档

了解了系统参数的设置以及 Protel 99 SE 中设计任务的管理，下面就让我们再来了解一下 Protel 99 SE 中的设计文档吧。

2.5.1 设计文档的新建

如图 2-22 和图 2-23 所示，在 Documents 界面下，选择 File | New 命令，或是直接单击右键，在弹出的菜单中选择 New 命令，就可以打开如图 2-24 所示的 New Document 对话框，选择一种需要设计的文件类型，单击 OK 按钮，即可创建一个新的文件。Protel 99 SE 中提供了多种文件类型，表 2-1 列出了其中的文件类型与说明。

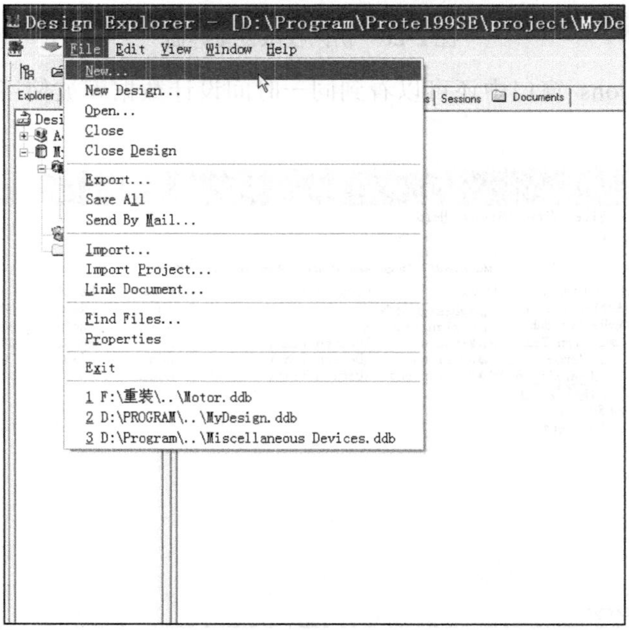

图 2-22　通过 File 菜单新建文件

除直接创建文件外，还可以通过 Protel 99 SE 提供的向导建立一个文件，如图 2-25 所示。

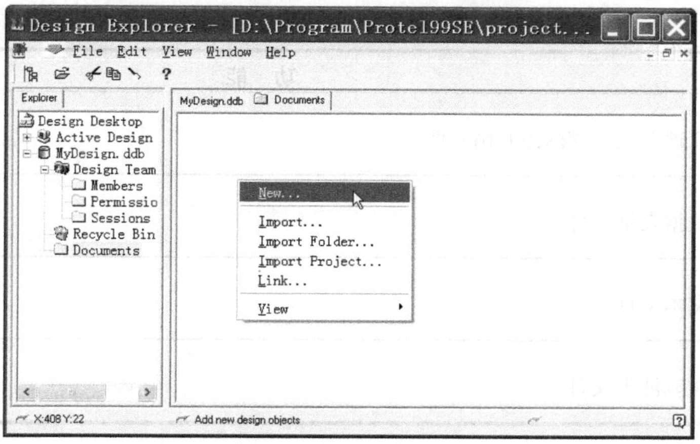

图 2-23　通过右键菜单新建文件

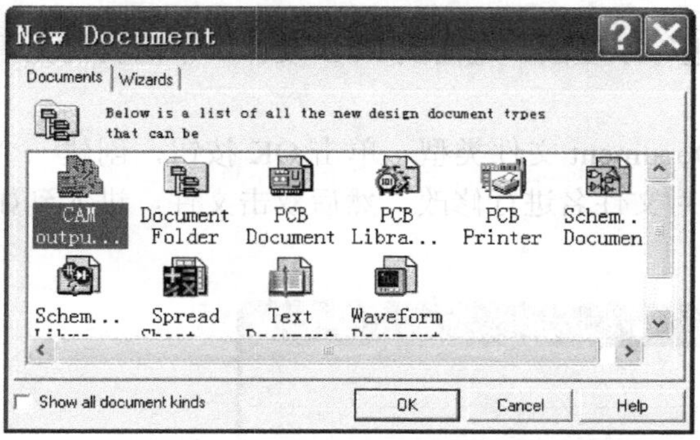

图 2-24　新建文件对话框

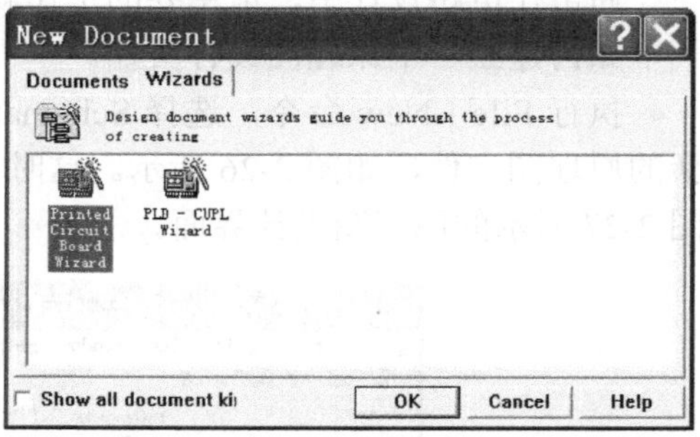

图 2-25　通过向导创建文件

表 2-1　文档类型说明

类　型	功　能
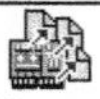 CAM output configur...	生成 CAM 制造输出文件，可以连接电路板和电路板的生产制造各个环节
 Document Folder	数据库文件夹
 PCB Document	印制电路板(PCB)文件
 PCB Library Document	元件封装库(PCB Lib)文件
 PCB Printer	印制电路板打印文件
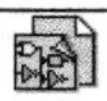 Schematic Document	原理图设计(Sch)文件

续表

类　型	功　能
Schematic Librar...	原理图元件库(Sch Lib)文件
Spread Sheet...	数据表格文件
Text Document	文本文件
Waveform Document	仿真波形文件

2.5.2　新建原理图文件

通常在电路设计中，最主要的工作就是进行原理图，进而到 PCB 设计。下面我们先看一下如何建立一个原理图设计文档。

执行 File | New 命令，选择 Schematic Document 文件类型，单击 OK 按钮，创建一个新的原理图文件，如图 2-26 所示。这时可以对文件名进行修改，然后双击文件，进入到如图 2-27 所示的原理图设计界面。

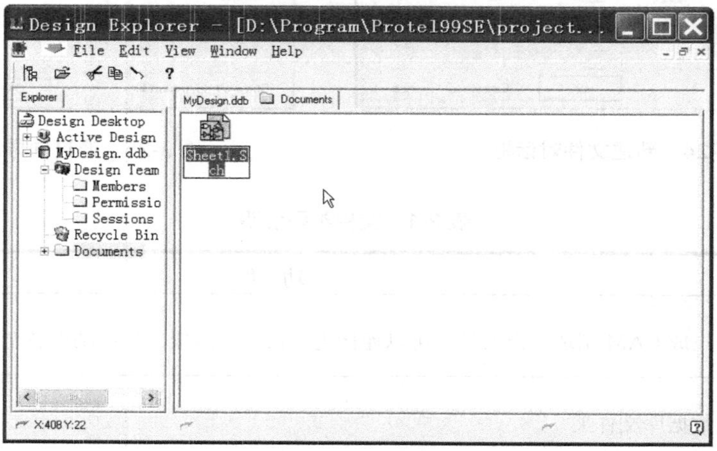

图 2-26　创建一个新的原理图设计文件

原理图设计界面左侧是元件库以及元件浏览器，右侧是绘图区，图 2-27 中显示的界面中有两个浮动工具栏，分别是布线工具栏和绘图工具栏，这是在原理图设计过程中会经常使用的工具栏，其详细功能在后面的章节中会有介绍。用户可以拖动浮动工具栏到界面边缘的地方，此时工具栏会自动停靠在界面中，用户可以根据自己的习惯选择不同的停靠位置，如图 2-28 所示。

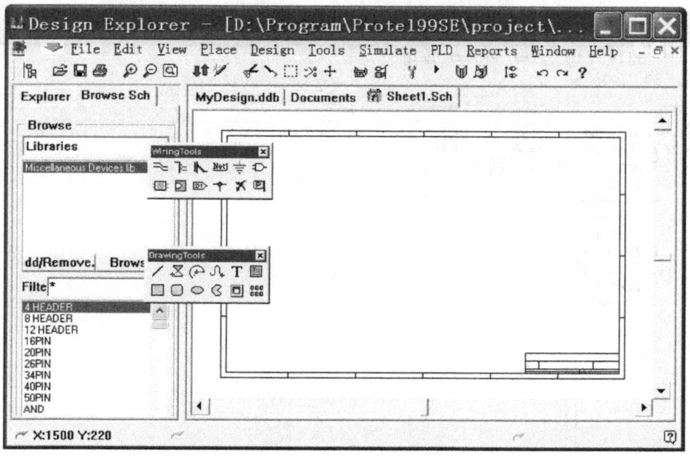

图 2-27　进入原理图设计界面

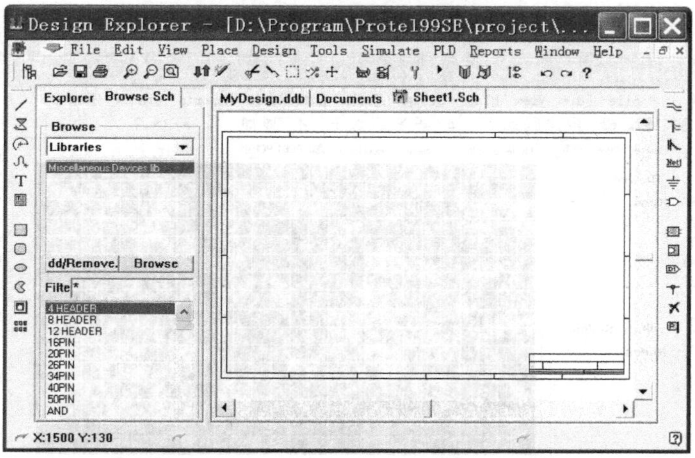

图 2-28　将浮动工具栏停靠在设计界面周围

2.5.3　新建 PCB 文件

PCB 的设计也是电路设计中的重点。原理图设计仅仅是在原理上实现了电路的逻辑设计，最后要加工出实际的电路板，就要通过 PCB 的设计来实现。下面就来看一下 PCB 文件的创建及其工作界面。

执行 File | New 命令，选择 PCB Document 文件类型，单击 OK 按钮，创建一个新的 PCB 文件，如图 2-29 所示。对文件名进行修改后双击打开，就进入到了如图 2-30 所示的 PCB 设计界面。

可以看到 PCB 设计界面布局与原理图设计界面类似，但是功能有所不同。界面左侧的 Browse(浏览器)中可以按不同类型查看 PCB 中的设计对象以及电路节点，工具栏的内容也与原理图有很大不同，这些在后面具体讲解 PCB 设计方法的时候会有详细的说明，这里就不再详述了。

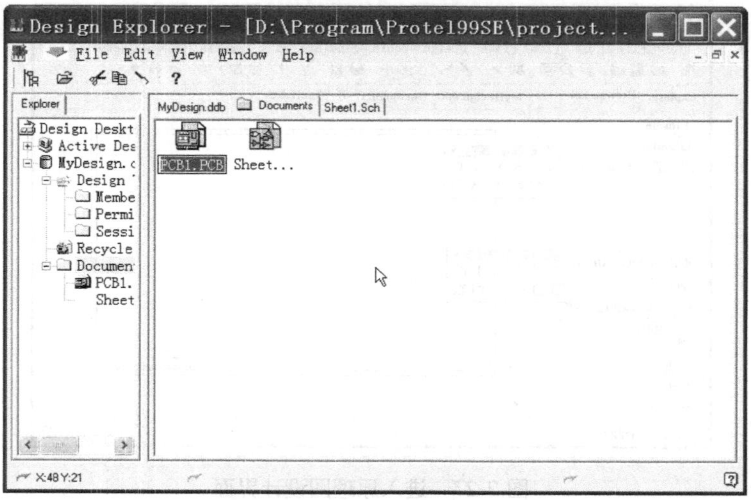

图 2-29　新建一个 PCB 文件

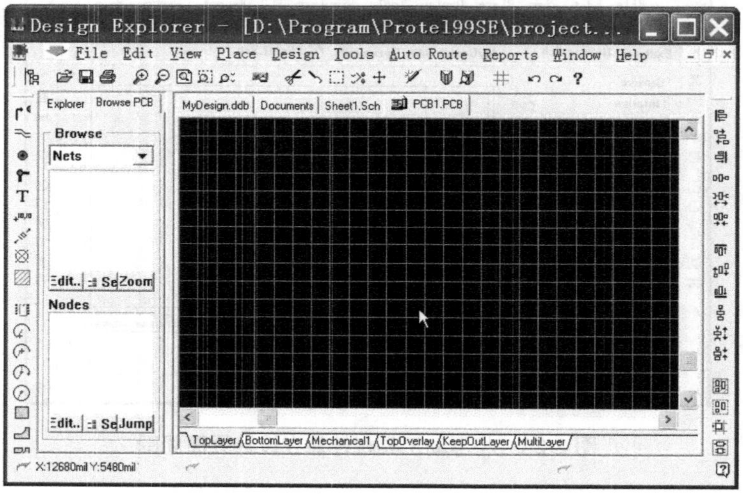

图 2-30　进入 PCB 设计界面

2.6 其他操作

2.6.1 文档的打开、关闭、删除和恢复

1. 设计文档的打开和保存

前面已经提到了设计文档可以通过直接双击文档图标打开，此外还可以在设计管理器中选择要打开的文档，如图 2-31 所示。在文档较多时，使用设计管理器会带来很大的便利。同时设计管理器与适当的目录结构设计相配合，不仅能帮助用户对设计任务结构有更好的理解，还能大大提高文件管理的效率。

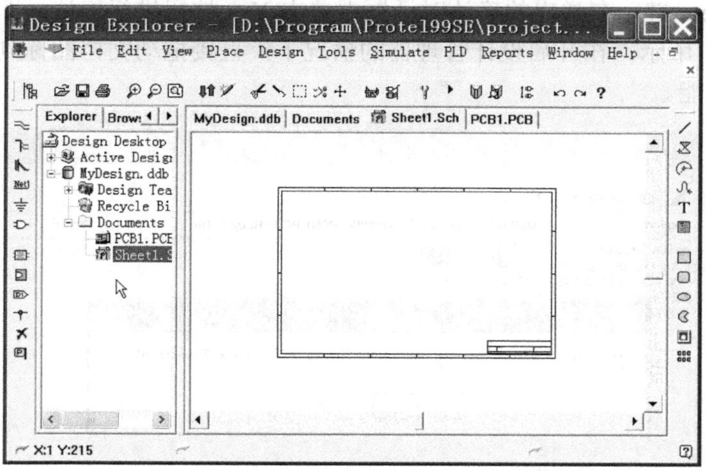

图 2-31　通过设计管理器打开文件

文件的保存操作与很多 Windows 程序类似，可以执行 File 菜单中相应的保存命令，直接保存还可以直接单击工具栏中的保存按钮，读者可以自行尝试，这里就不再一一叙述。

2. 设计文档的关闭

设计文档的关闭可以通过执行 File | Close 命令来完成，也可以在文档标签上单击右键，在弹出的菜单中选择 Close 命令，如图 2-32 所示。

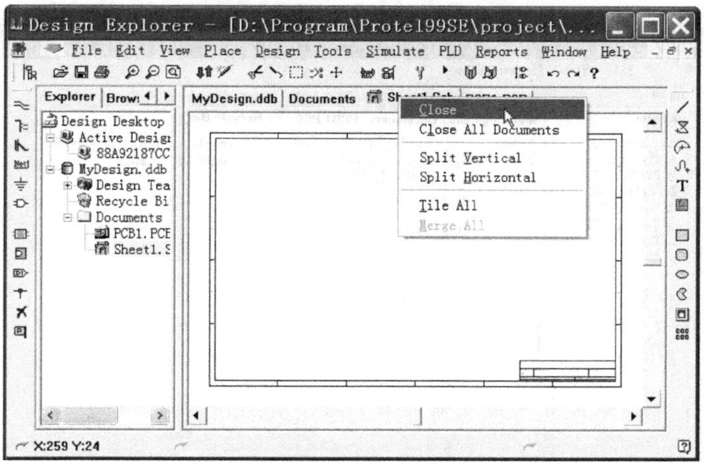

图 2-32　设计文档的关闭

在右键弹出的菜单中还有 Close All Documents 命令，它可以一次性关闭所有已打开的文件。

3. 设计文档的删除和恢复

删除设计文档前，需要先将要删除的文档关闭。在 Documents 窗口中选中想要删除的文件，执行 Edit | Delete 命令，或者单击右键，在弹出的菜单中选择 Delete 命令，或者直接

按键盘上的 Delete 键，在弹出的确认对话框中单击 Yes 按钮进行确认，即可将文档放入回收站，如图 2-33 所示。在开启设计管理器的情况下，直接拖动文档图标到回收站，也可以实现上述删除功能。

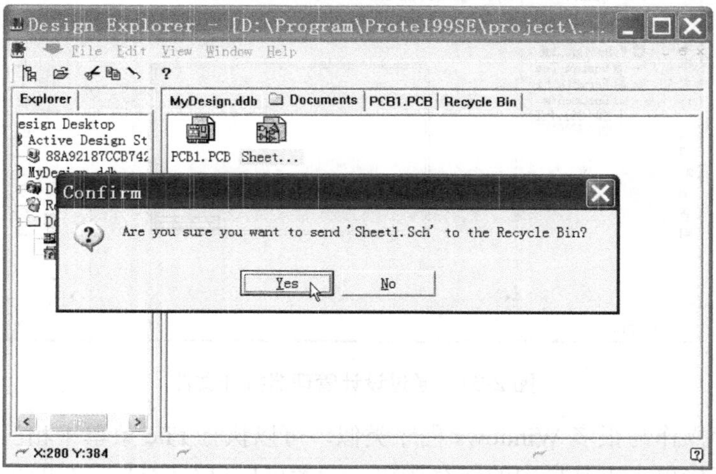

图 2-33　设计文档的删除

删除至回收站的文件是可以恢复的，方法如下：打开回收站窗口，选择要恢复的文档，单击右键，在弹出的菜单中选择 Restore 命令，即可将所选文档恢复到原来的位置，如图 2-34 所示。

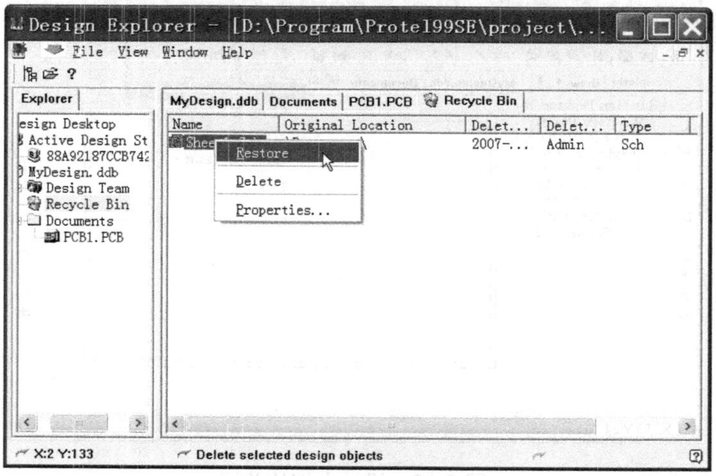

图 2-34　设计文档的恢复

若要彻底删除文档，则可以在回收站中选中要删除的设计文档，单击右键，在弹出的菜单中选择 Delete 命令，然后在弹出的确认对话框中单击 Yes 按钮进行确认即可。此外，在 Documents 窗口中选中文件，按 Shift+Delete 快捷键也可以直接彻底删除文档。这样删除的文档就不能再恢复了，因此在使用时要注意。

2.6.2 文档的导入和导出

Protel 99 SE 提供设计文档的导入和导出操作。导入是指将其他文档引入到当前数据库文件中，供当前设计使用；导出则是指将当前数据库文件中的设计文档单独保存到其他位置，供其他软件调用或作其他用途。

要执行导入操作，要先打开需要导入文档的文件或文件夹，即导入文档的目的地，执行 File | Import 命令或直接单击右键，在弹出的菜单中选择 Import 命令(见图 2-35)，打开 Import File 对话框，选择需要导入的文件，单击“打开”按钮，就可将所选文件导入到当前文件或文件夹，如图 2-36 所示。

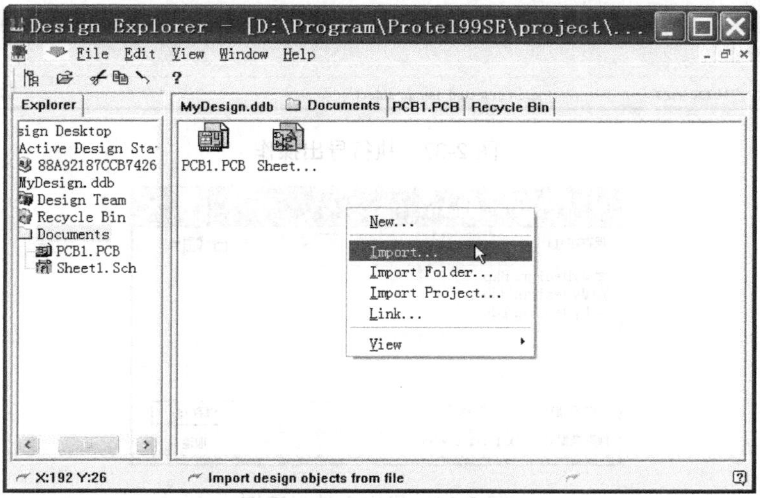

图 2-35 执行 Import 操作

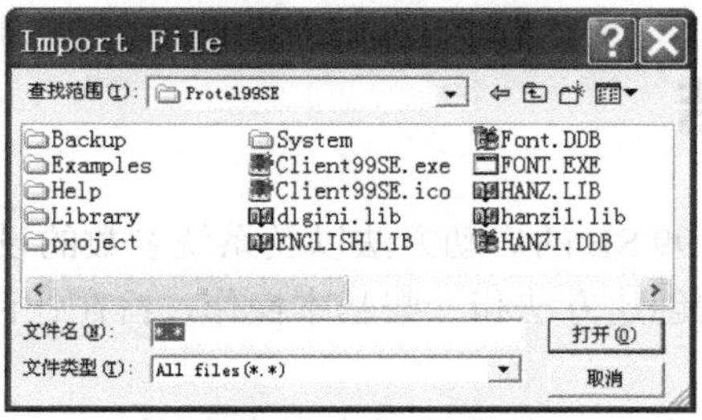

图 2-36 导入文件对话框

文档导出与导入操作类似，选择需要导出的文档，执行 File | Export 命令，或直接单击右键，选择 Export 命令(见图 2-37)，打开 Export Document 对话框，选择导出的目的路径，确定所要保存成的文件名，然后单击“保存”按钮，即可实现所选设计文档的导出，如图 2-38 所示。

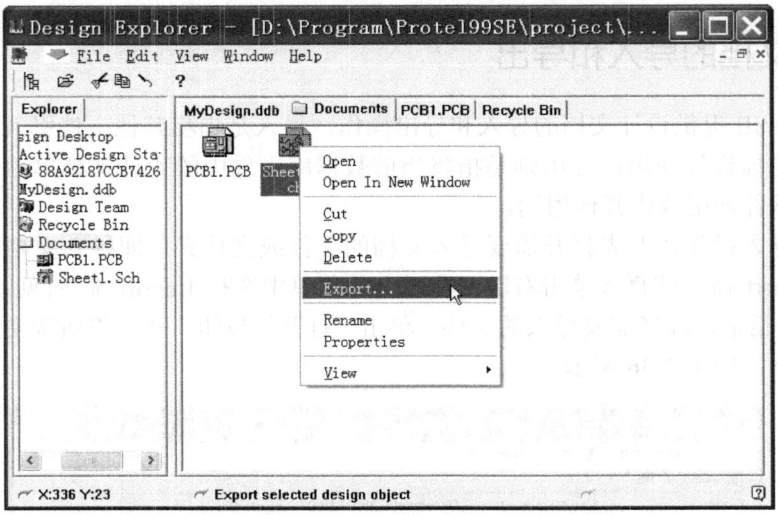

图 2-37　执行导出操作

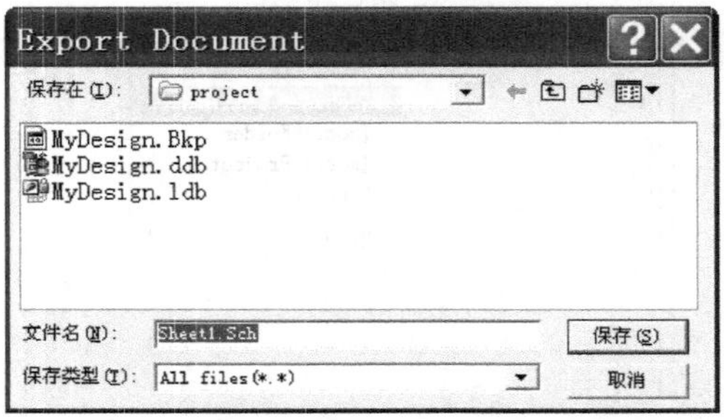

图 2-38　导出文件对话框

2.7　本章小结

本章详细介绍了 Protel 99 SE 的启动方法以及系统参数的设置，并介绍了设计任务的建立和管理，以及主要文档的创建方法和一些基本操作，旨在让读者对 Protel 99 SE 的操作方法有一个初步的认识。

对于设计任务的管理在复杂电路设计或小组多人同时进行设计时是很有用处的，读者如有需要可以对这一部分内容进行细致的了解。

第3章

原理图设计环境的配置

本章内容提示

熟悉设计环境的设置，根据不同的需要作不同的调整有时能够给设计工作带来很大的便利，所以在学习具体的电路的设计方法之前有必要对如何配置原理图设计环境做一些了解。

本章将对原理图编辑器界面的管理、工作区参数的设置、图纸参数的设置以及一些其他参数的设置作详细的介绍。虽然在一般情况下，采用默认参数设置就可以满足用户大部分的需求，但熟悉设计环境参数的配置能使用户在使用时更加得心应手，因此对于本章内容的了解还是很有必要的。

学习要点

- **原理图编辑界面的布局**
- **原理图编辑器界面的管理方法**
- **工作区参数的设置**
- **图纸参数设置的方法**
- **一些其他的参数设置**

3.1 进入原理图编辑器

打开一个原理图文件，进入如图 3-1 所示的原理图编辑界面。

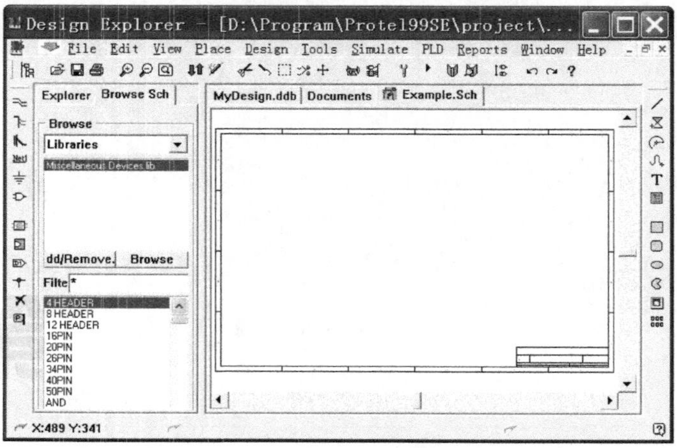

图 3-1 原理图编辑界面

可以看到，原理图编辑界面主要由菜单栏、主工具栏、设计工具栏、原理图元件管理器、绘图区组成。

1. 主菜单栏

在原理图编辑界面的主菜单栏上有 11 个菜单项，如图 3-2 所示。

图 3-2 原理图编辑界面的主菜单栏

在主菜单栏的下拉菜单中包含了原理图设计的所有操作命令，各个菜单项的主要功能如表 3-1 所示。

表 3-1 主菜单栏各菜单项功能介绍

菜单项	主要功能
File	提供新建等基本的文件操作，以及导入导出、打印和历史文件列表
Edit	提供各种基本编辑修改操作，包括复制、粘贴、选取、移动等
View	进行窗口的缩放以及工具栏、工作界面等的显示设置
Place	提供在工作区放置各种原理图图元的命令，如元件、连线等
Design	进行 PCB 更新、元件库管理、生成网络表以及图纸选项设置
Tools	提供辅助设计的各种工具以及相关参数的设置
Simulate	提供有关电路仿真的各种设置及操作
PLD	提供 PLD 设计工具

续表

菜单项	主要功能
Reports	生成原理图的各种报表
Window	提供对工作区窗口的排列、关闭等操作
Help	显示系统帮助信息，执行宏操作等

2. 主工具栏

系统常用的操作命令列在了主工具栏上，方便用户操作，如图 3-3 所示。

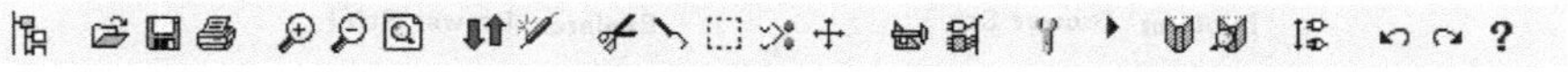

图 3-3 原理图编辑界面的主工具栏

主工具栏上各项的功能及与主菜单命令的对应关系列于表 3-2。

表 3-2 主工具栏各选项功能及其对应的菜单命令

图 标	功 能	对应菜单命令
	显示或隐藏文件管理器	View | Design Manager
	打开	File | Open
	保存	File | Save
	打印	File | Print
	放大显示工作区	View | Zoom In
	缩小显示工作区	View | Zoom Out
	将窗口适合整个图纸	View | Fit Document
	通过单击端口切换层次原理图	Tools | Up/Down Hierarchy
	交叉定位	Tools | Cross Probe
	剪切	Edit | Cut
	粘贴	Edit | Paste
	框选	Edit | Select | Inside Area
	取消对所有对象的选择	Edit | DeSelect | All
	移动所选对象	Edit | Move | Move Selection
	关闭或打开绘图工具栏	View | Toolbars | Drawing Tools
	关闭或打开布线工具栏	View | Toolbars | Wiring Tools
	打开电路仿真分析设置对话框	Simulate | Setup
	开始仿真	Simulate | Run
	加载卸载元件库	Design | Add/Remove Library
	浏览元件库	Design | Browse Library
	递增元器件编号	Edit | Increment Part Number
	撤销上一步操作	Edit | Undo

续表

图　标	功　能	对应菜单命令
↷	重复撤销的操作	Edit | Redo
?	显示帮助	Help | Content

3. 原理图元件管理器

如图 3-4 所示，元件管理器可以分为主浏览窗口、过滤器、子浏览窗口和预览区几个部分，在主浏览窗口上面的下拉菜单中可以选择浏览元件库或是按类别浏览对象。

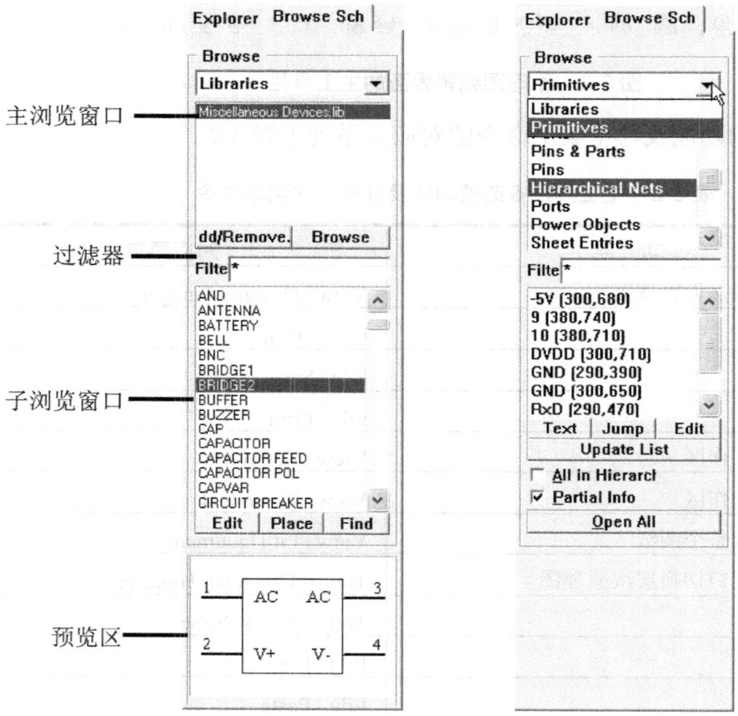

图 3-4　元件管理器

若选择浏览元件库，则在主浏览窗口中将会显示该原理图文件所加载的元件库，在子浏览窗口中则显示所选库中符合筛选条件的元件，在预览区会有相应的预览图形，此时通过主浏览窗口下的按钮可以加载、卸载库文件(Add/Remove Library)或是浏览元件库(Browse)，通过子浏览窗口则可以打开元件库编辑器编辑所选元件(Edit)、在绘图区放置所选元件(Place)或是查找元件(Find)。

若选择按类别浏览对象，则在主浏览窗口中显示类别名称，子浏览窗口中则显示属于所选类别并符合筛选条件的对象，选中一个对象，通过子浏览窗口下面的按钮分别可以实现文本域的编辑(Text)、跳转到所选对象(Jump)以及编辑对象属性(Edit)，通过两个复选框可以选择是否显示层次关系(All in Hierarchy)以及完整/部分信息显示(Partial Info)。此外还可以更新子浏览窗口显示列表(Update List)或是显示所有符合条件的对象(Open All)。

对于设计工具栏的内容会在后面讲解原理图设计时进行详细介绍。

3.2 编辑器界面的管理

3.2.1 管理器显示的切换

在设计管理器中，可以通过单击顶部的标签切换文件管理器或原理图元件管理器显示，如图 3-5 所示。而通过执行 View | Design Manager 命令或单击主工具栏上的按钮，可以显示或关闭设计管理器，如图 3-6 和图 3-7 所示。

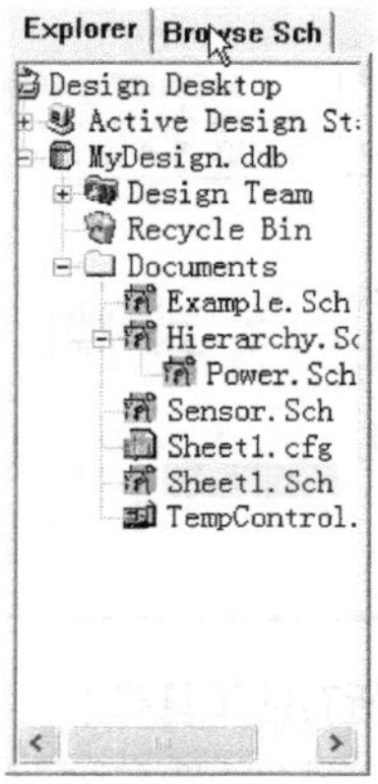

图 3-5　切换文件管理器和元件管理器

图 3-6　通过菜单命令显示/关闭设计管理器

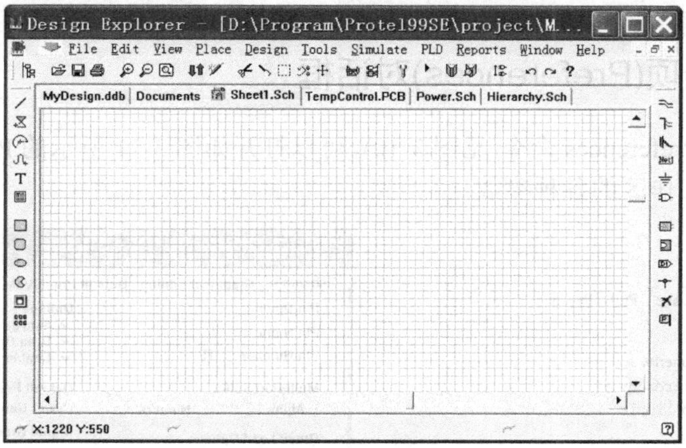

图 3-7　关闭设计管理器

3.2.2 工具栏的管理

Protel 99 SE 的原理图编辑器默认提供了 7 个工具栏，分别为主工具栏(Main Tools)、布线工具栏(Wiring Tools)、绘图工具栏(Drawing Tools)、电源对象栏(Power Objects)、数字对象栏(Digital Objects)、激励信号源栏(Simulation Sources)、PLD 工具条(PLD Toolbar)。

可以通过执行 View | Toolbars 菜单下的命令打开或关闭相应的工具栏，如图 3-8 和图 3-9 所示。此外通过单击主工具栏上的 和 按钮也可以进行绘图工具栏和布线工具栏的显示/关闭切换。

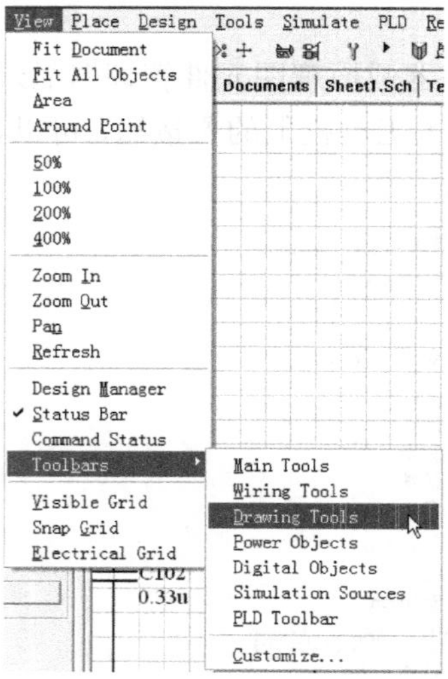

图 3-8 通过 View | Toolbars 菜单命令打开工具栏

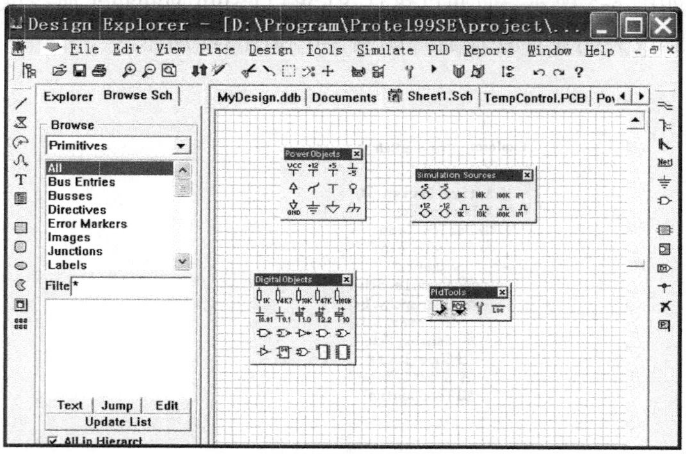

图 3-9 显示所有的工具栏

3.3 设置工作区参数

3.3.1 优选项(Preferences)对话框

选择 Tools | Preferences 命令(见图 3-10)，可以打开如图 3-11 所示的 Preferences 对话框，在这里可以设置工作区的各种参数。

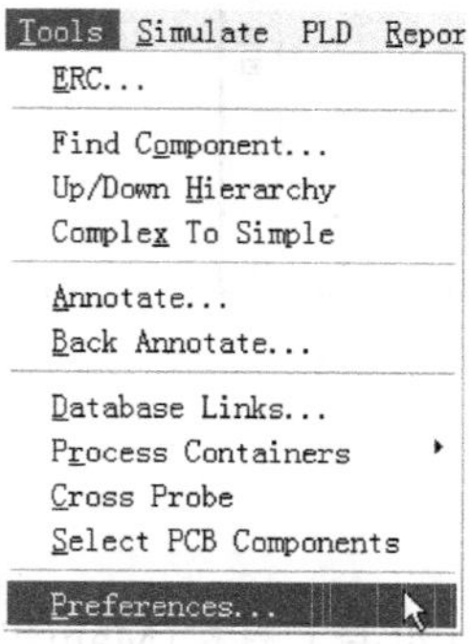

图 3-10 选择 Preferences 命令

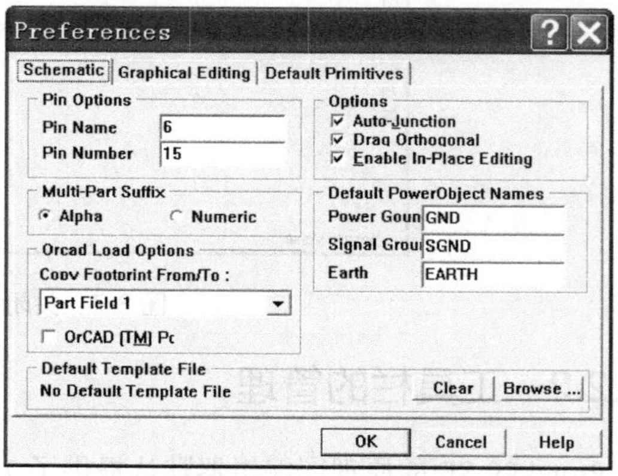

图 3-11 Preferences 对话框

3.3.2 设置原理图(Schematic)选项卡

打开 Preferences 对话框，首先可以看到 Schematic 选项卡(见图 3-11)，用来设置原理图设计中的放置节点和模板管理以及导入其他原理图的约定。可以看到，其分为 6 个部分，下面分别进行介绍。

1. Pin Options 选项组

- **Pin Name：** 设置元件引脚名与元件边缘的间距，单位为 10mil，默认值为 6。
- **Pin Number：** 设置元件引脚号与芯片外框的间距，单位为 10mil，默认值为 15。

2. Multi-Part Suffix 选项组

有些元件是由多个相同的部件(Part)组成的，比如 74LS00 是四 2 输入与非门，即在一个芯片上集成了四个 2 输入与非门，每一个与非门都是一个部件(Part)，Multi-Part Suffix 选项组就是设置在连续放置相同组件的多个部件时每个部件的下标递增的方式。

- **Alpha：** 下标按字母方式递增，如图 3-12 所示。
- **Numeric：** 下标按数字方式递增，如图 3-13 所示。

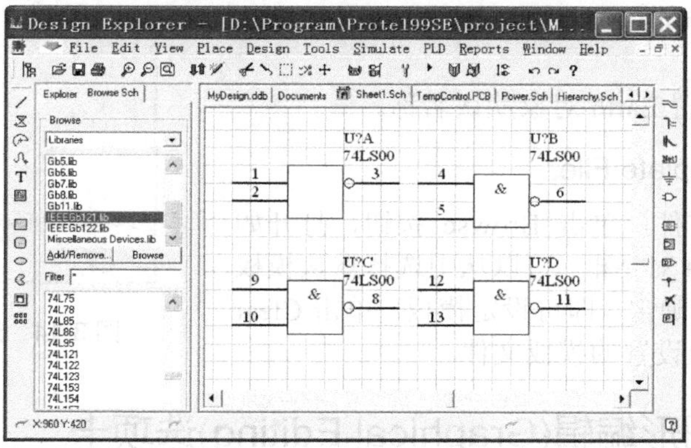

图 3-12　选择字母(Alpha)递增方式的显示效果

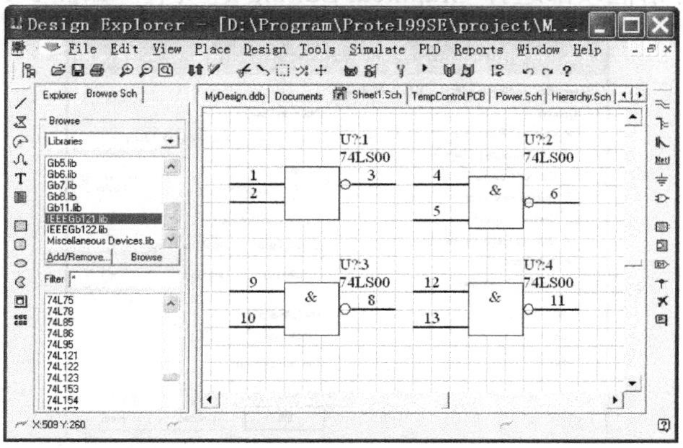

图 3-13　选择数字(Numeric)递增方式的显示效果

3. Orcad Load Options 选项组

- **Copy Footprint From/To：**设置引入 Orcad 电路图时元件封装的定义从哪一部分引入。
- **Orcad(TM) Ports：**设置绘制原理图时，手工拉长的 I/O 端口会自动缩短到刚好能够容纳端口名称的长度。

4. Options 选项组

- **Auto-Junction：**在连接导线时，设置是否在 T 形交叉点自动放置节点，表示导线间的电气连接。
- **Drag Orthogonal：**设置是否在导线走线时只允许水平或垂直移动，否则可以任意方向走线。
- Enable In-Place Editing：设置是否允许在已放置导线处编辑和修改导线。

5. Default PowerObject Names 选项组

- **Power Ground：**设置 Power Ground 对象默认名称。
- **Signal Ground：**设置 Signal Ground 对象默认名称。
- **Earth：**设置 Earth 对象默认名称。

6. Default Template File

设置默认模板文件，单击 Browse 按钮，打开如图 3-14 所示的 Select 对话框，可以从中选择默认模板文件，单击 OK 按钮确定，即可设定模板。单击 Clear 按钮，可以清除已经设置的模板文件。

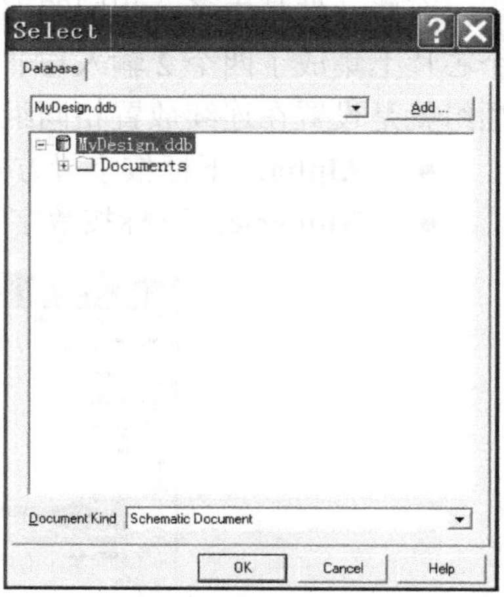

图 3-14　选择原理图模板文件

3.3.3　设置图形编辑(Graphical Editing)选项卡

在 Preferences 对话框顶部选择 Graphical Editing 选项卡，如图 3-15 所示。

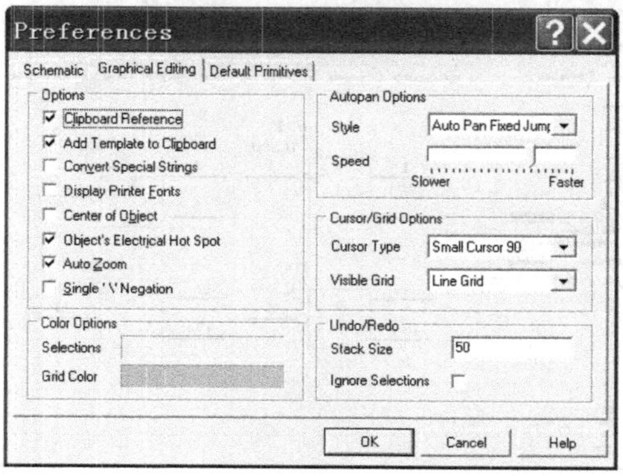

图 3-15　Graphical Editing 选项卡

该选项卡分为了 5 个部分，下面分别进行介绍。

1. Options 选项组

- **Clipboard Reference：**设置是否指定复制和剪切操作的中心点。选中后，在执行 Copy 和 Cut 操作时，系统会需要用户用鼠标单击某一点作为复制或剪切的参考点，在执行 Paste 命令时会以此点为参考位置进行操作。若取消选择，则系统默认以执行 Copy 或 Cut 命令时鼠标光标所在位置为参考点。
- **Add Template to Clipboard：**设置在进行复制和剪切操作时包含图边和标题栏。
- **Convert Special Strings：**设置是否转换特殊字符使其可见。
- **Display Printer Fonts：**设置是否显示打印驱动程序的字体。
- **Center of Object：**设置在移动元件时光标定位在元件中心还是参考引脚。
- **Object's Electrical Hot Spot：**设置是否在靠近元件引脚时捕捉电气节点。
- **Auto Zoom：**设置是否自动调整元件显示比例。
- **Single '\' Negation：**设置是否启用单“\”取反，这一选项主要在进行库文件编辑的时候应用，在设计元件定义时有时需要给元件引脚名称添加上划线，表示低电平有效，这一操作可以通过在名称中加“\”来直接实现，而不需要用户自己画线。当选中此复选框时，只需要在名称前面加单个“\”字符即可为整个名称添加上划线，否则需要在每个需要添加上划线的字母后面都添加“\”。例如需要给 RST 添加上划线，选中此复选框，则 Pin(引脚)对话框中的 Name 一栏中只需要输入“\RST”即可，否则需要输入“R\ST”，如图 3-16、图 3-17 和图 3-18 所示。

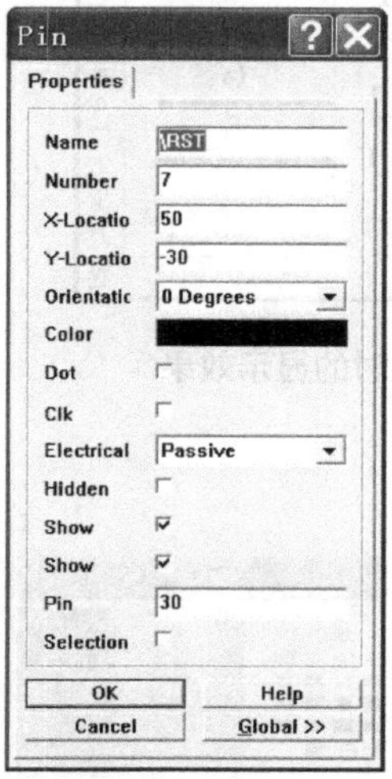

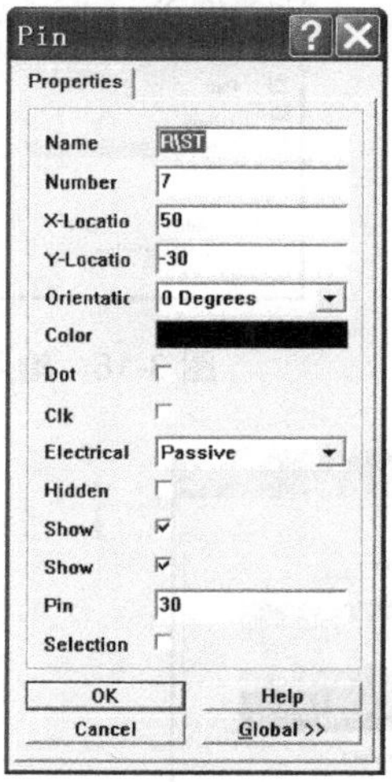

图 3-16　引脚属性对话框

2. Color Options 选项组

- **Selections：**设置选中对象时选框的颜色，默认为黄色。
- **Grid Color：**设置网格显示的颜色，默认为灰色。

单击颜色条，会出现如图 3-19 所示的 Choose Color(颜色选择)对话框，用户可以选择自己喜欢的颜色，也可以单击 Define Custom Colors 按钮自定义颜色，如图 3-20 所示。关于颜色定义的操作与一般绘图工具相似，这里就不再详细叙述了。

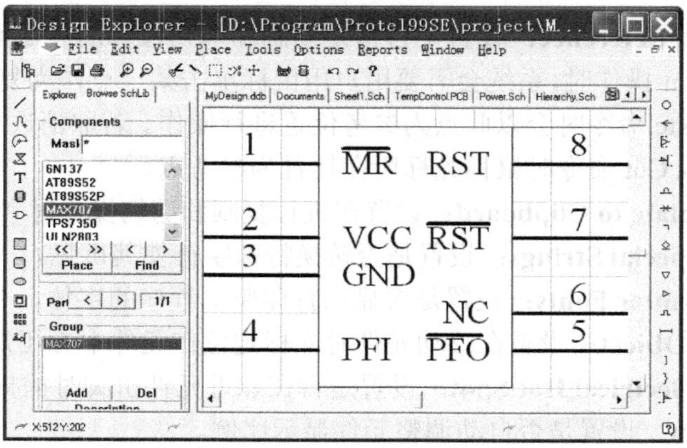

图 3-17　输入“\RST”在选中复选框时的显示效果

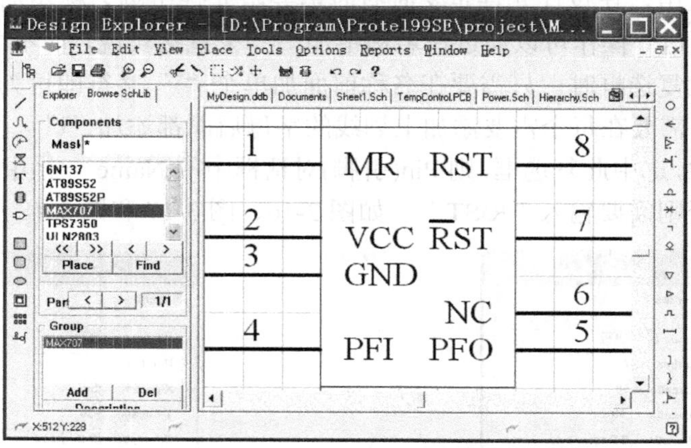

图 3-18　输入“R\ST”在取消复选框时的显示效果

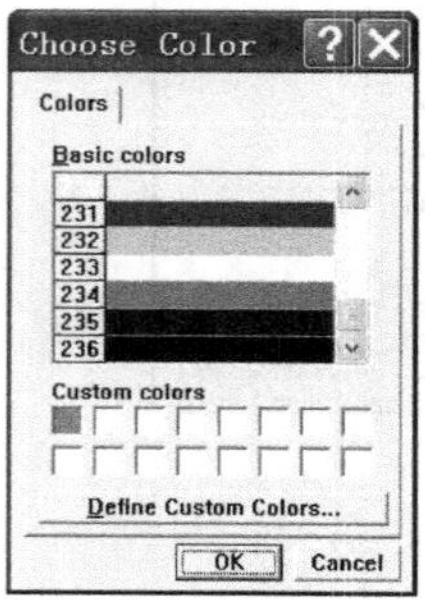

图 3-19　颜色选择对话框

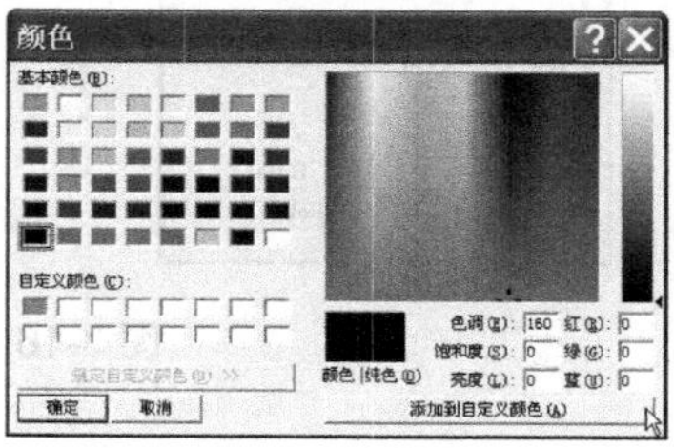

图 3-20　自定义颜色对话框

3. Autopan Options 选项组

- **Style：** 设置光标自动翻页的样式。自动翻页是指当光标移动到工作区边缘时，图纸会自动向相反的方向移动。在该选项的下拉列表中包含 3 个选项：禁止自动翻页(Auto Pan Off)、自动翻页同时光标不自动跳转(Auto Pan Fixed Jump)和翻页后光标跳至工作区中心位置(Auto Pan ReCenter)。

- **Speed：**设置自动翻页速度。

4. Cursor/Grid Options 选项组

- **Cursor Type：**设置光标样式。下拉列表中有 3 个选项，分别为 90°大光标(Large Cursor 90)、90° 小光标(Small Cursor 90)和 45° 小光标(Small Cursor 45)，其显示效果如图 3-21 所示。

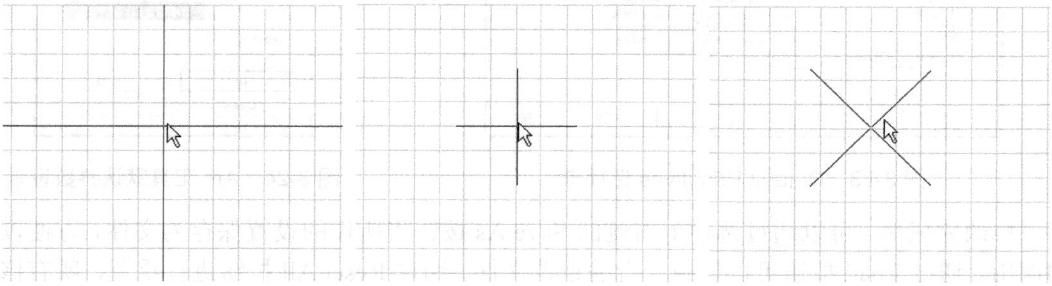

图 3-21　3 种光标样式的显示效果

- **Visible Grid：**设置网格的样式。有两种方式可选，分别是点格(Dot Grid)和线格(Line Grid)，效果如图 3-22 所示。

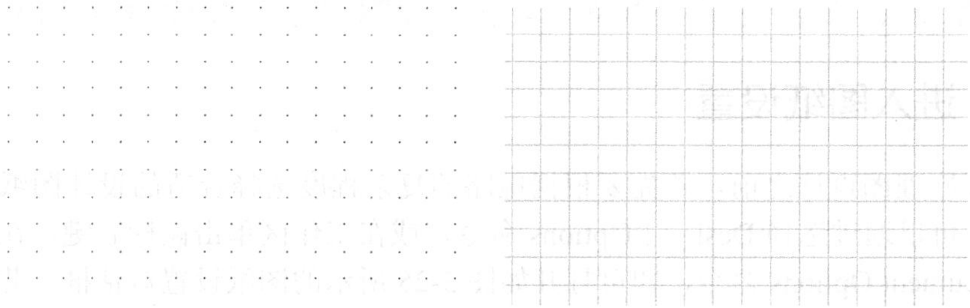

图 3-22　两种网格样式的显示效果

5. Undo/Redo 选项组

- **Stack Size：**设置撤销/重复堆栈大小，堆栈越大，记录的操作数就越多，但是相应消耗的内存也就越大，用户可以根据自己的实际情况进行设置。
- **Ignore Selections：**设置是否忽略选择操作。

3.3.4　设置参数(Default Primitives)选项卡

在 Preferences 对话框顶部选择 Default Primitives 选项卡，如图 3-23 所示。

该选项卡用于设置各种绘图工具的默认参数。例如，可以从 Primitive Type 中选择 All，在 Primitives 列表中就会显示所有工具名称，选择 Arc，单击列表框下面的 Edit Values 按钮，就可以打开如图 3-24 所示的属性设置对话框，可以对 Arc 工具的默认参数进行修改。然后单击 OK 按钮进行确认，即可完成对 Arc 工具默认参数的设置。

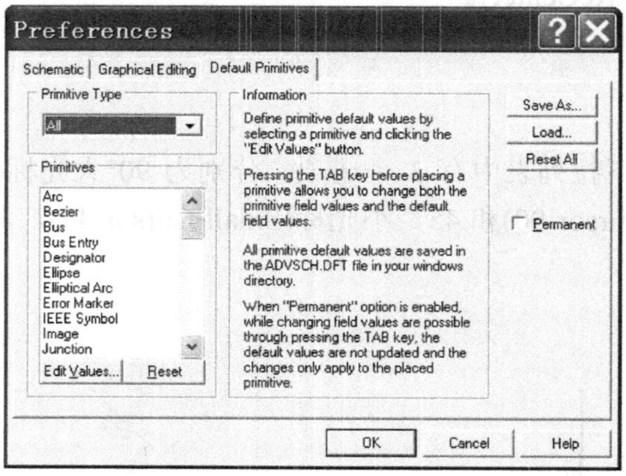

图 3-23　Default Primitives 选项卡

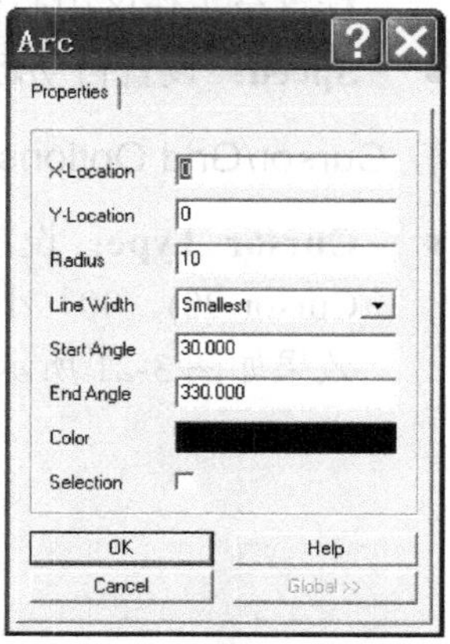

图 3-24　Arc 工具默认参数设置

修改完成后，可以通过选项卡右侧的 Save As 按钮将所作的设置保存为文件，方便以后的调用。通过 Load 按钮可以加载已有的设置文件。通过 Reset All 按钮进行重置，所有修改都恢复为默认值。若选中了 Permanent 复选框，则所作的修改会被保存为默认值。

在该选项卡中的 Information 选项组有关于选项卡设置的详细说明。

3.4　设置图纸参数

3.4.1　进入图纸设置

在进行原理图设计之前，首先要根据电路的复杂程度选择合适的设计图纸，确定各种相关参数。可以通过选择 Design | Options 命令，或在工作区单击鼠标右键，在弹出的菜单中选择 Document Options 命令，即可打开如图 3-25 所示的图纸设置对话框。此外，在工作区中双击图纸边框及边框以外的区域也可以打开该对话框。

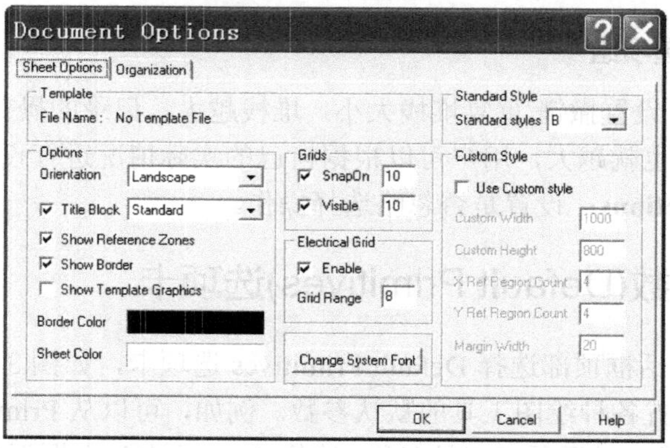

图 3-25　图纸设置对话框

3.4.2 设置图纸尺寸

在如图 3-26 所示的 Standard Style 选项组中的 Standard Styles 下拉列表中，可以选择 Protel 99 SE 提供的标准图纸样式，其具体尺寸如表 3-3 所示。

图 3-26 选择标准纸张

表 3-3 Protel 99 SE 提供的标准图纸尺寸

尺寸标号	width(in)	height(in)	width(mm)	height(mm)
A	11	8.5	279	216
B	17	11	432	279
C	22	17	559	432
D	34	22	864	559
E	44	34	1078	864
A4	11.69	8.27	297	210
A3	16.54	11.69	420	297
A2	23.39	16.54	594	420
A1	33.07	23.39	840	594
A0	46.8	33.07	1188	840
OrCAD A	9.9	7.9	251	200
OrCAD B	15.4	9.9	391	251
OrCAD C	20.6	15.6	523	396
OrCAD D	32.6	20.6	828	523
OrCAD E	42.8	32.8	1087	833
Letter	11	8.5	279	216
Legal	14	8.5	356	216
Tabloid	17	11	432	279

此外，用户还可以通过 Custom Style 选项组自定义纸张，如图 3-27 所示。首先选中 Use Custom style 复选框，激活自定义纸张功能。该选项组中有 5 个选项，内容分别如下。

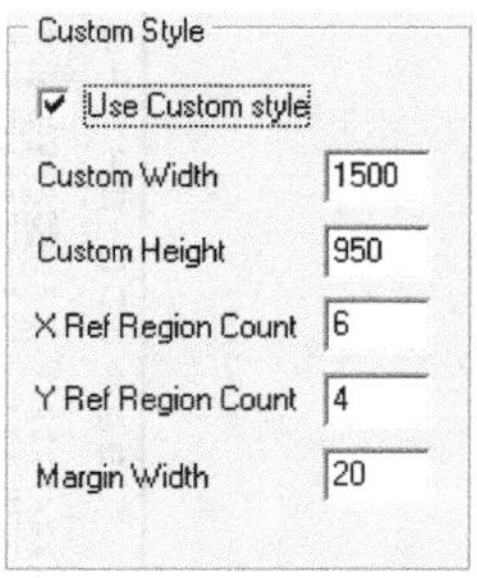

图 3-27 自定义纸张

- **Custom Width：**设置自定义纸张宽度，单位 10mil。
- **Custom Height：**设置自定义纸张高度，单位 10mil。
- **X Ref Region Count：**X 轴参考区域数，即 X 轴边框等分数。
- **Y Ref Region Count：**Y 轴参考区域数，即 Y 轴边框等分数。
- **Margin Width：**设置图纸边框宽度，单位为 10mil。

设置好参数，单击 OK 按钮，即可实现图纸尺寸设置。

3.4.3 设置图纸方向

在图 3-28 所示的 Options 选项组的 Orientation 下拉列表中可以设置图纸方向，其中有如下两个选项。

- **Landscape：** 横向。
- **Portrait：** 纵向，效果如图 3-29 所示。

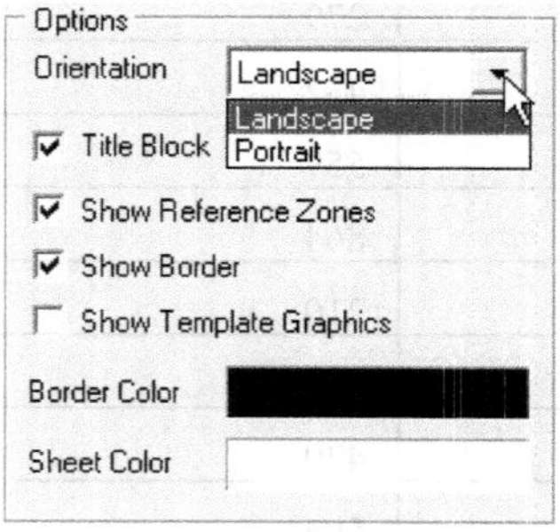

图 3-28 Options 选项组

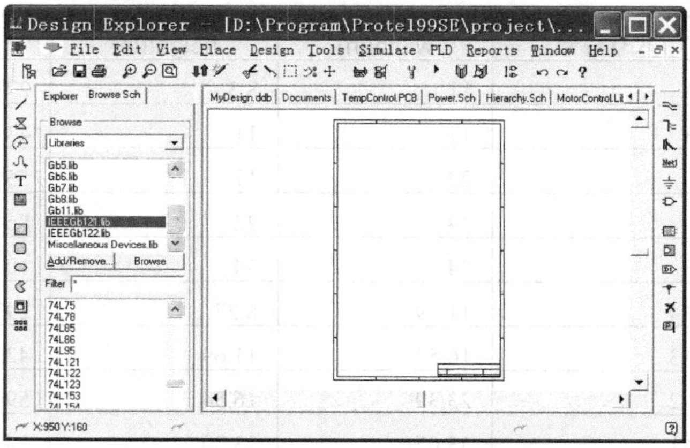

图 3-29 选择 Portrait 图纸方向

3.4.4 设置边框样式

在图 3-28 所示的 Options 选项组中还可以设置边框样式，包括如下设置。

- **Show Reference Zones：** 设置是否显示参考区。
- **Show Border：** 设置是否显示边框。

设置效果如图 3-30 所示。

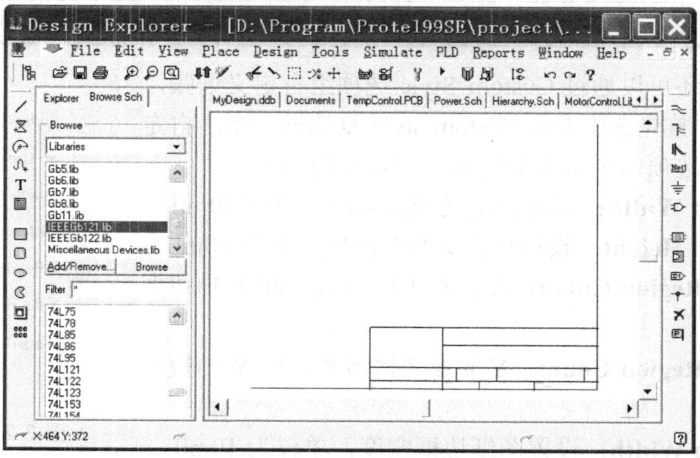

图 3-30 取消显示参考区和边框后的显示效果

3.4.5 设置标题栏

Protel 99 SE 提供了两种标题栏的定义，分别是 Standard 形式和 ANSI 形式，可以在 Options 选项组的 Title Block 下拉列表中进行选择，效果分别如图 3-31 和图 3-32 所示。

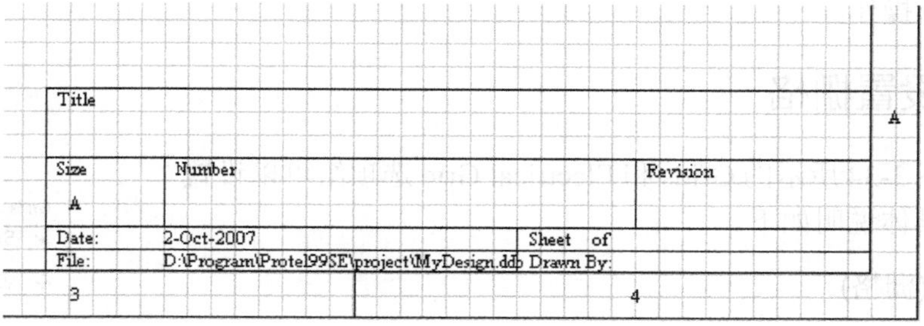

图 3-31 Standard 形式的标题栏

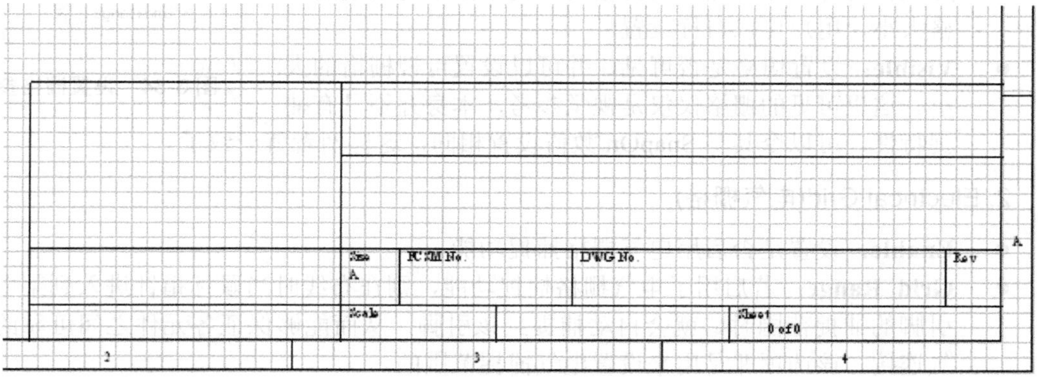

图 3-32 ANSI 形式的标题栏

设置 Title Block 时，还可以选择图纸是否带标题栏，效果如图 3-33 所示。

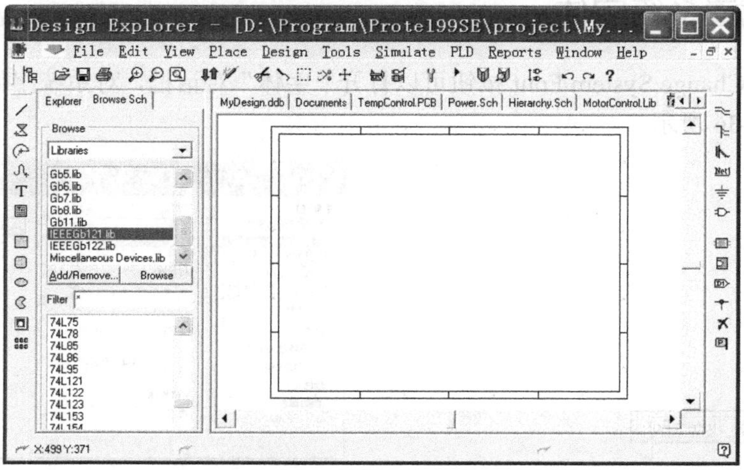

图 3-33 取消标题栏后的图纸

3.4.6 设置边框和背景颜色

还可以在 Options 选项组中通过 Border Color 和 Sheet Color 选项设置边框和背景颜色，具体的设置过程和图形编辑(Graphical Editing)选项卡中颜色选项的设置类似，读者可以参考相关内容进行操作。

3.4.7 设置栅格

通过如图 3-34 所示的 Grids 和 Electrical Grid 选项组可以设置栅格参数，具体说明如下。

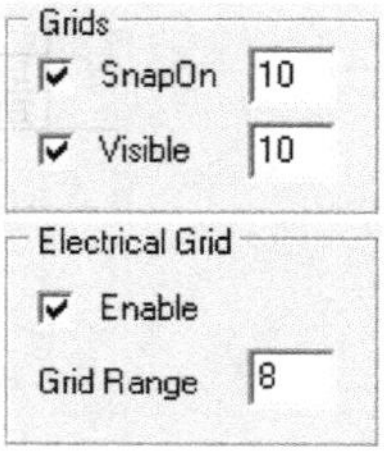

图 3-34　设置栅格参数

1. Grids(栅格)

- **SnapOn**：设置是否启用栅格捕捉，即在对元件进行放置或移动等操作时是否捕捉栅格。文本框中的数值是栅格大小，用户可以自行设置。
- **Visible**：设置栅格是否可见，并可以设置可视栅格的大小。这里可见的栅格仅仅是视觉参考，本身并不具有捕捉特性，可以令其与 SnapOn 数值设置相同，这样两者就一致了。

2. Electrical Grid(电气栅格)

- **Enable**：设置是否启用电气栅格捕捉功能。
- **Grid Range**：若启用了电气栅格捕捉功能，则在布线时当鼠标指针进入到某电气引脚的捕捉范围时，就会自动捕捉到该引脚，从而能够保证各元件之间可靠的电气连接。该选项即是用来设置电气捕捉范围的。

关于栅格显示的样式以及颜色的设置与图形编辑(Graphical Editing)选项卡相同，这方面的设置读者可以参考相关内容。

3.4.8 设置系统字体

通过单击 Change System Font 按钮可以打开“字体”对话框，对系统字体进行设置，如图 3-35 和图 3-36 所示。

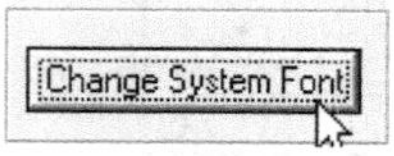

图 3-35　修改系统字体

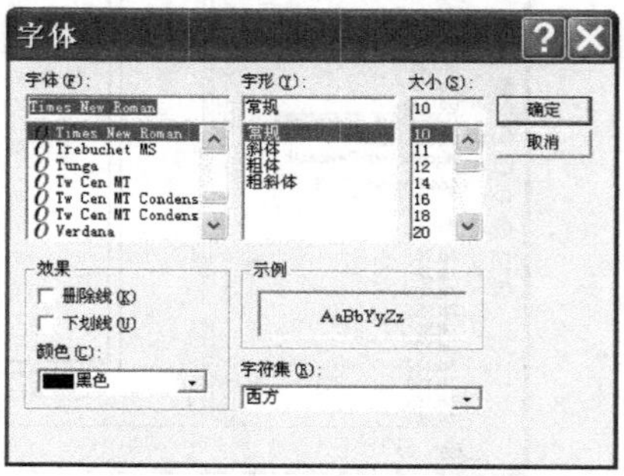

图 3-36　“字体”对话框

3.5 其他设置

3.5.1 设置 Organization 选项卡

在 Document Options 对话框中还有一个 Organization 选项卡，可以用来设置一些文件的基本信息，如图 3-37 所示，各项内容说明如下。

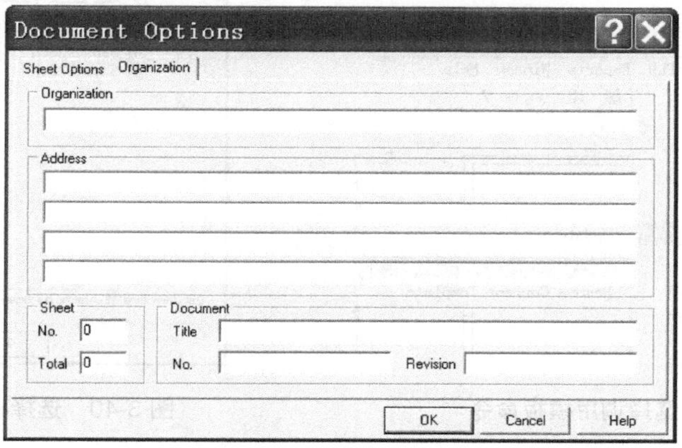

图 3-37　Organization 选项卡

- **Organization 选项组：**可以设置电路设计者的公司或单位名称。
- **Address 选项组：**设置公司或单位地址。
- **Sheet 选项组：**No.用来设置本张原理图编号，Total 可以设置总原理图的张数。
- **Document 选项组：**Title 设置本张原理图的标题，No.设置编号，Revision 设置版本号。

3.5.2 模板设置

Protel 99 SE 提供了模板操作，用户可以把经常涉及的设计图纸的设置存为模板，这样在进行类似的新的设计时只需要加载已保存的模板即可，免去了烦琐的参数设置工作，可以为用户节省作重复性工作的时间。

1. 生成图纸模板文件

用户可以建立一个原理图文件并设置好文件的各种参数，然后执行 File | Save As 命令，打开如图 3-38 所示的 Save As 对话框。

在 Format 下拉列表中选择 Advanced Schematic template binary(*.dot)格式，并将文件名改为 TemplateEg.dot，然后单击 OK 按钮。这样就生成了 TemplateEg.dot 模板文件。

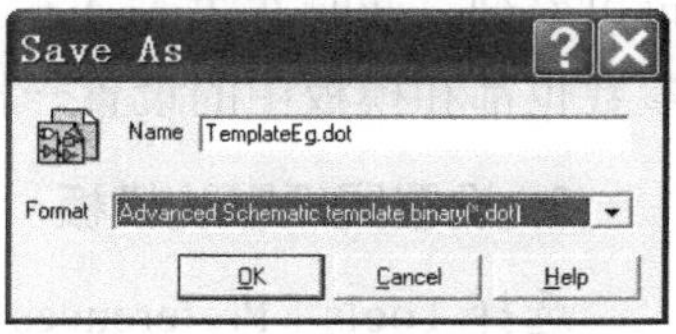

图 3-38　另存为模板

2. 调用图纸模板

当用户创建了新的设计文档之后，可以通过选择 Design | Template | Set Template File Name 命令打开 Select 对话框，如图 3-39 和图 3-40 所示。

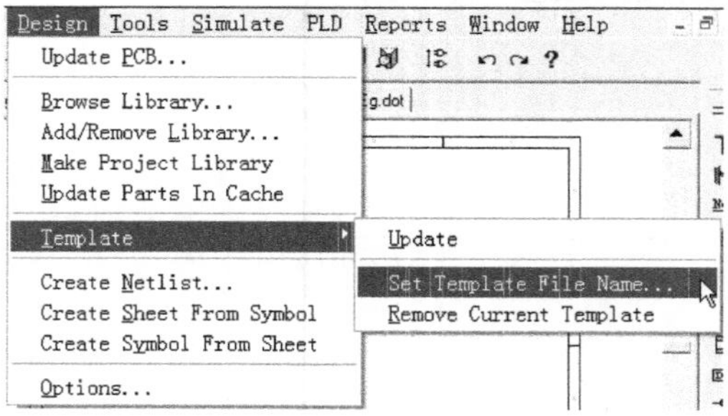

图 3-39 选择调用模板命令

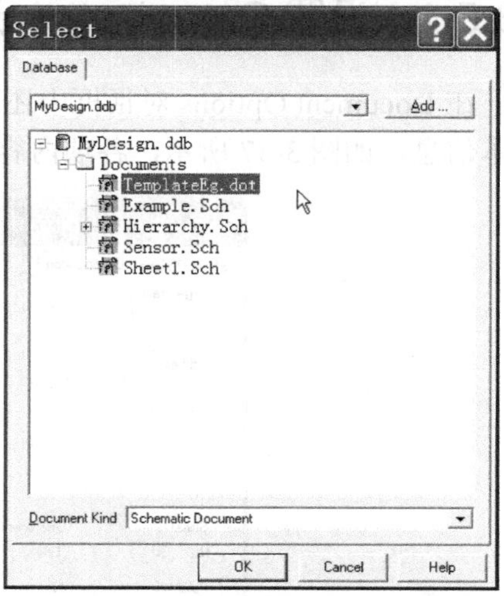

图 3-40 选择模板文件对话框

单击 Add 按钮，在弹出的如图 3-41 所示的对话框中选择包含模板文件的数据库文件，单击“打开”按钮加载所选数据库文件，在文件列表中选择刚刚创建的 TemplateEg.Ddb 模板文件，单击“打开”按钮，会弹出如图 3-42 所示的确认对话框，单击 OK 按钮同意应用模板，即可将模板中的设置应用到当前文件。如果单击 Apply to All 按钮，则在该数据库文件中所创建的同类文档都将套用模板中的设置。

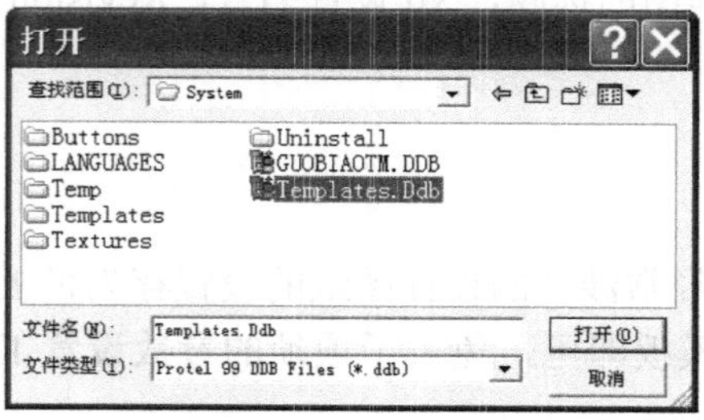

图 3-41 选择数据库文件

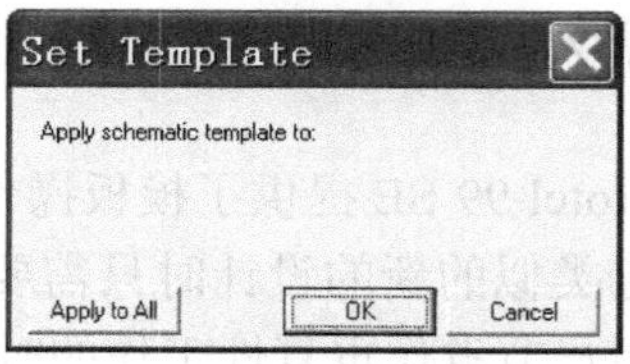

图 3-42 确认应用模板

应用模板文件后，选择 Design | Options 命令，打开如图 3-43 所示的图纸设置对话框，可以看到，此时在 Template 选项组中显示着当前应用的模板文件 TemplateEg，而页面中的参数也都和模板中的设置一样了。

3. 设置图纸默认模板

选择 Tools | Preferences 命令，打开 Preferences 对话框，在 Schematic 选项卡的 Default Template File 选项组中可以将一个图纸模板设置为默认模板，这样每次创建一个新的文件时系统都会调用该模板的设置。

在 Protel 99 SE 安装目录下的 System 文件夹中有一个 Templates.Ddb 文件，这是 Protel 99 SE 提供的模板数据库文件，其中包含了各种类型的模板文件，用户可以根据自己的需求进行选用，如图 3-44 和图 3-45 所示。

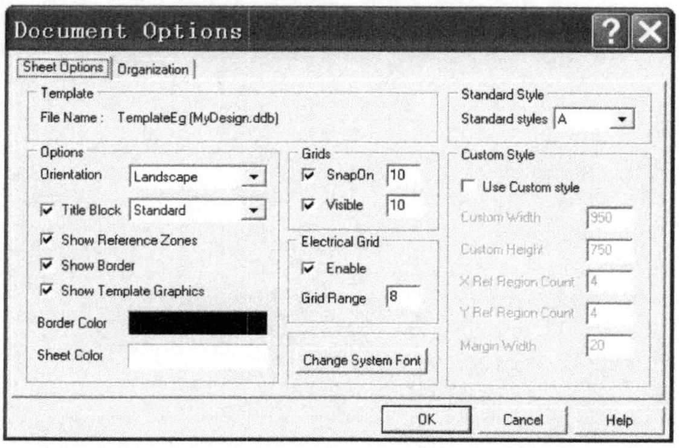

图 3-43　应用模板后的图纸设置对话框

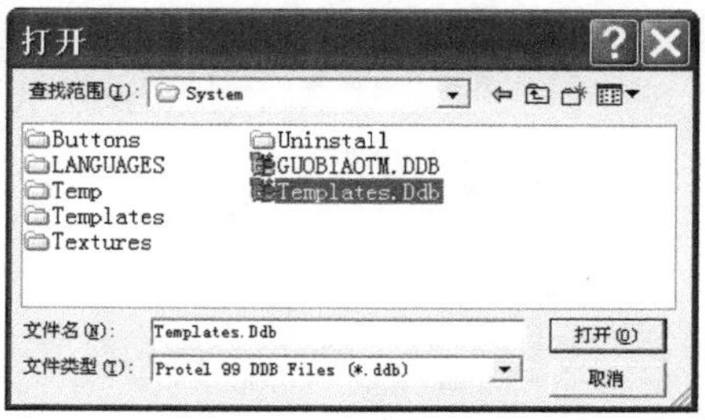

图 3-44　Protel 99 SE 安装目录中的模板数据库

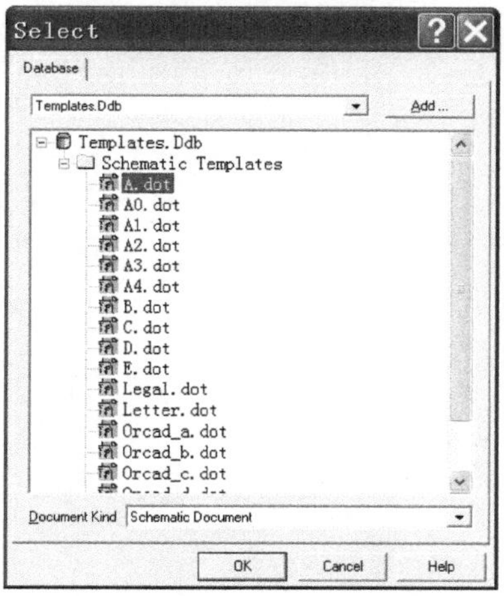

图 3-45　Protel 99 SE 提供的模板数据库中的模板文件

3.6　本章小结

本章中对原理图编辑器界面的布局和管理、工作区参数的设置、图纸参数的设置等内容作了详细的介绍，希望读者能够通过本章内容的学习熟悉原理图设计环境的设置，为熟练使用 Protel 99 SE 进行电路设计打下良好的基础。

后面的章节中在遇到具体的相关参数设置时，都给出了相应的参考位置，因此读者也可以在后面的学习中逐渐熟悉对设计环境的配置。

第4章

基础原理图设计

本章内容提示

从本章开始将进行原理图设计方法的学习。原理图设计是电子线路 CAD 的基本功能，也是进行 PCB 设计的基础。Protel 99 SE 提供了功能强大的原理图编辑器，熟练掌握其使用方法能够让设计者轻松便捷地进行原理图设计。但首先，应该掌握 Protel 99 SE 原理图编辑器基本的使用方法，这是进行复杂原理图设计的基础。

本章中将对原理图设计的一般流程、基本操作和一些基本设计工具的使用方法进行详细的介绍，通过本章的学习，读者应该能够对原理图设计的方法有一个清晰的了解，并具备进行基本原理图设计的能力。

学习要点

- 原理图设计的一般流程
- 绘制原理图的基本操作
- 对象属性的编辑
- 绘图工具的使用
- 对原理图进行保存输出

4.1 原理图设计的一般流程

一般说来，设计一个电路的原理图主要包括设置编辑器参数、规划布局、放置元件、布线、检查调整以及保存和输出等步骤，如图 4-1 所示。

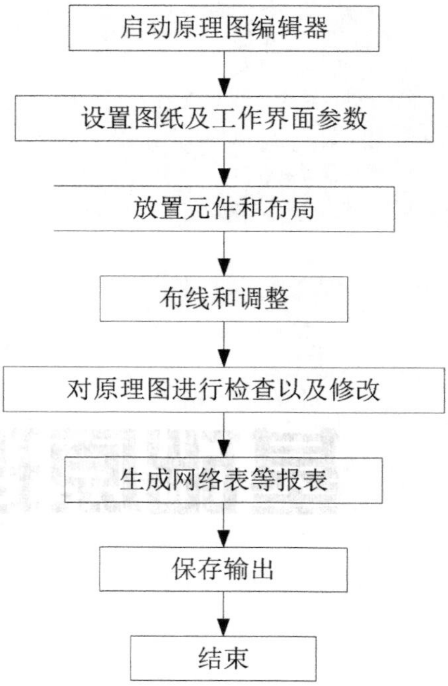

图 4-1　原理图设计的基本流程

1. 启动原理图编辑器

首先需要启动 Protel 99 SE 的原理图编辑器，具体方法可以参考第 3 章。

2. 设置图纸及工作区参数

绘制原理图之前，需要根据设计内容的复杂程度选择合适的图纸，并根据需要以及用户习惯对工作区做一些设置，方便具体的原理图设计操作。有关原理图编辑环境各种参数的设置方法可参考第 3 章内容。

3. 放置元件和布局

规划元件布局，从元件库中找到所需要的元件，并放置到图纸上，然后对元件的标号、属性等进行设置。元件的布局一般遵循以下几个原则。

- 同一功能模块的元件尽量放到一起：可以方便理解电路结构同时便于管理。
- 元件的摆放有利于布线：方便进行布线操作。
- 美观。

4. 布线和调整

放置好元件后，就可以将各个引脚按功能用导线连接到一起了，同时根据布线的需要对元件布局进行一些必要的调整。这一步骤也可以与上一步交错进行，目的都是为了便于达到设计要求。

5. 检查和修改

完成原理图的绘制后，还需要对其进行进一步的检查和修改，主要包括两部分：一是确保原理图绘制的正确性，没有疏漏和误连接，这一点可以借助于 Protel 99 SE 提供的电气检查功能(ERC)来实现；二是从逻辑上检查所设计的电路是否能够实现所需要的功能，即设计者需要对自己的设计思路进行反思，确保电路在原理上的正确性，这一点非常重要，一个电路设计最终是否能够正确、可靠地实现预期的功能往往取决于设计者的思路是否正确、对可能遇到的问题是否做了充分的考虑，这也从根本上评判了电路设计的好坏，因此希望设计者在这一方面多加考虑。

对设计进行充分的检查，尽可能地把问题扼杀在原理设计阶段，能够极大提高电路设计的效率，减少返工的次数，从而有效地缩短整个设计周期、降低设计成本。否则，等到完成了 PCB 的设计甚至已经加工出了电路板才发现原理设计上的疏漏，就会造成极大的人力和物力的浪费。而这一点往往是初学者比较容易忽略的，因此希望读者能够引起足够的注意。

6. 生成网络表等报表

设计好原理图之后需要生成网络表，用以后续 PCB 的设计。还可以选择输出元件清单等各种报表，用于器件购买以及电路评判等工作。

7. 保存输出

对最终完成的原理图设计要进行保存，在设计的过程中也要注意经常对设计资料进行保存，避免意外发生导致设计资料的丢失。如有需要，可以将原理图打印输出。

4.2 绘制基本的原理图

4.2.1 放置元件

1. 元件的放置

打开一个原理图文件进入原理图编辑器，可以看到在左侧的主浏览窗口的库文件浏览区默认加载了混合器件(Miscellaneous Devices.lib)库文件，这是 Protel 99 SE 自带的库文件，包含了多种常用元件的定义。在子浏览区中拖动滚动条找到所要放置的元件，或直接在过滤器中输入所要元件的完整或部分文件名按 Enter 键，在筛选结果中找到所要放置的元件，如图 4-2 所示，这里的“*”是通配符，含义与 Windows 查询操作相同，表示后面可以有一个或多个字符。选中所需元件，单击 Place 按钮，或直接双击鼠标左键，光标就会出现在绘图区，带着所选元件，单击鼠标左键或按键盘 Enter 键进行元件放置，如图 4-3 所示，此时光标仍处于待放置状态，可以继续放置下一个元件，右击或按键盘 Esc 键可以取消放置。通过空格键可以循环切换元件旋转角度，如图 4-4 所示。

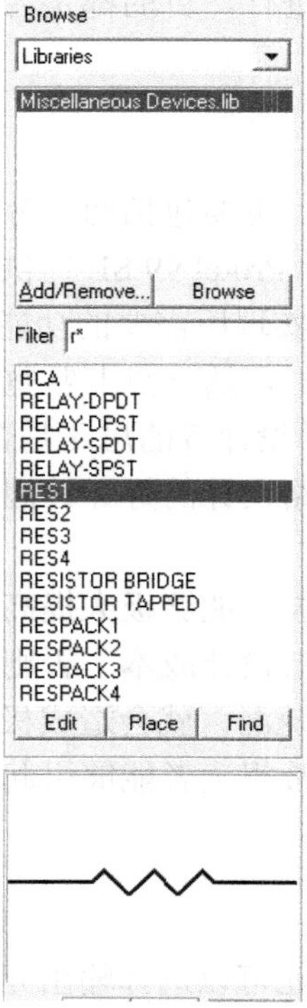

图 4-2　选择元件

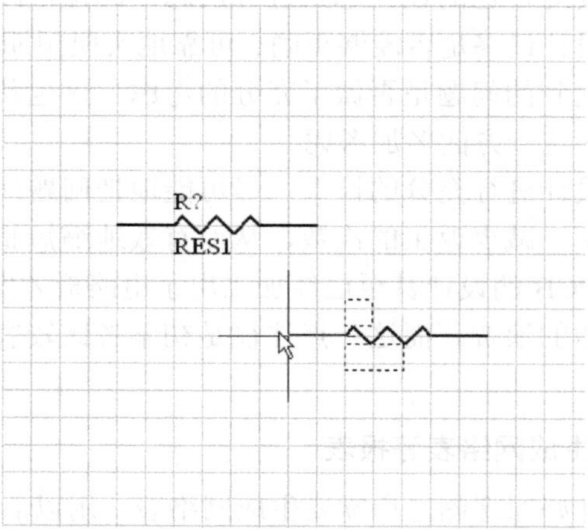

图 4-3　放置一个电阻元件

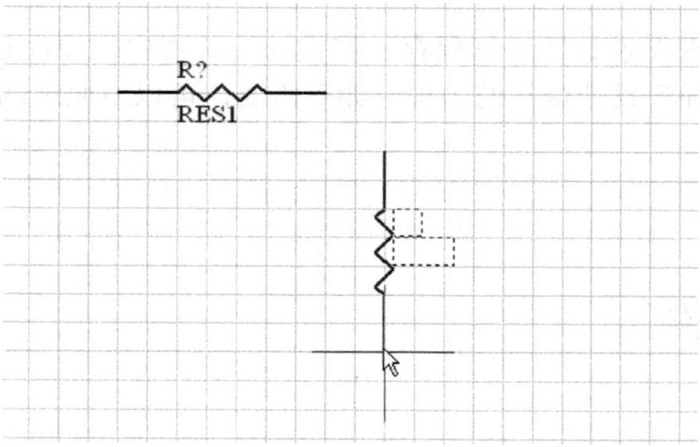

图 4-4　通过空格键调整元件旋转角度

2. 查找元件和元件库操作

如果当前列表中没有所要的元件，可以单击子浏览区下的 Find 按钮，弹出如图 4-5 所示的查找元件对话框。在 Find Component 选项组中可以选择查找方式，这里采用库参考方式(By Library Reference)，输入所要的元件名，“*”为通配符。在 Search 选项组中可以选择搜索路径并设置搜索方式，默认是采用指定路径模式(Specified Path)，搜索路径为 Protel

99 SE 安装目录下的 Library\Sch 文件夹下，库文件的扩展名为“.ddb”和“.lib”。单击 Find Now 按钮开始查找，程序会列出所有符合搜索条件的元件及其所在的库，用户可以选择加载这些库或直接单击 Place 按钮放置所选元件。

如果已经知道了所需元件所在的库文件或是会用到某一库文件中的元件定义，则可以通过单击原理图编辑界面中主浏览窗口下的 Add/Remove 按钮，弹出如图 4-6 所示的对话框，查找并选择所需的库文件，单击 OK 按钮进行加载，这样就可以在主浏览窗口中选择该库文件，再在子浏览区中选择所需元件进行放置了。在该对话框中还可以通过 Remove 按钮移除不再需要的库文件，使主浏览区变得简洁。

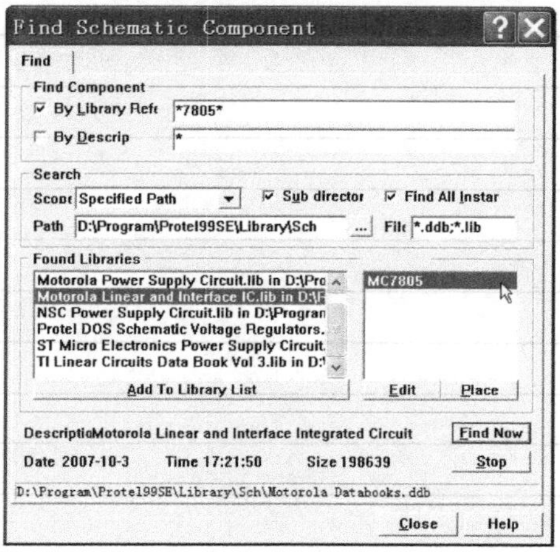

图 4-5　查找元件对话框

图 4-6　加载/移除库文件

此外，通过单击 Browse 按钮弹出如图 4-7 所示的对话框，可以直接浏览库文件中包含的元件定义，并进行库文件的加载和移除以及元件的编辑和放置操作。

3. 数字对象工具栏

另外，Protel 99 SE 还提供了一个数字对象工具栏，如图 4-8 所示，它提供了 20 种电阻、电容、与非门等数字电路常用的元件，方便用户进行设计。各按钮功能如表 4-1 所示。

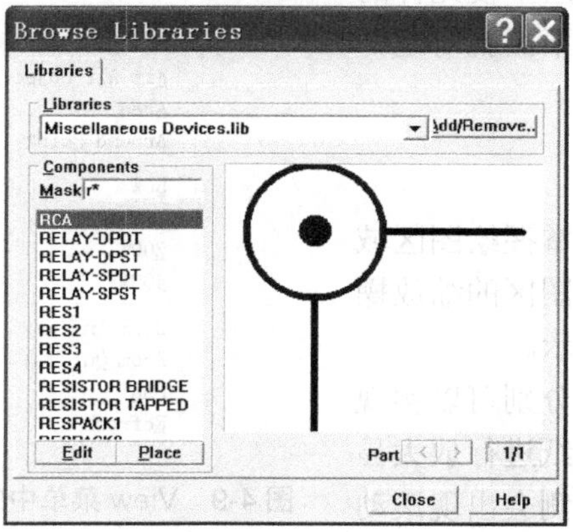

图 4-7　浏览库文件对话框

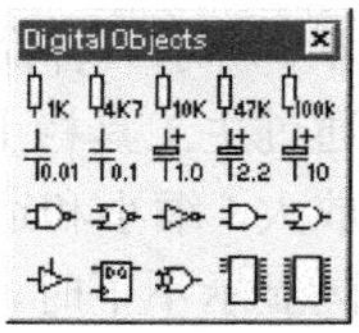

图 4-8　数字对象工具栏

表 4-1　数字对象工具栏各按钮功能

按　钮	功　能
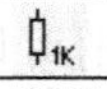	放置阻值为 1kΩ的电阻
	放置阻值为 4.7kΩ的电阻
	放置阻值为 10kΩ的电阻
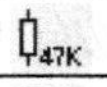	放置阻值为 47kΩ的电阻
	放置阻值为 100kΩ的电阻
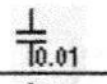	放置 0.01μF 的电容
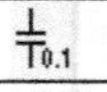	放置 0.1μF 的电容
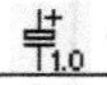	放置 1.0μF 的电解电容
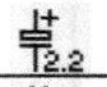	放置 2.2μF 的电解电容
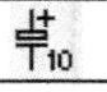	放置 10μF 的电解电容
	放置两输入端的与非门
	放置两输入端的或非门
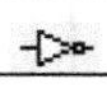	放置非门
	放置两输入端的与门
	放置两输入端的或门
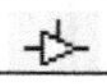	放置三态门
	放置 D 触发器
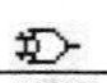	放置两输入端的异或门
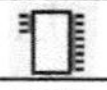	放置 3-8 译码器
	放置 8 路三态双向总线收发器

4.2.2　调整元件布局

在进行布线前要对元件的放置位置进行调整，使元件的摆放有利于电路理解和后续布线操作的进行，下面就对这一过程中会用到的一些基本操作进行介绍。

1. 绘图区域的缩放显示

想要对元件进行自如的布局，首先要熟练掌握绘图区域的控制。通过 View 菜单下的命令可以实现绘图区的缩放操作，如图 4-9 所示。各命令的功能如表 4-2 所示。

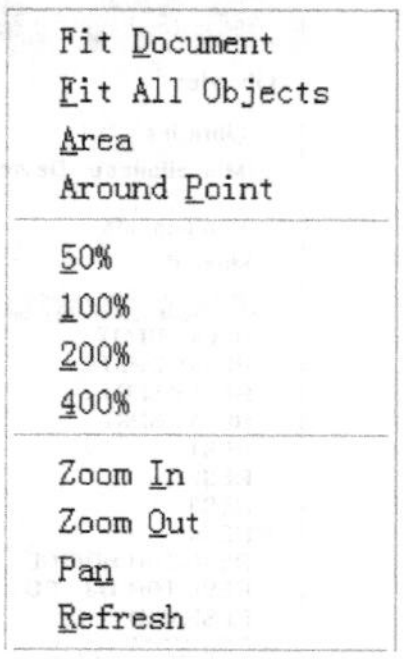

图 4-9　View 菜单中的缩放命令

另外通过主工具栏上的、、按钮也分别可以实现绘图区的放大、缩小和适合整张图纸。当对图纸进行放大显示到绘图区显示不下时，在绘图区的右侧和底侧会出现滚动条，通过鼠标操作可以实现显示区域的移动。

表 4-2　View 菜单中缩放命令的功能

命　令	功　能
Fit Document	使绘图区适合整张图纸
Fit All Objects	使绘图区适合所有对象
Area	选择显示区域
Around Point	以一点为中心选择显示区域
50%	以实际尺寸的 50%显示
100%	以实际尺寸的 100%显示
200%	以实际尺寸的 200%显示
400%	以实际尺寸的 400%显示
Zoom In	放大显示
Zoom Out	缩小显示
Pan	翻页
Refresh	刷新绘图区

除了上述方法对显示画面进行控制外，还可以使用快捷键进行操作。将输入法置为英文输入状态，则系统默认按 V 键可以调出 View 菜单，如图 4-10 所示，此外 Page Up 键和 Page Down 键可实现以光标所在点为中心的放大和缩小，Home 键实现翻页，End 键用来刷新显示。现将常用的快捷键及其功能列于表 4-3。

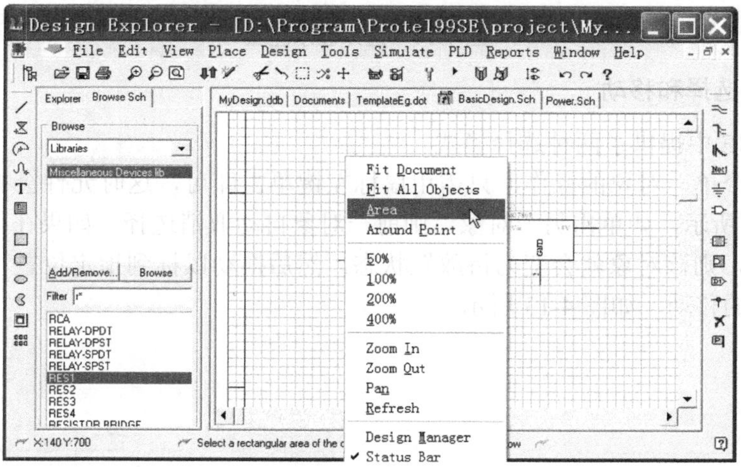

图 4-10　使用快捷键调出 View 菜单

表 4-3　常用绘图区显示操作快捷键及其功能

快捷键	功　能
Page Up	以当前光标位置为中心进行放大
Page Down	以当前光标位置为中心进行缩小
V，A	选择显示区域，如图 4-11 所示

续表

快捷键	功 能
V，D	使绘图区适合整张图纸
V，F	使绘图区适合所有对象
Home	根据当前光标坐标和上一次操作时光标坐标的相对位置进行翻页
End	刷新显示区域

可以看到，Protel 99 SE 中对显示进行缩放的操作与 Microsoft 软件操作有些不同，读者需要注意其中的区别。使用这些快捷键能够给变换显示位置带来极大便利，从而方便原理图的设计，因此希望读者能够熟练掌握。

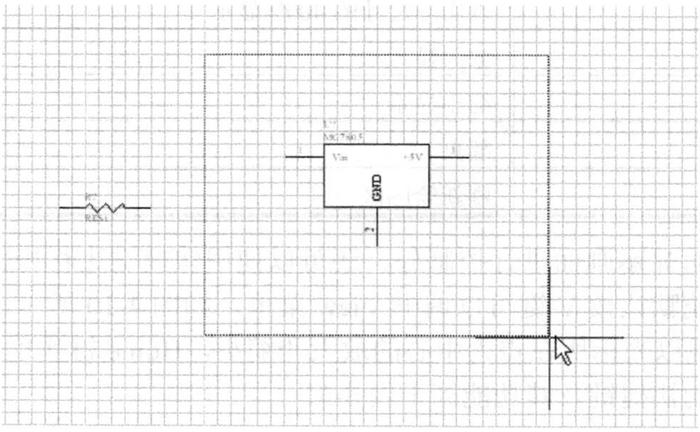

图 4-11　选择显示区域

2. 对象的选择和移动

Protel 99 SE 中提供了两种选择模式。

要实现某个单一对象的操作，只需用鼠标左键单击即可，这时元件会被一个虚线框包围，如图 4-12 所示，如单击另一对象，则前一对象自动取消选择。如果在某一对象上按住鼠标左键不放，则该对象就会变为待放置状态，然后拖动鼠标到指定位置释放左键，即可实现单一对象的移动，如图 4-13 所示。

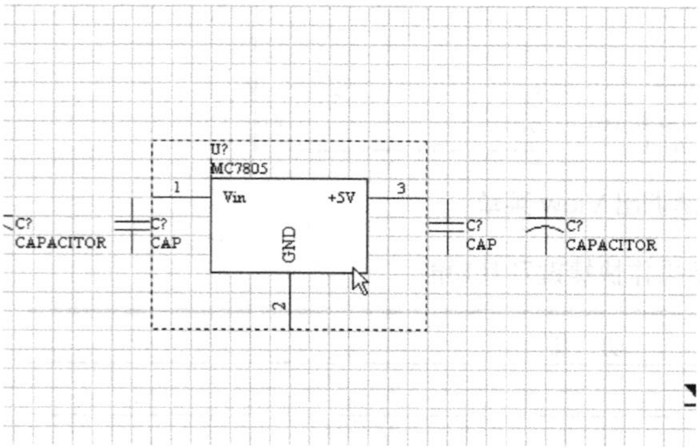

图 4-12　单选某一对象

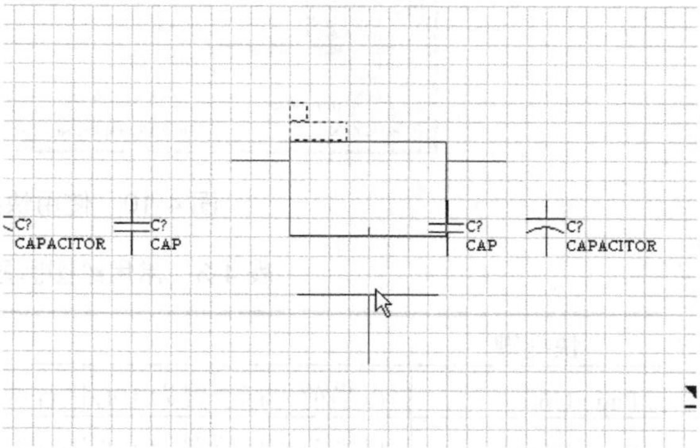

图 4-13　对单一对象进行移动

若需要对多个对象进行操作，则需要对操作对象进行选取。选取操作可以通过选择 Edit | Selection 菜单中的命令实现，如图 4-14 所示，各命令的含义如表 4-4 所示。其中的区域内选取(Inside Area)也可以通过主工具栏上的 按钮实现，或直接拖动鼠标左键进行框选。被选中的对象会被实线框包围，如图 4-15 所示，框的颜色可以在 Graphical Editing 选项卡中进行设置(参见第 3 章)。

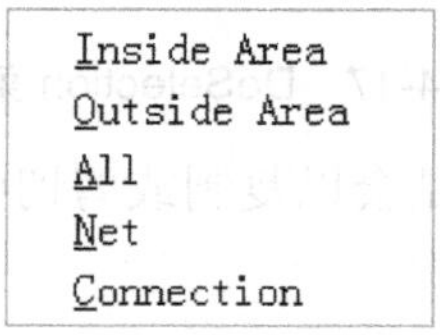

图 4-14　Selection 菜单

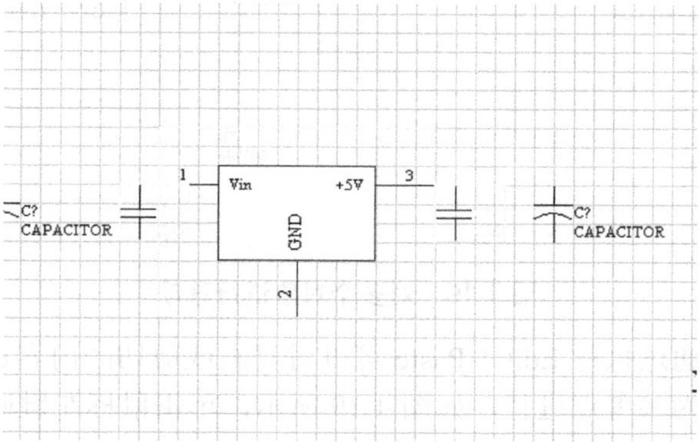

图 4-15　选取多个对象

Selection 菜单可以通过快捷键 S 直接调出。

表 4-4　Selection 菜单命令及其功能

菜单命令	功　能
Inside Area	设置选区，选区内的对象都会被选中
Outside Area	设置选区，选区外的对象都会被选中
All	选中所有对象
Net	选取属于同一网络名称的导线，不论在原理图上相互间是否直接相连
Connection	选取导线，被选取的导线以及与其相连的导线都会被选中

这时在被选中的任一对象上按住鼠标左键不放，则所有被选对象都会变成待放置状态，而且相对位置保持不变，拖动鼠标到指定位置，释放左键，即可实现所选对象的移动，如图 4-16 所示。此外还可以通过主工具栏上的 按钮来实现所选对象的移动。

被选取对象的选中状态不会自动取消，而需要通过取消选取命令实现。取消选取可以通过 Edit | DeSelection 菜单下的命令实现，如图 4-17 所示，各命令的功能可参考 Selection 菜单中的相应命令。此外取消所有对象的选择可以通过主工具栏上的 按钮来实现。

调出 DeSelection 菜单的快捷键是 X。

3. 对象的复制、剪切和粘贴

Protel 99 SE 中的复制、剪切命令只对被选取的对象有效，即先要选取需要复制或剪切的对象，然后执行 Edit 菜单中的 Copy 或 Cut 命令。如果设置了 Graphical Editing 选项卡 Options 选项组中的 Clipboard Reference 选项，则需要给复制或剪切操作指定一个参考点，通过单击鼠标左键确定，如图 4-18 所示，否则系统默认会以执行操作时光标所在位置为参考点。

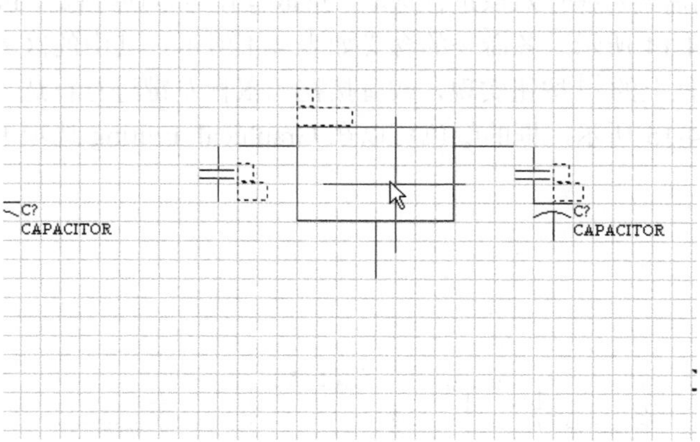

图 4-16　对多个对象进行移动

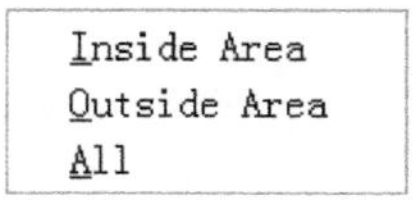

图 4-17　DeSelection 菜单

通过执行 Edit | Paste 可以对复制或剪切的内容进行粘贴，粘贴会以复制或剪切中选取的点为参考点进行，如图 4-19 所示，单击鼠标左键确定粘贴。

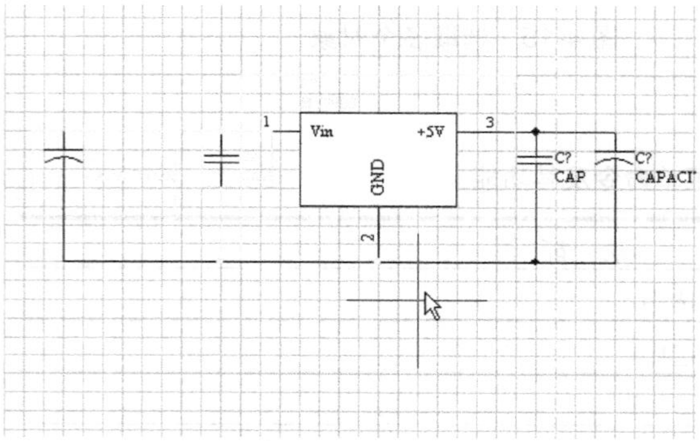

图 4-18　指定复制参考点

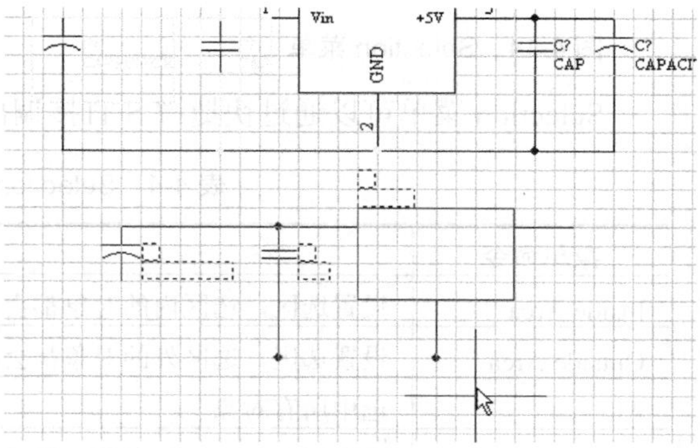

图 4-19　执行粘贴命令

复制、剪切和粘贴命令的快捷键分别为 Ctrl+C、Ctrl+X 和 Ctrl+V，这与多数其他 Windows 软件相同。剪切和粘贴命令还可以通过主工具条上的 和 按钮实现。

调出 Edit 菜单的快捷键为 E。

4. 对象的删除

对应于两种选择模式，Protel 99 SE 也提供了对对象的两种删除方法。

对于单一对象，可以单击鼠标左键选中，然后执行 Edit | Delete 命令或直接按键盘 Delete 键，即可实现删除。

对于选中的多个对象，则可以通过执行 Edit | Clear 命令删除，或按键盘 Ctrl+Delete 键实现。

5. 元件的排列和对齐

Protel 99 SE 提供了一系列用于元件排列和对齐的命令，集中在 Edit | Align 菜单中，如图 4-20 所示。各命令功能如表 4-5 所示。

表 4-5　Align 菜单命令及其功能

菜单命令	功　能
Align	打开 Align 对话框
Align Left	将被选对象以最左边的对象为基准对齐
Align Right	将被选对象以最右边的对象为基准对齐
Center Horizontal	将被选对象以最左和最右对象的中间位置为基准对齐
Distribute Horizontally	将被选对象以最左和最右对象为边界在水平方向等间距排列
Align Top	将被选对象以最上面的对象为基准对齐
Align Bottom	将被选对象以最下面的对象为基准对齐
Center Vertical	将被选对象以最上和最下对象的中间位置为基准对齐
Distribute Vertically	将被选对象以最上和最下对象为边界在竖直方向等间距排列

执行 Edit | Align | Align 命令，打开如图 4-21 所示的对话框，可以对所选对象同时进行多种对齐操作，其中 Horizontal Alignment 和 Vertical Alignment 选项组中的选项实现的功能与相应的菜单命令相同，这里就不再详细叙述了。而 Move primitives to grid 复选框可以设置是否在执行对齐操作后使对象对齐网格，即选中此选项后如果由于执行对齐操作使对象不在标准的网格位置上，则系统会自动调整对象到最近的网格位置。执行对齐操作的效果如图 4-22 和图 4-23 所示。

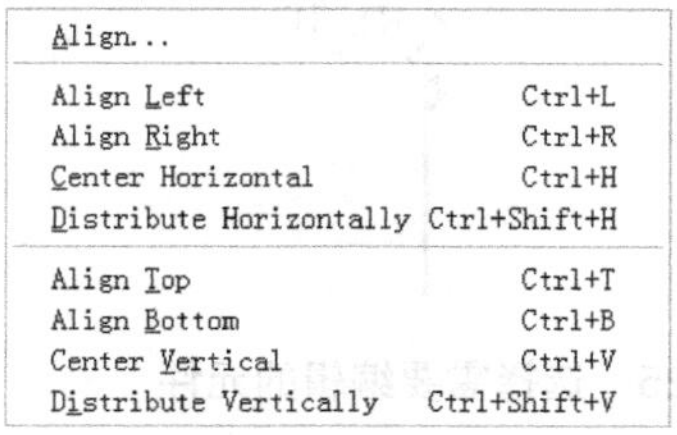

图 4-20　Align 菜单

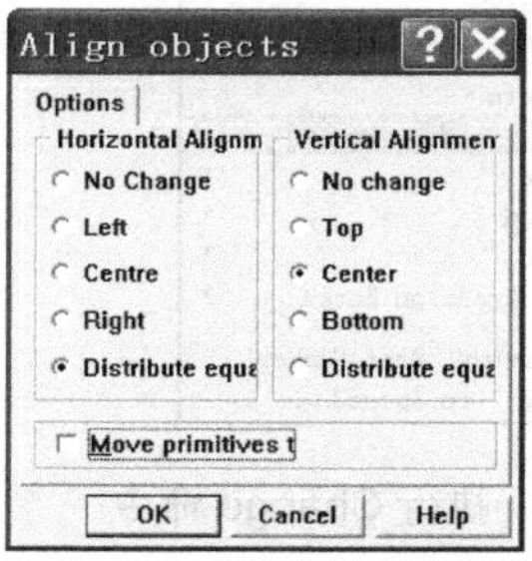

图 4-21　对齐操作对话框

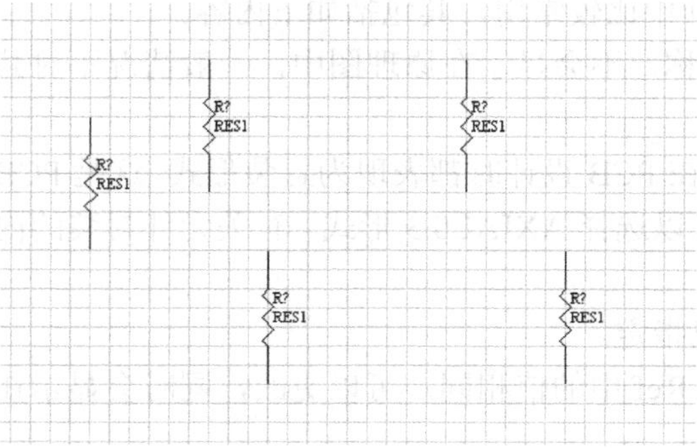

图 4-22　执行对齐操作前

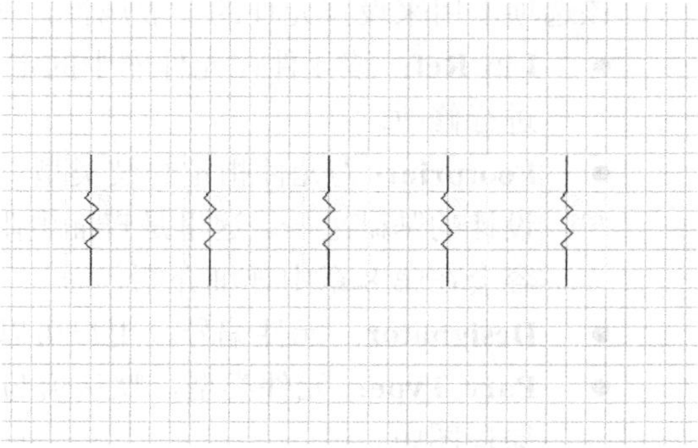

图 4-23　执行水平等间距排列和竖直中心对齐操作后的效果

6. 撤销和重复

同 Windows 操作一样，Protel 99 SE 也提供了撤销(Undo)和重复(Redo)操作，可以通过执行 Edit 菜单下相应的命令实现。

系统默认的操作记录数为 50，这一值可以通过 Graphical Editing 选项卡中的 Undo/Redo 选项组设置(参见第 3 章)。

4.2.3 编辑元件属性

执行 Edit | Change 命令，鼠标指针会变成十字形，单击所要编辑的元件，如图 4-24 和图 4-25 所示，或直接用鼠标左键双击该元件，即可打开如图 4-26 所示的 Part 对话框。可以看到该对话框有 4 个选项卡，分别介绍如下。

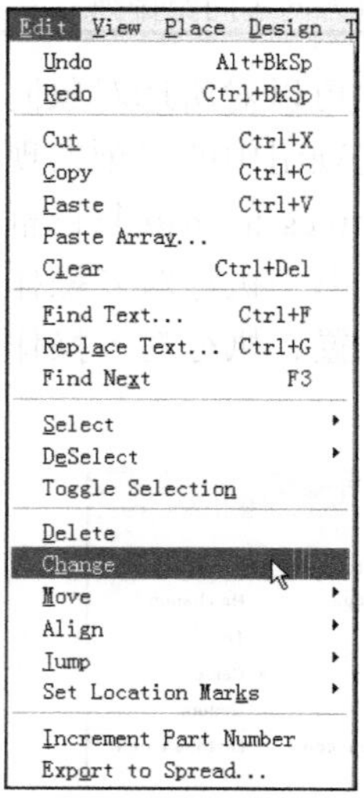

图 4-24 执行 Change 命令

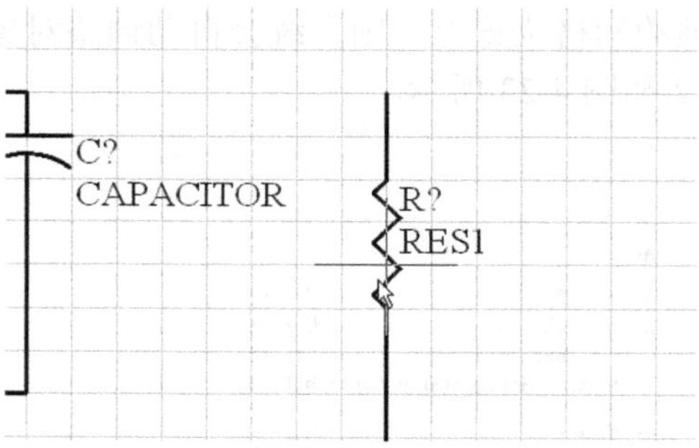

图 4-25 选择需要编辑的元件

1. Attributes(属性)选项卡

该选项卡用来设置元件的一般属性，在设计中比较常用，其包括如下内容。

- **Lib Ref：** 该元件在元件库中的定义名称，不会显示在原理图中，一般情况不对其进行修改。
- **Footprint：** 为元件指定封装类型。元件在 PCB 设计时都表现为封装形式，这是 PCB 设计的基础之一。这里是直插电阻，可以选择 AXIAL0.3 形式。有关元件封装的内容会在第 8 章中详细介绍。
- **Designator：** 元件编号，用户可以自己指定。
- **Part Type：** 元件类型，默认值与 Lib Ref 中的值相同，可以更改，同时会显示在原理图中。
- **Sheet Path：** 成为图样元件时，定义下层图样的路径。
- **Part：** 选择元件的部件编号。有些元件中封装了多个具有相同功能的部件，每个部件就是一个功能单元，不同的部件管脚号有所不同，因此需要进行选择。关于部件编号递增方式的选择可以参见第 3 章关于 Multi-Part Suffix 选项组设置的内容。

- **Selection**：设置元件的选中状态，选择该项后，元件被选取。
- **Hidden Pin**：设置是否显示隐藏管脚。元件库中提供的元件一般会隐藏电源和接地管脚，且在电气连接时自动与电源和地相连。若用户自定义了电源标号，或者使用多种供电方式，则需取消该选项，显示隐藏管脚并对其进行人工设置。
- **Hidden Field**：设置是否显示 Part Fields 选项卡中的元件数据栏。
- **Field Name**：设置是否显示元件数据栏名称。

2. Graphical Attrs(图形属性)选项卡

该选项卡用来设置元件图形显示的一些属性，如图 4-27 所示，包括以下内容。

- **Orientation**：选择元件摆放角度，可以选择 0°、90°、180°或是 270°摆放。在原理图界面中当元件处于待放置状态时可以通过空格(Space)键进行切换。
- **Mode**：选择元件的表示模式。不同的国家和地区对不同的器件采用不同的表示形式，在这里可以进行选择。Protel 99 SE 提供了 3 种选择模式，即正常(Normal)模式、德-摩根(DeMorgon)模式和 IEEE 模式。一般选择默认的 Normal 模式。
- **X-Location**：元件参考点在原理图中的 X 坐标位置。
- **Y-Location**：元件参考点在原理图中的 Y 坐标位置。
- **Fill Color**：选择元件内部的填充颜色。
- **Line Color**：选择元件边框线条的颜色。
- **Pin Color**：选择元件引脚的颜色。
- **Local Colors**：选中该项，表示将上面的颜色设置应用于该元件。
- **Mirrored**：选中该项会将元件作镜像翻转。在原理图界面中当元件处于待放置状态时，按 X 键也可以实现这一功能。

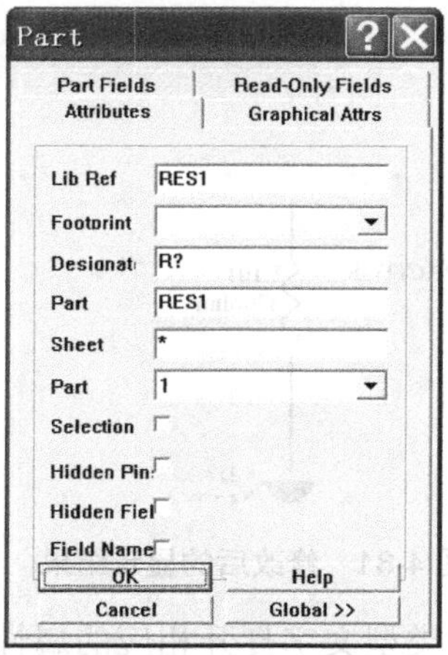

图 4-26　元件属性对话框

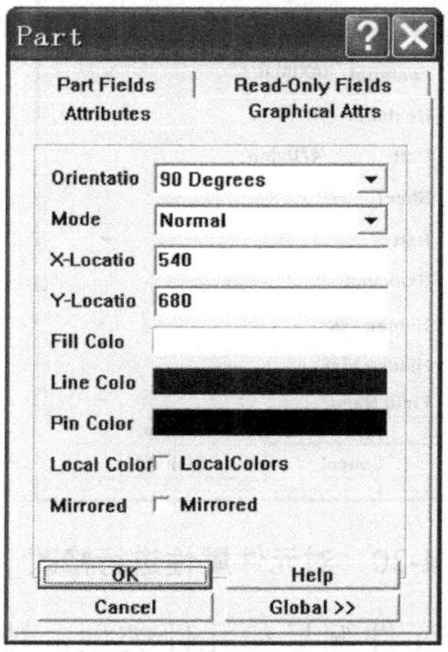

图 4-27　图形属性选项卡

3. Part Fields(部件域)选项卡

如图 4-28 所示，用来设置部件的一些数据信息。可以在 Attributes 选项卡中设置是否显示这些内容。

4. Read-Only Fields(只读域)选项卡

如图 4-29 所示，该选项卡用于显示该元件在元件库中定义的一些信息。

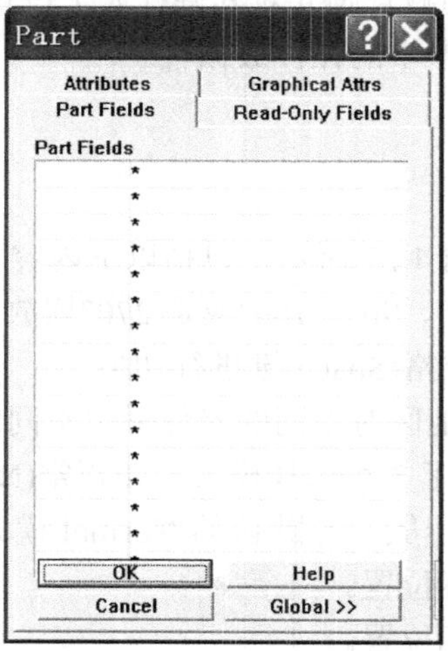

图 4-28　部件域选项卡

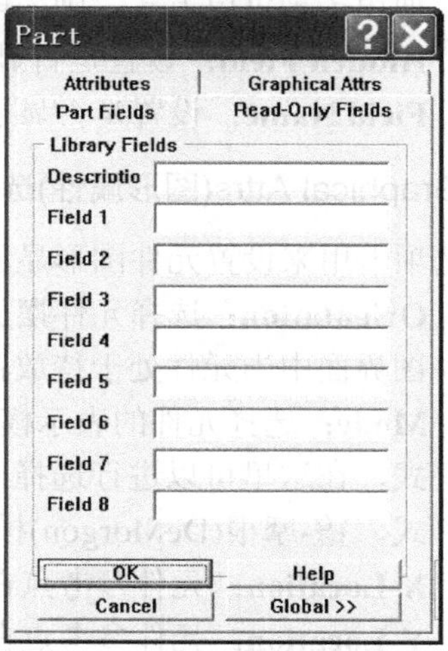

图 4-29　只读域选项卡

以上介绍了属性对话框各个选项的意义及设置方式，下面将选中的电阻元件作如图 4-30 所示的修改，修改后的效果如图 4-31 所示。

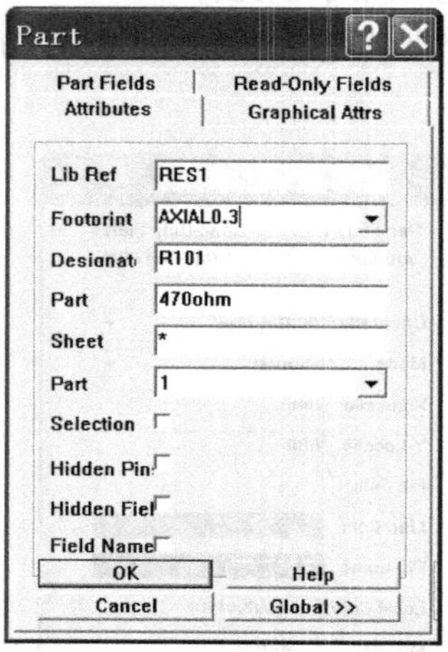

图 4-30　对元件属性进行修改

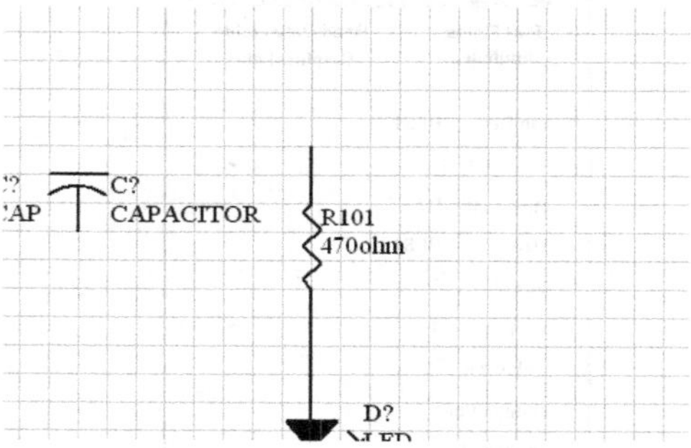

图 4-31　修改后的显示结果

对于元件编号和元件类型，还可以通过双击编号或类型文字打开相应的属性对话框来编辑，如图 4-32 和图 4-33 所示。各选项内容如下。

- **Text/Type：** 编号或类型的显示内容。

- **X-Location**：编号或类型文字的参考点在原理图中的 X 坐标位置。
- **Y-Location**：编号或类型文字的参考点在原理图中的 Y 坐标位置。
- **Orientation**：编号或类型的放置角度。
- **Color**：设置文字颜色。
- **Font**：选择显示字体，可以通过单击 Change 按钮打开“字体”对话框进行设置。
- **Selection**：设置编号或类型文字是否被选取。
- **Hide**：可以通过选择该项隐藏编号或类型。

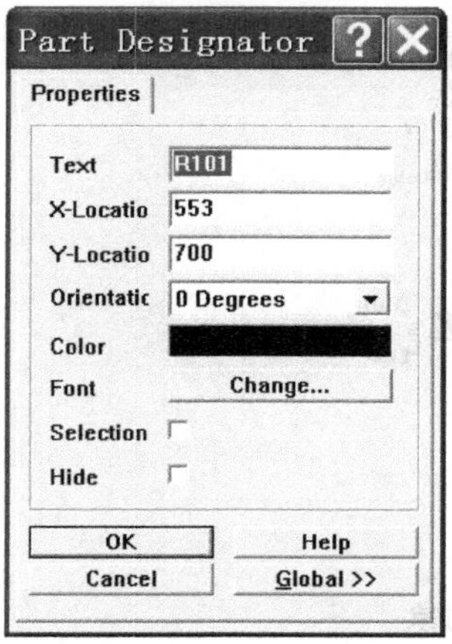

图 4-32　元件编号属性对话框

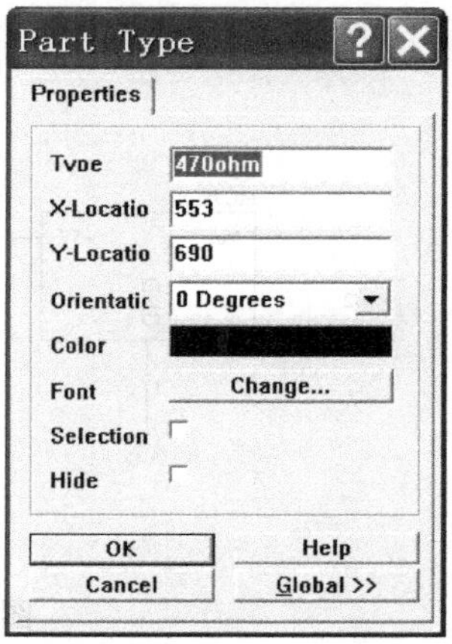

图 4-33　元件类型属性对话框

这些操作都只针对编号或类型本身进行操作，结合元件整体属性的修改，可以灵活地对元件进行操作。

此外，Protel 99 SE 还提供了文本字符的在线编辑功能，即在原理图上直接对显示文本进行修改，具体方法如下：首先用鼠标左键选择待修改文本，然后再单击左键，即可进入文本的编辑状态，如图 4-34 所示，输入需要显示的内容，单击原理图其他位置即可完成修改，十分方便。对于文本与元件的相对位置的调整，也可以通过单独选择该文本在原理图上并直接拖动来实现，其操作方法与元件整体位置的移动相同，如图 4-35 所示。

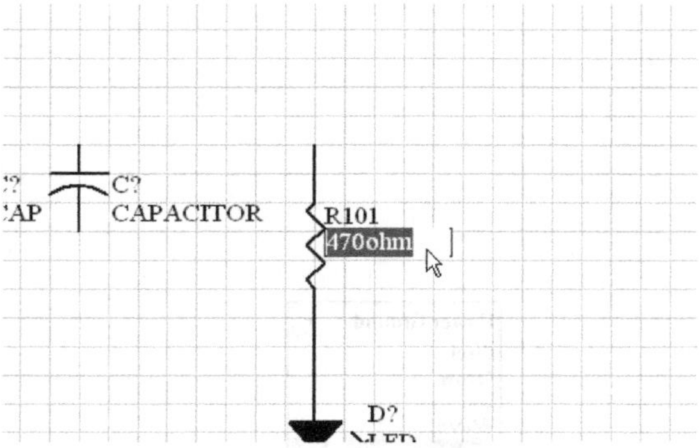

图 4-34　文本的在线编辑功能

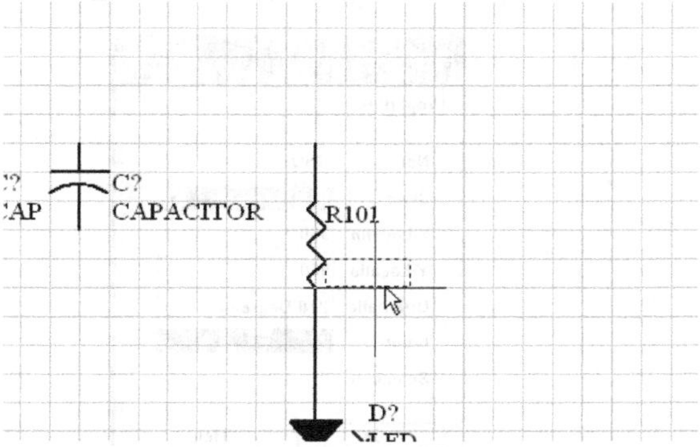

图 4-35　调整编号或类型文本与元件的相对位置

4.2.4 放置电源、接地

在原理图的布线工具栏(Wiring Tools)中有一个按钮，对应于 Place | Power Port 菜单命令，是通用的电源及接地放置工具，通过鼠标左键单击即可在原理图上放置电源及接地对象，如图 4-36 所示。

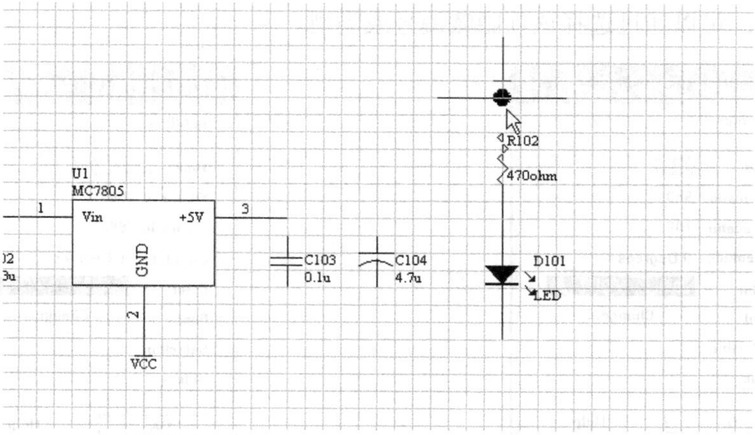

图 4-36 放置电源及接地对象

该命令只能放置一种类型的对象，需要通过修改对象属性得到所要的电源或接地。用鼠标左键双击需要修改的对象，打开如图 4-37 所示的属性对话框。各选项含义如下。

- **Net**：该对象的网络标号，具有同一网络标号的对象在电气上是相连的。
- **Style**：选择电源及接地对象的表示样式，有 7 种样式可供选择，如图 4-38 所示。
- **X-Location**：对象在原理图中的 X 坐标位置。
- **Y-Location**：对象在原理图中的 Y 坐标位置。
- **Orientation**：对象的放置角度。
- **Color**：设置对象颜色。
- **Selection**：设置对象是否被选取。

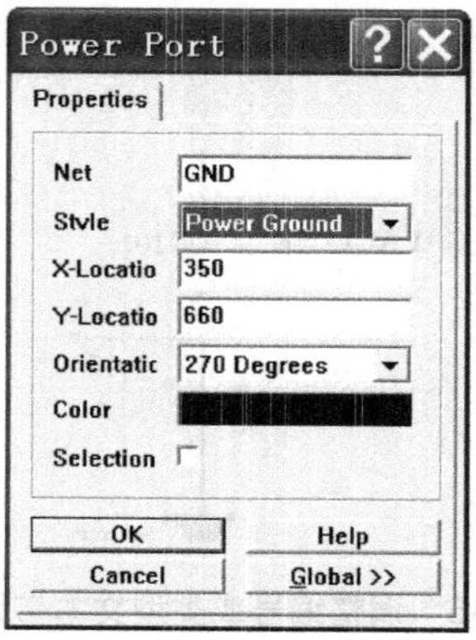

图 4-37 修改电源及接地对象属性

图 4-38 电源及接地对象的表示样式

修改接地对象属性，结果如图 4-39 所示。

关于放置对象的默认属性可以在 Preferences 对话框的 Default Primitives 选项卡中设置，具体内容参见第 3 章。

另外 Protel 99 SE 专门提供了电源对象工具栏，可通过 View | Toolbars | Power Objects 命令打开，如图 4-40 所示。该工具栏提供了多种常用的电源及接地形式，方便用户使用，各按钮功能如表 4-6 所示。

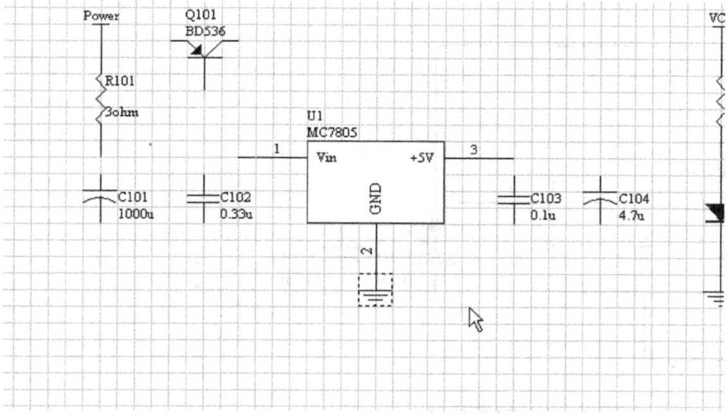

图 4-39　修改接地对象属性

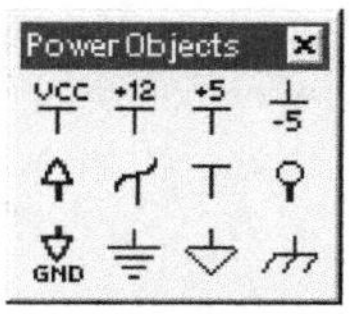

图 4-40　电源对象工具栏

表 4-6　电源对象工具栏各按钮功能

按　钮	对象类型	Style 中的对应项
	箭头节点	Arrow
	波节点	Wave
	直线节点	Bar
	圆节点	Circle
GND	箭头节点，网络标号为 GND	
	电源地	Power Ground
	信号地	Signal Ground
	接大地	Earth
VCC	直线节点，网络标号为 VCC	
+12	直线节点，网络标号为+12	
+5	直线节点，网络标号为+5	
-5	直线节点，网络标号为-5	

4.2.5　绘制导线

完成元件的放置和调整后就需要进行布线了。在布线工具栏中有一个 ≈ 按钮，用来放置导线，对应于 Place | Wire 菜单命令。

单击该按钮，光标会变成十字形，通过单击鼠标左键在图纸设置导线起始点，拖动鼠标到下一点，单击左键设置终点，就可以完成一条导线的放置，此时光标仍处于放置导线状态，并自动以上一条导线的终点作为起点，再单击鼠标左键就可以放置连续的导线，如图 4-41 所示。通过单击鼠标右键或按 Esc 键取消下一条连续导线的放置，此时光标仍未退出放置导线状态，可以重新设置起点，放置不连续的导线。如不再需要放置，则再次单击鼠标右键或按 Esc 键，即可退出放置导线状态。

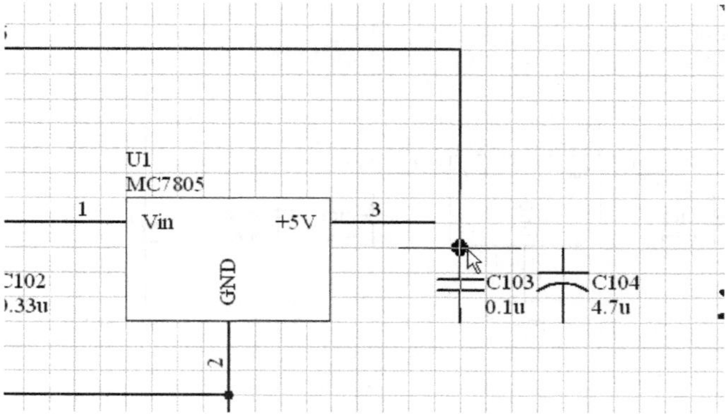

图 4-41　放置导线

在放置导线之前，最好启用 Sheet Options 选项卡中的捕捉网格和电气节点功能(参见第 3 章)，这样导线会沿着网格进行放置，当进入到某一引脚的捕捉范围时就会出现一个黑点表示捕捉到了该电气节点(见图 4-41)，这样便于导线和元件引脚的连接，同时有利于原理图的美观。此外，还可以设置 Schematic 选项卡 Options 选项组中的自动放置电路节点功能，这样在电气引脚和 T 字形导线处会自动放置电路节点。

在放置导线过程中，可以通过按空格(Space)键循环切换连线模式，Protel 99 SE 提供了 6 种连线模式，如表 4-7 所示。

表 4-7　Protel 99 SE 提供的 6 种连线方式

连线模式	说　明	示意图
90° start	以 90 度线开始	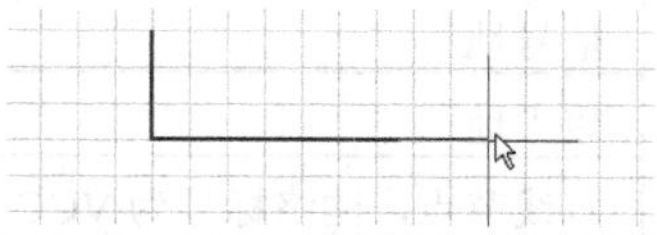
90° end	以 90 度线结束	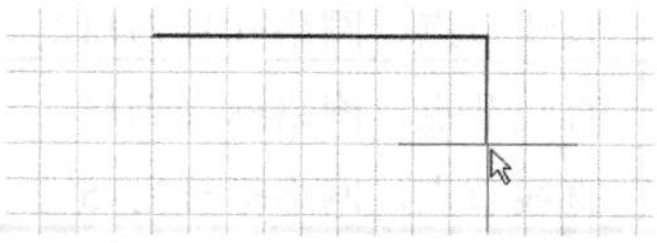
45° start	以 45 度线开始	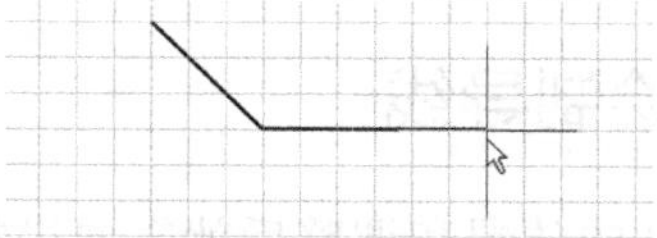

续表

连线模式	说　明	示意图
45° end	以 45 度线结束	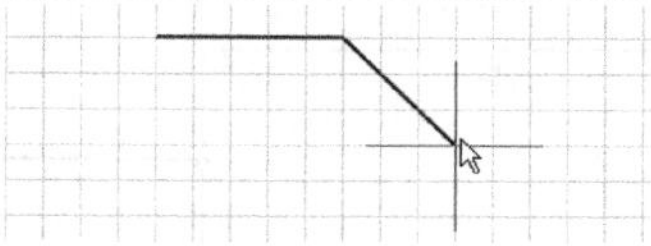
Any Angle	起点和终点以直线相连	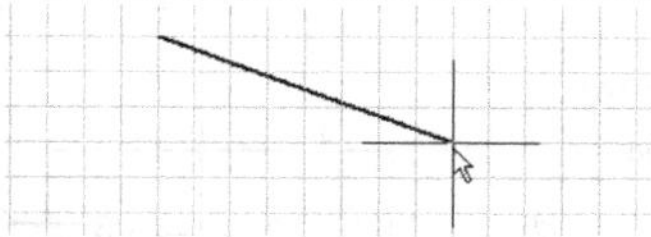
Auto Wire	自动布线	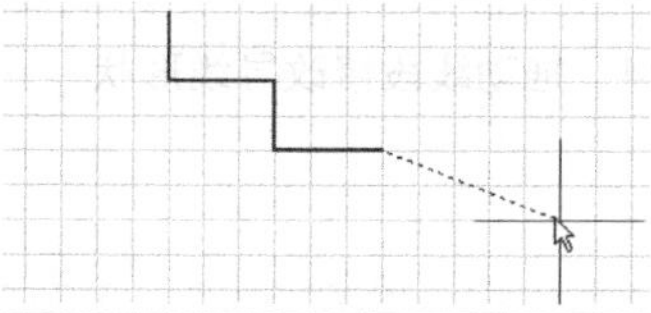

在放置导线过程中按 Tab 键，或双击某一导线，可以打开如图 4-42 所示的 Wire 对话框对其进行设置，各选项含义如下。

- **Wire Width：**设置线宽，有 4 种选择，分别为 Smallest、Small、Medium 和 Large。
- **Color：**设置导线颜色
- **Selection：**设置是否被选取。

用鼠标左键单击导线，可以看到被选中的导线的节点变为了灰色，此时再用鼠标左键单击某一节点，或按住不放，可以拖动节点对导线进行修改，如图 4-43 所示，再次单击左键或释放左键完成修改。若单击导线上某一点而非节点或按住不放，则可以实现该段导线的移动，同时属于同一连续导线的其他部分会自动调整保证其他节点位置不变，如图 4-44 所示，再次单击左键或释放左键完成修改。若未经单击选择而直接单击某一导线并按住不放，可实现该导线的整体移动，此时导线形状不变，如图 4-45 所示，释放左键完成修改。

其他操作如选取、复制、粘贴等与元件的操作方法相同，这里就不再详细叙述了。完成连线后的原理图效果如图 4-46 所示。

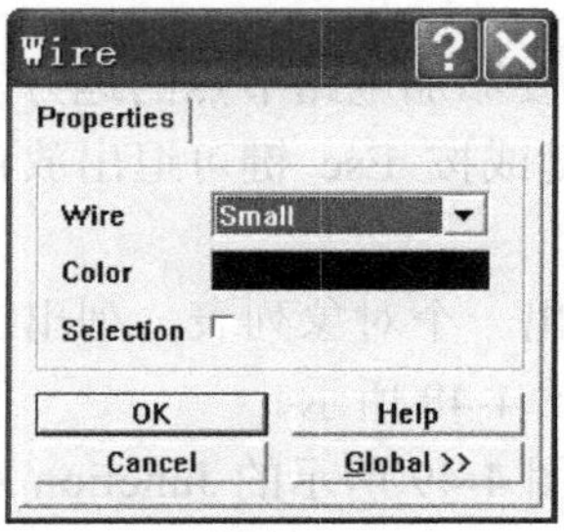

图 4-42　导线属性对话框

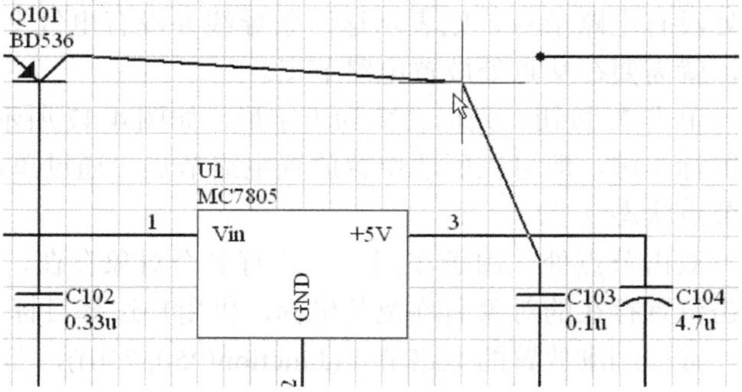

图 4-43　拖动节点修改导线形状

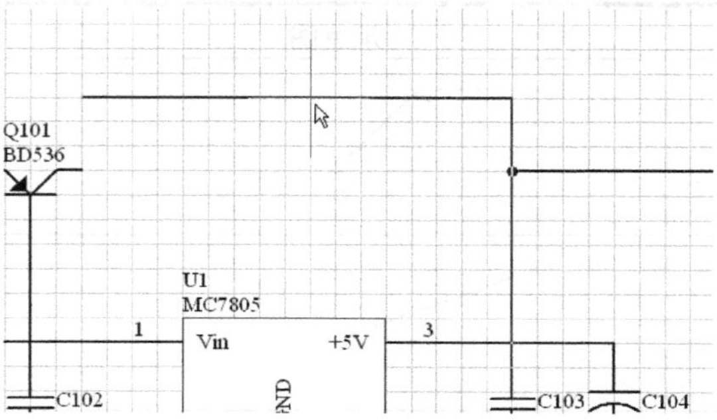

图 4-44　拖动线段修改导线形状

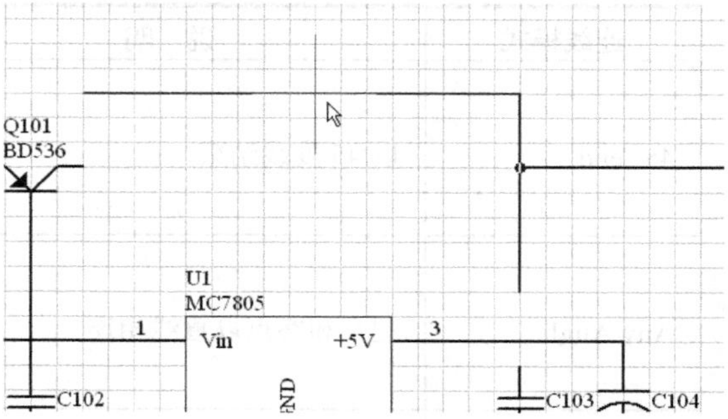

图 4-45　移动导线

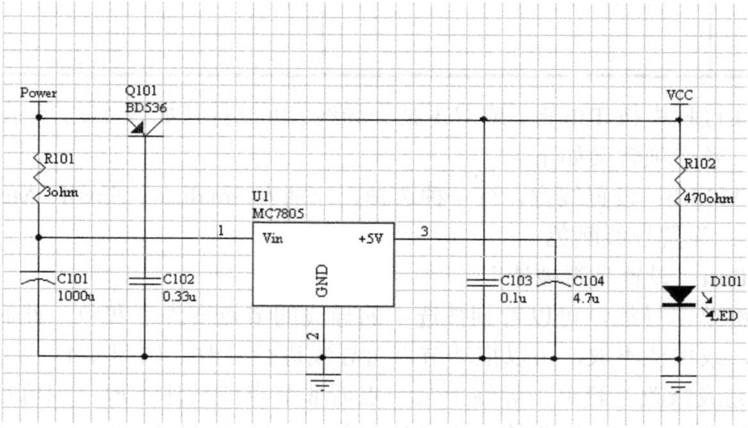

图 4-46　完成连线后的电路原理图

4.2.6　放置电路节点

在布线工具栏上有一个 按钮，对应于 Place | Junction 命令，用于在原理图上放置电路节点。电路节点是用来表示两条相交导线的电气连接状态的，当两条导线相交时，若交点处没有电路节点，则表示这两条导线并没有电气上的连接关系，若需要他们在电气上连通，就需要在交点处放置电路节点。

单击 按钮，光标会变为十字形，如图 4-47 所示，选择需要添加电路节点的地方，单击鼠标左键，即可在所选位置放置电路节点。通过单击鼠标右键或按 Esc 键可退出放置电路节点状态。

双击节点处，由于在同一位置有多个对象存在，系统会弹出一个对象列表，列出了所单击位置存在的对象名称及其坐标，供用户选择目标对象，如图 4-48 所示。

选择刚刚放置的电路节点(Junction(250, 730))，即可打开如图 4-49 所示的 Junction 对话框。各选项含义如下。

- **X-Location**：设置电路节点的 X 坐标值。
- **Y-Location**：设置电路节点的 Y 坐标值。

- **Size**：选择节点大小，有 4 种选择，分别是 Smallest、Small、Medium 和 Large。
- **Color**：设置节点颜色。
- **Selection**：设置节点是否被选取。
- **Locked**：设置节点是否处于锁定状态。选中该选项后，当移动与节点相连的导线或对象时，节点会留在原处不动；若取消选择，则进行移动操作后由于该位置不再形成有效的节点状态，原节点会消失。

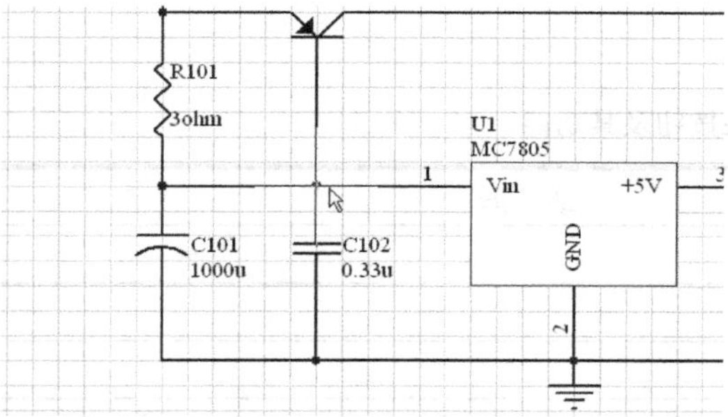

图 4-47　放置电路节点

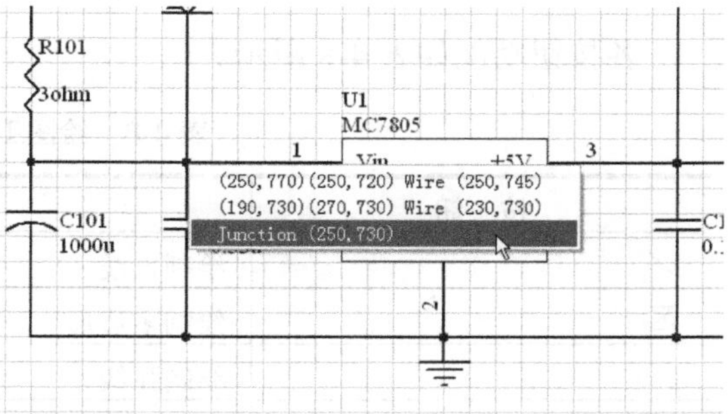

图 4-48　选择节点对象

如果没有设置自动添加节点(Auto-Junction)选项，则在放置导线时系统不会自动添加电路节点，那么所有节点都需要由设计者自己添加。完成放置电路节点操作后的原理图结果如图 4-50 所示。

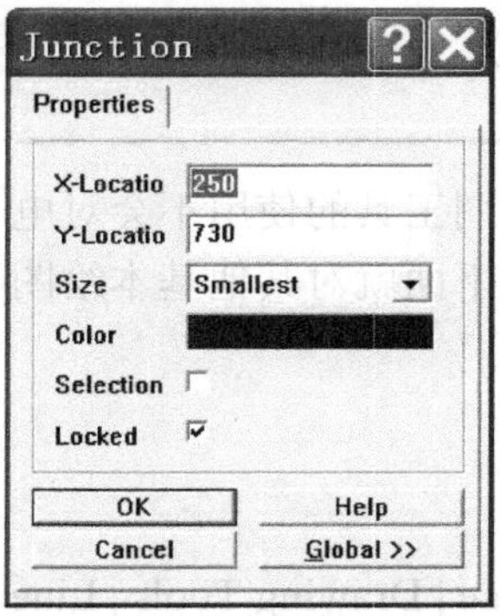

图 4-49　节点属性对话框

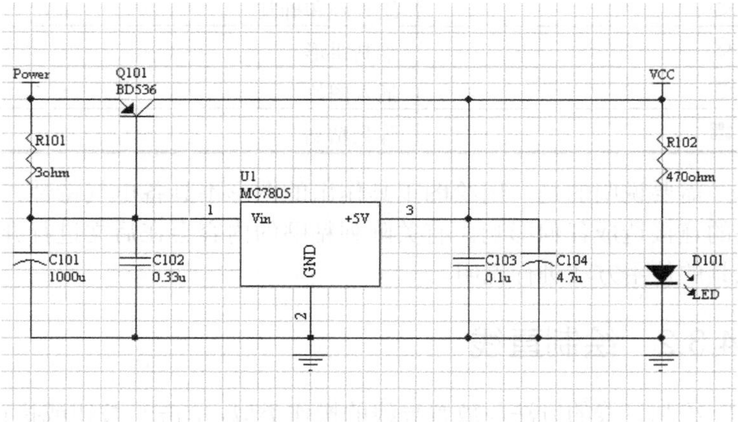

图 4-50　带有全部节点的电路原理图

4.3　使用绘图工具修饰

为了使设计的原理图更容易理解，设计者往往需要在原理图中添加一些注释性的文字或图形，对电路实现的功能做一些说明，这也便于日后设计者再来阅读或修改电路。或者出于美观的考虑，也可以对原理图做一些修饰。Protel 99 SE 提供了丰富的绘图工具，可以帮助用户很容易实现上述目的。

4.3.1 绘图工具栏

通过执行 View | Toolbars | Drawing Tools 命令，可以打开绘图工具栏，如图 4-51 所示。

图 4-51 绘图工具栏

各按钮功能如表 4-8 所示。

表 4-8 绘图工具栏按钮及其功能

按 钮	功 能
	绘制直线
	绘制多边形
	绘制弧线
	绘制 Bezier 曲线
T	放置单行文本
	放置文本框
	绘制矩形
	绘制圆角矩形
	绘制圆和椭圆
	绘制饼形
	插入图片
	阵列粘贴

需要说明的是，用绘图工具作出的图形不具备电气特性，即绘图工具的使用不会对电路的连接造成任何影响。有关阵列粘贴的内容会在后文进行介绍，下面就对其他基本绘图工具的使用方法进行说明。

4.3.2 绘制直线

绘制直线的方法与放置导线的操作类似，单击  按钮或执行 Place | Drawing Tools | Line 命令，即可进入绘制直线状态，此时光标变为十字形，通过单击鼠标左键确定起点，再次单击鼠标左键完成一段直线的绘制。此时可以继续指定下一点绘制连续的直线，通过单击鼠标右键或按 Esc 键完成一条直线的绘制，再次单击鼠标右键或按 Esc 键退出直线绘制状态，如图 4-52 所示。

对于绘制直线，Protel 99 SE 同样提供了多种连线模式，分别为 90° start、90° end、45° start、45° end 和 Any Angle，除了没有 Auto Wire 模式以外，其他模式含义都与放置导线相同。

在绘制直线过程中按 Tab 键，或完成绘制后双击直线，会打开如图 4-53 所示的 PolyLine 对话框。

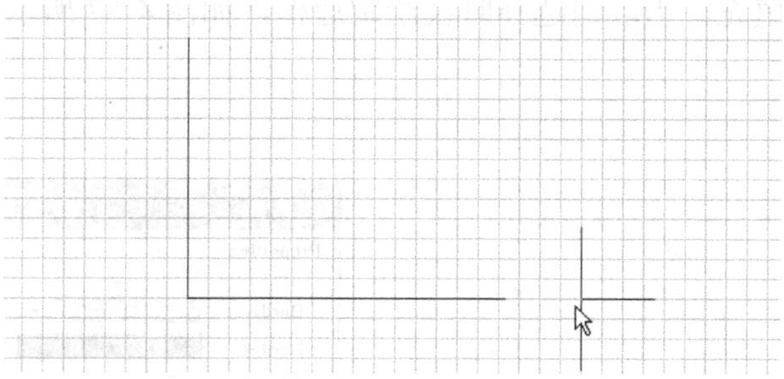

图 4-52　绘制直线

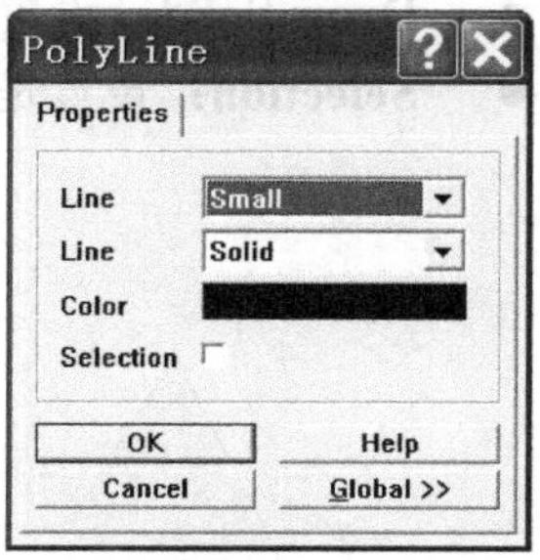

图 4-53　直线属性对话框

各选项含义如下。

- **Line Width：** 设置线宽，有 4 种选择，分别为 Smallest、Small、Medium 和 Large。
- **Line Style：** 设置线型，有 3 种选择，分别为 Solid(实线)、Dashed(虚线)和 Dotted (点线)。
- **Color：** 设置直线颜色。
- **Selection：** 设置是否被选取。

其中线宽仅在线型为实线时有效。图 4-54 是选择线宽为 Large、线型为 Solid 时的效果。

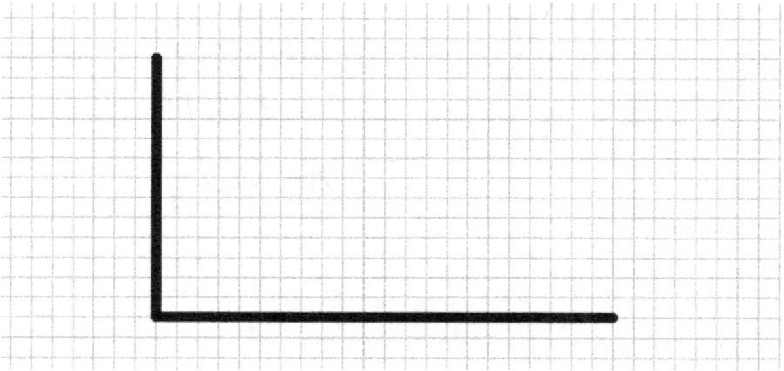

图 4-54　设置线宽和线型后的效果

对于直线的修改操作与导线相同，这里就不再详细叙述了。

4.3.3　绘制多边形

多边形的绘制是通过依次定义多边形的各个角点来实现的。单击按钮或执行 Place | Drawing Tools | Polygons 命令，即可进入绘制多边形状态，此时光标变为十字形，通过单击鼠标左键依次在原理图上定义多边形的角点，单击鼠标右键结束定义，完成多边形的绘制。图 4-55 是通过依次单击 1、2、3、4 和 5 位置绘制的多边形。

在绘制多边形的过程中按 Tab 键或完成绘制后双击多边形，会打开如图 4-56 所示的 Polygon 对话框，各选项含义如下。

- **Border Width：** 选择多边形边框线宽，有 Smallest、Small、Medium 和 Large 共 4 种选择。
- **Border Color：** 设置边框颜色。
- **Fill Color：** 设置填充颜色。

- **Draw Solid：**设置是否进行填充，当取消选择时仅绘制边框，如图 4-57 所示。
- **Selection：**设置是否被选取。

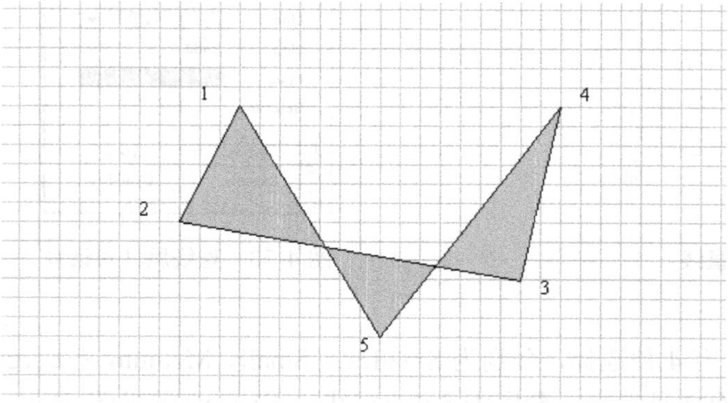

图 4-55　绘制多边形

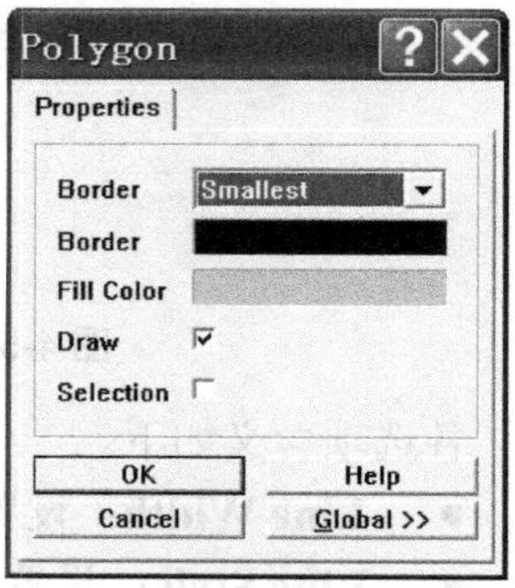

图 4-56　多边形属性对话框

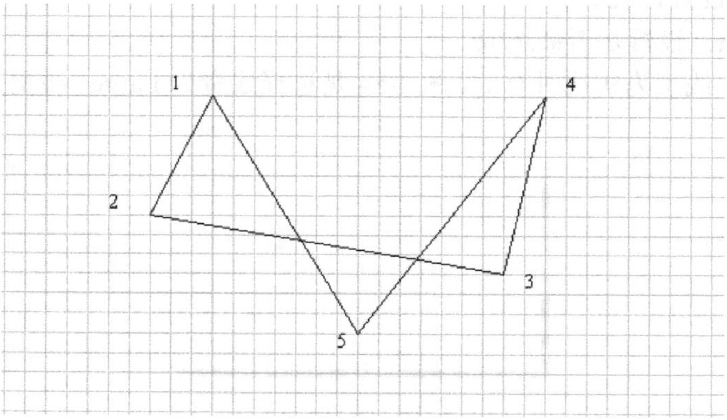

图 4-57　取消填充后的多边形

4.3.4　绘制圆弧和椭圆弧线

1. 绘制椭圆弧线

椭圆弧线的绘制是通过依次定义中心点、X 轴径、Y 轴径、起始角度和结束角度来实现的。单击按钮或执行 Place | Drawing Tools | Elliptical Arcs 命令，即可进入绘制椭圆弧线状态，此时光标变为十字形，通过单击鼠标左键在原理图上依次定义椭圆弧线的中心点、X 轴径、Y 轴径、起始角度和结束角度后即完成了一个椭圆弧线的绘制。此时系统会把前一椭圆弧线的形状参数作为后续绘制的默认值，因此若需要绘制相同的椭圆弧线只需要选择另一位置，连续单击鼠标左键完成设置即可，如图 4-58 所示。单击鼠标右键取消绘制操作。

在绘制椭圆弧线过程中按 Tab 键，或完成绘制后双击弧线，会打开如图 4-59 所示的属性对话框。各选项含义如下。

- **X-Location：**中心点的 X 坐标值。
- **Y-Location：**中心点的 Y 坐标值。

- **X-Radius：** X 轴径值。
- **Y-Radius：** Y 轴径值。
- **Line Width：** 设置线宽，有 Smallest、Small、Medium 和 Large 四种选择。
- **Start Angle：** 弧线起始角度。
- **End Angle：** 弧线结束角度。
- **Color：** 设置弧线颜色。
- **Selection：** 设置是否被选取。

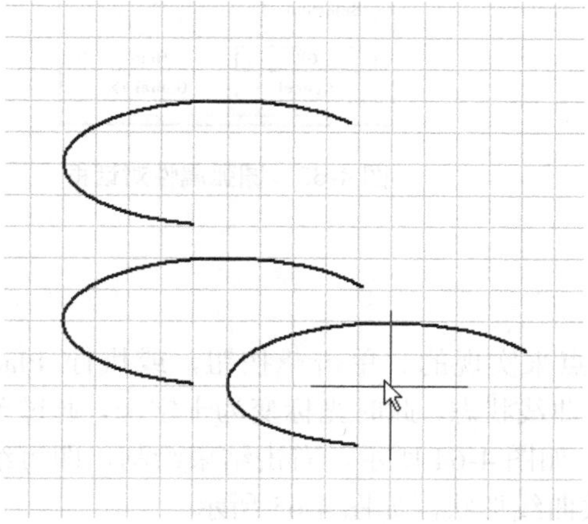

图 4-58 绘制弧线

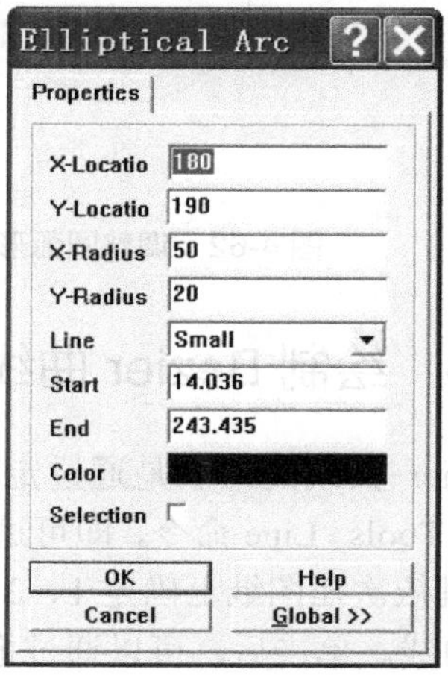

图 4-59 弧线属性对话框

单击弧线，如图 4-60 所示，可以看到弧线上有 4 个控制点，通过拖动或左键单击可以对弧线的 X 轴径、Y 轴径、起始角度和结束角度等参数进行调整。

2. 绘制圆弧线

在椭圆弧线的绘制中，将 X 轴径与 Y 轴径设置为相同参数即可绘制圆弧线。

此外，Protel 99 SE 在 Place | Drawing Tools 菜单下还提供了专门的命令 Arcs 用于绘制圆弧线。与绘制椭圆弧线需要设置两个轴径相比，绘制圆弧线只需要设置半径即可，其他操作与绘制椭圆弧线相同，如图 4-61 所示。其修改也较椭圆弧线减少了一个参数，如图 4-62 和图 4-63 所示。

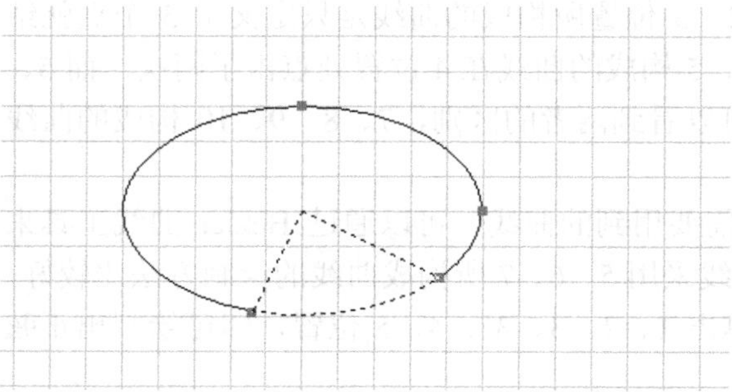

图 4-60 通过点选调整椭圆弧线参数

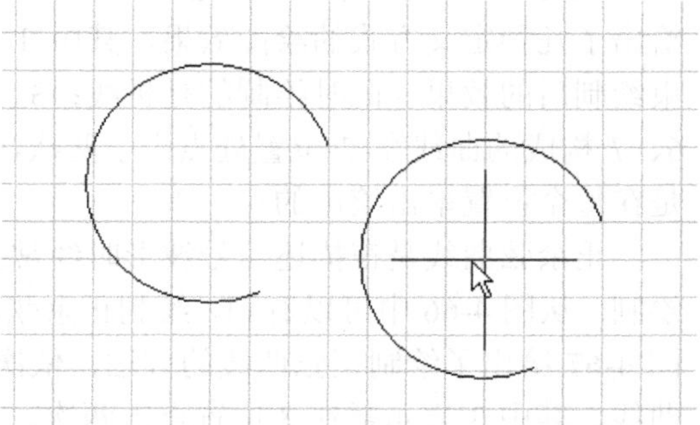

图 4-61 绘制圆弧

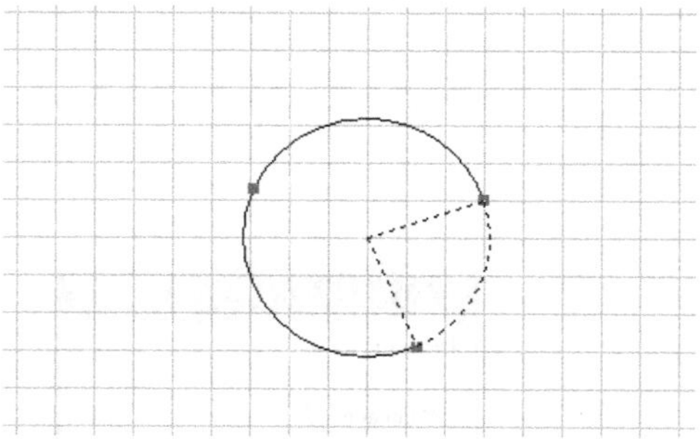

图 4-62　调整圆弧形状

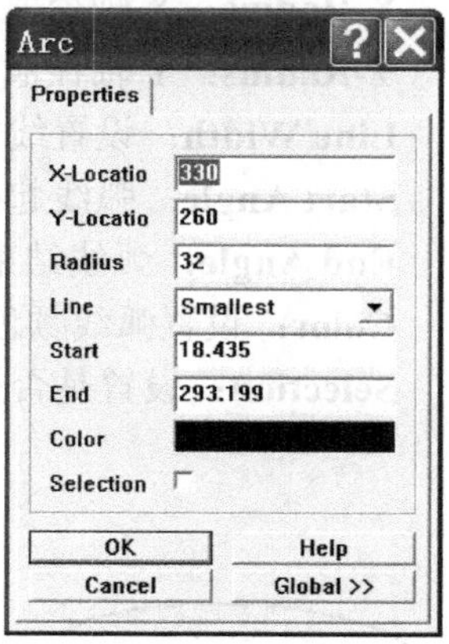

图 4-63　圆弧属性对话框

4.3.5　绘制 Bezier 曲线

Bezier 曲线的绘制是通过定义一系列控制点来实现的。单击按钮，或执行 Place | Drawing Tools | Line 命令，即可进入绘制 Bezier 曲线状态，此时光标变为十字形，通过单击鼠标左键依次在图纸上确定 1、2、3 和 4 位置，如图 4-64 所示，右击结束绘制，即可绘出 Bezier 曲线。单击后，可以通过拖曳控制点修改曲线形状，如图 4-65 所示。

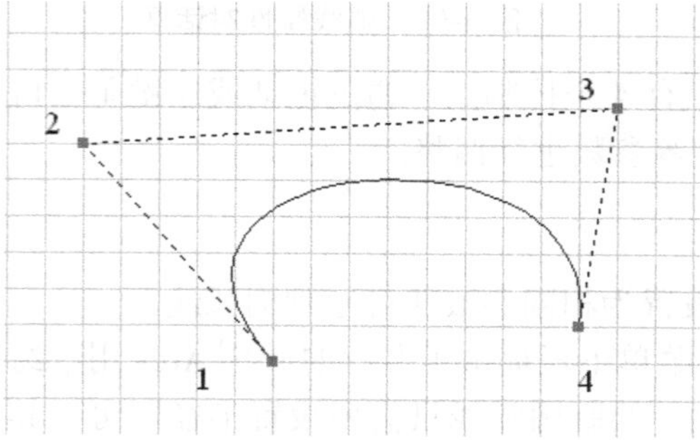

图 4-64　绘制 Bezier 曲线

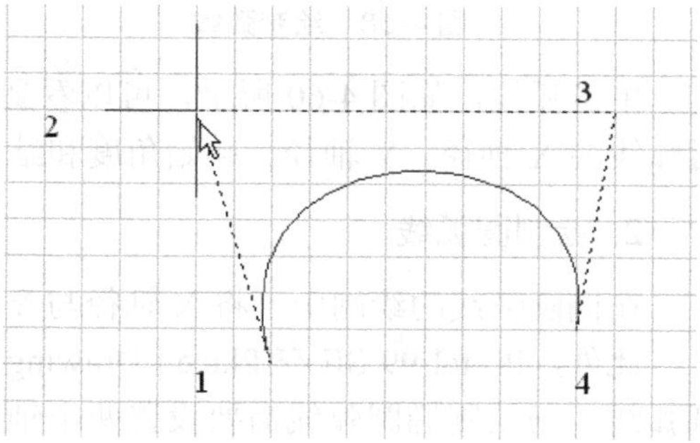

图 4-65　通过拖曳控制点修改形状

使用 Bezier 曲线工具通过控制点不同方式的定义能够绘制出形状多变的曲线，图 4-66 给出了几种定义方式的绘图效果，其中 1、2、3 位置所构成的曲线是只定义了 3 个点就结束绘制后的效果，此时绘制的是折线；3、4、5 构成的曲线在 4 位置处点击了两次，而 5、6、7 构成的曲线在 7 位置处点击了两次，可以看到两者的区别，7、8、9、10 构成的曲线是在每个位置单击绘出的。

正余弦曲线是在描述信号波形时经常会需要用到的曲线，可以通过 Bezier 曲线工具来绘制。从图 4-66 中可以看到，绘制正余弦曲线采用 5、6、7 所构成曲线的绘制方法比较好，图 4-67 给出了绘制正弦曲线的方法，依次单击 1、2、3、3’、4、5 位置，即可绘制出正弦曲线，其中 3’表示需在 3 位置点击两次。

在绘制曲线过程中按 Tab 键，或完成绘制后双击曲线，会打开如图 4-68 所示的 Bezier

对话框，各选项含义及修改方法可参考前面几种工具，这里就不再详述了。

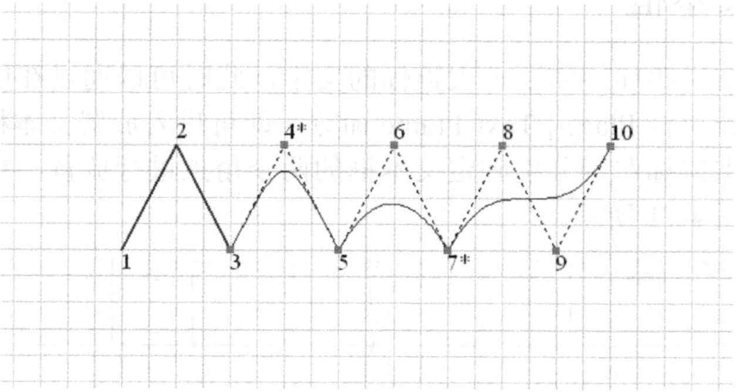

图 4-66 几种控制点定义方式的绘图效果

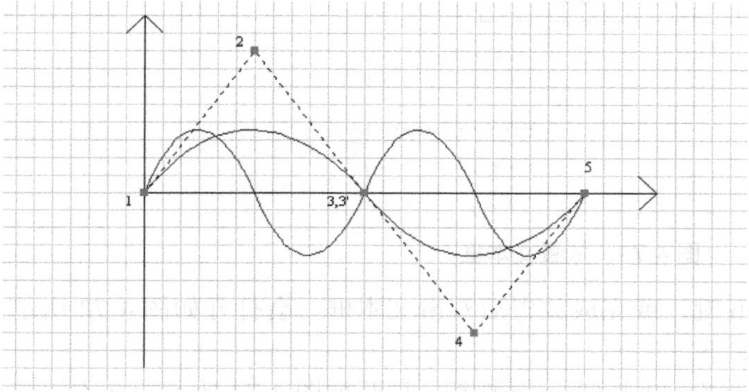

图 4-67 用 Bezier 工具绘制正弦曲线

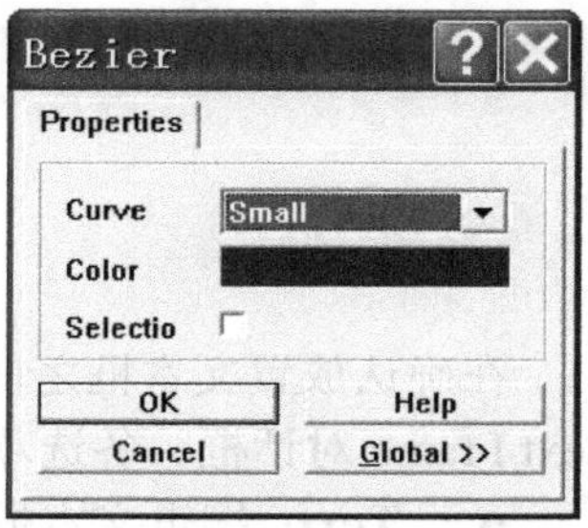

图 4-68 Bezier 对话框

4.3.6 放置单行文本

单击 T 按钮或执行 Place | Annotation 命令，即可进入添加单行文本状态，此时光标变为十字形，通过单击鼠标左键在图纸上放置文本，单击鼠标右键取消放置，如图 4-69 所示。在放置前按 Tab 键，或完成放置后双击文本，会打开如图 4-70 所示的 Annotation 对话框。

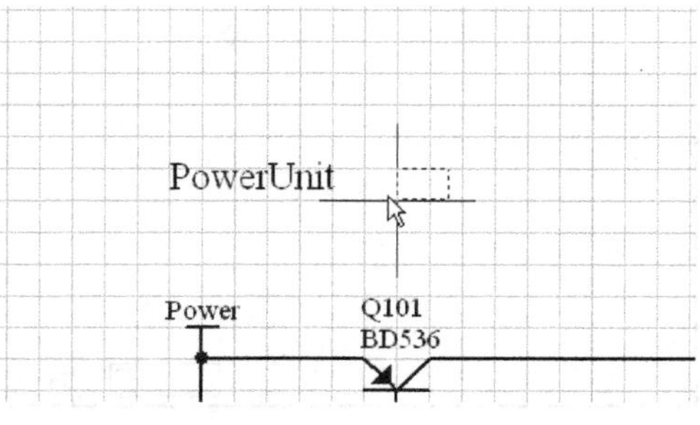

图 4-69 放置单行文本

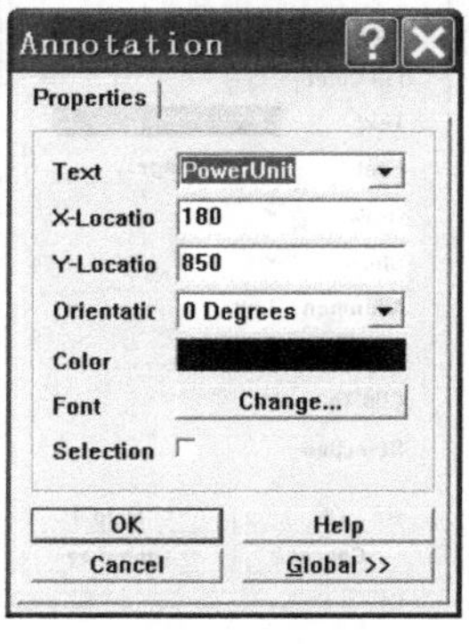

图 4-70 文本属性对话框

4.3.7 放置文本框

对于电路的详细说明往往需要较大篇幅的文字，此时可以通过在图纸上放置文本框来实现。单击 按钮或执行 Place | Text Frame 命令，即可进入放置文本框状态，此时光标变为十字形，通过单击鼠标左键分别确定文本框的两个角点进行放置，单击鼠标右键退出文本框放置状态，如图 4-71 所示。

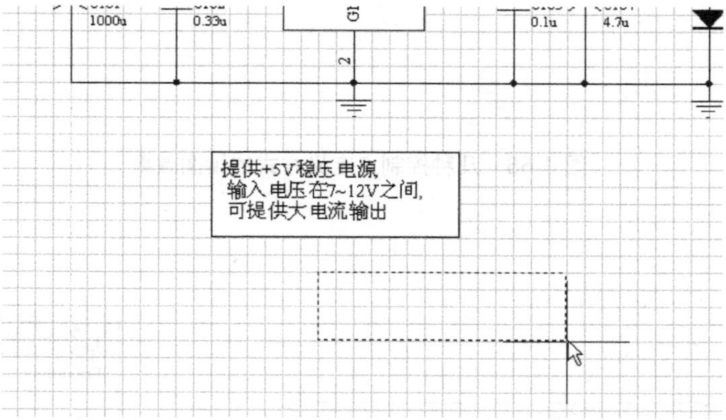

图 4-71　放置文本框

在确认放置文本框之前按 Tab 键，或完成放置后双击文本框，会打开如图 4-72 所示的 Text Frame 对话框。各选项含义如下。

- **Text：** 编辑文本框显示文字，单击 Change 按钮，打开如图 4-73 所示的文本编辑框进行修改，单击 OK 按钮完成修改。

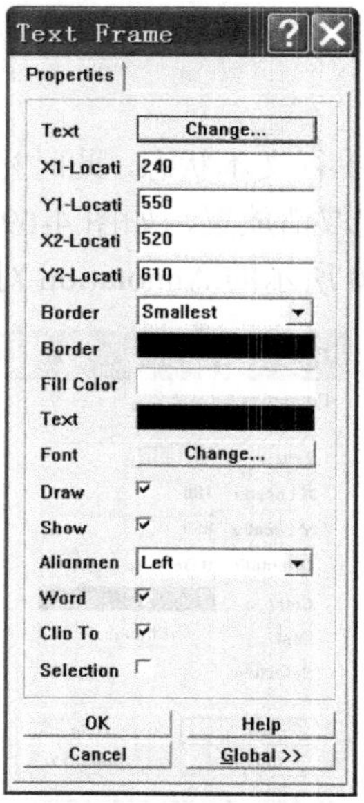

图 4-72　文本框属性对话框

图 4-73　输入文本

- **X1-Location**：文本框左下角的 X 坐标值。
- **Y1-Location**：文本框左下角的 Y 坐标值。
- **X2-Location**：文本框右上角的 X 坐标值。
- **Y2-Location**：文本框右上角的 Y 坐标值。
- **Border Width**：选择文本框边框线宽，有 Smallest、Small、Medium 和 Large 共 4 种选择。
- **Border Color**：设置文本框边框颜色。
- **Fill Color**：设置文本框填充颜色。
- **Text Color**：设置文本颜色。
- **Font**：设置文本字体，通过单击 Change 按钮打开如图 4-74 所示的“字体”对话框进行设置，单击“确定”按钮完成设置。
- **Draw Solid**：选择是否填充，选中该选项则对文本框进行颜色填充。
- **Show Border**：选择是否显示边框，选中该选项则显示边框。

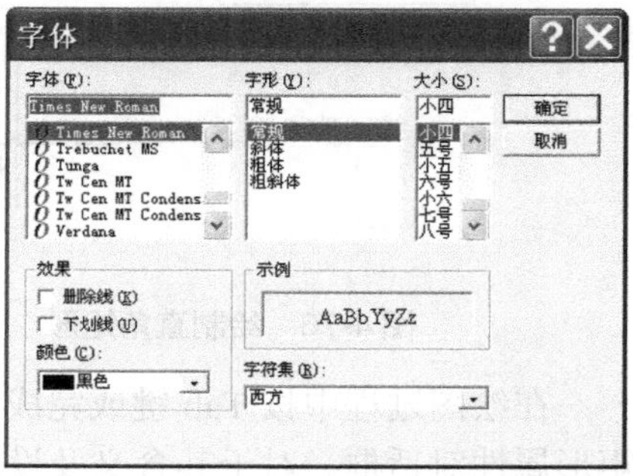

图 4-74 “字体”对话框

- **Alignment**：选择文本对齐方式，有 3 种选择，分别是 Center(中心对齐)、Left(左对齐)和 Right(右对齐)。
- **Word Wrap**：选择是否自动换行，选中该项则文本会自动换行以适应文本框宽度，否则对于过长文本会超出文本框显示，需要用户自行处理。
- **Clip To Area**：设置是否限制文字显示范围，选中该项则文字仅会在文本框范围内显示，当文本内容超出文本框时超出的部分不会显示；取消选择则会全部显示，不论是否会超出文本框。如图 4-75 所示。

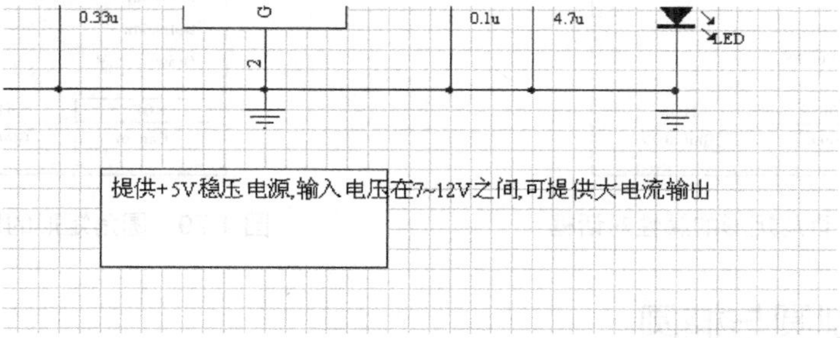

图 4-75 取消 Word Wrap 和 Clip To Area 后的效果

- **Selection**：设置是否被选取。

关于文本框的调整以及移动、删除等操作可参考前面章节的内容。

4.3.8 绘制矩形

Protel 99 SE 提供了两种矩形，直角矩形(Rectangle)和圆角矩形(Round Rectangle)，区别在于圆角矩形的边角不是直角而是由弧线构成的。两者在绘图工具栏上的图标分别为□和

▢，对应于 Place | Drawing Tools | Rectangle 和 Place | Drawing Tools | Round Rectangle 命令。

矩形的绘制方法类似于文本框的放置，单击工具栏按钮或执行绘图命令，再进入绘图状态后，通过单击鼠标左键确定两个角点即可完成图形的绘制，如图 4-76 和图 4-77 所示。

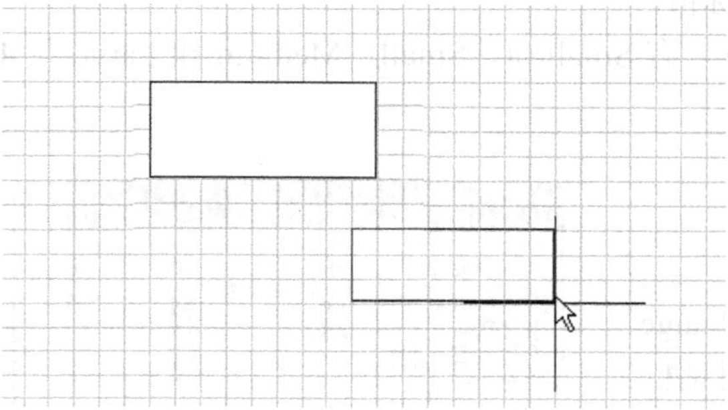

图 4-76　绘制直角矩形

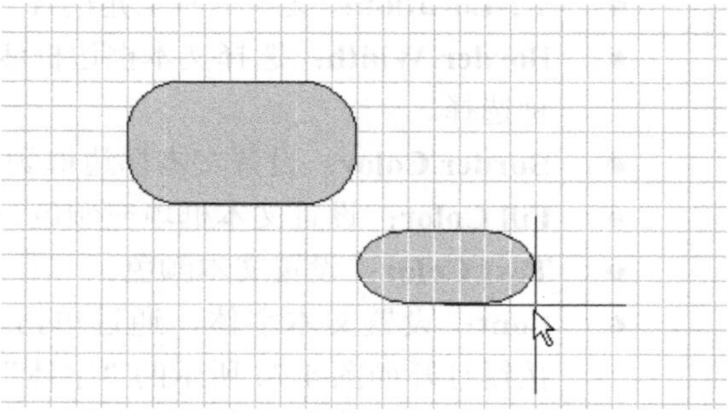

图 4-77　绘制圆角矩形

在绘图过程中按 Tab 键或完成绘制后双击矩形，可分别打开如图 4-78 和图 4-79 所示的矩形属性对话框。对于其含义及设置方法可参考文本框以及弧线的绘制方法。

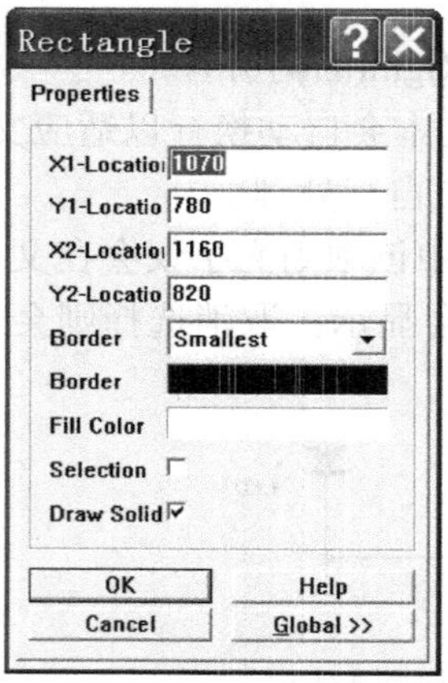

图 4-78　直角矩形的属性对话框

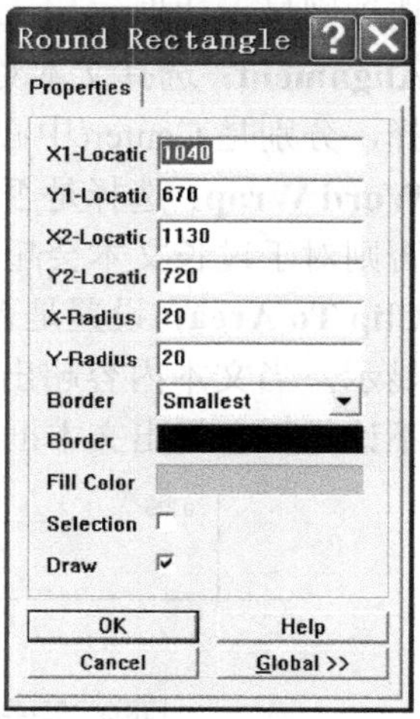

图 4-79　圆角矩形的属性对话框

4.3.9　绘制圆与椭圆

圆实际上是 X 轴径与 Y 轴径相等的特殊椭圆，因此两者绘制方法是一样的。单击 ⬭ 按钮或执行 Place | Drawing Tools | Ellipses 命令，即可进入绘制椭圆状态，其操作方法与绘制椭圆弧线类似，而绘制椭圆不需要指定弧线起始角度和结束角度，如图 4-80 所示。

对于椭圆的形状调整和参数修改，读者也可以参考椭圆弧线以及多边形等图形的绘制方法，如图 4-81 和图 4-82 所示。将 X-Radius 与 Y-Radius 设置为相同值即可绘制圆，具体方法就不再详述了。

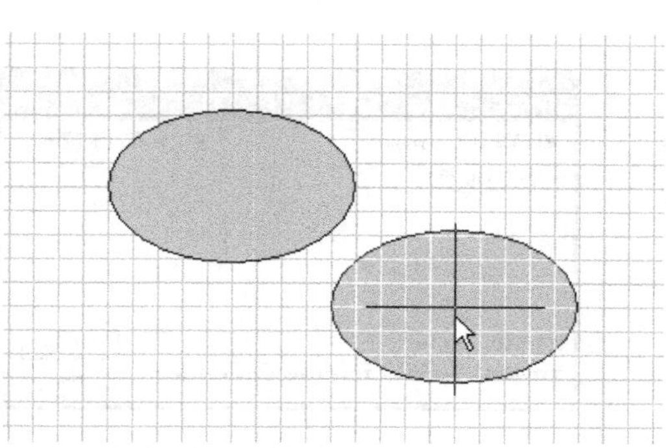

图 4-80　绘制椭圆

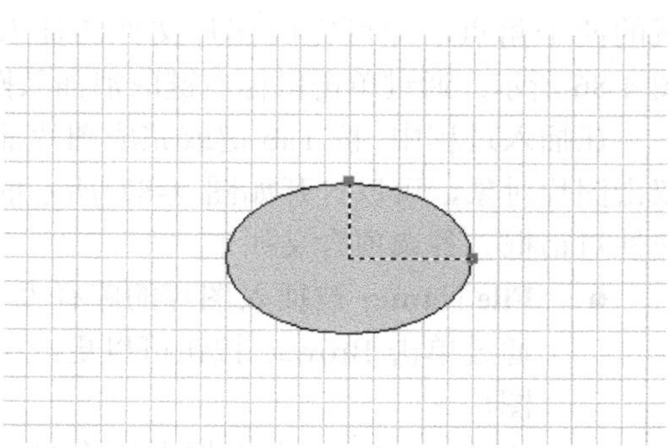

图 4-81　调整椭圆形状

4.3.10　绘制饼图

除了圆与椭圆，Protel 99 SE 还提供了饼图的绘制工具。单击按钮或执行 Place | Drawing Tools | Pie Charts 命令，即可进入绘制饼图状态。饼图的绘制与圆弧的绘制相似，实际上，饼图就是圆弧的两端同圆心相连后的具有填充属性的图形，如图 4-83 所示。其属性对话框如图 4-84 所示，具体修改方法可参考圆弧以及多边形的绘制方法。

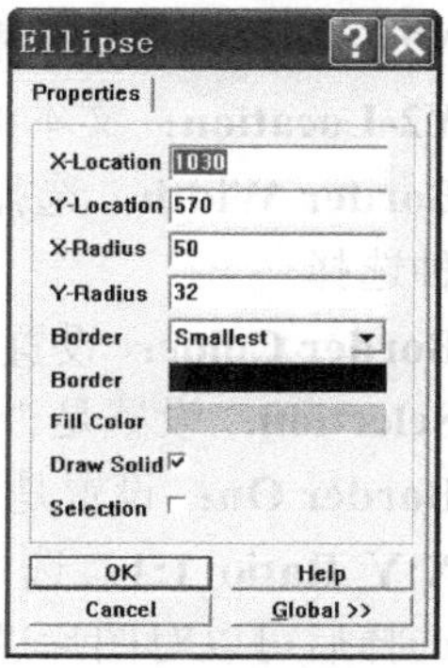

图 4-82　椭圆属性对话框

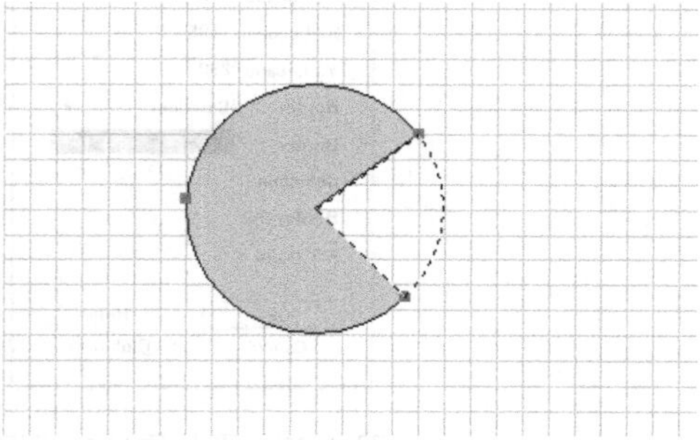

图 4-83　绘制饼图

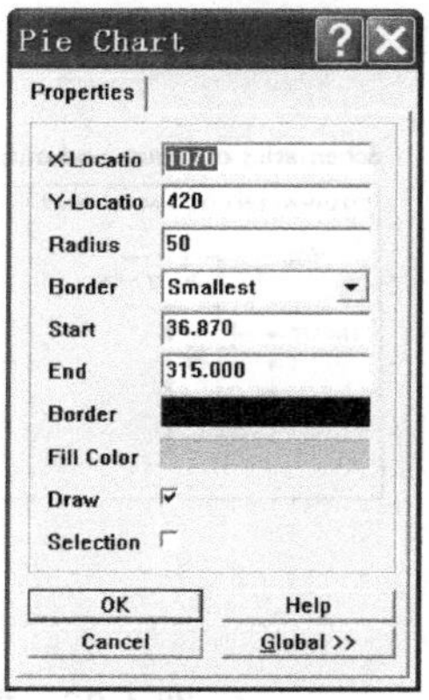

图 4-84　饼图属性对话框

4.3.11　插入图片

在原理图中还可插入图片内容，单击按钮或执行 Place | Drawing Tools | Graphics 命令，即可打开如图 4-85 所示的选择图片文件对话框，在这里选择要插入到原理图中的图片，单击“打开”按钮，此时系统会要求确定显示图片的区域，通过单击鼠标左键确定显示区

域的两个角点，即可完成图片文件的插入，如图 4-86 所示。通过单击鼠标右键取消插入操作。

在插入过程中，按 Tab 键或完成图片插入后双击图片对象，可以打开如图 4-87 所示的图片属性对话框。各选项含义如下。

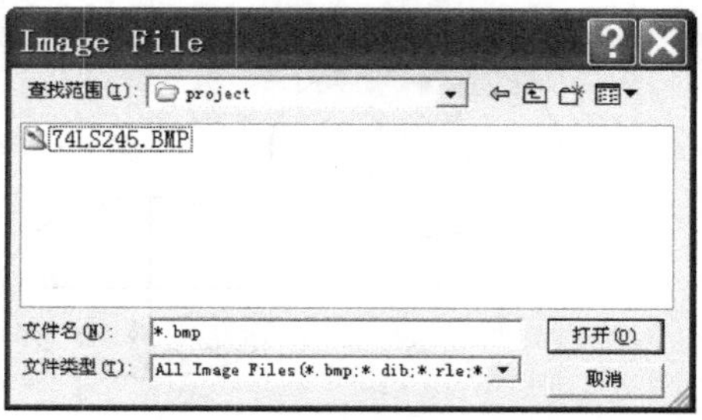

图 4-85　选择图片文件对话框

- **File Name：**被插入图片的路径及名称，通过单击 Browse 按钮可以更改插入的图片。
- **X1-Location：**文本框左下角的 X 坐标值。
- **Y1-Location：**文本框左下角的 Y 坐标值。
- **X2-Location：**文本框右上角的 X 坐标值。
- **Y2-Location：**文本框右上角的 Y 坐标值。
- **Border Width：**选择文本框边框线宽，有 Smallest、Small、Medium 和 Large 共 4 种选择。
- **Border Color：**设置文本框边框颜色。
- **Selection：**设置是否被选中。
- **Border On：**设置是否显示边框。
- **X:Y Ratio 1:1：**选中该选项，则在调整图片大小时会保持当前长宽比不变，取消选择后可以对图片进行任意缩放。

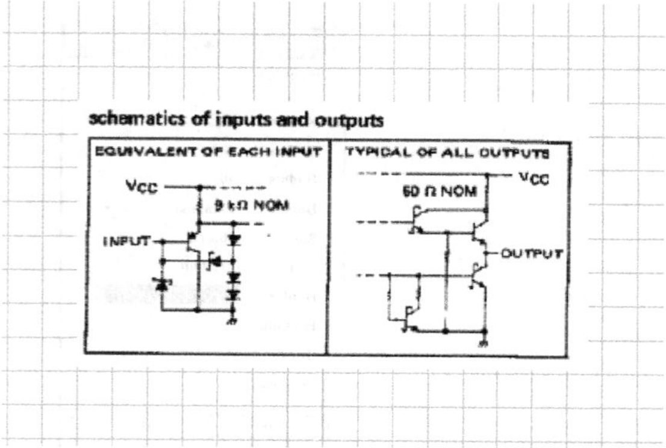

图 4-86　插入图片

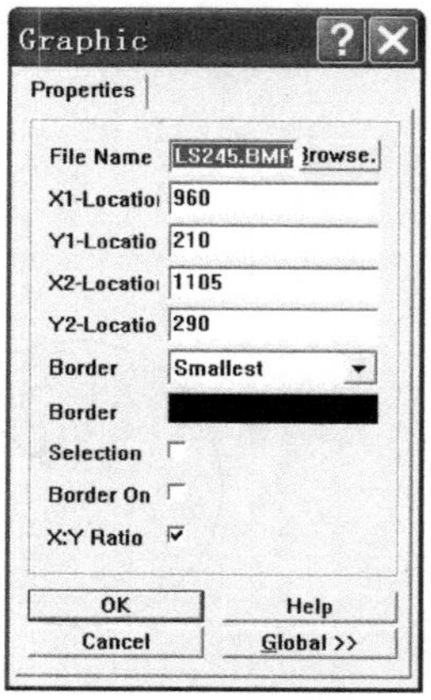

图 4-87　图片属性对话框

4.4　原理图的保存和输出

4.4.1　保存文件

完成原理图的设计后要进行保存，实际上，应该养成随时对设计工作进行保存的习惯，

同时最好经常进行备份，以免发生意外导致设计内容的丢失。文件的保存可以通过主工具栏上的按钮实现，也可以通过 File | Save 命令实现。通过 File | Save Copy As 等操作可以对文件进行备份，在文件管理器中也可以直接对文件进行复制存储备份。此外，系统也会自动对文件进行备份，

4.4.2 打印输出

设计好的原理图可以打印输出，便于设计人员参考。执行菜单命令 File | Setup Printer，可以打开如图 4-88 所示的原理图打印机设置界面。各选项说明如下。

- **Select Printer**：选择打印机，可以从该下拉列表中选择机器中安装的打印机。单击 Properties 按钮，可以打开如图 4-89 所示的“打印设置”对话框，在这里可以设置打印机属性、选择纸张以及打印方向等。
- **Batch Type**：选择输出的目标文件。当选择 Current Document 时，仅打印当前正在编辑的文件；若选择 All Documents 时，则打印设计项目中所有的文件。
- **Color Mode**：选择打印色彩模式，当打印机具有彩色打印功能时可以选择彩色打印模式(Color)，一般选择单色模式(Monochrome)，这时原理图中的色彩会转化为黑白两种颜色，打印出来的图纸比较稳定，易于长期保存。
- **Margins**：设置页边距，包括 Left(左)、Right(右)、Top(上)和 Bottom(下)4 个边的空白边框宽度，默认为 1in。
- **Scale**：设置缩放比例，以便获得良好的打印效果。若选中了 Scale to fit page 选项，则系统会根据原理图大小、位置以及打印纸张尺寸等自动设置缩放比例，用户不可修改。一般选中该选项。
- **Preview**：预览区，可以预览打印效果，单击 Refresh 按钮刷新。
- **Include on Printout**：选择是否打印选项中的内容，包括 Error Markers(错误标记)、PCB Directives(PCB 布线指示)和 No ERC Marker(不显示 ERC 标记)。
- **Vector Font Options**：矢量字体选项，包括 Inter-Character Spacing(设置字符间距)和 Character Width Scale(字符宽度比例)。

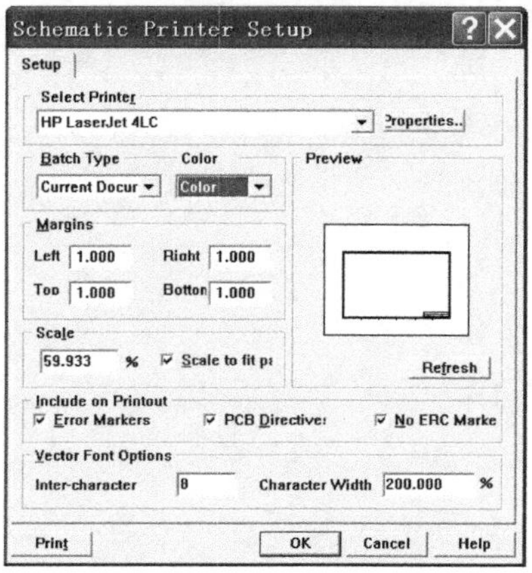

图 4-88　原理图打印机设置

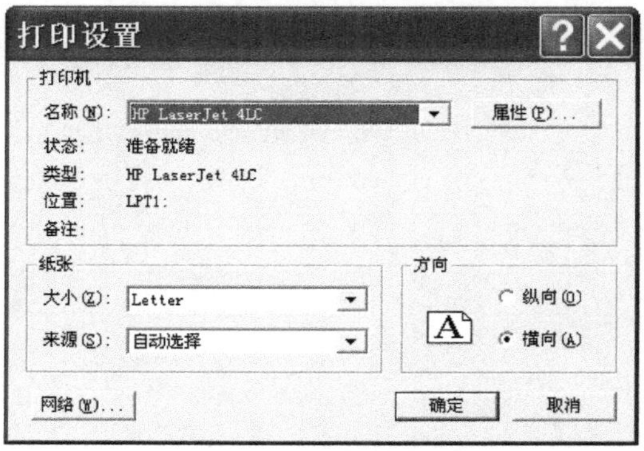

图 4-89　打印机属性设置

设置好各个参数，单击 Print 按钮，即可开始打印。

4.5 本章小结

本章中介绍了原理图设计的一般流程，对绘制原理图的基本操作、元件属性的编辑、基本设计工具和绘图工具的使用以及输出原理图的方法等内容进行了细致的讲解。这些内容是进行原理图设计的基础，希望读者能够熟练掌握。

在学习的过程中，读者应该注意掌握一些常用的快捷键，熟练使用这些基本操作的快捷键能够给原理图设计带来极大的便利。另外，本章中的一些操作涉及了某些编辑器环境参数的设置，在这些地方都给出了参考位置，读者可以找到相关章节复习这些参数的含义以及设置方法，从而增加对设计环境的熟悉程度，这些对熟练进行电路设计都是十分有利的。

第5章 原理图元件库的编辑

本章内容提示

虽然 Protel 99 SE 提供了丰富的元件库，但在设计过程中，用户仍免不了会遇到没有相关定义的元件，为此，Protel 99 SE 提供了功能完善的元件库编辑器，使用它可以很方便地进行新元件的定义和已有元件的修改，成为原理图设计的必要补充。

本章将对元件库编辑器的使用方法进行介绍，并通过具体的例子对怎样进行元件的创建和定义的修改进行详细的讲解，最后对元件报表的生成也进行了一些介绍。

创建新元件定义是使用 Protel 99 SE 进行原理图设计经常会遇到的操作，因此掌握自定义元件以及对元件定义进行修改的方法是很有必要的。

学习要点

- 元件库编辑器的界面
- 绘图工具栏的功能
- 对已有元件的定义进行修改
- 创建元件库文件并定义新元件
- 元件报表的生成

5.1 元件库编辑器界面

5.1.1 进入元件库编辑器界面

Protel 99 SE 虽然提供了丰富的元件库，极大地方便了用户的使用，但由于当前电子器件种类过于繁多，Protel 99 SE 不可能把所有的元件定义都包括，而且新的器件也层出不穷，因此很可能用户用到的器件在 Protel 99 SE 的元件库中没有定义。此外，元件库中已有的元件定义也不一定能保证完全适合用户的需求，有时可能会遇到元件图形占用空间过大或是引脚排列不方便用户进行电路设计等问题。因此用户在设计时往往免不了需要对元件定义进行修改或是创建一个符合用户要求的元件。

Protel 99 SE 提供了功能完善的元件库编辑器，能够使用户很方便地进行元件的创建及修改等操作。

打开一个元件库文件(.lib 文件)，或是从元件管理器中选择一个元件，单击 Edit 按钮，即可进入元件库编辑界面，如图 5-1 所示。

可以看到，元件库编辑器界面同原理图编辑器界面很相似，包括菜单栏、主工具栏、绘图工具栏、元件管理器、编辑区以及状态栏等部分。其中菜单栏的命令同原理图中略有一些不同，其中元件库编辑器中特有的主要命令会在后面介绍到，其他命令读者可以对照原理图编辑器中的菜单选项以及命令名称了解其功能。主工具栏中的按钮与原理图编辑器中的也基本相同，这里也不再详细介绍了。

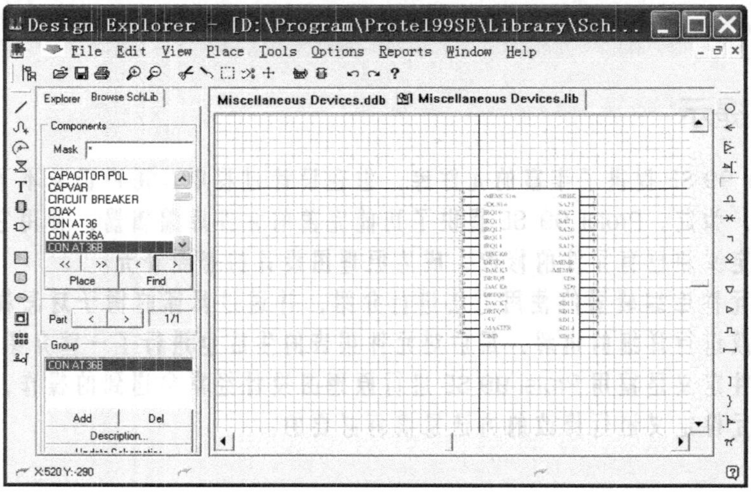

图 5-1　元件库编辑器界面

5.1.2 元件管理器

元件管理器分为 Components(元件)、Group(元件组)、Pins(引脚)以及 Mode(模式)几个子窗口，如图 5-2 所示。

1. 元件窗口

元件窗口中显示了该元件库文件中包含的元件列表，Mask 一栏的作用与过滤器(Filter)相同，可以快速搜索需要的元件。“<<”和“>>”按钮分别表示跳转到第一个元件和跳转到最后一个元件，“<”和“>”按钮则表示选择上一个元件和选择下一个元件。Place 按钮和 Find 按钮与原理图编辑器界面中的按钮含义相同，可以实现将选中元件放置到原理图中或者打开搜索元件对话框搜索所需元件。在 Part 一栏中可以看到选中的元件包含几个部件(Part)以及当前显示的是第几个部件，通过“<”和“>”按钮可以对不同部件进行切换。

2. 元件组窗口

元件组窗口中显示了与当前被选中元件具有相同电气图形符号的元件名称。即有些器件虽然名称不同、性能不同，但是在表示成图形符号时可以用同样的符号来表示，比如 1N4001、1N4148 等二极管或是 7400、74LS00、74HC00 等器件，虽然每种器件之间都有一定区别，但是表示在原理图中时都可以用统一的符号来表示，这时就可以将它们归为一组。

通过单击 Add 按钮可以打开如图 5-3 所示的对话框，在组中添加一个新的元件，这样对于该元件就可以不必再单独创建一个新的图形定义，从而减少了元件的电气图形符号库的冗余。在列表中选中一个元件名，然后单击 Del 按钮，即可将该元件从元件组中删除。若组中只有一个元件，那么这样会将该元件删除了。

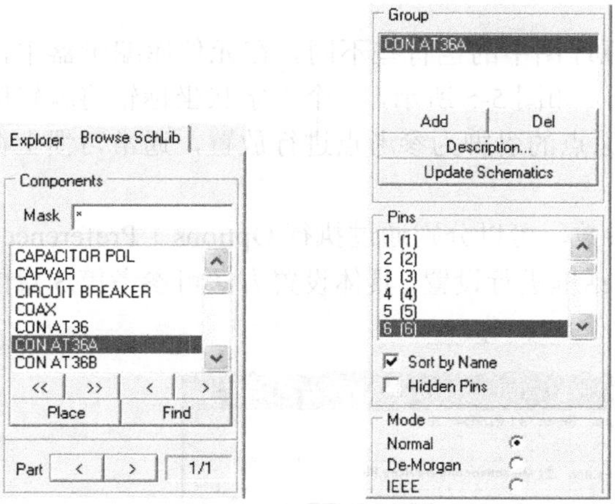

图 5-2　元件管理器

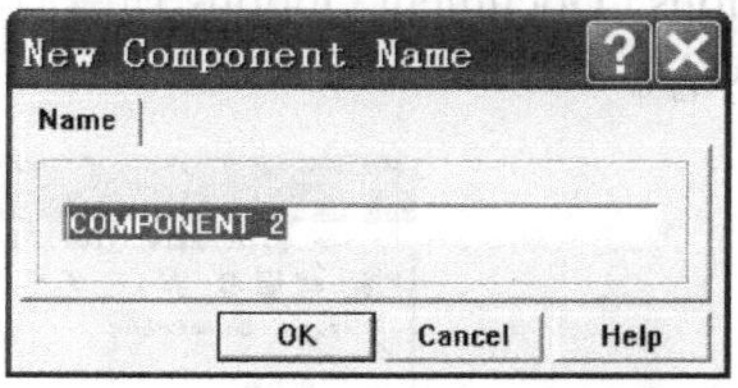

图 5-3　在组中添加新元件

单击 Description 按钮，会打开如图 5-4 所示的对话框，设置对该组元件的描述。通过 Update Schematics 按钮，可以将在元件库中对元件定义所作的修改应用到到原理图相应的元件上去。

3. 引脚窗口

该窗口中列出了当前被选中的元件中含有的引脚定义。显示条目的前半部分是该引脚的名称，括号中的是其编号。这里有两个选项。

- **Sort by Name**：选中该选项后，将按引脚名称对引脚进行排序，否则按照引脚编号进行排序。

- **Hidden Pins**：选中该选项时，将显示隐藏引脚，否则不显示隐藏引脚。

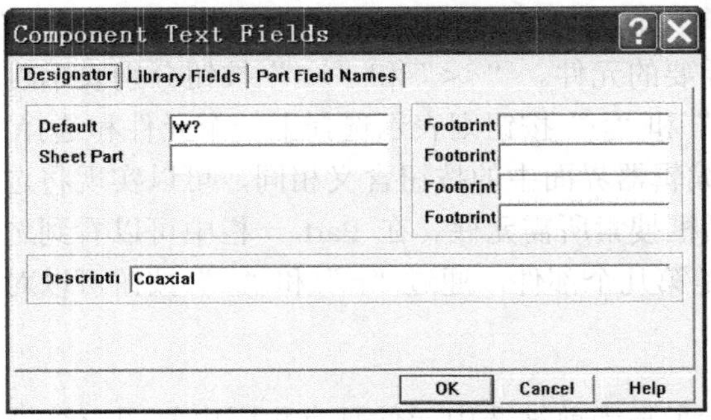

图 5-4　添加元件描述对话框

4. 模式窗口

该窗口中提供了 3 种元件模式：Normal(正常)、De-Morgan(德-摩根)和 IEEE 模式，可以为元件针对不同模式分别进行定义，这样在原理图中就可以通过模式选项选择元件的表示模式。

5.1.3　编辑区

此外，元件库编辑器界面的编辑区与原理图中的也有些不同。在元件库编辑器中，编辑工作区的坐标原点是定义在编辑区中央的，如图 5-5 所示，一个十字状坐标轴将编辑区分成了 4 个象限，当放置元件时会以最靠近原点的引脚为参考点进行放置，通常习惯上在第四象限中进行编辑。

对于光标、网格、背景等一些工作区参数，可以分别通过执行 Options | Preferences 和 Options | Document Options 命令打开相应对话框进行设置，具体设置方法可参考第 3 章的相关内容。

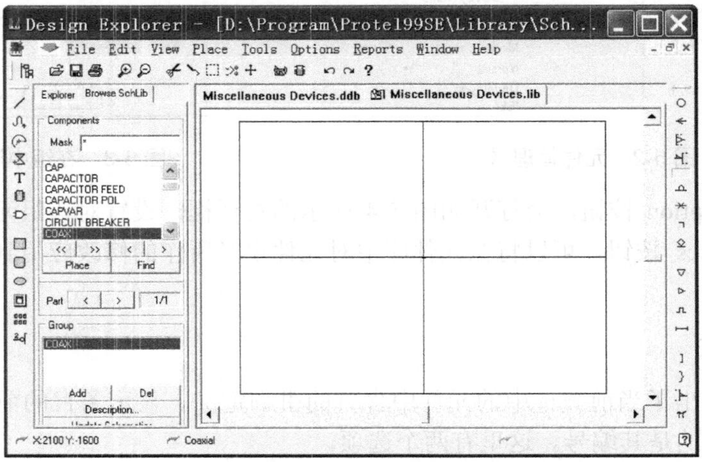

图 5-5　元件库编辑器中的工作区

5.2 绘图工具

5.2.1 绘图工具栏

在元件库编辑器中也提供了一个绘图工具栏，如图 5-6 所示，可以通过 View | Toolbars | Drawing Toolbar 命令或单击主工具栏上的按钮切换显示/关闭，各按钮功能如表 5-1 所示。

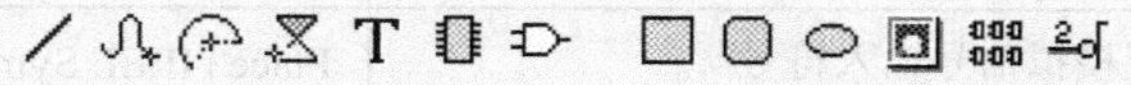

图 5-6　绘图工具栏

表 5-1　元件库编辑器绘图工具栏各按钮功能

按　钮	功　能
	绘制直线
	绘制 Bezier 曲线
	绘制弧线
	绘制多边形
T	放置单行文本
	新建一个元件组
	为当前选中元件添加一个部件
	绘制矩形
	绘制圆角矩形
	绘制圆和椭圆
	插入图片
	阵列粘贴
	放置引脚

其中大部分工具的使用方法与原理图中的绘图工具相同，所不同的是增加了 3 个元件库编辑专用工具、和，分别表示添加元件组、添加部件和放置引脚，其具体用法会在后面结合实例进行说明。

5.2.2 IEEE 工具栏

Protel 99 SE 的元件库编辑器还提供了 IEEE 工具栏，这是国际电工委员会推荐的元件绘图工具栏，通过执行 View | Toolbars | IEEE Toolbar 命令或单击主工具栏上的按钮可以切换显示/关闭，如图 5-7 所示。

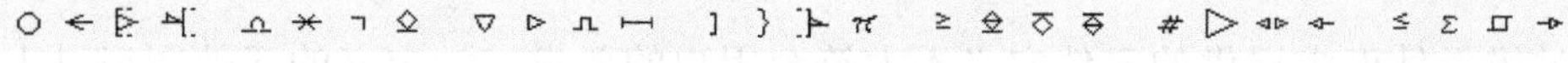

图 5-7　IEEE 工具栏

工具栏中提供了 28 种 IEEE 符号，其功能和对应的菜单项列于表 5-2。

表 5-2　IEEE 工具栏按钮功能及其对应的菜单项

按　　钮	功　　能	菜单命令
○	放置低态触发符号	Place | IEEE Symbols | Dot
←	放置左向信号流	Place | IEEE Symbols | Right Left
▷	放置时钟符号	Place | IEEE Symbols | Clock
⊣	放置低态触发输入符号	Place | IEEE Symbols | Active Low
△	放置模拟信号输入符号	Place | IEEE Symbols | Analog Signal
✳	放置非逻辑连接符号	Place | IEEE Symbols | Not Logic
⌐	放置滞后输出符号	Place | IEEE Symbols | Postponed Out
◇	放置集电极开路符号	Place | IEEE Symbols | Open Collector
▽	放置高阻态符号	Place | IEEE Symbols | Hiz
▷	放置大电流输出符号	Place | IEEE Symbols | High Current
⊓	放置脉冲符号	Place | IEEE Symbols | Pulse
⊢⊣	放置延时符号	Place | IEEE Symbols | Delay
]	放置组线符号	Place | IEEE Symbols | Group Line
}	放置二进制组合符号	Place | IEEE Symbols | Group Binary
⊢	放置低态触发输出符号	Place | IEEE Symbols | Active Low Out
π	放置π符号	Place | IEEE Symbols | Pi Symbol
≥	放置大于等于号	Place | IEEE Symbols | Greater Equal
◇	放置具有提高阻抗的开集性输出符号	Place | IEEE Symbols | Open collector P
▽	放置开射极输出符号	Place | IEEE Symbols | Open Emitter
▽	放置具有电阻节点的开射极输出符号	Place | IEEE Symbols | Open Emitter Pu
#	放置数字信号输入	Place | IEEE Symbols | Digital Signal In
▷	放置反相器	Place | IEEE Symbols | Invertor
◁▷	放置双向符号	Place | IEEE Symbols | Input Output
↤	放置左移符号	Place | IEEE Symbols | Shift Left
≤	放置小于等于号	Place | IEEE Symbols | Less Equal
Σ	放置求和符号	Place | IEEE Symbols | Signal
⊓	放置施密特触发符号	Place | IEEE Symbols | Schmitt
↦	放置右移符号	Place | IEEE Symbols | Shift Right

5.3　编辑元件

有时候元件库中提供的元件定义不太符合用户的要求，如定义的元件图形过大，占用大量空间，使得原理图看起来不够明了，或是引脚排列方式不太适合用户设计的电路系统的连接方式，给元件之间的连线造成一定麻烦等，这就需要对已有的元件进行一些编辑，或是另外创建一个新的元件。下面就怎样对元件进行修改作一些介绍。

用户在进行电路设计时经常会用到一些二极管，在 Protel 99 SE 原理图文件默认包含的 Miscellaneous.lib 元件库文件中提供了 Diode 元件，但是其引脚编号为 1、2，而在 PCB 元件封装库中二极管常用封装 DIODE-0.4、DIODE-0.7 的引脚是 A、K，这两者不一致，在使用时会报错，而初学者往往不太注意，并且由于还不熟悉 Protel 99 SE 的使用，即使看到错误也不一定能马上就发现错误所在，给电路设计带来了一些麻烦，因此如果采用了 Miscellaneous.lib 库中的这个定义，一般需要进行一些修改。下面就对具体过程进行详细的介绍。

首先在原理图编辑状态下，在元件列表中找到 Diode 元件，选中，单击元件列表窗口下面的 Edit 按钮，如图 5-8 所示，即可进入元件库编辑器界面，如图 5-9 所示。

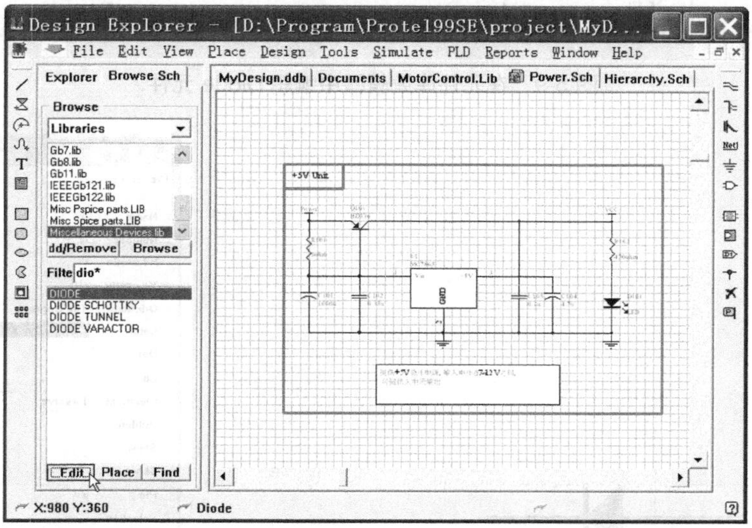

图 5-8　选中 Diode 元件进行编辑

在图 5-9 中的 Pins 窗口中可以看到虽然元件的引脚名称为 A、K，但编号却是 1、2，而在进行 PCB 设计时是按编号来对应的，因此需要修改一下。调整编辑区显示区域到合适大小，然后双击元件图形的引脚(见图 5-10)，打开如图 5-11 所示的 Pin 对话框，或是通过执行 Edit | Change 命令，当鼠标光标变成十字形后点击该引脚，也可实现这一操作。

该对话框中定义了引脚的各种属性，现说明如下。

- **Name**：引脚名称。
- **Number**：引脚编号，用于和 PCB 封装对应。
- **X-Location**：引脚起点的 X 坐标位置。
- **Y-Location**：引脚起点的 Y 坐标位置。
- **Orientation**：放置方位，可以选择 0°、90°、180°和 270°方向放置。
- **Color**：设置引脚颜色。
- **Dot Symbol**：选择是否放置负逻辑标志，选中该选项，则会在引脚起始端添加一个小圆圈表示负逻辑，即该引脚低电平时有效，如图 5-12 所示元件中的引脚 5。

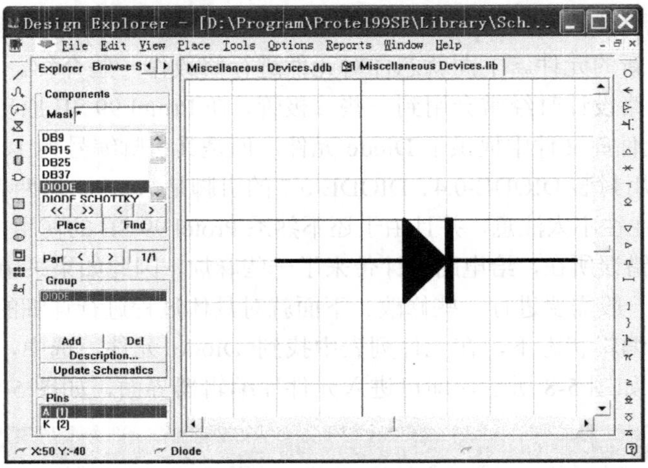

图 5-9　在元件库编辑器中编辑 Diode 元件

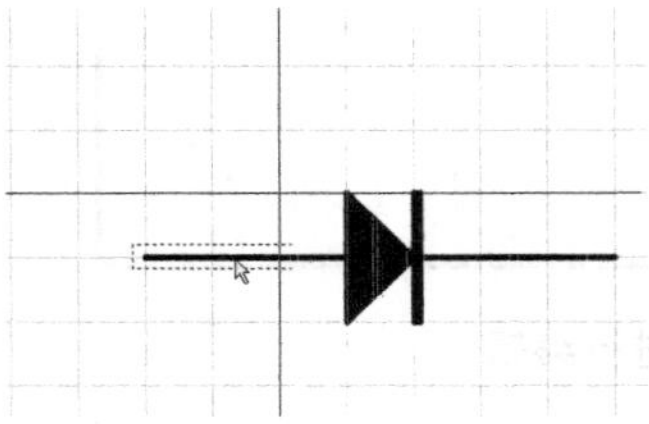

图 5-10　双击 Diode 元件引脚

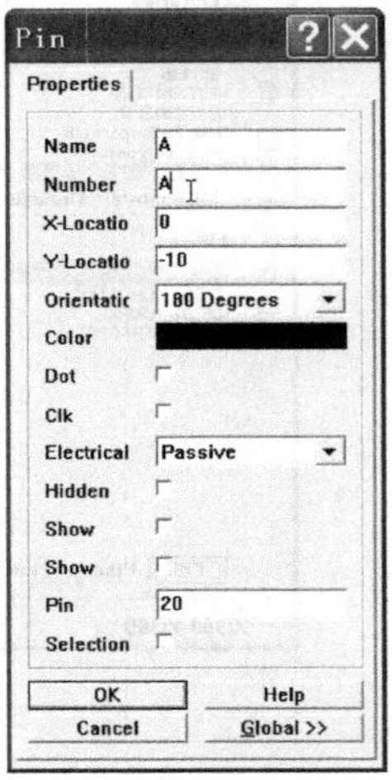

图 5-11　引脚属性对话框

- **Clk Symbol：** 选择是否放置时钟信号标志，选中该引脚则会在引脚起始端放置一个“>”符号表示时钟引脚，如图 5-12 所示元件中的引脚 4。
- **Electrical Type：** 选择引脚电气类型，如图 5-13 所示，共有 8 种电气特性可供选择，分别是 Input(输入特性)、IO(输入/输出特性)、Output(输出特性)、OpenCollector(集电极开路输出)、Passive(被动引脚)、HiZ(高阻态)、OpenEmitter(发射极开路输出)以及 Power(电源特性)。当不能确定引脚的输入/输出特性时，可以选择被动特性，如电阻、电容等一些分离元件的引脚。
- **Hidden：** 设置该引脚是否隐藏。
- **Show Name：** 设置是否显示名称。
- **Show Number：** 设置是否显示编号。
- **Pin Length：** 引脚长度，默认为 30，单位为百分之一英寸，即 10mil。
- **Selection：** 设置是否被选取。

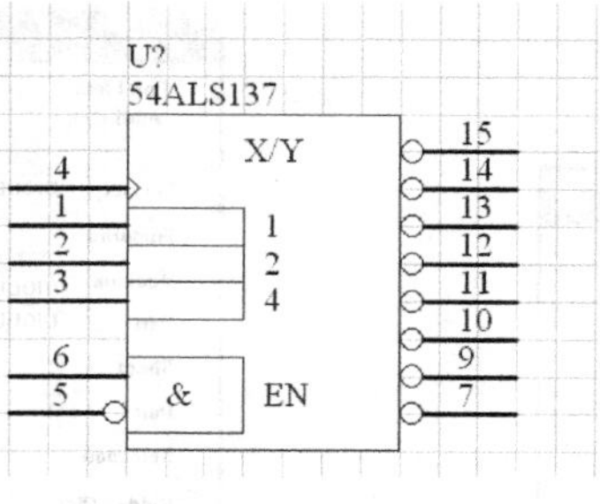

图 5-12　含有负逻辑符号和时钟符号的元件

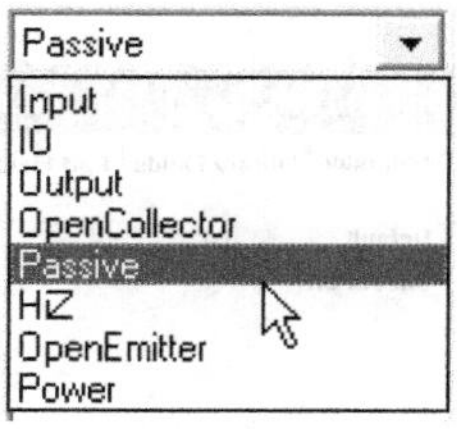

图 5-13　选择引脚电气特性

在这里，对二极管仅需将引脚编号分别修改为 A、K 即可，考虑到方便放置和连线，可以将引脚长度改为 20，这样在分立元件比较多时设计的电路会显得比较紧凑。单击 OK 按钮完成设置。有时需要修改的引脚被设置为了隐藏，在编辑区不会显示，此时需要在 Pins 窗口列表中找到被隐藏的引脚，然后通过双击鼠标左键打开属性对话框进行修改。

修改完引脚编号就可以完成编辑了，但是由于 Miscellaneous.lib 元件库中的元件定义都没有指定元件封装，为了使用方便，可以为 Diode 元件添加元件封装定义，这样在进行原理图编辑时即可在元件属性对话框的下拉列表中直接进行选择了。具体方法如下：选中 Diode 元件，单击 Group 窗口中的 Description 按钮，打开如图 5-14 所示的元件属性描述对话框。

在 Designator 选项卡中有下列几个选项。

- **Default Designator：**元件的默认标号，一般会带有“？”，这是为了方便进行自动编号而设置的。有关自动编号的内容会在后面的章节中进行介绍。
- **Sheet Part Filename：**指定元件原理图文件名，在 Protel 99 SE 的原理图中，元件可以成为一个页面符号(Sheet Symbol)，即可以将一个电路模块定义成一个元件，也就是在原理图上可以放置一个元件，而这个元件是由一系列的分立元件按照一定的电路逻辑构成的。关于元件的具体实现，是设计一个单独的原理图，通过在原理图中放置端口实现与元件引脚的对应，该选项即是指定元件内部电路原理图的文件名。当创建网络表时，选择进入下层页面部件(Descend into sheet parts)即可将元件所表示的电路模块安插到电路当中。有关页面符号、端口以及网络表的有关内容会在后面的章节中进行介绍。
- **Footprint 1~4：**定义元件可选封装。对于二极管常用的封装形式有 DIODE-0.4 和 DIODE-0.7 两种，可以分别输入到封装文本框中(见图 5-14)。这样，当完成修改后，即可在原理图中直接通过下拉列表选择元件封装了，如图 5-15 所示。
- **Description：**添加对元件信息的说明，可以使用中文。

填入元件封装信息，单击 OK 按钮，完成对 Diode 元件的修改。单击“保存”按钮，将元件定义修改保存到 Miscellaneous.lib 库中，这样以后再用到该元件时就会使用修改后的定义了。单击 Update Schematics 按钮，即可在当前项目的原理图中用修改后的元件定义替换掉原来的内容。

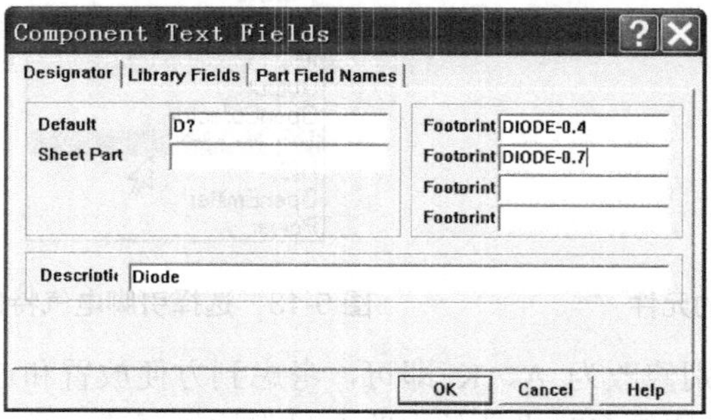

图 5-14　元件描述对话框

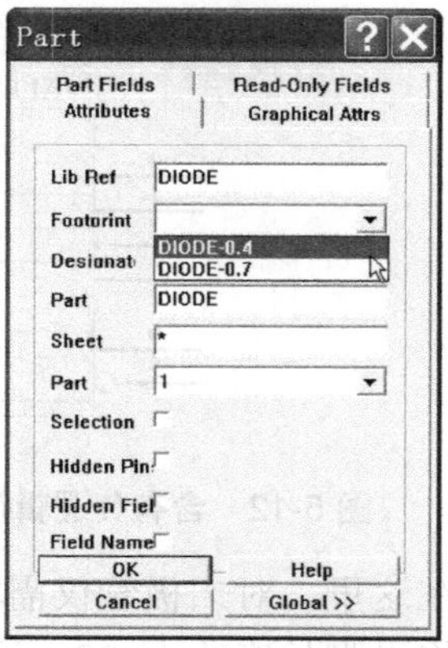

图 5-15　直接选择元件封装

5.4 创建新元件

有些时候用户用到的元件在元件库中没有定义，此时一种途径是联系元件厂商寻求技术支持或通过网络搜索看是否有相应的元件定义库，而更多时候用户可以自己来定义所需要的元件，而借助 Protel 99 SE 提供的编辑环境这一工作并不困难。下面就通过两个实例来介绍一下创建新元件的过程。

5.4.1　6N137 的创建

1. 新建元件库文件

在 Documents 文件夹窗口下单击鼠标右键，在弹出的菜单中选择 New 命令，如图 5-16 所示，或执行 File | New 命令，可以打开如图 5-17 所示的 New Document 对话框。选择 Schematic Library Document 文件类型，单击 OK 按钮，即可创建一个元件库文件，如图 5-18 所示。

可以对文件名进行修改。一般来说，对于一个项目，总会需要创建一些新的元件定义，因此都会有自己的一个元件库。此外，有时出于方便使用的考虑，也会把电路原理图中涉及的元件定义都封装到一个单独的库文件中，当再次使用时，则只需加载这个库文件即可，而不必再搜索通用库文件了，因此元件库文件的文件名可以根据项目名称进行设置。双击元件库文件，即可进入元件库编辑器。

2. 绘制元件符号

进入新建的库文件会默认有一个元件 Component_1，此时可以通过执行 Tools | Rename Component 命令打开如图 5-19 所示的对话框对元件名进行修改。本节先介绍一个比较简单的元件的创建方法。6N137 是 Texas Instruments 公司生产的一款高速光电耦合器，具有高速开关性能，是高速开关控制电路中的常用器件，在创建定义前首先需要找到元件的数据手册，明确各引脚的功能。

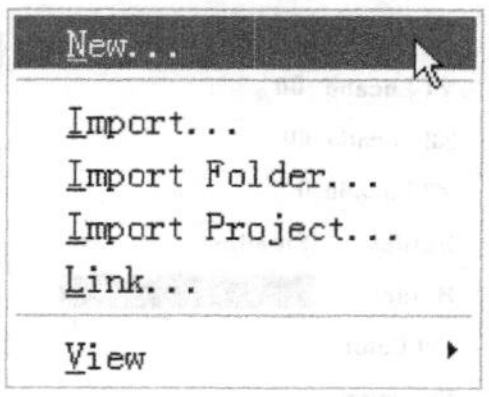

图 5-16　右键菜单选项

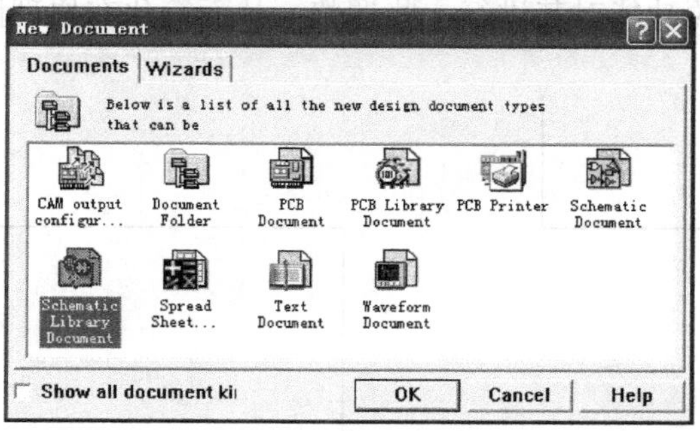

图 5-17　New Document 对话框

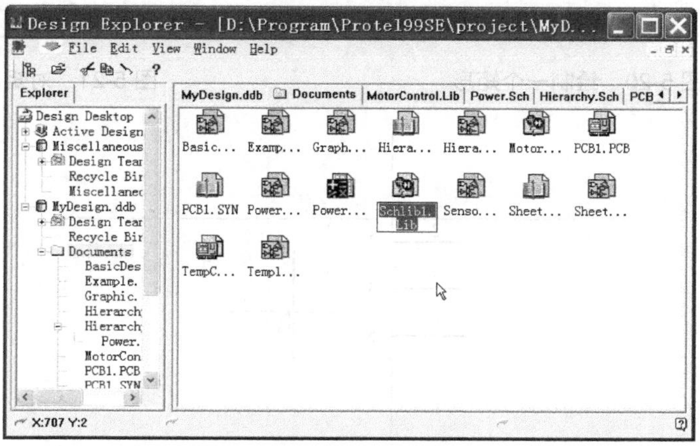

图 5-18　新建一个元件库文件

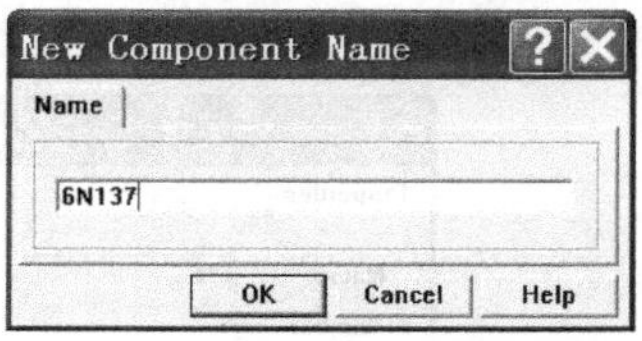

图 5-19　修改元件名称

单击绘图工具栏的□按钮，或执行 Place | Rectangle 菜单命令，在编辑区绘制一个矩形并填充，作为元件的主体，如图 5-20 所示。绘制方法与原理图编辑器中的矩形绘图工具相同，执行命令后光标会变为十字形，此时在编辑区通过单击鼠标左键确定矩形的两个角点，即可完成绘制。在绘制过程中按 Tab 键或完成绘制后双击矩形，可打开如图 5-21 所示的对话框进行属性修改。

矩形的大小可以根据元件引脚的数目以及可能进行的元件连接确定，适当即可。

然后单击按钮或执行 Place | Pins 菜单命令放置引脚，如图 5-22 所示。

若通过单击鼠标左键放置引脚，放置时光标所在端为起始端，是非电气特性端，引脚名称也在这一端，另一端为电气特性端，是导线的连接处，因此要使起始端处在矩形内而电气特性端朝外。在放置过程中，通过空格(Space)键可以切换引脚方向，按 Tab 键可以打开如图 5-23 所示的对话框，将引脚名称按数据手册中说明的功能修改成相应名称，方便设计中使用。各选项的含义在前文已经进行了说明，读者可以参考前面的内容进行理解。完成引脚放置后的效果如图 5-24 所示，由于 6N137 的 1、4 引脚没有连接(NC)，因此在图中没有画出。引脚的放置可以完全按照器件的实际引脚顺序排列，但是一般为了方便设计，会按照功能对其进行一些调整，从而简化在原理图中与其他元件的连线。

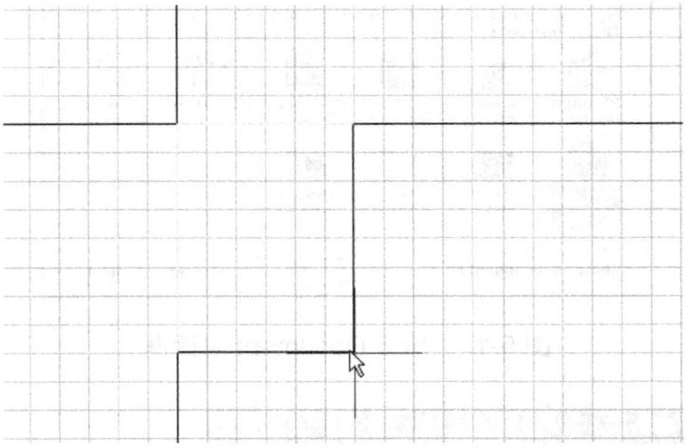

图 5-20　绘制一个矩形

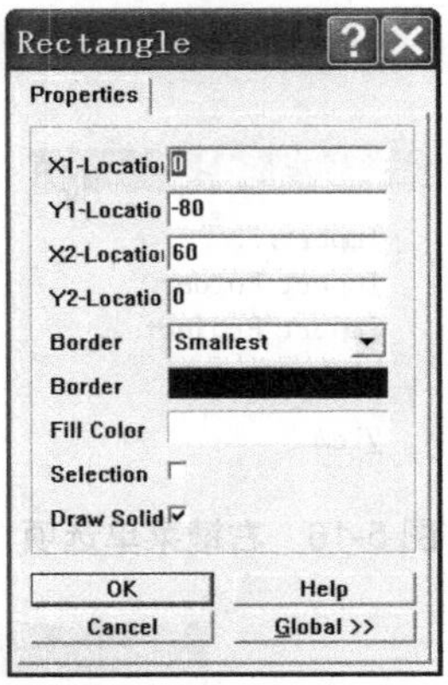

图 5-21　对矩形属性进行编辑

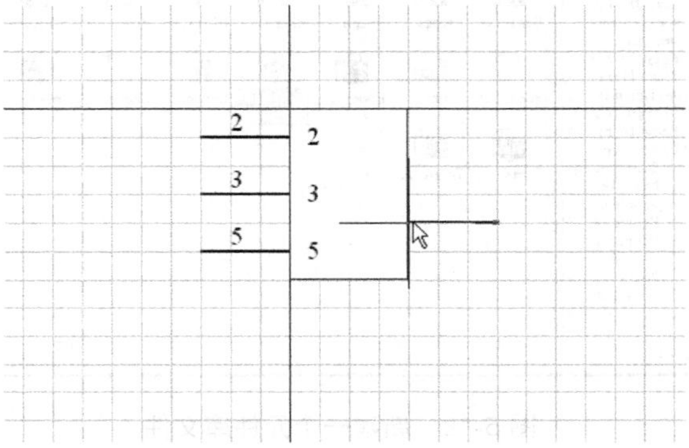

图 5-22　放置引脚

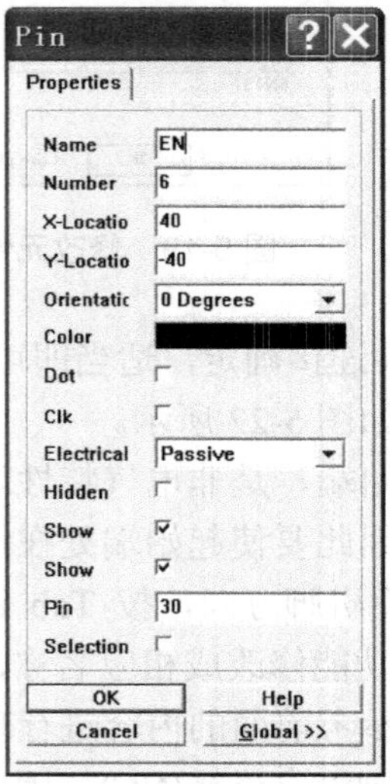

图 5-23　引脚属性对话框

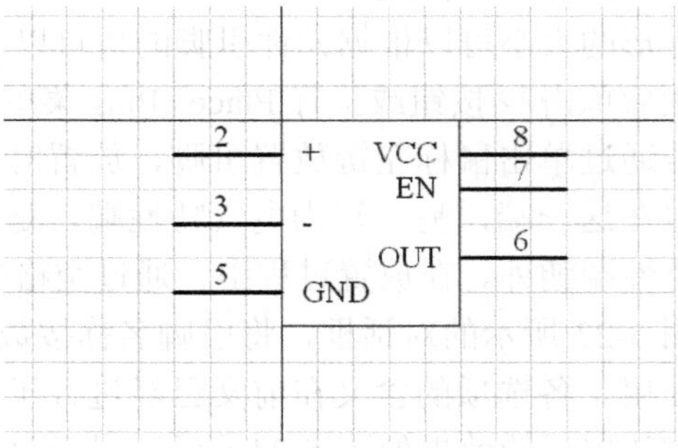

图 5-24　放置完引脚后的元件

3. 输入元件描述

这样就完成了元件的绘制，单击“保存”按钮对文件进行保存。然后单击 Group 窗口下面的 Description 按钮，打开如图 5-25 所示的对话框，输入对元件的描述，主要包括默认标号、常用封装形式等。在默认标号中通常带一个“？”，方便在原理图中对元件进行自动编号。单击 OK 按钮，再单击“保存”按钮进行保存，即可完成对元件的描述。

4. 完成元件定义

完成上述过程后，在原理图中加载包含该元件库文件的项目数据库，再选中该元件库，即可在元件列表窗中看到所定义的元件，然后就可以通过放置操作在原理图上放置该元件了，如图 5-26 和图 5-27 所示。

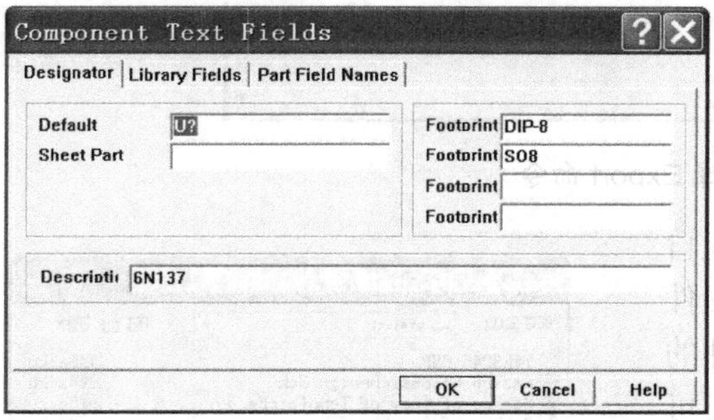

图 5-25　输入对元件的描述

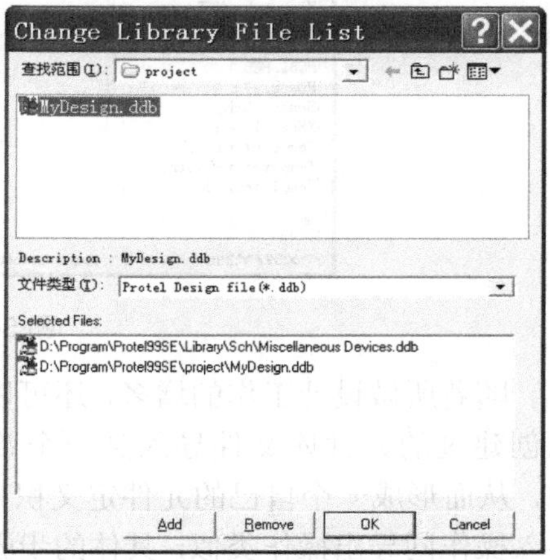

图 5-26　加载创建的元件库

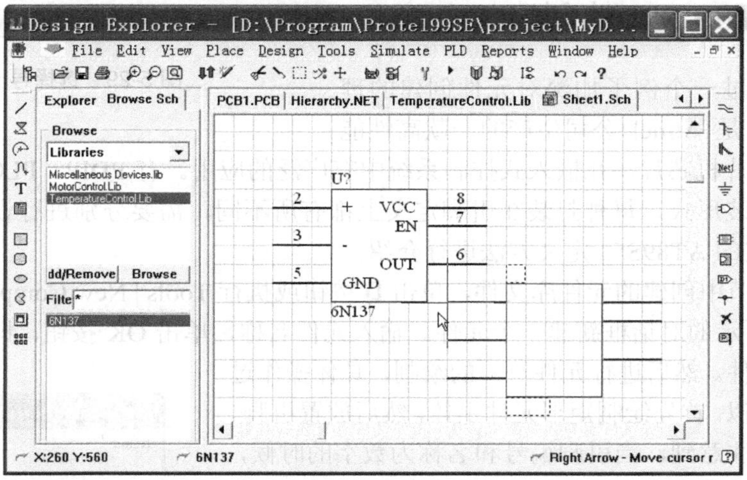

图 5-27　放置自定义的元件

此外，若希望定义的元件被其他设计所使用，除了加载整个数据库文件外，还可以将特定的元件库文件导出，从而使用起来更加简洁方便。具体操作如下：在 Documents 文件夹下选中需要导出的库文件，右击，在弹出的菜单中选择 Export 命令，如图 5-28 所示，即可打开如图 5-29 所示的 Export Document 对话框，选择导出路径，单击“保存”按钮，即可将选中的元件库文件直接导出成.Lib 文件，当加载时，只需加载该库文件，即可使用其中定义的元件。

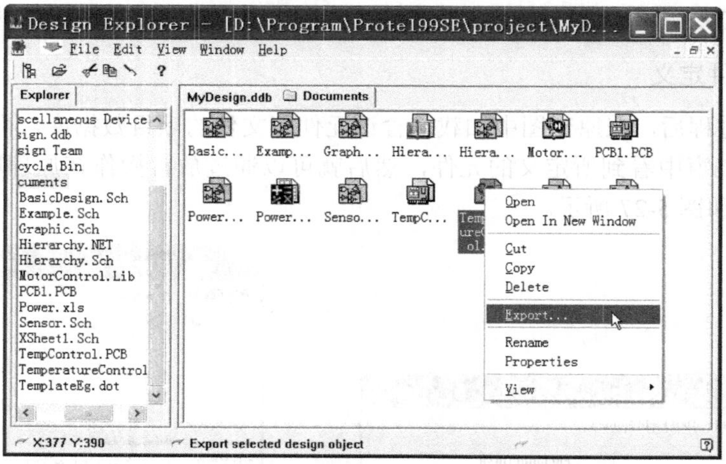

图 5-28 选择 Export 命令

随着所做设计工作的增多，还可以将以往自己创建过的元件库文件导入到一个数据库文件中，从而形成一个自己的元件定义积累。文件的导入操作同导出操作类似，具体的步骤读者还可以参考第 2 章的内容。

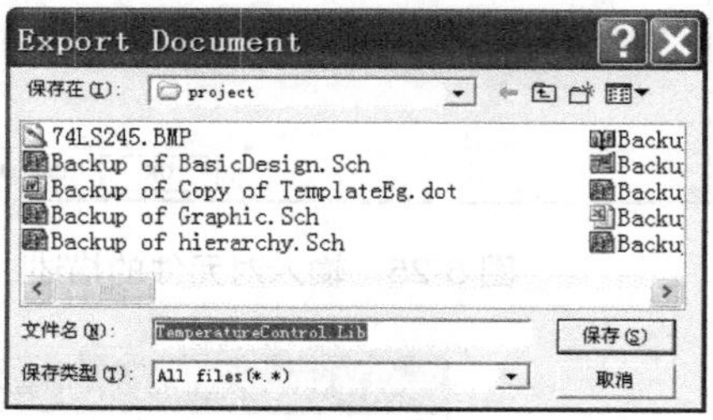

图 5-29 选择导出路径

5.4.2 AT89S52 的创建

下面再通过一个例子加深对元件创建的理解。AT89S52 是 Atmel 公司生产的一款高性能 CMOS 8 位单片机芯片，在嵌入式控制系统中有广泛的应用。有 PDIP、PLCC 和 TQFP 等几种不同的封装形式，每种封装在引脚定义上都有所不同，需要分别进行设计。下面将对 PDIP 封装形式的 AT89S52 定义方法进行介绍。

打开上一节中创建的元件库文件，单击按钮或执行 Tools | New Component 命令，打开如图 5-30 所示的对话框新建一个元件。输入元件名称，单击 OK 按钮，即可在该元件库中增加一个元件。然后进行元件符号的绘制，具体操作过程同上一节类似，首先绘制矩形元件主体，然后放置引脚。读者可能已经注意到，当引脚编号和名称为数字的时候，在放置过程中该数字会自动自增。当引脚较多时，充分利用 Protel 99 SE 提供的这一功能，能够在一定程度上简化元件的创建过程。当处于引脚放置状态时，按 Tab 键打开引脚属性对话框，修改 Name 和 Number 的值，再放置引

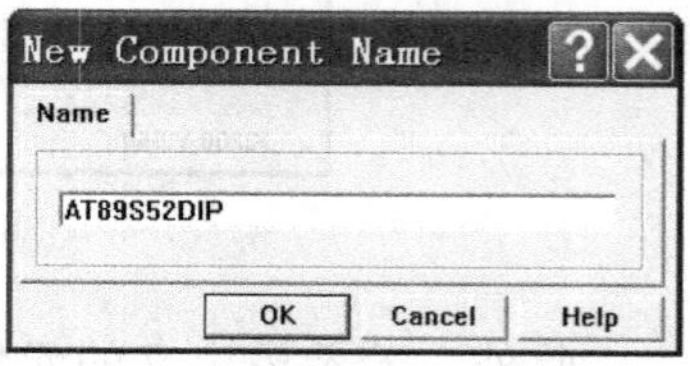

图 5-30 新建一个元件

脚，引脚数字就会从修改值开始递增，即此时可以修改引脚工具的默认值。若是放置后通过双击修改引脚属性，则其默认值不会改变，仍然会在前一引脚放置时的属性基础上进行递增，这一点读者应该提起注意。

此外，有时在元件引脚的 Name 处的文字需要加上划线表示低电平有效，如图 5-31 中的 29、30 引脚，这种效果一方面可以直接使用绘图工具在相应位置绘制直线实现，另一方面在 Protel 99 SE 中可以通过在 Name 属性中添加“\”字符实现。若整个 Name 都需要添加上划线，则可以执行 Options | Preferences 命令，在 Graphical Editing 选项卡的 Options 选项组中选中 Single ‘\’ Negation 选项，如图 5-32 所示。然后在 Name 属性中的名称前面添加一个“\”符号即可实现。若只有部分文字需要添加上划线，则需要在每个字母后面添加一个“\”符号，如图 5-33 所示。

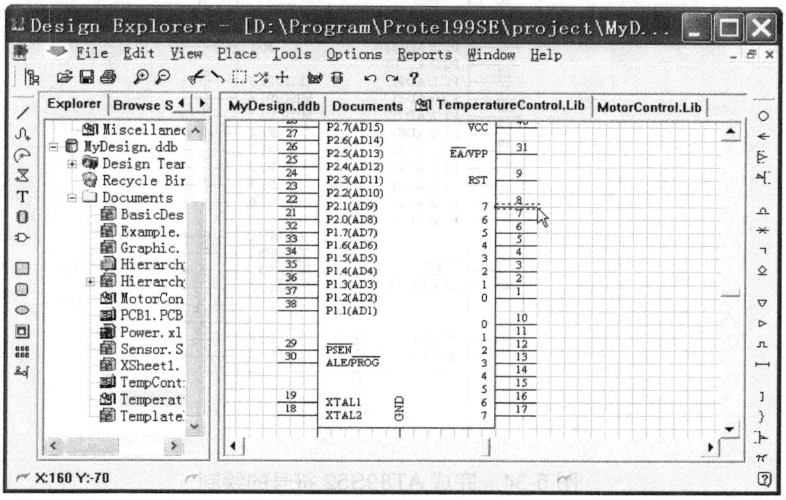

图 5-31　创建 AT89S52 元件

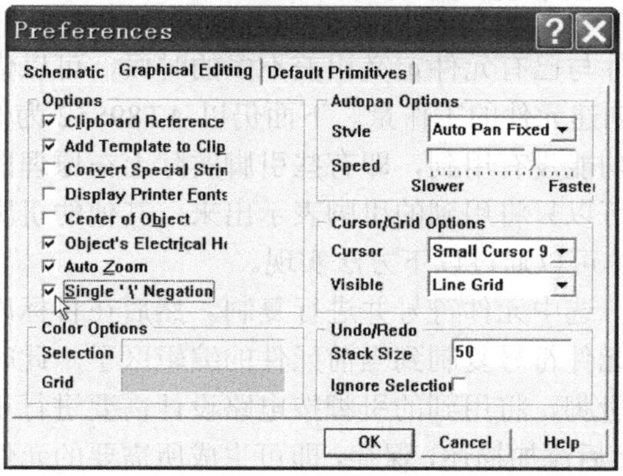

图 5-32　选中 Single ‘\’ Negation 选项

完成绘制后效果如图 5-34 所示。后续的操作与 6N137 的创建也相同，添加元件描述，保存文件。

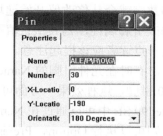

图 5-33　引脚 29、30 的 Name 属性设置

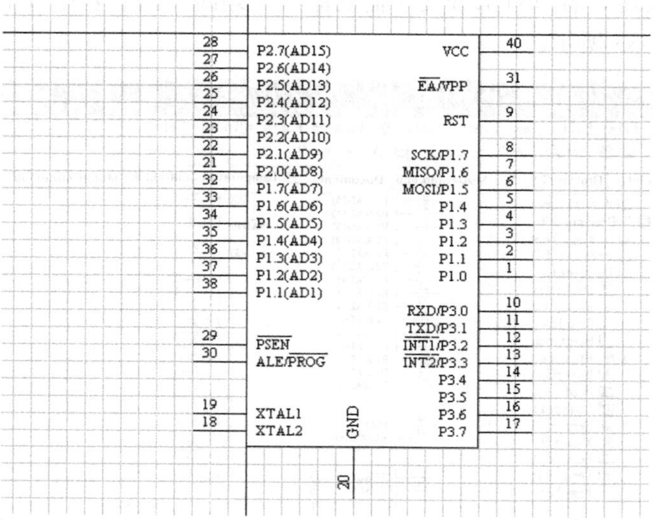

图 5-34　完成 AT89S52 符号的绘制

5.4.3　通过已有元件创建新元件定义

当需要创建的新元件与已有元件定义相差不多的时候，可以借助已有的元件定义创建新元件，从而大大减少创建元件的工作量。下面仍以 AT89S52 为例，若所设计的系统没有那么复杂，芯片的很多功能没有用到，即有些引脚实际上在原理图中是没有用到的，这时为了简化原理图设计，可以只将用到的引脚表示出来，其他的引脚则无需表示，即创建一个简化的元件定义。具体可以通过以下方法实现。

打开已有元件定义，选中元件符号并进行复制。然后在目标库中新建一个元件，执行粘贴操作，即可将已有元件符号复制到当前元件的编辑区了。此时对其进行编辑，修改矩形面积，删除不需要的引脚，将用到的引脚按电路设计需要进行重新排列，如有需要可以对引脚属性进行修改，然后添加描述，保存，即可生成所需要的元件了，如图 5-35 和图 5-36 所示。

实际上，在定义单片机芯片这类引脚较多的元件时，往往是按需定义。当遇到新的设计任务的时候，再不断进行修改和扩充来简化元件定义过程的。不同封装的元件定义也可以在一个定义的基础上修改得到。

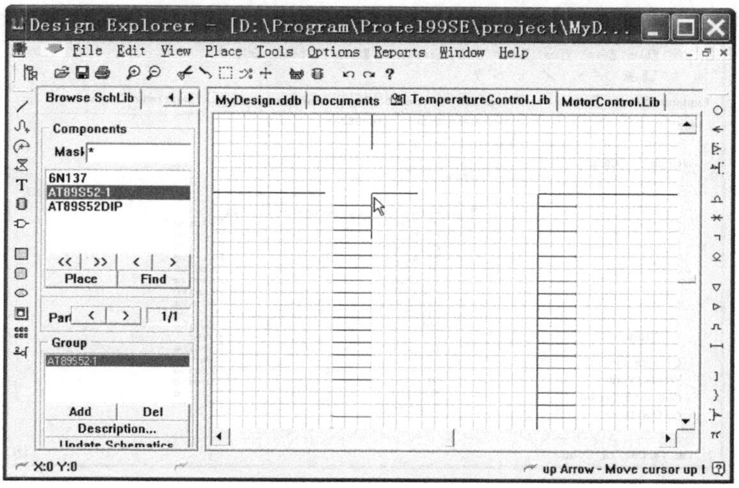

图 5-35　复制已有元件符号

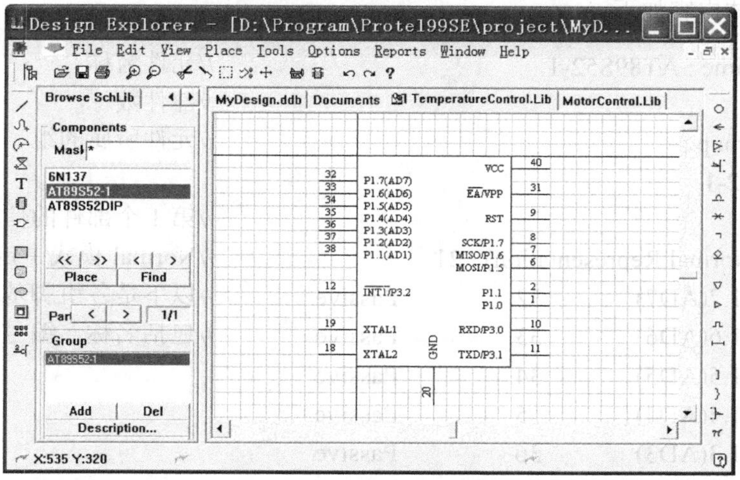

图 5-36　修改后的效果

5.5　产生元件报表

Protel 99 SE 提供了元件报表功能，能够对新创建的元件信息进行多种统计输出。在元件库编辑器中有 3 种类型的报表，分别是元件报表(Component Report)、元件库报表(Library Report)和元件规则检查报表(Component Rule Check Report)。下面分别对其进行介绍。

5.5.1　元件报表

在元件库编辑器中，执行 Report | Component 菜单命令，即可对当前元件的基本信息进行汇总并生成元件报表，如图 5-37 所示。元件报表文件以.cmp 为扩展名。

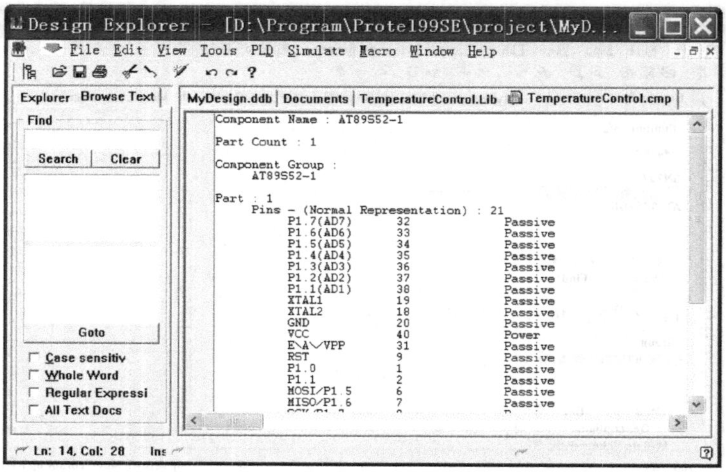

图 5-37　简化 AT89S52 元件的元件报表

文件的具体内容如下：

```
Component Name : AT89S52-1                                        //元件名称
Part Count : 1                                                    //部件数
Component Group :                                                 //元件所属的组
      AT89S52-1
Part : 1                                                          //第 1 个部件的信息
      Pins - (Normal Representation) : 21                         //Normal 模式中定义的引脚数
            P1.7(AD7)        32          Passive                  //以下是各引脚基本信息，
            P1.6(AD6)        33          Passive                  //包括名称、编号以及电气特性
            P1.5(AD5)        34          Passive
            P1.4(AD4)        35          Passive
            P1.3(AD3)        36          Passive
            P1.2(AD2)        37          Passive
            P1.1(AD1)        38          Passive
            XTAL1            19          Passive
            XTAL2            18          Passive
            GND              20          Passive
            VCC              40          Power
            E\A\/VPP         31          Passive
            RST              9           Passive
            P1.0             1           Passive
            P1.1             2           Passive
            MOSI/P1.5        6           Passive
            MISO/P1.6        7           Passive
            SCK/P1.7         8           Passive
            RXD/P3.0         10          Passive
```

```
                TXD/P3.1               11             Passive
                I\N\T\1\/P3.2          12             Passive
               Hidden Pins :                                        //隐藏引脚的个数
      Pins - (De-Morgan Representation) : 0                         //De-Morgan 模式下的引脚定义
               Hidden Pins :                                        //隐藏引脚的个数
      Pins - (IEEE Representation) : 0                              //IEEE 模式下的引脚定义
               Hidden Pins :                                        //隐藏引脚的个数
```

5.5.2 元件库报表

在元件库编辑器中，除了对单个元件的详细信息生成报表外，还可以对元件库中定义的元件进行列表显示输出，即生成元件库报表。执行 Report | Library 菜单命令，即可生成元件库报表，如图 5-38 所示，这里列出了该库中定义的所有元件名称和描述。元件库报表文件以.rep 为扩展名。

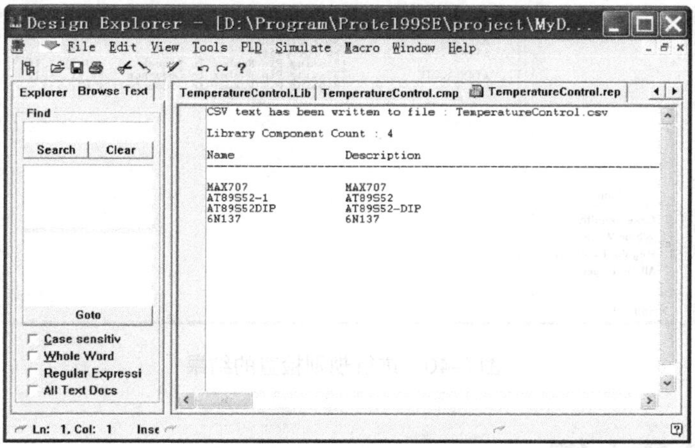

图 5-38 生成元件库报表

5.5.3 元件规则检查报表

在元件库编辑器中，对定义的元件还可以进行规则检查，避免元件定义中含有错误。执行 Reports | Component Rule Check 菜单命令，打开如图 5-39 所示的对话框。这里有两个选项组，各选项功能说明如下。

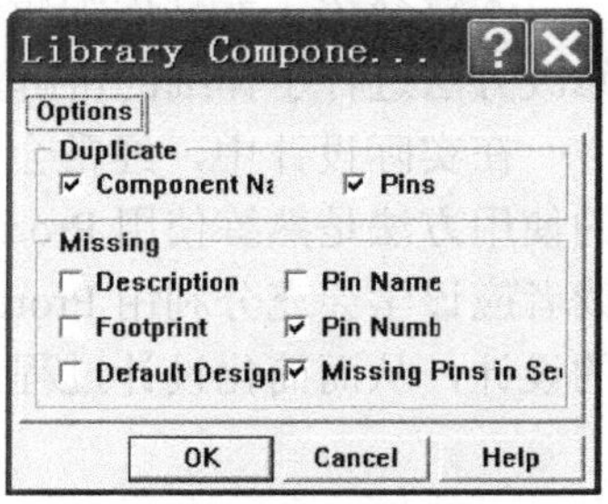

图 5-39 规则检查设置对话框

1. Duplicate 选项组

- **Component Names：** 设置是否检查并报告具有相同名称的元件。
- **Pins：** 设置是否检查并报告具有相同名称的引脚。

2. Missing 选项组

- **Description：** 设置是否检查并报告描述缺失。
- **Pin Name：** 设置是否检查并报告引脚名称缺失。
- **Footprint：** 设置是否检查并报告封装信息缺失。
- **Pin Number：** 设置是否检查并报告引脚编号缺失。
- **Default Designator：** 设置是否检查并报告元件默认标号缺失。
- **Missing Pins in Sequence：** 设置是否检查并报告成系列编号的引脚缺失。

图 5-40 显示了对元件库进行规则检查的结果，可以看到，规则检查报表文件以.ERR 为扩展名，结果会将有错误存在的元件名称列出来，并会给出错误原因，方便用户进行修改，在设计中可以根据错误提示作相应的处理。

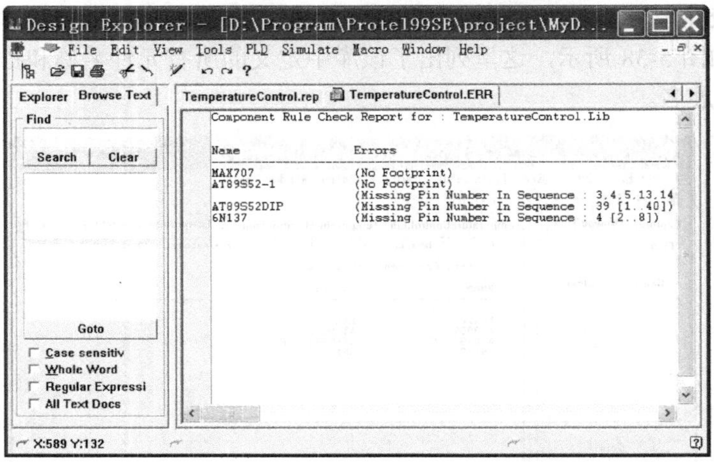

图 5-40　进行规则检查的结果

5.6 本章小结

本章介绍了元件库编辑器的界面构成和基本设置，并对几个具体元件的创建方法以及修改方法进行了详细的讲解，最后对元件报表的生成也进行了一些介绍。

在实际设计中，经常会需要进行元件符号的创建以及修改，因此掌握好元件库编辑器的使用方法是熟练使用 Protel 99 SE 进行原理图设计的必要条件之一。在实际设计过程中，读者应该学会充分利用 Protel 99 SE 编辑环境提供的功能，并根据设计的实际需要进行相应的设计，从而简化设计过程，减少工作量。

第6章

原理图设计进阶

本章内容提示

前面章节已经对原理图设计的基本操作都进行了介绍，通过这些操作已经完全能够设计完整的电路原理图了。但原理图的设计过程有时会比较复杂，这时如果仅采用基本操作，工作量会变得很大，不仅影响了设计效率，同时也难以保证电路设计的质量。

为了方便用户进行原理图的设计，Protel 99 SE 在基本操作以外还提供了许多强大的设计功能，如简化电路连接的总线连接方式和网络标号的使用、适用于对多个元件属性同时进行修改的全局编辑功能、为保证电路电气连接正确而设计的 ERC 检查等，能够让原本繁重的设计工作变得轻松、快捷，同时还能保证电路的高度正确性。因此除了熟练掌握原理图设计的基本操作外，学会使用并熟练运用这些高级功能，是高效、快捷地设计高质量原理图的关键。

本章会对原理图设计中高级功能的使用以及一些常见问题的处理技巧进行详细的介绍，希望读者能够熟练掌握。

学习要点

- 原理图的总线连接方式
- 元件全局属性的编辑
- 原理图的电气检查
- 阵列粘贴与拖动绘图
- 元件的自动编号
- 生成网络表等各种报表

6.1 绘制原理图进阶

6.1.1 绘制总线及接口

在进行原理图设计时，如果元件的数目较多，并且各个元件也都有很多引脚，那么连接关系一般都比较复杂。如果对于每个引脚都用导线逐根连接，则原理图中会充斥有过多的导线，导致各元件间的连接关系不明确，容易产生混乱，而且需要连接的导线很多，给原理图的绘制也带来了不小的工作量，如图 6-1 所示。

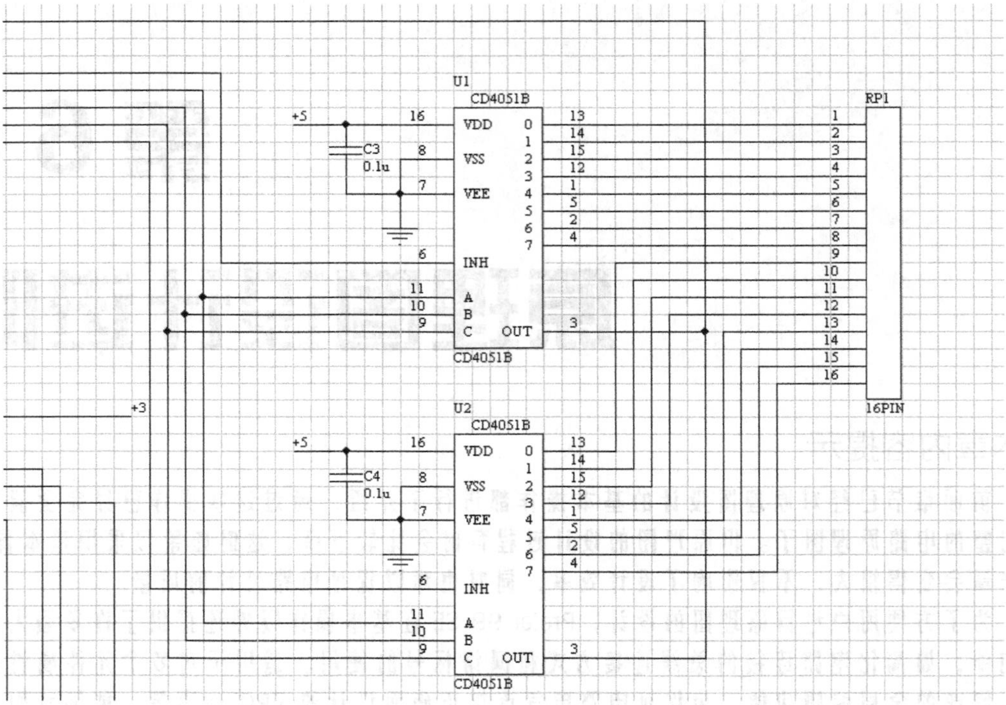

图 6-1　采用导线连接的电路原理图

这时可以使用总线连接方式来简化原理图的绘制，使元件各部分之间的连接关系清晰易读。在图 6-1 中，第二片 CD4051 的 0～7 路输入通道引脚与接口之间的连接就可以采用总线方式进行连接；而两片芯片的控制输入 INH 与 A、B、C 由于引线较长，也可以采用总线连接方式，使其引线绘制更容易，同时功能关系也更明确。

1. 放置总线

在布线工具栏中，放置导线按钮的旁边有一个 按钮，对应于菜单命令 Place | Entry，即是用来放置总线的。用鼠标左键单击该按钮，鼠标光标将变成十字形，同放置导线的过程相同，通过单击鼠标左键即可确定总线起点与终点，如图 6-2 所示。对于画线方式以及其属性的调整也同导线的绘制过程相同，如图 6-3 所示。

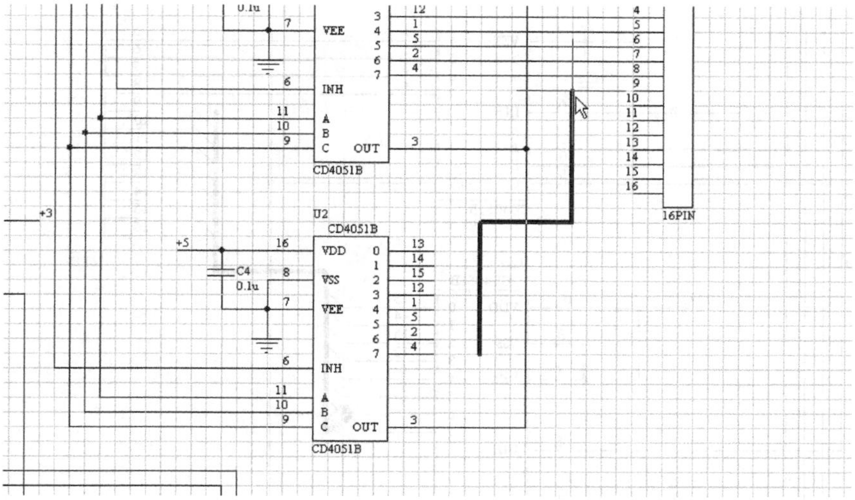

图 6-2　放置总线

2. 放置总线入口

紧挨总线放置按钮有一个按钮，对应于菜单命令 Place | Bus Entry，用于放置总线的入口接口来与具体的引脚相连。

图 6-3　总线属性对话框

用鼠标左键单击该按钮，即可进入总线入口放置状态，如图 6-4 所示，通过单击鼠标左键放置总线入口，按空格(Space)键或 X、Y 键可以调整入口朝向。放置总线入口使其一端与总线相连，另一端通过放置导线与对应引脚相连，如图 6-5 所示。依次对每个引脚进行上述操作，即可完成总线连接图形的绘制，对芯片控制输入电路连线绘制也作相同的处理，效果如图 6-6 所示。

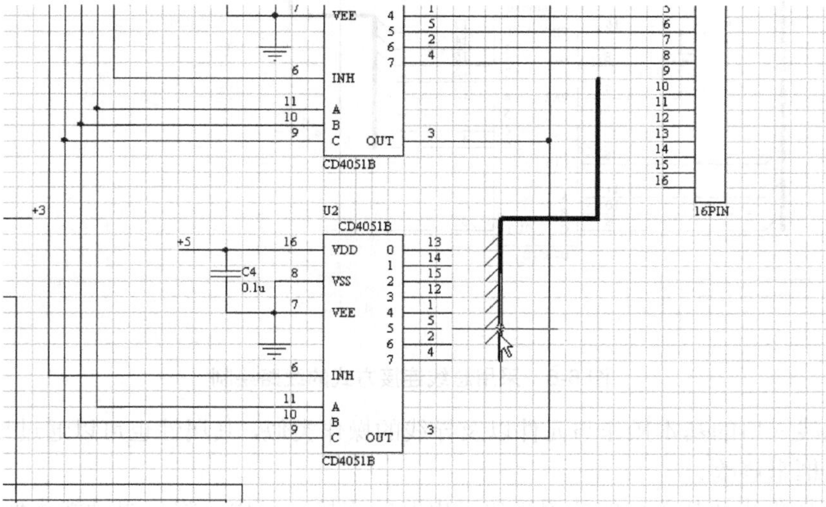

图 6-4　放置总线入口

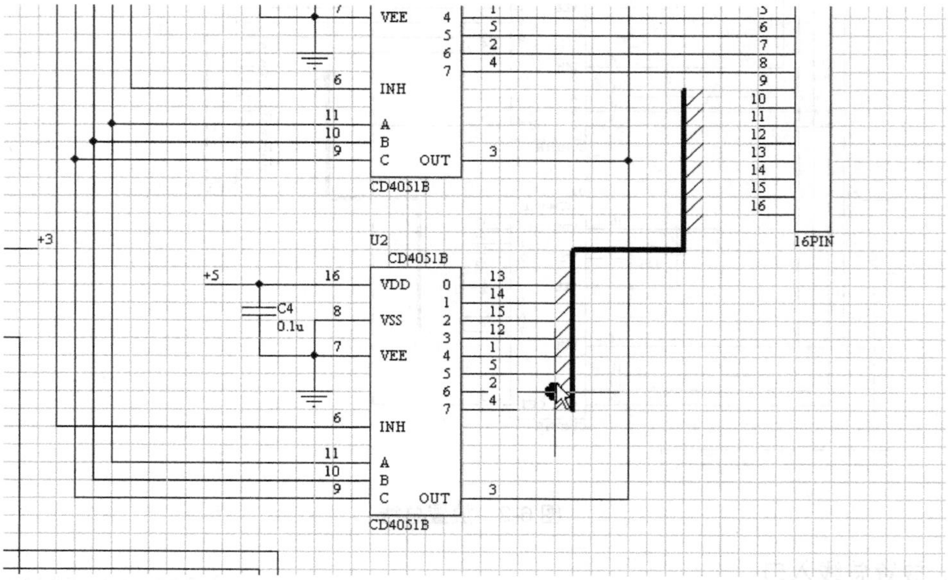

图 6-5　将总线入口与引脚相连

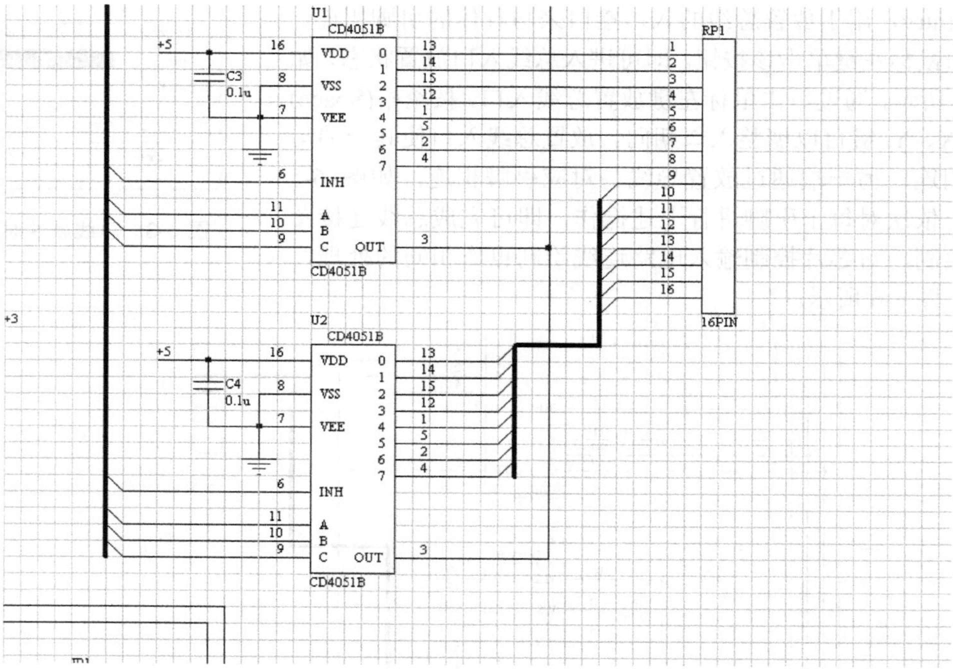

图 6-6　采用总线连接方式的线路绘制

关于总线入口的基本操作与元件以及导线的操作类似，其属性也可以通过设置如图 6-7 所示的对话框来修改。

通过绘制总线及其入口的放置简化了电路的连接，且由于将一组功能类似的导线用一条总线来表示，也使电路的连接关系更加清晰。但此时绘制的仅仅是电路连线图形的表示，各引脚间还并不具备电气连接关系。要使各引脚真正在电气上连接起来，还需要放置网络标号。

6.1.2 网络标号的使用

在上一小节中将直接的导线连接简化为了总线连接方式，获得了电路图的简化，但此时还需要为各对应引脚添加真正的电气连接关系，通过放置网络标号即可实现这一目的。在布线工具栏上的 按钮，对应于 Place | Net Label 菜单命令，通过鼠标左键单击该按钮，即可开始放置网络标号，如图 6-8 所示。此时鼠标光标会带有一个网络标号名称的虚线框，光标所指位置为网络标号的参考点，通过单击鼠标左键点击引脚的末端或与引脚相连的导线，即可将该网络标号与该引脚关联起来。

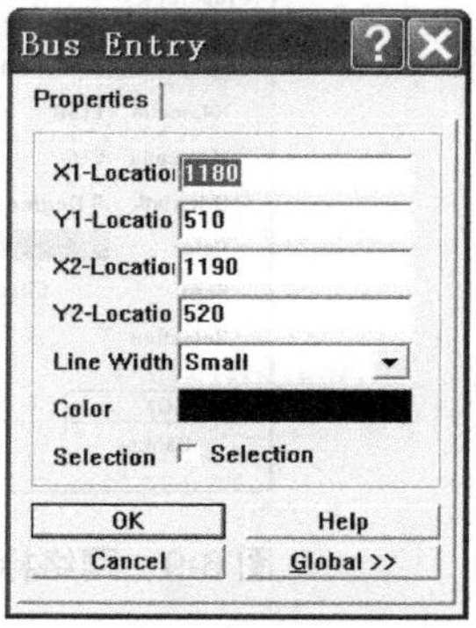

图 6-7 总线入口属性对话框

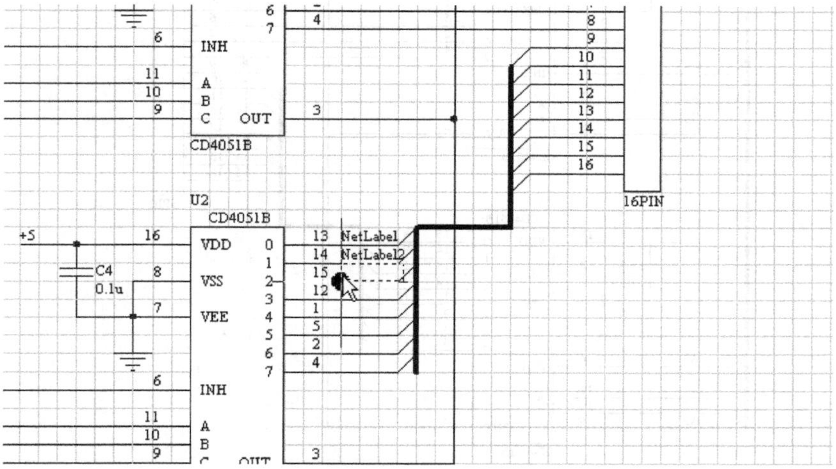

图 6-8 放置网络标号

按 Tab 键，可以打开如图 6-9 所示的 Net Label 对话框，在 Net 一栏中可以修改网络标号的名称，也可以用鼠标左键单击下拉箭头打开下拉列表选择已有的网络，如图 6-10 所示。与具有相同名称的网络标号相关联的引脚或导线在电气上是连接在一起的，因此将名称相同的网络标号放置到总线两端对应引脚的入口处，即可赋予总线连接方式的电气连接特性，如图 6-11 所示。通过 Tab 键打开网络标号属性对话框修改名称时，若网络名称是以整数数字结尾的，那么在放置过程中其数字会自动递增，这在放置一系列网络标号时是很有用处的。此外网络名称也可以直接在原理图上进行在线编辑(参见第 4 章)。

有相同名称的网络标号标识的导线或引脚在电气上都是相连的，并不局限于总线连接方式，因此在连线复杂或连线比较困难的地方都可以使用，从而简化电路连接，如图 6-12 和图 6-13 所示。

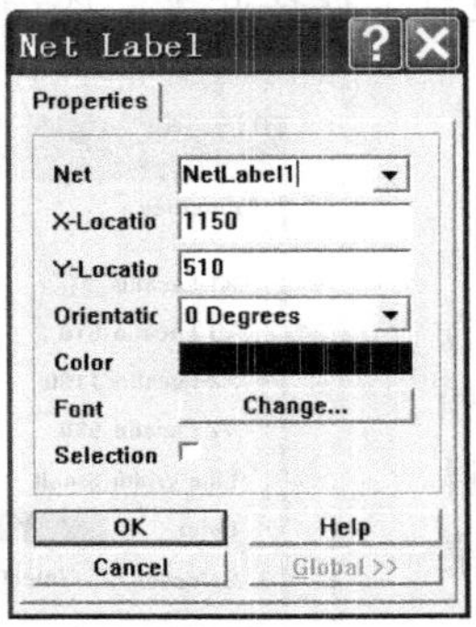

图 6-9　网络标号属性对话框

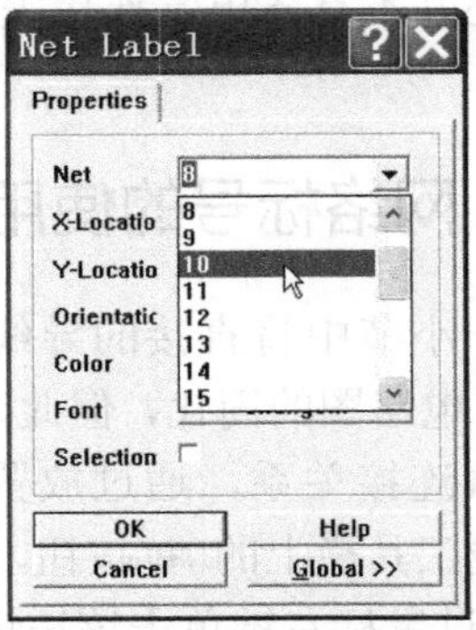

图 6-10　通过下拉列表选择网络

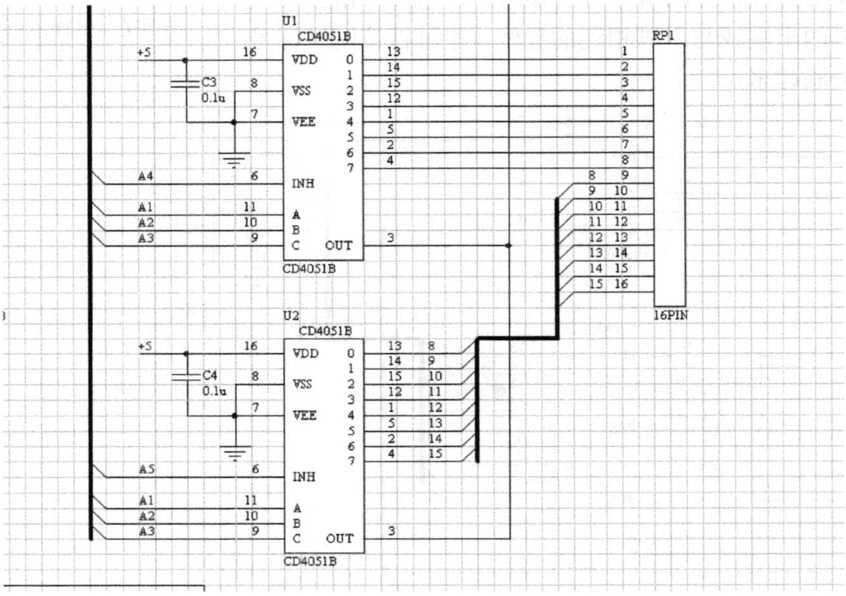

图 6-11　为总线连接添加网络标号

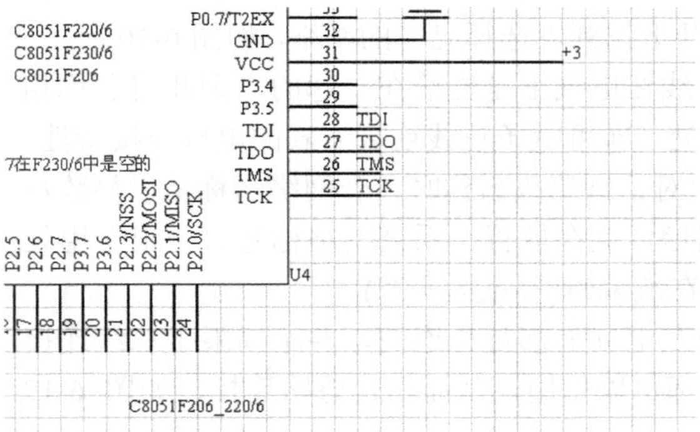

图 6-12　网络标号的使用(a)

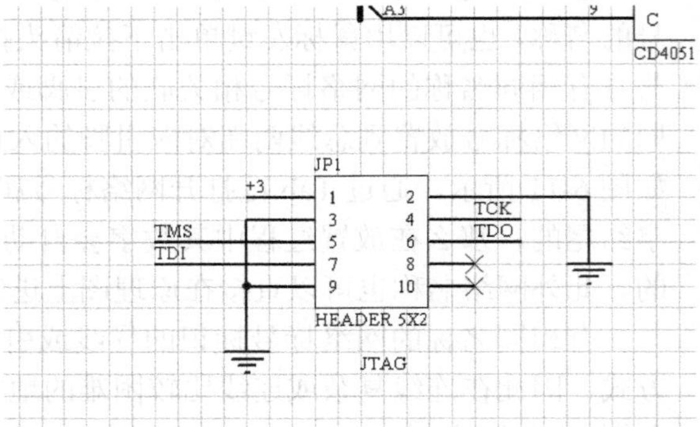

图 6-13　网络标号的使用(b)

6.1.3 使用 I/O 接口连接

除了采用总线方式和使用网络标号来表示元件的电气连接关系外，还可以使用 I/O 端口来进行连接，其方式与网络标号类似，具有相同名称的 I/O 端口标记的引脚在电气上都是相连的。与网络标号不同的是，网络标号可以关联到导线的任何地方，而 I/O 端口只能连接到一根导线或引脚的末端，另外，I/O 端口能够实现不同原理图文件间的电气连接，因此 I/O 端口经常使用在层次原理图设计中。关于层次原理图的绘制将会在后续章节中介绍。

用鼠标左键单击布线工具栏中的 按钮或执行 Place | Port 菜单命令，即可进行 I/O 端口放置，如图 6-14 所示。通过单击鼠标左键确定 I/O 端口起始点，拖动鼠标到合适位置再用左键单击一次即可放置指定长度的 I/O 端口，放置过程中按 Tab 键或放置后双击端口，就可以打开如图 6-15 所示的对话框。其中各选项含义如下。

- **Name：** 指定 I/O 端口的名称。
- **Style:** 指定 I/O 端口的类型，通过下拉列表选择，如图 6-16 所示。有水平(Horizontal)和竖直(Vertical)两大类，各类型的显示效果如图 6-17 所示。

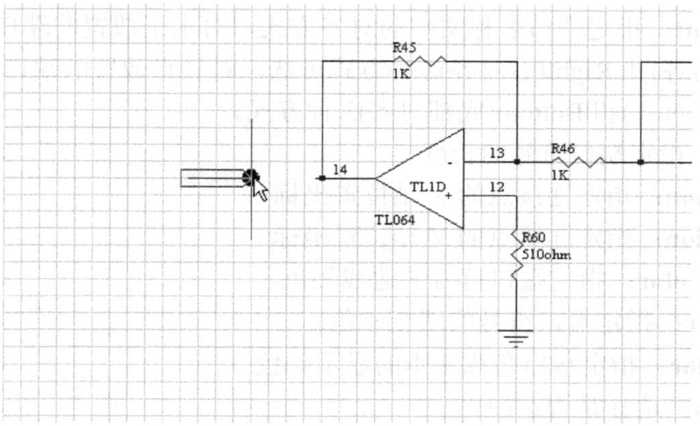

图 6-14　放置 I/O 端口

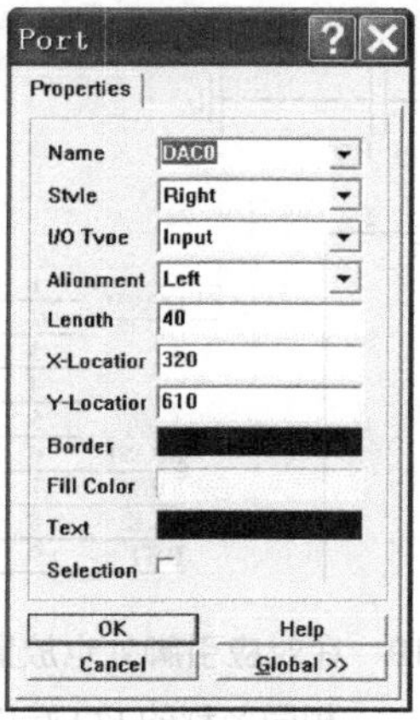

图 6-15　I/O 端口属性对话框

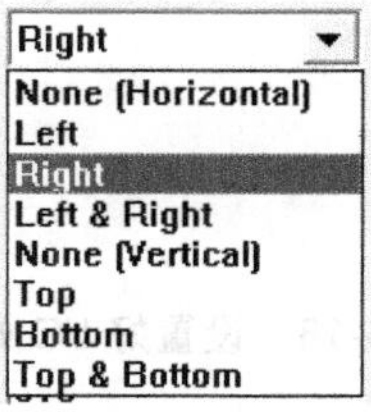

图 6-16　类型选项下拉列表

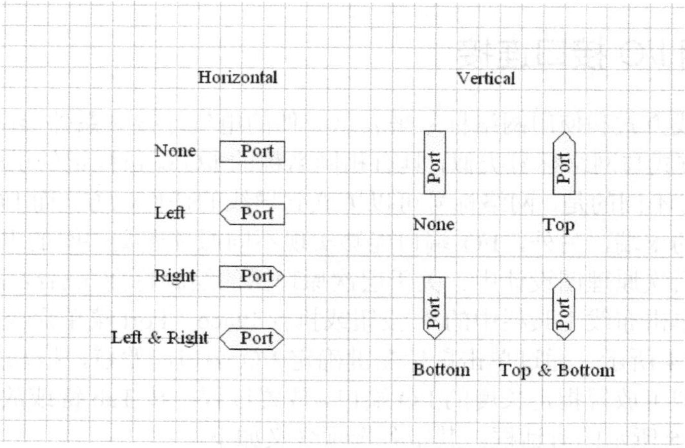

图 6-17　各种类型的 I/O 端口

- **I/O type**：指定端口的 I/O 类型，下拉列表中有 Unspecified(无指定)、Output(输出)、Input(输入)和 Bidirectional(双向)4 种选项可选。
- **Alignment**：指定端口名称文字的对齐方式，对水平放置的端口有 Center(居中)、Left(左对齐)和 Right(右对齐)3 种方式可选，对竖直放置的端口则有 Center(居中)、Top(顶部对齐)和 Bottom(底部对齐)3 种方式。
- **Length**：指定端口符号的长度。
- **X-Location**：指定连接点的 X 轴位置坐标。
- **Y-Location**：指定连接点的 Y 轴位置坐标。
- **Border Color**：指定端口符号的边线颜色。
- **Fill Color**：指定端口符号的填充颜色。
- **Text Color**：指定端口名称文本的显示颜色。
- **Selection**：选择是否选中。

完成设置后，再在相对应的另一连接引脚处放置具有相同名称的 I/O 端口，如图 6-18 和图 6-19 所示。

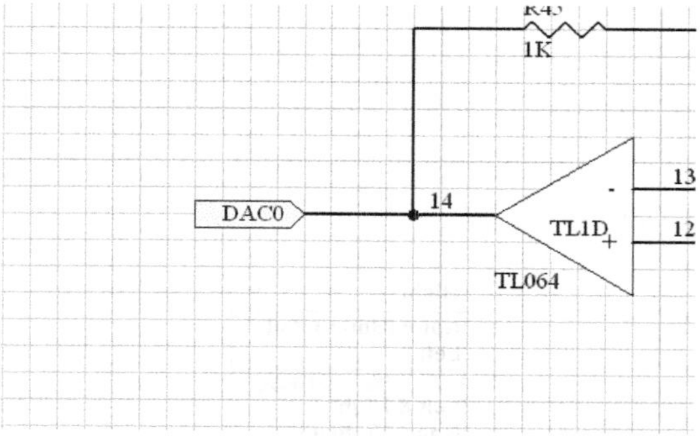

图 6-18　设置好 I/O 端口

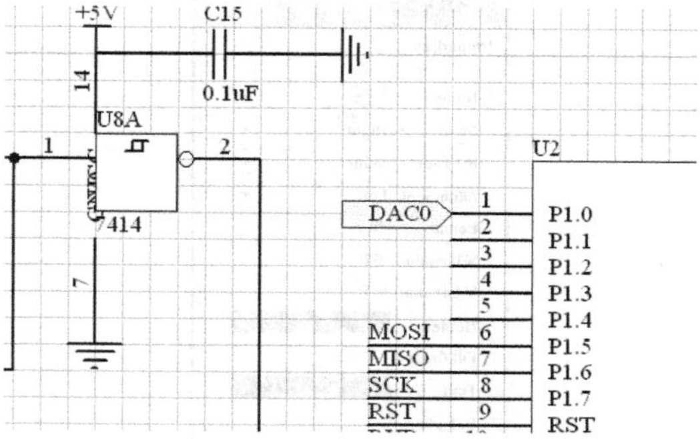

图 6-19　在对应引脚处也放置具有相同名称的 I/O 端口

6.1.4 利用阵列粘贴与拖动绘制阵列元件

在绘制原理图过程中，有时会遇到需要放置多个相同元件并且元件排列很整齐的情况，例如需要绘制如图 6-20 所示的电路图。在这种情况下，如果逐个进行放置会显得较为烦琐，此时可以通过阵列粘贴来绘制元件，同时使用拖动功能绘制平行导线，实现起来既快捷又方便。

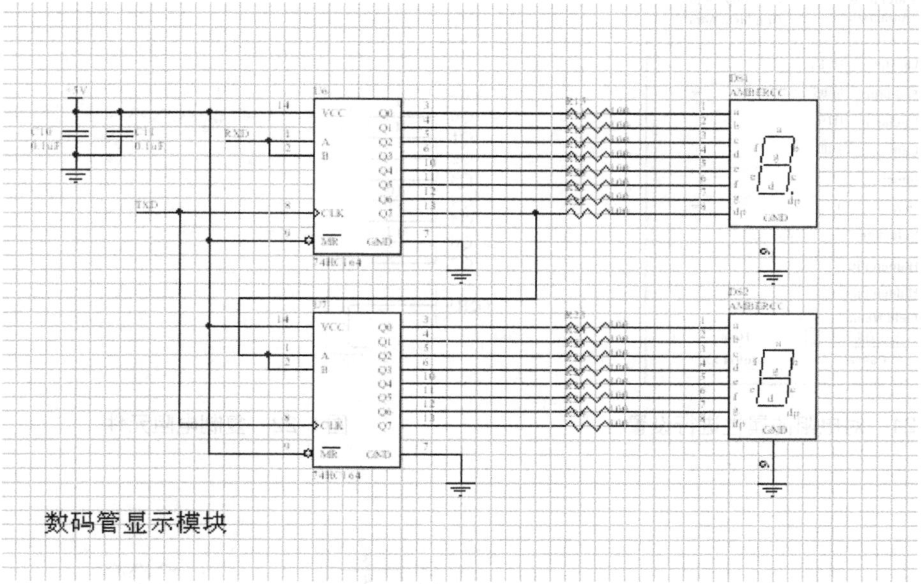

图 6-20　有阵列元件的原理图绘制

1. 单个对象的阵列粘贴

图 6-20 中的电路上下两部分基本是相同的，因此可以先绘制一半，然后通过复制粘贴绘制另外一半。首先看一下电阻的阵列粘贴。

在绘图工具栏中有一个按钮，对应于 Edit | Paste Array 菜单命令，即是用于执行阵列粘贴操作的。阵列粘贴是对被复制的内容进行操作的，因此首先需要复制要进行粘贴的对象。具体操作步骤如下。

(1) 在原理图上放置一个 RES1 电阻，并参照图 6-21 所示对其属性进行设置。

(2) 选中该元件，按 Ctrl+C 快捷键或执行 Edit | Copy 菜单命令对其进行复制，指定复制参考点，如图 6-22 所示。

(3) 这时可以通过按 Ctrl+Delete 键将该电阻元件删除，然后单击阵列粘贴按钮，打开如图 6-23 所示的对话框。

(4) 设置粘贴参数，各选项含义如下。

Placement Variables 选项组选项如下。

- **Item Count**：指定粘贴数目。
- **Text Increment**：若元件标号中有数字结尾，则可以在这里设置数字自增数值。

Spacing 选项组各选项如下。

- **Horizontal：** 指定各元件的水平间隔。
- **Vertical：** 指定各元件的竖直间隔。

单击 OK 按钮。

(5) 在原理图上选择粘贴起始点，通过单击鼠标左键确定，完成粘贴，如图 6-24 所示。

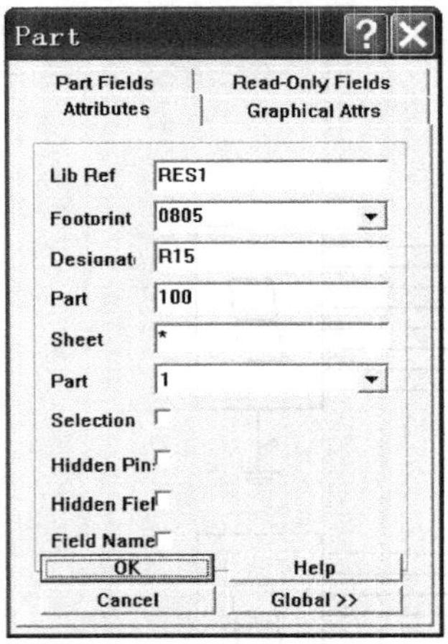

图 6-21 对电阻的属性进行设置

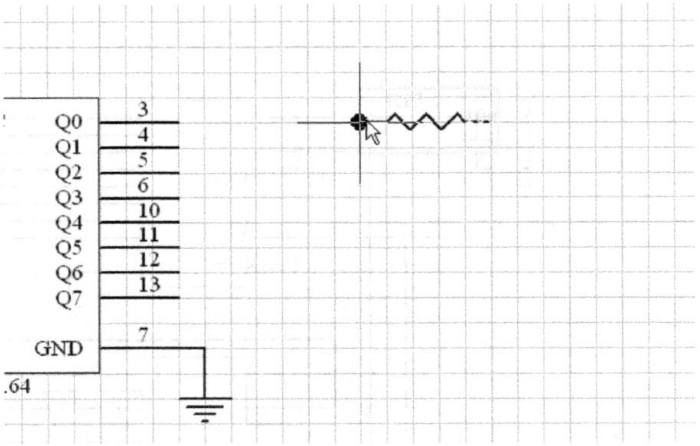

图 6-22 复制电阻元件

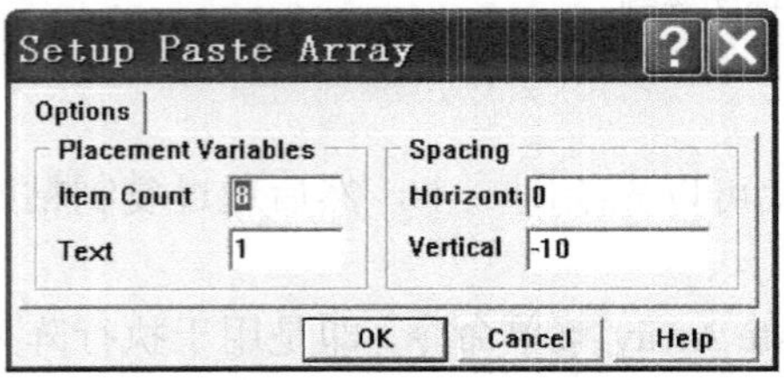

图 6-23 设置阵列粘贴参数

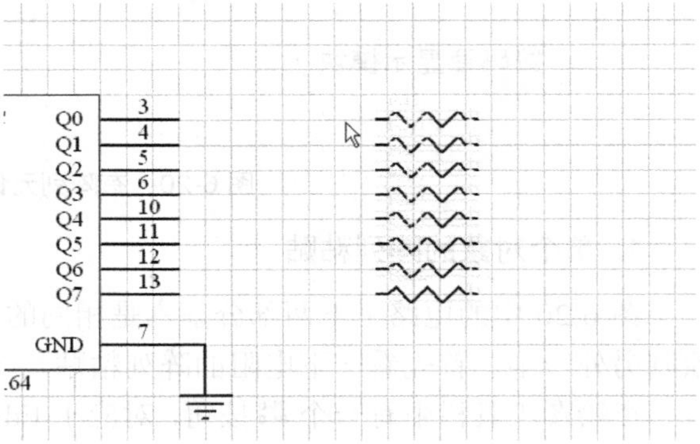

图 6-24 完成粘贴

2. 通过拖动被选对象(Drag Selection)绘制导线

绘制好阵列电阻元件，可以通过拖动操作绘制平行导线将电阻与驱动芯片连接起来。由于电阻是多个分立元件，因此需要执行拖动被选对象(Drag Selection)命令来实现这一操作，具体步骤如下。

(1) 选择阵列电阻，移动到与要连接的元件相接，并使需要连接的对应引脚对齐，如图 6-25 所示。

(2) 执行 Edit | Move | Drag Selection 命令，选择参考点。

(3) 拖动被选对象到合适位置，如图 6-26 所示，单击鼠标左键放置，即可完成平行导线的绘制。

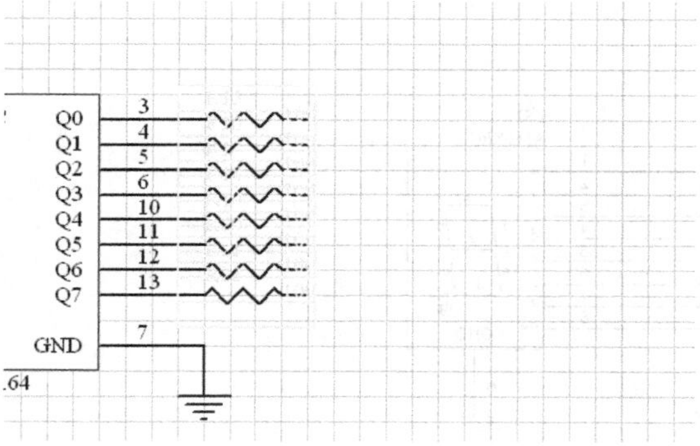

图 6-25　将电阻与元件引脚对齐

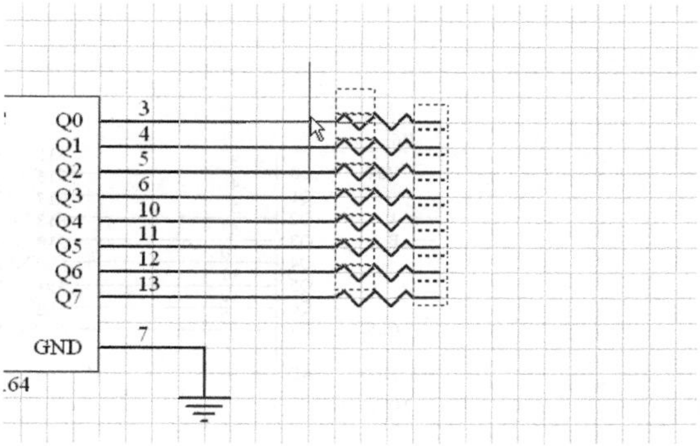

图 6-26　拖动电阻元件绘制平行导线

3. 通过拖动(Drag)绘制导线

除了通过拖动被选对象(Drag Selection)可以绘制平行导线外，对于单一元件还可以直接通过执行拖动(Drag)命令绘制导线，其操作步骤与拖动被选对象操作类似，具体如下。

(1) 移动数码管元件到阵列电阻旁边，使二者引脚相连并且对应引脚对齐，如图 6-27 所示。

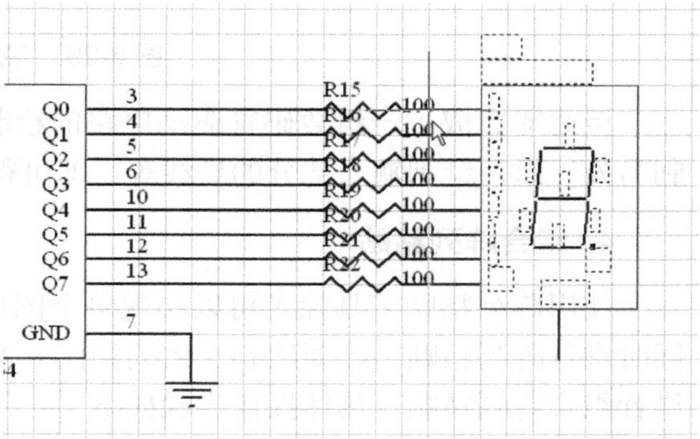

图 6-27　将数码管元件引脚与阵列电阻相连

(2) 执行 Edit | Move | Drag 命令，此时鼠标光标变为十字形。

(3) 选择数码管元件开始拖动，并移动到合适位置，如图 6-28 所示。单击鼠标左键释放，即可完成导线的绘制，如图 6-29 所示，此时光标仍处于拖动状态，通过单击鼠标右键取消。

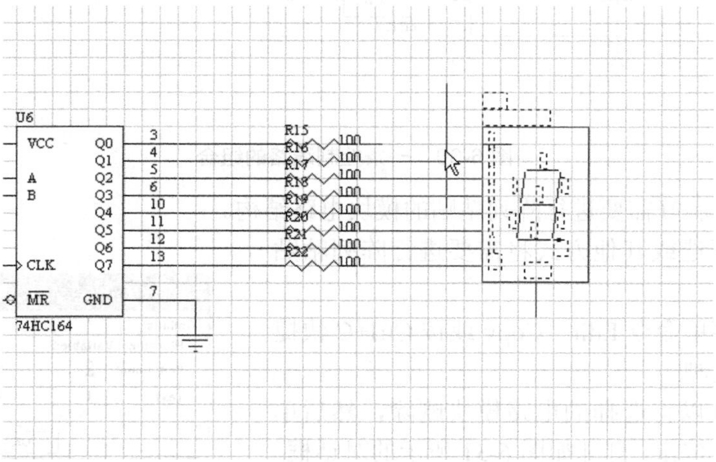

图 6-28　拖动数码管绘制平行导线

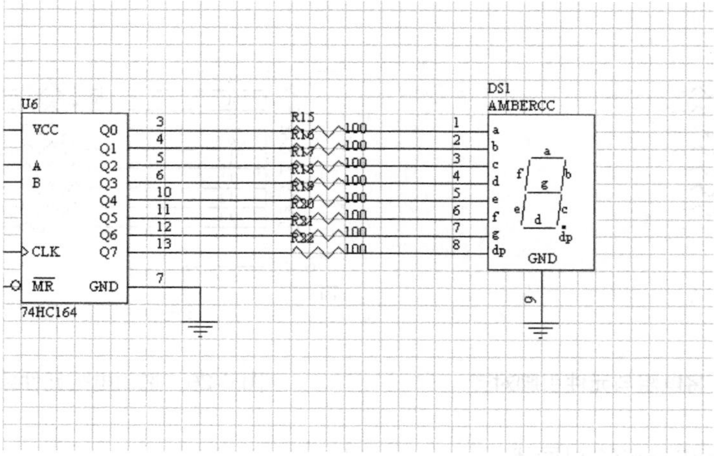

图 6-29　完成导线的绘制

至此即完成了一组数码管驱动电路的绘制，通过复制粘贴，或是重复上述操作可以绘制另外一组，绘制输入部分的导线等，即可得到图 6-20 的原理图。

4. 组合阵列粘贴

使用阵列粘贴工具除了可以实现单个图形的阵列粘贴以外，还可以对多个被选择对象同时进行阵列粘贴。如要绘制一系列如图 6-30 所示的电路结构，就可以将其作为一个整体进行组合阵列粘贴，具体操作步骤如下。

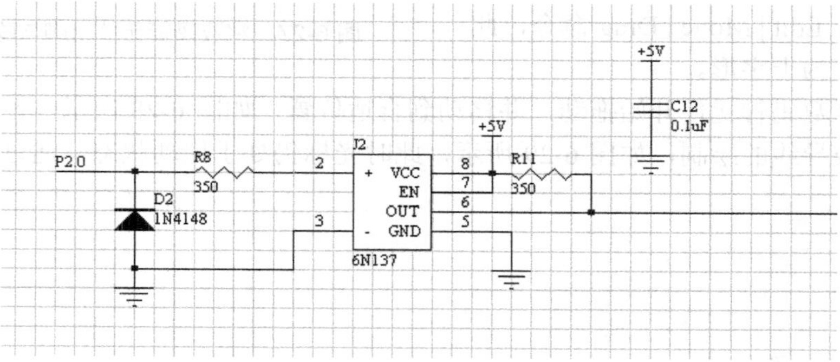

图 6-30　一条控制线路的组合

(1) 首先绘制好需要进行阵列粘贴的模块电路结构。

(2) 通过框选或其他方式将需要进行阵列粘贴的电路选取。

(3) 执行菜单命令 Edit | Copy 或按 Ctrl+C 快捷键将组合电路复制。

(4) 此时可以将选择的电路模块删除，然后单击阵列粘贴工具按钮，打开如图 6-31 所示的对话框，设置好阵列粘贴参数，用鼠标左键单击 OK 按钮。

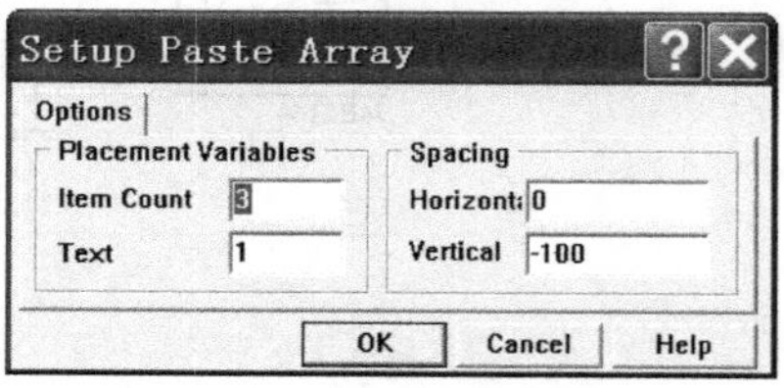

图 6-31　组合阵列粘贴的属性设置

(5) 选取起始点，通过单击鼠标左键确认粘贴，如图 6-32 所示。

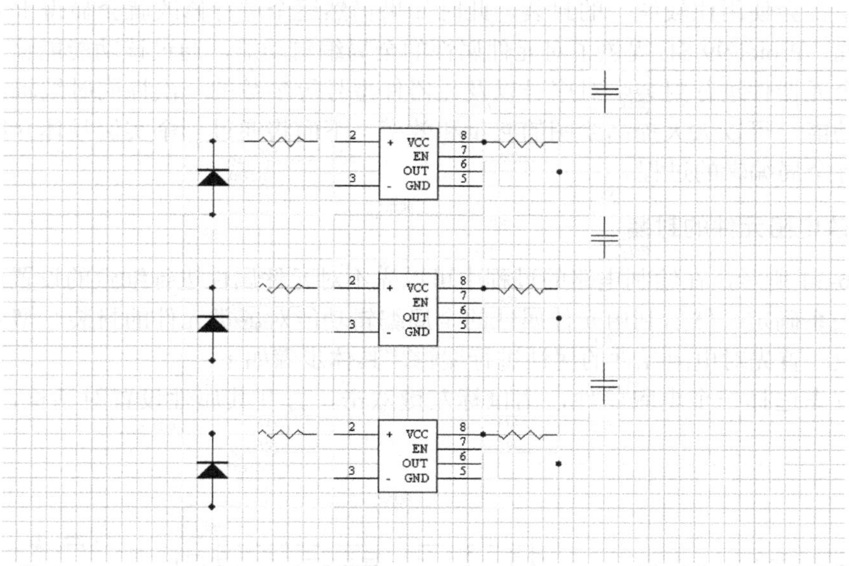

图 6-32 执行阵列粘贴操作

(6) 取消电路的选取状态，检查各元件编号等内容是否与设计初衷相符。本例中网络标号并不根据阵列个数自动增加数值，因此还需要再手工进行一些修改，完成电路设计后效果如图 6-33 所示。

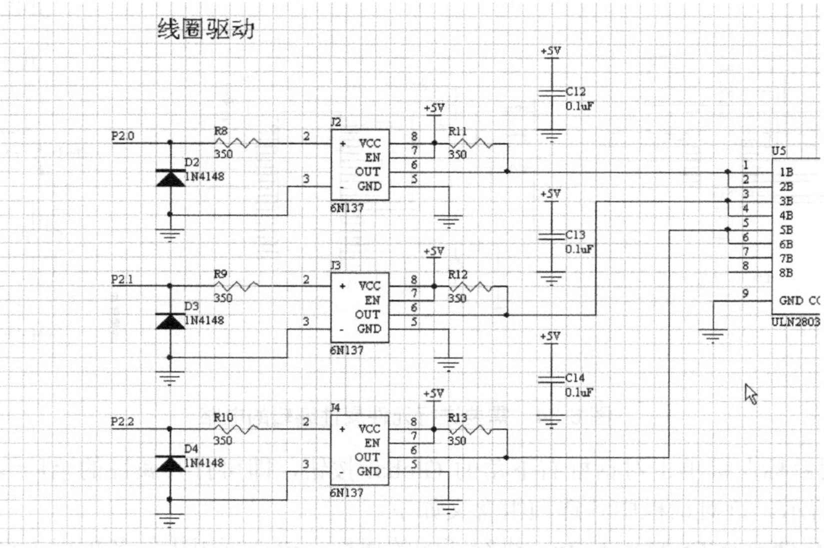

图 6-33 完成绘制后的结果

6.1.5 元件全局属性的编辑

前文基础电路图的绘制中已经对如何进行单个元件属性的修改作了详细的介绍，但设计工作中经常会使用很多元件，其中有很多元件的属性十分相近，如电阻、电容等元件，很多情况下都会使用比较统一的封装，此时如果仍然逐个进行修改就会显得十分麻烦。针对这种情况，Protel 99 SE 提供了对元件属性的全局编辑功能，通过该功能能够对一张原理图中的多个元器件进行封装，对序号以及元器件型号等参数的一次性同时编辑。熟练运用全局编辑功能，可以大大提高绘图的质量和效率。下面将通过一个实例具体介绍对元器件的属性进行全局编辑的过程。

1. 修改电阻元件的封装

如图 6-34 所示，在绘制电路的过程中可以先不对元件属性进行细致的设置而先将各元件的连接关系确定。然后利用元件属性的全局编辑功能对各类元件的封装、型号等信息进行统一修改。首先对电阻元件的属性进行编辑，具体步骤如下：

(1) 首先选择一个电阻元件，用鼠标左键双击，打开其属性设置对话框，如图 6-35 所示。

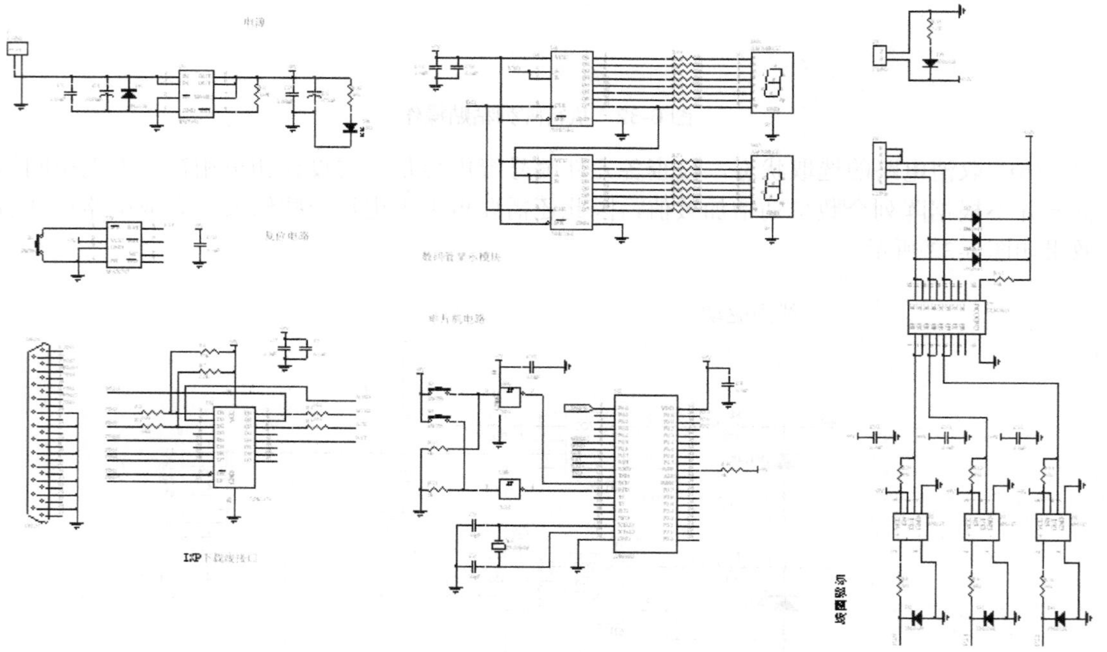

图 6-34　需要进行元件属性编辑的电路

(2) 用鼠标左键单击对话框右下角的 Global 按钮，即可打开属性的全局编辑对话框，如图 6-36 所示。该对话框中各选项组含义如下。

- **Attributes To Match By**：进行匹配的属性，该选项组中的各项用于设置对象属性的选择条件。也就是与所选属性相匹配的元件的属性值会得到修改，而不符合匹配条件的元件属性不会产生变化。可以看到有些属性的输入栏中的默认值为“*”，而有些属性为下拉列表式的选择。对于含有“*”的项目需要输入匹配值，如果不做修改则默认为所有条件都匹配。含有下拉列表的项目需要通过用鼠标左键单击右侧的箭头按钮打开下拉列表进行选择，有3个选择项，为Any、Same和Different，分别表示所有条件都匹配、与当前元件的该属性相同的元件才满足匹配条件以及与当前元件的该属性不同的元件才满足匹配条件。

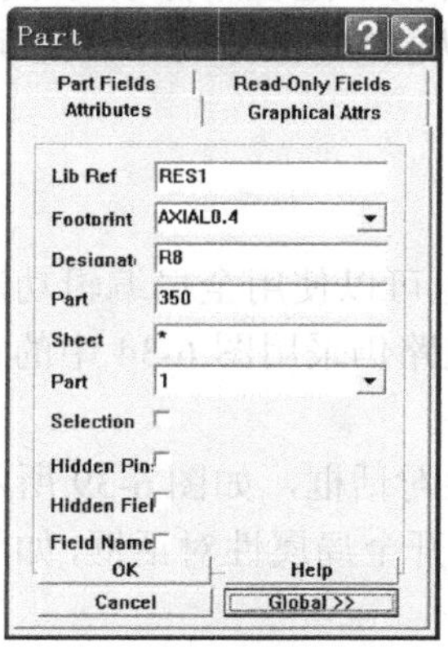

图6-35 电阻元件的属性设置对话框

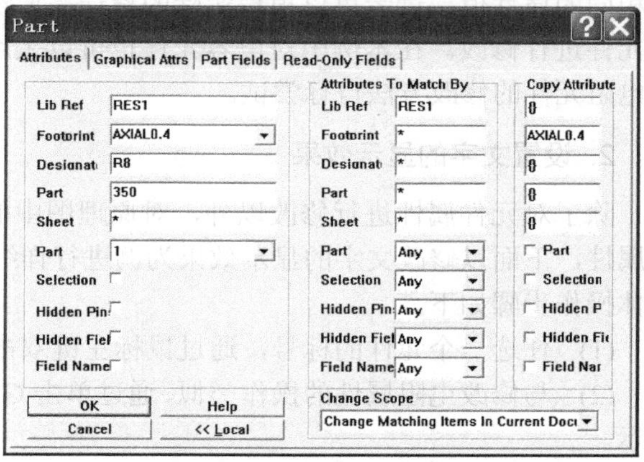

图6-36 打开全局编辑对话框

- **Copy Attributes：** 选择进行复制的属性，即设置对符合匹配条件的元件属性做哪些修改。其中也包含两类，一类是输入框，对应于Attributes To Match By中相应行的对应项目，需要输入属性的修改值，默认为不进行修改；另一类为复选框，选中则表示将匹配元件的对应属性值修改为当前元件的属性值。
- **Change Scope：** 通过下拉列表设定修改属性的范围。有3个选项，分别为Change This Item Only(设定修改属性的范围只是该元件本身)、Change Matching Items In Current Document(设定修改属性的范围是本原理图)和Change Matching Items In All Document(设定修改属性的范围是所有原理图)。

(3) 选择匹配条件，本例中根据库引用名进行匹配，即对所有元件库引用名为RES1的电阻元件都进行修改，然后输入需要修改的封装信息，选择修改范围为当前原理图，如图6-36中所示。

(4) 单击OK按钮，会弹出如图6-37所示的确认对话框。

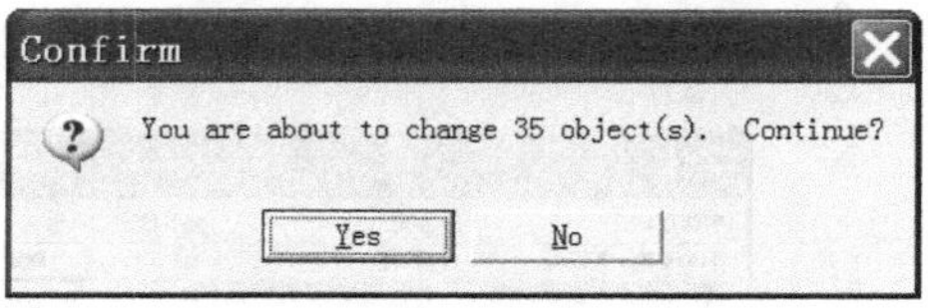

图6-37 确认对话框

(5) 单击Yes按钮，确认修改。至此即完成了对所有电阻元件封装信息的修改，任意双击一个电阻元件都可以看到，其Footprint栏中都修改成了AXIAL0.4，如图6-38所示。

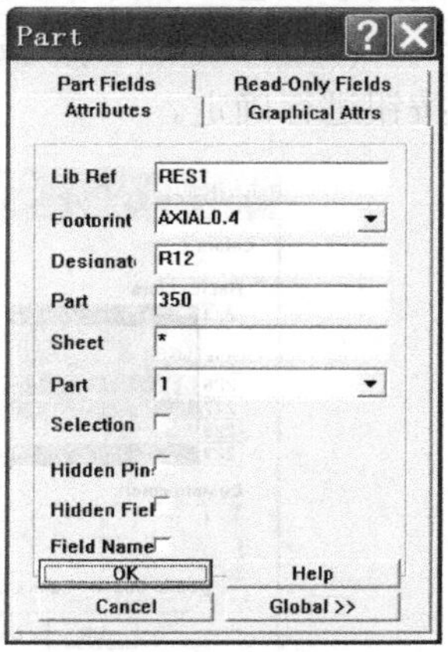

图6-38 所有电阻元件的封装属性都得到了修改

从这一过程中可以充分看到利用全局编辑功能的便利之处，当所有或大部分电阻元件都采用相同的封装时，如果逐个进行修改(在本例中就要对35个对象进行操作)，其工作量还是相当可观的(当遇到更复杂的电路设计时困难就更大了)。而采用全局编辑功能，只需要简单的几步操作即可轻松解决这一问题。因此，熟练掌握元件属性的全局编辑功能对提高电路设计效率是非常有帮助的。当然，并非设计中所有同类元件都会采用相同的封装或是具有相同的属性值，读者可以根据实际的设计需要综合设置元件的匹配值来分别对不同类型的元件进行修改。在本例中对电容元件也可以采用全局编辑功能修改其封装，读者可以对照电阻元件的修改方法自行尝试。

2. 设置文字的显示效果

除了对元件属性进行修改以外，对原理图中的其他元素也可以使用全局编辑功能修改其属性，下面以修改文字的显示效果为例进行详细的介绍，电路仍采用图 6-34 中的设计。具体操作步骤如下。

(1) 任选一个元件的标号，通过鼠标左键双击打开其属性对话框，如图 6-39 所示。

(2) 与修改电阻属性的操作类似，通过单击 Global 按钮打开全局属性对话框，如图 6-40 所示。

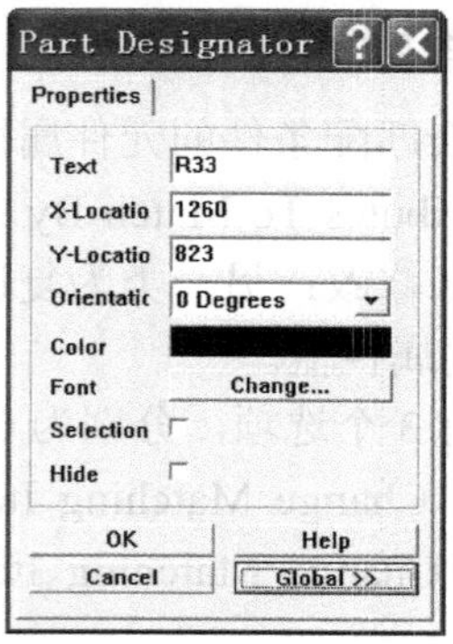

图 6-39 打开标号属性对话框

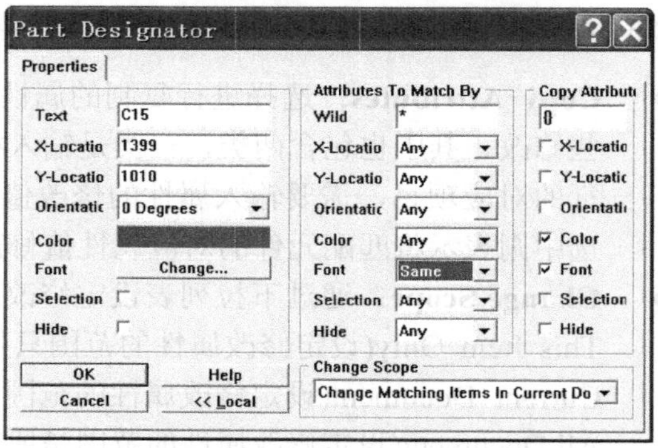

图 6-40 打开标号的全局属性对话框

(3) 用鼠标左键单击左侧选项组中的 Color 色彩条，打开如图 6-41 所示的对话框，修改文字颜色，单击 OK 按钮确定。

(4) 单击 Change 按钮，打开如图 6-42 所示的“字体”对话框修改字号，单击“确定”按钮进行确定。

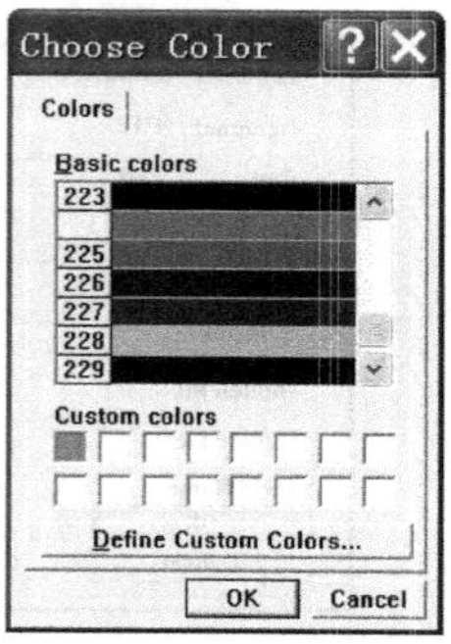

图 6-41 颜色设置对话框

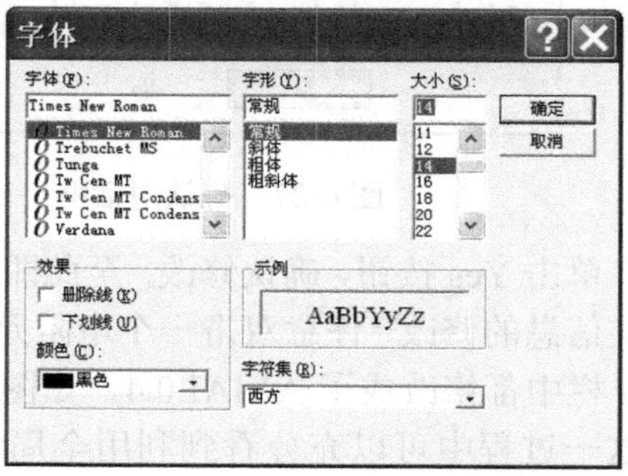

图 6-42 “字体”对话框

(5) 此时在全局编辑对话框 Copy Attributes 选项组中的 Font 选项以被自动选中，这里设置一下匹配属性中的 Font 项目为 Same 来对匹配对象进行一些限制(如图 6-40 所示)。

(6) 单击 OK 按钮，会弹出如图 6-43 所示的确认对话框。

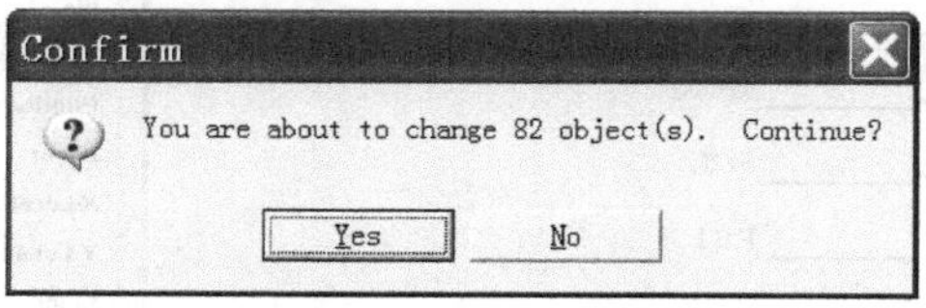

图 6-43 确认对话框

(7) 单击 Yes 按钮进行确认，完成修改。修改的效果如图 6-44 所示，可以看到，所有元件标号的字体和颜色进行了相应的调整。

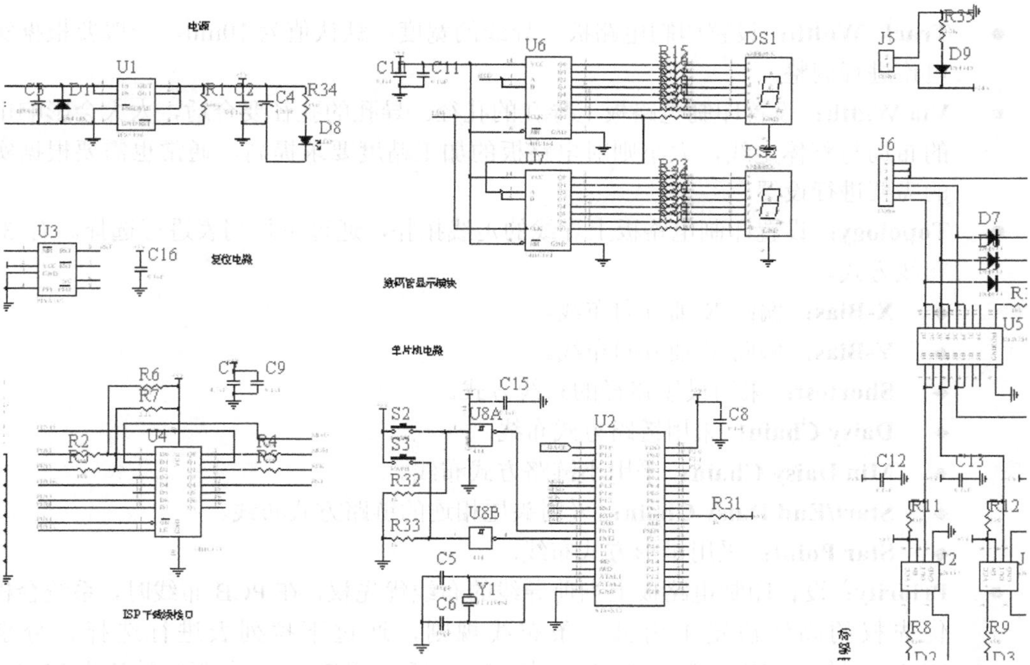

图 6-44 修改后的电路图

6.1.6 设置 PCB 布线指示

在布线工具栏上有一个图图标，对应于 Place | Directives | PCB layout 菜单命令，用来在原理图上放置 PCB 布线指示，通过 PCB 布线指示能够在原理图中设置 PCB 布线的信息。当有原理图创建 PCB 后，PCB 布线指示中的信息就会被用来对相应的网络创建 PCB 设计规则。

用鼠标左键单击图按钮，或执行相应的菜单命令，即可进入 PCB 布线指示放置状态，如图 6-45 所示，单击鼠标左键进行放置。放置前按 Tab 键或放置后用鼠标左键双击布线指示，可以打开如图 6-46 所示的属性设置对话框。各项的含义如下。

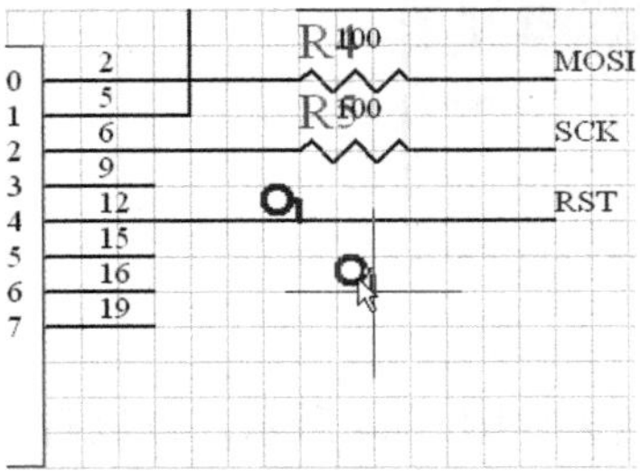

图 6-45　放置 PCB 布线指示

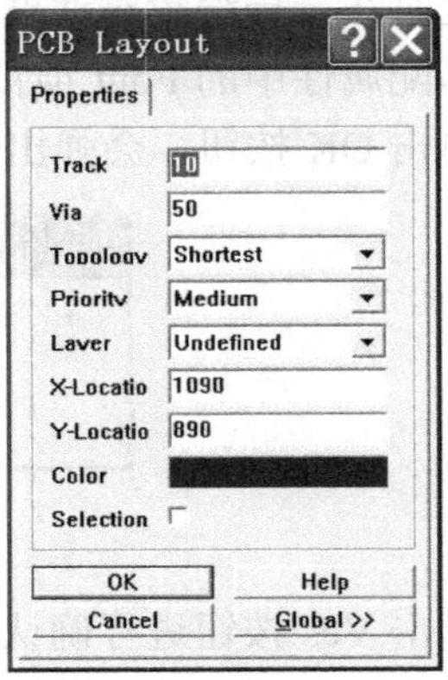

图 6-46　PCB 布线指示属性对话框

- **Track Width**：设置印制电路板上导线的宽度，默认值为 10mil，一般要根据实际电路进行调整。
- **Via Width**：设置印制电路板上导孔的孔径。导孔的孔径要合适，太大会影响电路的布局与整体走线，太小则对电路板的加工精度要求提高，通常也需要根据实际的需要进行设置。
- **Topology**：设置印制电路板上导线的走线拓扑，通过下拉列表进行选择。有 3 种布线方式。
  - ◆ **X-Bias**：偏向 X 轴方向布线。
  - ◆ **Y-Bias**：偏向 Y 轴方向布线。
  - ◆ **Shortest**：采用最短路径的布线方式。
  - ◆ **Daisy Chain**：采用链路方式布线。
  - ◆ **Min Daisy Chain**：采用小链路方式布线。
  - ◆ **Start/End Daisy Chain**：采用头尾相连的链路方式布线。
  - ◆ **Star Point**：采用星形方式布线。
- **Priority**：设置印制电路板上当前导线的布线优先权，在 PCB 布线时，系统会根据优先权的高低决定采用哪一条布线规则，通过下拉列表进行选择，分别为 Highest(最高)、High(高)、Medium(中)、Low(低)以及 Lowest(最低)。默认为 Medium。
- **Layer**：设置当前被标识的导线网络在印制电路板上位于的板层，通过下拉列表进行选择，有 Undefined(未定义板层)、Top Layer(顶层)、Mid Layer 1～14(中间层 1～14)、Bottom Layer(底层)、Multi-Layer(复层)以及 Power Plane 1～4(电源层 1～4)等选项可选。
- **X-Location**：设置 PCB 布线指示的 X 轴坐标。
- **Y-Location**：设置 PCB 布线指示的 Y 轴坐标。
- **Color**：设置 PCB 布线指示的颜色。
- **Selection**：设置当前 PCB 布线指示是否被选取。

在属性对话框中，通过鼠标左键单击右下方的 Global 按钮，将打开 PCB 布线指示的全局编辑对话框，如图 6-47 所示，其设置方法可参照前文的内容。

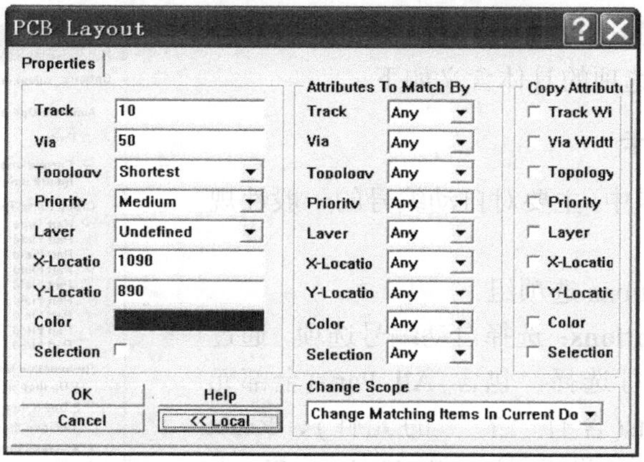

图 6-47　PCB 布线指示属性全局编辑对话框

6.2 元件的自动编号

在绘制原理图的过程中，如果没有对元件的序号进行设置，系统将采用默认设置为元件添加序号，通常在元件编号中会带有“？”号，如电阻为“R？”，电容为“C？”。若元件没有默认序号，则会使用前面一元件的序号作为当前元件的序号。在前面的章节中介绍了如何逐一对元件的序号进行修改，对于比较简单的原理图来说是可以采用的。但当电路比较复杂、元件数目很多时，逐个修改元件的编号就显得过于烦琐，而且可能会出现某些元件的序号重复，或某类元件的序号不连续等问题。针对这一点，Protel 99 SE 为用户提供了元件的自动编号功能，使用这一功能可以在放置完全部的元件后统一对元件进行编号，从而既节省了绘图时间，又可以使元件的序号完整正确。下面就对这一功能进行介绍。

6.2.1 对元件进行自动编号

以图 6-48 所示的电阻阵列的自动编号为例，执行 Tools | Annotate 菜单命令，如图 6-49 所示，即可对原理图中的元件进行自动编号，此时会打开如图 6-50 所示的自动编号设置对话框。

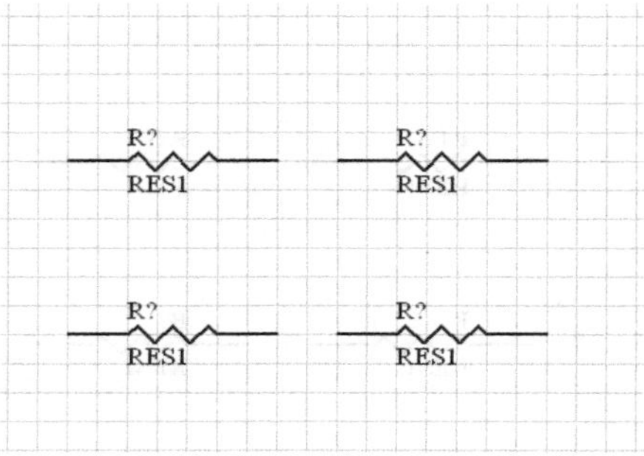

图 6-48　待编号的电阻阵列

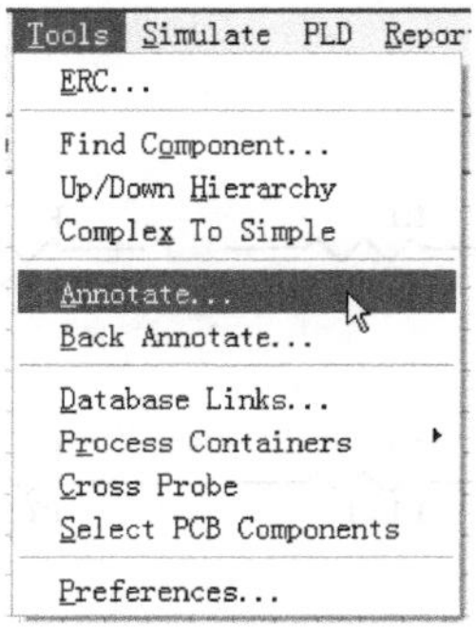

图 6-49　自动编号命令

通过对该对话框的选项进行设置，可以实现多种形式的自动编号。各选项的具体含义如下。

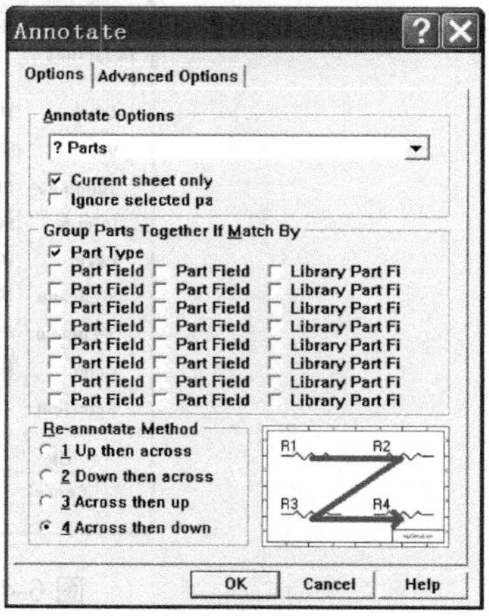

图 6-50　自动编号设置对话框

1. Options 选项卡

在 Options 选项卡中，主要对自动编号的一般性规则进行设置。

1) Annotate Options 选项组

- **Annotate Options：**选择自动编号选项，通过下拉列表进行选择，包含 All Parts(全部元件)、? Parts(含有“？”的元件)、Reset Designators(重设标注)和 Update Sheets Number Only(更新编号)4 个选项。
  - ◆ **All Parts：**对原理图中的所有元件重新进行编号，包括在原理图中已经手工修改过序号的元件。
  - ◆ **? Parts：**对原理图中含有“？”的元件序号进行自动编号，“？”会被自动生成的编号替代。选择该选项，则对已经手工编号的元件不会进行修改，但会自动跳过已存在的编号，例如对图 6-48 中的电阻阵列分别作如图 6-51 和图 6-52 所示的修改，则选中本选项后的执行结果分别如图 6-53 和图 6-54 所示。

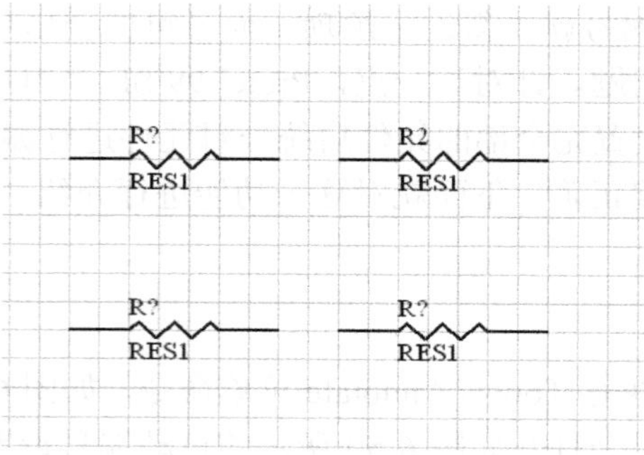

图 6-51　手工修改了一个编号

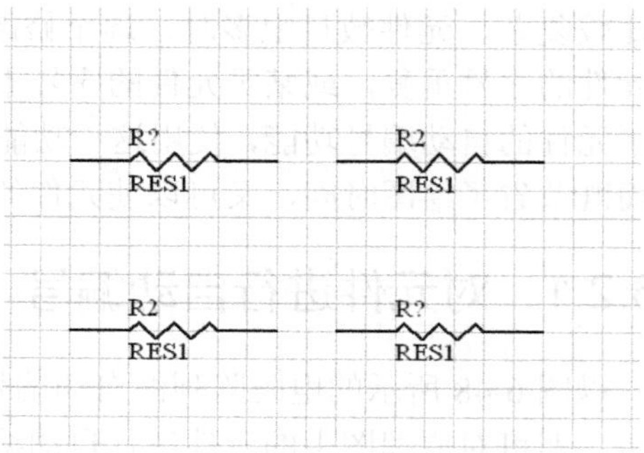

图 6-52　手工编号存在重复

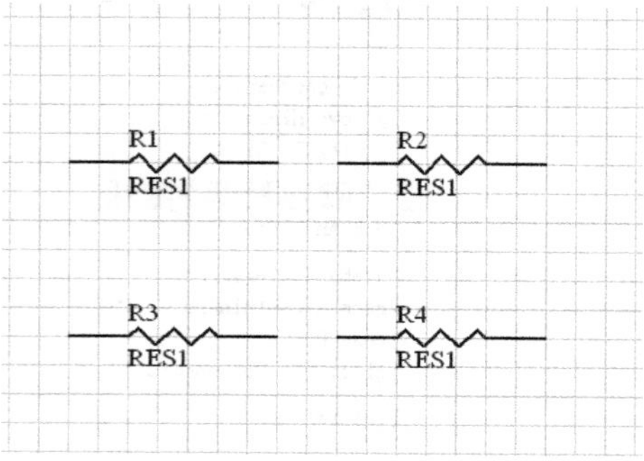

图 6-53　自动编号会跳过已存在的编号

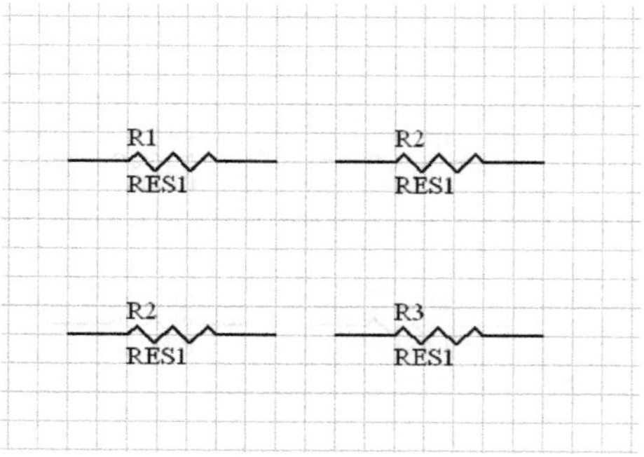

图 6-54　自动编号不会更改存在的编号重复

◆ **Reset Designators：** 将原理图中的所有元件编号恢复为默认值(含有“？”的状态)，手工修改和自动进行的编号都包括在内，以便进行重新编号。

◆ **Update Sheets Number Only：** 对原理图中的图纸编号进行更新，避免在一个项目中同时出现两个或者两个以上的具有相同编号的原理图图纸，否则在电气检查中会报错。

- **Current sheet only：** 仅在当前页中进行自动编号。
- **Ignore selected parts：** 忽略被选取的元件。

2) Group Parts Together If Match By 选项组

选择元件分组的依据，同一组的元件使用一组编号序列。

- **Part Type：** 根据元件类型进行分组。
- **Part Field：** 根据元件文本域进行分组，共有 16 个域可供选择。
- **Library Part Field：** 根据元件库文本与进行分组，共有 8 个域可供选择。

3) Re-annotate Method 选项组

选择执行自动编号时所采用的编号顺序，有 4 个选项。

- **Up then across：** 自动编号按照先从下到上、再从左到右的顺序进行。
- **Down then across：** 自动编号按照先从上到下、再从左到右的顺序进行。
- **Across then up：** 自动编号按照先从左到右、再从下到上的顺序进行。
- **Across then down：** 自动编号按照先从左到右、再从上到下的顺序进行。

其编号效果分别如图 6-55～图 6-58 所示。

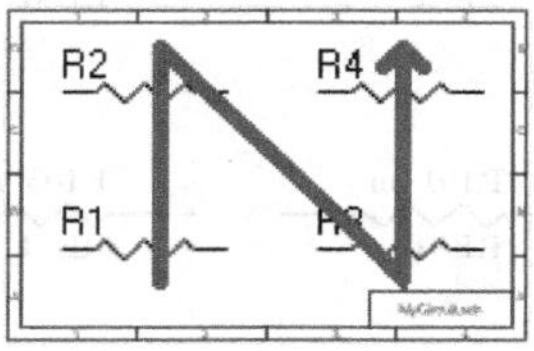

图 6-55　Up then across 效果

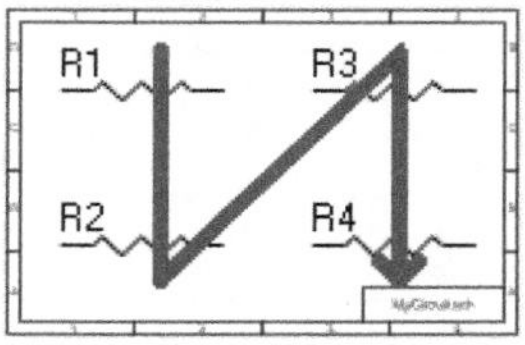

图 6-56　Down then across 效果

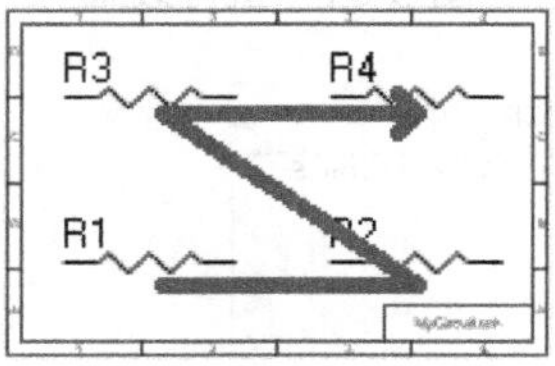

图 6-57　Across then up 效果

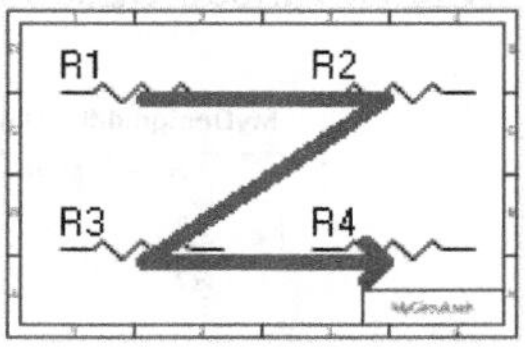

图 6-58　Across then down 效果

2. Advanced Options 选项卡

设置完 Options 选项卡后，单击 Advanced Options 标签，即可打开如图 6-59 所示的 Advanced Options 选项卡。

在该选项卡中只有一个 Designator Range 选项组，该选项组是用来指定参与编号的文档和元件的编号范围，以及后缀名称。各栏内容含义如下。

- **Sheets in Project：** 该列中将显示当前项目中所包含的所有原理图纸，每一项前面都有一个复选框，可以选择应用该规则的文件。

- **From：** 该列中为元件自动编号的初始编号，默认值为 1000，可以对其进行修改。
- **To：** 该列中为元件自动编号的终止编号，超出这一数值的元件将不再进行编号，默认值为 1999，可以对其进行修改。
- **Suffix：** 在该列中可以设置元件自动编号的后缀。
- **All On：** 选择所有文档。
- **All Off：** 取消选择所有文档。

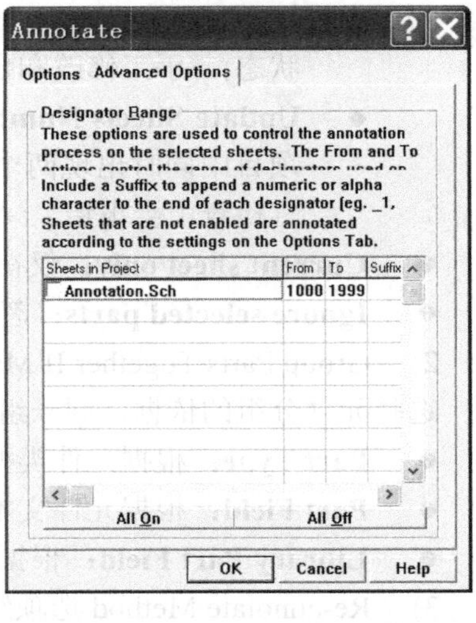

图 6-59 Advanced Options 选项卡

对电阻阵列的自动编号作如图 6-60 所示的设置，执行命令后的效果如图 6-61 所示。

执行完自动编号命令后，系统会自动生成一个自动编号的报告文件，以.REP 为后缀，如图 6-62 所示，在该文件中注明了原理图的名称、自动编号的时间以及对元件进行自动编号结果的详细信息。

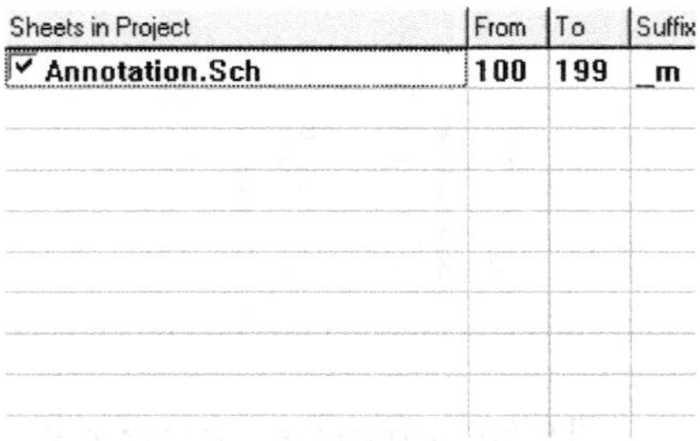

图 6-60 设置 Advanced Options 选项卡

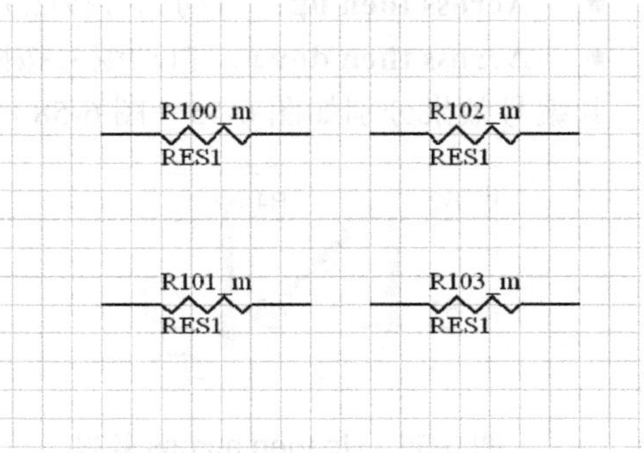

图 6-61 执行效果

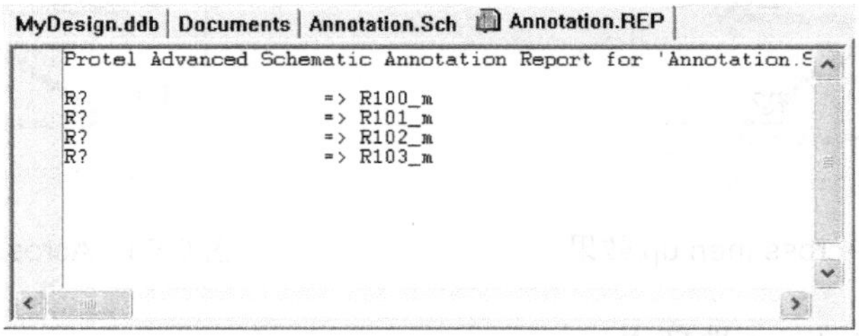

图 6-62 报告文件

6.2.2 熟练使用自动编号

当原理图比较复杂、元件较多的时候，往往会根据功能将电路分为若干个模块。而对每个模块，希望围绕少数几个核心器件，将外围器件看作一组，使用一套编号，这样能够使电路图的结构更清晰，同时由于看到编号就可以知道属于哪一个模块，也为后面进行 PCB 设计时的元件布局带来了很大的便利。要实现上述的编号方式，仅通过一次自动编号操作是很难实现的，通常还需要对自动生成的编号进行调整，以达到所需的样式。

例如需要对如图 6-63 所示的电路模块中的元件编号进行修改，希望使电阻、电容元件的编号以功能元件 U4 为基准进行编号，即将其编号修改为“R4**”“C4**”的形式，这样当看到编号以 4 开头的元件时，即能够很快地知道其是在 U4 周围的元件，从而极大地方便了对元件的管理。当然最直接的方法是逐一对元件进行修改，但当模块设计的元件较多时就很麻烦了，因此仍然希望通过自动编号功能来实现上述的修改。具体操作方法如下。

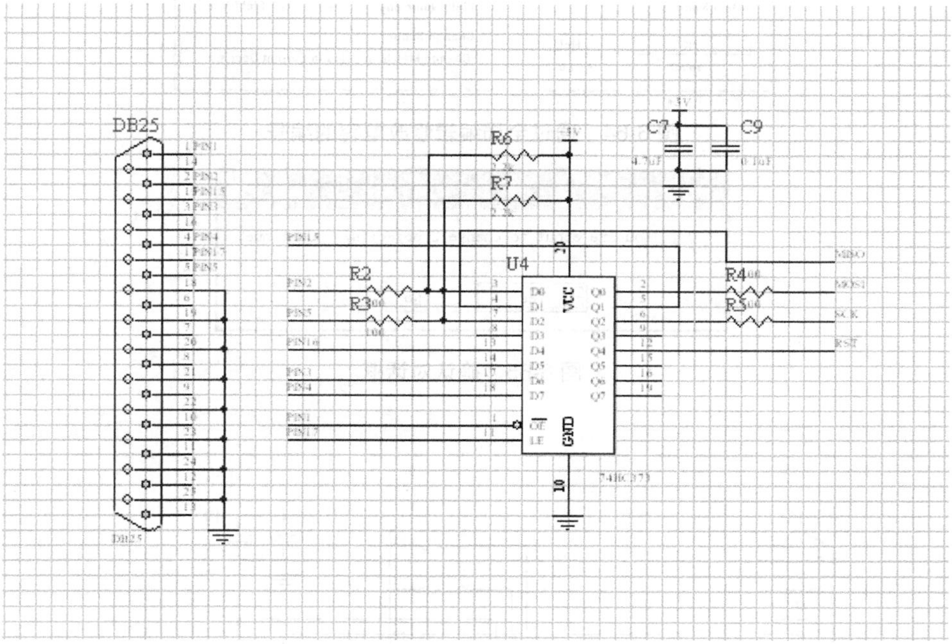

图 6-63　原始电路图

(1)　通过框选或其他选取方式选取图 6-63 中的元件。

(2)　用鼠标左键双击一个电容元件，打开其属性对话框。

(3)　单击右下角的 Global 按钮，打开全局编辑对话框。

(4)　在 Attributes To Match By 选项组中的 Lib Ref 文本框中输入 CAP，同时将 Selection 选项设置为 Same，表示对所有选中的 Lib Ref 为 CAP 的电容元件进行修改，然后在 Copy Attributes 选项组中将 Designator 改为“40？”，表示电容元件的编号都以 40 开头，后面的数字通过自动编号功能进行设置。设置后的全局编辑对话框如图 6-64 所示。

(5)　单击 OK 按钮，弹出如图 6-65 所示的确认对话框，单击 Yes 按钮确认进行修改。

(6)　对电阻元件也可以做类似的调整，调整后的电路如图 6-66 所示。

(7)　然后执行自动编号命令，在弹出的对话框中对 Options 选项卡作如图 6-67 所示的设置，在这里可不对 Advanced Options 选项卡进行设置。

(8)　单击 OK 按钮，进行自动编号，结果如图 6-68 所示。

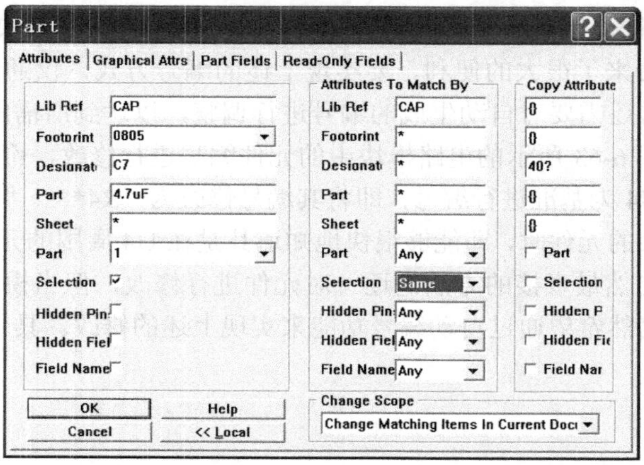

图 6-64　通过全局编辑修改电容的编号

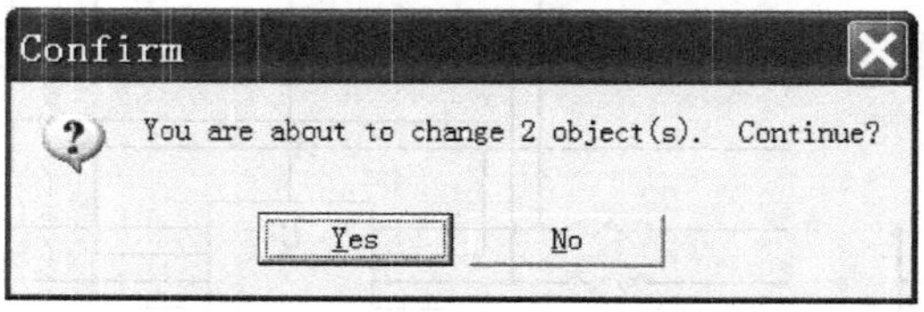

图 6-65　确认对话框

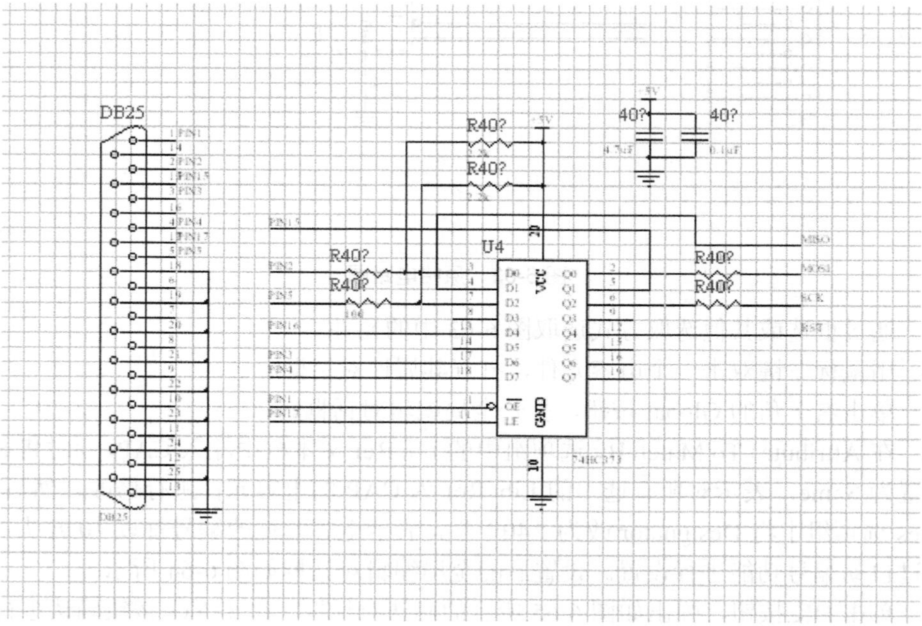

图 6-66　对元件的编号作调整

以上介绍的是在已进行过编号的电路原理图的基础上进行修改的方法。此外，在设计时还可以直接通过自动编号功能实现上述的分组编号。例如需要在如图 6-69 所示的电路中实现分组编号，则可以采用如下的操作步骤。

(1) 执行自动编号命令，在 Options 选项卡的 Annotate Options 下拉列表中选择 Reset Designators，如图 6-70 所示，单击 OK 按钮重置元件的编号。

(2) 执行 Edit | Selection | Outside Area 菜单命令或直接在英文输入法状态下按 S 键，弹出 Selection 菜单后选择 Outside Area 命令或按 O 键执行，框住需要进行编号的电路模块，此时该模块以外的电路和元件都会被选取，如图 6-71 所示。

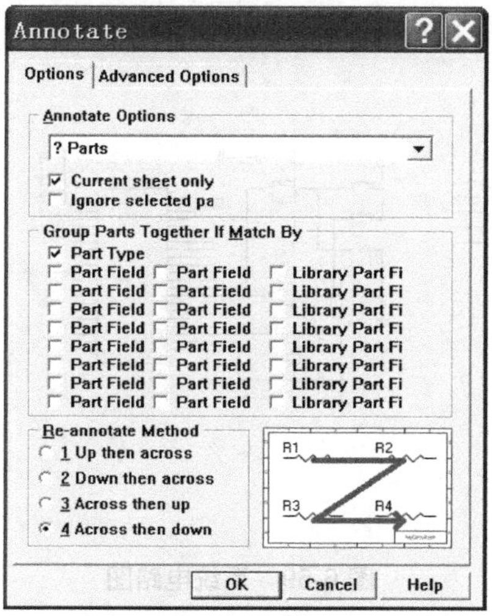

图 6-67　设置 Options 选项卡

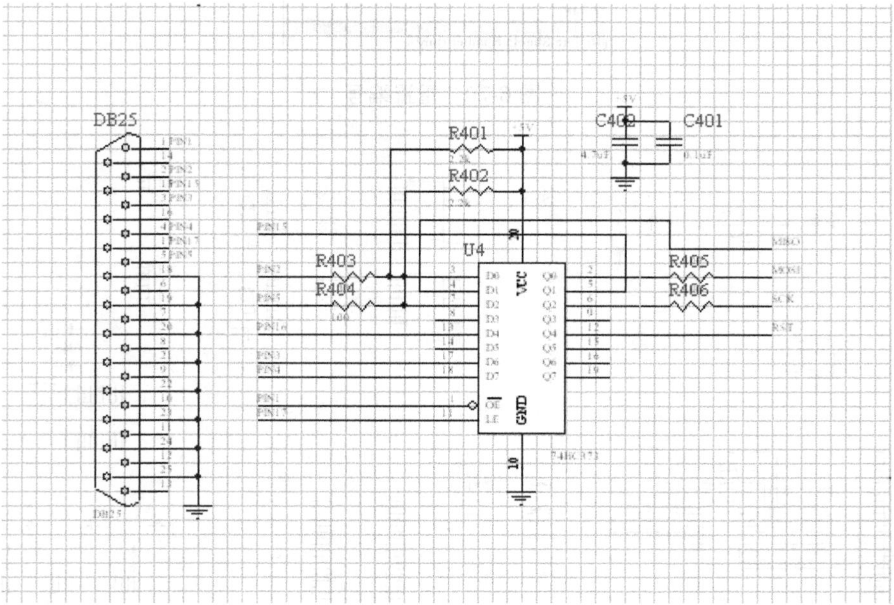

图 6-68　修改后的电路图

(3) 再次执行自动编号命令，对 Options 选项卡作如图 6-72 所示的设置，注意选中 Ignore selected parts 复选框。

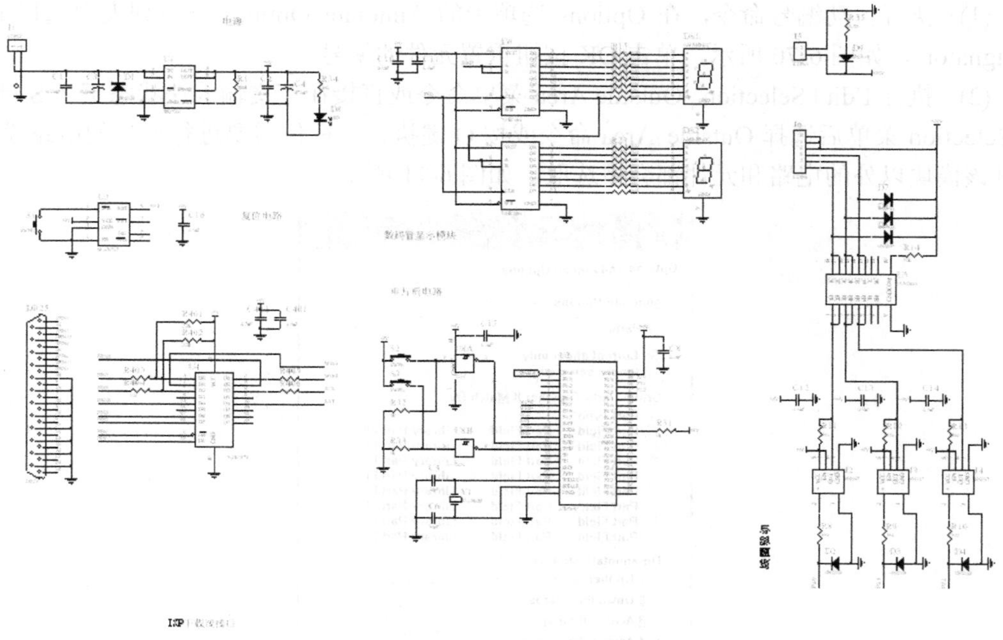

图 6-69　系统电路图

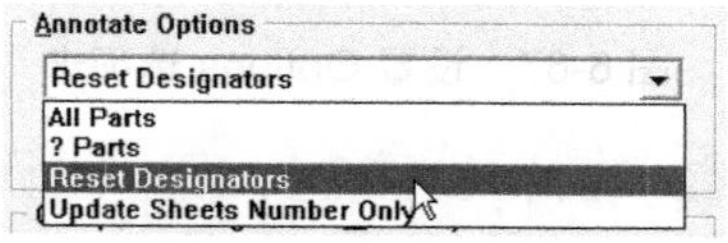

图 6-70　重置编号

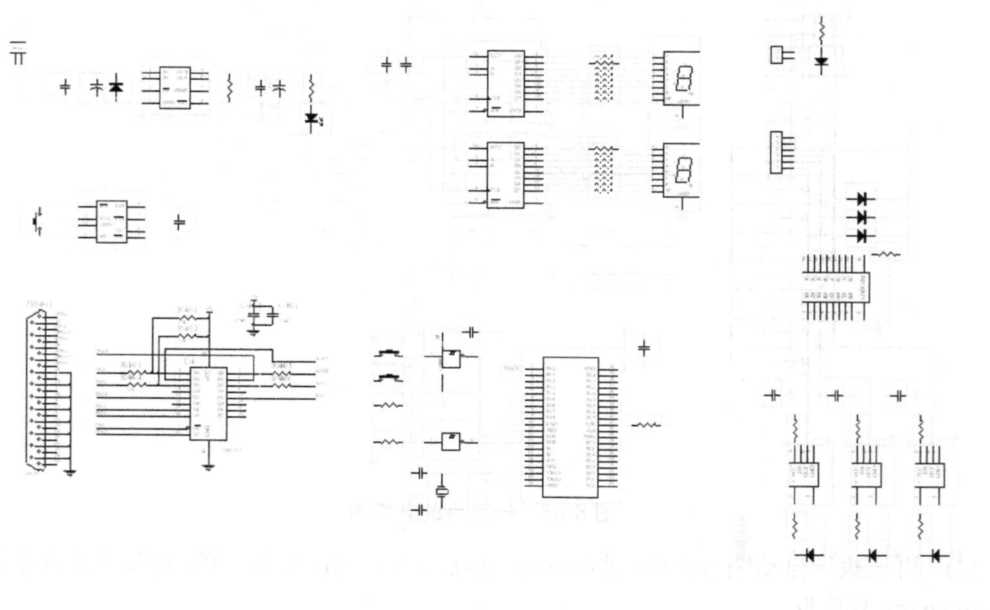

图 6-71　选取待编号模块以外的电路

(4) 打开 Advanced Options 选项卡，选中当前文件前面的复选框，并将编号范围修改为 401～499，如图 6-73 所示。

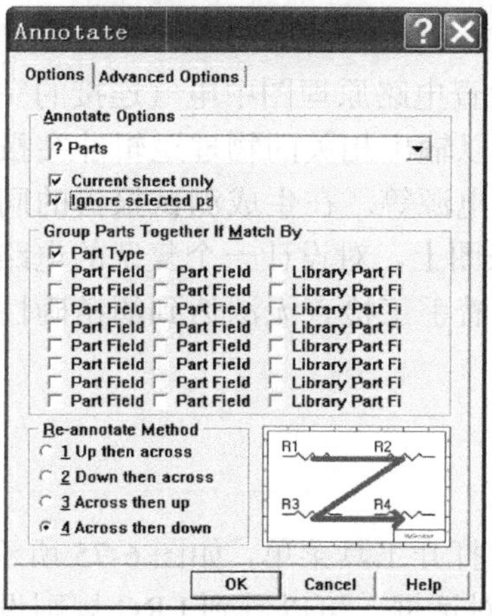

图 6-72　对 Options 选项卡的设置

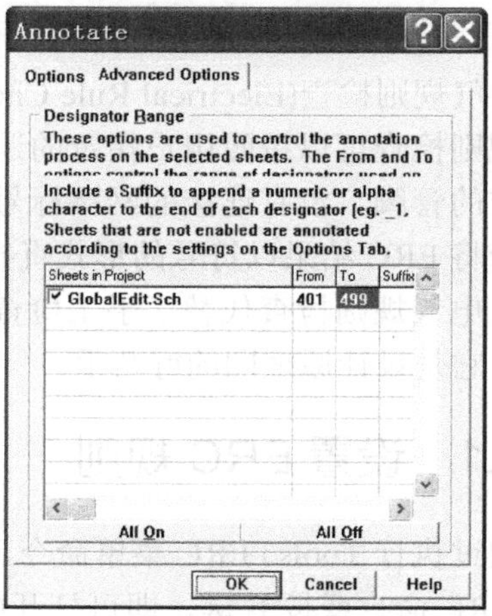

图 6-73　对 Advanced Options 选项卡的设置

(5) 单击 OK 按钮进行自动编号，结果如图 6-74 所示。

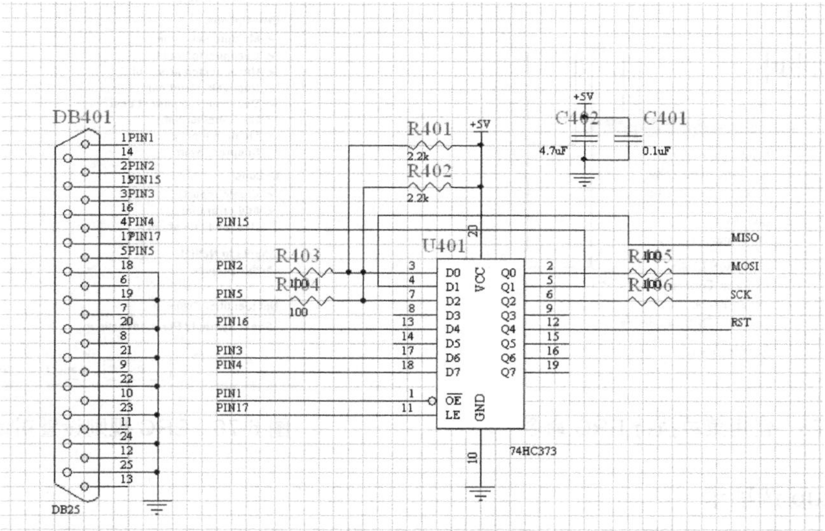

图 6-74　执行自动编号后的电路模块

(6) 对图中的一些元件的编号进行手工修改，如将功能元件的编号改为 U4 等，即可得到与 6-68 相同的编号效果。

通过类似的操作对其他模块分别进行编号，即可实现对整个系统的分组编号了。

通过综合使用选取、全局编辑以及自动编号等功能，能够很容易地实现对复杂原理图中的元件进行多样化的编号。读者可以参考以上操作方法加以练习，熟练掌握这一技巧，从而让原理图的设计工作变得更加轻松、有效。

6.3 原理图的电气检查

电气规则检查(Electrical Rule Check，ERC)用来检查电路原理图中电气连接的完整性。电气规则检查可以按照用户指定的逻辑特性进行，可以输出相关的物理逻辑冲突报告，例如悬空的管脚、没有连接的网络标号以及没有连接的电源等。在生成测试报告的同时，程序还会将 ERC 结果以符号的形式直接标注在电路原来图上。对设计一个复杂的电路原理图来说，电气规则检查代替了手工检查的繁重劳动，有着手工检查无法达到的精确性以及快速性，它是设计原理图的好帮手。

6.3.1 设置 ERC 规则

通过执行 Tools | ERC 菜单命令，或使用快捷键 T 打开工具菜单，如图 6-75 所示，然后选择 ERC 命令或按 E 键，即可打开如图 6-76 所示的对话框。可以看到 ERC 规则设置对话框中有 Setup(设置)和 Rule Matrix(规则矩阵)两个选项卡，下面分别对其进行叙述。

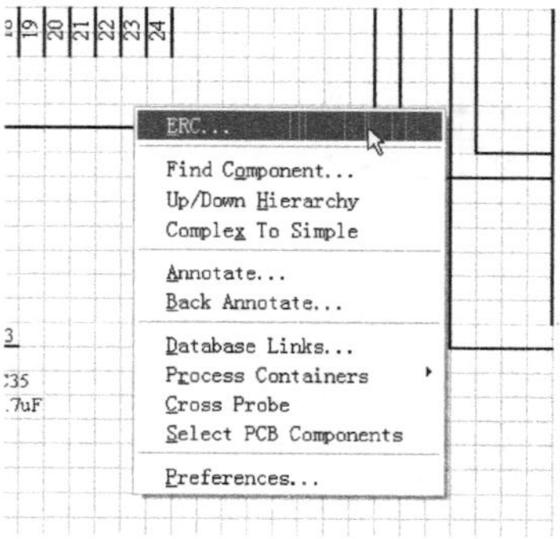

图 6-75　使用菜单执行 ERC 命令

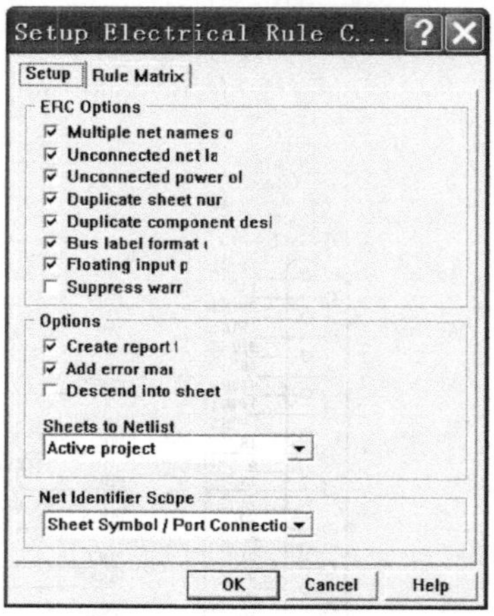

图 6-76　ERC 规则设置对话框

1. Setup 选项卡

在该选项卡中主要对电气检查的一般规则进行设置，包括 ERC Options(ERC 属性)、Options(属性)以及 Net Identifier Scope(网络识别范围)等三个选项组。

1)　ERC Options 选项组

设置 ERC 的检查内容，具体介绍如下。

- **Multiple net names on net:** 设置是否对当前原理图中的重复网络名称进行检查。
- **Unconnected net labels:** 设置是否对当前原理图中没有实际电气连接的网络标号进行检查。
- **Unconnected power objects:** 设置是否对当前原理图中没有实际电气连接的电源进行检查。

- **Duplicate sheet numbers**：设置是否对当前项目中的重复电路原理图序号进行检查。
- **Duplicate component designators**：设置是否对当前原理图中的重复的元件编号进行检查。
- **Bus label format errors**：设置是否对当前原理图中出现的总线编号错误进行检查。
- **Floating input pins**：设置是否对当前原理图中出现的没有实际电气连接的输入引脚进行检查。
- **Suppress warnings**：设置是否忽略当前原理图中的警告错误而只对错误的情况进行标识。

2) Options 选项组

对 ERC 进行一般属性的设置，具体内容如下。

- **Create report file**：设置是否在进行电气规则检查后自动创建报告，用以指示出现错误的状态。
- **Add error markers**：设置在进行电气规则检查后是否在出现错误的地方进行标记，从而便于读者发现问题并进行修改。
- **Descend into sheet parts**：设置是否将子模块中内部电路所匹配的端口与原理图中相应的端口完成电气连接，并一同进行电气规则检查。
- **Sheets to Netlist**：通过下拉列表来选择进行电气规则检查的范围，如图 6-77 所示，该列表中有 Active sheet(当前原理图)、Active project(当前项目中所有的原理图)以及 Active sheet plus sub sheets(当前原理图及其子图)3 个选项可供选择。

3) Net Identifier Scope 选项组

用来确定网络识别的范围，通过下拉列表来进行选择，如图 6-78 所示，有 Net Labels and Ports Global(网络标号和端口)、Only Ports Global(端口)以及 Sheet Symbol/Port Connections(连接端口)3 个选项可供选择，具体说明如下。

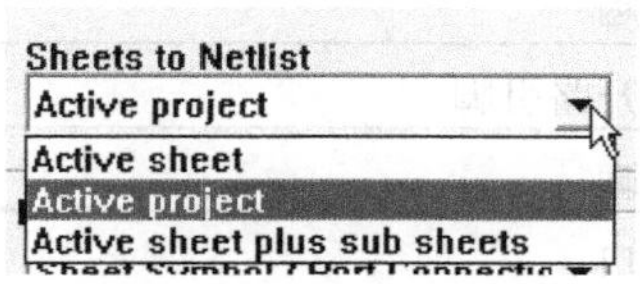

图 6-77　选择检查范围

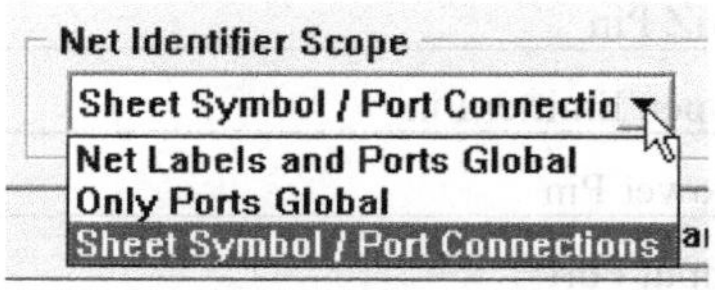

图 6-78　选择网络标识范围

- **Net Labels and Ports Global**：选择该项则，电气规则检查的网络识别类型对所有网络标号以及端口都有效。
- **Only Ports Global**：选择该项则，电气规则检查的网络识别类型仅对端口类型有效。
- **Sheet Symbol/Port Connections**：选择该项则，电气规则检查的网络识别类型对电路原理图符号及其子模块图连接的端口都有效。

2. Rule Matrix 选项卡

设置完 Setup 选项卡，用鼠标单击 ERC 设置对话框上面的 Rule Matrix 标签，即可切换到如图 6-79 所示的 Rule Matrix 选项卡。

可以看到 Rule Matrix 由一个 Connected Pin/Sheet Entry/Port Rule Matrix 区域构成，用来显示引脚、原理图子模块入口以及端口等在电气规则检查中出现的各类信息。

1) Legend(图例)

在 Connected Pin/Sheet Entry/Port Rule Matrix 区域的左上角有一个 Legend(图例)区域，显示各类信息的标志。其包含 3 种类型。

- **No Report**：不报告，用绿色显示，表示电路正常。
- **Error**：错误，用红色显示，表示出现了错误信息。
- **Warning**：警告，用黄色显示，表示警告信息。

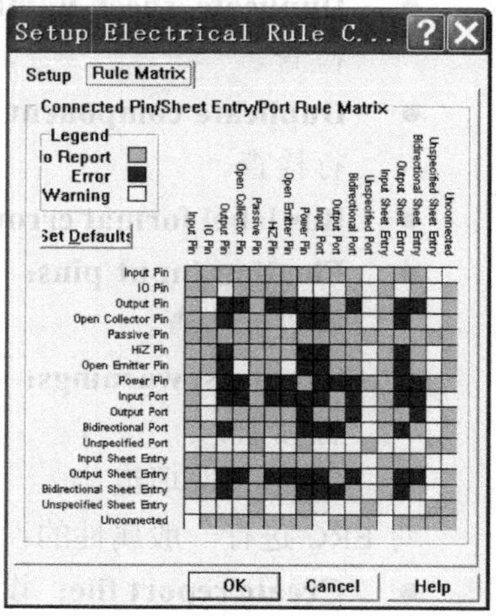

图 6-79 Rule Matrix 选项卡

2) 规则矩阵

在区域主体部分由红、黄、绿 3 种颜色构成的方格图即是电气检查的规则矩阵。其对称分布的行列分别代表一定的接口类型，具体内容如表 6-1 所示。

表 6-1 规则矩阵的内容

名 称	含 义
Input Pin	输入引脚
IO Pin	IO 引脚
Output Pin	输出引脚
Open Collector Pin	集电极开路引脚
Passive Pin	无源引脚
HiZ Pin	高阻引脚
Open Emitter Pin	发射极开路引脚
Power Pin	电源引脚
Input Port	输入端口
Output Port	输出端口
Bidirectional Port	双向端口
Unspecified Port	未指定方向端口
Input Sheet Entry	子模块图入口
Output sheet Entry	子模块图出口
Bidirectional Sheet Entry	双向子模块图接口
Unspecified Sheet Entry	未指定方向子模块图接口
Unconnected	未连接

在引脚、原理图子模块入口和端口的规则矩阵中，每一格方框中的颜色所代表的含义表示其所在行、列所分别对应的网络识别类型在进行连接时电气规则检查将会对其作出的

信息提示的内容。例如在默认状态下，第 3 行第 1 列表示输出引脚与输入引脚相连，用绿色表示此时电气规则检查将判断其电路连接方式为正常情况，不会产生错误提示，而第 3 行第 3 列的两个输出引脚相连用红色显示，表示此时电气规则检查会视其为错误连接，从而会产生错误报告。

用鼠标左键单击矩阵中的某一方格可以循环改变其显示的颜色，通过这一操作用户可以根据需要自行设定电气检查规则，通过左键单击 Legend 下方的 Set Default 按钮，可以将引脚、原理图子模块入口和端口的规则矩阵设置恢复为默认值。

6.3.2 运行 ERC

以上介绍了 ERC 对话框的设置，下面通过一个具体的例子来看一下对电路原理图进行电气规则检查的方法。

如要对图 6-80 所示的电路图进行电气规则检查，具体操作步骤如下。

(1) 执行 Tools | ERC 命令，打开 ERC 设置对话框。

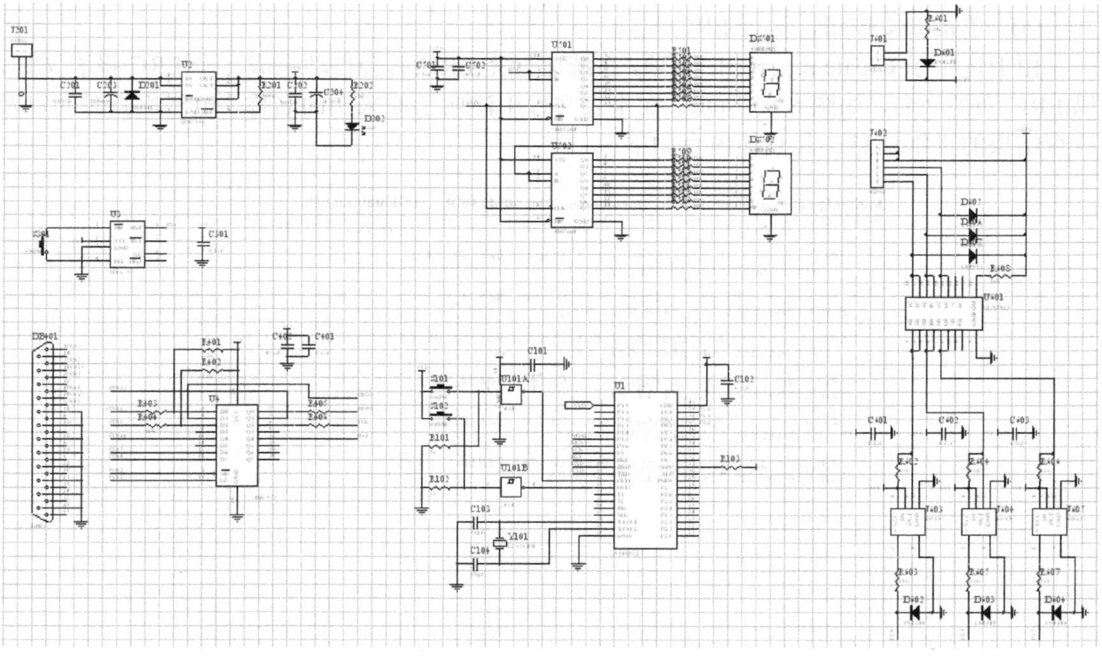

图 6-80 待检查的电路原理图

(2) 对 Setup 选项卡进行设置，如图 6-81 所示，选择 Greate repore file(生成 ERC 报表)，以及 Add error markers(在原理图上显示错误标识)，选择 Sheets to Netlist(电气检查范围)为 Active project(当前原理图)，Net Identifier Scope(网络识别范围)为 Sheet Symbol/Port Connections(连接端口)。

(3) 打开 Rule Matrix 选项卡，设置其为默认参数，如图 6-82 所示。

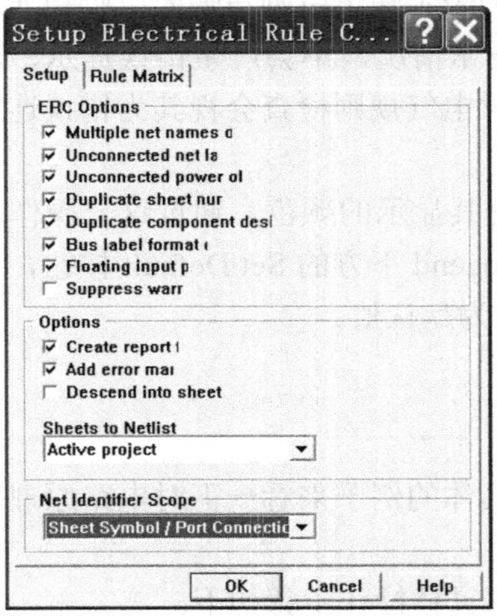

图 6-81　对 Setup 选项卡进行设置

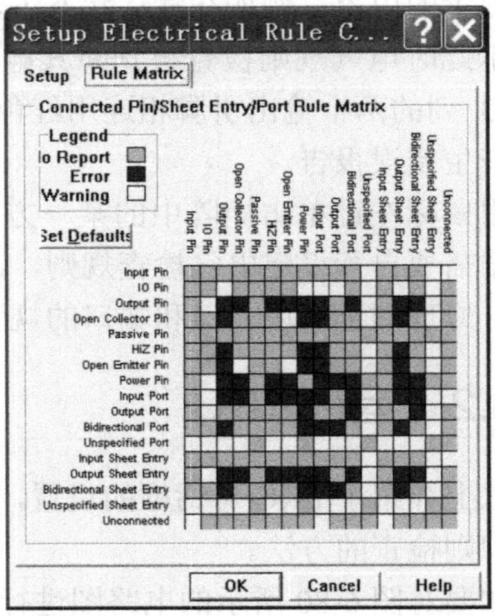

图 6-82　对 Rule Matrix 选项卡进行设置

(4) 单击 OK 按钮，运行 ERC。

由于选中了 Create report file 选项，系统运行完 ERC 后会自动生成一个 ERC 报表文件，以.ERC 为扩展名，如图 6-83 所示。在报表文件中注明了原来图的名称、电气检查时间以及检查结果的详细信息。其具体内容如下：

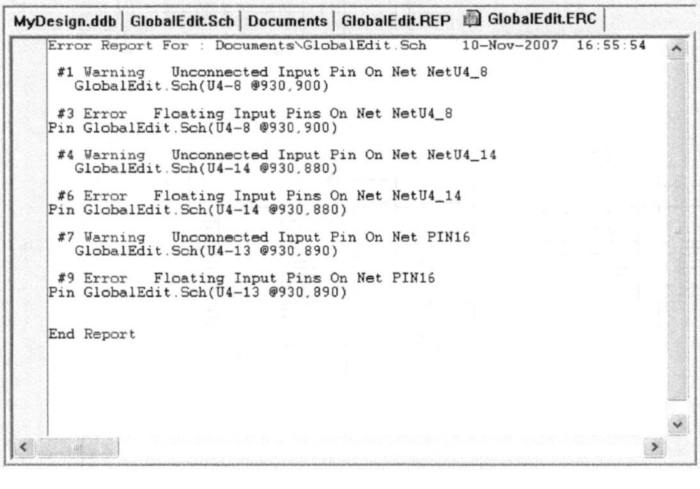

图 6-83　生成 ERC 报表

```
#1 Warning     Unconnected Input Pin On Net NetU4_8
    GlobalEdit.Sch(U4-8 @930,900)
  #3 Error     Floating Input Pins On Net NetU4_8
Pin GlobalEdit.Sch(U4-8 @930,900)
  #4 Warning     Unconnected Input Pin On Net NetU4_14
    GlobalEdit.Sch(U4-14 @930,880)
  #6 Error     Floating Input Pins On Net NetU4_14
```

```
Pin GlobalEdit.Sch(U4-14 @930,880)
  #7 Warning     Unconnected Input Pin On Net PIN16
     GlobalEdit.Sch(U4-13 @930,890)
  #9 Error     Floating Input Pins On Net PIN16
Pin GlobalEdit.Sch(U4-13 @930,890)
```

可以看到，ERC 报告中给出了错误发生的类型、所属网络、所在文件以及具体的位置坐标等详细的信息，而相对应的，在原理图上系统在发生错误的地方均放置了一个红色的错误标志，如图 6-84 所示。

经过检查，其中一个错误是由于设计疏忽引脚没有连接导致，可以对其进行相应的修改。而另外两个引脚设计时就是悬空的，并不会对电路产生影响，但由于违反了电气检查规则，因此也被当作错误进行了标识；为了避免这一问题，需要设置忽略 ERC 测试点。

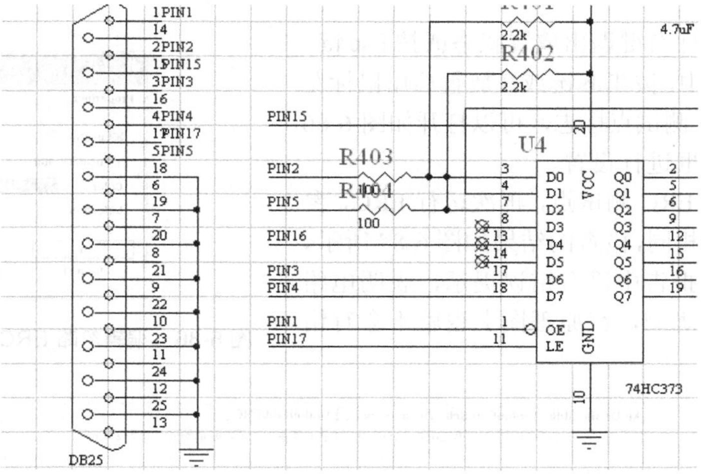

图 6-84　错误在原理图上进行了标示

6.3.3　设置忽略 ERC 测试点

前面提到，在进行 ERC 的时候，有些并不会对电路的功能实现造成影响的地方，由于与电气检查规则冲突被当作了错误进行处理，通常情况下是引脚悬空的问题，而这一情况往往在电路设计时就已经预知了，因此并不希望在进行错误报告时出现。此时可以在进行电路设计时，通过在原理图设置忽略 ERC 测试点令系统忽略这些问题，从而避免了人工筛选的麻烦。

在布线工具栏上有一个 × 图标，对应于 Place | Directives | No ERC 菜单命令，就是用来放置忽略 ERC 测试点的。具体操作过程如下。

(1)　用鼠标左键单击 × 图标，或执行相应的菜单命令。

(2)　此时光标变为十字形，通过单击鼠标左键在相应引脚末端放置忽略 ERC 测试点，注意使其捕捉到引脚，此时光标会成为一个黑点，如图 6-85 所示。

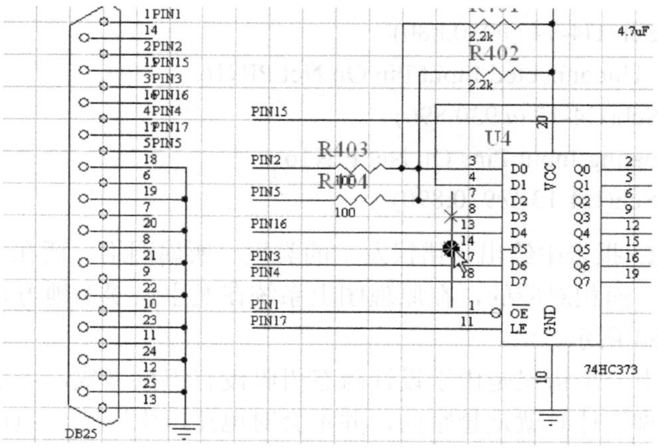

图 6-85　放置忽略 ERC 测试点

(3) 单击鼠标右键退出放置状态或按 Esc 键。

在放置过程中，按 Tab 键或在放置后用鼠标左键双击忽略 ERC 测试点标志，可以打开如图 6-86 所示的属性对话框进行设置。

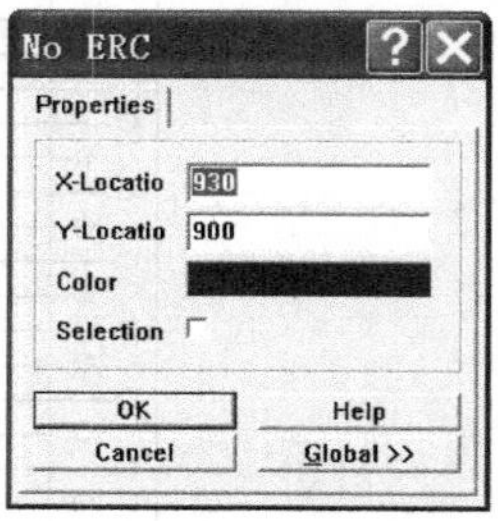

图 6-86　编辑忽略 ERC 测试点标志的属性

放置好忽略 ERC 测试点，再次运行 ERC，参数设置与上一节相同，检查的结果如图 6-87 所示。可以看到，此时报告中没有错误提示，表明电路原理图设计是正确的，在原理图上也就不会有错误标识了。

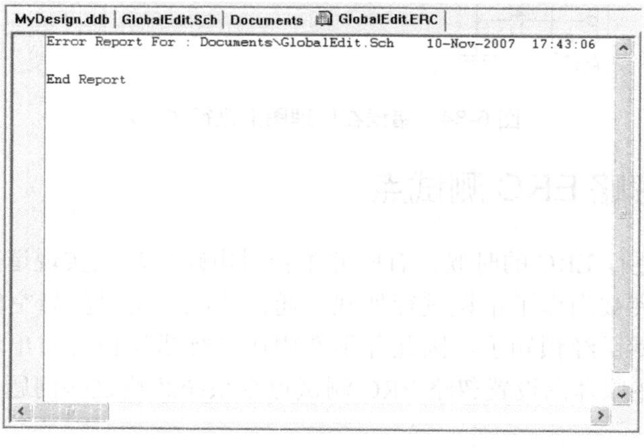

图 6-87　放置了忽略 ERC 测试点后的电气规则检查结果

6.4 生成报表文件

在绘制原理图过程中，除了要完成对原理图的绘制外，产生各种报表也是十分重要的。为了方便 PCB 的设计，往往要生成电路的网络表文件；为了便于进行元件的采购和预算，可以生成元件清单报表文件；此外，为了对电路结构有更好的了解，同时方便验证电路设计的正确性，还可以生成元件交叉参考表、层次表等。因此生成各种报表文件对于编辑原理图十分重要。

6.4.1 生成网络表

绘制原理图最终目的是为了制作印制电路板。Protel 99 SE 支持从原理图直接将元件编号、连接关系、封装形式等信息传到 PCB 编辑器中生成 PCB 文件。此外，还可先生成网络表文件，再加载到 PCB 文件中进行设计。网络表文件是一种文本文件，记录了原理图中元件类型、序号、封装以及网络连接关系等信息，是 Protel 中原理图和 PCB 之间联系的桥梁。借助网络表文件，可以验证原理图中连线的正确性。

通过执行 Design | Create Netlist 菜单命令或使用快捷键 D 打开设计快捷菜单后，选择 Create Netlist 命令或按 N 键执行，如图 6-88 所示，即可打开 Netlist Creation 对话框，如图 6-89 所示。其具体内容如下。

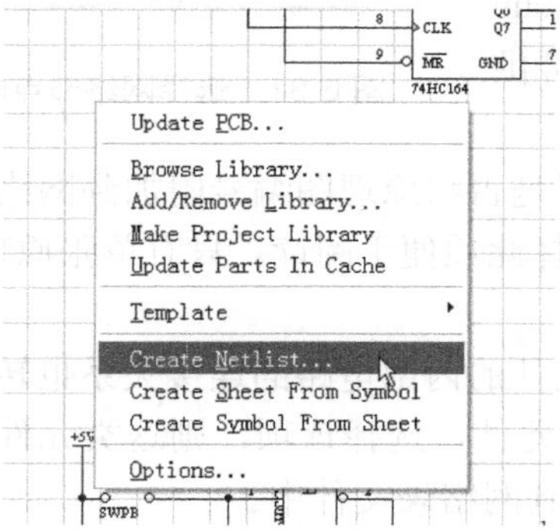

图 6-88　通过快捷键创建网络表文件

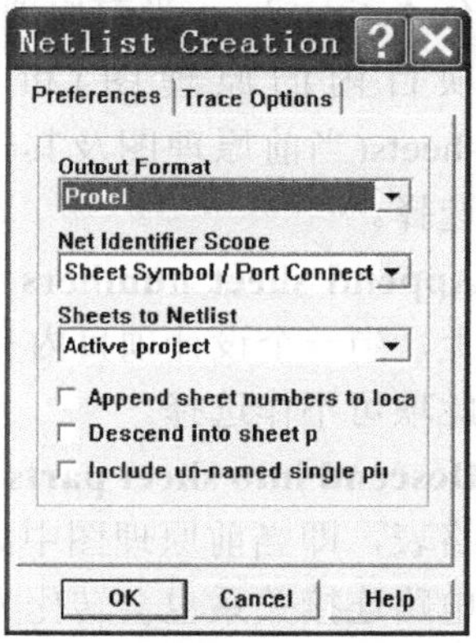

图 6-89　创建网络表文件设置对话框

1. Preferences 选项卡

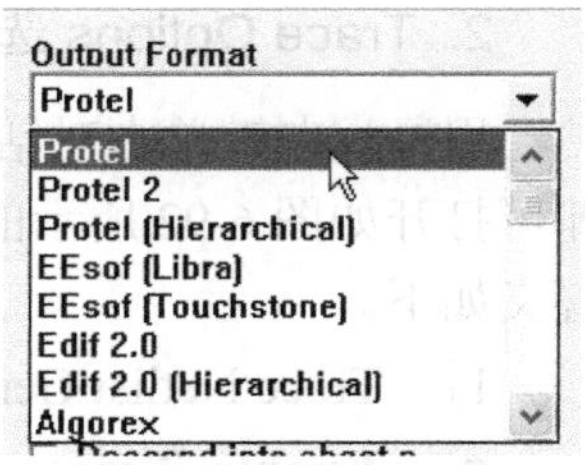

图 6-90　输出格式下拉列表

- **Output Format**：选择网络表文件的输出格式，通过下拉列表进行选择，如图 6-90 所示。可选格式有 Protel、Protel 2、Protel(Hierarchical)、EEsof(Libra)、EEsof(Touchstone)、Edif 2.0、Edif 2.0(Hierarchical)以及 Algorex 等，其中 Protel 格式最常用，为默认设置，其他格式为不同的 CAD 软件中的识别格式，在创建时显示的资料不同。在 Protel 99 SE 的 PCB 编辑器中使用的网络表需要输出为 Protel 格式。
- **Net Identifier Scope**：选择网络标号识别范围，通过下拉列表进行选择，有 Net Labels and Ports Global(网络标号和端口)、Only Ports Global(端口)和 Sheet Symbol/Port Connections(连接端口)3 个选项可供选择。

◆ **Net Labels and Ports Global**：网络标号及 I/O 端口在整个设计项目内有效。对于较复杂的电路设计项目，可能包含多张电路原理图，选择该选项，则在同一项目中的所有原理图内只要网络标号或 I/O 端口名称相同，则该网络标或 I/O 端口所对应的电气节点即是连接在一起的。

◆ **Only Ports Global**：只有 I/O 端口在整个设计项目内有效，而网络标号只在当前原理图中有效。即表示在当前项目的多张原理图之间，具有相同的 I/O 端口的对应电气节点彼此之间都是相连的，而网络标号仅在单张原理图内有效，不同的原理图中即使有相同的网络标号也不是直接相连的。

◆ **Sheet Symbol/Port Connections**：I/O 端口和网络标号都只在当前原理图及其子模块原理图内有效，不同的原理图之间即使具有相同的 I/O 端口和网络标号，在电气上也是不相连的。

● **Sheets to Netlist**：选择生成网络表的网络节点的范围，通过下拉列表进行选择，如图 6-91 所示，有 Active sheet(当前原理图)、Active project(当前项目内的原理图)和 Active sheet plus sub sheets(当前原理图及其子电路图)3 个选项可供选择。

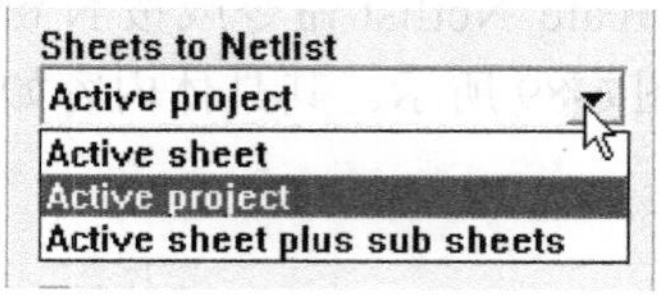

图 6-91　选择网络节点的范围

● **Append sheet numbers to local name**：设置是否将原理图编号附加到网络表名称上，当一个设计项目内有多张原理图时，选择此项便于阅读。只有单张原理图时，此项可不作选择。

● **Descend into sheet parts**：设置是否将页面元件的内部电路的连接关系也转化为网络表，即当前原理图中如果含有原理图类的元件，选择该项，则这类元件的内部电路连接关系也会转化为网络表格式并记录到网络表文件中。

● **Include un-named single pin no**：设置是否在创建网络表时将未命名的引脚也包括进去，通常该项可以不必选择。

2. Trace Options 选项卡

用鼠标左键单击对话框上方的 Trace Options 标签，即可打开如图 6-92 所示的 Trace Options 选项卡。各选项含义如下。

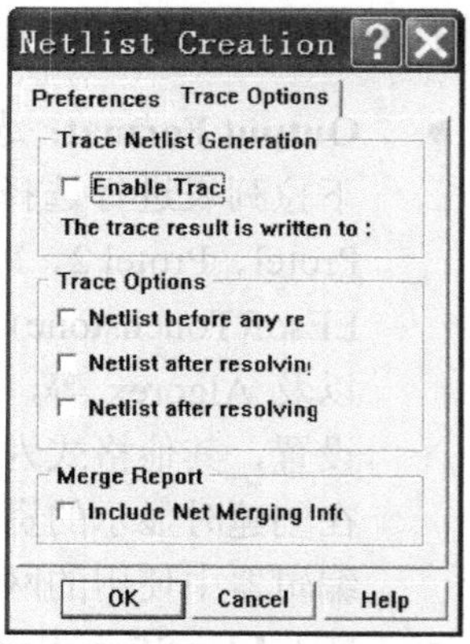

图 6-92　Trace Options 选项卡

1) Trace Netlist Generation 选项组

● **Enable Trace**：设置是否启用跟踪。当选中该选项时，在创建网络表的同时会进行跟踪，并生成一个以文件名命名的.tng 文件并将跟踪结果写入其中。

2) Trace Options 选项组

● **Netlist before any resolving**：选中该选项，则在创建网络表时所有的步骤都将加载到跟踪文件中。

- **Netlist after resolving sheets**：选中该选项，则当电路原理图与子模块图连接后才创建网络表，并生成跟踪文件。
- **Netlist after resolving project**：选择该选项，则当项目中的各电路原理图都产生连接后才创建网络表，并生成跟踪文件。

3) Merge Report 选项组

- **Include Net Merging Information**：选中该选项，则在创建网络表时生成的跟踪文件中会包含网络资料。

上面介绍了生成网络表设置对话框中各选项的含义，下面以如图 6-93 所示的电路为例介绍一下生成网络表的具体过程。操作步骤如下。

(1) 执行 Design | Create Netlist 菜单命令，或使用快捷键 D，在打开快捷菜单后选择 Create Netlist 命令或按键盘 N 键，打开设置对话框。

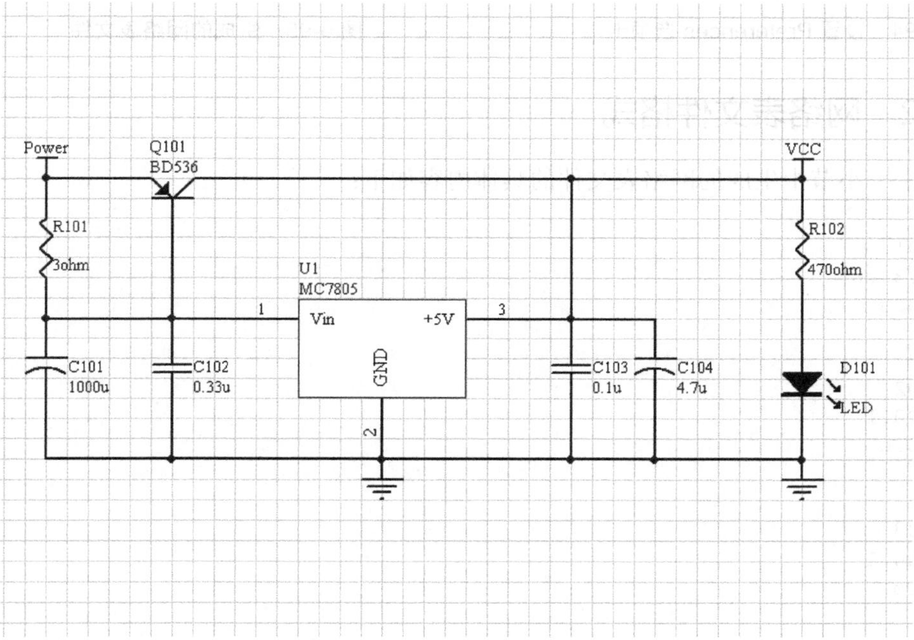

图 6-93　要生成网络表的原理图文件

(2) 对 Preferences 选项卡作如图 6-94 所示的设置，选择 Output Format(输出格式)为 Protel，Net Identifier Scope(网络识别范围)为 Sheet Symbol/Port Connections，Sheets to Netlist(生成网络表的范围)为 Active project(当前项目)。

(3) 对 Trace Options 选项卡不作修改，即不生成 Trace 文件。

(4) 单击 OK 按钮，进行网络表生成。

生成的网络表文件以.NET 作为扩展名，结果如图 6-95 所示。

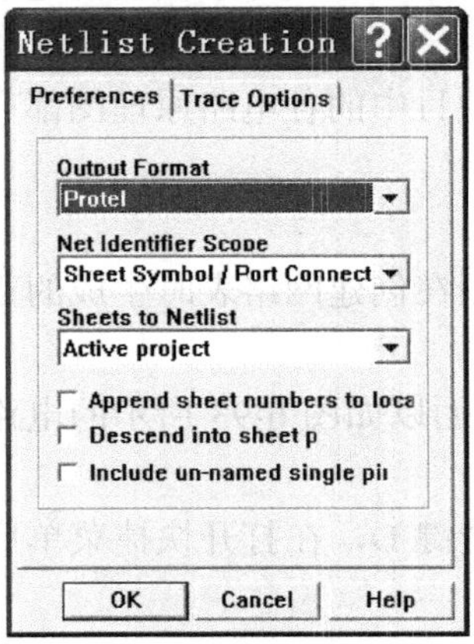

图 6-94　设置 Preferences 选项卡

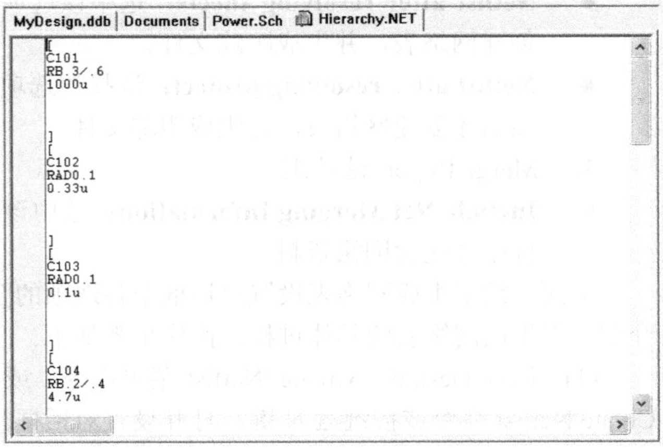

图 6-95　生成的网络表文件

6.4.2　网络表文件格式

在上一小节中生成的网络表文件的具体内容如下：

```
[
C101
RB.3/.6
1000u
]
[
C102
RAD0.1
0.33u
]
[
C103
RAD0.1
0.1u
]
[
C104
RB.2/.4
4.7u
]
[
D101
DIODE-0.4
LED
]
[
Q101
TO-220
BD536
]
[
```

```
R101
AXIAL0.4
3ohm
]
[
R102
AXIAL0.4
470ohm
]
[
U1
TO-220
MC7805
]
(
GND
C101-2
C102-2
C103-2
C104-2
D101-K
U1-2
)
(
NetC101_1
C101-1
C102-1
Q101-2
R101-1
U1-1
)
(
NetR102_1
D101-A
R102-1
)
(
POWER
Q101-3
R101-2
)
(
VCC
C103-1
C104-1
Q101-1
R102-2
U1-3
)
```

观察其结构可以发现，网络表文件由两种格式的单元构成，一种是包含在方括号“[”和“]”中的，这部分内容记录了原理图中每个元件的基本信息，包括元件的编号、封装形式、元件类型或大小等内容，每一对方括号包含了一个元件的信息，其数目与元件个数相等。另一种是包含在原括号“(”和“)”中的，这部分内容则描述了原理图中各个元件的连接关系，每一对原括号中包含了彼此之间相连的各个电气节点的名称，并会根据元件引脚的信息自动赋予这一组电气节点一个名称，作为一个电气网络。所有与该网络具有电气连接关系的电气节点都会包含在该网络中，不会多也不会少。两者的格式如下：

```
[                   ; 元件描述开始标志
C101                ; 元件编号
RB.3/.6             ; 元件封装形式
1000u               ; 元件其他信息
]                   ; 元件描述结束标志
(                   ; 网络描述开始标志
VCC                 ; 网络名称
C103-1              ; 与该网络具有电气连接关系的元件引脚信息，前面为元件编号，
C104-1                后面为网络相连的引脚序号，如 C103-1 表示元件 C103 的 1 脚
Q101-1                与该网络相连
R102-2
U1-3
)                   ; 网络描述结束标志
```

6.4.3 生成元件表

为了迅速获得一个设计项目或一张电路原理图所包含的元件类型、封装形式以及数目等信息，从而便于进行元件采购与成本预算，需要生成元件清单文件。下面仍以图 6-93 所示的电路为例介绍一下具体的操作过程。

(1) 执行 Report | Bill of Material 菜单命令，启动元件清单生成向导，如图 6-96 所示。这里会提示用户选择生成元件清单的范围是 Project(整个项目)还是 Sheet(当前原理图)，这里选择 Sheet。

(2) 用鼠标左键单击 Next 按钮，进入如图 6-97 所示的界面。在这个界面中选择要生成的元件清单中所包含的内容，可以看到该界面中有 3 个选项组。

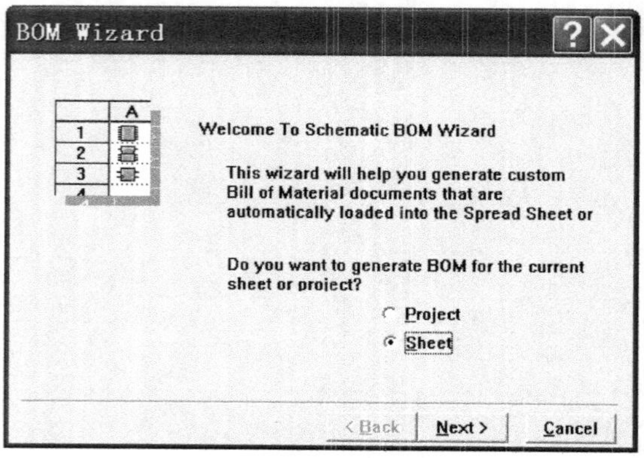

图 6-96 启动生成元件清单向导

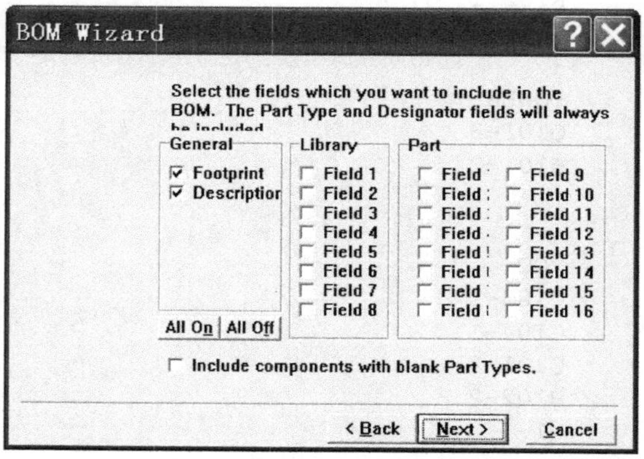

图 6-97 选择清单中要包括的内容

- **General：** 选择生成的元件清单中所包含的一般内容，有 Footprint(封装形式)和 Description(描述)两个属性可选，通常都选中。
- **Library：** 选择要对哪些库域信息生成清单，用户可以根据需要自行选择。

- **Part**：选择要对哪些元件域信息生成清单，用户可以根据需要自行选择。

通过单击 All On 或 All Off 按钮，可以选中所有选项以及取消对所有选项的选择。此外，还有一个 Include components with blank Part Types 复选框，用来设置清单中是否包括没有指定元件类型的元件。

这里仅选择 General 选项组中的 Footprint 和 Description 选项，其余不作选择。

(3) 单击 Next 按钮，进入如图 6-98 所示的界面。在这里可以输入要生成的元件清单的表头信息，可以看到有 Part Type(元件类型)、Designator(元件编号)、Footprint(元件封装信息)和 Description(元件描述)4 个文本框，默认为相对应的标签内容，这里可不做修改。

(4) 用鼠标左键单击 Next 按钮，进入如图 6-99 所示的界面。在这里选择想要生成的报表文件格式，有 Protel Format(Protel 格式报表)、CSV Format(电子表格格式报表)和 Client Spreadsheet(Protel 99 SE 表格格式报表)3 种格式可选。这里选择 CSV Format 和 Client Spreadsheet 两种格式。

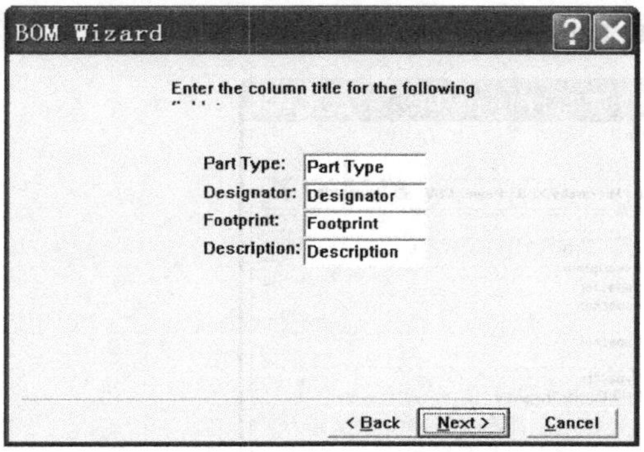

图 6-98 修改报表的表头信息

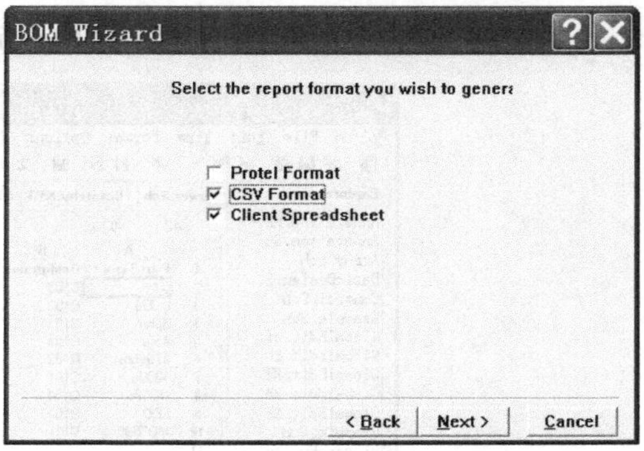

图 6-99 选择生成清单文件格式

(5) 用鼠标左键单击 Next 按钮，进入如图 6-100 所示的界面。至此即完成了对元件清单生成向导的设置。在设置过程中，如果需要修改前面的设置，则可以通过鼠标左键单击 Back 按钮回到相应的界面进行重新设置；如果要放弃生成元件清单文件，则可以通过鼠标左键单击 Cancel 按钮取消向导设置。

(6) 确认参数设置后用鼠标左键单击 Finish 按钮，进行元件清单文件的生成。

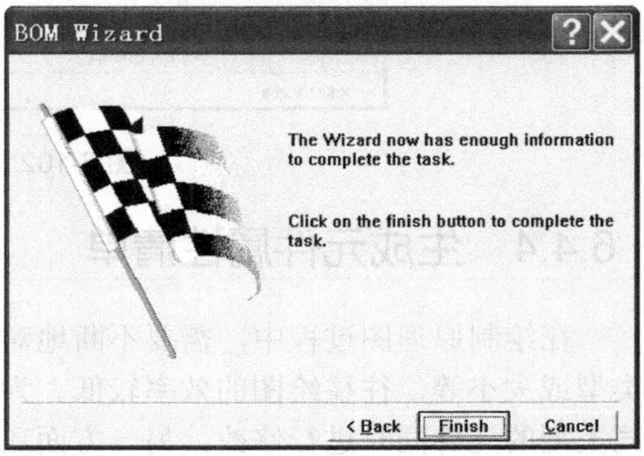

图 6-100 完成向导设置

生成的结果如图 6-101 和图 6-102 所示，分别为.CVS 和.xls 格式的文件。可以看到选择 Client Spreadsheet 选项生成的.xls 文件与 Microsoft 的 Excel 文件是相同的，通常在设计中都会生成这种格式的文件，便于使用。

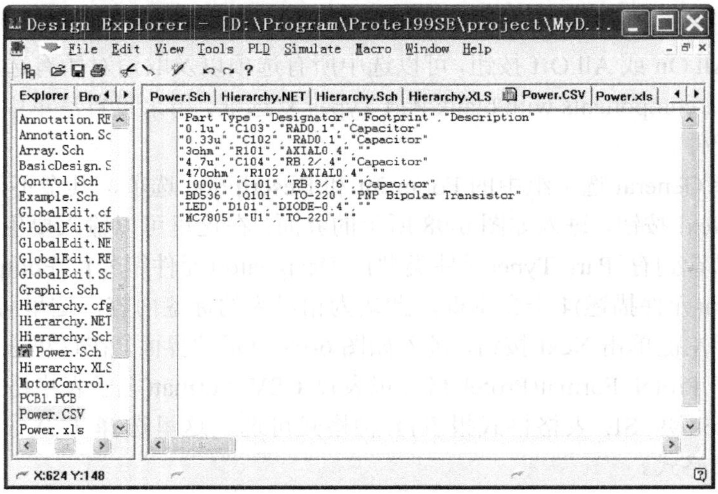

图 6-101　元件清单.CVS 文件

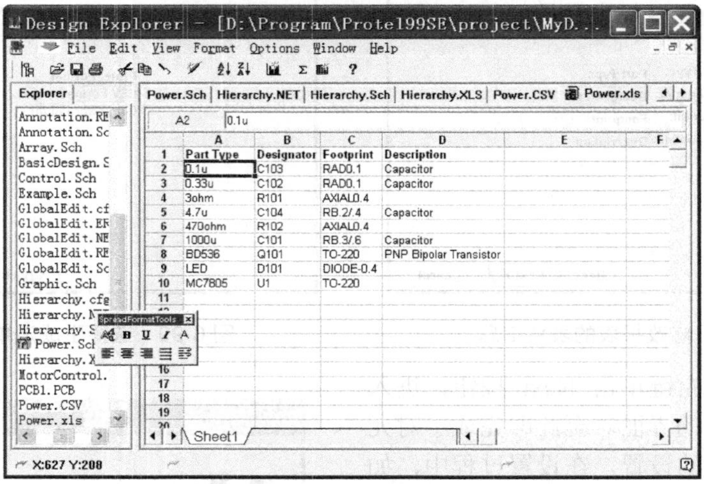

图 6-102　元件清单.xls 文件

6.4.4　生成元件属性清单

在绘制原理图过程中，需要不断地对元件的属性进行修改，如编号、封装形式、元件类型或大小等，往往绘图的效率较低。为解决这一问题，一方面可以使用全局属性编辑对同类型的元件同时进行修改，另一方面还可以在绘图过程中不对元件作很多修改，而在原理图绘制完成后通过生成元件属性清单报表文件，在报表文件中统一对元件属性进行修改，最后通过“更新”功能修改原理图中的元件属性。

下面仍以图 6-93 所示的电路为例介绍其具体的操作过程。

(1)　执行 Edit | Export to Spread 菜单命令，打开如图 6-103 所示的导出编辑对象属性清单向导界面。

(2)　单击 Next 按钮，进入如图 6-104 所示的界面，在这一界面中选择要导出的对象类型。Primitives 下列出了原理图中各对象的基本分类，Number Found 下则列出了每种分类中的对象数目。通过单击每一项前面的复选框，可以选择该类或取消该类的选择；通过 All On 和 All Off 按钮，能够选中所有分类以及取消所有类型的选择。这里仅选择 Part(元件)类型。

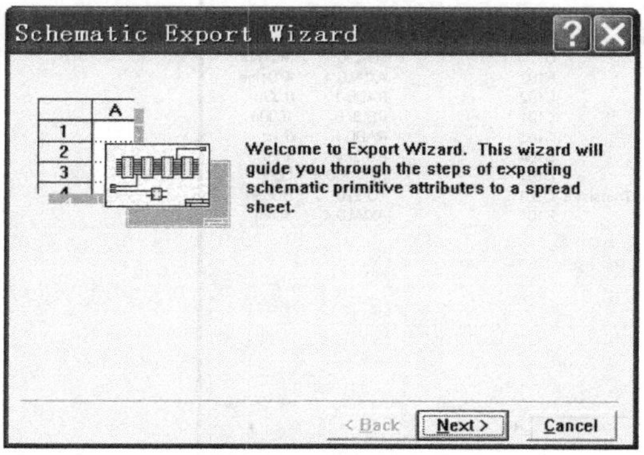

图 6-103　导出对象属性清单向导

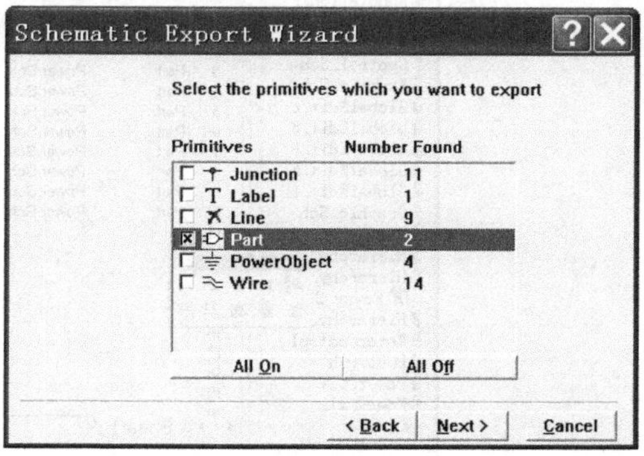

图 6-104　选择要导出的对象

(3)　单击 Next 按钮，进入如图 6-105 所示的界面。在这一界面中选择要导出的对象的具体属性。在这里选择常用的 Description(描述)、Designator(编号)、FootPrint(封装形式)以及 Part Type(元件类型)。

(4)　单击 Next 按钮，进入如图 6-106 所示的界面。至此即完成了导出对象的设置。

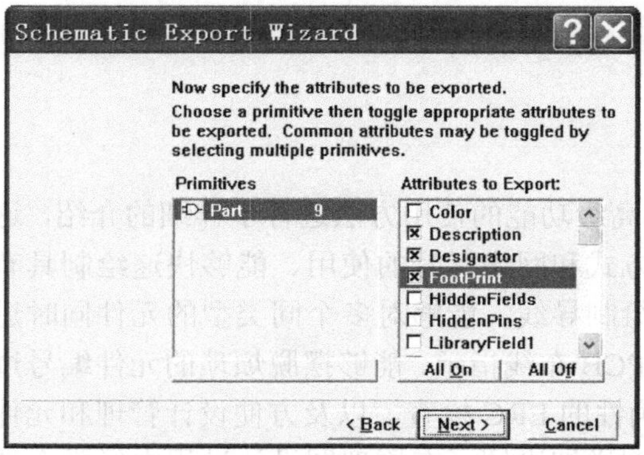

图 6-105　选择要导出的具体内容

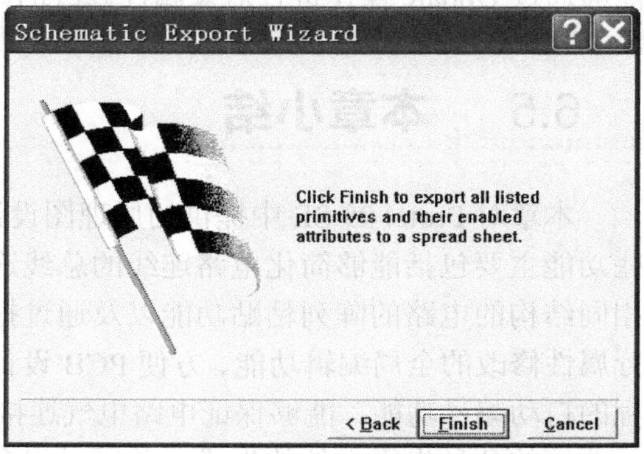

图 6-106　完成导出设置

(5)　单击 Finish 按钮，完成设置，进行数据导出。在此之前，若需要修改参数设置，可以通过单击 Back 按钮回到相应的页面进行设置，通过单击 Cancel 按钮可以取消元件属性清单的导出。

执行结果如图 6-107 所示，元件属性清单是一个.xls 文件，与原理图的名称相同。由于文件名完全相同，如果没有进行处理，元件属性清单文件会覆盖掉元件清单中的.xls 文件，因此读者使用时需要注意。在生成的元件属性报表文件中，可以很方便地对元件的属性进行修改，修改完后执行 File | Update 菜单命令，即可将对应原理图中的元件属性修改为文件中的值。

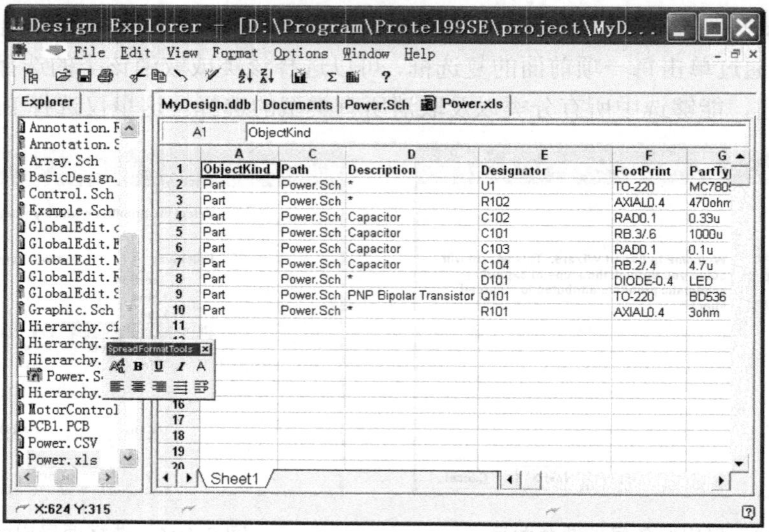

图 6-107　生成的.xls 文件

对于 Junction(电气节点)、Label(标号)等其他对象，也可以采用同样的操作生成属性清单并可以进行修改。

虽然在此操作中生成的报表文件与元件清单报表格式完全相同，但元件清单报表是不能够通过 Update 操作进行对象属性修改的。

6.5　本章小结

本章对 Protel 99 SE 中提供的原理图设计的高级功能的使用方法进行了详细的介绍，这些功能主要包括能够简化电路连线的总线连接方式和网络标号的使用、能够快速绘制具有相同结构的电路的阵列粘贴功能以及通过拖动绘制导线、能够对多个同类型的元件同时进行属性修改的全局编辑功能、方便 PCB 设计的 PCB 布线指示、能够摆脱烦琐的元件编号过程的自动编号功能、能够保证电路电气连接正确性的 ERC 检查，以及方便设计管理和元件采购等的各种报表文件的生成。并通过很多实例详细讲解了在原理图设计过程中经常会遇到的一些问题，以及怎样应用这些高级功能方便、快捷地解决这些问题。

本章内容是在前面章节的基础上的综合与提高，是能够使用 Protel 99 SE 高效、快捷地设计高质量的原理图的关键，因此希望读者能够认真学习，从而让自己的设计工作变得轻松、有效。

第7章 层次原理图的设计

本章内容提示

前面介绍了使用 Protel 99 SE 进行具体电路设计的方法，包括基本操作和高阶技巧，通过这些内容的学习读者应该已经具备良好的原理图设计的本领。但在实际设计中有时会遇到较大规模电路的设计，这时就不仅需要设计者能够实现电路功能的设计，而且还需要进行设计方法方面的考虑。

对于大规模电路的设计，往往不是单个设计者能在短期内完成的，为了适应长期设计的需要，或者为缩短周期组织多人共同设计的需要，Protel 99 SE 提供了层次原理图的设计功能。这一功能就是通过合理的规划，将整个电路系统分解为若干个相对独立的功能子模块，然后分别对每个子模块进行具体的电路设计，这样就实现了设计任务的分解，可以在不同的时间完成不同模块的设计，而相互之间既没有过多的干扰，也可以将各个模块的设计任务分配给不同的设计者同时进行设计，从而大大提高了大规模电路设计效率。

本章将对层次原理图设计的基本思想、具体的设计方法以及管理方法进行介绍。对层次原理图中涉及的自上而下和自下而上的设计方法都有详细的讨论。

学习要点

- 层次原理图设计的基本概念及其优点
- 如何绘制层次原理图
- 自上而下的设计方法
- 自下而上的设计方法
- 层次原理图的管理

7.1 层次原理图的概念

7.1.1 层次原理图的设计

层次原理图的设计是在实践的基础上提出的一种先进的电路设计方法。前面章节的内容着重于原理图的绘图操作与技巧的介绍，但当设计的电路规模比较大的时候，往往整个系统不能在一张原理图上绘出，如果规模再大一些，还会出现整个系统难以由一个人在短期内绘出的情况，这时就不能简单地进行绘图，而在绘图之前需要考虑如何管理分配电路设计内容从而使设计能够有效地进行，这就要用到层次电路图的设计。

层次电路图的设计思路是这样的：将复杂系统按照功能要求分解为若干个子模块，如果需要，子模块还可以分解为更小的基本模块，各个模块之间设计好模块接口；上层原理图只负责根据功能需要对各个模块的接口进行合适的连接，而不关心电路细节；具体的电路设计在底层模块电路图中实现，底层模块的电路设计要能够满足接口要求，这样通过组合就能够得到完整并且符合功能要求的电路设计了。从设计思路中可以清楚地看到层次电路图的优点：电路结构清晰、便于任务分配。层次电路图的设计过程如图 7-1 所示。

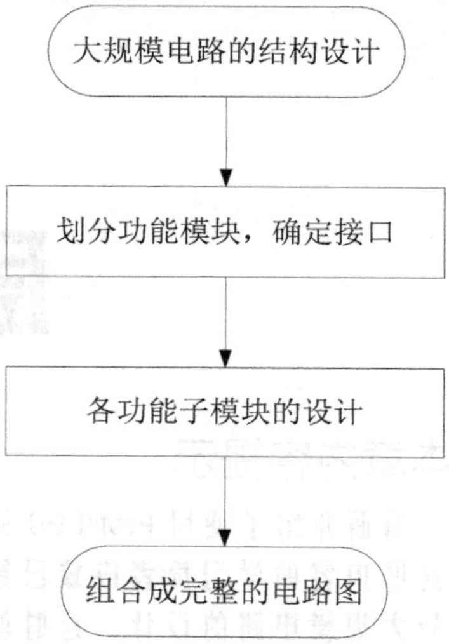

图 7-1　层次电路图的设计过程

(1) 开始设计之前，要明确电路需要实现的功能以及总体要求，规划好电路的整体框架。

(2) 根据功能要求将电路分解为多个可单独实现的子模块，规定好个模块之间的接口规范，实现设计任务的分解。

(3) 对各个子模块进行独立设计，设计结果要保证接口要求。

(4) 将各个子模块的设计整合为完整的电路，这时要充分考虑电路整体的要求并对各子模块进行必要的修改。

7.1.2 层次原理图的优点

从前面介绍的层次电路图设计的基本思路中，能够很清楚地看到采用层次原理图设计方法的一些优点。

(1) 电路结构清晰。通过对大规模电路的分解，形成了以某一功能为核心的子模块的概念，而整体电路由各功能模块连接而成，能够很容易地理解电路工作的原理，从而对设计思路有很好的把握，不易产生混乱。

(2) 便于对项目的管理。由于整个项目已经按功能分解为小的子模块，各模块之间层次分明，结构清晰，接口规范要求明确，一旦某一部分出现问题，能够根据问题影响的性能要求很快找到出现问题的具体电路，便于对错误的查找和更正。同时也利于对产品进行改进，由于各模块电路相对独立，对于一个模块只要保证满足接口要求，完全可以采用更有效、更合适的电路来替代原来的电路，这样不需要改动其他模块电路，仅需要对某些子模块进行改进，就能实现对电路整体进行改善。

(3) 利于分工合作。对于大型项目，将电路分解为功能子模块后，各个子模块完全可以由不同的人同时进行设计，只要保证接口的设计符合要求，最后就可以得到正确的完整的电路设计。

(4) 能够提高效率，缩短项目设计时间。首先通过分工合作，整个项目的各个部分可以同时进行设计，这样就能够大大节省设计时间。另外，根据功能要求，还可以将模块电路设计成通用电路，这样项目的其他部分若需要相同的电路，只需要将该模块整合到相应的位置即可，从而节省了重复绘制电路的时间，这样也就提高了设计效率。

7.2 绘制层次原理图

前面提到了在层次电路图设计方法中要涉及模块、接口等概念，在 Protel 99 SE 中这些概念是通过方块图、方块图接口以及 I/O 端口等来实现的，如图 7-2 所示。下面就对其在原理图中的具体绘制方法进行介绍。

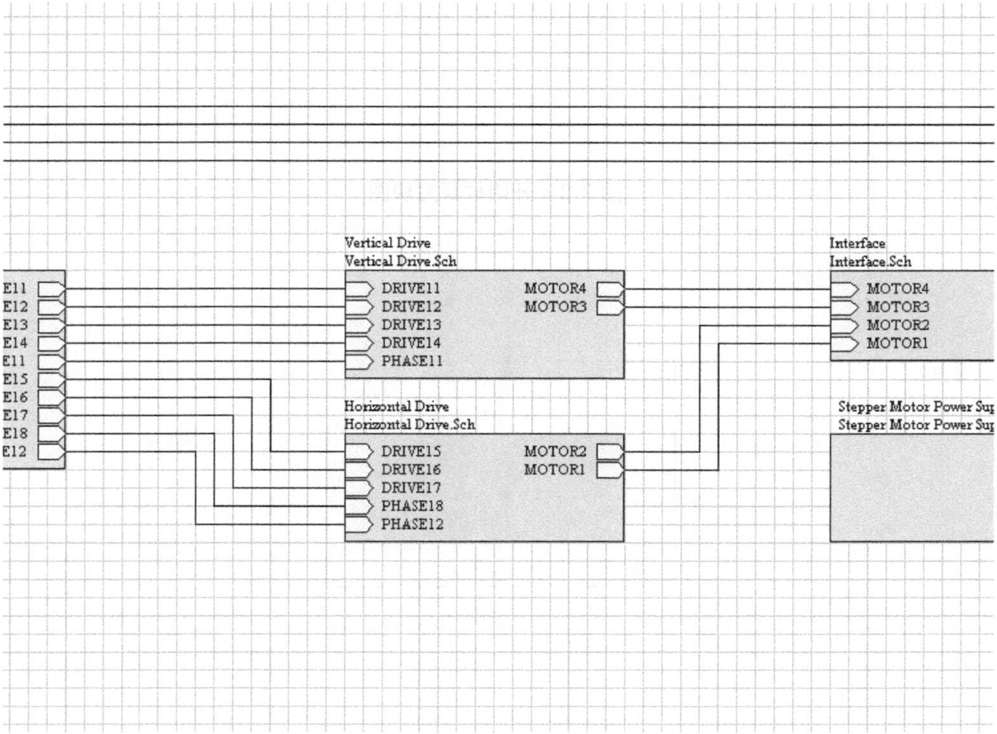

图 7-2　层次原理图

7.2.1 绘制方块图

在层次电路图中需要有上层电路，用以确定各个模块的连接关系，构建系统框架。在这里，功能子模块是用方块图来表示的。

在布线工具栏上有一个按钮，对应于 Place | Sheet Symbol 菜单命令，即是用来绘制方块图的。具体操作步骤如下。

(1) 单击按钮，进入放置方块图状态，如图 7-3 所示。可以看到光标变为十字形，并带有一个尚未确定的方块，这是默认形状或是上次绘制的方块图的形状。

(2) 通过单击确定方块图的左上角点，如图 7-4 所示。

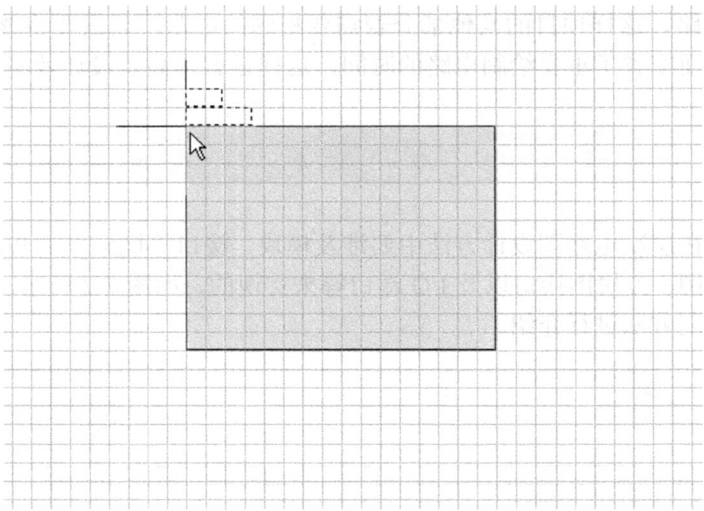

图 7-3　开始放置方块图

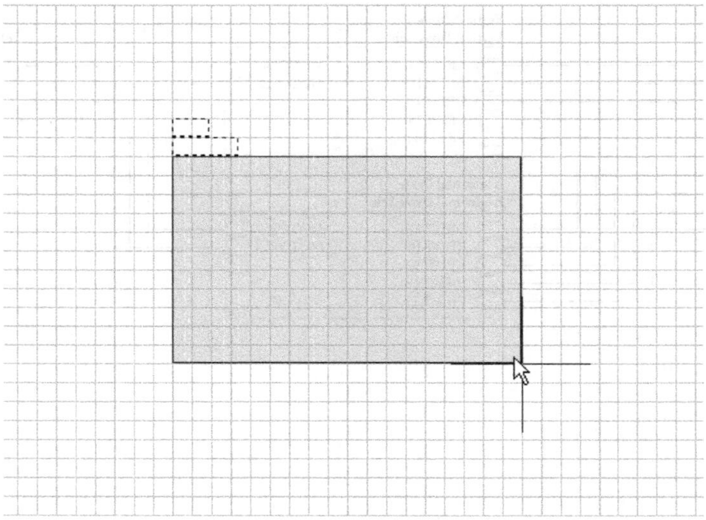

图 7-4　确定左上角点

(3) 此时光标会跳至默认形状的右下角点位置，移动光标到合适位置，通过单击确定右下角点，如图 7-5 所示。

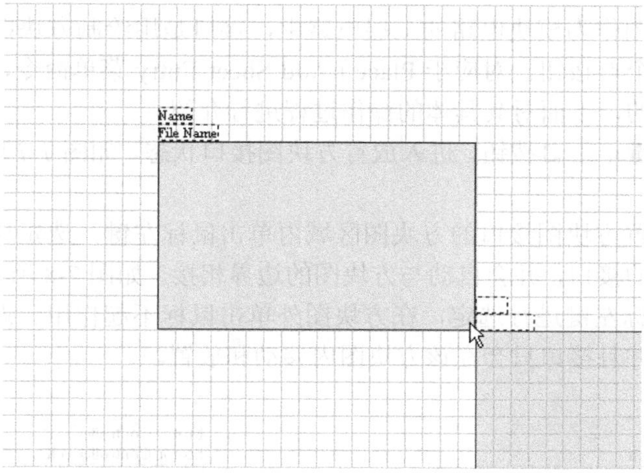

图 7-5　确定右下角点

(4) 此时仍处在放置方块图的状态，重复上述操作可以绘制下一个方块图，右击或按 Esc 键退出放置状态，完成方块图的绘制。

在放置方块图的过程中，按 Tab 键或在放置完双击方块图，可以打开如图 7-6 所示的 Sheet Symbol 对话框。其中各选项含义如下。

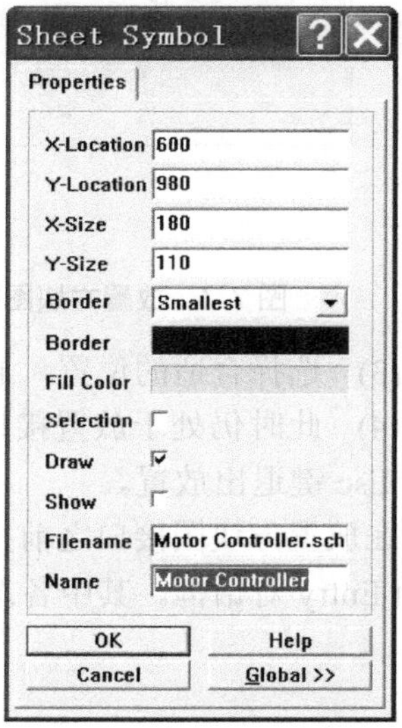

图 7-6　方块图属性设置对话框

- **X-Location：** 参考点(左上角)的 X 轴坐标值。
- **Y-Location：** 参考点(左上角)的 Y 轴坐标值。
- **X-Size：** 方块图 X 轴方向的长度。
- **Y-Size：** 方块图 Y 轴方向的长度。
- **Border Size：** 选择边线的宽度，有 Smallest、Small、Medium 和 Large 共 4 个选项可选。
- **Border Color：** 设置边线的颜色，用鼠标左键单击颜色条，可以打开颜色设置对话框进行颜色选择。
- **Fill Color：** 设置填充颜色，修改方法与边线颜色相同。
- **Selection：** 设置是否被选取。
- **Draw Solid：** 选择方块区域是否填充颜色。
- **Show Hidden：** 选择是否显示被隐藏的内容。
- **Filename：** 设置模块电路图的文件名，即具体实现该模块的电路原理图的文件名。
- **Name：** 设置该方块图的名称，一般以其功能命名，通常取与模块电路图的文件名相同。

7.2.2 方块图接口

在由方块电路图作为模块电路的上层电路中，接口是用绘制方块图接口来实现的。在布线工具栏上有一个按钮，对应于 Place | Add Sheet Entry 菜单命令，即是用来在方块图上放置方块图接口的，下面对其具体的操作过程进行介绍。

(1) 用鼠标左键单击按钮，进入放置方块图接口状态，如图 7-7 所示，此时光标变为十字形。

(2) 在需要放置方块图接口的方块图区域内单击鼠标左键，选定该方块图，此时光标会带有一个未确定的接口，并会自动与方块图的边界相接，如图 7-8 所示。注意，需要在方块图区域内单击鼠标左键进行选定，在方块图外单击鼠标不起作用。选定方块图之后才可以开始放置接口，并且接口只会在该方块图内移动和放置。

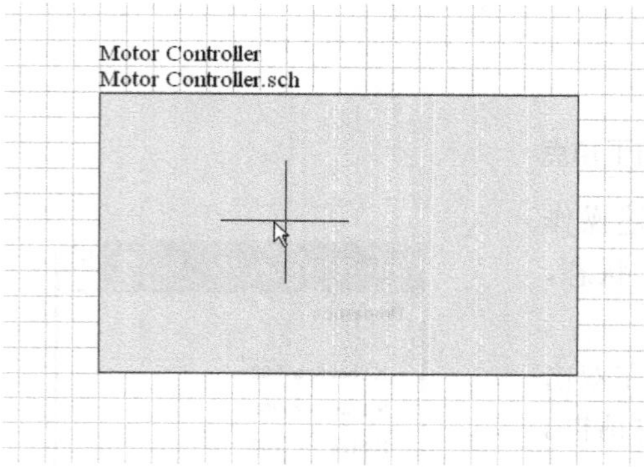

图 7-7 放置方块图接口

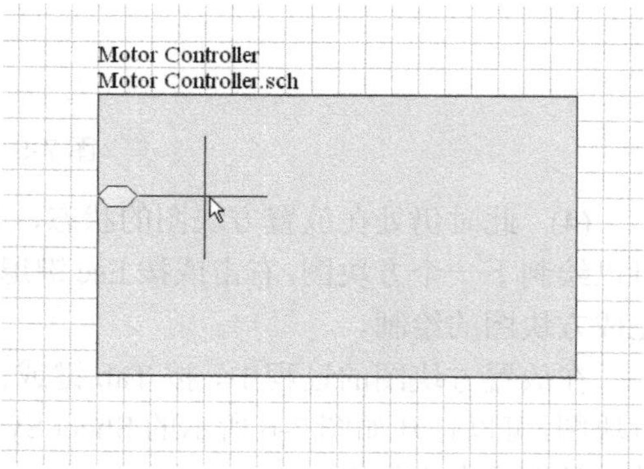

图 7-8 选定需要放置接口的方块图

(3) 选择合适的位置，通过单击鼠标左键放置方块图接口，如图 7-9 所示。

(4) 此时仍处于放置接口状态，可以通过单击继续在该方块图内放置接口，通过右击或按 Esc 键退出放置。

在放置方块图接口之前按 Tab 键，或者放置后双击该接口，可以打开如图 7-10 所示的 Sheet Entry 对话框。其中各选项含义如下。

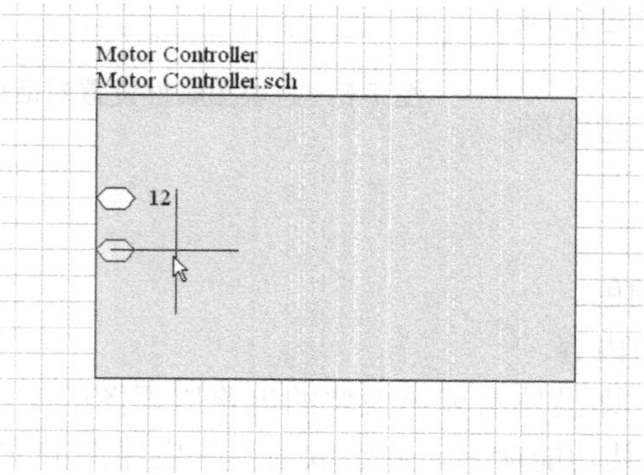

图 7-9 放置方块图接口

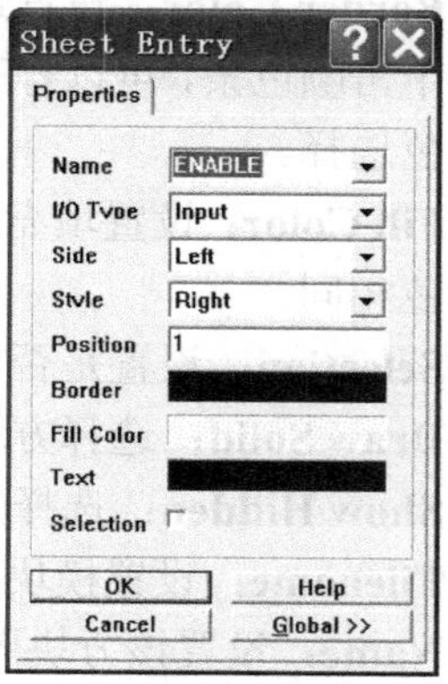

图 7-10 方块图接口属性设置对话框

- **Name**：设置方块图接口名称，这一名称用来标识该接口，对应接口名称与其相同。
- **I/O Type**：选择该方块图接口的输入输出类型，有 4 种类型可选，分别是 Unspecified(未指定)、Output(输出)、Input(输入)和 Bidirectional(双向)，如图 7-11 所示。
- **Side**：选择方块图接口所在的位置，有 4 种位置可选，分别是 Left(左侧)、Right(右侧)、Top(顶部)和 Bottom(底部)，如图 7-12 所示。
- **Style**：选择方块图接口的显示风格，有 4 种类型可选，分别为：None(无箭头)、Left(箭头向左)、Right(箭头向右)和 Left & Right(双向箭头)，如图 7-13 所示。

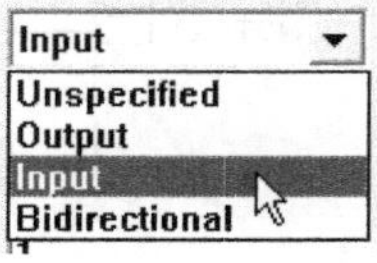

图 7-11　选择接口的 I/O 类型

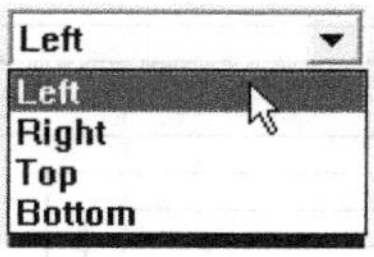

图 7-12　选择接口位置

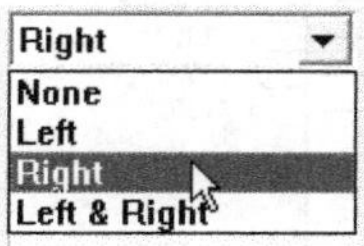

图 7-13　选择接口显示风格

- **Position**：设置接口的位置，可通过鼠标拖动调整。
- **Border Color**：设置边线颜色。
- **Fill Color**：设置填充颜色。
- **Text Color**：设置文本颜色。
- **Selection**：设置是否被选取。

绘制好方块图接口的电路如图 7-14 所示。

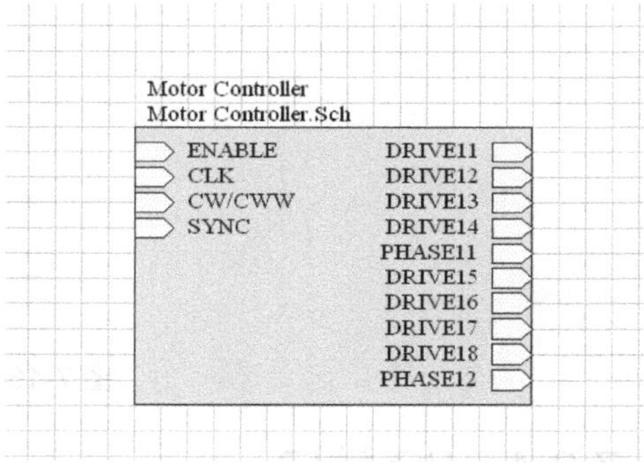

图 7-14　绘制好方块图接口的电路

7.2.3　连线

在绘制好各个模块的方块图及其接口后，就可以将对应接口按照功能要求进行连接来组成整体框架了。连线过程与原理图中的连线方式相同，对于方块图接口，其在方块图边线的一端具有电气节点特性，能够进行电气捕捉，如图 7-15 所示。

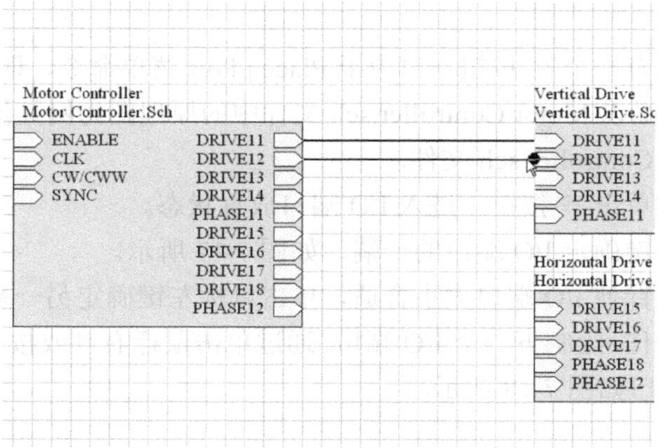

图 7-15　模块之间进行连线

完成连线后的电路如图 7-16 所示。

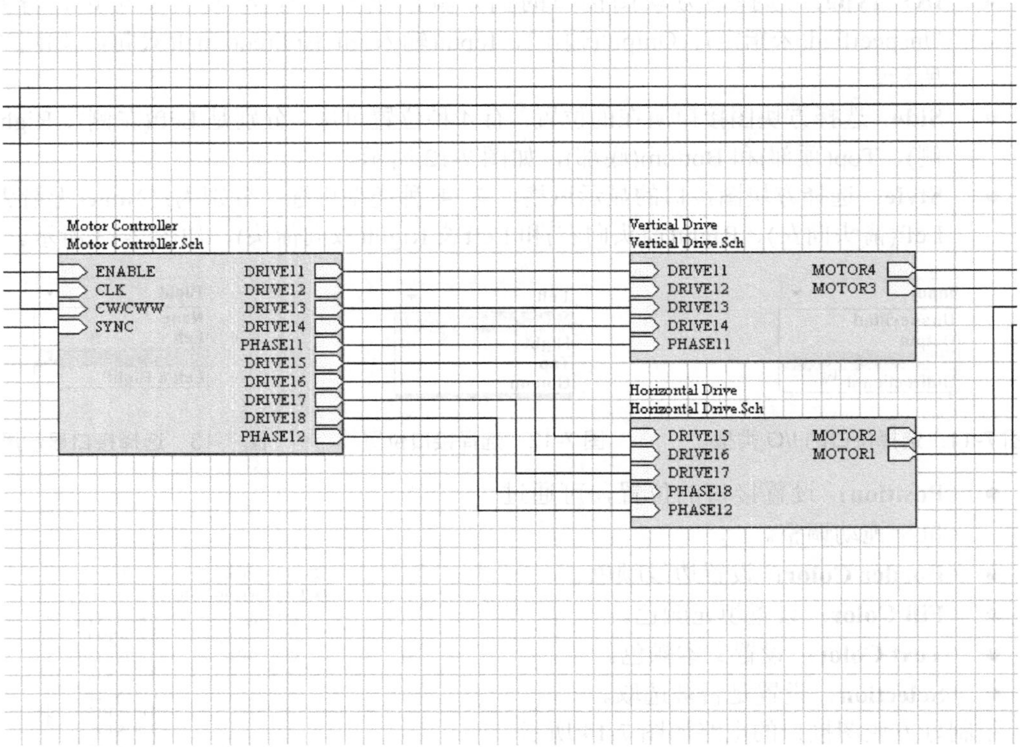

图 7-16　完成连线后的电路图

7.2.4　I/O 端口

前面介绍了上层电路有关模块及其接口的设计。在层次原理图中，上下层之间是通过对应接口相连的，上层电路中使用的是方块图接口，而在下层电路图中就要用到 I/O 端口了。在使用中需要注意的是，相对应的接口的名称要相同，这样上下层的电路之间才能实现电气上的连接。

在布线工具栏上有一个按钮，对应于 Place | Port 菜单命令，即是用来在下层原理图中放置 I/O 端口。下面以 Motor Controller.sch 文件中的原理图为例具体介绍其操作步骤。

(1)　打开 Motor Controller.sch 文件。

(2)　用鼠标左键单击按钮，进入 I/O 端口放置状态。

(3)　单击鼠标左键确定 I/O 端口的一端，如图 7-17 所示。

(4)　移动鼠标指针使 I/O 端口大小合适，单击鼠标左键确定另一端。

(5)　重复上述操作，绘制下一个 I/O 端口，通过单击鼠标右键或按 Esc 键退出绘制状态。绘制好的 I/O 端口如图 7-18 所示。

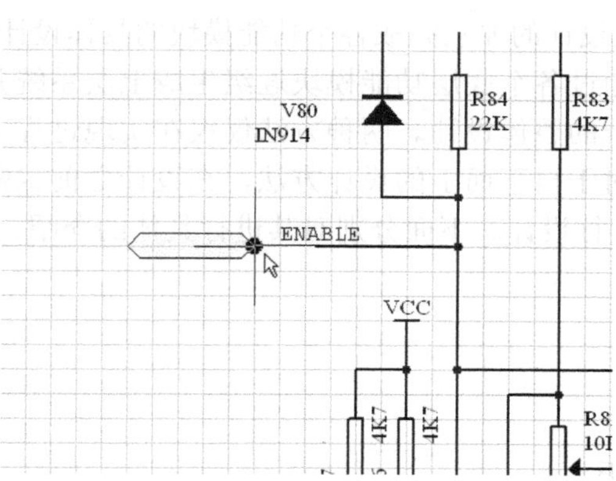

图 7-17　放置 I/O 端口

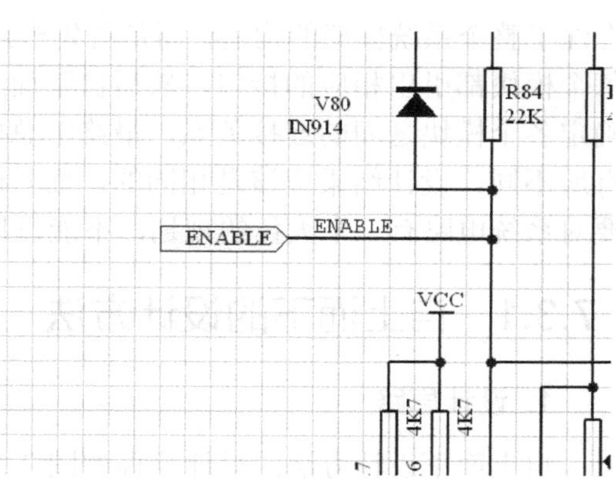

图 7-18　绘制完成的 I/O 端口

在放置过程中按 Tab 键或放置后双击该 I/O 端口，可以打开如图 7-19 所示的 Port 对话框。其各选项含义如下。

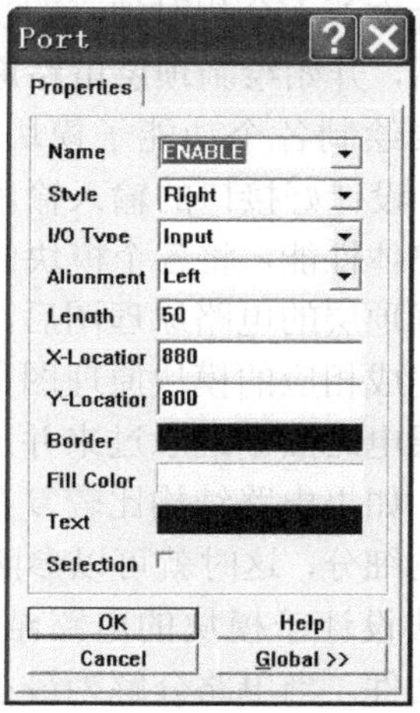

图 7-19　I/O 端口属性对话框

- **Name**：指定 I/O 端口的名称。
- **Style**：指定 I/O 端口的类型，通过下拉列表选择。有水平(Horizontal)和竖直(Vertical)两大类。
- **I/O Type**：指定端口的 I/O 类型，下拉列表中有 Unspecified(无指定)、Output(输出)、Input(输入)和 Bidirectional(双向)4 种选项可选。
- **Alignment**：指定端口名称文字的对齐方式，对水平放置的端口有 Center(居中)、Left(左对齐)和 Right(右对齐)3 种方式可选，对竖直放置的端口则有 Center(居中)、Top(顶部对齐)和 Bottom(底部对齐)3 种方式。
- **Length**：指定端口符号的长度。
- **X-Location**：指定连接点的 X 轴位置坐标。
- **Y-Location**：指定连接点的 Y 轴位置坐标。
- Border Color：指定端口符号的边线颜色。
- **Fill Color**：指定端口符号的填充颜色。
- **Text Color**：指定端口名称文本的显示颜色。
- Selection：选择是否选中。

7.3　层次原理图的设计方法

层次原理图有两种设计方法，即自上而下的设计方法与自下而上的设计方法。顾名思义，自上而下的设计方法就是要先绘制顶层原理图，首先确定整个系统由哪些模块组成，各个模块的功能是怎样的，并尽可能地确定接口规范，然后从最顶层的原理图开始，从上往下逐级进行模块设计，最后完成电路设计；而自下而上的设计方法与其相反，开始并不专注于整个系统框架的构建，而是首先根据功能设计的要求完成各个功能模块的具体设计，每个模块都引出相应的接口，然后自下而上地通过各个底层功能模块逐级生成上层系统并确定各个模块之间的连接关系，最终汇总成系统的整体设计。两种方法仅仅在实现过程上有所不同，设计结果应该是相同的，而且即使对于自下而上的设计方法，在设计之前也需要对系统电路有一个大体的规划，不能盲目地进行设计。下面分别对其进行具体的介绍。

7.3.1 自上而下的设计方法

1. 设计思路

自上而下设计方法的设计流程如图 7-20 所示。

对于自上而下的设计方法，一般首先需要规划系统电路的整体结构，根据电路的功能要求将电路划分为若干个相对独立的功能模块。规划好电路设计后，开始绘制顶层电路原理图，在顶层原理图中需要绘制各个功能子模块的方块图，并放置好接口，设计好接口的输入输出等特性。然后根据电路的整体性能，将各个模块的对应接口进行连线。绘制好顶层的电路原理图后，可以分别对每个功能模块生成相应的模块原理图文件，这时接口会自动从顶层电路图中继承过来并形成 I/O 端口。

如果电路结构比较复杂，每个模块还需要进一步的细分，这时就可以参照顶层电路原理图的绘制方法设计子模块的电路结构并生成下一级的原理图文件。当电路分解为最小的功能模块之后，就可以开始分别对每个最小模块进行具体的电路设计了，设计中需注意保证输入输出接口要符合设计规范，这样才能使电路组合起来之后仍能正确地产生相应的功能。各个最小模块的电路都设计完成后，整个系统的电路也就形成了，这时还需要对这个电路进行检查，确定各个模块之间的连接关系的正确性，同时根据设计结果对接口等部分进行必要的修正。

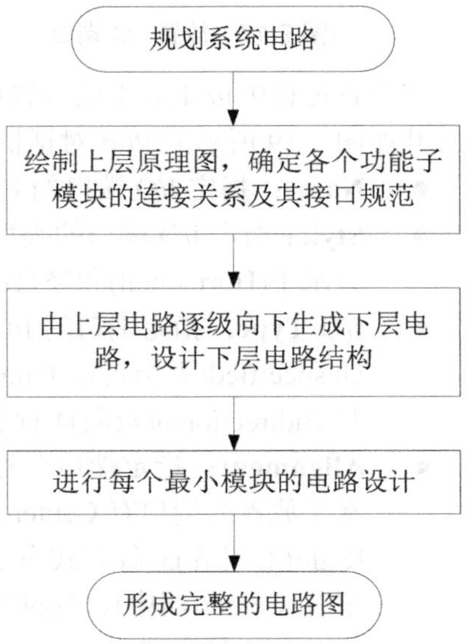

图 7-20 自上而下的设计流程

2. 绘制顶层电路原理图

顶层电路在自上而下的设计方法中起到提纲挈领的作用，其确定了系统电路的整体结构并明确了各个功能模块之间的连接关系。下面以 Protel 99 SE 提供的设计范例 Photoplotter 中的 Step Motor Driver 为例进行介绍。

首先规划系统电路，将电路按照功能划分模块，如图 7-21 所示，首先控制电路需要一个控制模块(Motor Controller)，然后分别需要控制水平和竖直两个方向上的电机运动，将每个方向上的驱动电路划分成一个模块(Horizontal Drive 与 Vertical Drive)，然后电机控制整体需要和外界有一个交互的接口(Interface)，此外电路需要有一个供电模块(Power Supply)。

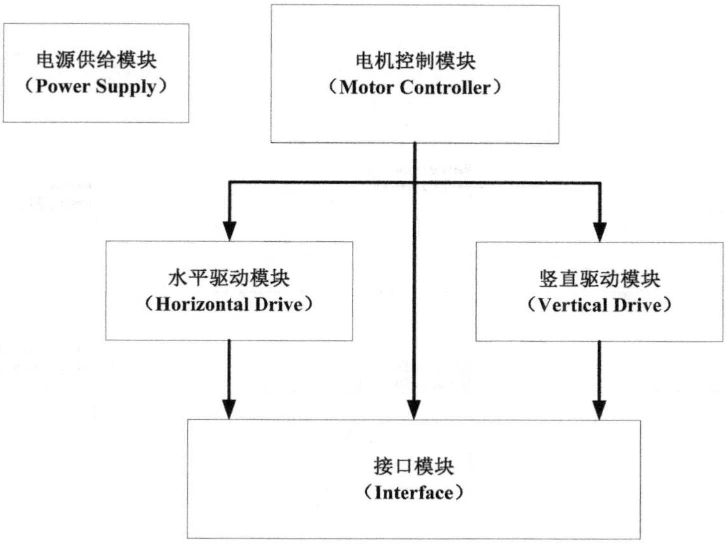

图 7-21　系统的功能划分

规划好电路的结构，就可以进行顶层电路原理图的绘制了。具体步骤如下。

(1)　新建一个原理图文件，命名为 Stepper Motor Driver.prj，将其扩展名设置为.prj，表示这是一个项目文档。

(2)　打开新建的文件，放置 Motor Controller 方块图，打开其属性对话框，修改其属性，效果如图 7-22 所示。

- **File Name：** Motor Controller.sch。
- **Name：** Motor Controller。

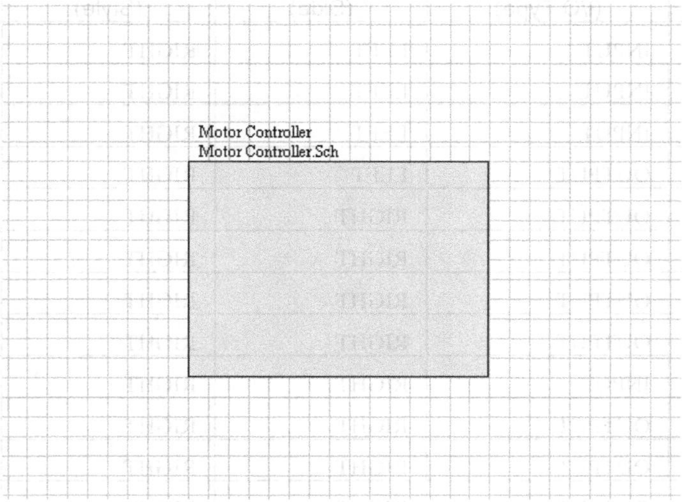

图 7-22　绘制 Motor Controller 方块图

(3)　按照电路规划逐个放置其他模块的方块图，对其相互之间的位置关系进行调整，并将其属性修改为相应的值，效果如图 7-23 所示。

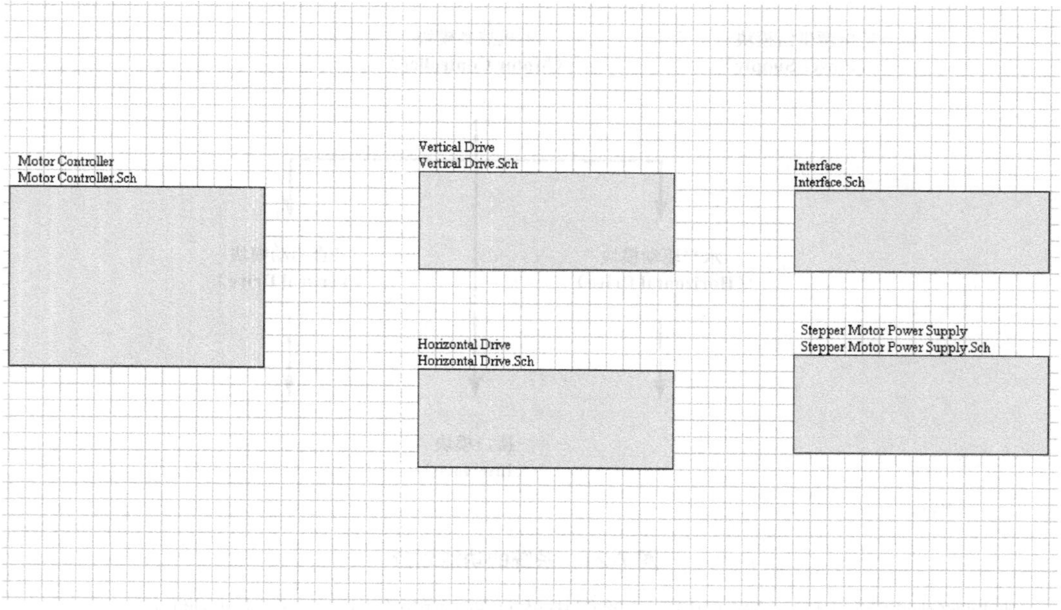

图 7-23　放置好各个模块的方块图

(4)　设计 Motor Controller 模块的接口并放置到方块图中，双击接口，逐个对其属性进行修改，属性设置参照表 7-1。

表 7-1　Motor Controller 模块的接口设置

接口名称 (Name)	输入输出类型 (I/O Type)	接口方向 (Side)	接口形式 (Style)	位　置 (Position)
ENABLE	INPUT	LEFT	RIGHT	1
CLK	INPUT	LEFT	RIGHT	2
CW/CWW	INPUT	LEFT	RIGHT	3
SYNC	OUTPUT	LEFT	RIGHT	4
DRIVE11	OUTPUT	RIGHT	RIGHT	1
DRIVE12	OUTPUT	RIGHT	RIGHT	2
DRIVE13	OUTPUT	RIGHT	RIGHT	3
DRIVE14	OUTPUT	RIGHT	RIGHT	4
PHASE11	INPUT	RIGHT	RIGHT	5
DRIVE15	OUTPUT	RIGHT	RIGHT	6
DRIVE16	OUTPUT	RIGHT	RIGHT	7
DRIVE17	OUTPUT	RIGHT	RIGHT	8
DRIVE18	OUTPUT	RIGHT	RIGHT	9
PHASE12	INPUT	RIGHT	RIGHT	10

绘制好的 Motor Controller 模块如图 7-24 所示。

(5) 设计 Vertical Drive 模块的接口并放置到方块图中，双击接口，逐个对其属性进行修改，属性设置参照表 7-2。

表 7-2 Vertical Drive 模块的接口设置

接口名称 (Name)	输入输出类型 (I/O Type)	接口方向 (Side)	接口形式 (Style)	位 置 (Position)
DRIVE11	INPUT	LEFT	RIGHT	1
DRIVE12	INPUT	LEFT	RIGHT	2
DRIVE13	INPUT	LEFT	RIGHT	3
DRIVE14	INPUT	LEFT	RIGHT	4
PHASE11	INPUT	LEFT	RIGHT	5
MOTOR4	OUTPUT	RIGHT	RIGHT	1
MOTOR3	OUTPUT	RIGHT	RIGHT	2

绘制好的 Vertical Drive 模块如图 7-25 所示。

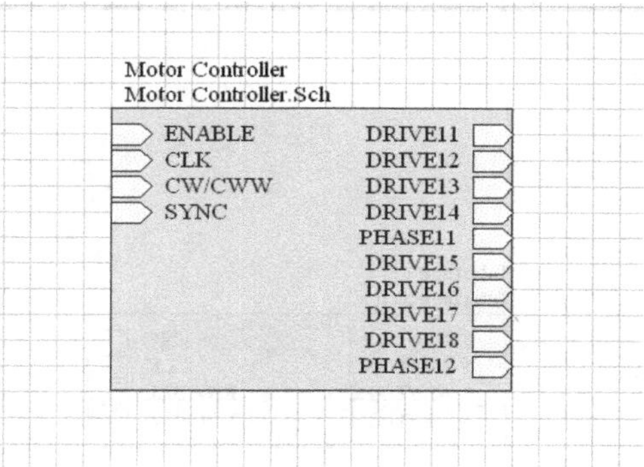

图 7-24 Motor Controller 模块

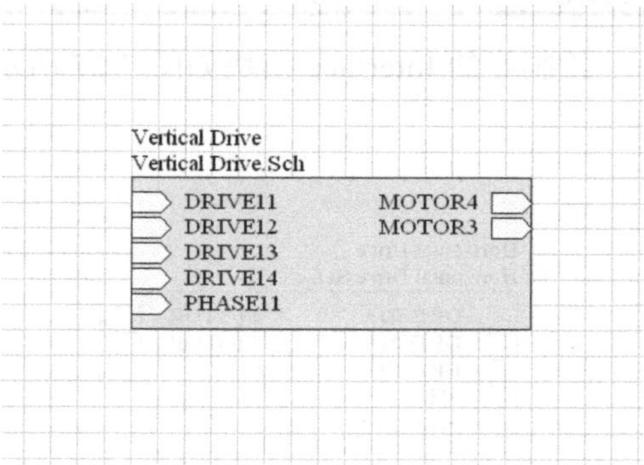

图 7-25 Vertical Drive 模块

(6) 设计 Horizontal Drive 模块的接口并放置到方块图中，双击接口，逐个对其属性进行修改，属性设置参照表 7-3。

表 7-3 Horizontal Drive 模块的接口设置

接口名称 (Name)	输入输出类型 (I/O Type)	接口方向 (Side)	接口形式 (Style)	位 置 (Position)
DRIVE15	INPUT	LEFT	RIGHT	1
DRIVE16	INPUT	LEFT	RIGHT	2
DRIVE17	INPUT	LEFT	RIGHT	3
DRIVE18	INPUT	LEFT	RIGHT	4
PHASE12	INPUT	LEFT	RIGHT	5
MOTOR2	OUTPUT	RIGHT	RIGHT	1
MOTOR1	OUTPUT	RIGHT	RIGHT	2

绘制好的 Horizontal Drive 模块如图 7-26 所示。

(7) 设计 Interface 模块的接口并放置到方块图中，双击接口，逐个对其属性进行修改，属性设置参照表 7-4。

表 7-4　Interface 模块的接口设置

接口名称 (Name)	输入输出类型 (I/O Type)	接口方向 (Side)	接口形式 (Style)	位　置 (Position)
MOTOR4	INPUT	LEFT	RIGHT	1
MOTOR3	INPUT	LEFT	RIGHT	2
MOTOR2	INPUT	LEFT	RIGHT	3
MOTOR1	INPUT	LEFT	RIGHT	4
ENABLE	OUTPUT	RIGHT	RIGHT	1
CLK	OUTPUT	RIGHT	RIGHT	2
CW/CWW	OUTPUT	RIGHT	RIGHT	3
SYNC	OUTPUT	RIGHT	RIGHT	4

绘制好的 Interface 模块如图 7-27 所示。

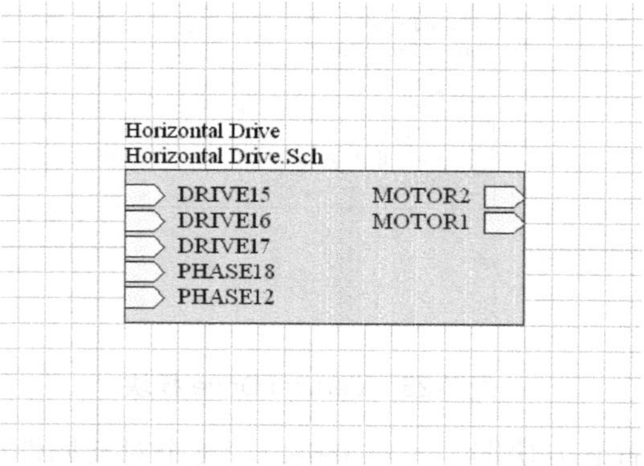

图 7-26　Horizontal Drive 模块

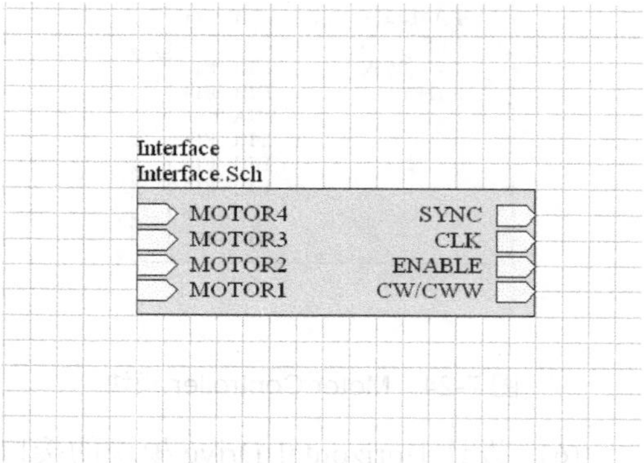

图 7-27　Interface 模块

(8) 电源模块可以不设计接口，而通过网络标号来实现供电网络的连接。

(9) 设计好接口，就可以将各个模块连接起来了。使用布线工具连接各模块相应的接口，构建电路框架，如图 7-28 所示。

至此顶层原理图就设计好了。

3. 绘制下层电路原理图

设计好顶层原理图后，就可以进行子功能模块的具体实现了。此时可以在文件夹管理界面中直接创建与方块图中名称一致的原理图文件，然后进行设计；也可以直接从顶层原理图中生成下层模块文件。下面就对其进行具体介绍。

执行 Design | Create Sheet From Symbol 菜单命令，如图 7-29 所示。

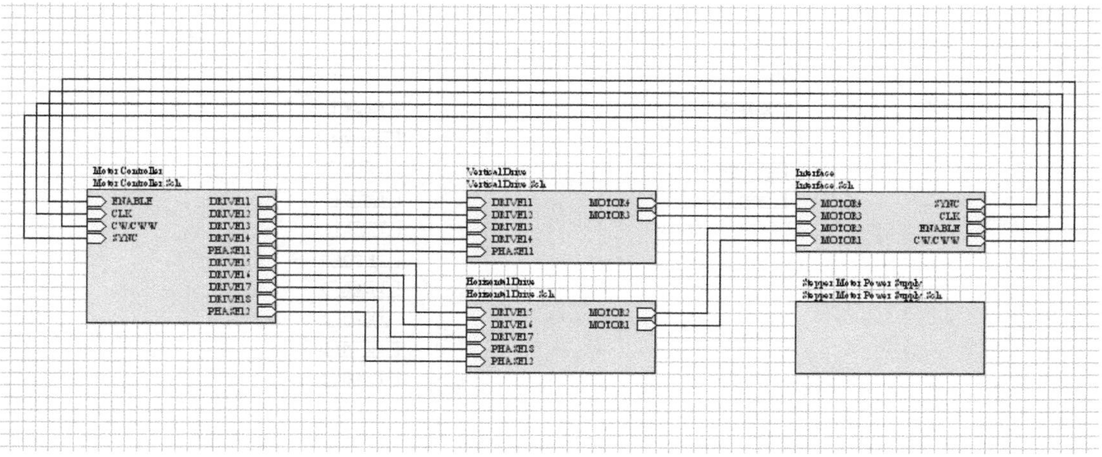

图 7-28　Stepper Motor Driver.prj 的绘制

此时光标变为十字形，在需要创建文件的模块的方块图区域单击鼠标左键，如图 7-30 所示，此时会弹出如图 7-31 所示的对话框，提示用户是否反转接口输入输出类型，用鼠标左键单击 Yes 按钮，即可生成以方块图中设置的名称为文件名的原理图文件。

在生成的原理图文件中，自动绘制了与顶层原理图的方块图中相对应 I/O 端口，如图 7-32 所示，在这里进行该模块的具体电路设计，最后将需要与其他模块进行交互的输入输出量接到这些 I/O 端口上，即可实现与其他模块对应接口的电气连接。

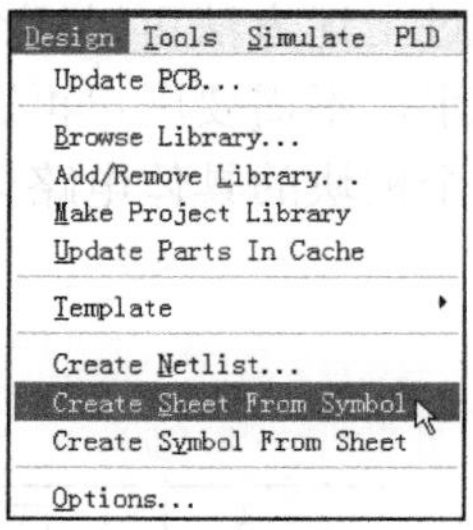

图 7-29　执行创建模块文件命令

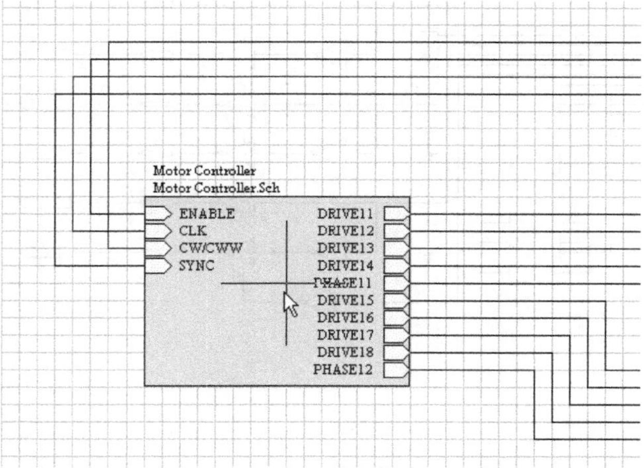

图 7-30　单击方块图区域

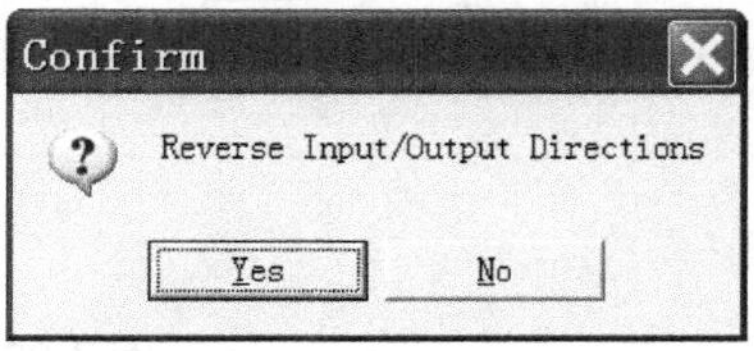

图 7-31　反转输入输出方向确认对话框

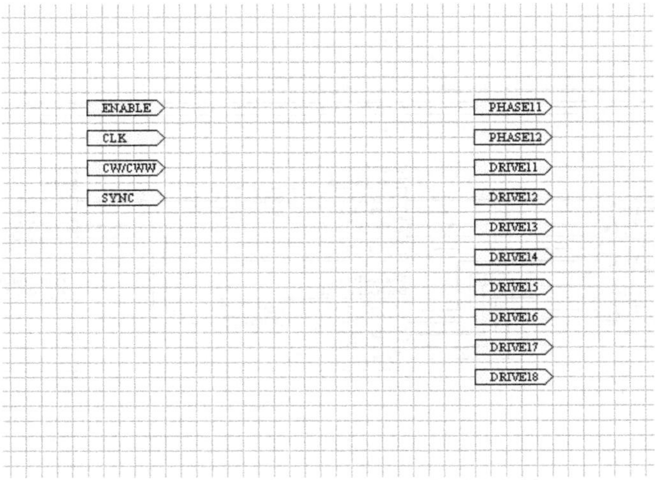

图 7-32　生成的原理图文件中的 I/O 端口

通过上述方法可以逐个生成各个功能模块的原理图文件。由于 I/O 端口已经由系统自动生成了，不需要用户再进行单独绘制，从而方便了用户的使用。

各个模块的具体电路分别如图 7-33～图 7-37 所示。

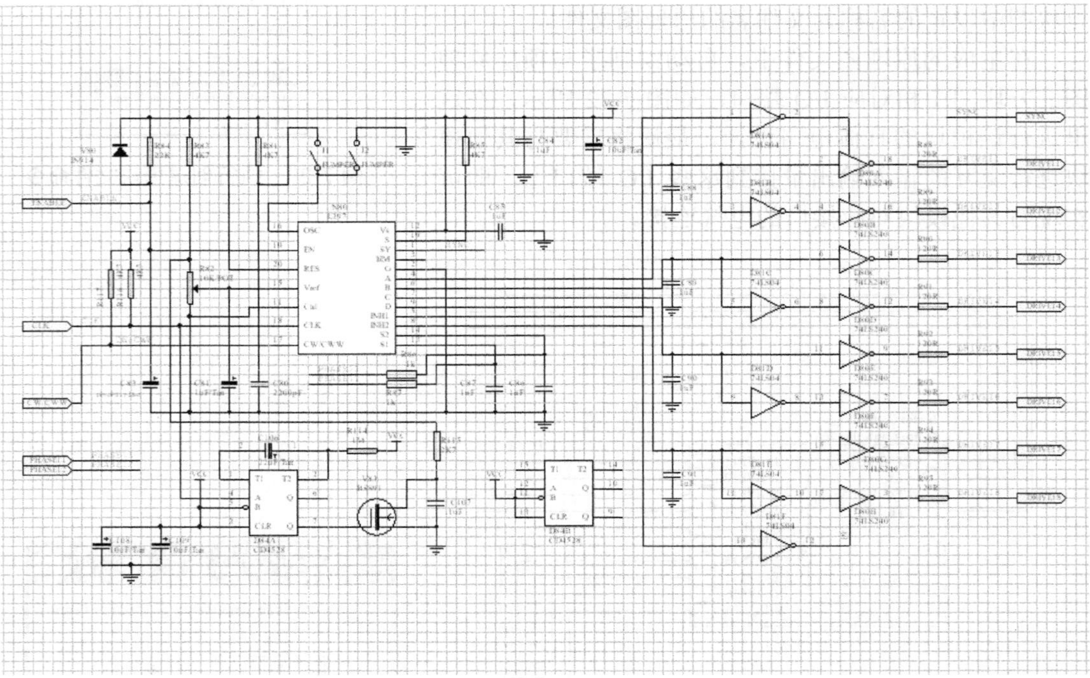

图 7-33　Motor Controller 模块电路原理图

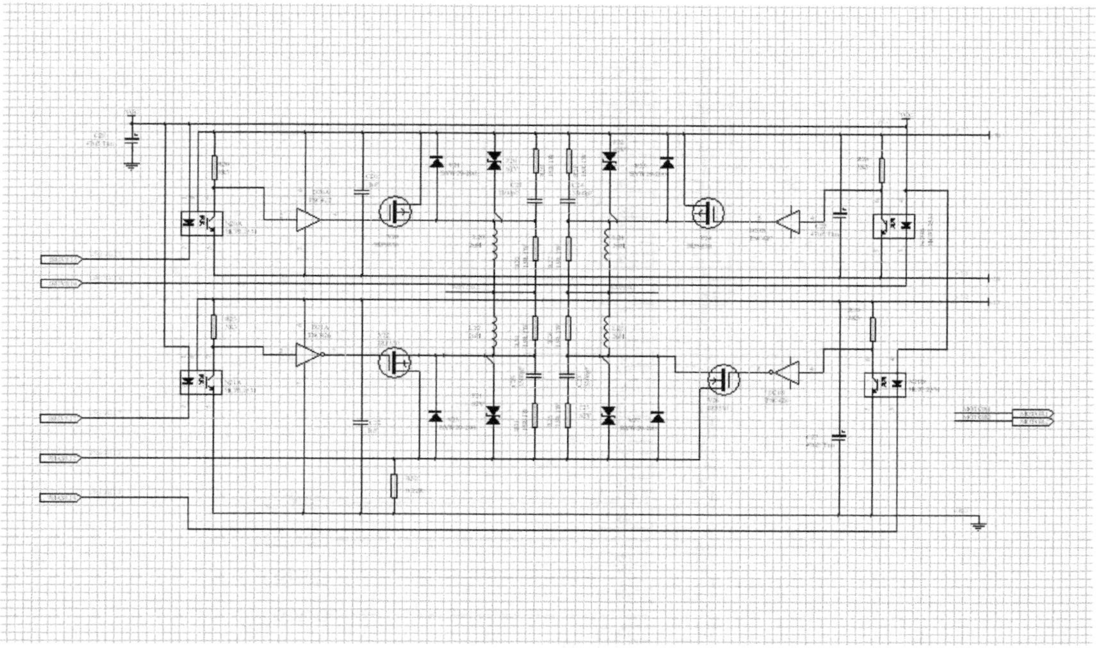

图 7-34　Horizontal Drive 模块电路原理图

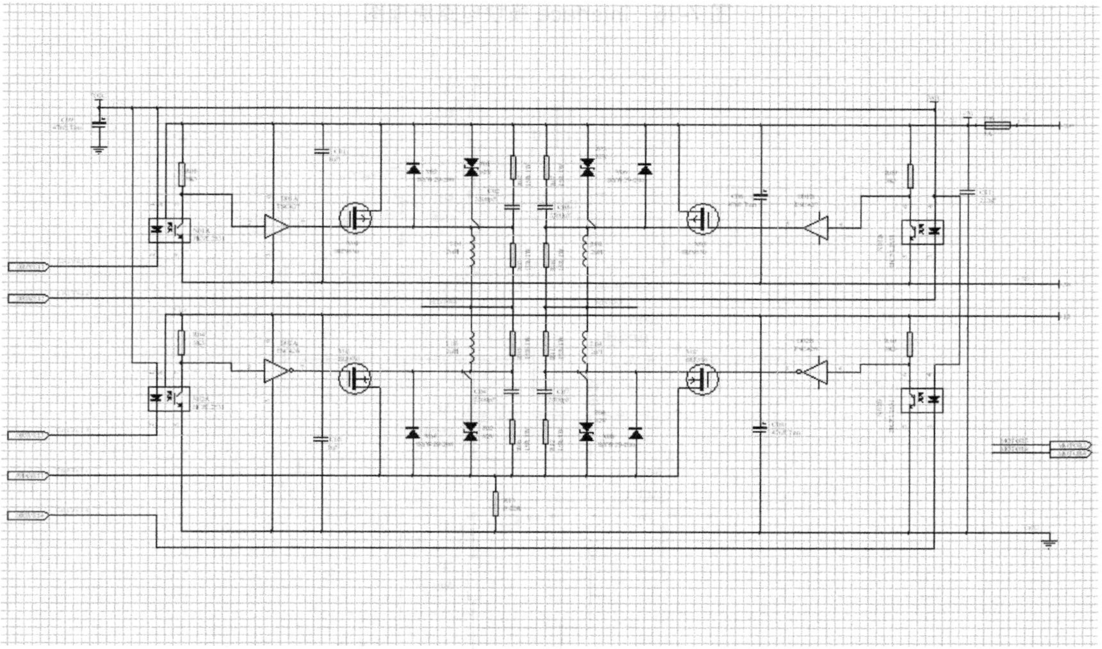

图 7-35　Vertical Drive 模块电路原理图

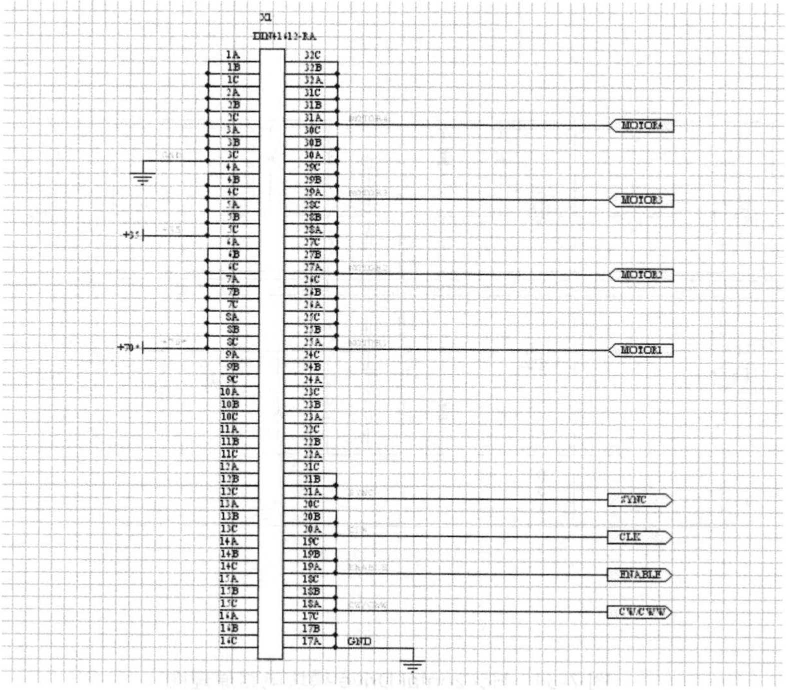

图 7-36　Interface 模块电路原理图

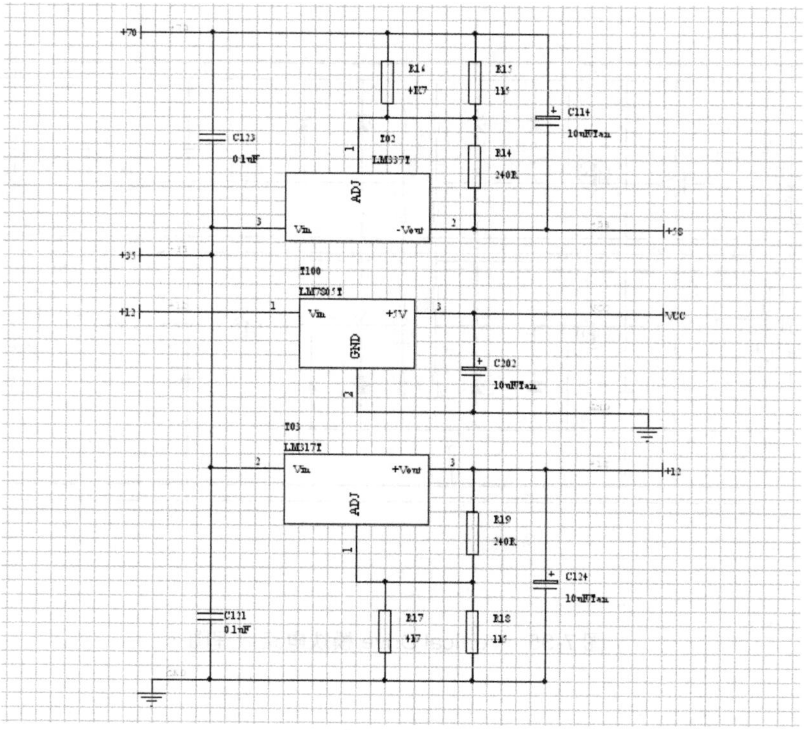

图 7-37　Power Supply 模块电路原理图

7.3.2 自下而上的设计方法

1. 设计思路

对于层次电路原理图的设计，还可以采用自下而上的设计方法。自下而上的设计方法一般也需要对整个系统的电路进行分析，明确其应该包含哪些基本功能，然后可以根据电路设计要求直接进行子模块的具体电路的实现，同时要将该功能模块所需要的输入量以及其可以提供给其他模块的输出量设计为接口引出。绘制好各个功能子模块的电路图之后，在上层电路原理图文件中生成下层电路模块的方块图并按照功能要求将模块的对应接口相连，确定各模块之间的相互关系，逐级进行上层原理图的设计，一直到绘制出最顶层电路原理图。这样就得到了整个系统的完整的电路，再对电路整体进行检查，对设计进行必要的修改。设计流程如图7-38所示。

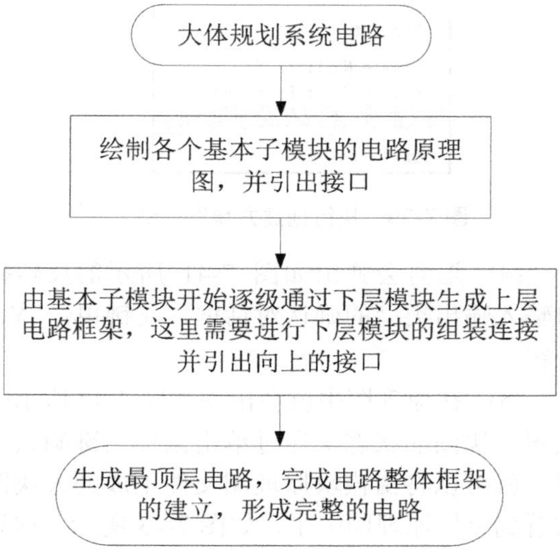

图7-38 自下而上的设计流程

在实际设计过程中，还可以在先设计好各个功能子模块的接口，然后跳过具体电路的设计而生成上层原理图，构建好整个电路的框架，最后再对每一个模块的具体实现电路进行设计。自上而下和自下而上的设计功能都只是 Protel 99 SE 为方便用户使用而提供的一种工具，具体采用什么样的方法进行设计，用户可以根据个人习惯以及实际需要灵活掌握。

2. 上层电路原理图的设计

关于底层电路原理图的具体设计方法同一般的原理图设计类似，最后只需要将接口采用I/O端口的形式引出即可，这里就不再详细叙述。下面介绍一下在自下而上的设计中绘制好模块电路后上层电路的设计方法。

仍以上一节中的 Step Motor Driver 为例，比如现在已经绘制好了各个模块的电路原理图，上层电路的设计可以采用如下步骤进行。

(1) 创建上层原理图文件，将其扩展名改为.prj，表示这是一个项目文档，这里以 Stepper Motor Driver.prj 命名。

(2) 打开该文件。

(3) 执行 Design | Create Symbol From Sheet 菜单命令，如图7-39所示。此时会弹出如图7-40所示的对话框，选择一个模块原理图文件，这里选择第一个 Motor Controller.Sch 文件，左键单击 OK 按钮。

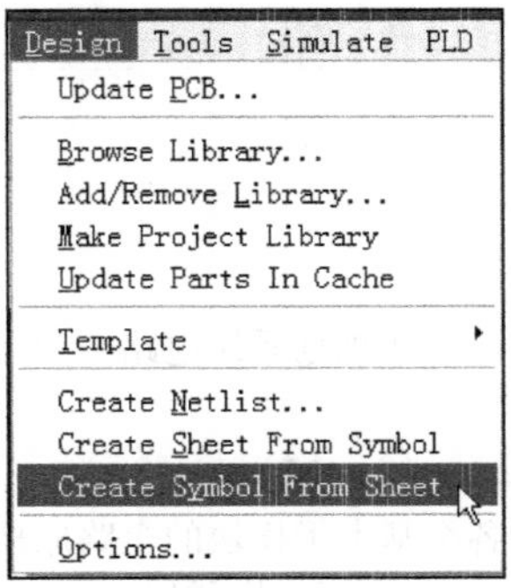

图 7-39　执行创建方块图命令

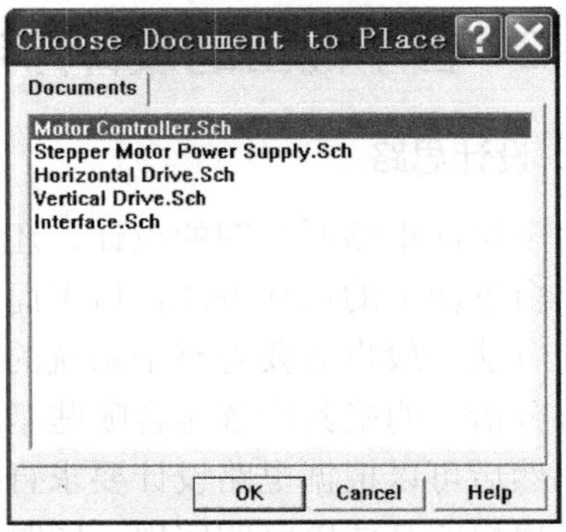

图 7-40　选择一个模块原理图文件

(4)　这时会弹出如图 7-41 所示的反转接口输入输出类型的确认对话框，左键单击 Yes 按钮。

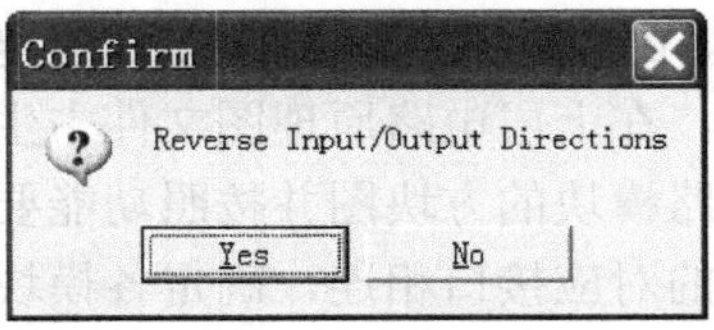

图 7-41　反转接口输入输出类型确认对话框

(5)　在原理图中就会出现如图 7-42 所示的放置方块图的状态，通过单击鼠标左键确认放置，就可以将由模块原理图文件生成的方块图放置到上层原理图中了，如图 7-43 所示。这里可以根据需要调整方块图的大小以及其中接口的位置等属性。

(6)　重复步骤(3)～(5)的操作，将所有用到的模块都生成方块图并放置到上层原理图中来，即可得到完整的原理图。

(7)　根据电路功能将各个模块的对应接口相连，即可完成整个原理图的绘制。此时需要对整体原理图进行电气规则检查，并对各部分的原理图进行必要的修改。

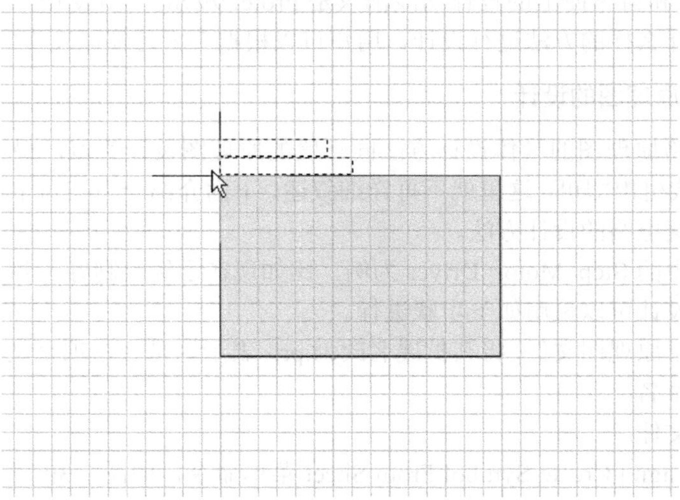

图 7-42　放置由文件生成的方块图

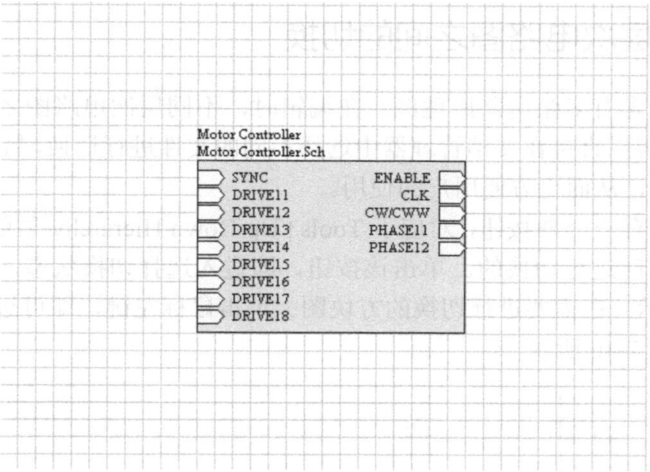

图 7-43　放置后的结果

7.4 管理层次电路图

7.4.1 层次电路图的结构

如图 7-44 所示，层次电路图在文档管理器中也是分层次显示的，最顶层原理图显示为根文件，其左边有一个“+”号，用鼠标左键单击即可查看属于该原理图的下层原理图文件，在这里可以很清楚地看到整个电路设计的结构，同时也可以进行不同电路图之间的切换。

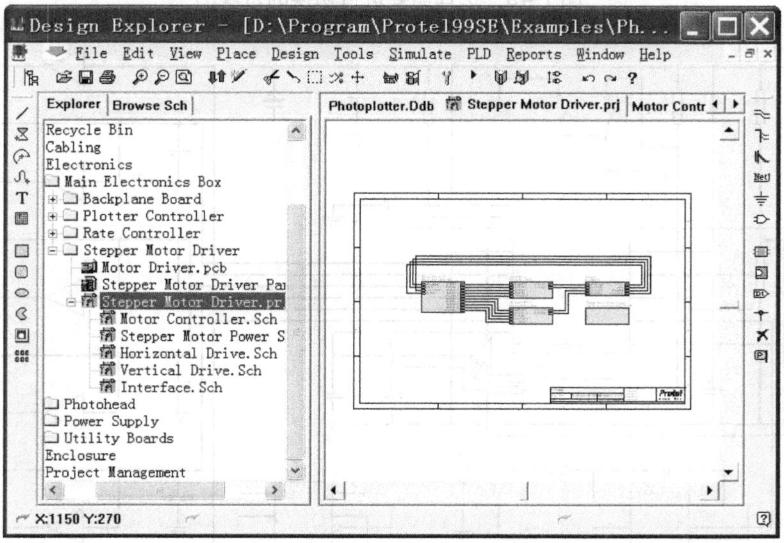

图 7-44　层次电路图的结构

7.4.2 不同层次电路图之间的切换

层次电路图中含有多张电路原理图。在编辑时，不同层次电路图之间的切换是必不可少的，一方面用户可以直接在文档管理器中选择不同的文件进行切换，另一方面 Protel 99 SE 也提供了切换功能，从而更方便用户的使用。

在主工具栏上有一个按钮，对应于 Tools | Up/Down Hierarchy 菜单命令，即是用于在不同层次电路图之间进行切换的。单击该按钮，即进入选择切换状态，此时光标变为十字形，如图 7-45 所示，在需要进行切换的方块图上单击鼠标左键，即可进入到该方块图所对应的文档中，如图 7-46 所示。

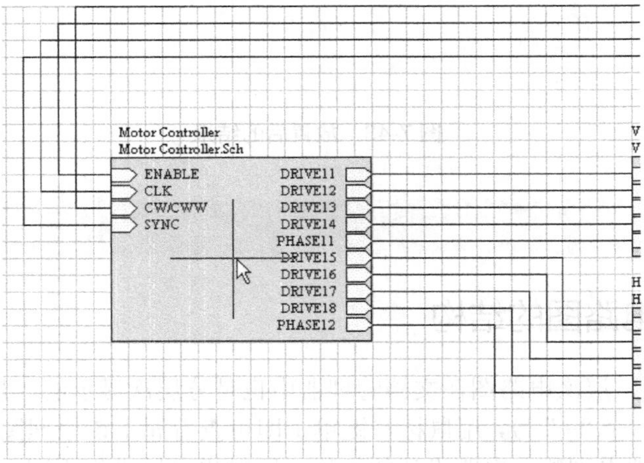

图 7-45 选择需要进行切换的方块图

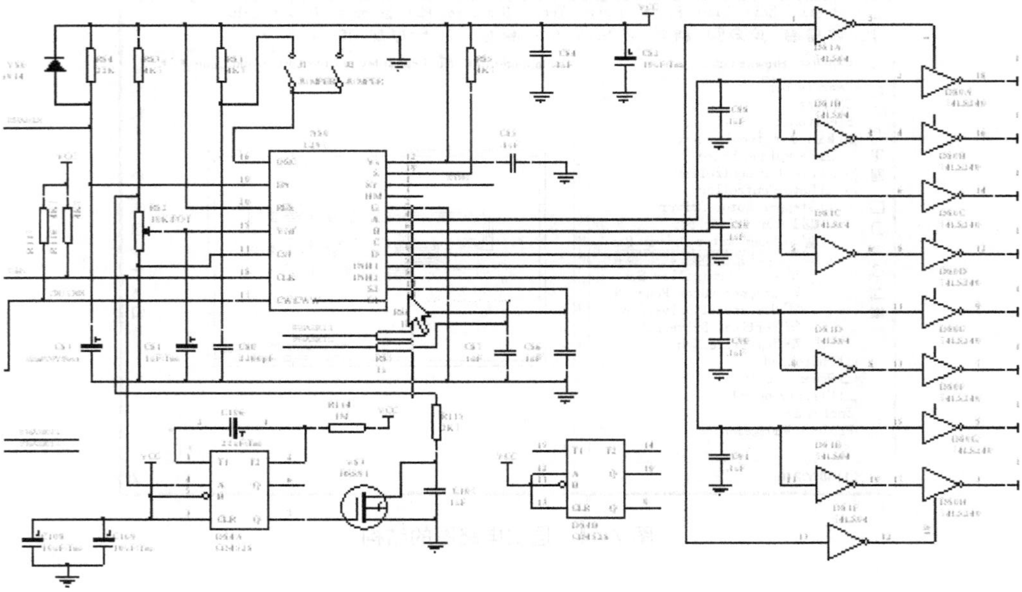

图 7-46 进入下层电路图中

若要从下层原理图中切换到上层原理图中时，需要将光标置于一个 I/O 端口上，如图 7-47 所示，然后单击鼠标左键，即可跳转到上层原理图相应的接口处，如图 7-48 所示。

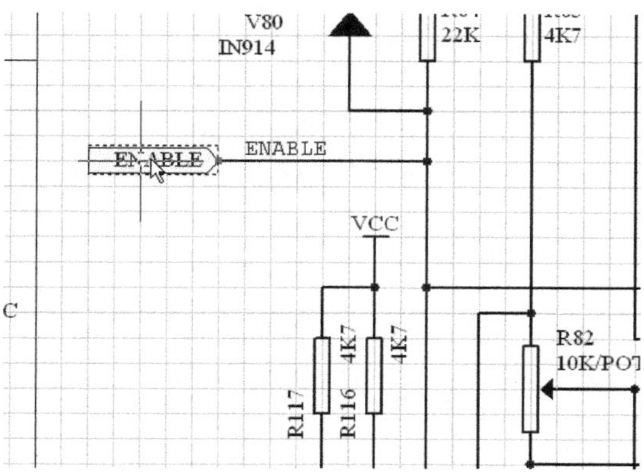

图 7-47　选择一个 I/O 端口

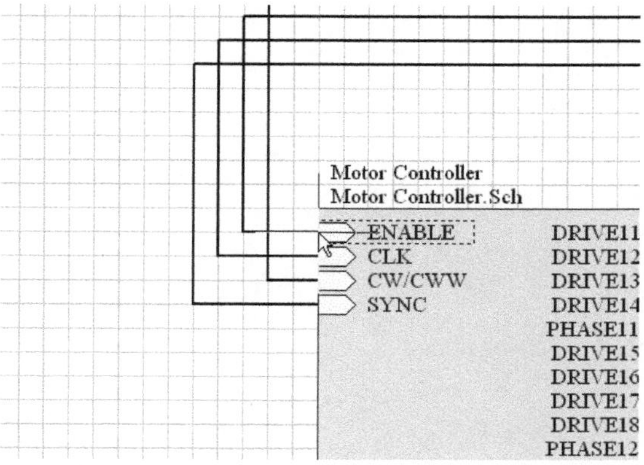

图 7-48　跳转到上层电路图相应的接口处

在上层电路图也可以单击一个方块图中的接口，这时会直接跳转到下层电路图中对应的 I/O 端口处。不同层次电路图之间的切换功能，使用户能够很方便地进行电路图的设计。

7.5　本章小结

本章对层次原理图的设计方法进行详细的介绍，包括其设计思路、具体的操作方法以及对于层次原理图的管理。通过本章的学习，读者应该可以看到在进行大规模电路时将电路分解为不同的功能模块而采用层次设计方法的优越之处。

层次原理图的设计方法充分体现了电路设计中系统规划的思想，不仅需要用户会使用 Protel 99 SE 进行电路设计，对初学者在分析系统功能、进行项目管理方面也是很好的锻炼。

第 8 章

印制电路板基础

本章内容提示

前面的章节对原理图的设计进行了详细的介绍，从本章开始将进入 PCB 设计的学习。

本章中将对印刷电路板的一些基本知识进行介绍，使读者对于 PCB 有一个大概的了解，便于对后面章节的学习。

学习要点

- **印刷电路板的结构**
- **常用的元件封装**
- **PCB 中的一些基本概念**
- **PCB 设计的一般流程**

8.1 印制电路板的结构

电路板的制作材料主要是绝缘材料、金属铜以及焊锡等。覆铜用于电路板上的走线，焊锡则一般用在过孔和焊盘的表面，用于固定元件。

根据电路板层数的多少，可以将电路板分为单面板、双面板和多层板 3 类。

1. 单面板

一块电路板实际上就已经有上下两个面了，单面板是指所有元件、走线以及文字等对象都放置在一个面上，而另一面上不放置任何对象的电路板。由于仅需对一个面进行加工，不设置过孔，因而成本低廉，但同时仅允许一个面走线也对布线产生了很大限制，因而经常会出现布线无法布通的问题，因此单面板只适用于比较简单的电路设计。

2. 双面板

双面板由顶层(Top Layer)和底层(Bottom Layer)两个层面构成，顶层一般为元件面，用于放置元件，底层一般为焊锡层面，用于焊接元件引脚以及走线。其特点是双面覆铜，因此可以两面布线，对于表贴元件还可以在底层放置元件。由于底层也用于走线等用途，因而制作工艺比单面板要复杂一些，成本也略高一些，但由于双面板在布线方面要容易得多，即使对于复杂电路也能够比较容易地布通，因而得到了广泛的应用，是一般电路板设计的主要选择。

3. 多层板

多层板即包含多个工作层面的电路板，一般指 3 层以上的电路板，除了顶层和底层外，还包含有若干中间信号层、电源层和地线层，如图 8-1 所示。由于具有更多的板层，在布线时的可选择性更大，因而多层板在布线方面较前面两种更容易布通，但进行多层布线要求设计者有一定的空间想象能力，制作成本也相当高。但随着电子技术的发展，芯片的集成度越来越高，电子产品越来越精密，电路板的设计越来越复杂，使得多层板的应用也越来越广泛起来。

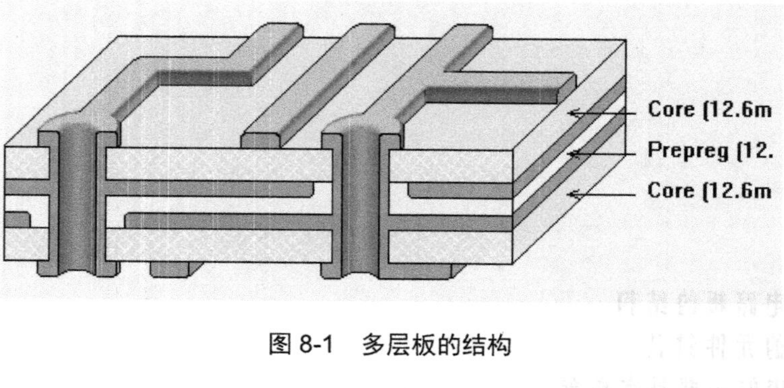

图 8-1 多层板的结构

8.2 元件封装

8.2.1 定义和分类

元件封装是指实际元件焊接到电路板时所指示的外观和焊点的位置，是纯粹的空间概念，因此不同的元件可共用同一元件封装，同种元件也可有不同的元件封装。

元件封装一般可分为两类，一类是针插式封装，这种元件体积较大，电路板必须钻孔才能安置元件，完成钻孔后，插入元件然后进行焊接，此时针脚会贯通整个板子；另外一类是表面贴片式元件(SMD)封装，这类元件通常体积较小，放置时不用钻孔，而是直接焊在板子的焊盘上，整个元件位于同一层面。

8.2.2 常用元件封装介绍

常用元件封装如表 8-1 所示。

表 8-1 常用元件封装

元　件	封　装
双列插座	IDC
电阻	AXIAL
无极性电容	RAD
电解电容	RB
电位器	VR
二极管	DIODE
三极管	TO
电源稳压块 78 和 79 系列	TO-126H 和 TO-126V
场效应管	同三极管
整流桥	D
单排多针插座	CON SIP
双列直插元件	DIP
晶振	XTAL1

一些常见的元件封装形式如图 8-2 所示。下面对一些常用的基本元件的封装进行介绍。

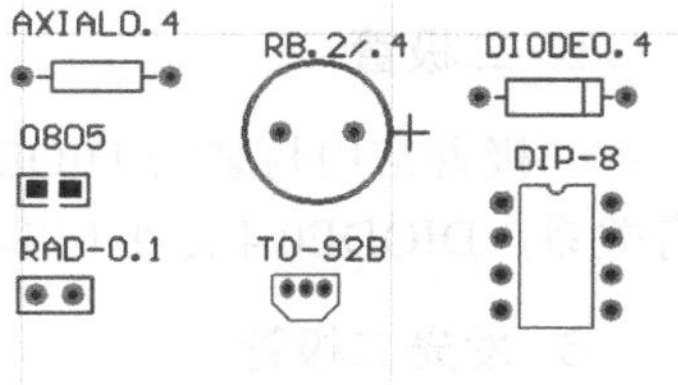

图 8-2 常见封装形式

1. 电阻

电阻元件在原理图库中名称为 RES1、RES2、RES3、RES4 等，针插式电阻封装为 AXIAL 系列，即 AXIAL0.3～AXIAL0.7，其中 0.3～0.7 指电阻的长度，一般用 AXIAL0.4。

对于表贴式电阻封装属性，常用的有0603、0805、1206等，这些数值跟电阻的阻值没有关系，而是表示电阻的尺寸，而尺寸跟最大功率有关，具体如表8-2所示。

表8-2　表贴电阻封装同尺寸以及功率的关系

封　装	尺寸/mm	对应功率/W
0201	0.5×0.25	1/20
0402	1.0×0.5	1/16
0603	1.6×0.8	1/10
0805	2.0×1.2	1/8
1206	3.2×1.6	1/4

2. 无极性电容

无极性电容在原理图库中的名称是CAP，针插式封装属性为RAD-0.1到RAD-0.4，其中0.1～0.4指电容焊盘间距的大小，一般用RAD-0.1。对于表贴电容，同表贴电阻的封装属性相同。

3. 电解电容

电解电容在原理图库中的名称为ELECTRO，针插式封装属性为RB.1/.2到RB.4/.8，其中“/”前面的“.1”表示焊盘间距，后面的“.2”为电容圆筒的外径，一般电容值小于100μF用RB.1/.2，100μF～470μF用RB.2/.4，大于470μF用RB.3/.6。

对于表贴式电解电容，由于其紧贴电路板，要求温度稳定性高，一般以钽电容居多，根据其耐压不同，表贴式电解电容又可分为A、B、C、D共4个系列，如表8-3所示。

表8-3　表贴式电解电容类型同耐压的关系

类　型	封装形式	耐　压
A	3216	10V
B	3528	16V
C	6032	25V
D	7343	35V

4. 电位器

电位器在原理图库中的名称为POT1、POT2，封装属性一般为VR-1到VR-5。

5. 二极管

二极管常用封装为DIODE0.4和DIODE0.7，其中0.4和0.7指二极管长短，同功率也有关系，DIODE0.4是小功率二极管，DIODE0.7则是大功率二极管，一般用DIODE0.4。

6. 发光二极管

发光二极管在原理图库中的名称为LED，颜色有红、黄、绿、蓝之分，亮度分普亮、高亮、超亮3个等级，针插式发光二极管一般使用RB.1/.2封装即可，表贴式常用的封装形式有0805、1206、1210共3种。

7. 三极管

三极管在原理图库中只有NPN和PNP型之分，但在封装形式上有很大差别，一般直接看它的外形及功率，大功率三极管一般使用TO-3封装；中功率的晶体管，如果是扁平的，一般用TO-220，如果是金属壳的，就用TO-66；小功率的晶体管，一般用TO-5、TO-46、TO-92A等，因为它的管脚比较长，在安置的时候可以灵活调整。

8. 电源稳压块

电源稳压块有78和79系列，78系列有7805、7812、7820等，79系列有7905、7912、7920等，常见的封装属性有TO126H和TO126V。

9. 整流桥

整流桥在原理图库中的名称为BRIDGE1、BRIDGE2，封装属性一般为D系列(D-44、D-37、D-46)。

10. 石英晶体振荡器

石英晶振一般使用封装XTAL1。

11. 集成元件

对于集成元件，针插式通常为双列直插式元件，封装形式采用DIP系列，后面的数值表示元件的管脚数，例如DIP-8表示8管脚的双列直插元件。

对于表贴式元件，封装形式比较多，具体是哪一种可以查阅相应的数据手册，并且需要在购买时加以确认。

8.3 其他概念

8.3.1 导线和飞线

1. 导线

导线是在印制电路板上布置的铜质线路，也称为铜膜导线，如图8-3所示，用于传递电流信号，实现电路的物理连通。导线从一个焊点走向另外一个焊点，其宽度、走线路径等对整个电路板的性能有着直接的影响。印制电路板的设计主要包括两个部分，一是元件的布局，另一个就是导线的布置。电路板设计工作的很大一部分就是围绕着如何布置导线来进行的，它是电路板的核心。

2. 飞线

在PCB编辑器中，与电路板设计相关的还有一种线，叫做飞线，如图8-4所示，其作用是指示PCB中各节点的电气逻辑连接关系，而不表示物理上的连接，也可以称之为预拉线。飞线是根据网络表中定义的管脚连接关系生成的，在引入网络表后，PCB 中各元件之间都是采用飞线指示连接关系，直到两节点间布置了铜膜导线。

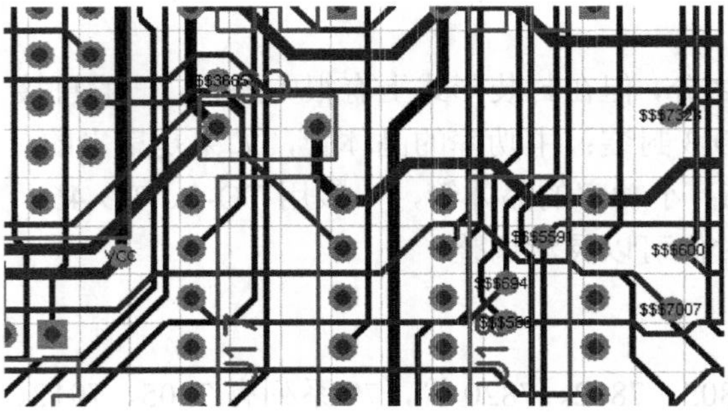

图 8-3　铜膜导线

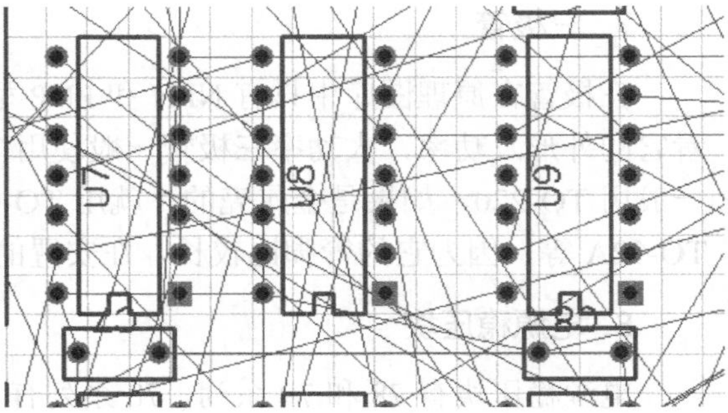

图 8-4　PCB 中的飞线

8.3.2　焊盘和过孔

焊盘的主要作用是固定元件引脚，一般一个焊盘对应一个引脚，在焊盘部位放置引脚，然后用熔化的焊锡连接，当焊锡冷却凝结后即可将元件固定在电路板上，并保证引脚同导线网络的连通。

过孔是用来连接不同层面的导线的，包括 3 种类型：贯通全部板层的通孔，连通顶层到中间某层或中间层到底层的盲孔，以及中间某层到中间另一层的内孔。其中盲孔和内孔用于多层板中。当走线需要从某一层转入到另外一层时，就需要通过过孔连接，这使导线不局限于同一层面，大大降低了布通的难度。

图 8-5 所示的电路中包含了 3 个焊盘和两个过孔。

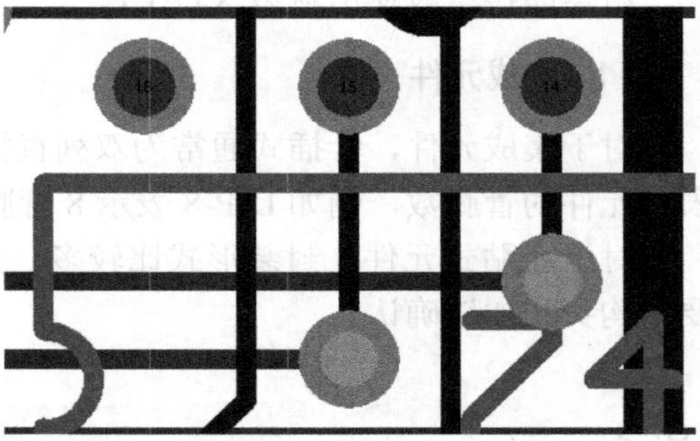

图 8-5　焊盘与过孔

8.4　PCB 设计的基本流程

印制电路板的设计过程如图 8-6 所示，一般可分为以下几个步骤。

1. 原理图设计

在进行 PCB 设计之前，一般都需要先进行原理图的绘制，设计电路，从逻辑上实现所需要的功能，然后指定好各个元件的封装信息，生成网络表。如果电路很简单，也可以通过 PCB 编辑器直接设计印制电路板，但这种情况一般不多。

2. 配置 PCB 编辑环境

在进行 PCB 设计之前，需要对编辑环境参数做一些设置，包括设置电路格点类型、光标样式、电路板板层，等等。其中板层设置需要根据所设计的电路情况进行选择，其他环境参数可根据个人习惯进行设置，一般采用默认参数即可。

3. 规划电路板

PCB 设计首先要进行电路板的整体规划，主要是大概确定电路板的物理尺寸。一般出于成本和设计要求的考虑，需要电路板尽量小，但尺寸过小又会导致走线困难等问题，所以需要综合考虑。电路板尺寸可以在进行元件布局时进一步的调整，但一般要在布线之前确定最终尺寸。

4. 引入网络表

网络表是原理图同 PCB 之间连接的桥梁。通过引入网络表，原理图中的元件封装就会引入到 PCB 编辑器中，同时根据原理图的定义确定各个元件引脚之间电气逻辑连接关系。Protel 99 SE 提供了原理图到 PCB 的直接同步功能，其实质上同引入网络表作用是相同的。

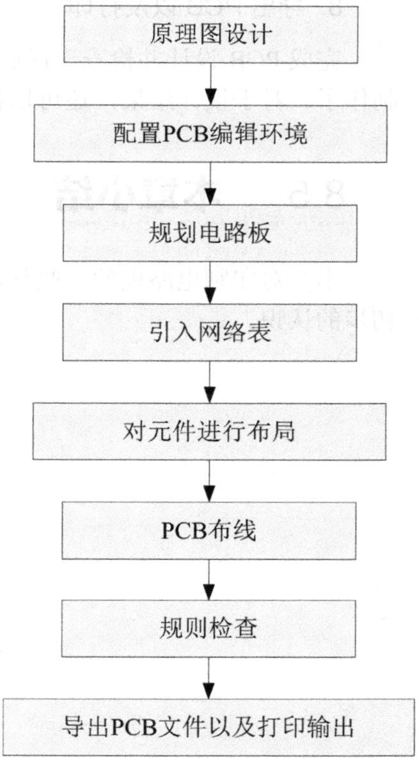

图 8-6 PCB 设计的一般流程

5. 元件布局

通过网络表引入的元件封装就代表着实际元件的安放位置，调整其相互之间的位置关系就是布局要作的工作。在进行元件布局时，要综合考虑走线以及功能等各种因素，良好的布局要保证电路功能的正常实现、避免元件之间的相互干扰，同时还要便于走线以及便于电路的阅读。合理的布局是保证电路板正常工作的基础，对后面的布线工作也有很大影响，在设计时需要多加考虑。Protel 99 SE 提供了自动布局功能，但是精细程度不够理想，因此在设计工作中一般都采用手工布局，如果设计的电路很复杂，用到的元件很多，可以先使用自动布局功能进行整体的布局，然后对局部再进行细致的手工修改。

6. 布线

布线是 PCB 设计的关键步骤，布线的成功与否直接决定了电路板功能的实现。Protel 99 SE 提供了强大的自动布线功能，用户可以通过设置布线规则对导线线宽、平行线间距、导孔大小等各种参数加以约束，从而布置出符合制作工艺要求同时满足用户需求的导线。自动布线完成后，系统会给出布线成功率、导线总数等提示。对于不符合要求的线路，用户还可以手工进行调整。

7. 规则检查

Protel 99 SE 提供了规则检查功能，用于检查 PCB 的设计是否符合设置的规则，防止出现疏忽等原因导致的错误。

8. 导出 PCB 以及打印

完成 PCB 设计并检查无误后，即可将 PCB 文件导出，提供给加工商进行电路板的加工制作了。对于设计结果，还可以打印输出，便于对照查看。

8.5 本章小结

本章对印制电路板的一些基本知识进行了介绍，目的在于使读者对于 PCB 设计有一个初步的认识。

第9章

配置 PCB 设计环境

本章内容提示

在进行 PCB 设计之前，需要首先熟悉一下 PCB 编辑器的环境，同时还需要对工作层参数、系统参数设置等环境配置方法有一些了解，这些都对用户熟练使用 Protel 99 SE 的 PCB 编辑器进行 PCB 设计有很多好处。

本章首先对 PCB 编辑器的构成进行介绍，然后对 PCB 设计中需要使用的工作层参数、系统参数等的设置方法进行详细的介绍。熟悉 PCB 编辑环境的设置是熟练使用 Protel 99 SE 进行 PCB 设计的基础，希望读者能够细致了解。

学习要点

- 启动 PCB 编辑器
- PCB 编辑器的构成
- 层堆栈的管理
- 工作层参数的设置
- 系统参数的设置

9.1 认识 PCB 编辑器

9.1.1 启动 PCB 编辑器

同原理图文件编辑类似，Protel 99 SE 也提供了功能强大的 PCB 编辑器，能够帮助用户很方便地进行 PCB 设计。下面首先介绍一下 PCB 编辑器的启动，具体步骤如下。

(1) 在文件夹界面中单击鼠标右键，在弹出的快捷菜单中选择 New 命令，如图 9-1 所示，或执行 File | New 菜单命令。

(2) 这时会打开如图 9-2 所示的 New Document 对话框，选择 PCB Document 类型文件，单击 OK 按钮，建立一个新的 PCB 文档，如图 9-3 所示。

(3) 用鼠标左键双击该文件，即可启动 PCB 编辑器，进入 PCB 设计界面，如图 9-4 所示。

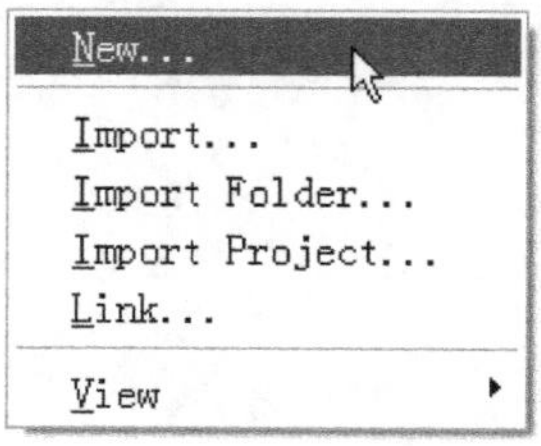

图 9-1 执行新建文件命令

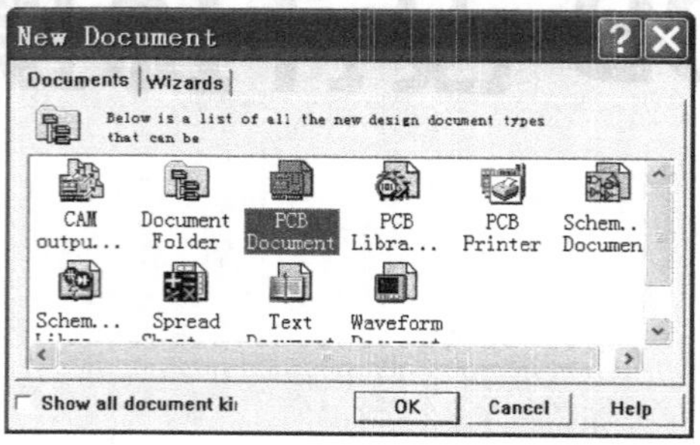

图 9-2 选择新建文件类型

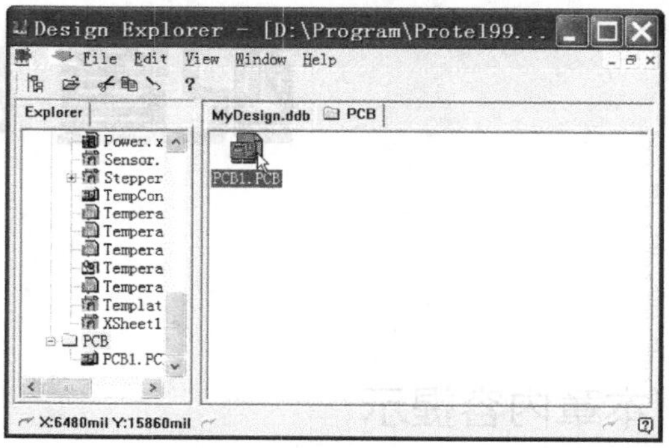

图 9-3 新建立的文档

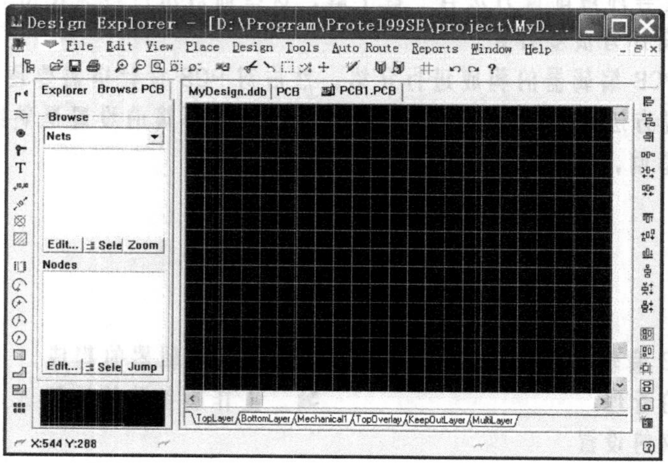

图 9-4 PCB 编辑器界面

9.1.2 PCB 编辑器的构成

如图 9-5 所示，可以看到 PCB 编辑器的布局与原理图编辑器十分相似，主要由标题栏、菜单栏、主工具栏、工具栏、PCB 窗口浏览器、工作区以及状态栏等部分构成。下面就对主要部分进行具体的介绍。

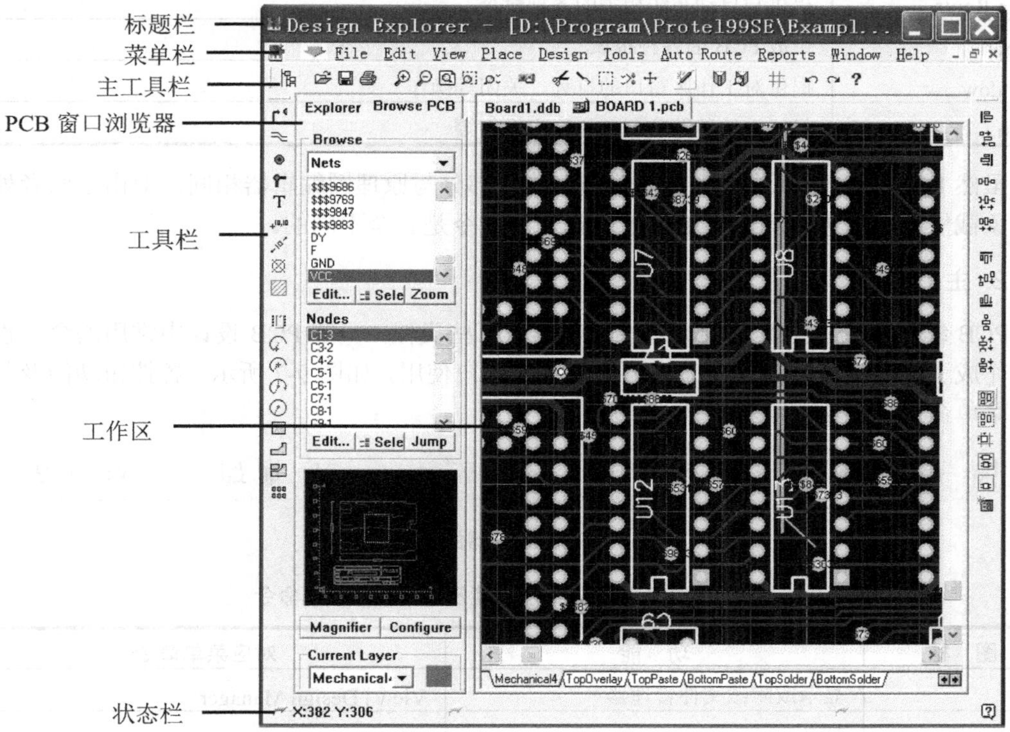

图 9-5 PCB 编辑器的构成

1. 菜单栏

PCB 编辑器的菜单栏设置与原理图编辑器中的菜单栏类似，但各有特点，如图 9-6 所示，其多了一个 Auto Route 菜单项，而没有了 Simulate、PLD 等原理图编辑器中的菜单项。各个菜单项的含义如表 9-1 所示。

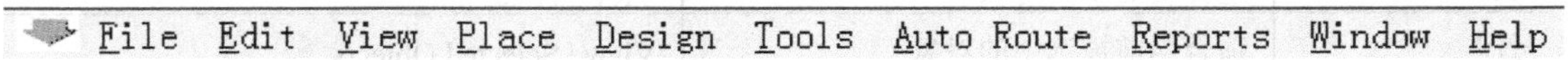

图 9-6 PCB 编辑器的菜单栏

表 9-1 PCB 编辑器中主菜单栏的菜单项及其功能

菜 单 项	主要功能
File	提供新建等基本的文件操作，以及导入导出、打印和历史文件列表
Edit	提供各种基本编辑修改操作，包括复制、粘贴、选取、移动等
View	进行窗口的缩放以及工具栏、工作界面等的显示设置

续表

菜 单 项	主要功能
Place	提供在工作区放置各种 PCB 对象的命令，如元件、焊盘等
Design	进行 PCB 规则设置、加载网络表以及浏览元件库等操作
Tools	提供辅助设计的各种工具以及相关参数的设置
Auto Route	提供与自动布线相关的各种命令
Reports	生成 PCB 的各种报表
Window	提供对工作区窗口的排列、关闭等操作
Help	显示系统帮助信息，执行宏操作等

虽然 PCB 编辑器菜单栏中的菜单项名称大部分与原理图编辑器相同，但由于两者处理的对象截然不同，因此相同菜单项下所包含的命令是完全不同的。

2. 主工具栏

PCB 编辑器的主工具栏同原理图编辑器也有些类似，一些 PCB 设计中常用的命令也都被制作成了按钮形式放在了主工具栏上，方便用户使用，如图 9-7 所示。各按钮功能及其对应的菜单命令如表 9-2 所示。

图 9-7　PCB 编辑器的主工具栏

表 9-2　主工具栏各选项功能及其对应的菜单命令

图　标	功　能	对应菜单命令
	显示或隐藏文件管理器	View | Design Manager
	打开	File | Open
	保存	File | Save
	打印	File | Print
	放大显示工作区	View | Zoom In
	缩小显示工作区	View | Zoom Out
	将窗口适合整个图纸	View | Fit Document
	选择要显示的区域	View | Area
	适合当前被选中的对象	View | Selected Objects
	查看 PCB 的三维视图	View | Board in 3D
	剪切	Edit | Cut
	粘贴	Edit | Paste
	框选	Edit | Select | Inside Area
	取消对所有对象的选择	Edit | DeSelect | All
	移动所选对象	Edit | Move | Move Selection
	交叉定位	Tools | Cross Probe

续表

图 标	功 能	对应菜单命令
	加载卸载元件库	Design | Add/Remove Library
	浏览元件库	Design | Browse Library
#	设置捕捉网格的大小	Design | Options
	撤销上一步操作	Edit | Undo
	重复撤销的操作	Edit | Redo
?	显示帮助	Help | Content

3. PCB 窗口浏览器

如图 9-8 所示，PCB 窗口浏览器主要由浏览窗口及其子窗口、PCB 预览区和当前层设置区域几部分组成。

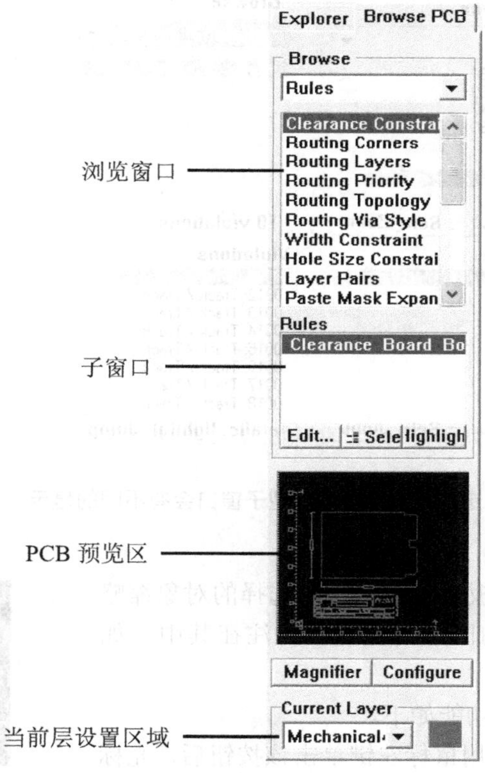

图 9-8 PCB 窗口浏览器

1) 浏览窗口及其子窗口

在浏览窗口中，可以通过打开下拉列表选择要浏览的对象类，如图 9-9 所示，有 Nets(网络)、Components(元件)、Libraries(元件库)、Net Classes(网络类)、Component Classes(元件类)、Violations(冲突)和 Rules(设计规则)等选项可选。

选择不同的对象类后，在其下的窗口中会显示该类中的详细分类，而在下面的子窗口中则会显示当前 PCB 文件包含的具体对象。子窗口的格局会随着浏览窗口的选择而不同，如图 9-10 所示。其中会出现的主要按钮及其含义如下。

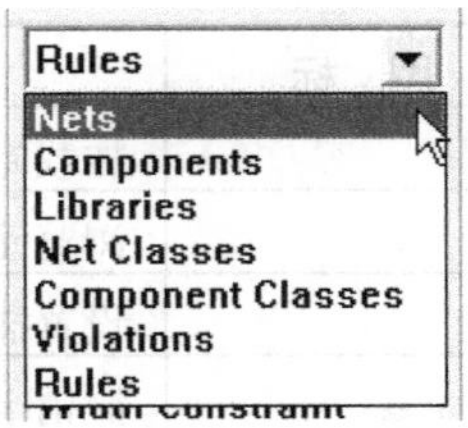

图 9-9　选择浏览对象类型

- **Edit：**编辑当前浏览窗口中选择的对象。
- **Selection：**将当前浏览窗口中选择的对象设置为选取状态。
- **Zoom：**缩放工作区显示区域。
- **Jump：**工作区显示跳转到当前浏览窗口中选择的对象。
- **Place：**放置当前浏览窗口中选择的对象。
- **Highlight：**将工作区中当前浏览窗口中选择的对象高亮显示。
- **Details：**显示当前浏览窗口中选择的对象的详细内容。

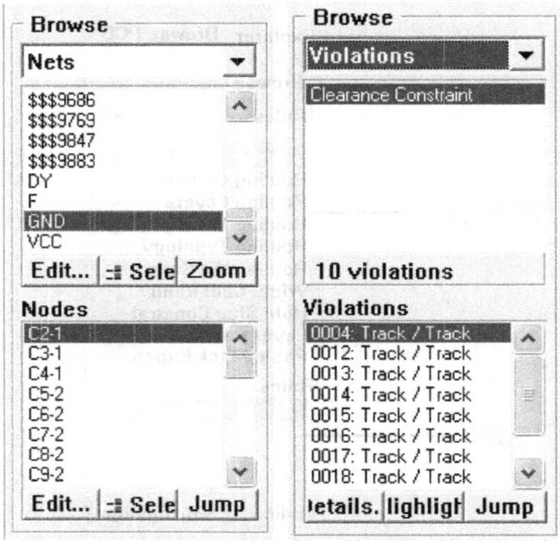

图 9-10　选择不同的浏览类型子窗口会有不同的显示

2)　PCB 预览区

在这里会显示整个 PCB 板的轮廓和当前选择的对象缩略图，并会将工作区当前显示的区域用虚线框标注在其中，如图 9-11 所示。

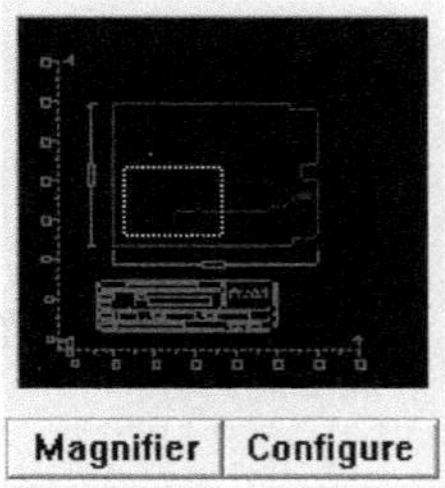

图 9-11　预览区的显示

在该区域有两个按钮，其功能如下。

- **Magnifier：**放大镜，用鼠标左键单击该按钮后，光标会变为一个放大镜形状，同时会将光标所在位置的工作区中的内容按比例显示在预览区中，如图 9-12 所示。
- **Configure：**设置放大镜选项的缩放比例。用鼠标左键单击该按钮后，会弹出如图 9-13 所示的设置窗口，其中有如下 3 个选项。
- **Low-4:1：**按每像素 4mil 的比例进行显示。
- **Medium-2:1：**按每像素 2mil 的比例进行显示。
- **High-1:1：**按每像素 1mil 的比例进行显示。

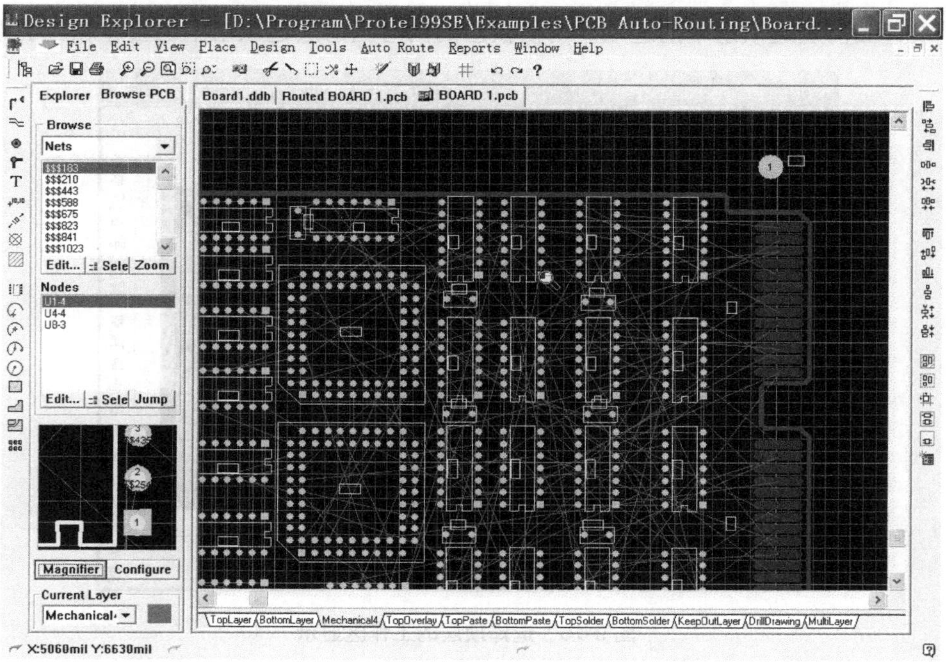

图 9-12　在预览区将当前位置放大显示

3)　当前层设置区域

在 PCB 窗口浏览器的最下面还有一个设置当前层的区域，如图 9-14 所示，通过打开如图 9-15 所示的下拉列表，可以选择工作区显示的当前层，在这个下拉列表里包含了当前 PCB 文件中建立的所有板层。

在下拉列表旁边还有一个颜色框，提示属于当前层的对象的显示颜色。

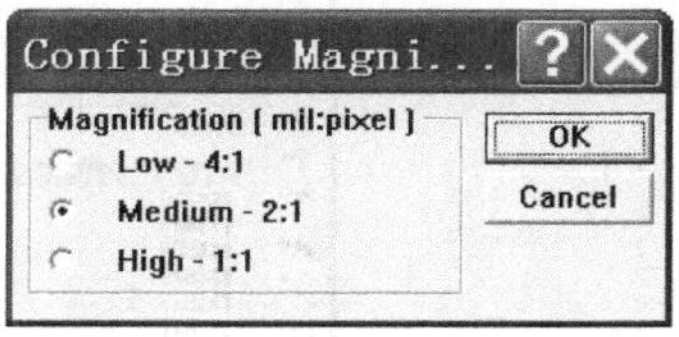

图 9-13　设置缩放显示比例

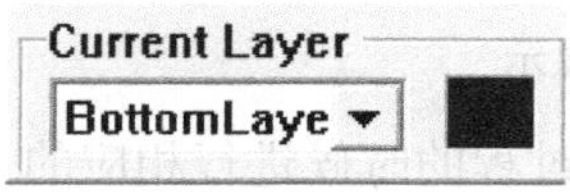

图 9-14　当前层设置区域

图 9-15　当前层的设置

4. 工作区

由于在 PCB 设计中会涉及板层的概念，因而其编辑器中的工作区与原理图中的不同，主要区别是在工作区下面多了一个不同板层的切换按钮行，如图 9-16 和图 9-17 所示，选择不同的板层，工作区中的显示会有不同，这也是为了方便 PCB 设计而设置的。该处的按钮对应于设置当前层选项组中的选项，切换板层的同时当前层选项组中也会作相应的改变。

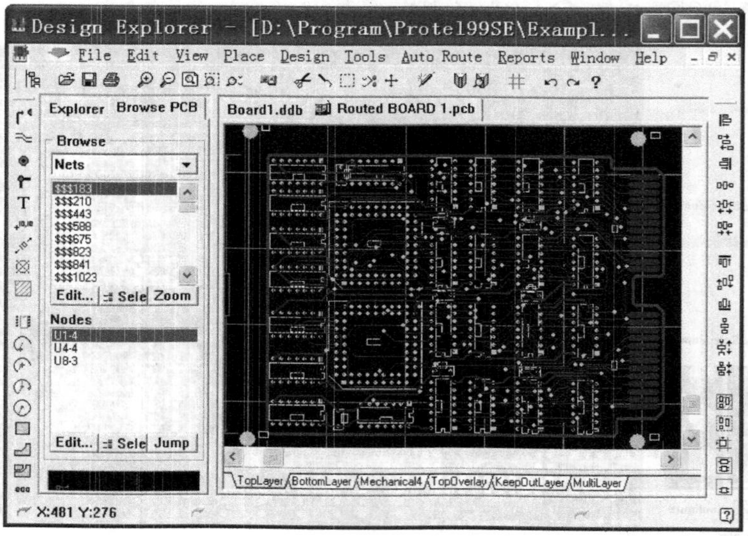

图 9-16　选择顶层的工作区显示

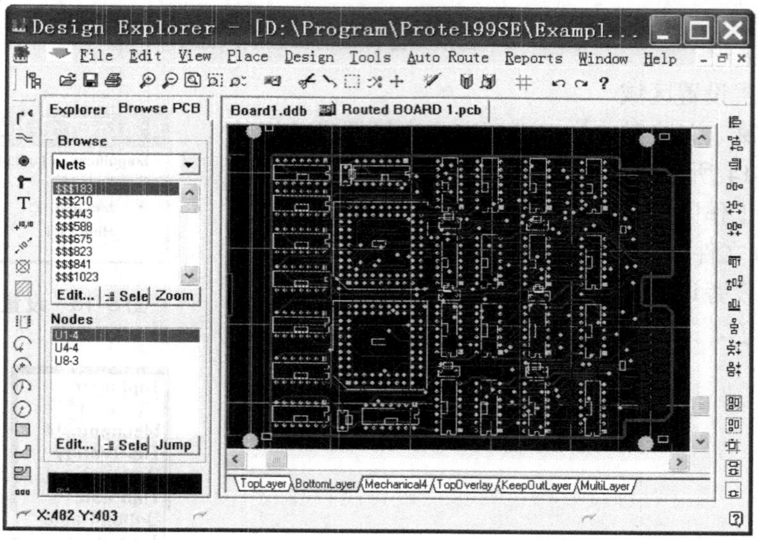

图 9-17　选择底层的工作区显示

对于工具栏的内容，会在后面章节中讲解 PCB 设计过程的时候进行相应的介绍。

9.2 工作层的设置

在设计印制电路板时，首先要了解电路板的工作层。Protel 99 SE 系统提供了多个工作层可供用户选择使用，其中包括了 16 个内部电源/接地层、16 个机械层等，下面就来介绍对工作层如何设置。

9.2.1 管理层堆栈

首先用户可以根据需要自定义电路板的板层结构，并查看层堆栈的立体效果，这一设置是通过层堆栈管理器来实现的。执行 Design | Layer Stack Manager 菜单命令，如图 9-18 所示，打开如图 9-19 所示的层堆栈管理器界面。

图 9-18　打开层堆栈管理器

其中各选项功能如下。

1. 左上角区域

- **Top Dielectric**：选择是否为顶层添加绝缘层，用鼠标左键单击其左侧的按钮，可以打开如图 9-20 所示的对话框对绝缘层参数进行设置，其中各项含义如下。
- **Material**：设置绝缘层材料。
- **Thickness**：设置绝缘层厚度。
- **Dielectric constant**：设置绝缘层介电常数。

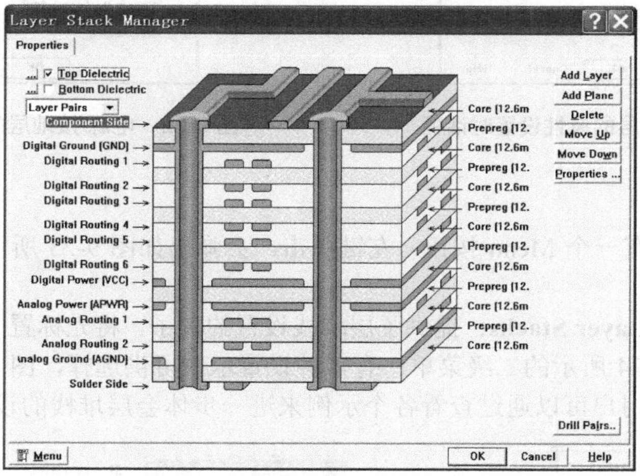

图 9-19　层堆栈管理器

- **Bottom Dielectric**：选择是否为底层添加绝缘层，同样，用鼠标左键单击其左侧的按钮，也可以打开参数设置对话框进行设置。

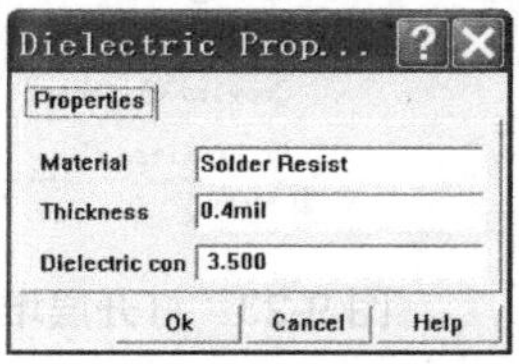

图 9-20　设置绝缘层参数

2. 中间区域

这里是板层结构的三维示意图。

3. 右上角区域

这一区域包含 6 个按钮，主要进行板层结构的操作。

- **Add Layer**：添加信号层，该层主要用于电气信号线的布设。

- **Add Plane**：添加内部电源/接地层，该层主要用于布置电源或接地层。
- **Delete**：删除当前选中的层。
- **Move Up**：将当前选中的层上移。
- **Move Down**：将当前选中的层下移。
- **Properties**：设置层属性，用鼠标左键单击该按钮，会打开当前被选中层的属性设置对话框。对于不同类型的层，其属性对话框有所不同。对于信号层，其对话框如图 9-21 所示，其各项含义如下。
  - ◆ **Name**：设置该层的名称。
  - ◆ **Copper thickness**：设置该层布铜的厚度。

  对于电源/接地层对话框，如图 9-22 所示，各项含义如下。
  - ◆ **Name**：设置该层的名称。
  - ◆ **Copper thickness**：设置该层布铜的厚度。
  - ◆ **Net name**：设置该层的网络名称，用于确定其电气连接关系。

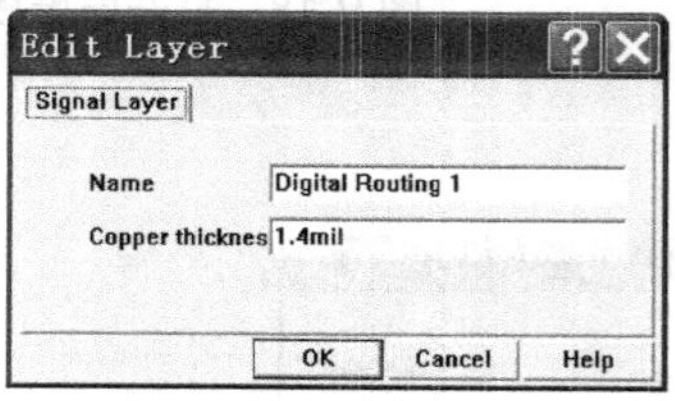

图 9-21　信号层的属性设置对话框

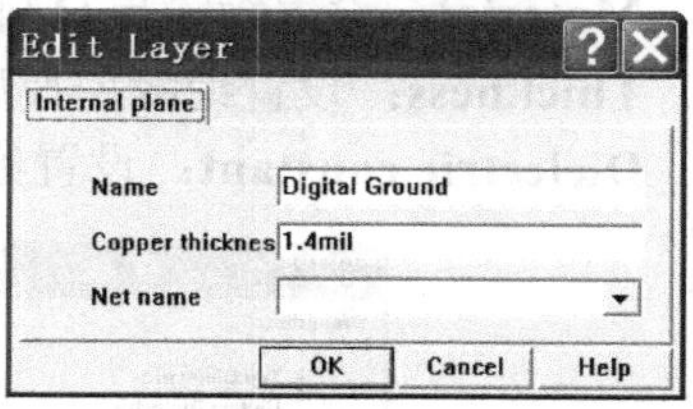

图 9-22　电源/接地层的属性设置对话框

4. 左下角区域

在界面左下角有一个 Menu 按钮，左键单击，会弹出如图 9-23 所示的菜单，各项含义如下。

- **Example Layer Stacks**：提供了层堆栈设置的例子，将光标置于该菜单项上，会打开如图 9-24 所示的二级菜单，有多种设置示例可供选择，图 9-19 即是一个 14 层的示例，用户可以通过查看各个示例来进一步体会层堆栈的设置方法。

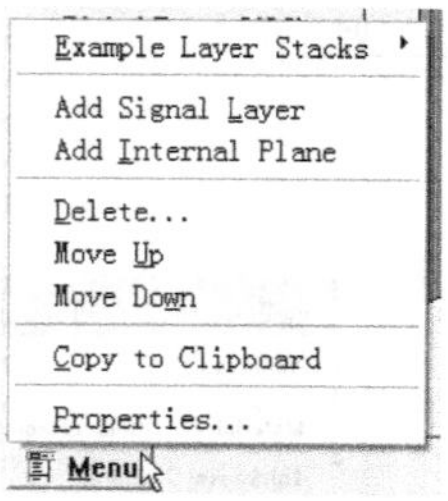

图 9-23　打开层堆栈菜单

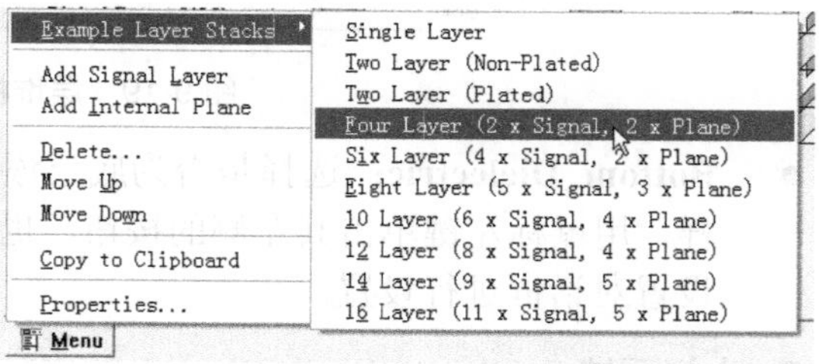

图 9-24　层堆栈设置举例

- **Add Signal Layer**：添加信号层。
- **Add Internal Plane**：添加内部电源/接地层。
- **Delete**：删除所选层。
- **Move Up**：将所选层上移。

- **Move Down**：将所选层下移。
- **Copy to Clipboard**：复制到剪贴板。
- **Properties**：打开属性对话框。

5. 右下角区域

在该区域，除 OK、Cancel 和 Help 等系统按钮外，还有一个 Drill-Pair Manger 按钮，用来设置需要进行钻孔的板层，左键单击该按钮，打开如图 9-25 所示的钻孔板层管理器，在该界面中可以进行钻孔规则的设置，有 3 个按钮。

- **Add**：添加钻孔规则。
- **Delete**：删除当前选中的钻孔规则。
- **Edit**：对当前选中的钻孔规则进行编辑。

通过鼠标左键单击 Add 按钮，可以打开如图 9-26 所示的设置对话框，由于在多层板中钻孔有通孔、盲孔和内部孔之分，因此需要对钻孔的起止层进行设置，在该界面中就是进行这项设置的。

- **Start Layer**：选择钻孔起始层。
- **Stop Layer**：选择钻孔终止层。

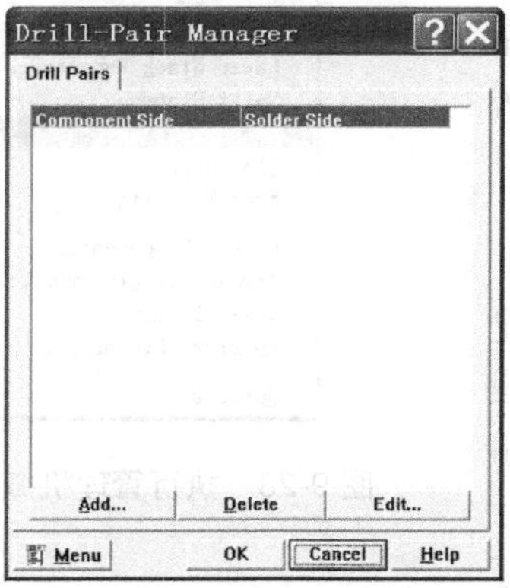

图 9-25　钻孔板层管理器

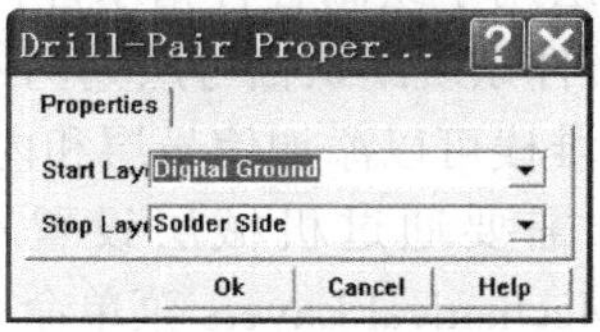

图 9-26　设置孔的起止层

9.2.2　设置 Layers 选项卡

下面介绍一下对 PCB 工作层的设置。执行 Design | Options 菜单命令，打开 Document Options 对话框，如图 9-27 所示。

对话框首先显示的是 Layers 选项卡，在该选项卡中可以对当前 PCB 文件的工作层选项进行设置。可以看到，Protel 99 SE 将 PCB 工作层分为了 Signal layers(信号层)、Internal planes(内部电源/接地层)、Mechanical layers(机械层)等类型。下面分别进行介绍。

1. Signal layers(信号层)

主要放置与电气信号有关的对象，一般双层板包括 TopLayer(顶层)和 BottomLayer(底层)，对于多层板，还会包括 MidLayer(中间层)。顶层主要用于放置元件及部分信号线，底层用作焊锡面，中间层通常用于布置信号线。

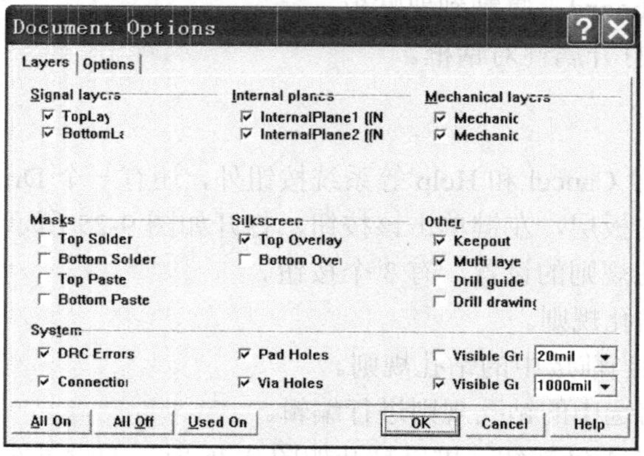

图 9-27　工作层设置

2. Internal planes(内部电源/接地层)

在多层板中，经常会设置若干个内部电源/接地层，用于布置电源及接地，通常整层用作电源或地层，这样信号层的电源线和地线都可以接到这些层面来，一方面简化了信号层的布线操作，另一方面通过合理布置电源/接地层，也有利于提高印制电路板的电磁兼容性。

3. Mechanical layers(机械层)

机械层用于绘制各种指示性标识和说明文字。新建的 PCB 文件系统默认信号层为两层，机械层是一层，通过管理层堆栈可以添加信号层和内部电源/接地层，而添加机械层需要通过机械层设置对话框来进行。执行 Design | Mechanical Layers 菜单命令，如图 9-28 所示，打开如图 9-29 所示的机械层设置对话框。

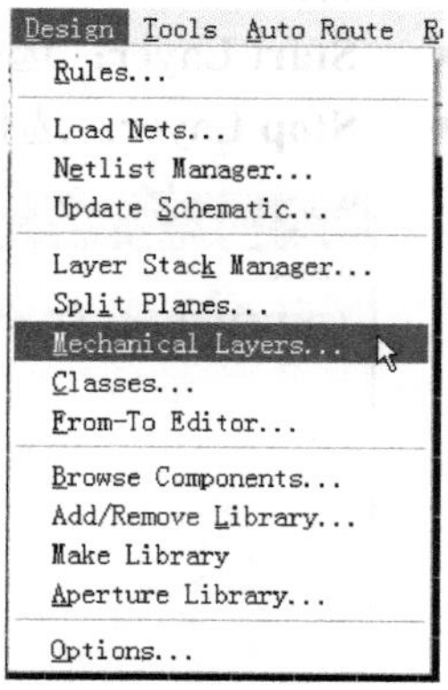

图 9-28　执行管理机械层命令

可以看到，一共可以添加 16 个机械层，界面中各选项含义如下。

- **Enabled**：使用该属性，即添加该机械层。
- **Layer Name**：设置当前机械层的名称，该项为文本框，可直接进行修改。
- **Visible**：设置该层是否可见。
- **Display In Single Layer Mode**：设置是否在单层显示时将该层内容放到各层上。

4. Masks(阻焊及锡膏防护层)

该处用来设置阻焊及锡膏防护层的参数。

- **Top Solder**：设置顶层阻焊层。
- **Bottom Solder**：设置底层阻焊层。
- **Top Paste**：设置顶层锡膏防护层。
- **Bottom Paste**：设置底层锡膏防护层。

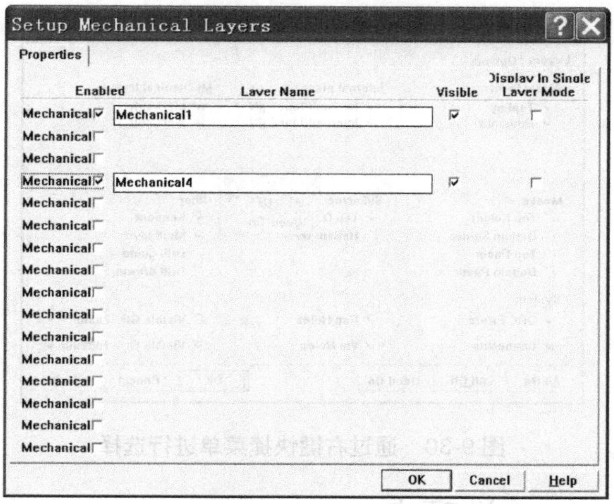

图 9-29　机械层设置对话框

5. Silkscreen(丝印层)

丝印层用于绘制元件的外形轮廓和元件序号，在制板时印制到电路板上便于焊接元件和读板。

- **Top Overlay**：选择是否设置顶层丝印层。
- **Bottom Overlay**：选择是否设置底层丝印层。

6. Others(其他选项)

- **Keepout**：选择是否显示禁止布线层。
- **Multilayer**：选择是否显示复合层。
- **Drill guide**：选择是否显示钻孔导引层。
- **Drill drawing**：选择是否显示钻孔图层。

7. System(系统选项)

- **DRC Errors**：选择是否显示自动布线检查错误信息。
- **Connection**：选择是否显示飞线。
- **Pad Holes**：选择是否显示焊点通孔。
- **Via Holes**：选择是否显示导孔通孔。
- **Visible Grid1**：选择是否显示第一组网格。
- **Visible Grid2**：选择是否显示第二组网格。

此外，还有 3 个功能按钮。

- **All On**：显示所有板层。
- **All Off**：所有板层都不显示。
- **Used On**：仅显示用到的板层。

还可以通过单击鼠标右键打开快捷菜单来选择上述命令，如图 9-30 所示。

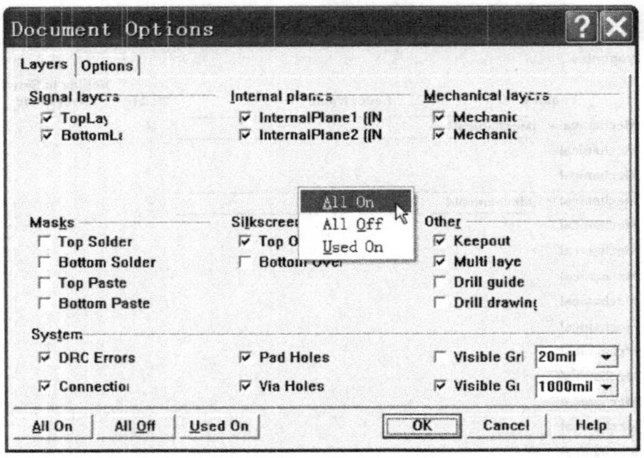

图 9-30　通过右键快捷菜单进行选择

9.2.3　设置 Options 选项卡

用鼠标左键单击对话框上方的 Options 标签，即可打开如图 9-31 所示的 Options 选项卡。

- **Snap X**：通过下拉列表选择 X 轴方向网格捕捉的大小，如图 9-32 所示。也可以直接输入数据。

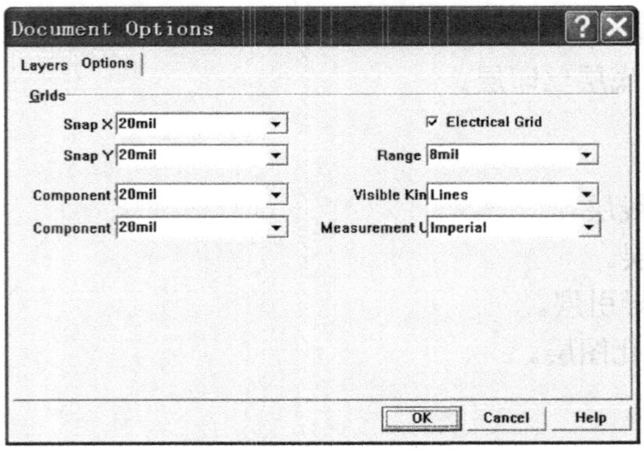

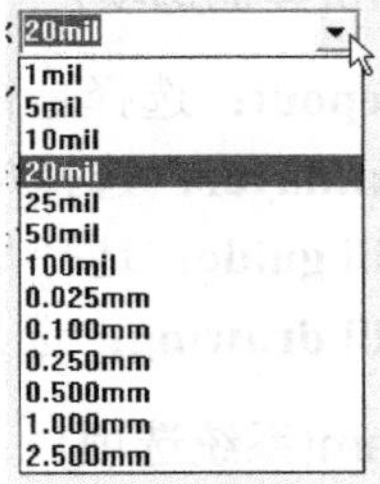

图 9-31　Options 选项卡　　　　图 9-32　通过下拉列表选择网格大小

- **Snap Y**：设置 Y 轴方向网格捕捉的大小。
- **Component X**：设置元件移动的 X 轴方向的最小间距。
- **Component Y**：设置元件移动的 Y 轴方向的最小间距。
- **Electrical Grid**：设置是否启用电气网格功能。
- **Range**：设置电气网格的捕捉半径。
- **Visible Kind**：设置显示格点的类型，有 Lines(线型)和 Dots(点型)两种选择。
- **Measurement Unit**：选择系统的度量单位，有 Imperial(英制)和 Metric(公制)两种选择。系统默认为英制，当选为公制后再打开 Options 选项卡就可以看到所有数据都采用了公制度量，如图 9-33 所示。

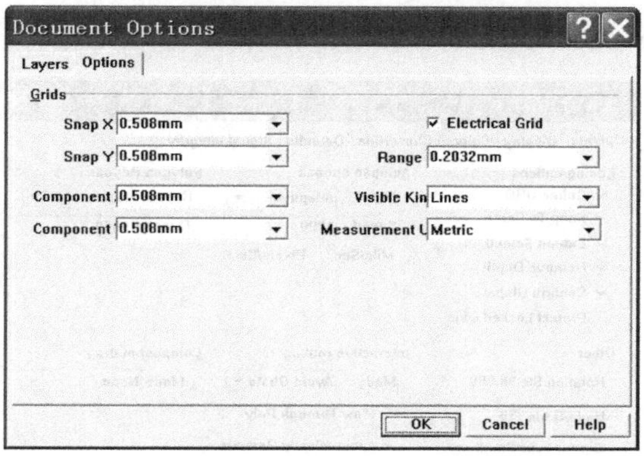

图 9-33　更改为公制度量后的显示

9.3　设置系统参数

通过执行 Tools | Preferences 菜单命令，如图 9-34 所示，可以打开 Preferences 对话框，分别对 Options(一般属性)、Display(显示)、Colors(颜色)、Show/Hide(显示与隐藏)、Defaults (默认参数设置)和 Signal Integrity(信号完整性)等选项进行设置。

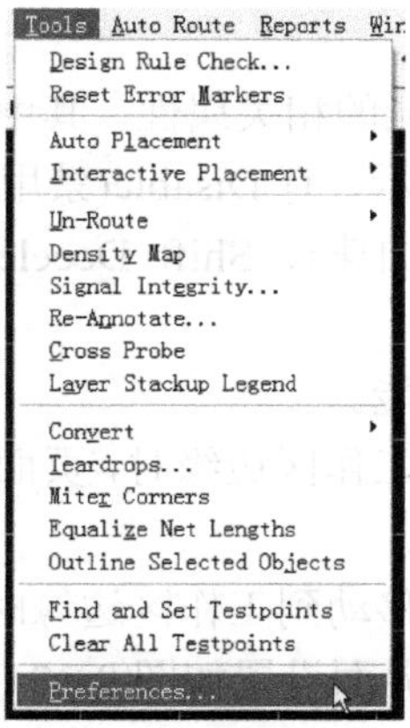

图 9-34　执行 Preferences 命令

9.3.1　设置 Options 选项卡

进入 Preferences 对话框，首先显示的是 Options 选项卡，如图 9-35 所示。其各个选项的含义如下。

1. Editing options 选项组

该选项组用于设置编辑操作时的一般特性。

- **Online DRC：**选择是否启用在线设计规则检查。
- **Snap To Center：**选择当移动零件封装或字符串时光标是否自动移动到零件封装或

字符串的中心。

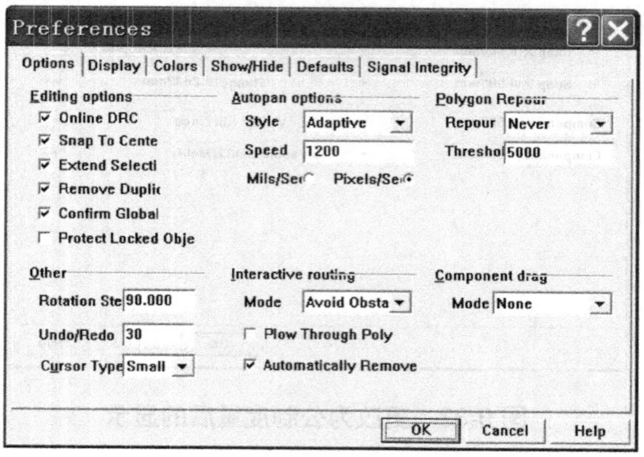

图 9-35　Options 选项卡

- **Extend Selection：** 设置是否在选择电路板组件时取消原来选择的组件。
- **Remove Duplicates：** 设置是否自动删除重复的组件。
- **Confirm Global Edit：** 设置在进行全局属性修改时是否显示确认对话框。
- **Protect Locked Objects：** 选择是否保护锁定对象。

2. Autopan options 选项组

该选项组用于设置自动移动功能的相关属性。其中 Style 用于选择自动移动的方式，通过下拉列表进行选择，如图 9-36 所示，有 Disable(禁用)、Re-Center(置中)、Fixed Size Jump (固定大小跳转)、Shift Accelerate(加速)、Shift Decelerate(减速)、Ballistic(弹道方式)以及 Adaptive(自适应)等方式。

- **Disable：** 禁用自动移动功能。
- **Re-Center：** 当光标移动到工作区边缘时，页面会以光标所在位置为中心进行翻动，同时光标回到工作区中心。
- **Fixed Size Jump：** 当光标移动到工作区边缘时，页面会按照 Step Size 选项设定的移动量向相应方向翻动。界面设置如图 9-37 所示。
  - ◆ **Step Size：** 设置每步的跳转量。
  - ◆ **Shift Step Size：** 设置按住 Shift 键后每步的跳转量。

图 9-36　选择自动移动方式

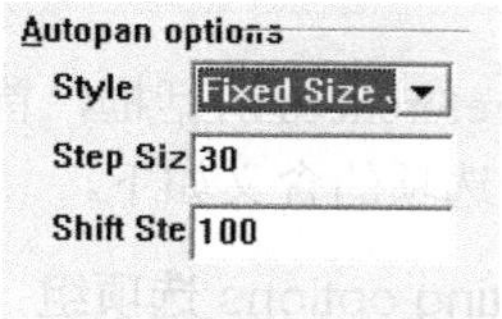

图 9-37　Autopan options 选项组

- **Shift Accelerate：** 当光标移动到工作区边缘时，若 Step Size 设定的值大于 Shift Step Size 的值，则页面将忽略 Step Size 的设置，始终以 Shift Step Size 设定的值向相应

方向翻动；若 Step Size 的值小于 Shift Step Size 的值，则当按住键盘 Shift 键时按照 Shift Step Size 的设定值进行翻动，否则会按照 Step Size 的设定值进行翻动。

- **Shift Decelerate**：当光标移动到工作区边缘时，若 Step Size 的值大于 Shift Step Size 的值，则页面将忽略 Step Size 的设置，始终以 Shift Step Size 设定的值向相应方向翻动；若 Step Size 的值小于 Shift Step Size 的值，则当按住键盘 Shift 键时按照 Step Size 的设定值进行翻动，否则将会按照 Shift Step Size 的设定值进行翻动。
- **Ballistic**：当光标移动到工作区边缘时，页面向相应方向翻动的速度取决于光标超出工作边缘的距离，距离越大，则翻动速度越大。
- **Adaptive**：当光标移动到工作区边缘时，页面以恒定的速度向相应的方向翻动。与前面几种方式不同的是，其速度计算方法采用单位时间的移动量，而非每次的跳转量。界面设置如图 9-38 所示。
    - **Speed**：设置页面翻动的速度值。
    - **Mils/Sec**：以 Mils/Sec 为单位。
    - **Pixels/Sec**：以 Pixels/Sec 为单位。

3. Polygon Repour 选项组

该选项组用来设置交互布线中的避免障碍和推挤布线方式。

- **Repour**：设置敷铜的自动重敷功能，通过下拉列表进行选择，如图 9-39 所示，有 Never(PCB 板修改后系统不会自动进行重敷)、Threshold(有范围的自动重敷)和 Always(每次修改电路走线后系统都会进行自动重敷)3 个选项。
- **Threshold**：设置电路布线时推挤布线的距离。

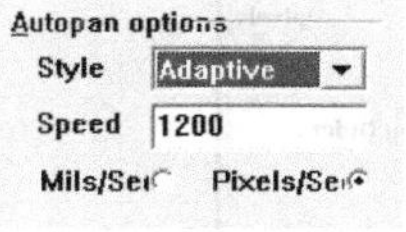

图 9-38　选择 Adaptive 方式后的界面

图 9-39　选择自动重敷模式

4. Other 选项组

该选项组用来设置与编辑操作有关的其他一些操作方式。

- **Rotation Step**：设置对象旋转时的步进值，当对象处于待放置状态时，每按一次空格键，对象就会旋转一个角度，该选项即是用来设置这个选转角度的。
- **Undo/Redo**：设置取消操作/重复操作的堆栈值，即系统会保存的操作步数。
- **Cursor Type**：选择光标样式，通过下拉列表进行选择，如图 9-40 所示，有 Large 90(大光标 90 度)、Small 90(小光标 90 度)和 Small 45(小光标 45 度)3 个选项可选。

5. Interactive routing 选项组

该选项组用于设置布线交互模式和错误检测方式。

- **Mode**：设置布线交互模式，通过下拉列表进行选择，如图 9-41 所示，有 Ignore Obstacle(忽略障碍)、Avoid Obstacle(绕过障碍)和 Push Obstacle(推挤障碍)3 个选项可选。

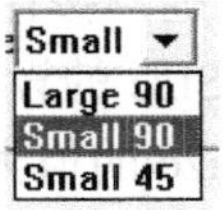

图 9-40　选择光标样式

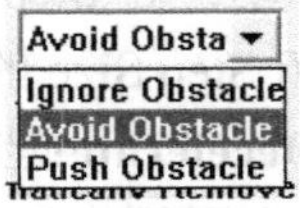

图 9-41　选择布线交互模式

- **Plow Through Polygons**：选中该选项，则布线时系统采用多边形来检测布线障碍。
- **Automatically Remove**：设置是否进行自动删除，选中该选项，则在绘制导线后，若发现连接的电路已有回路相接，系统会自动删除原来的回路。

6. Component Drag 选项组

该选项组用来设置电路板中组件的移动方式。

- **Mode**：选择移动方式，通过下拉列表进行选择，有 None(不移动相连组件)和 Connections Tracks(相连的导线会随着组件一同移动)选项。

9.3.2　设置 Display 选项卡

左键单击 Preferences 对话框上方的 Display 标签，打开如图 9-42 所示的 Display 选项卡。该选项卡分为 Display options(显示选项)、Show(显示对象)和 Draft thresholds(草图限制)3 个选项组以及一个 Layer Drawing Order 按钮，下面分别对其进行介绍。

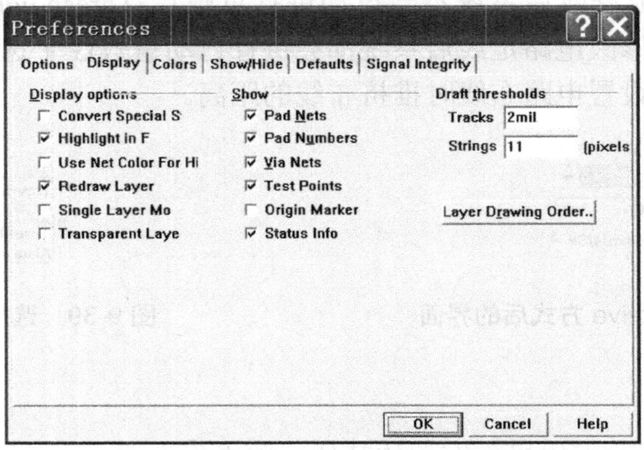

图 9-42　Display 选项卡

1. Display options 选项组

该选项组用来设定屏幕显示方式。

- **Convert Special String**：设置是否将特殊字符串转化成它所代表的文字显示。
- **Highlight in Full**：设置是否将被选中的对象全部高亮显示，如果不选中该选项，则被选取的对象仅会将其边框高亮显示。
- **Use Net Color For Highlight**：设置是否对高亮对象使用网络颜色进行标识。
- **Redraw Layer**：设置切换当前层后是否重画 PCB 图。选中该选项，则每次切换板层，系统会自动重画图形，当前层最后绘制。如果不选中该选项，则系统不会自动进行重画。

- **Single Layer Mode：**选中该选项，则只显示当前编辑的板层，其他板层不会显示，如图 9-43 所示。
- **Transparent Layers：**选中该选项，则所有板层设置为透明状，此时当前层的导线和焊点不会遮挡住其他层的对象，如图 9-44 所示。

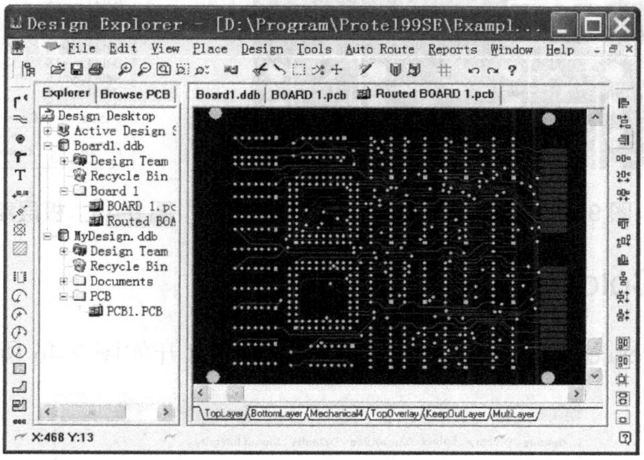

图 9-43　选择单层显示模式

2. Show 选项组

该选项组用于设置电路板显示方式。

- **Pad Nets：**设置是否显示焊盘的网络名称。
- **Pad Numbers：**设置是否显示焊点的序号。
- **Via Nets：**设置是否显示通孔的网络名称。
- **Test Points：**设置是否显示测试点。
- **Origin Marker：**设置是否显示当前的原点标志。
- **Status Info：**设置是否显示当前的状态信息。

3. Draft thresholds 选项组

该选项组用于设置图形显示最值方式。

- **Tracks：**设置显示线宽的最小值，如果实际导线宽度小于这一值，则只显示铜膜导线的轮廓。
- **Strings：**设置字符串显示的像素最大值，像素小于该值的字符会显示为文本，否则只显示文本轮廓。

4. Layer Drawing Order 按钮

用于设置绘制电路板各板层的先后顺序，用鼠标左键单击该按钮，会打开如图 9-45 所示的对话框。该对话框中显示了各个板层的名称，并按绘制顺序排序，当前层在最上面。这里有 3 个按钮。

- **Promote：**提升被选板层的顺序。
- **Demote：**降低被选板层的顺序。
- **Default：**将设置恢复为默认值。

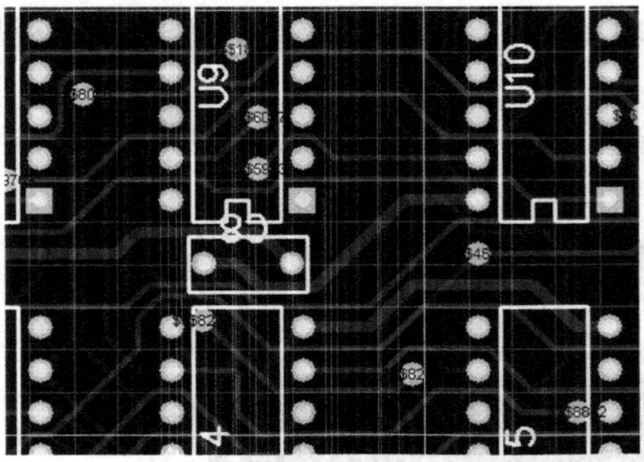

图 9-44　设置板层透明

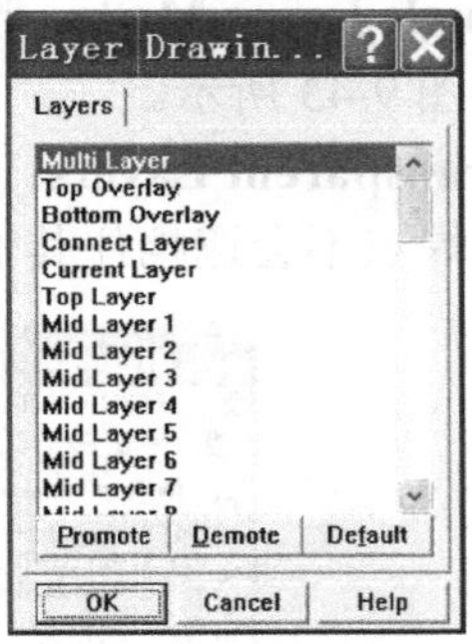

图 9-45　板层绘制顺序对话框

9.3.3　设置 Colors 选项卡

左键单击 Preferences 对话框上方的 Colors 标签，打开如图 9-46 所示的 Colors 选项卡。

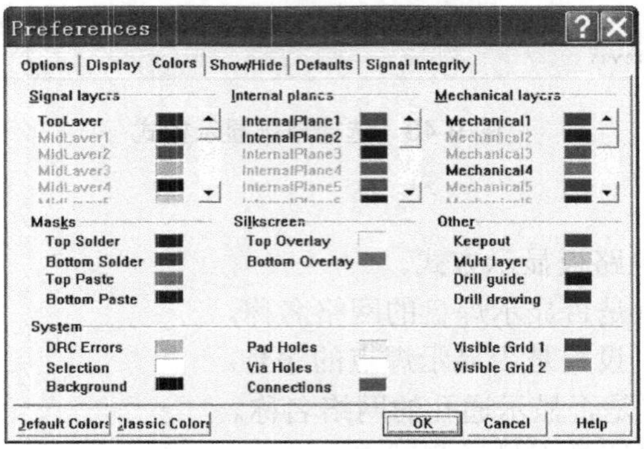

图 9-46　Colors 选项卡

该选项卡用于设置各类对象的显示颜色。其中各项的内容同 Document Options 对话框中的 Layers 选项卡相同，这里就不再详细叙述了。左键单击颜色方框，会打开如图 9-47 所示的 Choose Color 对话框。单击其中的 Define Custom Colors 按钮，可以打开如图 9-48 所示的“颜色”对话框，在这里可以修改对象显示的颜色。

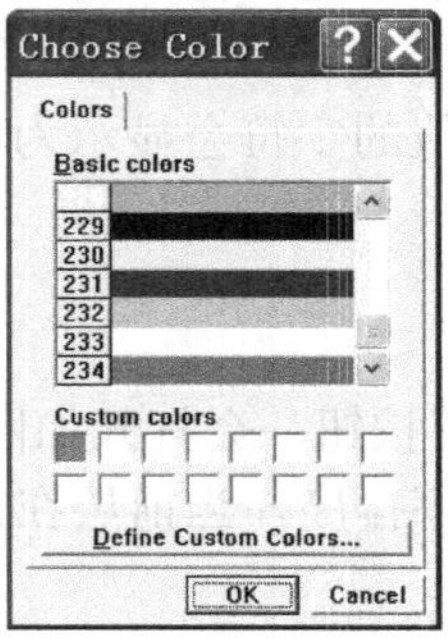

图 9-47　选择显示颜色

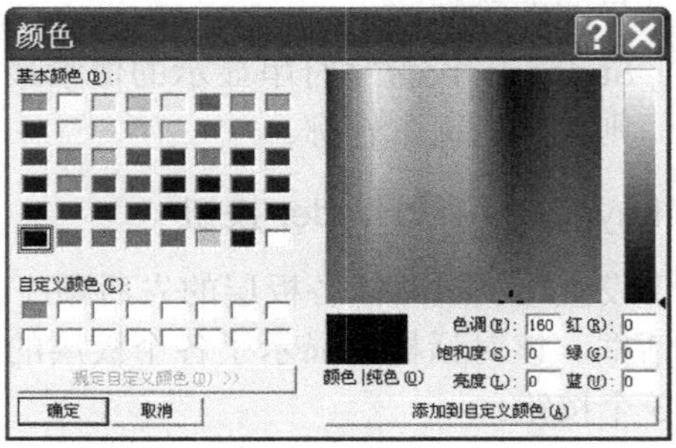

图 9-48　“颜色”对话框

在该选项卡中还有两个按钮。

- **Default Colors**：将各项的颜色设置为默认值。
- **Classic Colors**：将各项的颜色设置为经典模式，即黑色背景设计界面。

9.3.4 设置 Show/Hide 选项卡

左键单击 Preferences 对话框上方的 Show/Hide 标签，打开如图 9-49 所示的 Show/Hide 选项卡。在该选项卡中可以对各种对象的显示模式进行选择，包括 Arcs(圆弧)、Fills(填充)、Pads(焊盘)、Polygons(多边形)、Dimensions(尺寸)、Strings(字符串)、Tracks(导线)、Vias(通孔)、Coordinates(坐标)和 Rooms(空间)等项。对于每种对象，都有如下 3 种可选显示模式。

- **Final**：精细显示。
- **Draft**：简单显示。
- **Hidden**：隐藏。

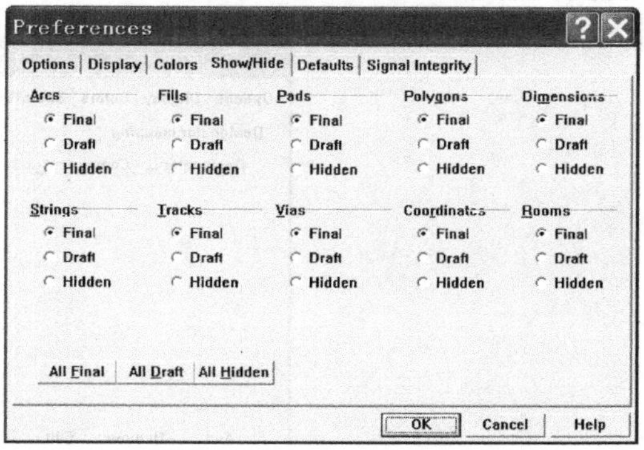

图 9-49　Show/Hide 选项卡

9.3.5 设置 Defaults 选项卡

左键单击 Preferences 对话框上方的 Defaults 标签，打开如图 9-50 所示的 Defaults 选项卡。在该选项卡中，可以对各种对象的默认值进行设置。

例如选择 Component 选项，用鼠标左键单击 Edit Values 按钮，会打开如图 9-51 所示的对话框，在这里可以对元件的各种属性进行设置。左键单击 OK 按钮，退出属性设置，然后在 Defaults 选项卡中单击 OK 按钮进行确认，则修改后的属性值就会作为后面放置的元件的默认属性。如果再选中 Defaults 选项卡中 Permanent 复选框，则对对象属性默认值所作的修改会被永久保存。

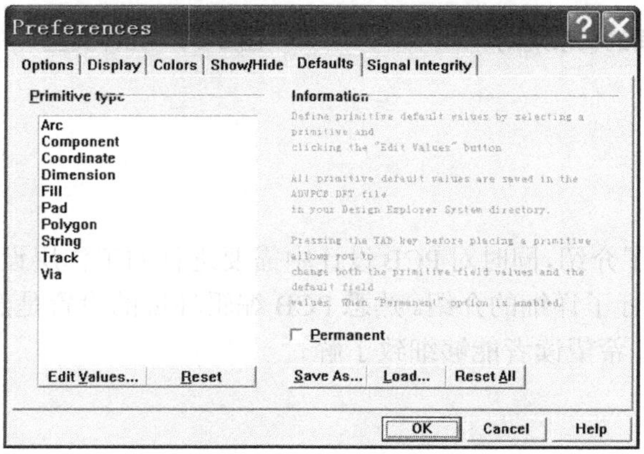

图 9-50　Defaults 选项卡

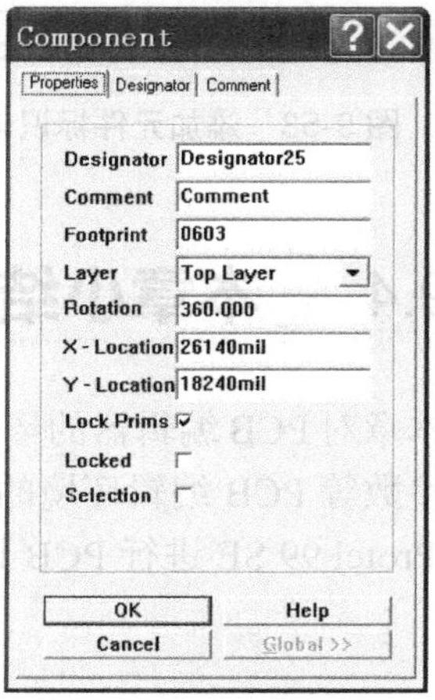

图 9-51　元件对象的属性设置对话框

9.3.6 设置 Signal Integrity 选项卡

左键单击 Preferences 对话框上方的 Signal Integrity 标签，打开如图 9-52 所示的 Signal Integrity 选项卡。该选项卡用于设置元件标识和元件类型之间的对应关系，为信号完整性分析提供信息。

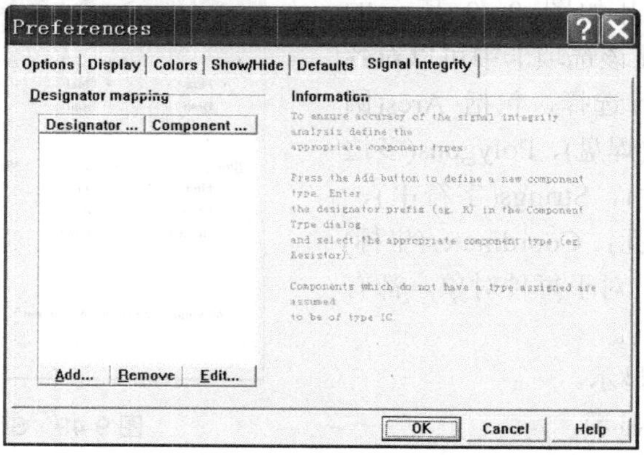

图 9-52 Signal Integrity 选项卡

通过鼠标左键单击 Add 按钮，会打开如图 9-53 所示的添加对应关系对话框。这里有两个选项。

- **Designator Part：** 设置元件标识。
- **Component Type：** 选择元件类型，如图 9-54 所示，有 BJT、Capactitor、Connector、Diode、IC、Inductor 和 Resistor 等类型可供选择。

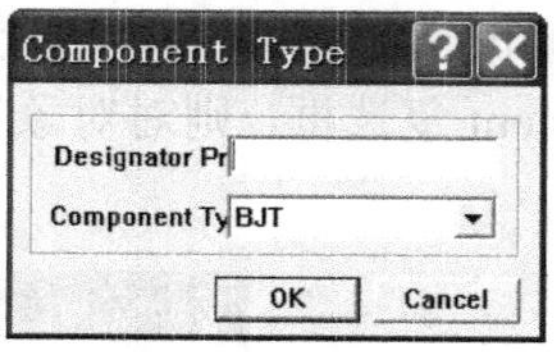

图 9-53 添加元件标识与元件类型之间的关系规则

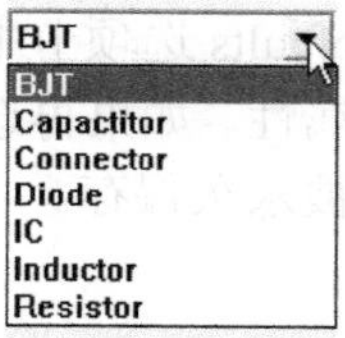

图 9-54 元件类型

9.4 本章小结

本章对 PCB 编辑器的环境结构进行了介绍，同时对 PCB 设计中需要进行的工作层设置、系统参数等 PCB 编辑环境的配置方法进行了详细的介绍。熟悉 PCB 编辑环境的设置是熟练使用 Protel 99 SE 进行 PCB 设计的基础，希望读者能够细致了解。

第 10 章

基础 PCB 设计

本章内容提示

本章对使用 PCB 编辑器进行 PCB 设计的过程作基本的介绍，涉及规划电路板、引入网络表、元件布局、自动布线、设计规则的检查以及结果输出等步骤中的基本操作。

本章内容是进行 PCB 设计的基础，主要让读者熟悉 PCB 的设计环境、PCB 设计的一般流程以及设计过程中的基本操作，为后面深入学习 PCB 的设计技巧打下良好的基础。

学习要点

- 规划电路板
- 引入网络表
- 元件的手工布局
- PCB 的自动布线
- 进行 DRC 检查
- 使用绘图工具修饰电路板
- 电路板的打印输出

10.1 规划电路板

在进行 PCB 设计时，用户首先要根据电路板的内容确定电路板的大概尺寸，即进行电路板的规划。这一规划是通过放置电气边界进行的，即在禁止布线层中画出一个电路板的边框，这样系统就对 PCB 的区域有了定义，在后面的布局以及布线过程中的操作都在这一边框内进行。下面就具体介绍一下其操作过程。

(1) 新建一个 PCB 文件并打开。

(2) 用鼠标左键单击放置对象工具栏中的⊠按钮，对应于 Edit | Origin | Set 菜单命令，用于在工作区设置相对原点。此时光标变为十字形，如图 10-1 所示，选择工作区的某一点单击鼠标左键，即可将相对原点设于该点，之后的坐标都会以这一点为基准进行显示，这样可以方便 PCB 设计。

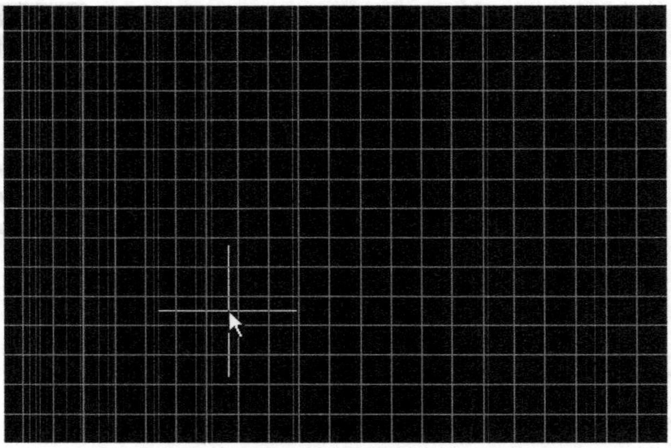

图 10-1　设置相对原点

(3) 用鼠标左键单击工作区下方的板层切换区域的 KeepOutLayer 标签，将禁止布线层设置为当前层，如图 10-2 所示。

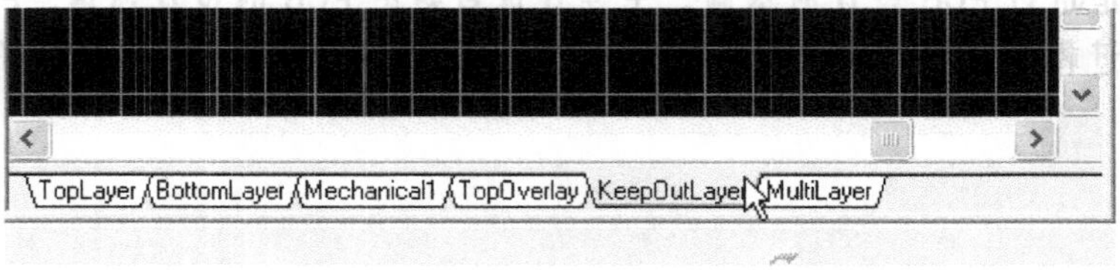

图 10-2　切换至禁止布线层

(4) 用鼠标左键单击放置对象工具栏上的≈按钮，对应于 Place | Keep Out | Track 菜单命令，用来绘制电气边框。此时光标变为十字形，通过单击鼠标左键确定边框线的一端，然后单击鼠标左键确定另一端，即可绘制出一条边框线。如此绘制一个矩形区域作为电气边界，如图 10-3 所示。

(5) 单击鼠标右键，退出绘制边框线状态。

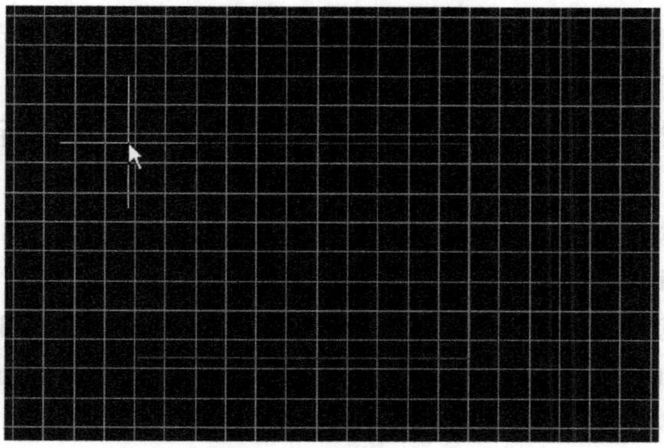

图 10-3　绘制电气边框

这样就确定好了 PCB 的电气范围。

10.2　由原理图生成 PCB

在一般的设计中，会首先进行电路原理图的设计，然后以原理图为基础进行 PCB 的设计。在 Protel 99 SE 中，由设计好的原理图生成 PCB 文件有两种途径：一是直接在原理图中更新 PCB 文件；二是通过引入网络表生成 PCB。下面就对其分别进行介绍。

10.2.1　由原理图直接生成 PCB

Protel 99 SE 支持在原理图中直接进行 PCB 文件的更新，这是 Protel 99 SE 的新功能。下面就对其具体步骤进行介绍。

(1) 首先打开设计好的原理图文件，如图 10-4 所示。

(2) 执行 Design | Update PCB 菜单命令，如图 10-5 所示。

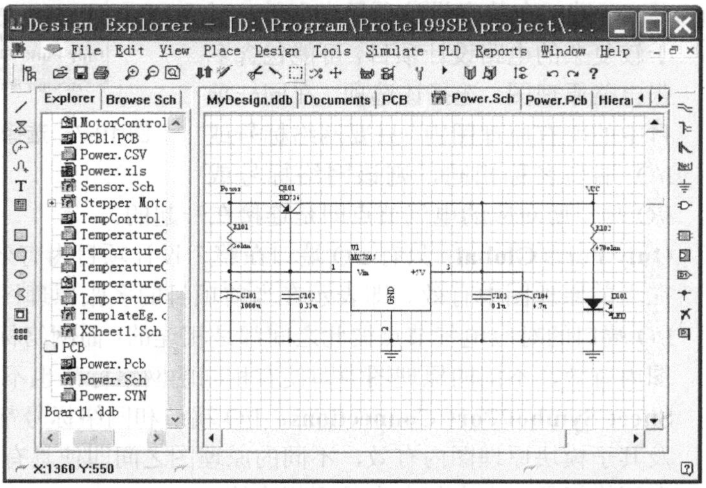

图 10-4　打开原理图文件

(3) 此时会打开如图 10-6 所示的对话框，在这里进行原理图和 PCB 文件的同步设置。通过建立同步关系，可以实现原理图和 PCB 文件之间的相互更新，即可以通过修改原理图直接对 PCB 电路进行相应的修改，也可按照 PCB 文件中的修改更新原理图文件。其中各选项的含义如下。

- Connectivity 选项组。
  - ◆ **Connectivity：**选择在多文件设计中各文件电路之间的连接关系，通过下拉列表进行选择，如图 10-7 所示，有 Net Labels and Ports Global(网络标号和端口)、Only Ports Global(端口)和 Sheet Symbol/Port Connections(连接端口)3 个选项可供选择。

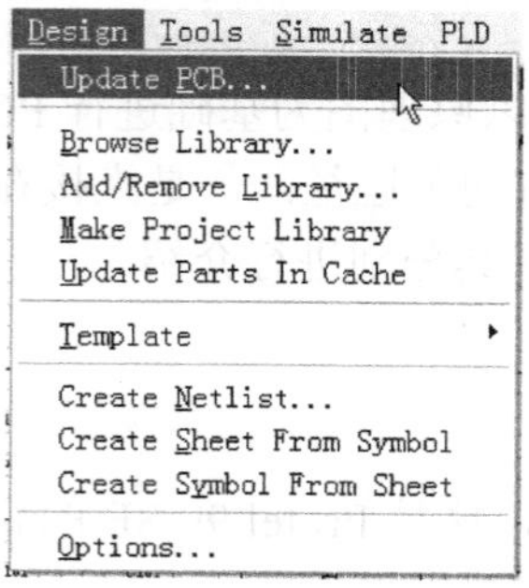

图 10-5　执行更新 PCB 文件命令

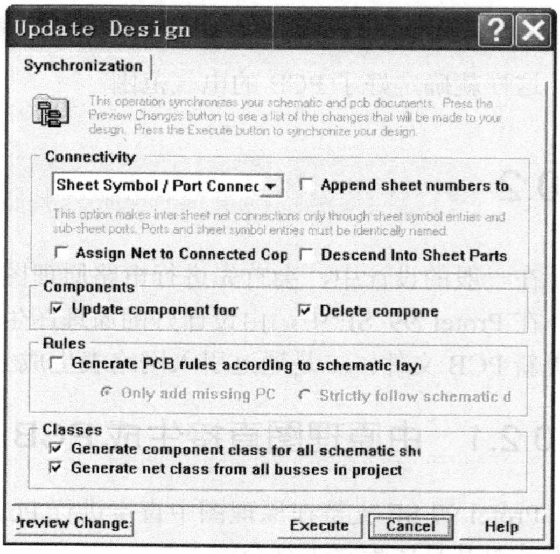

图 10-6　同步设置

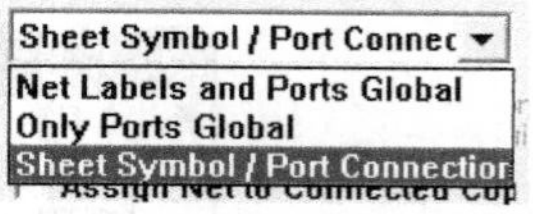

图 10-7　选择页面间的连接关系

✧ **Net Labels and Ports Global：**网络标号及 I/O 端口在整个设计项目内有效。对于较复杂的电路设计项目，可能包含多张电路原理图，选择该选项，在同一项目中的所有原理图内，只要网络标号或 I/O 端口名称相同，则该网络标号或 I/O 端口所对应的电气节点即是连接在一起的。

✧ **Only Ports Global：**只有 I/O 端口在整个设计项目内有效，而网络标号只在当前原理图中有效。即表示在当前项目的多张原理图之间，具有相同 I/O 端口的对应电气节点彼此之间都是相连的；而网络标号仅在单张原理图内有效，不同的原理图中即使有相同的网络标号也不是直接相连的。

✧ **Sheet Symbol/Port Connections：**I/O 端口和网络标号都只在当前原理图及其子模块原理图内有效，不同的原理图之间即使具有相同的 I/O 端口和网络标号，在电气上也是不相连的。

◆ **Append sheet numbers to local name：**设置是否将原理图编号附加到网络表名

称上，当一个设计项目内有多张原理图时，选择此项便于阅读。只有单张原理图时，此项可不作选择。

- **Assign Net to Connected Copper：**为相连的敷铜分配网络标号。
- **Descend Into Sheet Parts：**设置是否将页面元件的内部电路的连接关系也转化为网络表，即当前原理图中如果含有原理图类的元件，选择该项，则这类元件的内部电路连接关系也会转化为网络表格式并记录到网络表文件中。

- Components 选项组。
  - **Update component footprints：**更新目标文件中元件的封装类型，如果目标文件中元件已放置了封装，则会采用当前文件中的定义替代原有封装。
  - **Delete components：**删除元件，如果目标文件中原来有元件存在，则会将其删除，然后绘制当前文件中的元件。
- Rules 选项组。
  - **Generate PCB rules according to schematic layout directives：**按照原理图中的 PCB 布线指示生成 PCB 规则。
- Classes 选项组。
  - **Generate component class for all schematic sheets in project：**为当前项目中的所有原理图文件都创建元件类。
  - **Generate net class from all busses in project：**为当前项目中的总线创建网络类。

(4) 设置好原理图与 PCB 文件的同步选项后，可以用鼠标左键单击对话框左下角的 Preview Changes 按钮，打开如图 10-8 所示的预览 PCB 更改对话框。在该对话框中列出了将会对目标 PCB 文件所作的各种修改。如选中 Only show errors 复选框，则仅会显示存在错误的条目。可以通过单击 Report 按钮生成同步设置报表文件，如图 10-9 所示。在报表文件中显示了原理图的文件名以及目标 PCB 文件的名称等信息，同时还列出了在 PCB 中所作的修改的详细信息。

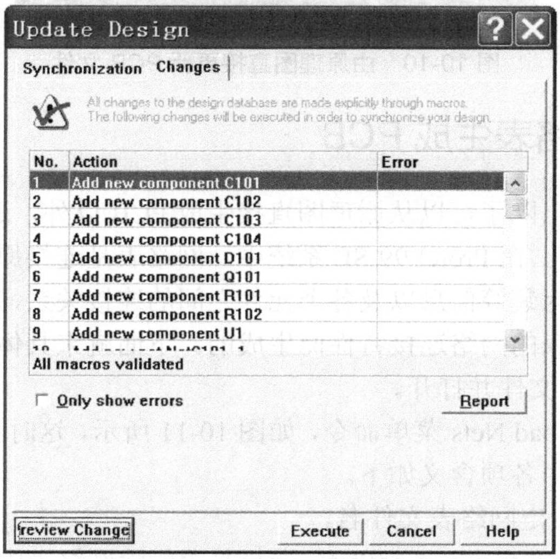

图 10-8　预览 PCB 的更改

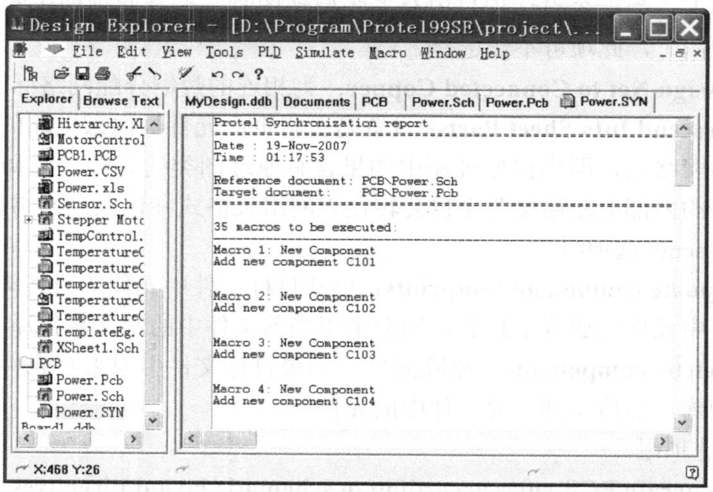

图 10-9　生成报表文件

(5) 用鼠标左键单击 Execute 按钮，即可将原理图中的元件及其连接关系引入 PCB 文件中，如图 10-10 所示。

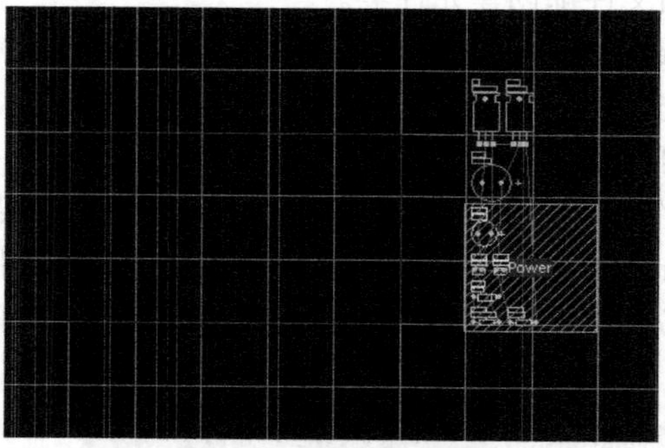

图 10-10　由原理图直接更新 PCB 文件

10.2.2　引入网络表生成 PCB

在 Protel 99 SE 中，除了可以从原理图直接生成 PCB 以外，还可以采用传统的引入网络表方式进行 PCB 设计。在 Protel 99 SE 系统中，网络表是连接原理图和 PCB 的桥梁，在网络表中定义了元件的封装等信息以及各个元件之间的连接关系，是 PCB 布线的依据。PCB 中的飞线即是根据网络表的网络连接特性而生成的。下面就来具体介绍一下其操作步骤。

(1) 新建一个 PCB 文件并打开。

(2) 执行 Design | Load Nets 菜单命令，如图 10-11 所示，这时会打开如图 10-12 所示的加载网络表对话框，其中各项含义如下。

- **Netlist File：**指定网络表文件名。
- **Delete Components not in netlist：**选择是否删除网络表中没有的元件。
- **Update footprints：**选择是否更新 PCB 中已有元件的封装信息。

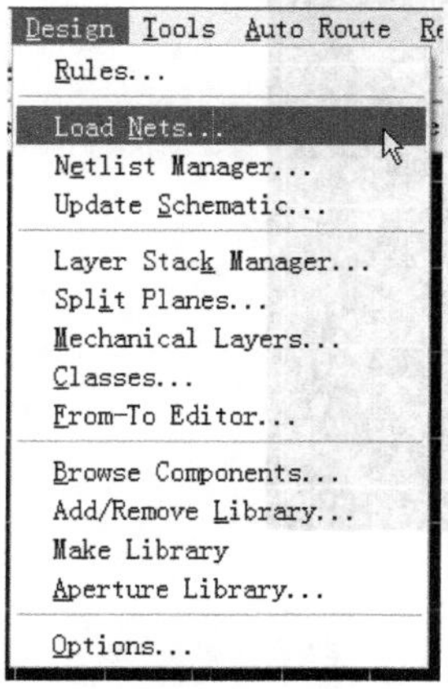

图 10-11　执行加载网络表命令

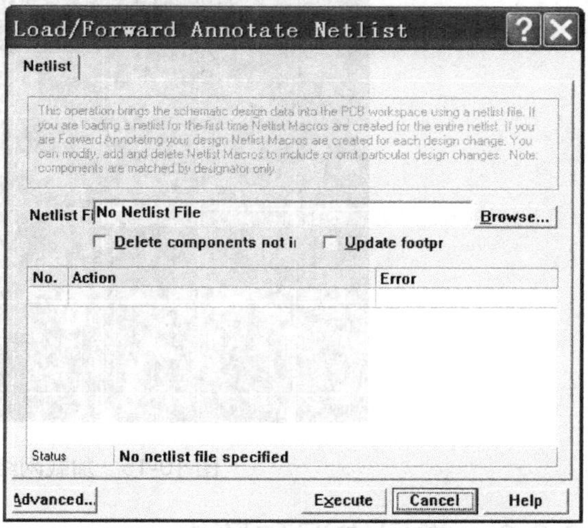

图 10-12　加载网络表对话框

(3) 左键单击 Browse 按钮，打开如图 10-13 所示的 Select 对话框。

(4) 选择要加载的网络表文件，单击 OK 按钮，回到网络表加载对话框，如图 10-14 所示。可以看到所选网络表会对当前 PCB 文件所作的修改列在了对话框中，其中各列内容的含义如下。

- **No.**：对 PCB 进行的操作的编号，由系统自动生成。
- **Action**：显示根据所选网络表会对当前 PCB 文件所作的修改。
- **Error**：显示该项操作中是否存在错误以及错误的具体信息。

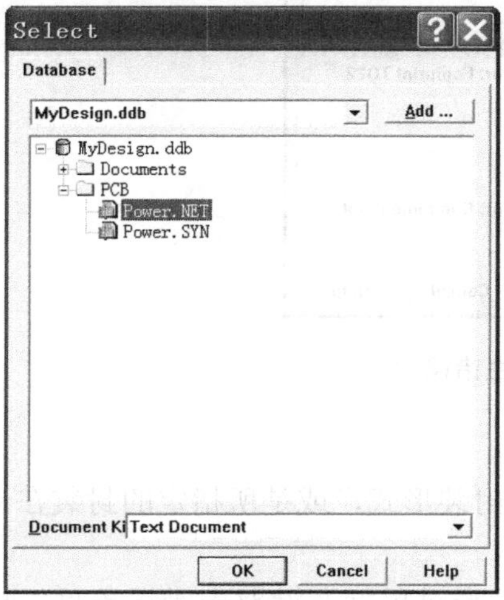

图 10-13　Select 对话框

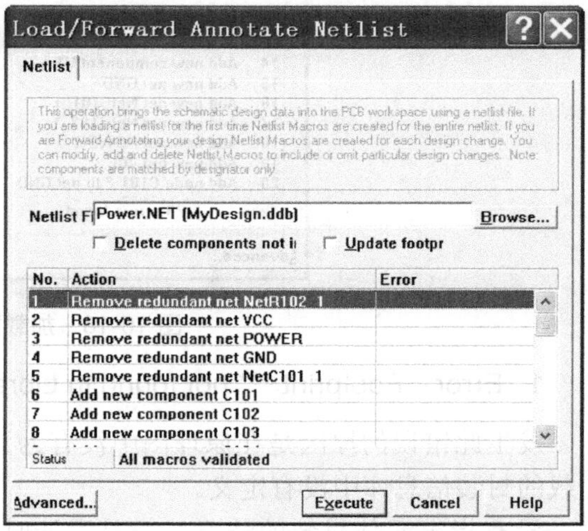

图 10-14　加载网络表

(5) 左键单击 Execute 按钮，即可实现所选网络表的加载，加载结果如图 10-15 所示。

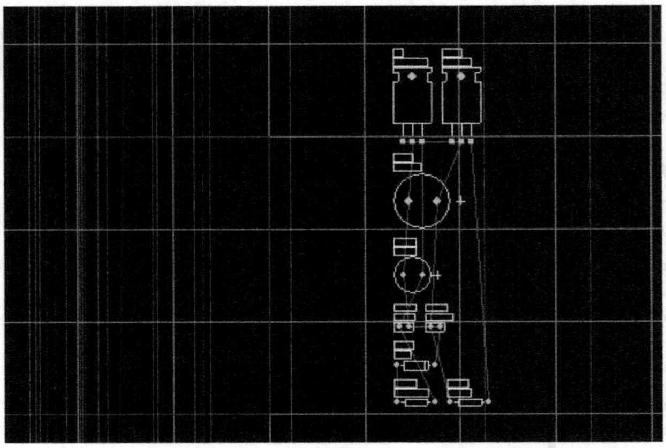

图 10-15　加载网络表后的 PCB

10.2.3　常见错误和警告

如图 10-16 所示，开始在 PCB 中加载网络表时经常会遇到很多错误，主要有以下几种。

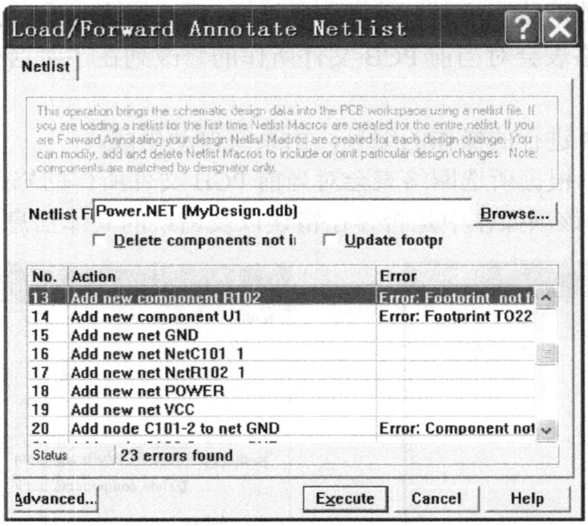

图 10-16　加载网络表产生错误

1. Error：Footprint *** not found in Library

发生此错误的原因是在原理图中没有为元件指定封装形式，或是所指定的封装在当前加载的封装信息库中没有定义。

没有指定元件封装的情况一般是设计时漏掉了。通过鼠标左键双击错误条目，打开如图 10-17 所示的编辑宏窗口，在相应位置添加上就可以了；或是在原理图中进行修改，然后重新生成网络表进行加载。

如果指定了封装但却显示在封装库中没有找到相应的定义，那么首先要检查是否加载了所需要的元件封装库。在设计 PCB 之前，首先要保证所需的元件封装库都已经加载到系统中，如果还没有加载，可以参照如下步骤进行。

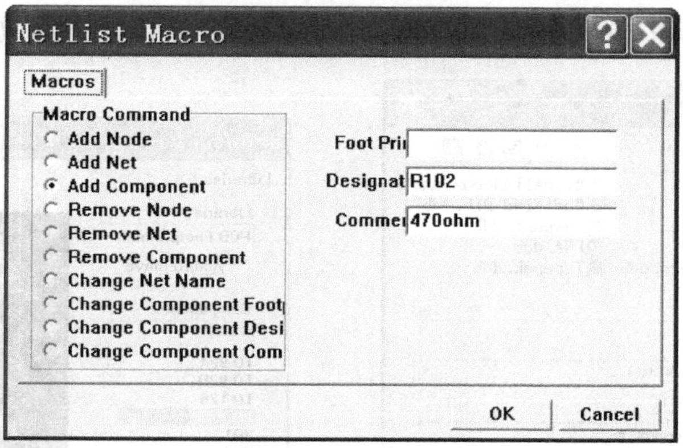

图 10-17　编辑网络表加载宏对话框

(1) 取消加载网络表，回到 PCB 设计界面。

(2) 将左侧窗口切换到 Browse PCB，在主浏览窗口的下拉列表中选择 Libraries，然后如图 10-18 所示，左键单击窗口下面的 Add/Remove 按钮，或执行 Design | Add/Remove Library 菜单命令，如图 10-19 所示。

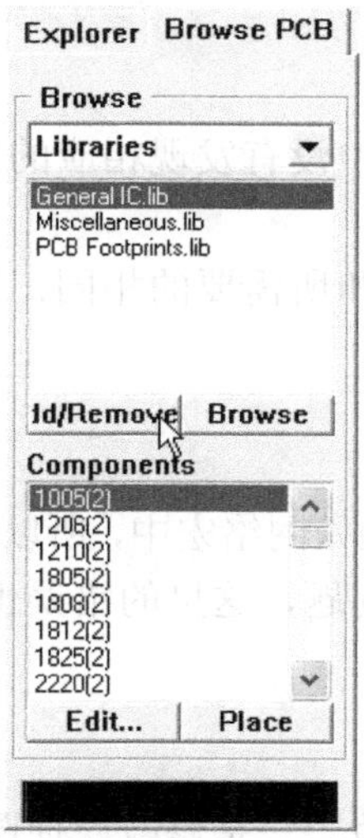

图 10-18　单击 Add/Remove 按钮

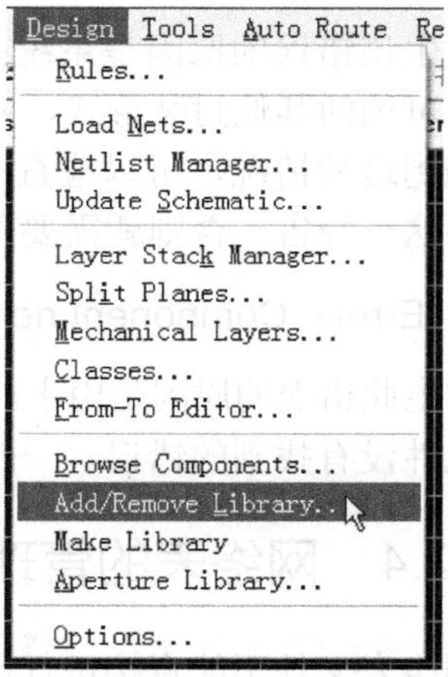

图 10-19　执行菜单命令

(3) 打开如图 10-20 所示的管理元件封装库对话框，选择要添加的库文件，然后左键单击 Add 按钮，即可将所选的库文件加载到当前系统中。

(4) 左键单击 OK 按钮，回到 PCB 设计界面，重新进行网络表的加载。

需要注意的是，在指定元件封装时，要使用元件库中已有的名称格式。有时虽然指定了元件封装，库文件中也有所需要的定义，但是由于指定的名称格式与库中的名称不完全相同而导致系统不能识别，被当作了错误处理。如图 10-16 中的第 14 条，库中给出的定义是 TO-220，而这里写作了 TO220，就当作错误来处理了。

如果不能确定元件封装的具体名称，可以通过单击 Add/Remove 按钮旁边的 Browse 按钮或执行 Design | Browse Components 菜单命令，打开如图 10-21 所示的浏览库元件对话框。

在其中可以浏览元件库中的元件封装信息，找到所需要的定义，确认好其名称。

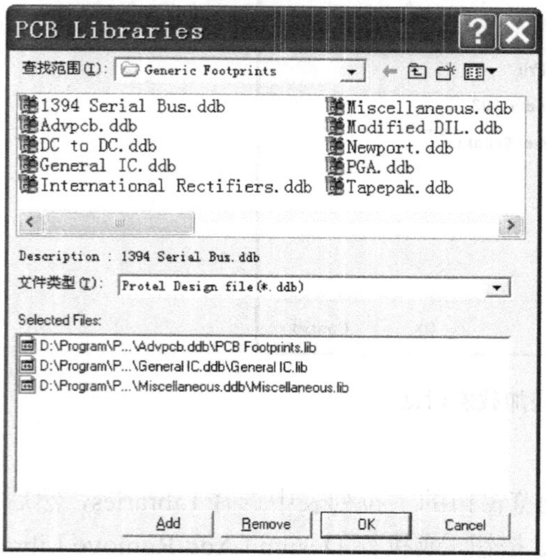

图 10-20　管理元件封装库对话框

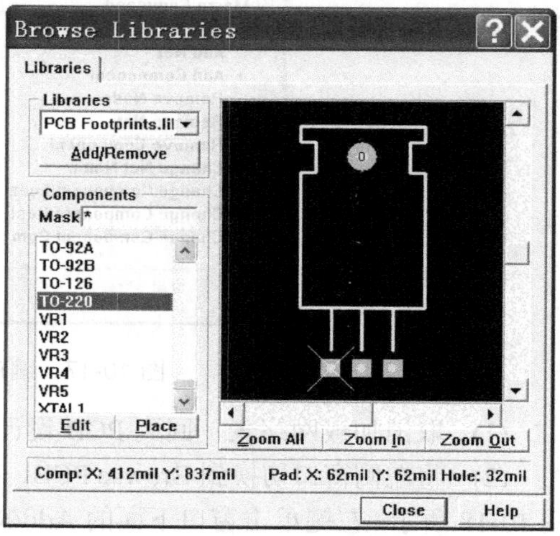

图 10-21　浏览库元件对话框

2. Warning：Alternative footprint ***

发生该错误的原因是系统在加载元件封装时，在库中没有发现相应的定义，但发现了此元件可选的其他封装形式，并进行了替换。

遇到这种情况，可以检查一下替换的封装定义是否和所需要的相同，如果相匹配就可以忽略这一警告，否则就需要重新进行指定。

3. Error：Component not found

发生此错误的原因是由于前面的错误使得元件没有加入网络宏中，所以在加入网络时显示了元件没有找到的错误。一般改正了前面元件的封装问题，这里的错误也会随之被修正。

10.2.4　网络表的管理

网络表文件不能直接进行修改。要对网络表进行修改，一是修改原理图中的相应设置，然后重新生成网络表，再就是在加载时对具体条目进行修改。

用鼠标左键双击加载的条目，可以打开如图 10-22 所示的宏命令修改对话框，在这里可以修改由网络表生成的宏命令的类型及其参数。

此外，在加载网络表对话框中单击 Advanced 按钮，可以打开如图 10-23 所示的网络表管理器，在这里可以对网络表的设置进行高级管理。管理其中包含了 3 部分，分别是：

- **Net Classes**：网络类列表。
- **Nets In Class**：所选网络类中所包含的网络。
- **Pins In Net**：所选网络中所包含的引脚。

在各栏中可以通过单击按钮进行编辑所选条目(Edit)、添加条目(Add)和删除条目(Remove)等操作，如图 10-24 和图 10-25 所示。

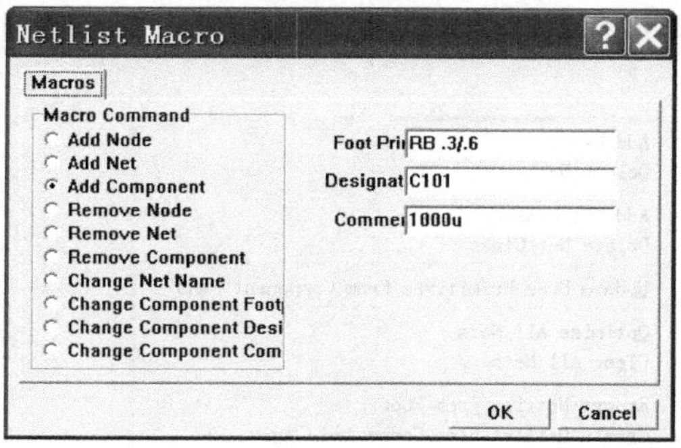

图 10-22　修改网络表加载宏命令

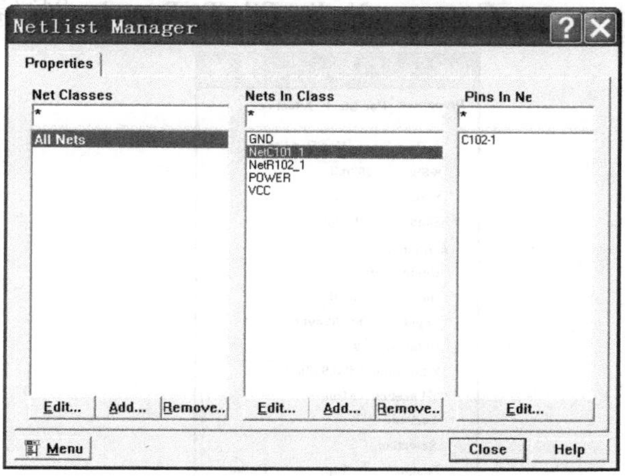

图 10-23　网络表管理器

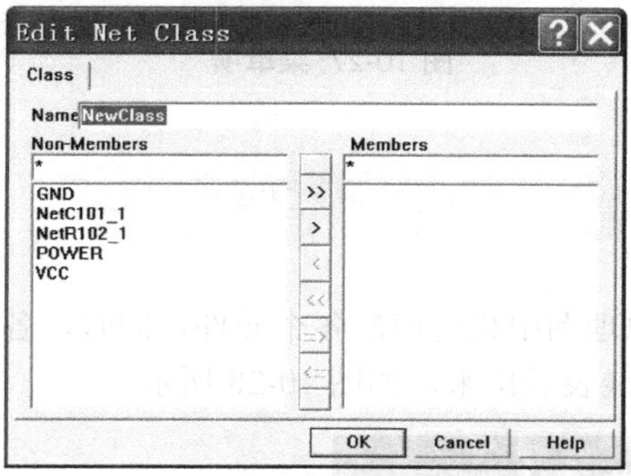

图 10-24　编辑网络类

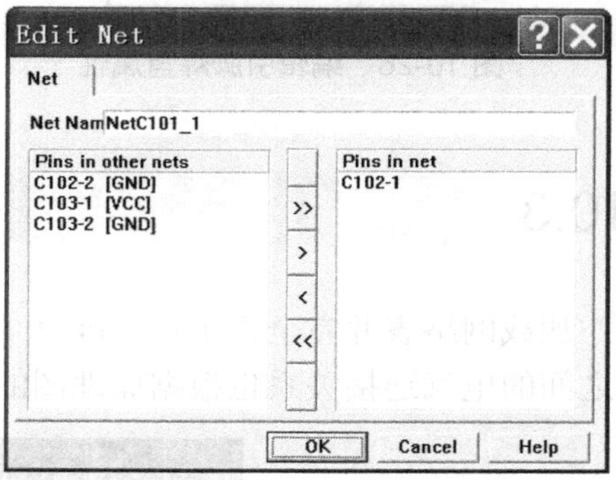

图 10-25　编辑网络

在 Pins In Net 一栏中可以编辑管脚焊盘的属性，如图 10-26 所示，其具体含义会在后面的章节中进行介绍。

在管理器左下角有一个 Menu(按钮)，通过鼠标左键单击，可以弹出如图 10-27 所示的菜单，其各选项含义如下。

- **Add Net：**添加网络。
- **Delete Net：**删除网络。
- **Add Net Class：**添加网络类。
- **Delete Net Class：**删除网络类。
- **Update Free Primitives From Component Pads：**由当前定义的元件焊盘属性更新尚未设定的默认值。
- **Optimize All Nets：**优化所有网络。
- **Clear All Nets：**删除所有网络。
- **Export Netlist From PCB：**由 PCB 文件生成网络表。
- **Create Netlist From Connected Copper：**由 PCB 中相互连接的导线生成网络表。
- **Compare Netlists：**比较网络表文件。

- **Compare Netlist File To Board**：网络表文件与电路板相比较。

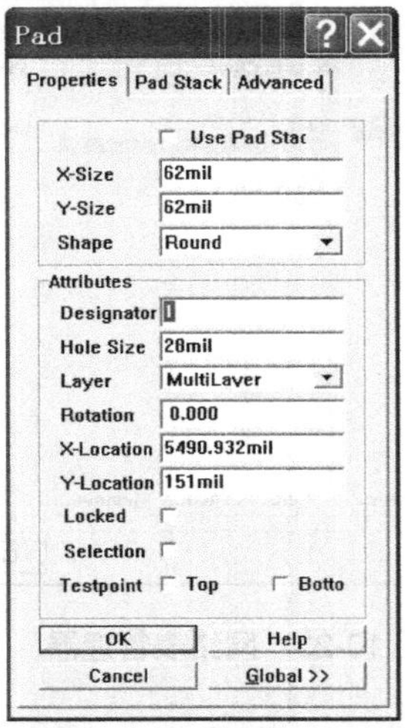

图 10-26　编辑引脚焊盘属性

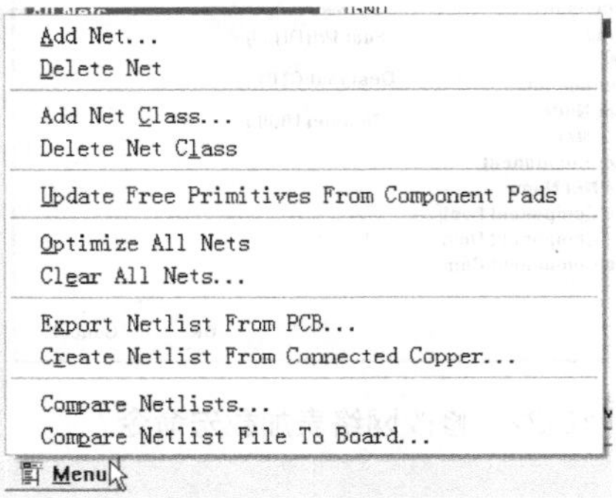

图 10-27　菜单项

10.3 元件布局

加载网络表并完全正确后，PCB 中就有了原理图中相对应的各个元件，同时，各个元件之间的电气连接关系也根据原理图的定义用飞线表示出来，如图 10-28 所示。

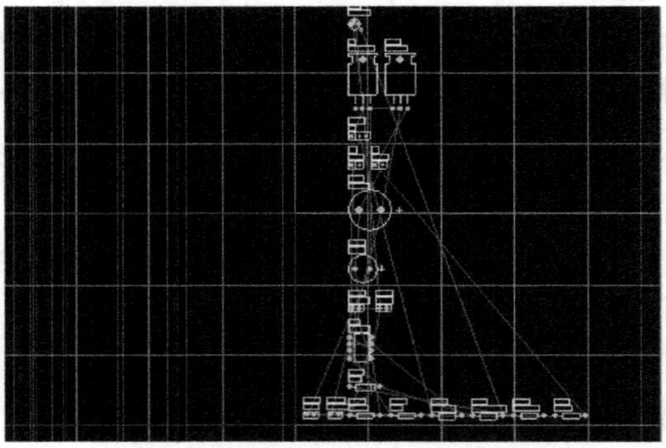

图 10-28　加载网络表后的 PCB

接下来就可以进行 PCB 的具体设计了。PCB 设计首先需要将元件布局，即根据 PCB 板的大小以及各个元件的功能确定各个元件的相对位置。下面就对布局过程中元件的基本操作进行介绍。

10.3.1　元件的选取、取消选取和移动

在对元件布局时，一般先按功能模块对整体进行规划，然后将之间联系最紧密的元件尽量靠近，从而方便布线，并易使连线缩短。在这一过程中，免不了要频繁进行元件的选

取和移动。在 PCB 中，元件的选取和移动操作同原理图中类似，下面就进行具体介绍。

1. 选取对象

在 PCB 中，元件的选取只有一种状态，同原理图中略有不同，用鼠标左键单击元件不会导致元件的状态产生变化。选取对象有以下几种方式。

1) 主工具栏按钮

通过主工具栏上的⬚按钮可以进行对象的选取，操作步骤如下。

(1) 用鼠标左键单击⬚按钮，光标变为十字形。

(2) 在要选取的对象左上方单击鼠标左键，向右下方拖动，此时会出现一个线框，如图 10-29 所示。

(3) 当线框完全包住所选对象时再次单击鼠标左键，即可选中该对象。

(4) 单击鼠标右键或按 Esc 键退出框选对象状态。

2) 菜单选项

通过执行菜单命令也可以实现对象的选取，如图 10-30 所示，在 Edit | Select 菜单栏下有多种选择命令。

- **Inside Area：**选取框选区域内的所有对象，这一命令的操作同主工具栏按钮相同。
- **Outside Area：**选取框选区域外的所有对象，与上一命令相似，所不同的是线框包住的是不被选取的对象，而选取线框外面的对象。
- **All：**选取所有对象。

其他命令用于对 PCB 中的导线等其他对象进行操作，这里暂不作详细介绍。

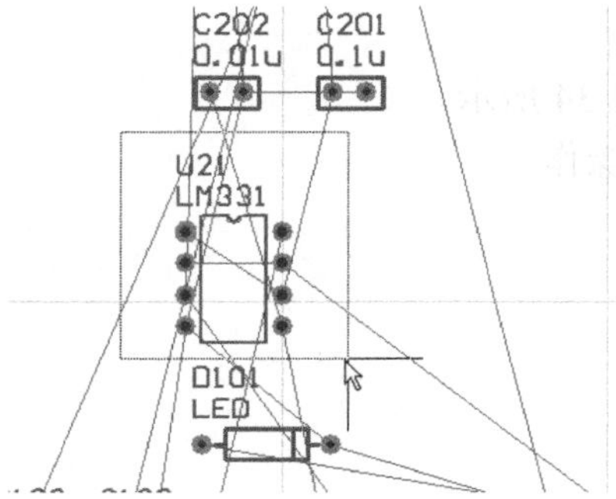

图 10-29 框选对象

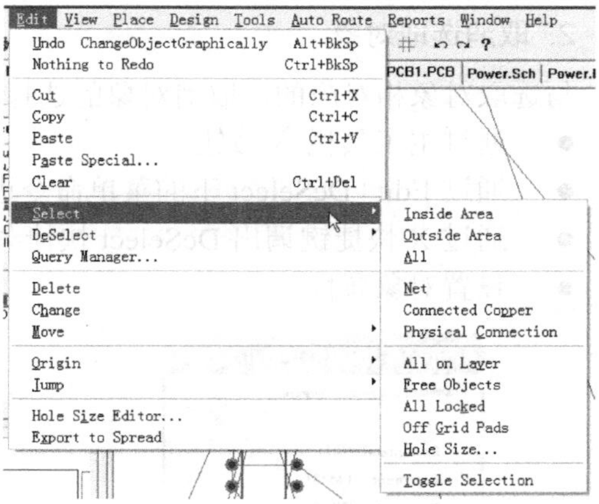

图 10-30 选取对象的菜单命令

3) Toggle Selection

在 Select 菜单中有一项 Toggle Selection 命令可以直接点选对象。使用该命令选取对象的操作过程如下。

(1) 执行 Edit | Select | Toggle Selection 命令，此时光标变为十字形。

(2) 将光标移动到想要选取的对象上，单击鼠标左键即可选取该对象，如图 10-31 所示。

(3) 重复上述操作，可以选择其他对象

(4) 单击鼠标右键或按 Esc 键退出点选状态。

当需要选择多个离散的对象时使用该命令会比较方便，特别是当框选范围内含有不希望被选取的对象时。

4) 使用键盘快捷键

在工作区还可以通过按 S 键调出选取对象快捷菜单来进行对象的选取，如图 10-32 所示。其中各命令含义与 Edit 菜单中相同，需要注意的是要在英文输入法状态下。

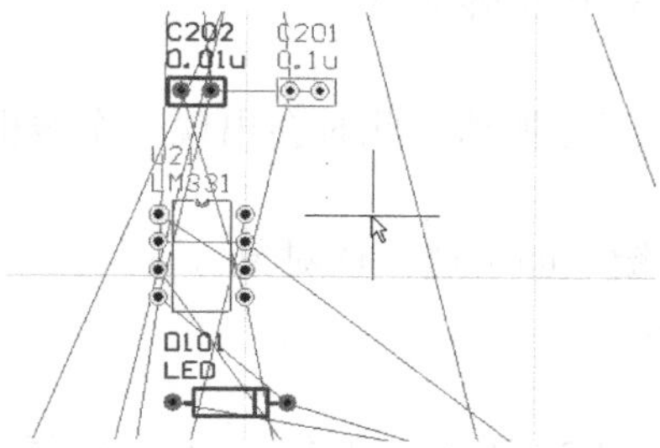

图 10-31 点选对象

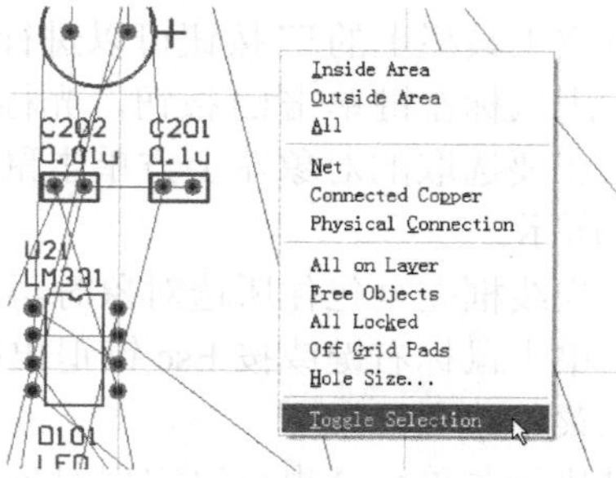

图 10-32 快捷菜单

5) 设置对象属性

通过鼠标左键双击对象，打开如图 10-33 所示的属性对话框，选中其中的 Selection 复选框，也可以实现该对象的选取。

这一方法主要用于当情况比较复杂，使用其他方法不易操作的时候，或是在全局编辑时使用。

2. 取消选取对象

与选取对象相对应的，取消对象的选择状态也有以下几种途径。

- 通过主工具栏 ⁘ 按钮。
- 通过 Edit | DeSelect 下的菜单命令进行，如图 10-34 所示。
- 通过 X 快捷键调出 DeSelect 快捷菜单进行相应操作。
- 设置对象属性。

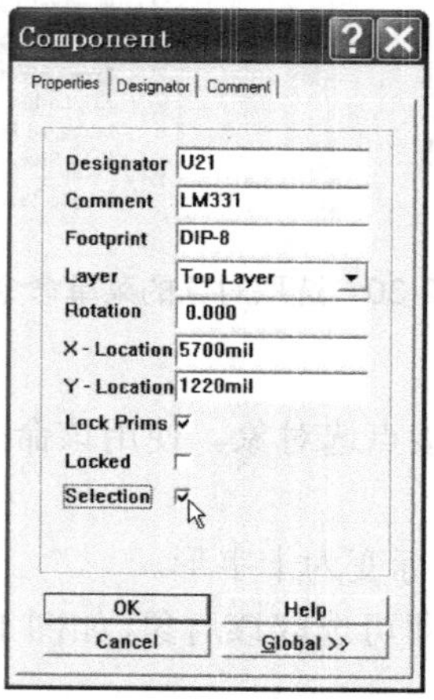

图 10-33 通过设置属性选取对象

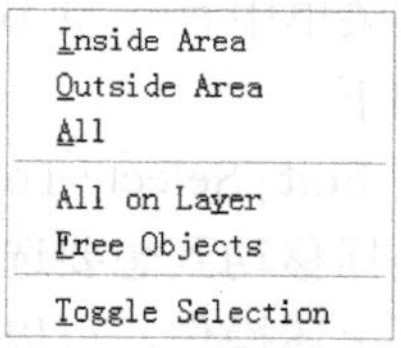

图 10-34 DeSelect 菜单

3. 移动对象

在 PCB 编辑器中，移动对象有以下几种方式。

1) 拖动单个元件

左键单击需要移动的对象，按住左键不放拖动鼠标，即可实现该对象的移动，如图 10-35 所示。释放左键可结束移动。

2) 拖动多个对象

当需要移动多个对象时，可以首先选取需要移动的对象，此时这些对象就可以作为一个元件，然后采取同拖动单个元件相同的操作即可实现其移动，如图 10-36 所示。

3) 使用主工具栏按钮

在主工具栏上的 ✢ 按钮也可以实现对象的移动，其操作过程如下。

(1) 选取需要移动的对象。

(2) 用鼠标左键单击 ✢ 按钮，此时光标变为十字形。

(3) 选择一个参考点，单击鼠标左键，此时被选取的对象就会通过该点吸附在光标上，如图 10-37 所示。

(4) 将被选对象移动到所需位置，单击鼠标左键放置对象。

(5) 取消对象的选取状态。

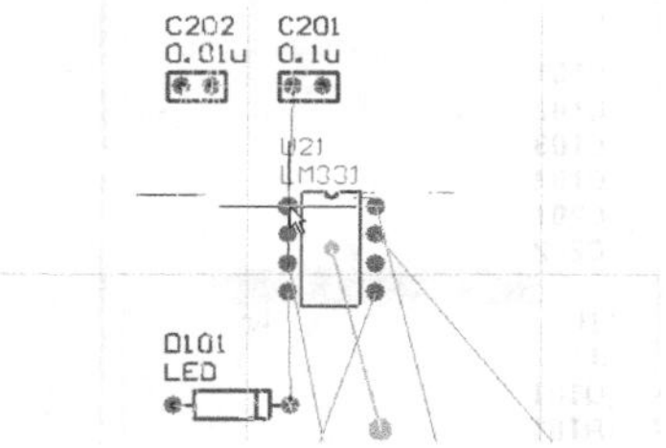

图 10-35 拖动单个对象

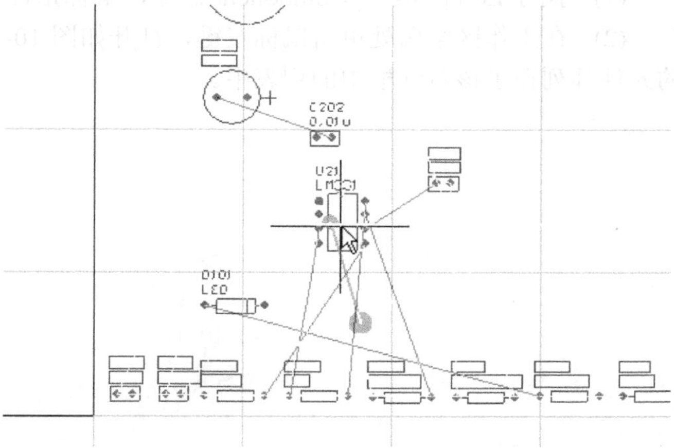

图 10-36 拖动多个对象

4) 执行菜单命令

在 Edit | Move 菜单下有一系列移动命令，如图 10-38 所示。其中部分命令说明如下。

- **Move**：移动对象。其操作如下。

(1) 执行 Move 命令，光标变为十字形。

(2) 鼠标左键单击需要移动的对象，该对象即会吸附于光标。

(3) 移动光标，此时对象随之移动，单击鼠标左键放置对象。

(4) 此时光标仍然呈十字形，可以继续移动下一个对象。

(5) 单击鼠标右键，或按 Esc 键退出移动。

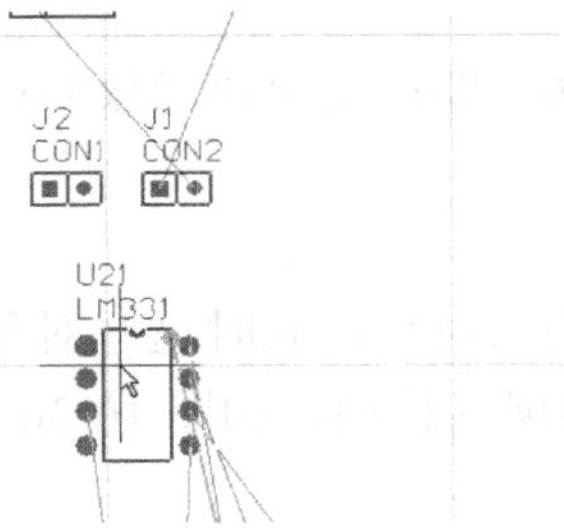

图 10-37 通过移动工具按钮进行移动

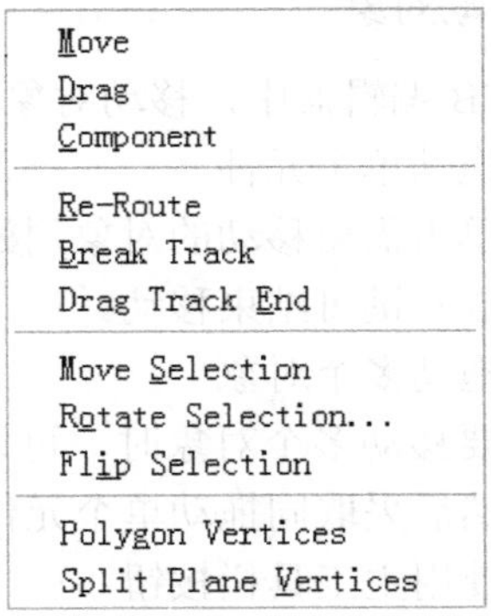

图 10-38 Move 菜单

- **Drag:** 拖动对象，其操作过程与 Move 命令相同，区别在于 Move 命令仅会移动所选对象，对其他对象不产生影响；而 Drag 命令移动对象时其相连的导线会随之变化。
- **Component:** 移动元件，其操作过程与 Move 命令相同，而在移动元件时其有独特的方便之处。操作过程如下。

(1) 执行 Edit | Move | Component 命令，鼠标指针变为十字形，如图 10-39 所示。

(2) 在工作区空白处单击鼠标左键，打开如图 10-40 所示的对话框。可以看到 PCB 中的元件都列在了该对话框中的列表中。

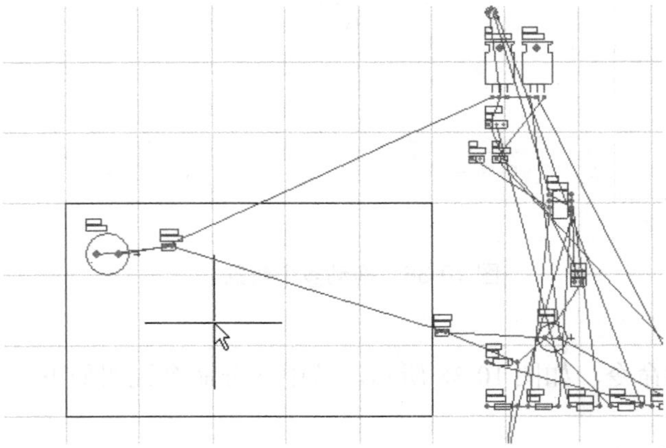

图 10-39 执行 Component 命令

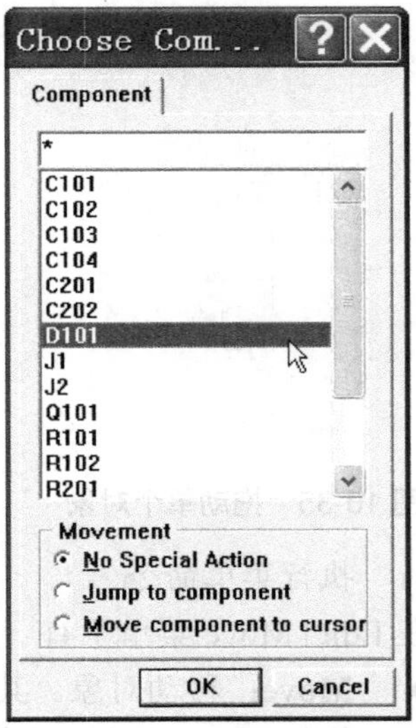

图 10-40 选择要移动的元件

(3) 选择所需要移动的元件，单击 OK 按钮，这时被选择的对象就会吸附于光标，如图 10-41 所示。

(4) 移动元件到合适位置，单击鼠标左键放置元件。

(5) 移动下一个元件或取消移动。

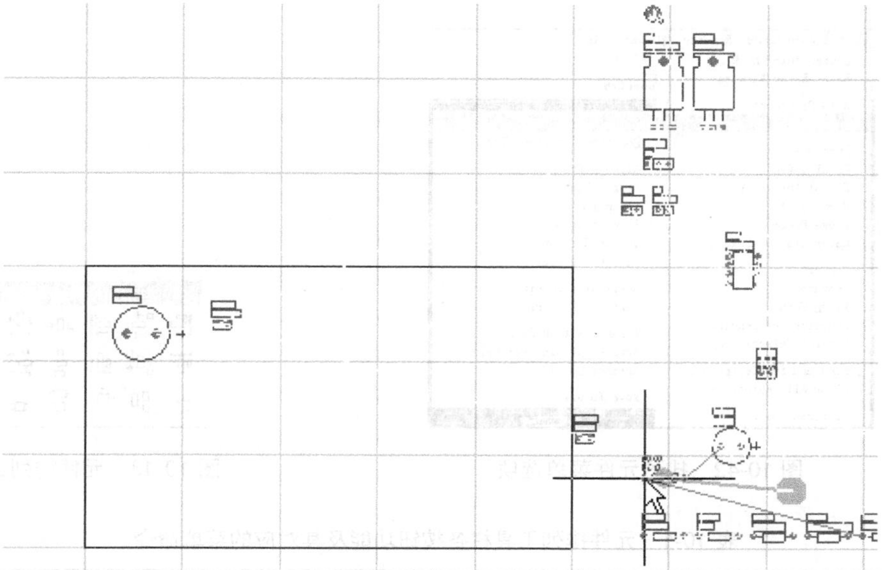

图 10-41　所选元件吸附于光标

从操作过程中可以看到，该命令在执行时不需要在工作区选择对象，而只需要在列表中找到相应的元件即可。这在比较复杂的 PCB 设计中是很方便的，因为当 PCB 中的元件较多时，有时要在图中找到一个元件是很困难的，而通过该命令，只要在原理图设计时为元件采取恰当的命名，即可容易地将某一功能单元的元件聚集到一起。

在图 10-37 中有 3 个选项，其含义分别如下。

- **No Special Action**：不采取特殊操作。
- **Jump to component**：选择该选项，则光标和显示区域会跳转到所选元件。
- **Move component to cursor**：选择该选项，则元件会移动到光标处，从而可以不用改变当前显示区域而将其他位置的元件移动过来。

5)　使用快捷键

在工作区按 M 键，可以直接调出 Move 菜单，通过选择相应命令即可实现移动操作。

10.3.2　对齐元件

在 PCB 设计中，元件的布局是十分重要的。出于节省成本以及尺寸要求等考虑，往往需要 PCB 板设计得尽量小，这时元件的布局就很关键，因此在 PCB 中对元件的放置要求很高；另外 PCB 最终是要制作出来的，出于美观的考虑也需要元件的放置要尽量整齐。为满足这种需求，Protel 99 SE 的 PCB 设计器提供了多种元件排列命令，在 Tools | Interactive Placement 菜单下，如图 10-42 所示；此外，Protel 99 SE 还专门提供了元件排列工具栏，如图 10-43 所示。通过 View | Toolbars | Component Placement 菜单命令，可以切换元件排列工具栏的显示和隐藏，其各按钮的含义及其对应的菜单命令如表 10-1 所示。

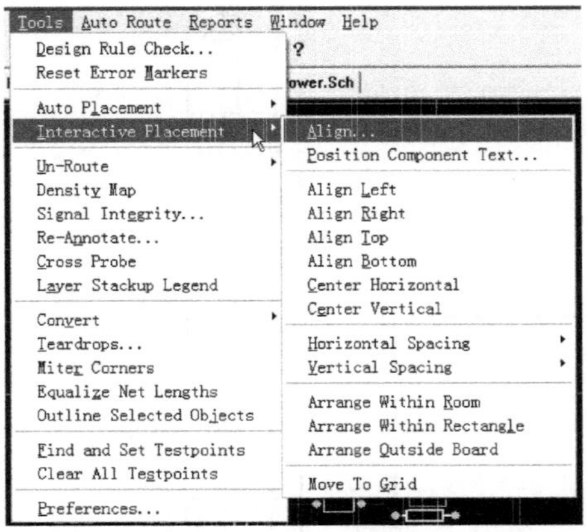

图 10-42　排列元件菜单选项

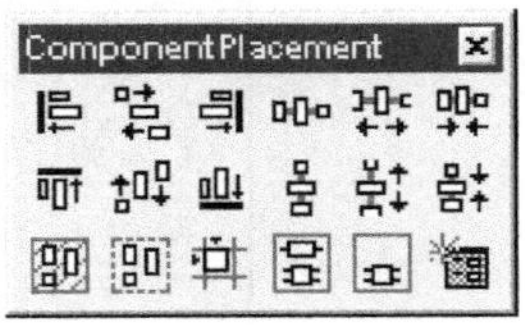

图 10-43　元件排列工具栏

表 10-1　元件排列工具栏各按钮功能及其对应的菜单命令

图　标	功　能	相应的菜单命令
	将选取的元件以最左边的元件为基准对齐	Align Left
	将选取的元件以水平中心线为基准对齐	Center Horizontal
	将选取的元件以最右边的元件为基准对齐	Align Right
	将选取的元件在水平方向均匀分布	Horizontal Spacing | Make equal
	增加选取元件在水平方向上的间隔	Horizontal Spacing | Increase
	减小选取元件在水平方向上的间隔	Horizontal Spacing | Decrease
	将选取的元件以最上边的元件为基准对齐	Align Top
	将选取的元件以竖直中心线为基准对齐	Center Vertical
	将选取的元件以最下边的元件为基准对齐	Align Bottom
	将选取的元件在竖直方向均匀分布	Vertical Spacing | Make equal
	增加选取元件在竖直方向上的间隔	Vertical Spacing | Increase
	减小选取元件在竖直方向上的间隔	Vertical Spacing | Decrease
	将选取的元件在空间内部进行排列	Arrange Within Room
	将选取的元件在一个矩形内排列	Arrange Within Rectangle
	将选取的元件在 PCB 板外进行排列	Arrange Outside Board
	打开 Align 对话框	Align

用鼠标左键单击其中的按钮，对应 Tools | Interactive Placement | Align 菜单命令，会打开如图 10-44 所示的 Align Components 对话框。其中各项含义如下：

1) Horizontal(水平方向)

- **No Change：**不作改变。
- **Left：**将选取的元件以最左边的元件为基准对齐。
- **Center：**将选取的元件以水平中心线为基准对齐。
- **Right：**将选取的元件以最右边的元件为基准对齐。

- **Space equally：**将选取的元件在水平方向上均匀分布。

2) Vertical(竖直方向)

- **No Change：**不作改变。
- **Top：**将选取的元件以最上边的元件为基准对齐。
- **Center：**将选取的元件以竖直中心线为基准对齐。
- **Bottom：**将选取的元件以最下边的元件为基准对齐。

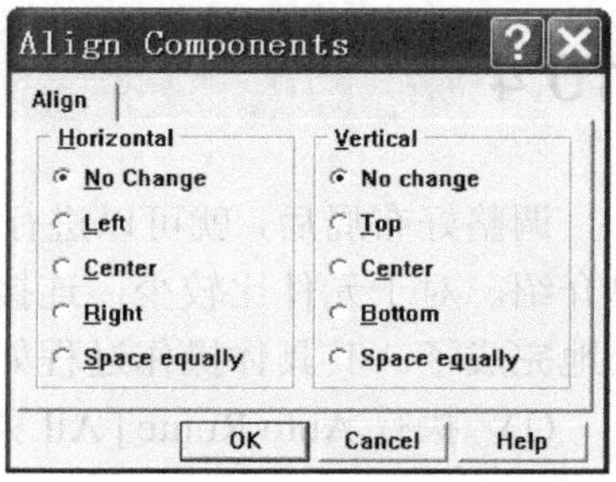

图 10-44　Align Components 对话框

- **Space equally：**将选取的元件在竖直方向上均匀分布。

下面以排列图 10-45 中的电阻为例介绍一下其具体操作过程。

(1) 首先选中需要对齐的元件。
(2) 用鼠标左键单击按钮，将元件在竖直方向上对齐，如图 10-46 所示。
(3) 单击按钮，将元件在竖直方向均匀分布。
(4) 通过单击或按钮，调整元件的间距。
(5) 将元件移动到合适的位置，如图 10-47 所示。
(6) 取消选择，完成排列。

通过调整布局，可以得到如图 10-48 所示的 PCB。

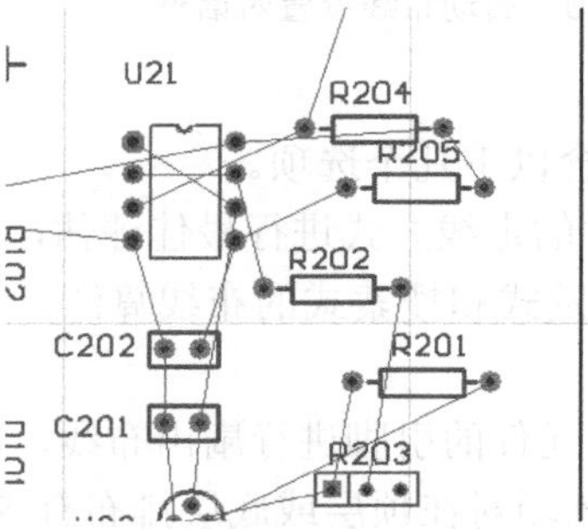

图 10-45　带排列的电阻元件

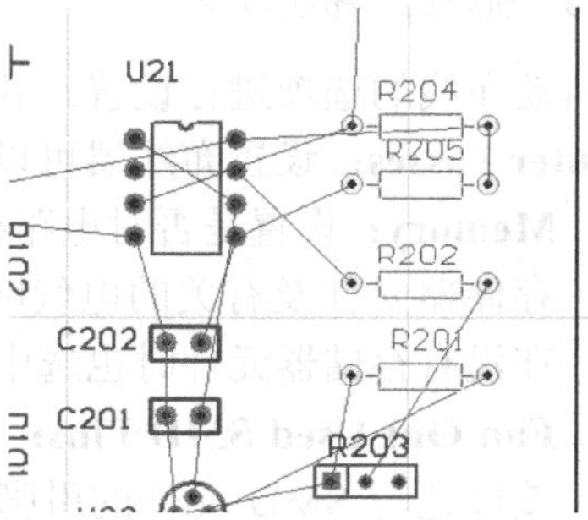

图 10-46　对齐电阻元件

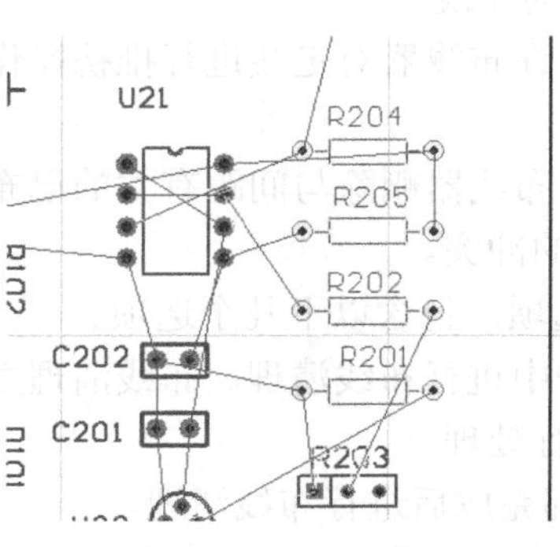

图 10-47　分布均匀的电阻元件

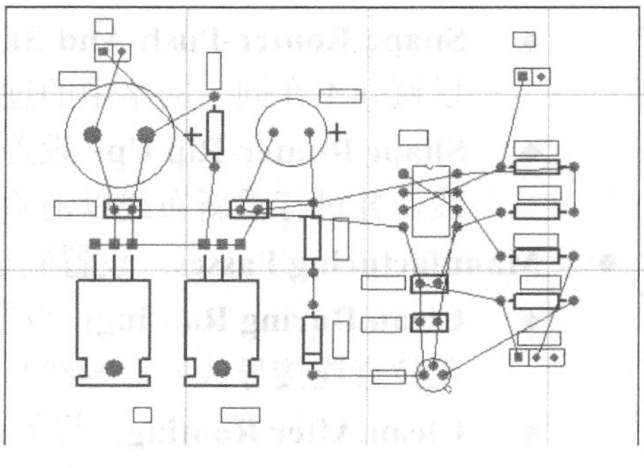

图 10-48　调整好布局后的 PCB

10.4 自动布线

调整好布局后，就可以进行 PCB 的布线了，这里仅对 PCB 的自动布线功能进行一些简单介绍。对于元件比较少，连接关系不复杂的 PCB，应用默认的自动布线功能就能够很轻松地完成了。其具体操作过程如下。

(1) 执行 Auto Route | All 菜单命令，如图 10-49 所示，打开如图 10-50 所示的对话框。

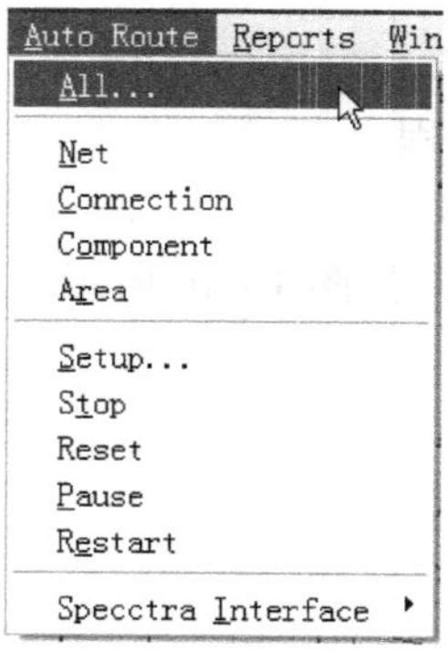

图 10-49　执行自动布线命令

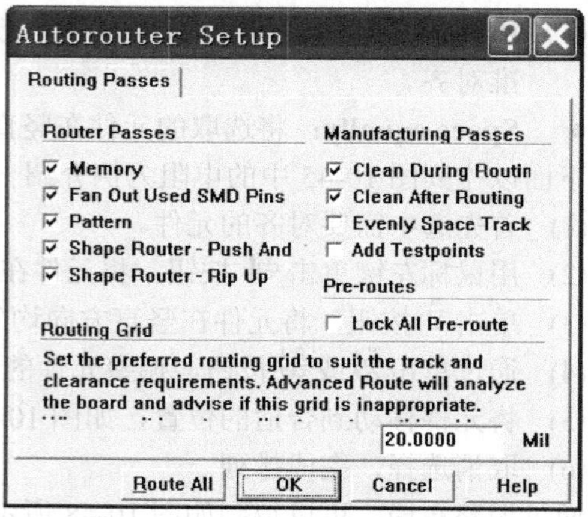

图 10-50　自动布线设置对话框

(2) 对自动布线的选项进行设置。其各选项含义如下。

- **Router Passes**：设置布线器可以通过的类型，包含以下几个选项。
  - ◆ **Memory**：设置是否对电路板上的存储器元件的走线方式进行最佳评估，其对存储器元件及有关的电气网络有效，采用启发式和搜索式的布线算法。一般在没有存储器元件时也选中该项。
  - ◆ **Fan Out Used SMD Pins**：设置是否对 SMD 元件的引脚进行扇出布线，同时使过孔与 SMD 元件的引脚保持一定距离。该项对在顶层或底层排布有 SMD 元件的电路板很有用处。
  - ◆ **Pattern**：设置是否采用布线拓扑结构进行自动布线。
  - ◆ **Shape Router-Push And Shove**：设置是否允许布线器对走线进行推挤操作，以避开不在同一网络中的过孔或焊盘。
  - ◆ **Shape Router-Rip Up**：设置是否使用 Rip Up 布线器删除与间距有关的已布导线，并进行重新布线以消除这些布线中出现的冲突。
- **Manufacturing Passes**：设置制造过程中的布线选项，包含以下几个选项。
  - ◆ **Clean During Routing**：设置是否在布线过程中进行布线清理。布线清理主要是拉直连接导线并对导线与焊盘的连接处进行处理。
  - ◆ **Clean After Routing**：设置是否在所有布线都完成后进行布线清理。
  - ◆ **Evenly Space Track**：当布线参数允许在集成电路芯片相邻的两个焊盘间穿过

两条导线而只放置了一条导线时，设置是否允许布线器将该导线放置于两个焊盘的正中间位置。

◆ **Add Testpoints：** 设置是否在布线时在电路板上添加全部网络的测试点。

- **Pre-routes：** 设置关于已经布好的导线等的选项，这里仅包含一个选项。
- **Lock All Pre-route：** 设置是否锁定预布好的导线、焊盘或过孔。
- **Routing Grid：** 指定布线格点，即布线的分辨度。布线格点值越小，布线的时间就越长。

对于不复杂、要求不高的电路板，可以直接采用默认参数设置。

(3) 设置好自动布线参数，单击 Route All 按钮，开始布线。

当布线结束后，会出现一个布线结果对话框，如图 10-51 所示。其中显示了布线完成程度、布线的条数、剩余的条数以及布线所用的时间。当布线完成率达到 100%时布线就完成了，否则需要回到 PCB 设计阶段检查布线没有布通的原因，调整后重新进行布线，直至完成率达到 100%。

布线结果如图 10-52 所示。

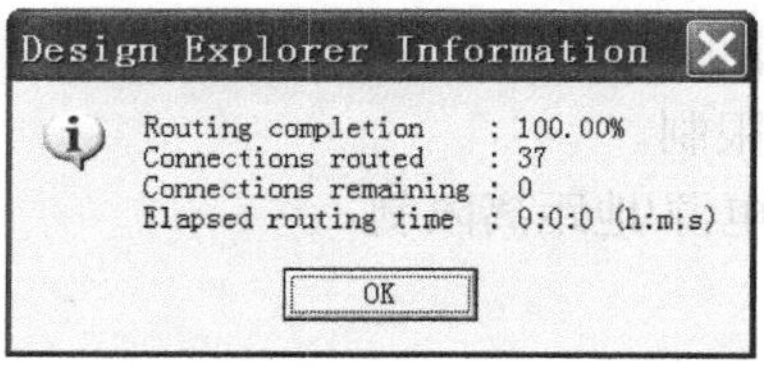

图 10-51 布线结果对话框

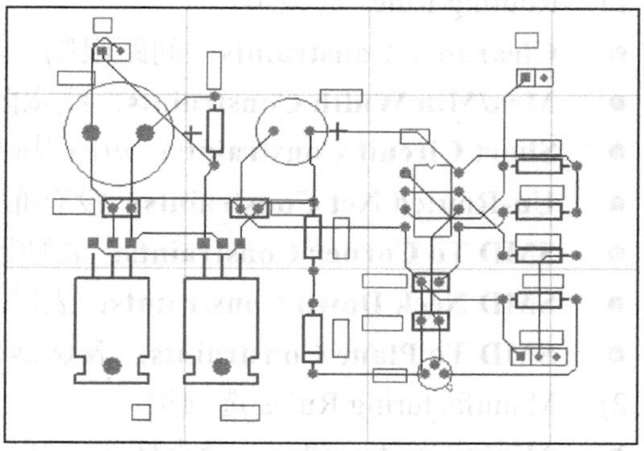

图 10-52 布线后的 PCB

10.5 设计规则检查

对 PCB 进行布线后，可以应用 Protel 99 SE 提供的设计规则检查(Design Rule Check，DRC)功能对其进行检查，该功能可以确定设计是否满足设计规则。DRC 可以测试各种违反走线的情况，如安全错误、未走线网络、线宽冲突等。电路不是很复杂的时候，主要是检查是否有未连接的引脚及是否有冲突等，从而避免一些疏忽导致的错误，提高 PCB 的正确性。

10.5.1 检查选项设置

如图 10-53 所示，执行 Tools | Design Rule Check 菜单命令，打开如图 10-54 所示的 Design Rule Check 对话框。

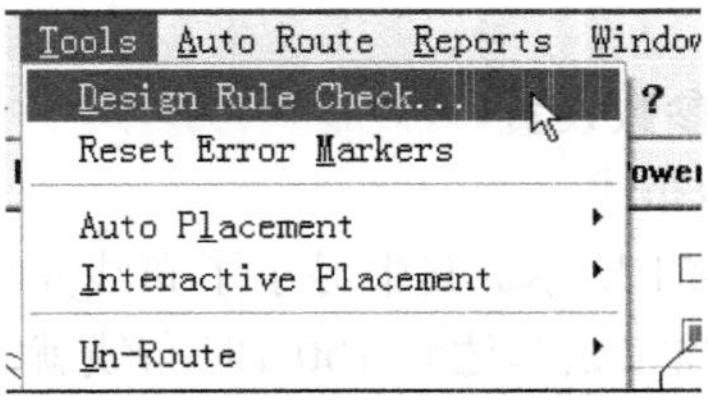

图 10-53　打开 DRC 设置对话框

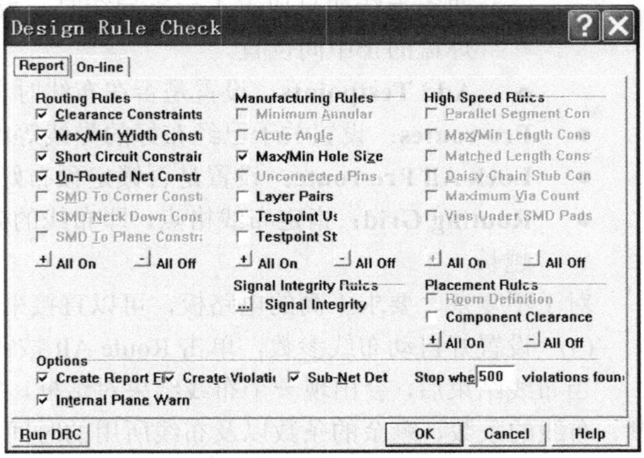

图 10-54　Design Rule Check 对话框

其中各选项含义如下。

1)　Routing Rules 选项组

- **Clearance Constraints：** 间距限制。
- **Max/Min Width Constraints：** 线宽限制。
- **Short Circuit Constraints：** 短路限制。
- **Un-Routed Net Constraints：** 没有布线的网络限制。
- **SMD To Corner Constraints：** 表贴器件到边角的距离限制。
- **SMD Neck Down Constraints：** 表贴器件收缩限制。
- **SMD To Plane Constraints：** 表贴器件到内部电源/地距离限制。

2)　Manufacturing Rules 选项组

- **Minimum Annular：** 最小环线限制。
- **Acute Angle：** 锐角布线。
- **Max/Min Hole Size：** 孔尺寸限制。
- **Unconnected Pins：** 没有连接的引脚。
- **Layer Pairs：** 孔在上下层的匹配。
- **Testpoint Usage：** 使用测试点。
- **Testpoint Style：** 测试点类型。

3)　High Speed Rules 选项组

- **Parallel Segment Constraints：** 平行分割限制。
- **Max/Min Length Constraints：** 长度限制。
- **Matched Length Constraints：** 匹配长度限制。
- **Daisy Chain Stub Constraints：** 菊花链节点限制。
- **Maximum Via Count：** 最大通孔数目。
- **Vias Under SMD Pads：** 表贴器件下的孔。

4)　Signal Integrity Rules 选项组

设置信号完整性规则检查，通过单击 Signal Integrity 按钮打开如图 10-55 所示的对话框进行设置。

5) Placement Rules 选项组

- **Room Definition：** 空间定义。
- **Component Clearance：** 元件间距。

6) Options 选项组

- **Create Report File：** 设置是否创建报告文件。
- **Create Violations：** 生成冲突信息。
- **Sub-Net Details：** 子网详细信息。
- **Stop when ** violations found:** 设置停止检查的冲突数。
- **Internal Plane Warning：** 内部层警告。

此外还有两个按钮，分别如下。

- **All On：** 全部选中。
- **All Off：** 全部取消选择。

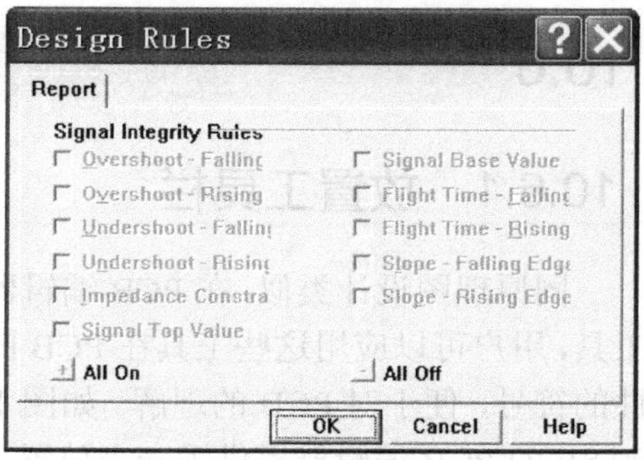

图 10-55　信号完整性检查设置

对于设计规则中没有设置的选项，在检查规则对话框中相应选项为灰色。对于比较简单的电路，采用默认值即可。

10.5.2　运行 DRC

设置好需要进行检查的内容，左键单击 Run DRC 按钮，开始进行规则检查。检查结束后，会生成一个报表文件，如图 10-56 所示。其中记录了运行 DRC 的参数以及检查到的冲突信息。

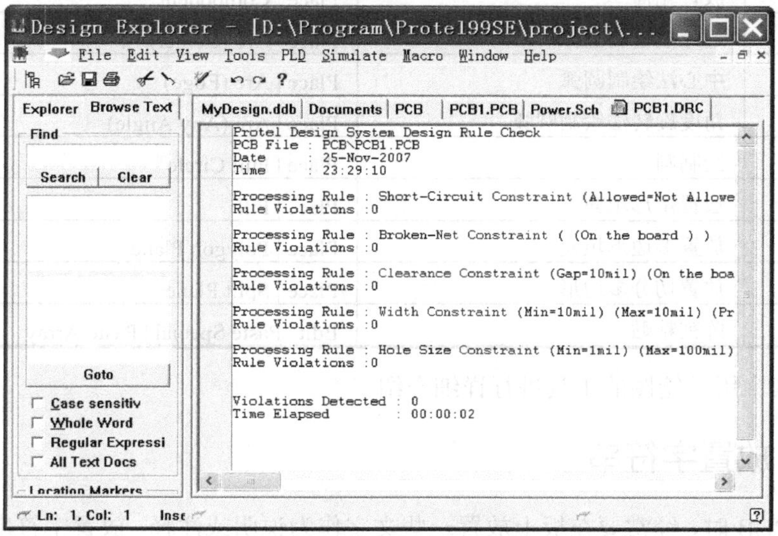

图 10-56　DRC 检查结果

10.6 使用绘图工具

10.6.1 放置工具栏

同原理图设计类似，在 PCB 编辑器中也提供了绘图工具，用户可以应用这些工具在 PCB 图中放置一些说明性的符号，便于对 PCB 的理解。如图 10-57 所示，Protel 99 SE 的 PCB 编辑器提供了一个放置工具栏，其中各按钮功能如表 10-2 所示。

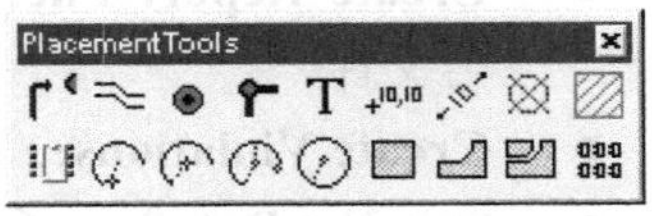

图 10-57　放置工具栏

表 10-2　放置工具栏各按钮功能及其对应的菜单命令

图　标	功　能	相应的菜单命令
	交互式布线	Place | Interactive Routing
	放置直线	Place | Line
	放置焊盘	Place | Pad
	放置过孔	Place | Via
T	放置文本	Place | String
+10,10	放置坐标	Place | Coordinate
	放置尺寸标注	Place | Dimension
	设置相对原点	Edit | Origin | Set
	定义空间	Place | Room
	放置元件	Place | Component
	边缘法绘制圆弧	Place | Arc (Center)
	中心法绘制圆弧	Place | Arc (Edge)
	角度旋转法绘制圆弧	Place | Arc (Any Angle)
	绘制圆	Place | Full Circle
	放置矩形填充	Place | Fill
	放置多边形填充	Place | Polygon Plane
	放置切分多边形	Place | Split Plane
	阵列粘贴	Edit | Paste Special | Paste Array

下面对其中用于绘图的工具进行详细介绍。

10.6.2 放置字符串

在绘制 PCB 时，经常要在板上放置一些文字作为说明或注释，放置字符串的步骤如下。

(1) 左键单击放置工具栏中的 T 按钮，或执行 Place | String 菜单命令，此时光标变为十字形，并带有一个即将放置的字符串。

(2) 在适当位置单击鼠标左键，即可放置一个字符串，如图 10-58 所示。

(3) 此时光标仍然处于放置字符串状态，可以继续放置下一个字符串。

(4) 单击鼠标右键或按 Esc 键，结束或取消放置。

在放置字符串之前按 Tab 键或放置后用鼠标左键双击字符串，会打开如图 10-59 所示的对话框。其中各选项含义如下。

- **Text：** 字符串的内容。
- **Height：** 字符串高度。
- **Width：** 字符串宽度。
- **Font：** 字符字体，通过下拉列表进行选择，有 Default、Sans Serif 三种类型可选。
- **Layer：** 字符串对象所在的层。
- **Rotation：** 旋转角度。
- **X-Location：** X 轴方向的坐标值。
- **Y-Location：** Y 轴方向的坐标值。
- **Mirror：** 设置是否将字符串镜像。
- **Locked：** 锁定字符串。
- **Selection：** 选取字符串。

图 10-58　放置字符串

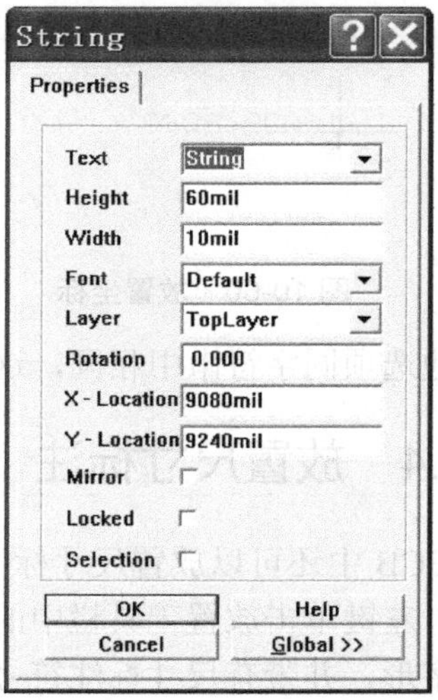

图 10-59　字符串属性对话框

10.6.3　放置坐标

在 PCB 中可以放置某一点的坐标值，其操作步骤如下。

(1) 用鼠标左键单击放置工具栏中的 +10,10 按钮，或执行 Place | Coordinate 菜单命令，此时光标变为十字形，并带有光标当前位置的坐标值。

(2) 在适当位置单击鼠标左键，即可放置坐标对象，如图 10-60 所示。

(3) 此时光标仍然处于放置坐标状态，可以继续放置下一个坐标。

(4) 单击鼠标右键或按 Esc 键，结束或取消放置。

在放置坐标之前按 Tab 键或放置后用鼠标左键双击坐标对象，会打开如图 10-61 所示的 Coordinate 对话框。其中各选项含义如下。

- **Size**：设置坐标点标记大小。
- **Line Width**：设置坐标轴线长度。
- **Unit Style**：选择单位类型，有 None(不显示单位)、Normal(单位直接跟于坐标值后)和 Brackets(坐标值在括号中)3 种方式可选。
- **Text Height**：设置坐标文本的高度。
- **Text Width**：设置坐标文本的宽度。

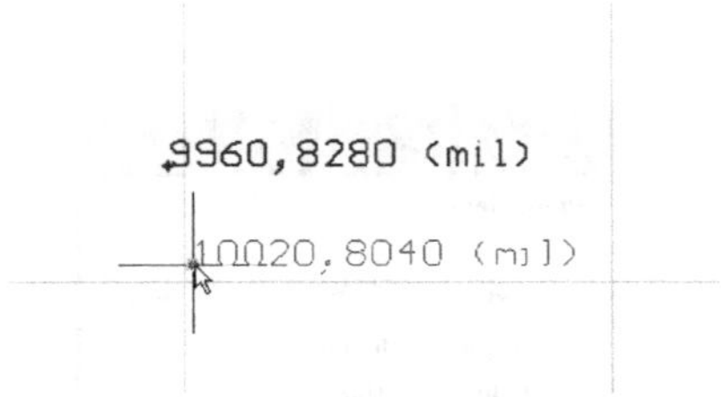

图 10-60　放置坐标

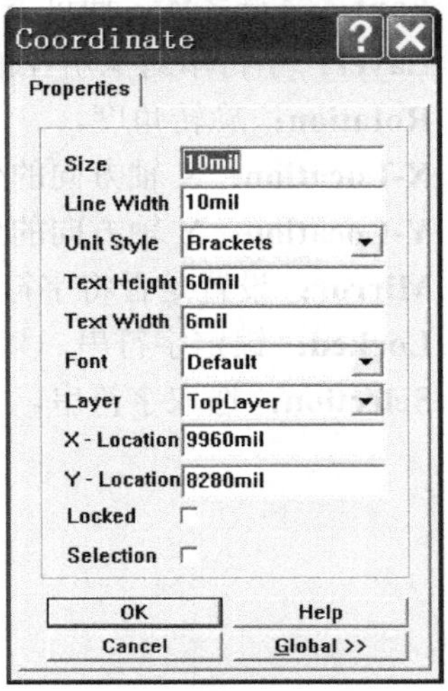

图 10-61　Coordinate 对话框

其他选项同字符串中相同，这里就不再叙述了。

10.6.4　放置尺寸标注

在 PCB 中还可以放置尺寸标注，方便电路板的制作，其操作步骤如下。

(1) 左键单击放置工具栏中的按钮，或执行 Place | Dimension 菜单命令，此时光标变为十字形，并带有尺寸标注符号。

(2) 在适当位置单击鼠标左键，确定尺寸标注的一个点。

(3) 拖动鼠标到下一个点，此时会出现两个点之间的距离标注，单击鼠标左键确定第二点，如图 10-62 所示。

(4) 此时光标仍然处于放置尺寸标注状态，可以继续放置下一个尺寸标注。

(5) 单击鼠标右键或按 Esc 键，结束或取消放置。

在放置标注之前按 Tab 键或放置后用鼠标左键双击标注，会打开如图 10-63 所示的对话框。其中各选项含义如下。

- **Height**：设置标记线的长度。
- **Line Width**：设置标记线的宽度。
- **Start-X**：设置第一点的 X 坐标值。

- **Start-Y：** 设置第一点的 Y 坐标值。
- **End-X：** 设置第二点的 X 坐标值。
- **End-Y：** 设置第二点的 Y 坐标值。

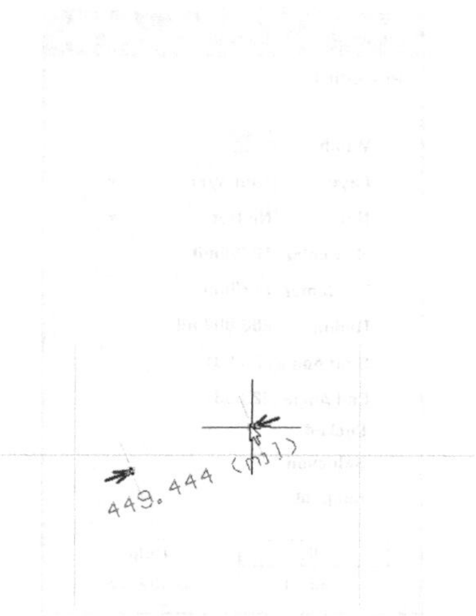

图 10-62　放置尺寸标注

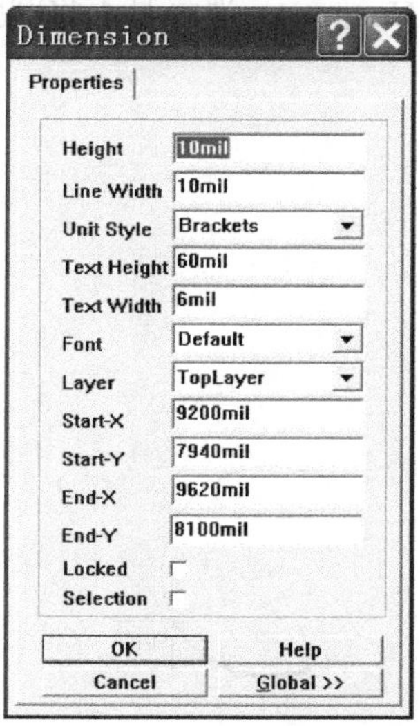

图 10-63　尺寸标注属性对话框

10.6.5　绘制圆和圆弧

在 PCB 编辑器中提供了多种绘制圆弧的方法，分别介绍如下。

1. 边缘法

边缘法是通过圆弧上的起点和终点来确定圆弧的方法，其具体操作过程如下。

(1)　用鼠标左键单击放置工具栏中的按钮，或执行 Place | Arc (Edge)菜单命令，此时光标变为十字形。

(2)　在适当位置单击鼠标左键，确定圆弧的起点。

(3)　拖动鼠标，此时随着鼠标的拖动会出现一个圆，在起点和光标之间粗实线的部分即是将要绘制的圆弧，圆弧大小随两点之间的距离增大而增大。调整其位置及大小，单击鼠标左键确定圆弧终点，如图 10-64 所示。

(4)　此时光标仍然处于放置圆弧状态，可以继续放置下一个圆弧。

(5)　单击鼠标右键或按 Esc 键，结束或取消放置。

在放置圆弧之前按 Tab 键或放置后用鼠标左键双击圆弧，会打开如图 10-65 所示的对话框。其中各选项含义如下。

- **Width：** 设置圆弧线宽。
- **Net：** 选择圆弧所属的网络。
- **X-Center：** 圆弧圆心的 X 坐标值。
- **Y-Center：** 圆弧圆心的 Y 坐标值。

- **Radius：** 设置圆弧半径值。
- **Start Angle：** 设置圆弧起始点的角度值。
- **End Angle：** 设置圆弧终止点的角度值。
- **Keepout：** 选择是否将圆弧置为禁止布线区域。

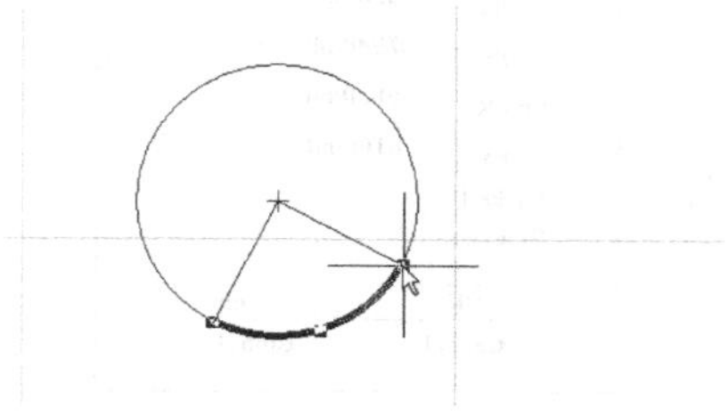

图 10-64 边缘法放置圆弧

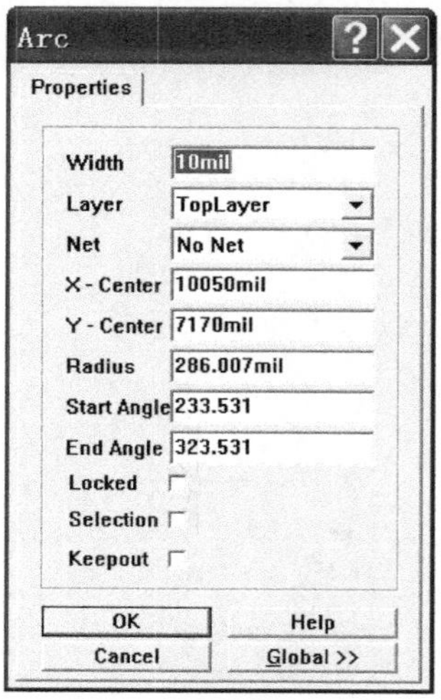

图 10-65 圆弧属性对话框

2. 中心法

中心法是通过确定圆弧的圆心、起点和终点来绘制圆弧的方法，其具体操作过程如下。

(1) 用鼠标左键单击放置工具栏中的按钮，或执行 Place | Arc (Center)菜单命令，此时光标变为十字形。

(2) 在适当位置单击鼠标左键，确定圆弧的圆心。

(3) 拖动鼠标，此时随着鼠标的拖动会出现一个粗实线的圆，在合适位置单击鼠标左键，确定圆弧的半径。

(4) 这时光标会在确定的圆上移动，单击鼠标左键确定圆弧的起点。

(5) 然后移动光标到合适位置，单击鼠标左键确定圆弧的终点，如图 10-66 所示。

(6) 此时光标仍然处于放置圆弧状态，可以继续放置下一个圆弧。

(7) 单击鼠标右键或按 Esc 键，结束或取消放置。

圆弧的属性设置同边缘法。

3. 角度旋转法

角度旋转法是通过依次确定圆弧的起点、圆心和终点来绘制圆弧的方法，其具体操作过程如下。

(1) 用鼠标左键单击放置工具栏中的按钮，或执行 Place | Arc (Any Angle)菜单命令，此时光标变为十字形。

(2) 在适当位置单击鼠标左键，确定圆弧的起点。

(3) 拖动鼠标，此时随着鼠标的拖动会出现一个圆，在合适位置单击鼠标左键，确定圆弧的圆心及半径，如图 10-67 所示。

(4) 这时光标会在确定的圆上移动，单击鼠标左键确定圆弧的终点，即绘制好了圆弧。

(5) 此时光标仍然处于放置圆弧状态，可以继续放置下一个圆弧。

(6) 单击鼠标右键或按 Esc 键，结束或取消放置。

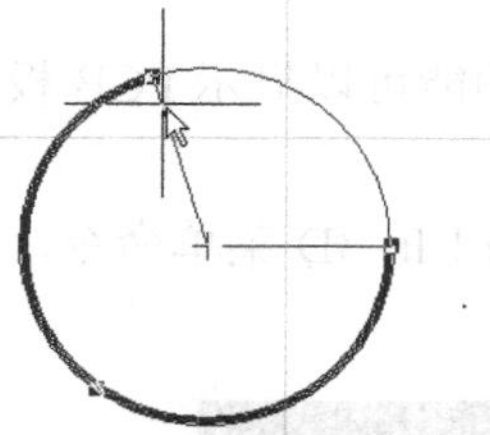

图 10-66 中心法绘制圆弧

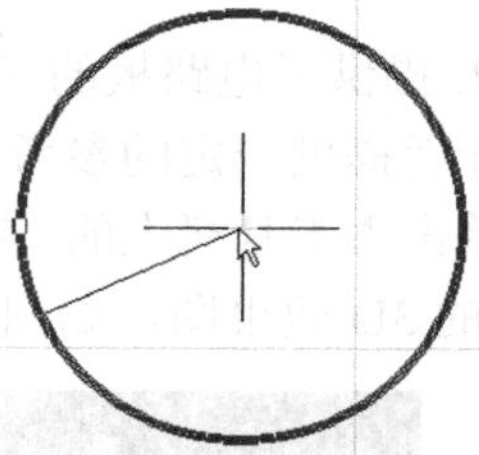

图 10-67 角度旋转法绘制圆弧

圆弧属性设置同边缘法。

4. 绘制圆

Protel 99 SE 的 PCB 编辑器还提供了直接绘制圆的工具，其具体操作过程如下。

(1) 左键单击放置工具栏中的按钮，或执行 Place | Full Circle 菜单命令，此时光标变为十字形。

(2) 在适当位置单击鼠标左键，确定圆的圆心。

(3) 拖动鼠标，此时随着鼠标的拖动会出现一个圆，在合适位置单击鼠标左键，确定圆的半径，如图 10-68 所示。这样就绘制好了一个圆。

(4) 此时光标仍然处于放置圆状态，可以继续放置下一个圆。

(5) 单击鼠标右键或按 Esc 键，结束或取消放置。

圆的属性设置同圆弧类似，所不同的是系统自动将其起始角度设为 0 度而结束角度设为 360 度，如图 10-69 所示。

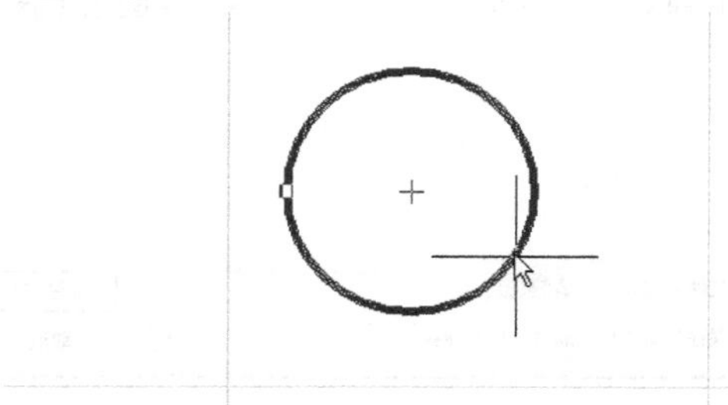

图 10-68 绘制圆

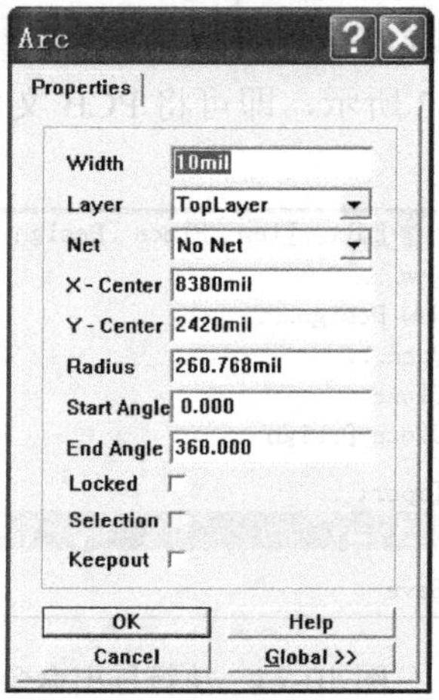

图 10-69 圆的属性设置

10.7 电路板图的输出

10.7.1 PCB 图的 3D 查看

Protel 99 SE 提供了电路板的三维立体查看功能，使用该功能可以显示 PCB 板的三维立体效果，给设计者提供一定的参考。

鼠标左键单击主工具栏上的 按钮，或执行 View | Board In 3D 菜单命令，即可生成当前 PCB 文件的 3D 效果图，如图 10-70 所示。

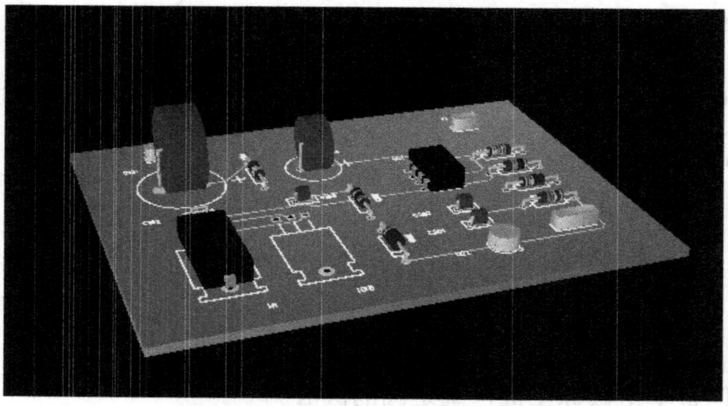

图 10-70 PCB 板的 3D 显示

10.7.2 PCB 文件的导出

同原理图的导出过程类似，PCB 文件也可以单独导出，生成一个 PCB 文件，提供给加工商进行印制电路板的加工制作。具体导出过程如下。

执行 File | Export 菜单命令，如图 10-71 所示，打开 Export File 对话框，在该对话框中选择保存路径，输入 PCB 文件的名称，选择保存类型，用鼠标左键单击“保存”按钮，如图 10-72 所示，即可将 PCB 文件导出到指定位置。

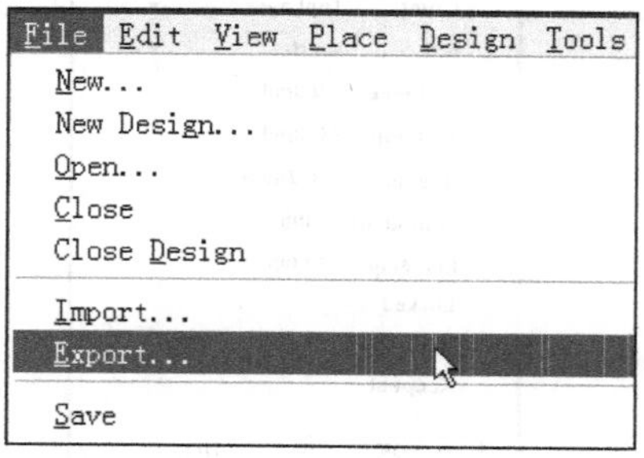

图 10-71 执行导出命令

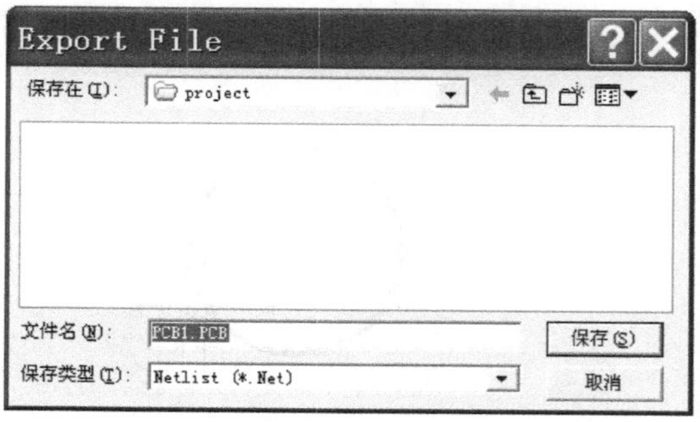

图 10-72 导出 PCB 文件

10.7.3　打印输出

完成 PCB 的设计后，还可以将页面打印出来，便于在焊接元件以及电路检查时对照，其过程如下。

执行 File | Print/Preview 菜单命令，进入如图 10-73 所示的打印预览界面，此时执行 File | Setup Printer 菜单命令，会打开如图 10-74 所示的 PCB Print Options 对话框，设置好打印机的各个参数，单击 OK 按钮，即可开始打印。

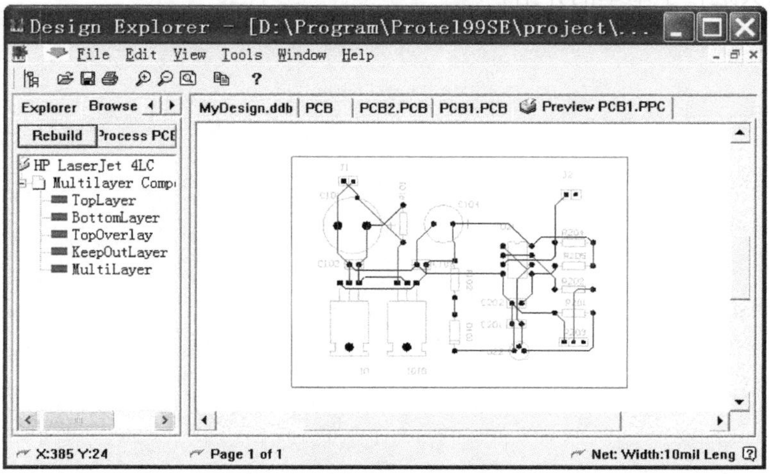

图 10-73　PCB 文件的打印预览

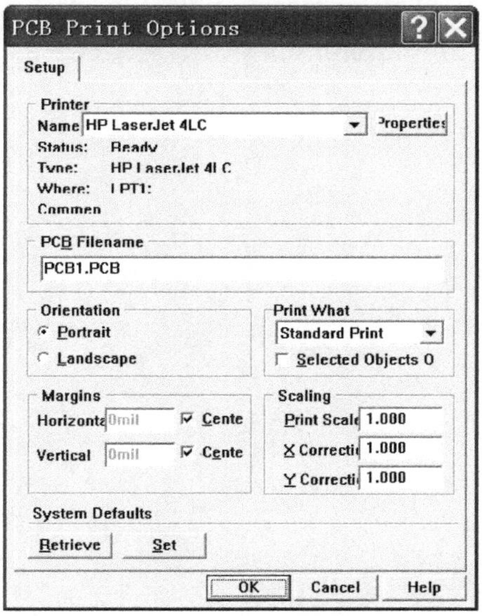

图 10-74　PCB Print Options 对话框

10.8 本章小结

本章中介绍了 PCB 设计的一般过程以及一些基本操作。通过本章的学习，读者应该熟悉 PCB 的设计环境，同时能够进行简单 PCB 板的制作。

本章中对网络表的引入以及元件的手工布局是 PCB 设计中经常要涉及的，希望读者能够熟练掌握。对于自动布线以及设计规则的设置技巧，会在后面的章节中进行更深入的介绍，这里仅对其进行了基本的介绍。

第11章

PCB 元件的制作

本章内容提示

在 PCB 设计过程中，难免会遇到元器件封装库中没有对应封装的情况，这时就需要用户自己创建一个新的 PCB 元器件封装，以满足设计需要。创建新的元器件封装库主要有 3 种方法：利用元器件封装向导创建一个新的元器件封装；手工绘制出新的元器件封装；通过对现有的元器件封装进行编辑、修改使之成为一个新的元器件封装。

学习要点

- 封装编辑器
- 创建元件封装
- 手工定义元件封装
- 生成相关报表

11.1 进入 PCB 元件封装编辑器

可以通过下面的步骤启动元件封装编辑器。

(1) 在文件管理界面单击鼠标右键，从弹出的快捷菜单中选择 New 命令，如图 11-1 所示，或者执行 File | New 菜单命令，打开如图 11-2 所示的对话框。

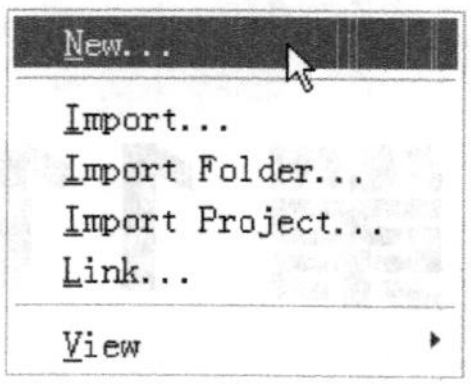

图 11-1 执行新建文件命令

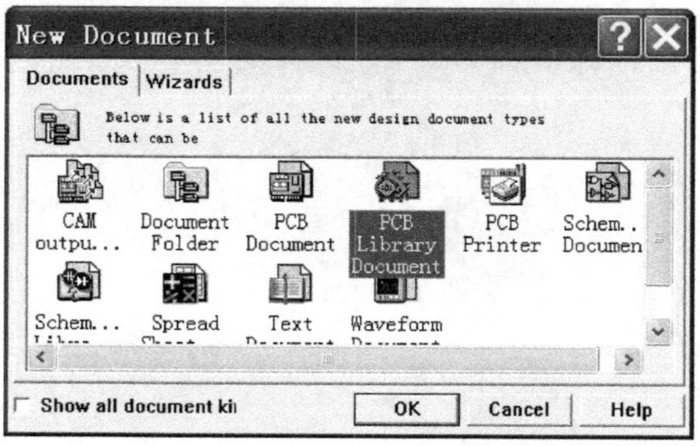

图 11-2 新建文件对话框

(2) 选择.LIB 文件类型，单击 OK 按钮，创建一个新的 PCB 元件封装库文件。

(3) 双击新创建的库文件，即可进入 PCB 元件封装编辑界面，如图 11-3 所示。

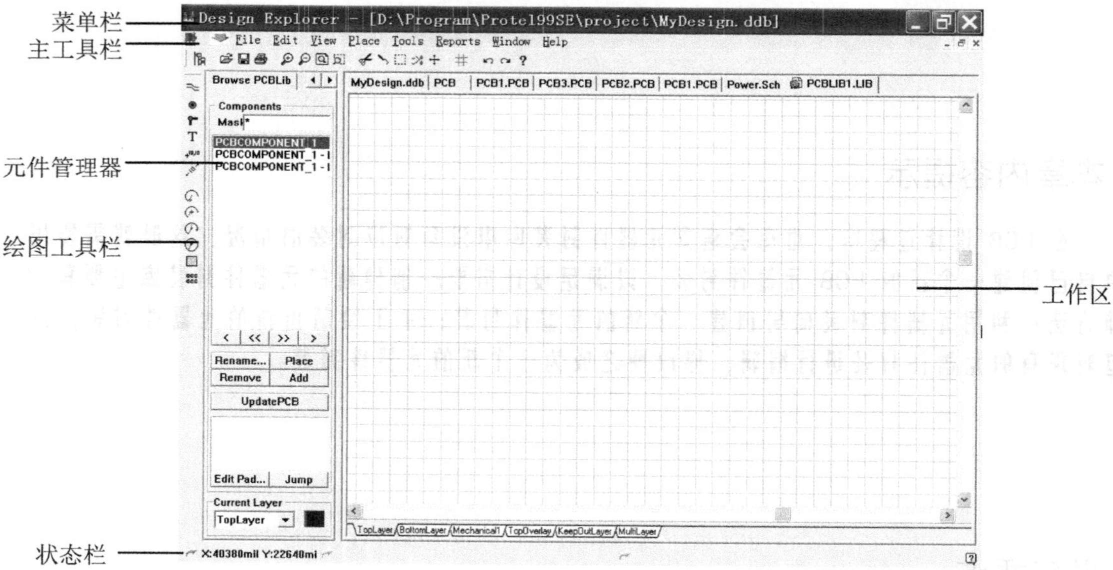

图 11-3 元件封装编辑器界面

可以看到，PCB 元件的封装编辑器同其他编辑界面类似，由菜单栏、主工具栏、元件管理器、绘图工具栏、状态栏和工作区等部分组成。下面对元件管理器进行进一步介绍，其他部分由于同 PCB 编辑器中类似，这里就不再介绍了。

如图 11-4 所示，元件管理器由主窗口、子窗口和当前层区域组成。

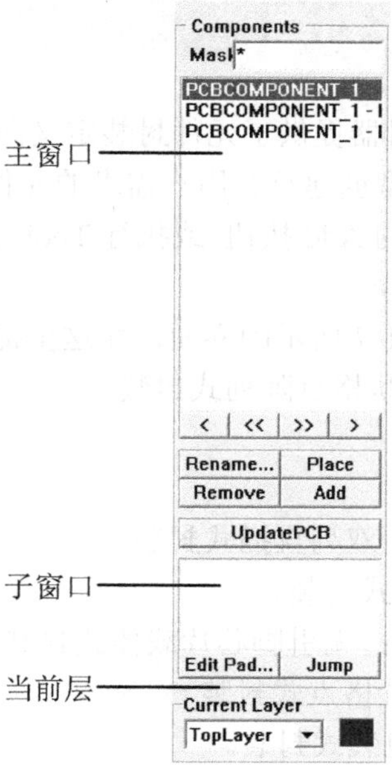

图 11-4　元件管理器

1. 主窗口

主窗口显示了当前元件库文件中所包含的元件封装。在其下方有一系列按钮，其功能分别如下。

- <、<<、>>、>：切换显示主窗口中的元件封装定义，分别表示前一个元件封装、第一个元件封装、最后一个元件封装和下一个元件封装。
- **Rename：**重命名当前元件封装名称，单击该按钮会弹出如图 11-5 所示的对话框，输入新的封装名称，单击 OK 按钮即可进行修改。

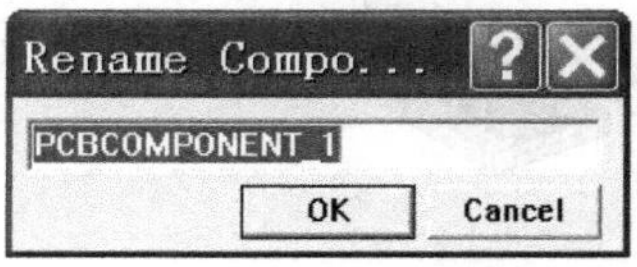

图 11-5　重命名封装定义

- **Place：**将当前选中的元件封装放置到上一次打开的 PCB 文件中。
- **Remove：**从当前元件封装库文件中删除封装定义。
- **Add：**启动元件封装定义向导，添加新的封装。
- **Update PCB：**将元件库中对封装定义进行的修改更新到 PCB 中。

2. 子窗口

子窗口中显示主窗口中选中的元件封装定义中的元素。

3. 当前层

同 PCB 编辑器中相同，可以在这里选择某一层为当前层。

11.2 利用向导创建元件封装

Protel 99 SE 的 PCB 元件封装编辑器提供了元件封装定义向导。通过该功能，用户可以很容易地利用系统提供的基本封装类型创建符合用户需求的元件封装。其具体过程如下。

(1) 单击元件管理器主窗口下面的 Add 按钮，或执行 Tools | New Component 菜单命令，启动如图 11-6 所示的元件封装定义向导。

(2) 单击 Next 按钮，进入如图 11-7 所示的界面，在这里提供了 12 种基本封装类型。

- **Ball Grid Arrays(BGA)**：球状格点阵列式封装。
- **Capacitors**：电容式封装。
- **Diodes**：二极管式封装。
- **Dual In-Line Package(DIP)**：双列直插式封装。
- **Edge Connectors**：边接插件式封装。
- **Leadless Chip Carrier(LCC)**：无引脚芯片载体式封装。
- **Pin Grid Arrays(PGA)**：插针格点式封装。
- **Quad Packs(QUAP)**：四芯包装式封装。
- **Resistors**：电阻式封装。
- **Small Outline Package(SOP)**：小外形式封装。
- **Staggered Ball Grid Array(SBGA)**：交错球状格点阵列式封装。
- **Staggered Pin Grid Array(SPGA)**：交错插针格点阵列式封装。

图 11-6 启动元件封装定义向导

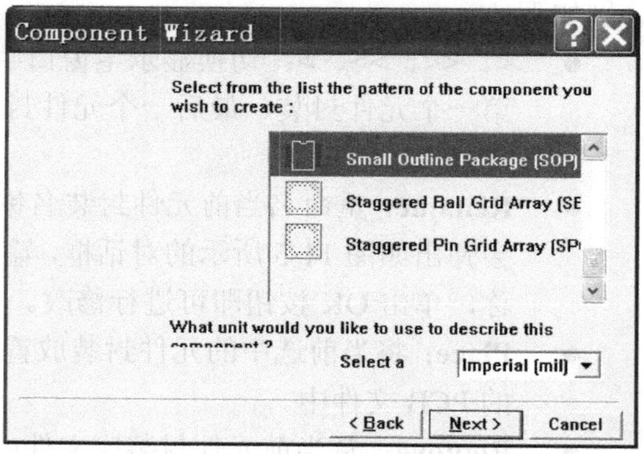

图 11-7 选择基本封装类型

在列表中选择一种基本封装类型，然后在下面的 Select a unit 下拉列表中选择封装尺寸的度量单位：Imperial(英制)或 Metric(公制)。然后单击 Next 按钮。

(3) 下面需要对所选基本封装类型的具体尺寸进行定义，这一过程中需要定义的参数随所选封装类型不同而不同，下面以 SOP 类型的封装为例进行介绍。如图 11-8 所示，首先需要定义焊盘的尺寸，系统给出了一个默认值，如果需要修改，直接在原参数的位置中输入所需的新值即可，修改后单击 Next 按钮。接下来定义焊盘的水平和竖直间距，如图 11-9 所示，单击 Next 按钮。然后定义边框线宽，如图 11-10 所示，单击 Next 按钮。最后指定引脚数目，如图 11-11 所示，单击 Next 按钮。

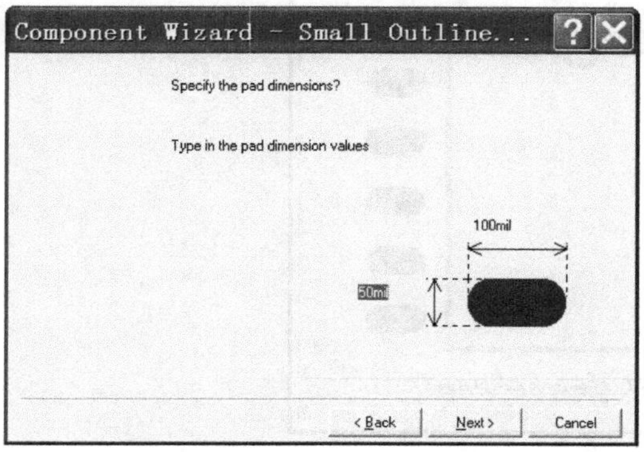

图 11-8　定义焊盘尺寸

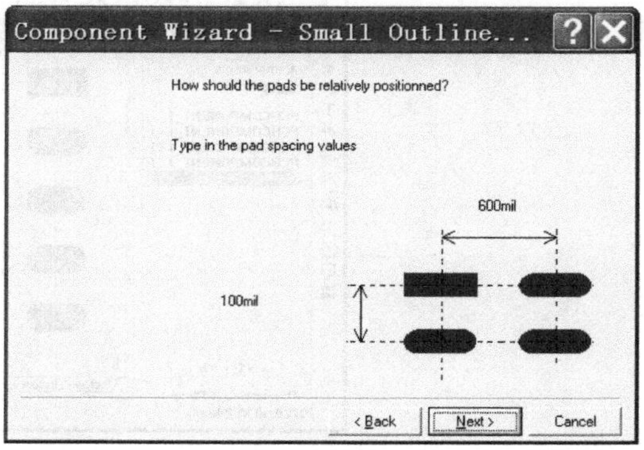

图 11-9　定义焊盘间距

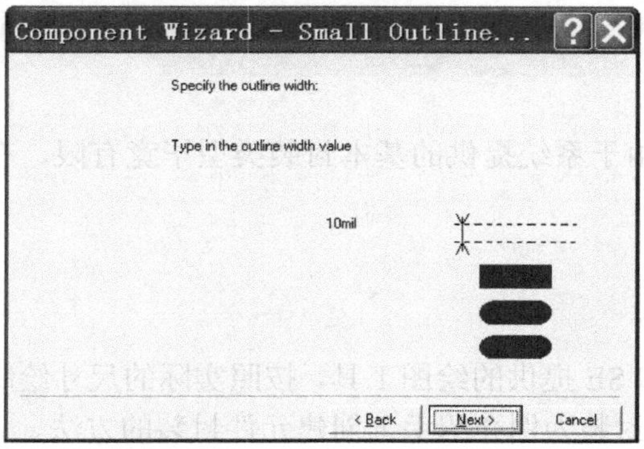

图 11-10　定义边框线宽

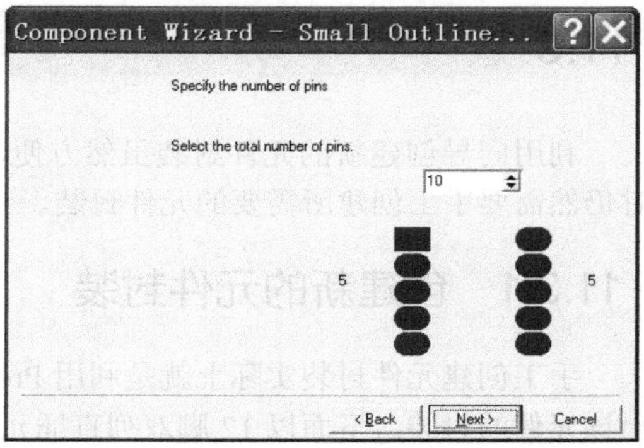

图 11-11　指定引脚数目

(4) 至此元件封装的参数就定义好了，下面需要为新定义的封装指定一个名称，如图 11-12 所示，单击 Next 按钮。

(5) 此时进入如图 11-13 所示的界面，单击 Finish 按钮，完成封装定义。新创建的元件封装如图 11-14 所示。

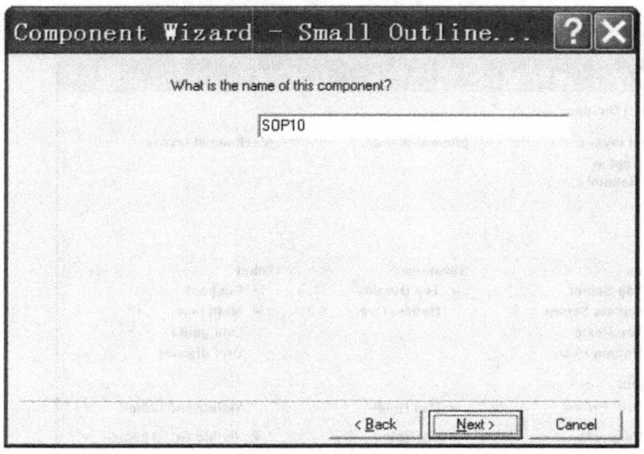

图 11-12　输入新元件封装的名称

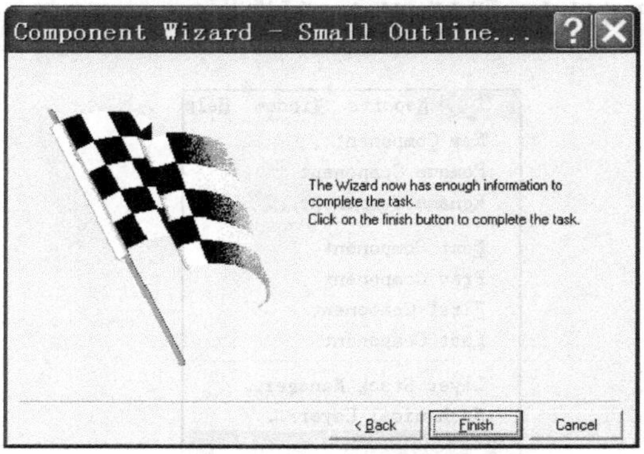

图 11-13　完成元件封装定义

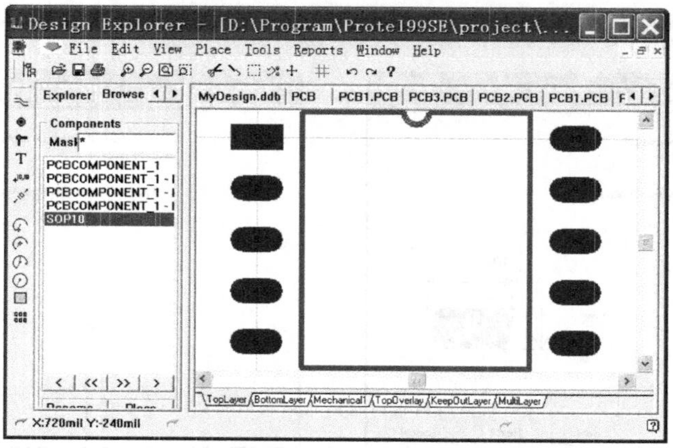

图 11-14　新创建的元件封装

11.3 手工定义元件封装

利用向导创建新的元件封装虽然方便，但由于系统提供的基本封装类型毕竟有限，有时仍然需要手工创建所需要的元件封装。

11.3.1　创建新的元件封装

手工创建元件封装实际上就是利用 Protel 99 SE 提供的绘图工具，按照实际的尺寸绘制出该元件的封装。下面以 12 脚双列直插元件的封装为例介绍手工创建元件封装的方法。

一般手工创建的元件封装需要先设置封装参数，然后再放置图形对象，最好设定插入参考点。

1. 元件封装参数设置

(1) 选择菜单命令 Tools | Library Options，如图 11-15 所示。

(2) 弹出的对话框如图 11-16 所示。在 Layers 选项卡中设该子元件封装层参数，选中 Pad Holes 和 Via Holes 复选框。

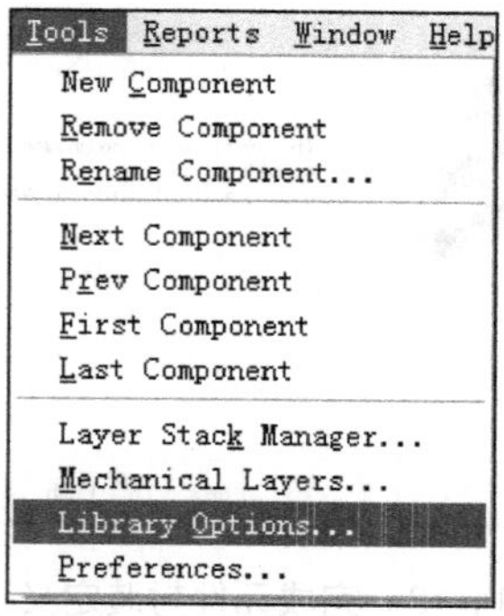

图 11-15　Library Options 命令

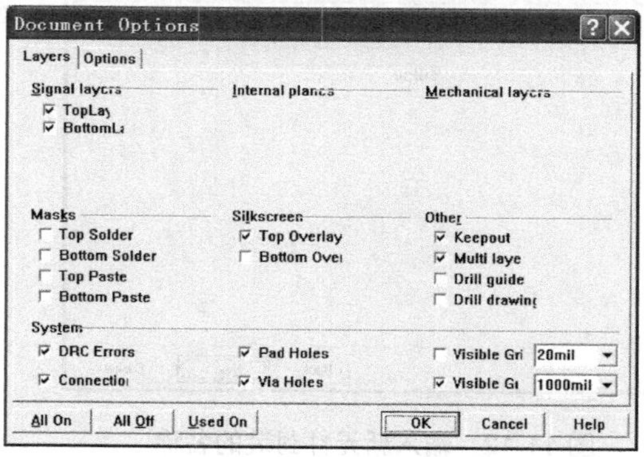

图 11-16　Layers 选项卡

(3) Options 选项卡设置如图 11-17 所示。

(4) 选择 Tools | Preferences 菜单命令，如图 11-18 所示。

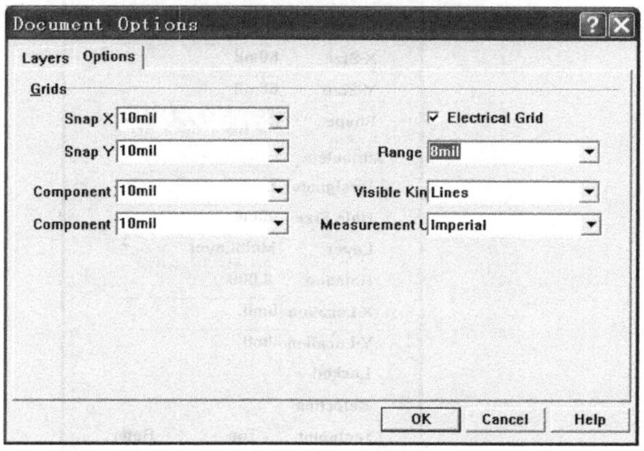

图 11-17 Options 选项卡

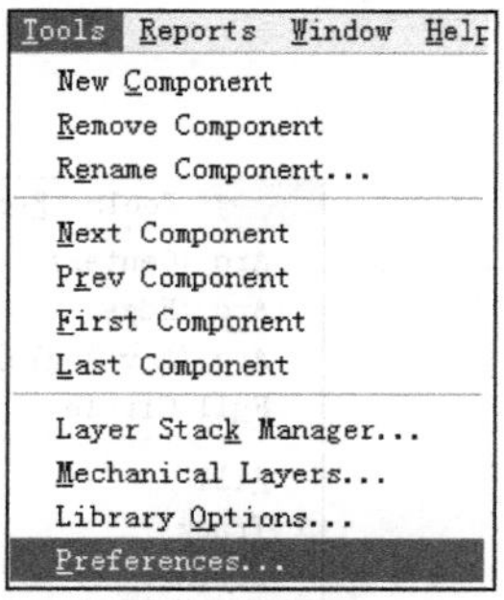

图 11-18 选择 Preferences 命令

(5) 弹出的对话框如图 11-19 所示，其中包含 Options 选项卡、Display 选项卡、Colors 选项卡、Show/Hide 选项卡、Defaults 选项卡和 Signal Integrity 选项卡。

(6) 在 Display 选项卡中设置相应的参数，如图 11-20 所示。

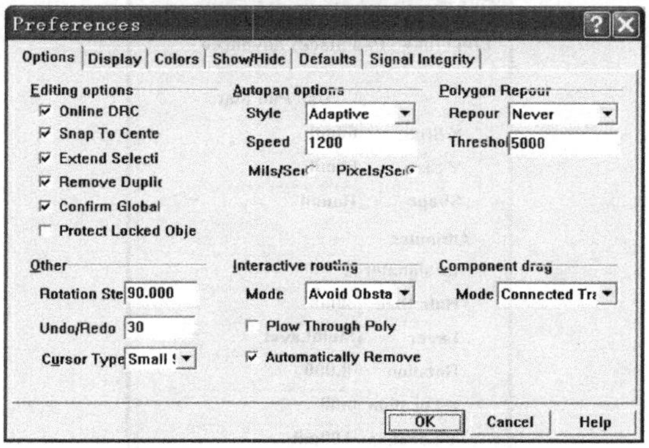

图 11-19 系统参数对话框

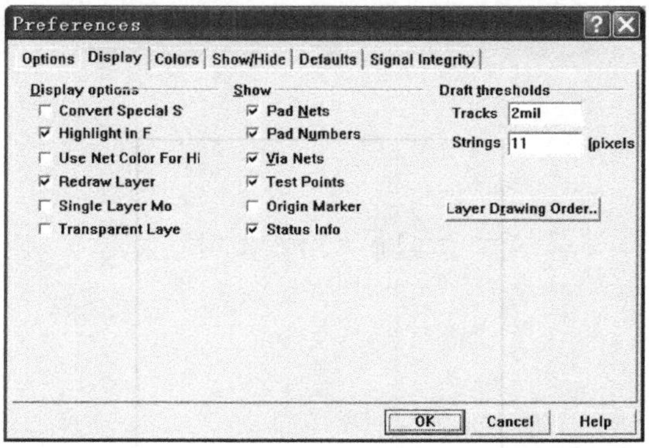

图 11-20 Display 选项卡

2. 放置元件

(1) 首先绘制焊盘，执行 Place | Pad 菜单命令，如图 11-21 所示。也可以单击工具栏中的  按钮。

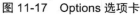

(2) 为将焊盘放置在固定位置，再放置前按 Tab 键，弹出 Pab 对话框，设置焊盘位置 X-Location 和 Y-Location 为(0mil，0mil)，X-Size 和 Y-Size 为 60mil，Hole Size(内孔直径)为 30mil，Designator(编号)为 1，Shape(形状)为 Rectangle(方形)，如图 11-22 所示。

(3) 放置好的第 1 个焊盘如图 11-23 所示。继续放置焊盘，再次按 Tab 键，进行属性设置。

(4) 第 2 个焊盘形状为圆形(Round)，位置为(0mil，100mil)，如图 11-24 所示。

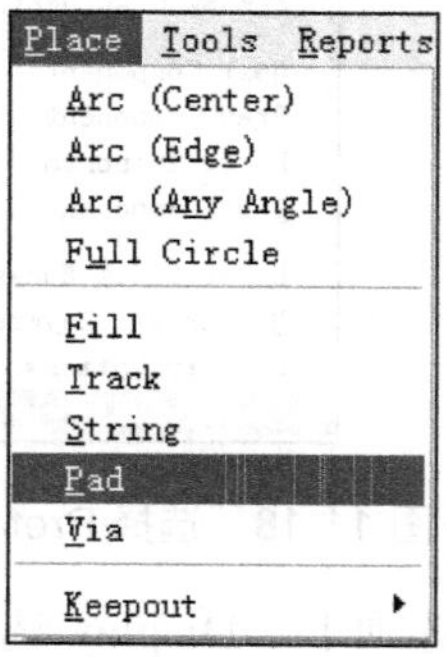

图 11-21　放置焊盘命令

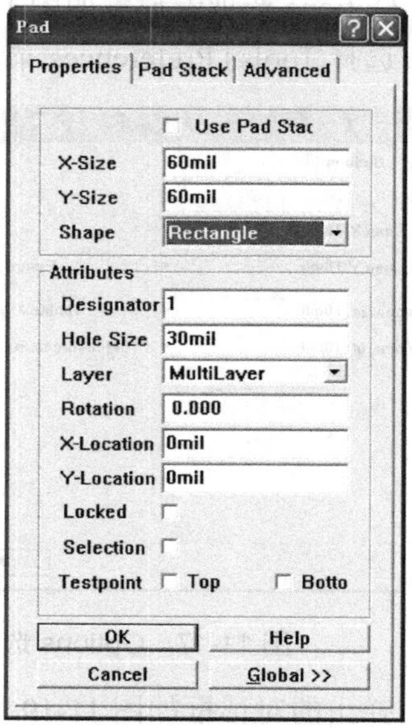

图 11-22　设置焊盘属性

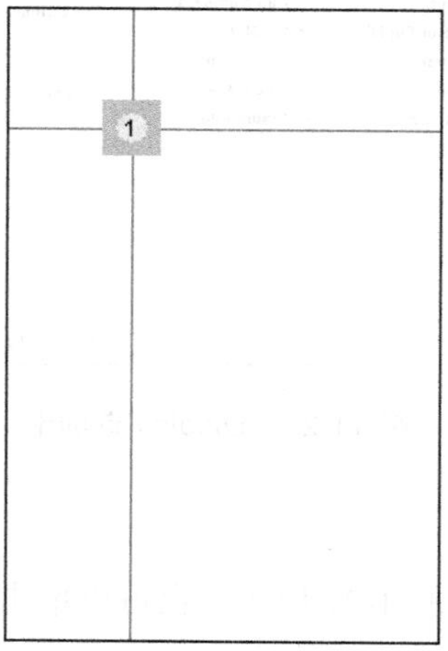

图 11-23　放置好的第一个焊盘

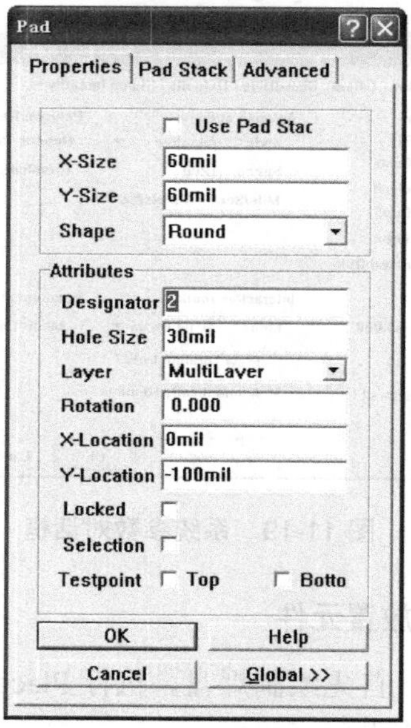

图 11-24　第二个焊盘属性

(5)　依次放置本列其他焊盘，间距 100mil，另一列焊盘间隔 300mil，第 7 个焊盘的属性如图 11-25 所示。

(6)　绘制好的两列焊盘如图 11-26 所示。

(7)　下面开始绘制元件外形轮廓。将工作层切换至 TopOverlay(顶层丝印层)，然后执行 Place | Track 命令，设置导线属性，如图 11-27 所示，

(8)　元件上端开口位置为(125mil，50mil)和(175mil，50mil)，如图 11-28 所示。

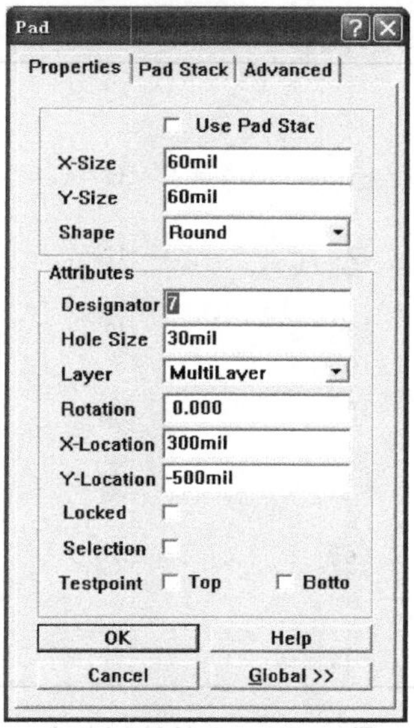

图 11-25　第 7 个焊盘的属性

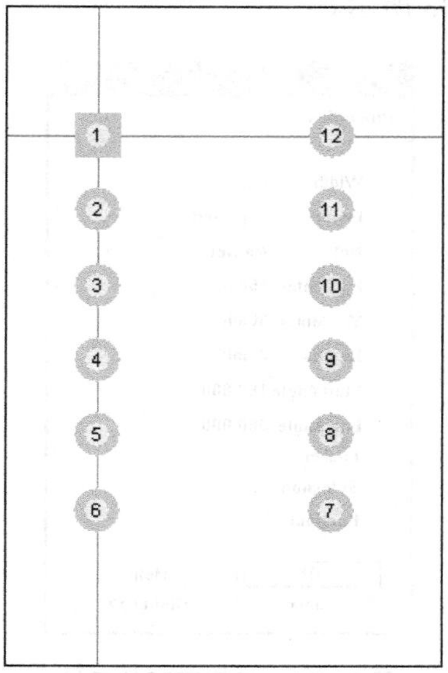

图 11-26　绘制好的两列焊盘

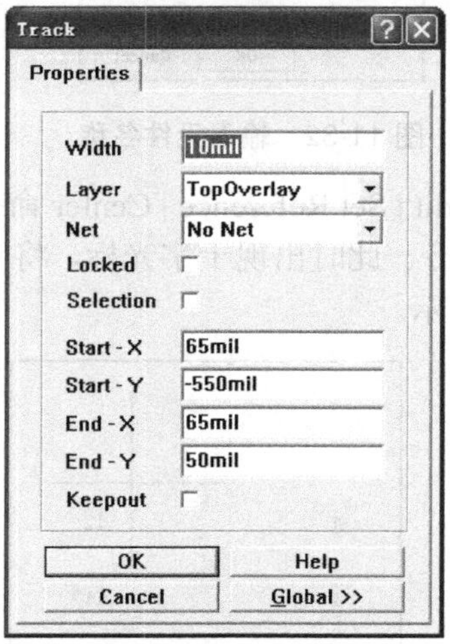

图 11-27　导线属性对话框

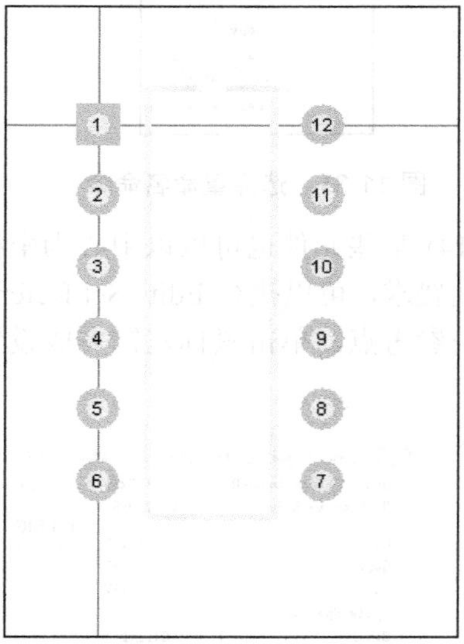

图 11-28　导线绘制完成

(9) 最后绘制圆弧，它表示了元件的放置方向，执行 Place | Arc 命令，设置圆弧的属性，如图 11-29 所示。

(10) 完成元件的绘制，绘制结果如图 11-30 所示。

(11) 在 PCB 管理器中元件名字处单击鼠标右键，在弹出的快捷菜单中选择 Rename 命令，如图 11-31 所示。

(12) 在弹出的重命名对话框中输入新的元件名称，如图 11-32 所示。

(13) 设置元件的参考坐标，通常设定为 Pin 1，即设置 Pin 1 的中心坐标为坐标原点，如

图 11-33 所示。

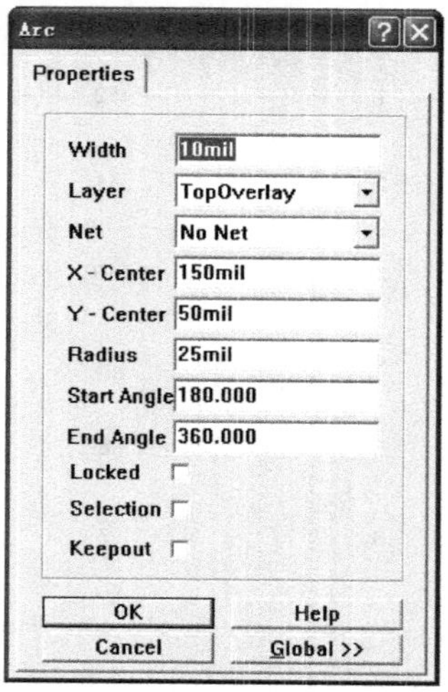

图 11-29　设置圆弧的属性

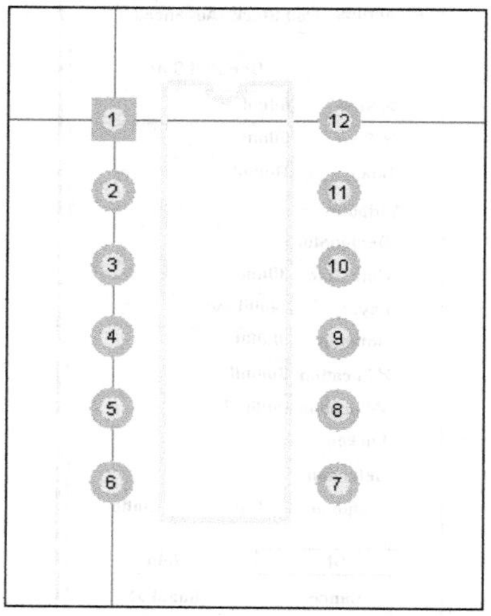

图 11-30　元件绘制完成

图 11-31　选择重命名命令

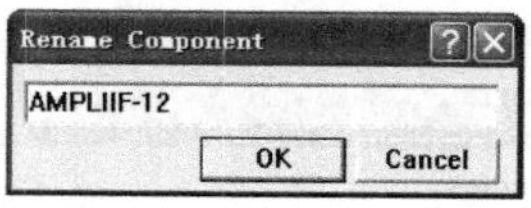

图 11-32　输入元件名称

(14) 某些元件也可以以中心为坐标，此时可执行 Edit | Set Reference | Center 命令。如果有其他要求，可以执行 Edit | Set Reference | Location 命令。此时出现十字光标，将十字光标放置在参考点，单击鼠标左键完成设置，如图 11-34 所示。

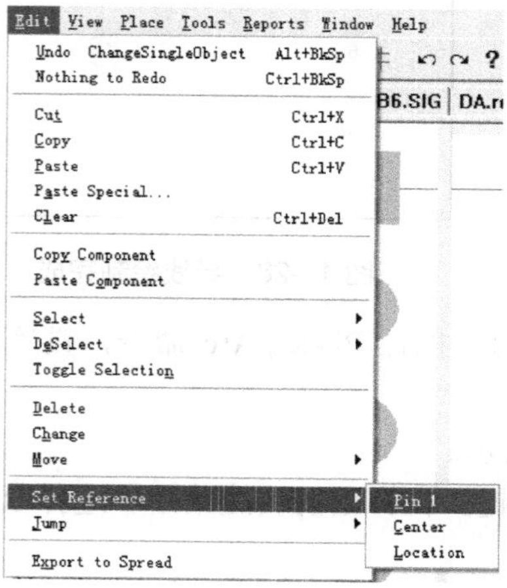

图 11-33　设置元件的参考坐标命令

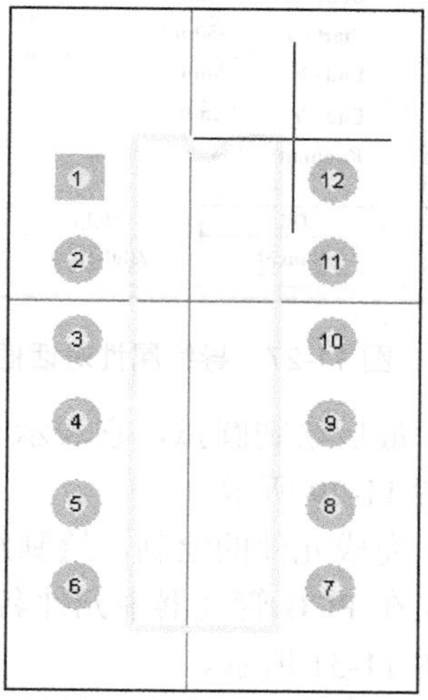

图 11-34　选择其他参考坐标

11.3.2 利用元件封装库创建新的元件封装

利用现有元件库封装创建新的元件，前提是元件库中有类似的元件，以现有元件为基础，进行简单的修改即可得到新的元件。下面以制作 80mil 间距的贴片按钮为例，介绍利用元件封装库创建新元件封装的方法。

(1) 首先找到和创建元件相似的元件。在印制电路板设计界面左边栏 PCB 浏览器下选择浏览元件库 Libraries，如图 11-35 所示。

(2) 选择浏览元件库 Libraries 后，系统列出封装元件库，并在元件 Components 栏中列出元件库中所有的元件封装，如图 11-36 所示。

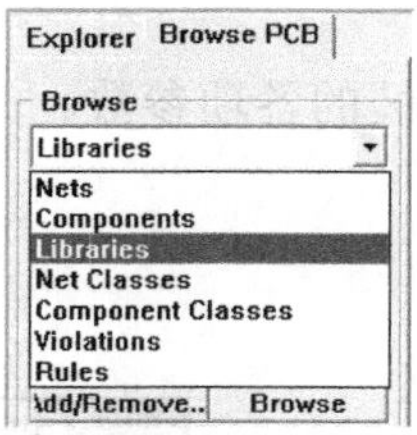

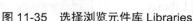

图 11-35 选择浏览元件库 Libraries

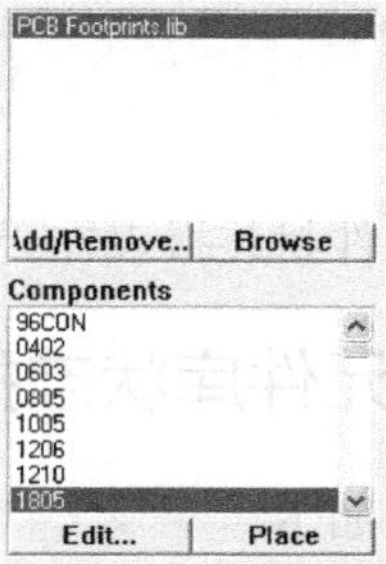

图 11-36 元件封装列表

(3) 在元件封装列表中选择 1805，可以在下面的预览框中查看到它的封装形式，与需要创建的封装类似，如图 11-37 所示。单击元件列表框下面的 Edit 按钮，开始编辑封装。

(4) 编辑封装在元件库编辑器中进行，单击 Edit 按钮后，系统打开该元件封装编辑器，如图 11-38 所示。

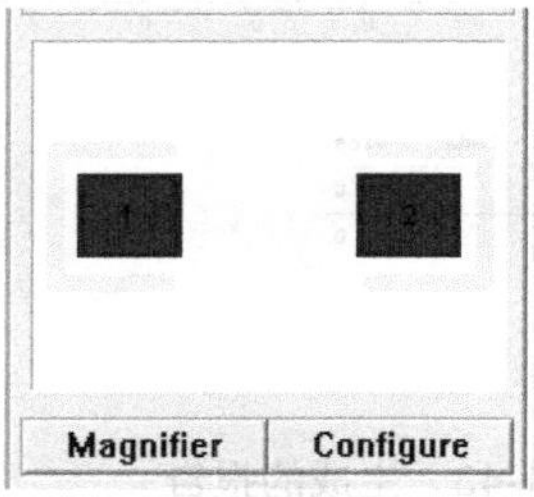

图 11-37 元件封装预览框

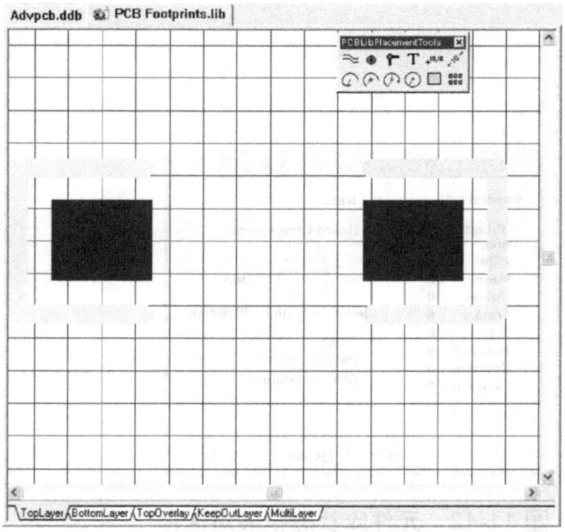

图 11-38 编辑封装

(5) 缩短贴片两个焊盘之间的距离，设置为 80mil，如图 11-39 所示。

(6) 将新的元件封装重新命名，如图 11-40 所示

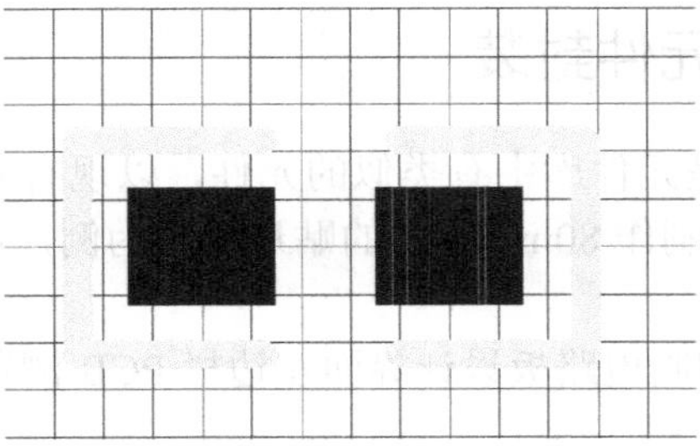

图 11-39　修改元件封装

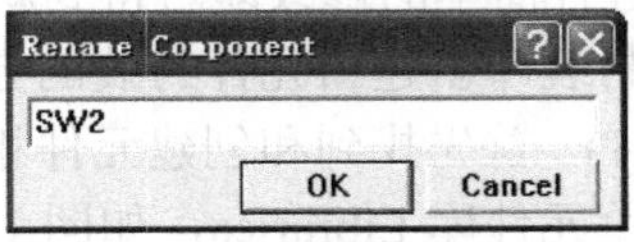

图 11-40　重新命名新元件

11.4 生成相关报表

自制的元件封装报表在元件封装编辑器中生成，包括封装的各项参数。

11.4.1　元件库状态报表

创建步骤如下。

(1) 生成元件库状态报表的命令为 Reports | Library Status，如图 11-41 所示。

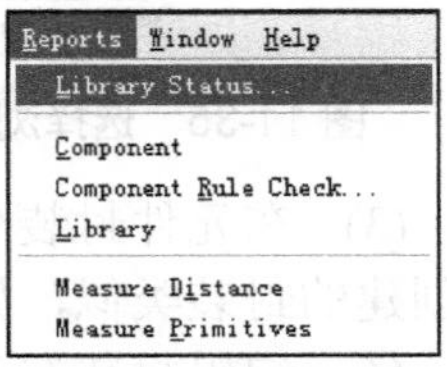

图 11-41　Library Status 命令

(2) 弹出元件库状态报表对话框，如图 11-42 所示，包括元件的大小尺寸和焊盘导线等数目统计。

(3) 在元件库状态报表对话框中单击 Report 按钮，生成的报告扩展名为“*.REP”，如图 11-43 所示。

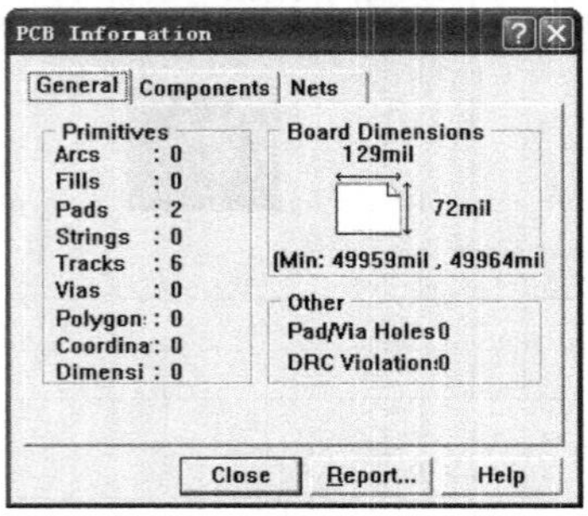

图 11-42　元件库状态报表对话框

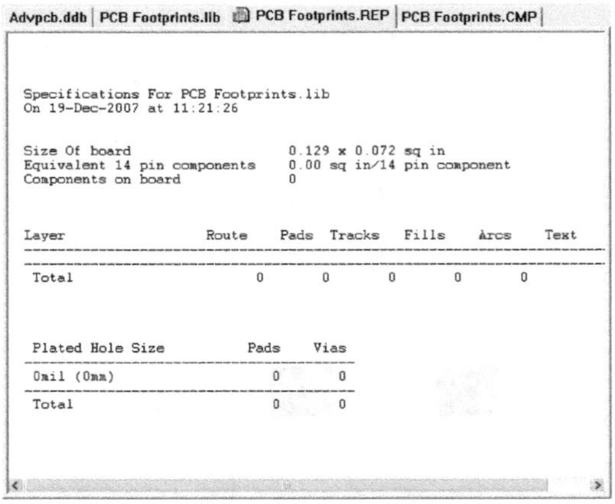

图 11-43　生成的报告

11.4.2　元件封装报表

元件封装报表操作步骤如下。

(1) 生成元件封装报表的命令为 Reports | Component，如图 11-44 所示。

(2) 生成的元件封装报表内容包括元件的尺寸、面积和组件的数目，如焊盘、导线、圆弧、注释等，如图 11-45 所示。

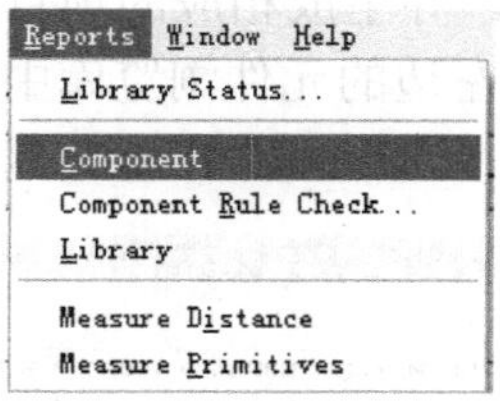

图 11-44　Component 命令

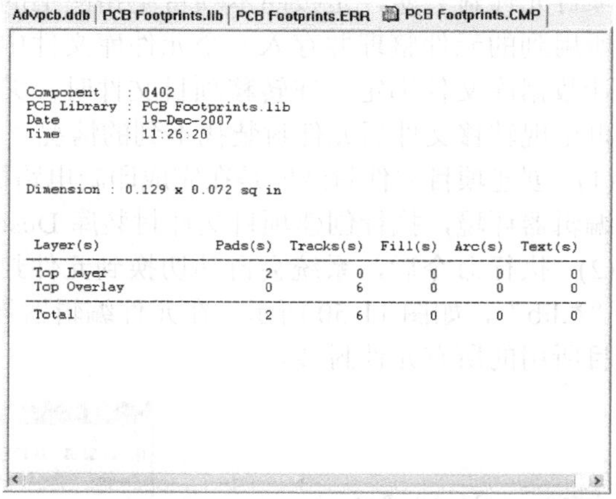

图 11-45　生成的元件封装报表

11.4.3　元件规则检查报表

元件规则检查报表操作步骤如下。

(1) 生成元件规则检查报表的命令为 Reports | Component Rule Check，如图 11-46 所示。

(2) 弹出 Component Rule Check 对话框，设置检查的规则和范围，如图 11-47 所示。

(3) 生成的元件规则检查报表如图 11-48 所示。

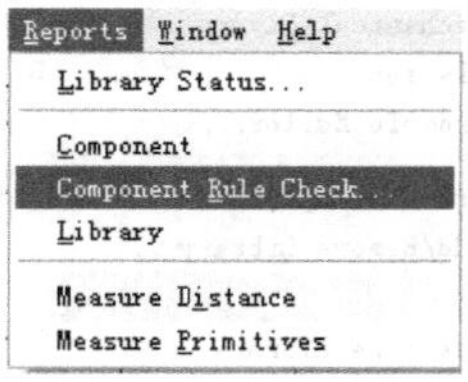

图 11-46　Component Rule Check 命令

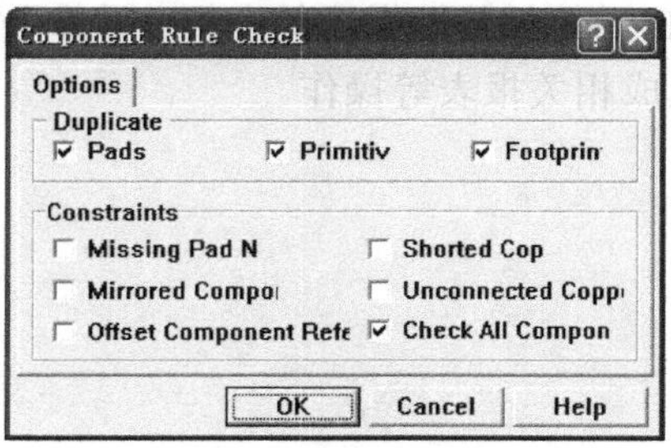

图 11-47　设置元件规则检查

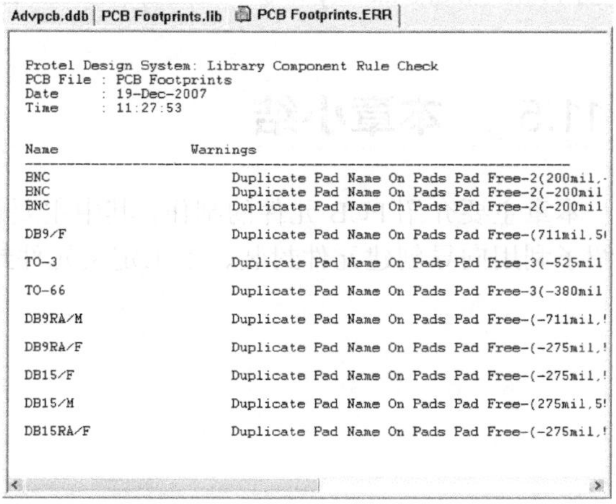

图 11-48　元件规则检查报表

11.4.4 创建项目元件封装库

项目元件封装库，是按照本项目电路图上的元件生成的一个元件封装库，即把整个项目中所用到的元件整理并存入一个元件库文件中。生成项目元件封装库后，相当于把封装和设计数据库文件绑定。在转移项目文件时，尤其在使用了自己创建的元件封装的时候，不会再出现转移文件后元件封装找不到的情况。

(1) 创建项目文件封装库是在完成印制电路板的设计之后。打开 PCB 电路板设计文件，进入编辑器环境，执行创建项目文件封装库 Design | Make Library 命令，如图 11-49 所示。

(2) 执行命令后，系统会自动切换到元件封装库编辑界面，并生成相应的项目文件库文件“*.lib”，如图 11-50 所示。在元件编辑器界面下，可以在左边的元件浏览库中查看到本项目所用的所有元件封装。

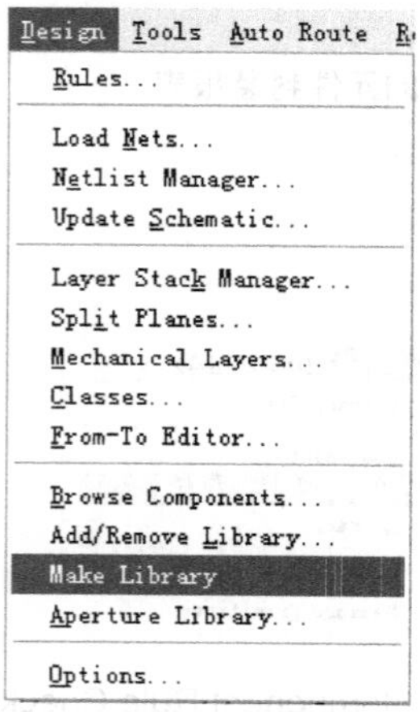

图 11-49 Make Library 命令

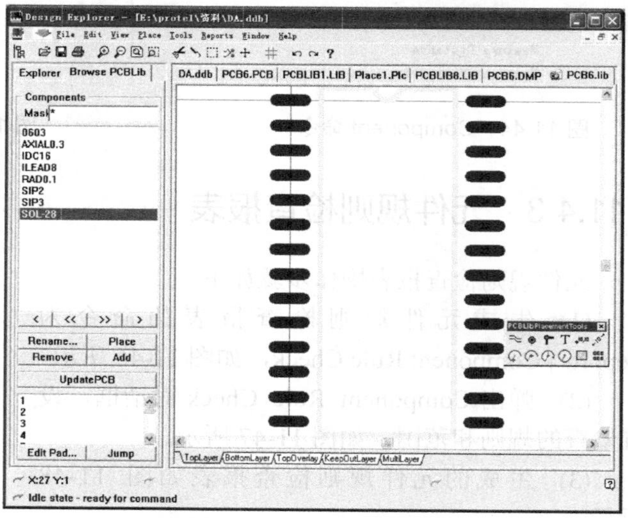

图 11-50 生成项目文件库文件“*.lib”

11.5 本章小结

本章主要介绍 PCB 元件的制作，其中主要包括 PCB 元件封装编辑器的介绍。另外主要介绍了利用向导创建元件封装、手工定义元件封装和生成相关报表等操作。

第12章 电路仿真分析

本章内容提示

Protel 99 SE 不但可以绘制电路图和制作印制电路板，而且还提供了电路仿真工具 Advanced SIM 99。用户可以方便地对设计的电路信号进行模拟仿真。本章将讲述 Protel 99 SE 的仿真工具的设置和使用，以及电路仿真的基本方法。

学习要点

- 仿真元件
- 激励源及其属性设置
- 初始状态设置
- 仿真设置

12.1 仿真概述

Protel 99 SE 中的模拟器可对单个或多个原理图直接进行数字模拟仿真。它使用最新的 Berkeley 的 SPICE3f5/Sspice 版本，能够进行模拟数字混合仿真，以事件驱动的数字器件行为模型，不需要进行 D/A 或 A/D 变换就可以进行精确的数字和模拟器件的仿真。Protel 99 SE 采用一种特殊语言描述数字器件，允许使用 Xspice 的事件驱动版本，用于仿真的数字器件都用数字 SimCode 语言描述并且存放在 Simulatio-ready 原理图库中。

下面介绍电路仿真的一般流程，其流程如图 12-1 所示。

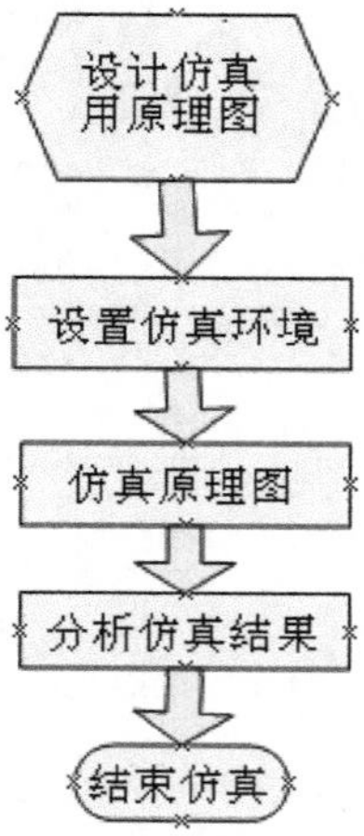

图 12-1 电路仿真流程图

进行电路仿真的步骤如下。

(1) 在原理图编辑器中载入仿真组件库 Sim.ddb。

(2) 在电路图上仿真组件，设置组件的仿真参数。

(3) 放置连线，绘制仿真电路原理图。

(4) 在仿真电路原理图中添加电源和激励源。

(5) 设置仿真节点以及电路的初始状态。

(6) 对电路原理图进行 ERC 检查，如果电路中存在错误，必须改正错误后才能进行仿真。

(7) 设置仿真分析的参数。

(8) 运行仿真器，得到仿真结果

(9) 分析仿真结果，结束仿真。

12.2 仿真元件示例

若使仿真顺利进行，得到比较靠近真实的结果，就要对元器件的参数进行设置。当然，这些元器件很多参数都有初始值，而且满足绝大部分仿真要求。

这些元器件的一些基本项不再重复说明，如 Designator 是相应元器件的名称，Part Type 是相应元器件的数值，L 代表长度，W 是宽度，Temp 为工作温度(默认 27 摄氏度)。

12.2.1 电阻

在 Simulation Symbols.Lib 库中，包含了以下 4 种电阻器。

- **RES**：固定电阻。
- **RESSEMI**：半导体电阻。
- **RPOT**：电位计。
- **RVAR**：可变电阻。

仿真库中的电阻类型如图 12-2 所示。

这些元件有一些特殊的仿真属性。在放置过程中按 Tab 键，或放置后双击该元件，弹出属性设置对话框，如图 12-3 所示。

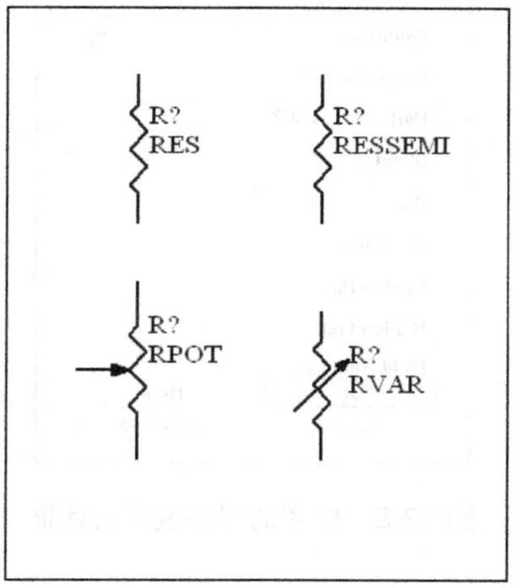

图 12-2　仿真库中的电阻类型

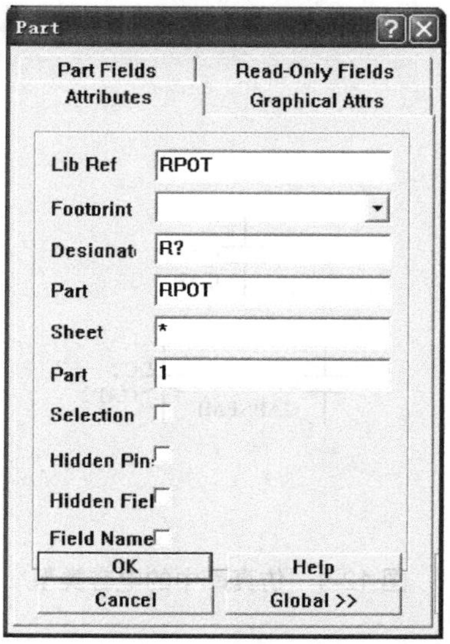

图 12-3　电阻属性设置对话框

- **Designator**：电阻器的名称，如 R1。
- **Part Type**：电阻的阻值，以欧姆为单位。
- **L**：在 Part Fields 选项卡中，以米为单位设置电阻的长度(半导体电阻)。
- **W**：在 Part Fields 选项卡中，以米为单位设置电阻的宽度(半导体电阻)。
- **Temp**：在 Part Fields 选项卡中，以摄氏度为单位设置元件的工作温度(半导体电阻)，默认值为 27 摄氏度。
- **Set**：在 Part Fields 选项卡中，对电位计和可变电阻有效。

12.2.2 电容

在 Simulation Symbols.Lib 库中，包含了以下 3 种电容。

- **CAP**：定值无极性电容。
- **CAPSEMI**：半导体电容。
- **CAP2**：定值有极性电容。

仿真库中的电容类型如图 12-4 所示。

电容的属性设置对话框如图 12-5 所示。

- **Designator**：电容的名称，如 C1。
- **Part Type**：电容的电容值，以法拉为单位。
- **L**：在 Part Fields 选项卡中，以米为单位设置电容的长度(半导体电容)。
- **W**：在 Part Fields 选项卡中，以米为单位设置电容的宽度(半导体电容)。
- **IC**：在 Part Fields 选项卡中，表示初始条件，即电容的初始电压值。该项仅在仿真分析工具傅里叶变换中的初始条件选项被选中后才有效。

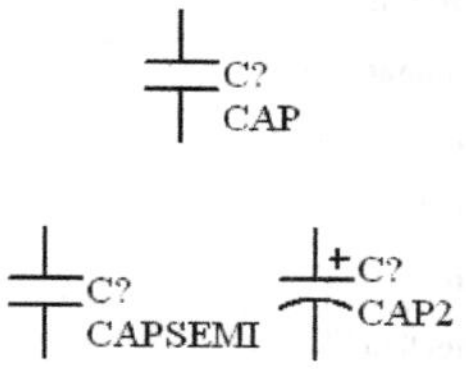

图 12-4　仿真库中的电容类型

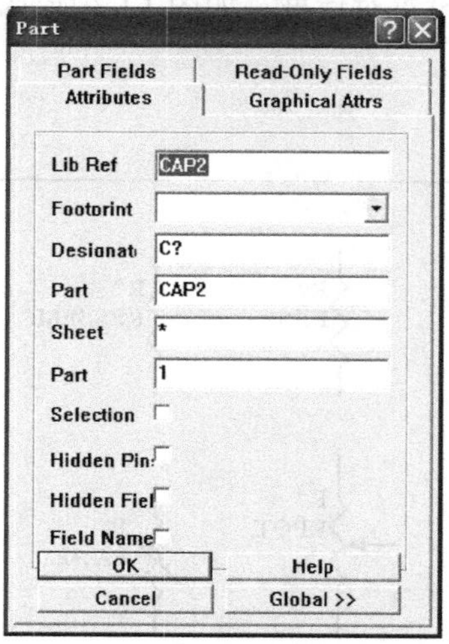

图 12-5　电容的属性设置对话框

12.2.3　电感

在 Simulation Symbols.Lib 库中，只有一种电感——INDUCTOR，如图 12-6 所示。元件列表如图 12-7 所示。

电感的属性设置对话框，如图 12-8 所示。

- **Designator**：电感的名称，如 L1。
- **Part Type**：电感值，以微亨为单位。
- **IC**：在 Part Fields 选项卡中，表示初始条件，即电感的初始电流值。该项仅在仿真分析工具傅里叶变换中的初始条件选项被选中后才有效。

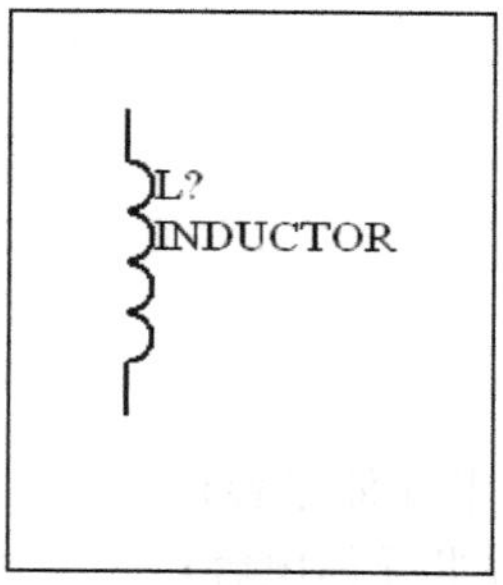

图 12-6　仿真库中的电感类型

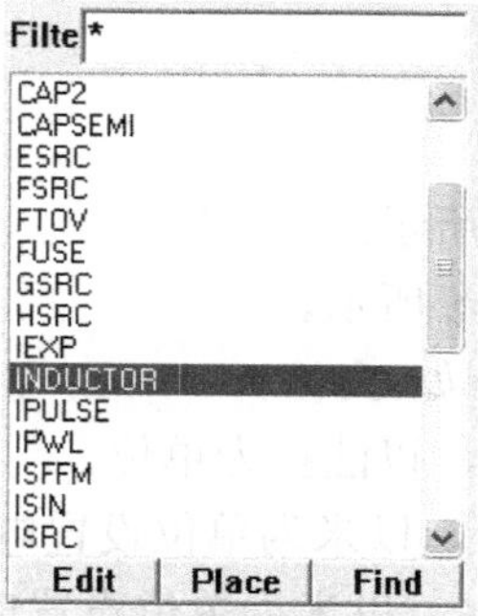

图 12-7　仿真库中的电感类型列表

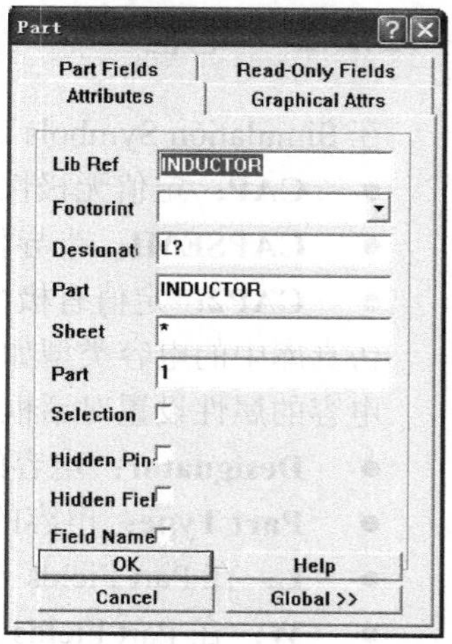

图 12-8　电感的属性设置对话框

12.2.4 二极管

在 Diode.Lib 库中，包含了大量的以工业标准部件命名的二极管，如图 12-9 所示。其中的部分图示，如图 12-10 所示。

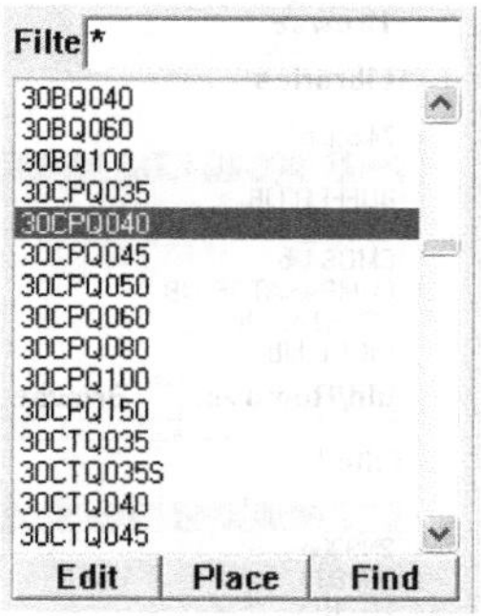

图 12-9 仿真库中的二极管类型列表

二极管的属性设置对话框，如图 12-11 所示。

- **Designator**：二极管的名称，如 D1。
- **Area**：在 Part Fields 选项卡中，其属性定义了模型下的并行元件数目。该选项将影响模型的许多参数。
- **Off**：在 Part Fields 选项卡中，在操作点分析中使二极管电压为零。
- **IC**：在 Part Fields 选项卡中，表示初始条件，二极管的初始电压值。该项仅在仿真分析工具傅里叶变换中的初始条件选项被选中后才有效。

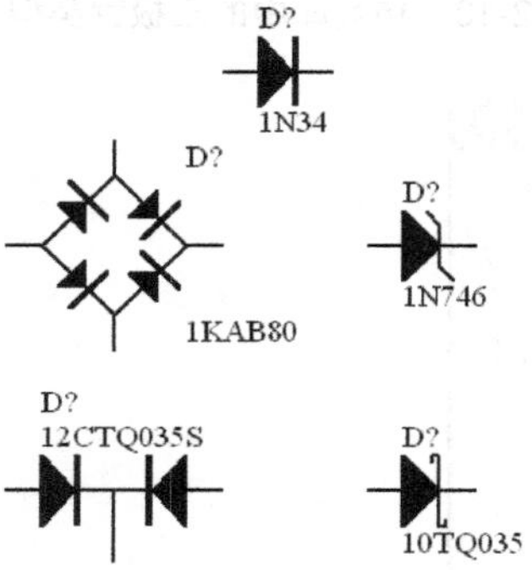

图 12-10 仿真库中的二极管类型

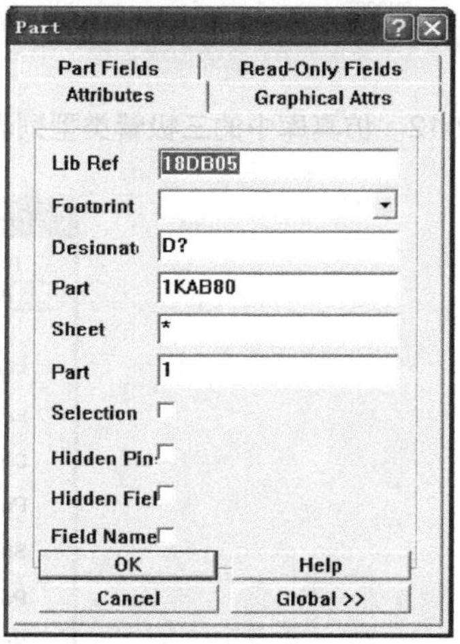

图 12-11 二极管的属性设置对话框

12.2.5 三极管

在 BJT.LIB 库中，包含了大量的以工业标准部件命名的三极管，如图 12-12 所示。其中的部分图示，如图 12-13 所示。

三极管的属性设置对话框，如图 12-14 所示。

- **Designator**：三极管的名称，如 Q1。
- **Area**：在 Part Fields 选项卡中，其属性定义了模型下的并行元件数目。该选项将影响模型的许多参数。
- **OFF**：在 Part Fields 选项卡中，在操作点分析中使三极管为零。

- **IC**：在 Part Fields 选项卡中，表示初始条件，三极管的初始电压值。该项仅在仿真分析工具傅里叶变换中的初始条件选项被选中后才有效。

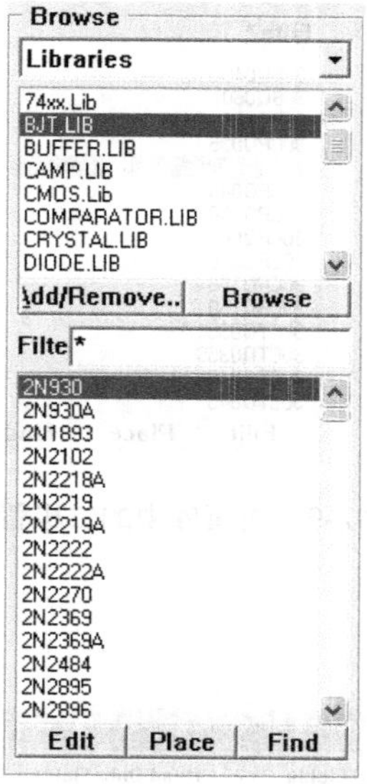

图 12-12　仿真库中的三极管类型列表

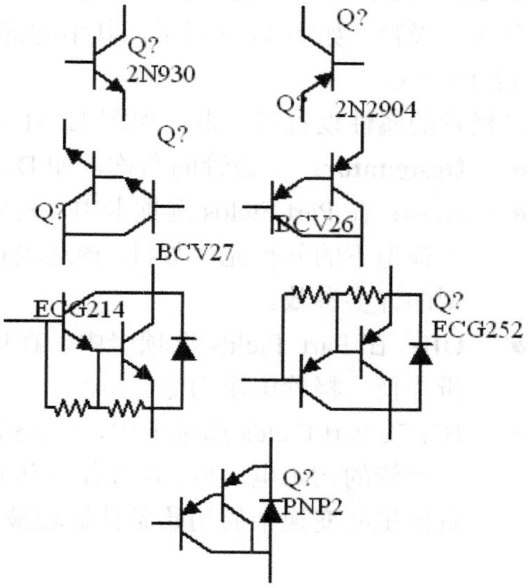

图 12-13　仿真库中的三极管类型

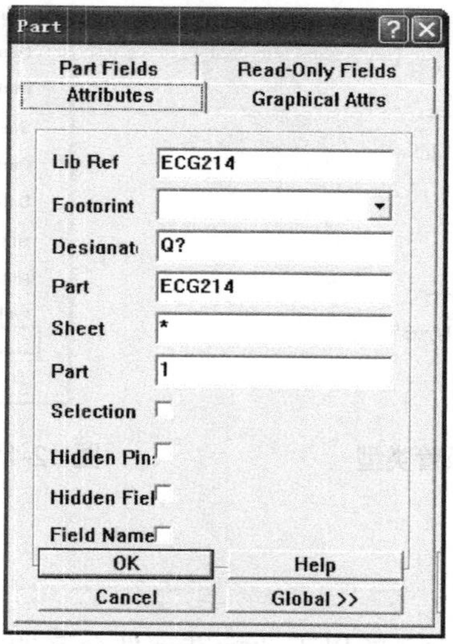

图 12-14　三极管的属性设置对话框

12.2.6　JFET 结型场效应管

结型场效应管包含在 JFET.LIB 库文件中，如图 12-15 所示。结型场效应管的模型是建立在 Shichman 和 Hodge 的场效应管的模型上的。其中的部分图示如图 12-16 所示。

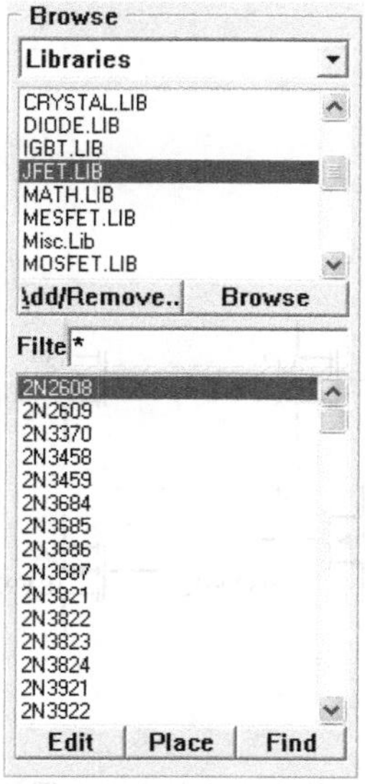

图 12-15　仿真库中的结型场效应管类型列表

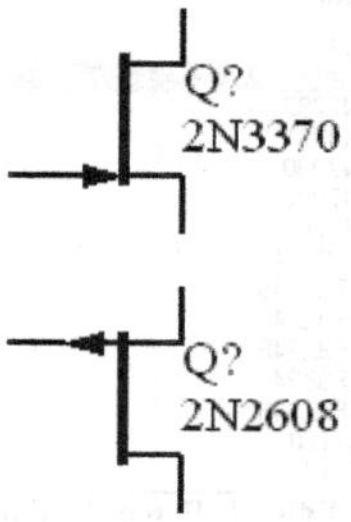

图 12-16　仿真库中的结型场效应管类型

结型场效应管的属性设置对话框如图 12-17 所示。可设置的参数如下。

- **Designator**：结型场效应管的名称，如 Q1。
- **Area**：在 Part Fields 选项卡中，其属性定义了模型下的并行元件数目。该选项将影响模型的许多参数。
- **OFF**：在 Part Fields 选项卡中，在操作点分析中使终止电压为零。
- **IC**：在 Part Fields 选项卡中，表示初始条件，即通过结型场效应管得初始电压值。该项仅在仿真分析工具傅里叶变换中的初始条件选项被选中后才有效。

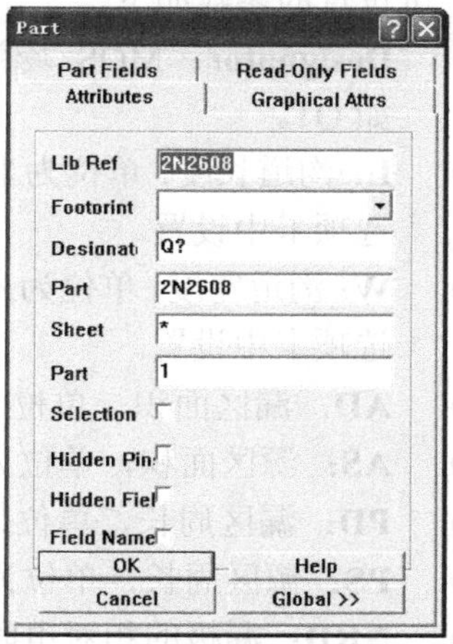

图 12-17　结型场效应管的属性设置对话框

12.2.7　MOS 场效应管

MOS 场效应管是金属-氧化物-半导体场效应晶体管，是现代集成电路中最常用的器件。SIM 99 提供了 4 种 MOSFET 模型，它们的伏安特性各不相同，但它们基于物理模型是相同的。

在 MOSFET.LIB 库文件中，包含了数目巨大的以工业标准部件命名的 MOS 场效应管，如图 12-18 所示。仿真器支持 Shichman Hodges、BSIM 1、BSIM 2、BSIM 3 和 MOS 2、MOS 3、MOS 6 模型。部分示例如图 12-19 所示。

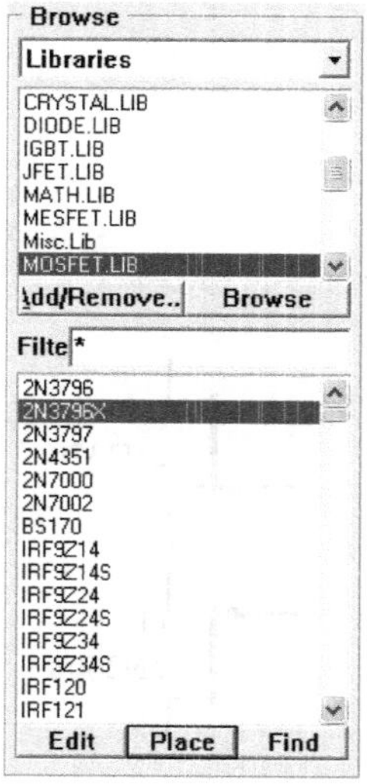

图 12-18　仿真库中的 MOS 场效应管类型列表

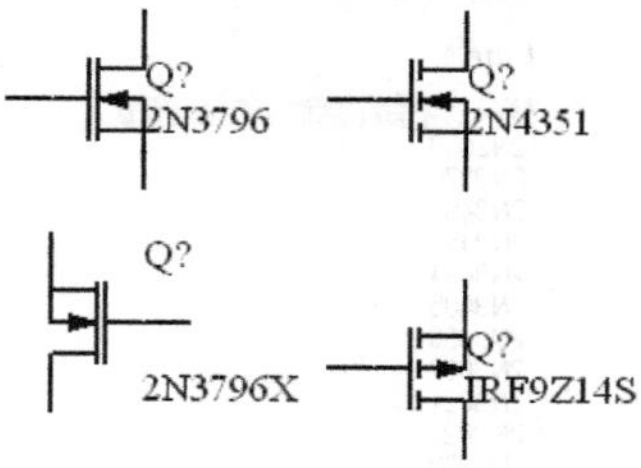

图 12-19　仿真库中的 MOS 场效应管类型

MOS 场效应管的属性设置对话框如图 12-20 所示。可设置的参数如下。

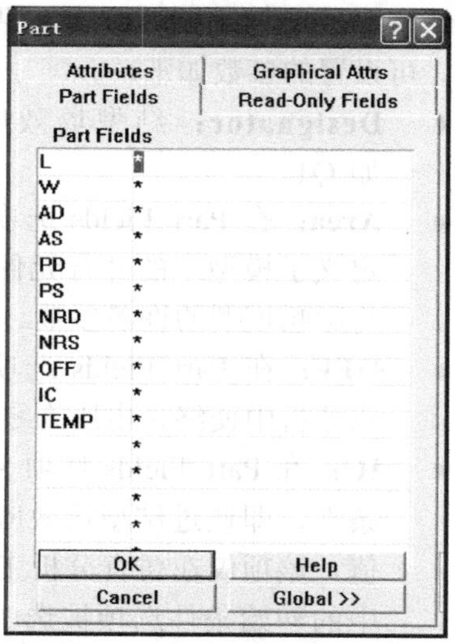

图 12-20　MOS 场效应管的属性设置对话框

- **Designator**：MOS 场效应管的名称，如 Q1。
- **L**：沟道长度，单位为米，在 Part Fields 选项卡中设置。
- **W**：沟道宽度，单位为米，在 Part Fields 选项卡中设置。
- **AD**：漏区面积，单位为平方米。
- **AS**：源区面积，单位为平方米。
- **PD**：漏区周长，单位为米。
- **PS**：源区周长，单位为米。
- **NRD**：漏极的相对电阻率的方块数。
- **NRS**：源极的相对电阻率的方块数。
- **OFF**：可选项，在操作点分析中使终止电压为零。
- **IC**：在 Part Fields 选项卡中，表示初始条件，即通过结型场效应管获得初始电压值。该项仅在仿真分析工具傅里叶变换中的初始条件选项被选中后才有效。

12.2.8　MES 场效应管

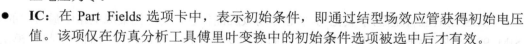

MES 场效应管包含在 MESFET.Lib 库文件中。MES 场效应管的模型是从 Statz 的砷化镓场效应管的模型得到的。在元件库中有两种标准，如图 12-21 所示。示例如图 12-22 所示。

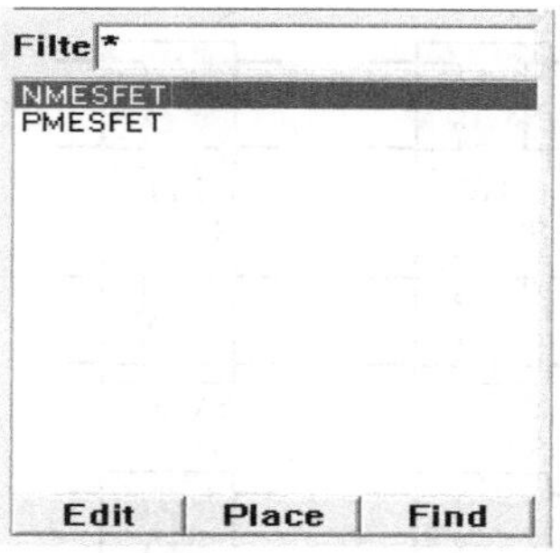

图 12-21　仿真库中的 MES 场效应管类型列表

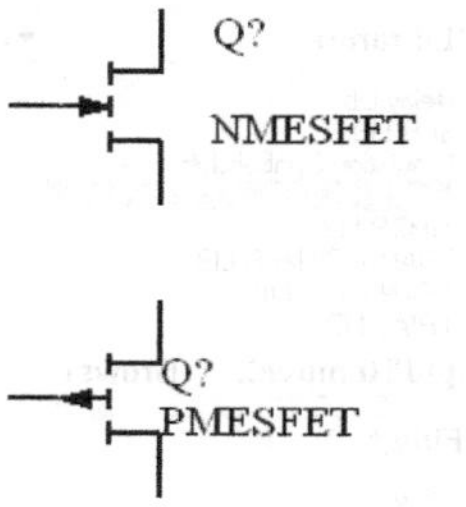

图 12-22　仿真库中的 MES 场效应管类型

MES 场效应管的属性设置对话框如图 12-23 所示。可设置的参数如下：

- **Designator**：MES 场效应管的名称，如 Q1。
- **Area**：在 Part Fields 选项卡中，其属性定义了模型下的并行器件数目。该选项将影响模型的许多参数。
- **OFF**：在 Part Fields 选项卡中，在操作点分析中使终止电压为零。
- **IC**：在 Part Fields 选项卡中，表示初始条件，即通过 MES 场效应管得初始电压值。该项仅在仿真分析工具傅里叶变换中的初始条件选项被选中后才有效。

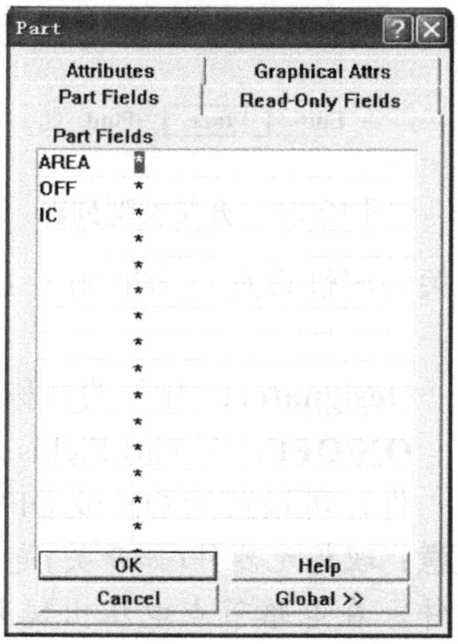

图 12-23　MES 场效应管的属性设置对话框

12.2.9　电压/电流控制开关

SWITCH.LIB 库文件中包含以下可用于原理图的开关，如图 12-24 所示。

- **CSW**：默认的电流控制开关。
- **SW**：默认的电压控制开关。
- **SW05**：动作电压 VT=500.0mV 的电压控制开关。
- **AWM10**：VT=1000.0mV 的电压控制开关。
- **AWP10**：VT=0.1V 的电压控制开关。
- **STTL**：VT=2.5 V，滞环电压 VH=0.1V 的电压控制开关。
- **TTL**：VT=2.5 V，VH=1.2V，断电阻 ROFF=100E+6 的电压控制开关。
- **TRIAC**：VT=0.99V，RON=0.1，断电阻 ROFF=100E+7 的电压控制开关。

这些开关如图 12-25 所示。

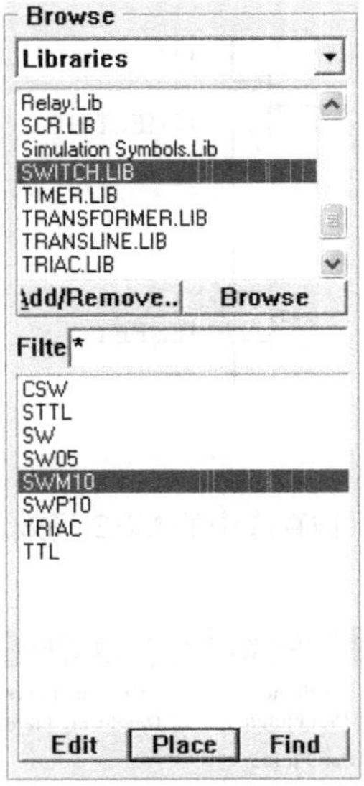

图 12-24　开关类型列表

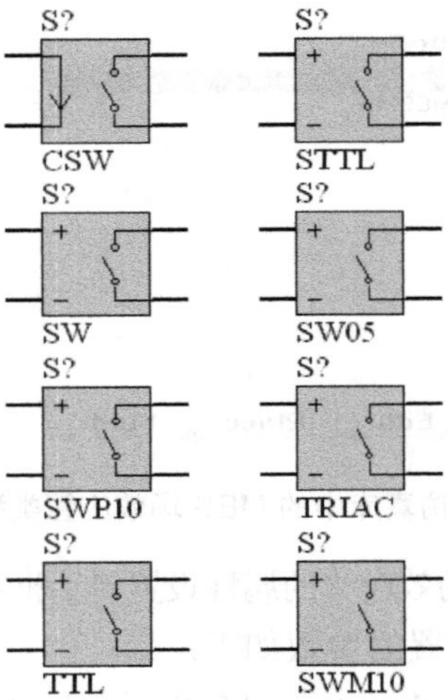

图 12-25　仿真库中的开关类型

开关的属性设置对话框如图 12-26 所示。可设置的参数如下：

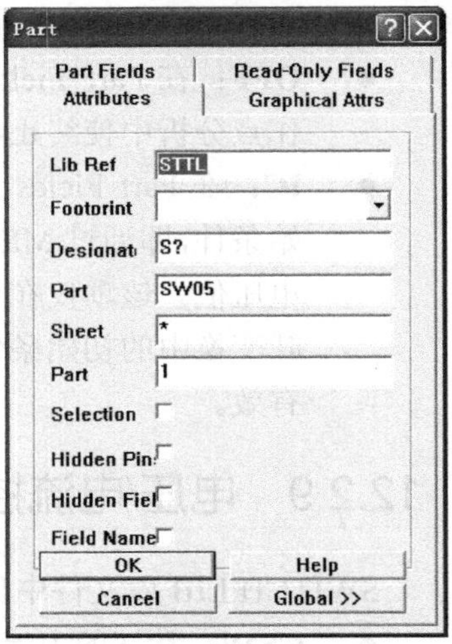

图 12-26　开关的属性设置对话框

- **Designator**：开关的名称，如 S1。
- **ON/OFF**：在 Part Fields 选项卡中，表示初始条件，可设置为 ON 或 OFF。

注意：理想元器件(如开关)是高度非线性的，使用这些元器件，在电路节点电压出现大的、不连续的迅速变化，比如与开关改变状态相联系的变化时，能够引起数字上的舍入或容差的问题，从而导致错误的结果或设置时间步长困难。

因此在仿真时，应注意以下几点。

- 开关的阻抗相对于其他元器件足够大或低到可以忽略时为好。在所有情况下，用近似于理想的开关阻抗将加剧上面所提到的不连续问题。而在模拟时间元器件 MOSFET 时，开态电阻将按模拟的元件尺寸调整到实际水平。
- 模拟时间的 MOS 管时，可以使用理想阻抗。
- 如果在开关模型中必须使用大范围的开态到关态电阻(ROFF/RON > 1E+12)，则在瞬时分析中设置 TRTOL 的参数为 1。
- 如果开关离电容很近，则应该减小 CHGTOL 参数，比如设置为 1E−16。

以上 TRTOL 和 CHGYOL 参数在 Simulate Setup | Advanced | Analyses Setup 中设置。

12.2.10 熔丝

熔丝元件包含在 FUSE.Lib 库文件中，熔丝的符号如图 12-27 所示。

熔丝的属性设置对话框如图 12-28 所示。可设置的参数如下。

- **Designator**：熔丝的名称，如 F1。
- **Current**：在 Part Fields 选项卡中，设置熔丝的熔断电流，以安培为单位。
- **Resistance**：在 Part Fields 选项卡中，以欧姆为单位的串联的熔丝的阻抗。

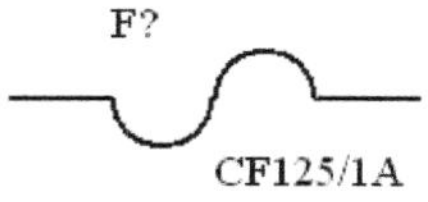

图 12-27 仿真库中的熔丝

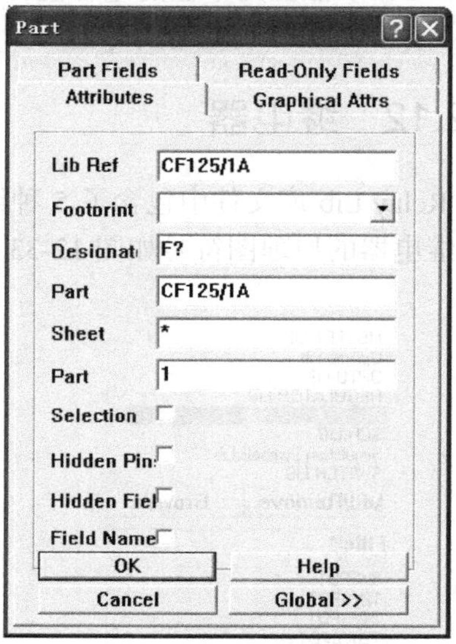

图 12-28 熔丝的属性设置对话框

12.2.11 晶振

在 CRYSTAL.Lib 库文件中包含大量的晶振，包含大部分工业标准的使用频率，如图 12-29 所示。这些晶振如图 12-30 所示。

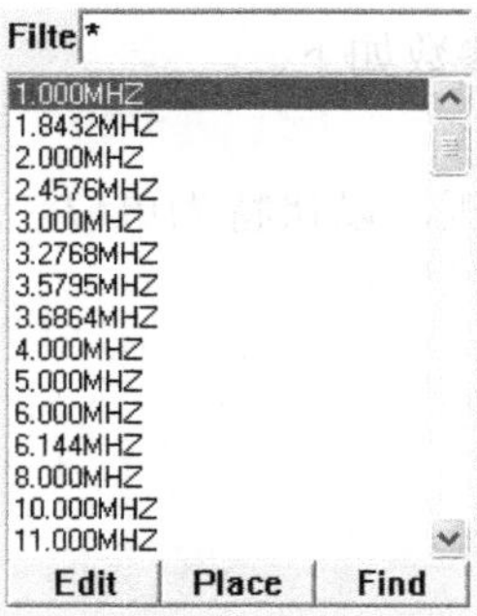

图 12-29 晶振类型列表

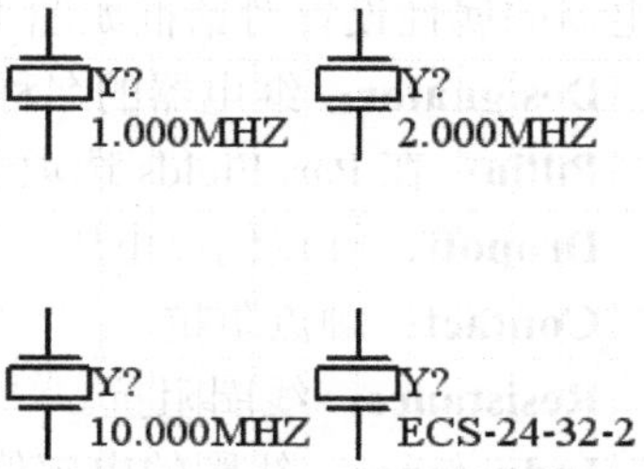

图 12-30 仿真库中的晶振

晶振的属性设置对话框如图 12-31 所示。可设置的参数如下。

- **Designator**：晶振的名称，如 Y1。
- **Freq**：在 Part Fields 选项卡中，表示晶振的频率，以兆赫兹为单位。
- **RS**：在 Part Fields 选项卡中设置，表示晶振串联的电阻值。
- **C**：以法拉为单位的电容值。
- **Q**：晶振等效电路的 Q 值。

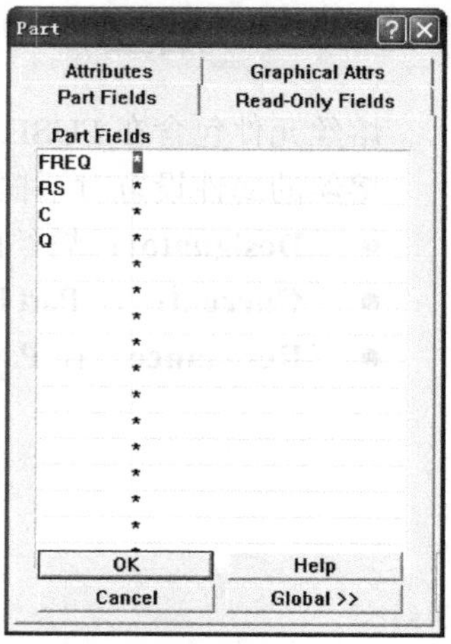

图 12-31　晶振属性设置对话框

12.2.12　继电器

在 Relay.Lib 库文件中包含了 5 种继电器，如图 12-32 所示。继电器的原理图符号如图 12-33 所示。

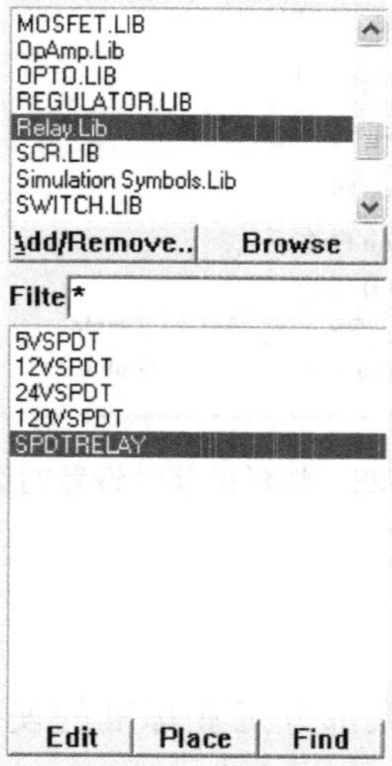

图 12-32　继电器类型列表

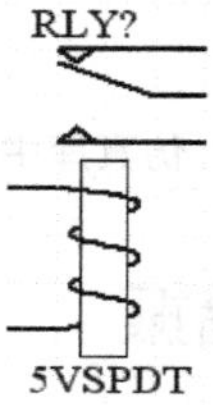

图 12-33　仿真库中的继电器

继电器的属性设置对话框如图 12-34 所示。可设置的参数如下。

- **Designator**：继电器的名称。
- **Pillin**：在 Part Fields 选项卡中，表示触点引入电压，以伏特为单位。
- **Dropoff**：触点偏离电压。
- **Contact**：触点阻抗。
- **Resistance**：线圈阻抗。
- **Inductance**：线圈的电感值。

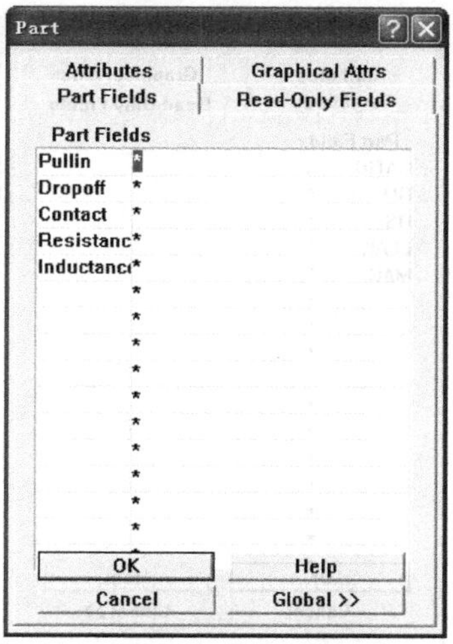

图 12-34　继电器属性设置对话框

12.2.13　互感器

互感器在 TRANSFORMR.LIB 库文件中，其中包含了很多以工业标准命名的互感器，如图 12-35 所示。互感器的原理图符号如图 12-36 所示。

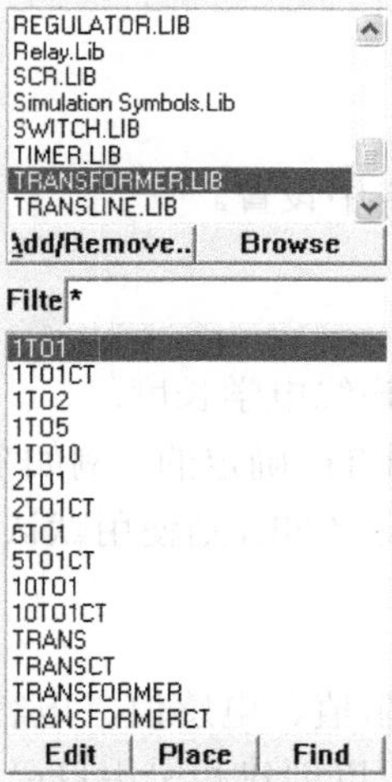

图 12-35　互感器类型列表

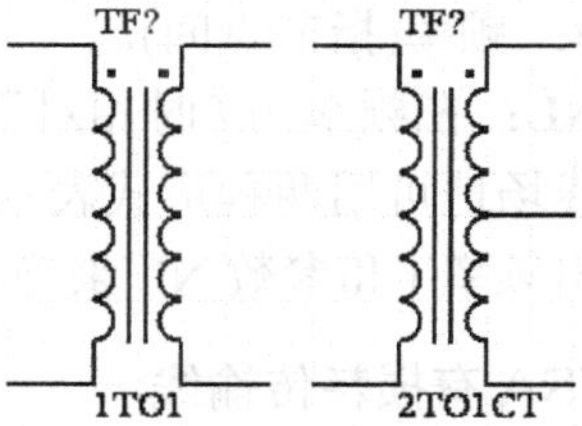

图 12-36　仿真库中的互感器

互感器的属性设置对话框如图 12-37 所示。可设置的参数如下。

- **Designator**：电感互感器的名称，如 T1。
- **RATIO**：二次/一次转换比，在 Part Fields 选项卡中设置。
- **RP**：可选项，表示一次阻抗。
- **RS**：可选项，表示二次阻抗。
- **LEAK**：漏电感。
- **MAG**：磁化电感。

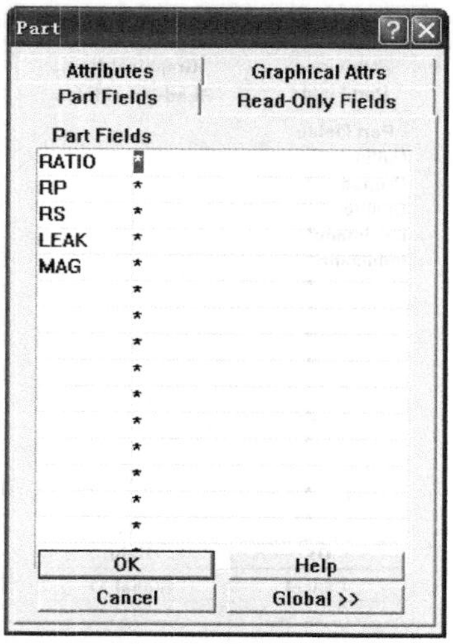

图 12-37　互感器属性对话框

12.2.14　传输线

传输线模型包含在 TRANSLINE.LIB 库文件中，共 3 种模型互感器的原理图符号，如图 12-38 所示。

1. LLTRA 无损耗传输线

- **Designator**：电感互感器的名称，如 T1。
- **Z0**：可选项，表示特殊阻抗，在 Part Fields 选项卡中设置。
- **TD**：传输线的延时。
- **F**：频率(指节点间)。
- **NL**：在频率为 f 时相对于传输线波长归一化的传输线电学长度。

传输线场地可用两种形式表示：一种是由传输线的延时 TD 确定的，例如 TD=10ns；另一种是给出频率 f 和参数 NL 来确定，如果设定了 f 而没有设定 NL，则使用默认值 NL=0.25。

2. LTRA 有损耗传输线

单一的有损耗传输线将使用两段口相应模型，保护电阻值、电感值、电容值和传输线长度，这些参数不可以直接在原理图文件中设置，但用户可以创建和引用自己的模型文件。

3. URC 均匀分布有损传输线

分布 RC 传输线模型，由 URC 传输线字典进行类型扩展，生成内部产生节点的集总 RC 分段网络而获得，RC 各段在几何上是连续的。

- **L**：可选项，RC 传输线的长度，在 Part Fields 选项卡中设置。
- **N**：可选项，RC 传输线模型使用的段数

其中无损耗传输线的属性设置对话框如图 12-39 所示。

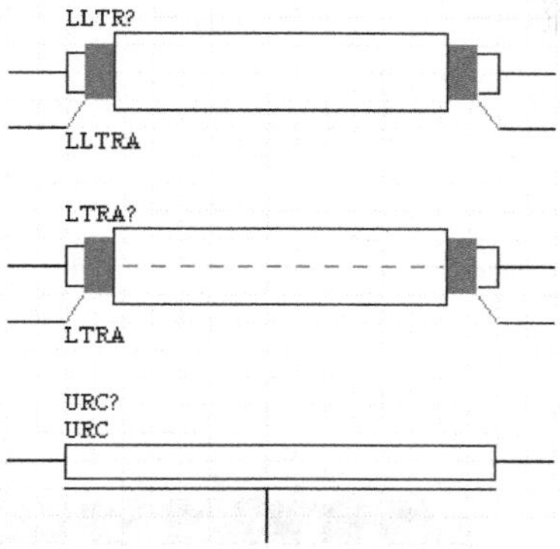

图 12-38 仿真库中的传输线

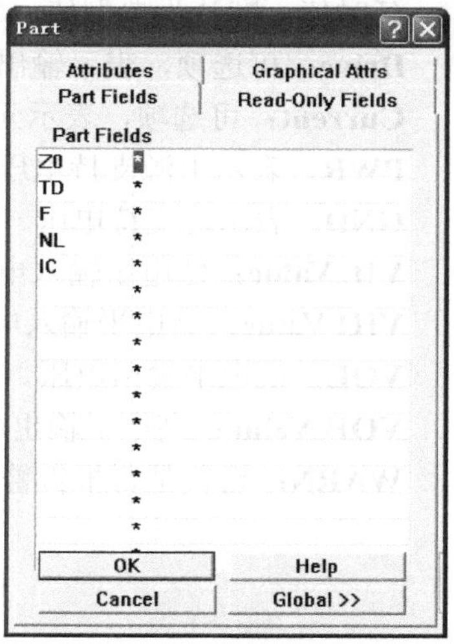

图 12-39 传输线属性设置对话框

12.2.15 TTL 和 CMOS 数字电路元件

库 74xx.Lib 包含了 74XX 系列的 TTL 逻辑器件；库 CMOS.Lib 包含了 4000 系列的 CMOS 逻辑器件。设计者可把上述元件库包含的数字电路元器件用到所设计的仿真图中。74XX 系列的 TTL 逻辑器件列表和 4000 系列的 CMOS 逻辑器件列表如图 12-40 所示。其中部分原理图符号如图 12-41 所示。

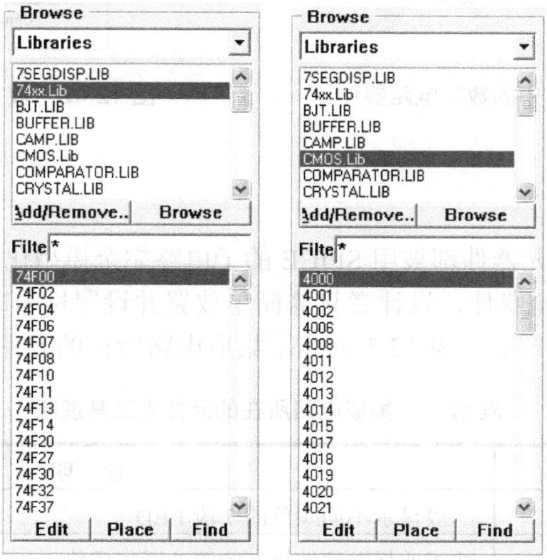

图 12-40 数字电路器件类型列表

74F83 的属性设置对话框如图 12-42 所示。可设置的参数如下。

- **Designator：**数字电路器件的名称。
- **Propagation：**表示器件的延时，可以设置为最大或最小来使用最大延时值或最小延时值。默认为典型值。

- **Drive**：可选项，表示输出驱动特性。
- **Current**：可选项，表示元件功率的输出电流。
- **PWR**：表示电源支持电压。
- **GND**：表示地支持电压。
- **VIL Value**：低电平输入电压。
- **VIH Value**：高电平输入电压。
- **VOL**：低电平输出电压。
- **VOH Value**：高电平输出电压。
- **WARN**：设置是否报告警告信息。

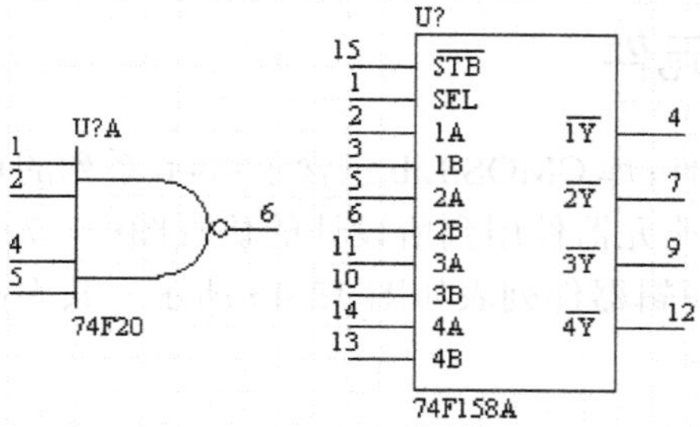

图 12-41 仿真库中的数字电路器件

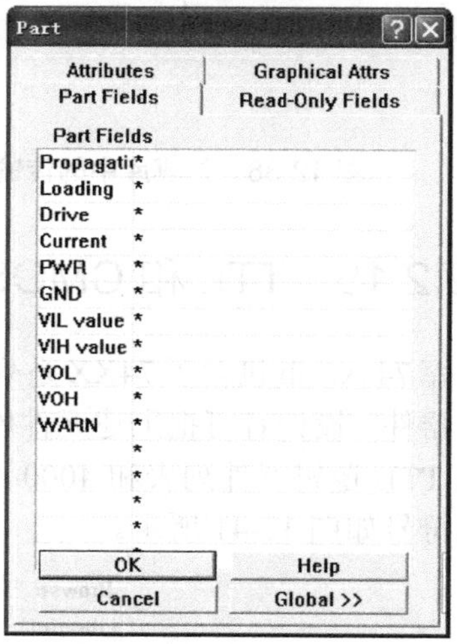

图 12-42 数字电路器件属性设置对话框

12.2.16 集成块

在 SIM 99 中，复杂元器件都被用 SPICE 的子电路完全模型化，该元器件没有设计者需设置的选项。对于这些元器件，设计者只需简单放置并设置标号即可，所有的仿真用参数都已在 SPECE 子电路设定好。表 12-1 列出了集成电路所在的元件库及其说明。

表 12-1 集成电路所在的元件库及其说明

库　名	说　明
Tsegdisp.lib	一般显示不同颜色的 7 段 LED
Buffer.lib	按工业标准部件排序的缓冲器集成块
Camp.lib	按工业标准部件排序的电流放大器
Comparator.lib	按工业标准部件排序的比较器
IGBT.lib	双极晶体管
Math.lib	带有数字传递功能的两段口元件

续表

库　名	说　明
Misc.lib	各种集成块和其他元件
Opanp.lib	按工业标准部件排序的运算放大器
Opto.lib	一般隔离
Regulator.lib	按工业标准部件排序的电压调节器
SLR.lib	晶闸管整流器
Timer.lib	555 时钟
Triac.lib	三端双向晶闸管元件
Tube.lib	不同的阀门
UJT.lib	不同的单结晶体管

12.3 激励源及其属性设置

在 SIM 99 的仿真元件库中，包含了以下主要激励源。

12.3.1 直流仿真电源(Constant(DC) Simulation Sources)

在 Simulation Symbols.lib 库中，包含了如下的直流源元器件：

- **VSRC**：电压源。
- **ISRC**：电流源。

仿真库中的电压/电流源的符号如图 12-43 所示。

直流源的属性设置对话框如图 12-44 所示。可设置的参数如下。

- **AC Magnitude**：如果要进行交流小信号分析，可在 Part Field 选项卡中设置此项。
- **AC Phase**：交流小信号的电压相位。

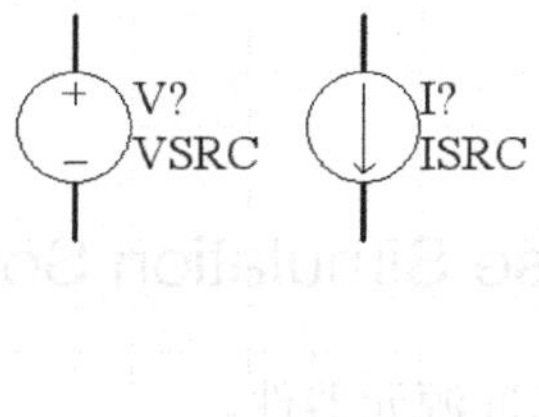

图 12-43　仿真库中的直流源

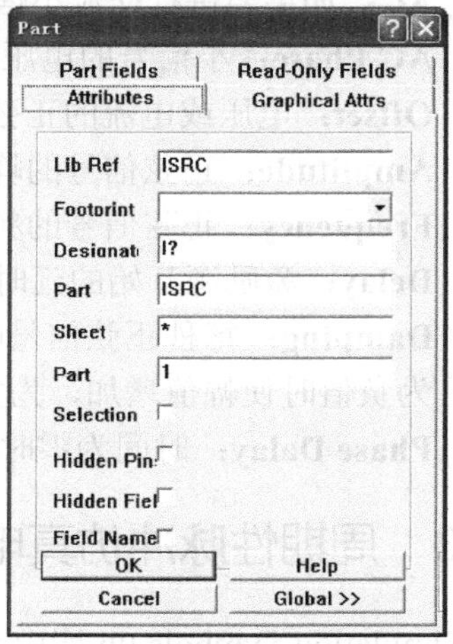

图 12-44　直流源属性设置对话框

12.3.2 交流仿真电源(Sinusoidal Simulation Sources)

在 Simulation Symbols.lib 库中，包含了如下的正弦源元器件：

- **VSIN：**正弦电压源。
- **ISIN：**正弦电流源。

通过这些源可创建正弦波电压和电流源。仿真库中的正弦电压/电流源符号如图 12-45 所示。

正弦仿真信号源的属性设置对话框如图 12-46 所示。可设置的参数如下。

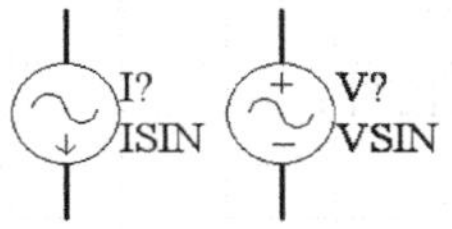

图 12-45 仿真库中的正弦源

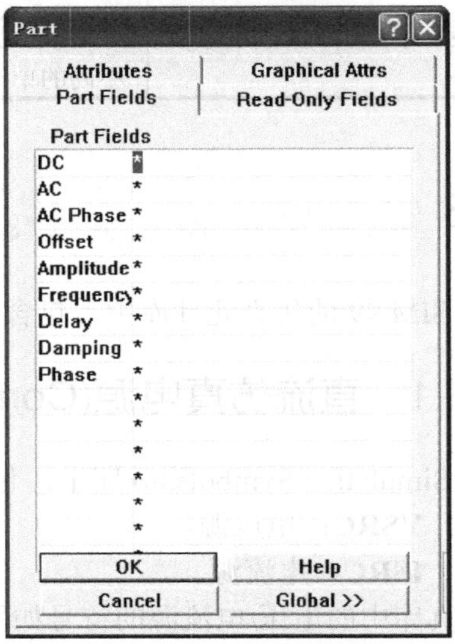

图 12-46 正弦仿真信号源属性设置对话框

- **DC：**此项不设置。
- **AC：**如果要进行交流小信号分析，可在 Part Field 选项卡中设置此项。
- **AC Phase：**小信号的电压相位。
- **Offset：**电压或电流的正弦偏置。
- **Amplitude：**正弦信号的峰值。
- **Frequency：**正弦信号的频率。
- **Delay：**激励源开始的延时时间。
- **Damping：**每秒正弦信号幅值的减少量，设为正值将使正弦波以指数形式减少，为负值时使幅值增加，为零时幅值不变。
- **Phase Dalay：**时间为零时的正弦信号的相移。

12.3.3 周期性脉冲仿真电源(Periodic Pulse Simulation Sources)

在 Simulation Symbols.lib 库中，包含了如下的周期脉冲源元器件。

- **VPULSE：**电压脉冲源。

- **IPULSE**：电流脉冲源。

利用这些源，可以创建周期的连续的脉冲。仿真库中的周期脉冲源符号如图 12-47 所示。周期脉冲源的属性设置对话框如图 12-48 所示。可设置的参数如下。

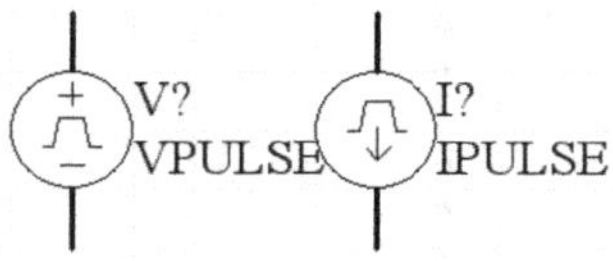

图 12-47　仿真库中的周期脉冲源

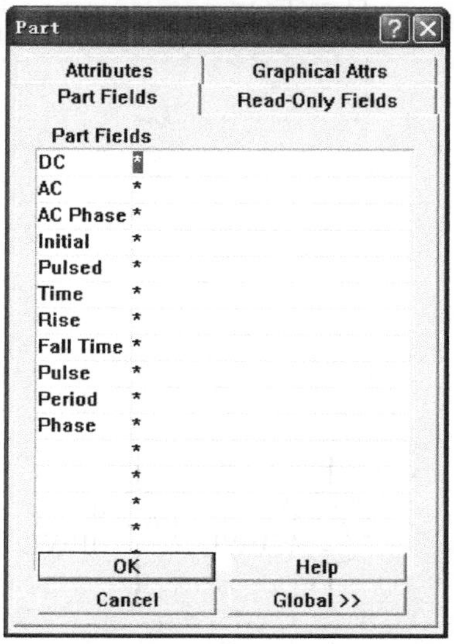

图 12-48　周期脉冲源属性设置对话框

- **DC Magnitude**：此项将被忽略。
- **AC**：如果要进行交流小信号分析，可设置此项。
- **AC Phase**：小信号的电压相位。
- **Initial Value**：电压或电流的正初始值。
- **Pulsed**：延时和上升时间时电压或电流值。
- **Time Delay**：激励源从初始状态到激发时的延时，单位为秒。
- **Rise Time**：上升时间，要求大于 0。
- **Fall Time**：下降时间，要求大于 0。
- **Pulse Width**：脉冲宽度，单位为秒。
- **Period**：脉冲周期，单位为秒。

12.3.4　分段线性仿真电源(Piece-Wise-Linear Simulation Sources)

在 Simulation Symbols.lib 库中，包含了如下的分段线性源器件：

- **VPWL**：分段线性电压源。
- **IPWL**：分段线性电流源。

通过这些源，可创建任意形状的波形。仿真库中的分段线性源符号如图 12-49 所示。分段线性源的属性设置对话框如图 12-50 所示。可设置的参数如下。

- **DC Magnitude**：此项将被忽略。
- **AC Magnitude**：如果要进行交流小信号分析，可设置此项。
- **AC Phase**：小信号的电压相位。

- **Time/Voltage**：设置时间/幅值的一对参量，由空格分隔，最多 8 组。前一个参量为时间单位为秒，后一个参数为幅值单位为伏特，如 0s/5V，5s/6V。
- **File Name**：包含分段线性源数据的外部文件，文件格式为“*.pwl”，要求放在同一目录下。

图 12-49　仿真库中的分段线性源

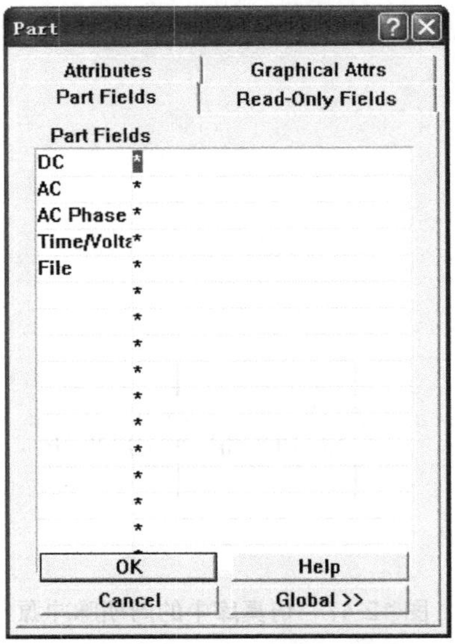

图 12-50　分段线性源属性设置对话框

外部文件的格式如图 12-51 所示。

```
* Signal1 data

+0.003e-3  0.999      0.004e-3  0.876
+0.005e-3  0.794      0.006e-3  0.693
+0.007e-3  0.989      0.008e-3  0.576
+0.009e-3  0.653      0.010e-3  0.448
```

图 12-51　分段线性源外部文件格式

12.3.5　指数仿真电源(Exponential Simulation Sources)

在 Simulation Symbols.lib 库中，包含了如下的指数激励源元器件：

- **VEXP**：指数激励电压源。
- **IEXP**：指数激励电流源。

利用这些源，可创建带有指数上升沿或下降沿的脉冲波形。仿真库中的指数激励源元器件如图 12-52 所示。

指数激励源的属性设置对话框如图 12-53 所示。可设置的参数如下。

- **DC Magnitude**：此项不设置。
- **AC Magnitude**：如果要进行交流小信号分析，可在 Part Fields 选项卡中设置此项。
- **AC Phase**：小信号的电压相位。

- **Initial Value**：时间为零时的电压或电流的幅值。
- **Pulse Value**：输出振幅的最大幅值。
- **Rise Delay**：上升延时，即输出值从起始值到峰值间的时间差，单位为秒。
- **Rise Time**：上升时间，要求大于 0。
- **Fall Delay**：下降延时，即输出值从峰值到起始值间的时间差，单位为秒。
- **Fall Time**：下降时间，要求大于 0。

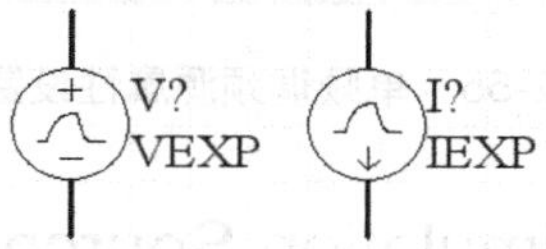

图 12-52　仿真库中的指数激励源

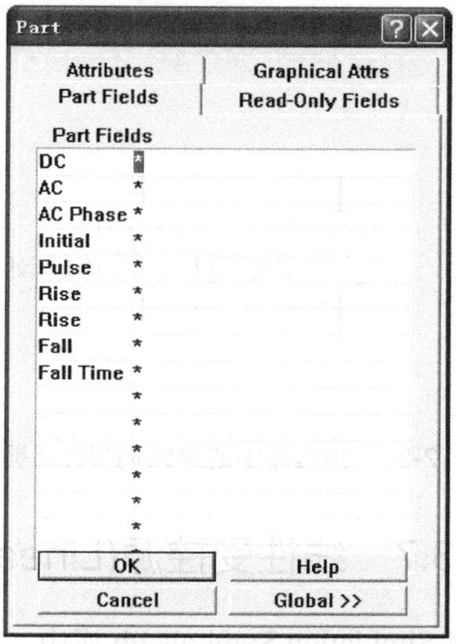

图 12-53　指数激励源属性设置对话框

12.3.6　调频仿真电源(Frequency Modulated Simulation Sources)

在 Simulation Symbols.lib 库中，包含了如下的单频调频源元器件：

- **VSFFM**：单频调频电压源。
- **ISFFM**：单频调频电流源。

利用这些源，可创建一个单频调频波。仿真库中的单频调频源元器件符号如图 12-54 所示。

单频调频源的属性设置对话框如图 12-55 所示。可设置的参数如下。

- **DC Magnitude**：此项不设置。
- **AC Magnitude**：如果要进行交流小信号分析，可在 Part Field 选项卡中设置此项。
- **AC Phase**：小信号的电压相位。
- **Offset**：单频调频源的正弦偏置。
- **Amplitude**：输出电压或电流的峰值。
- **Carrier**：载波频率。
- **Modulation**：调制指数。
- **Signal**：调制信号频率。

图 12-54　仿真库中的单频调频源元器件符号

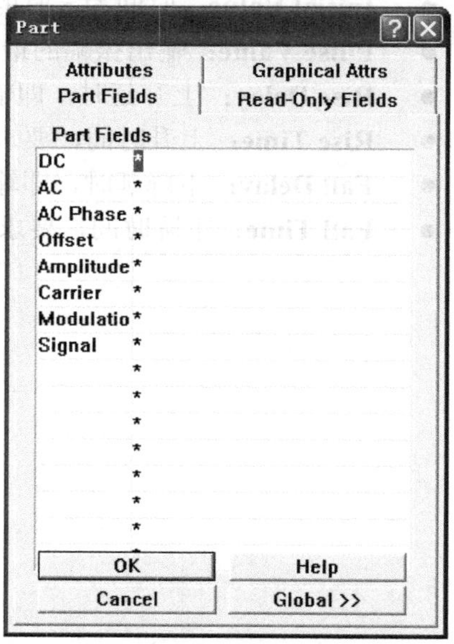

图 12-55　单频调频源属性设置对话框

12.3.7　线性受控源(Linear Dependant Simulation Sources)

在 Simulation Symbols.lib 库中，包含了如下 4 种线性受控源元器件。

- **HSRC**：线性电压控制电流源。
- **GSRC**：线性电压控制电压源。
- **FSRC**：线性电流控制电流源。
- **ESRC**：线性电流控制电压源。

仿真器中的线性受控源元器件如图 12-56 所示。

以上是标准的 SPECE 线性受控源，每个线性受控源都有两个输入节点和两个输出节点。输出节点间的电压或电流是输入节点间的电压或电流的线性函数，一般由源的增益、跨导等决定。

线性受控源的属性对话框如图 12-57 所示。可设置如下参数。

- **Designator**：设置所需的激励源元器件名称。
- **Part Type**：
- 对于线性电压控制电流源，设置跨导，单位为西门子。
- 对于线性电压控制电压源，设置电压增益，其无量纲。
- 对于线性电流控制电压源，设置互阻，单位为欧姆。
- 对于线性电流控制电流源，设置电流增益，其无量纲。

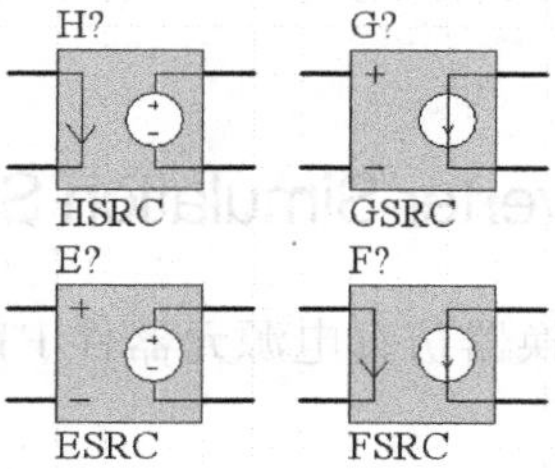

图 12-56　仿真器中的线性受控源元器件

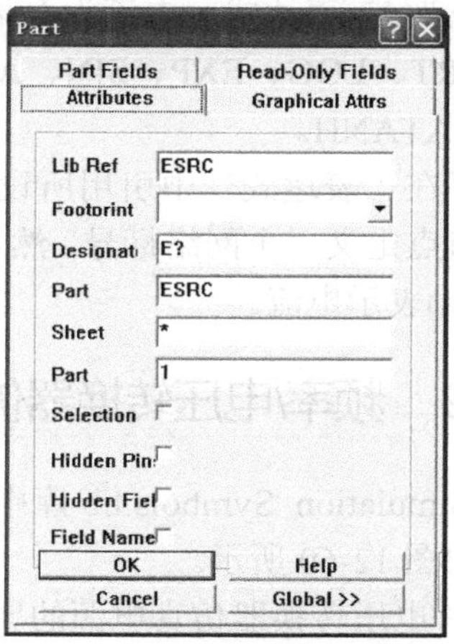

图 12-57　线性受控源属性设置对话框

12.3.8　非线性受控源(Non-Linear Dependant Simulation Sources)

在 Simulation Symbols.lib 库中，包含了如下非线性受控源元器件。

- **BVSRC：** 非线性受控电压源。
- **BISKC：** 非线性受控电流源。

设计者可利用以上元器件在原理图中创建非线性受控源，如图 12-58 所示是仿真器中包括的非线性受控源元器件。

标准的 SPECE 非线性受控源有时被称为方程定义源，因为它的输出由设计好的方程决定，并且经常引用电路中其他节点的电压或电流值。

非线性受控源的属性对话框如图 12-59 所示。可设置如下参数。

- **Designator：** 设置所需的激励源元器件名称。
- **Part Type：** 定义源波形的表达式。

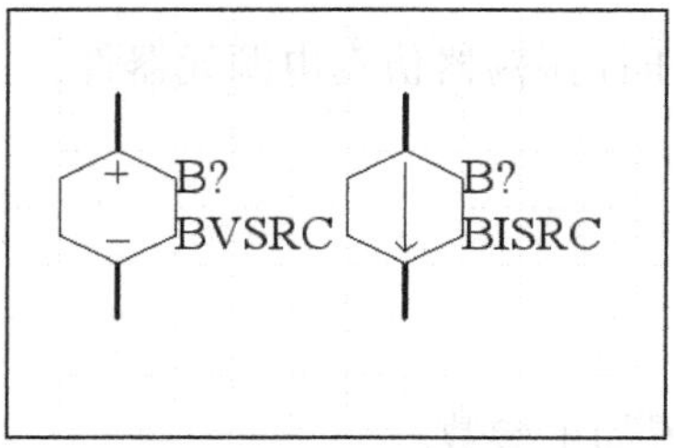

图 12-58　仿真器中的非线性受控源元器件

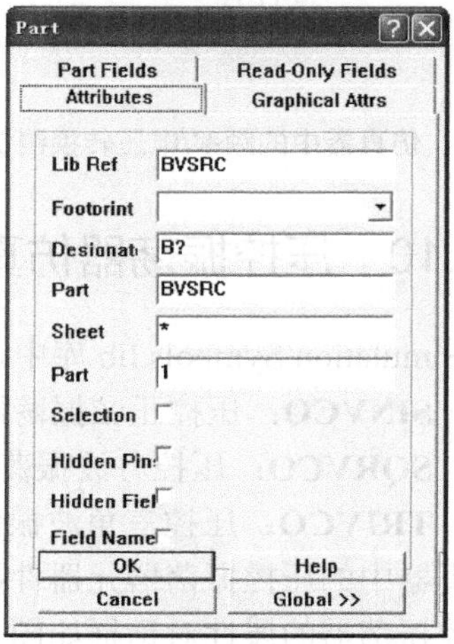

图 12-59　非线性受控源属性设置对话框

电压为 V=表达式；电流为 I=表达式，其中“表达式”中可以使用标准函数，如 ABS、LN、SQRT、LOG、EXP、SIN、ASINH、SINH、ACOS、COS、ACOSH、COSH、TAN、ATAN、ATANH。

为了在“表达式”中引用所设计电路中的节点电压和电流，设计时必须首先在原理图中为该节点定义一个网络标号，然后就可以使用如下语法来引用该节点：V(Net)表示该点电压；I(Net)表示电流。

12.3.9 频率/电压转换器仿真电源(F/ V Converter Simulation Sources)

在 Simulation Symbols.lib 库中，包含了频率/电压转换器仿真电源元器件 FTOV，元器件符号如图 12-60 所示。

频率/电压转换器仿真电源的属性设置对话框如图 12-61 所示。可设置的参数如下。

- **VIL**：输入门限的低电平，可在 Part Fields 选项卡中设置此项。
- **VIH**：输入门限的高电平。
- **CYCLES**：输出每伏特电压的周期数。

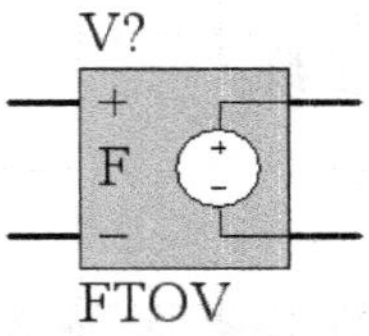

图 12-60 仿真器中的频率/电压转换器仿真电源

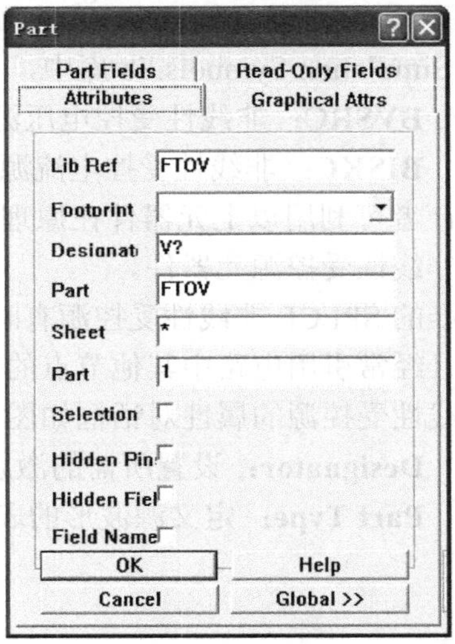

图 12-61 频率/电压转换器仿真电源属性设置对话框

12.3.10 压控振荡器仿真电源(VCOsimulationsources)

在 Simulation Symbols.lib 库中，包含了如下 3 种压控振荡器仿真电源元器件。

- **SINVCO**：压控正弦振荡器。
- **SQRVCO**：压控方波振荡器。
- **TRIVCO**：压控三角波振荡器。

仿真器中的压控振荡器元器件如图 12-62 所示。

压控振荡器的属性对话框如图 12-63 所示。可设置如下参数。

- **Designator**：设置所需的激励源元器件名称。

- **LOW**：设置输出最小值，默认为 0。
- **HIGH**：设置输出最大值，默认为 5。
- **CYCLE**：频宽比，设置范围 0～1，默认 0.5。该参数仅对压控方波振荡器和压控三角板振荡器有效。
- **Rise**：上升时间，默认 1μs。该参数仅对压控方波振荡器有效。
- **Fall**：下降时间，默认 1μs。该参数仅对压控方波振荡器有效。
- **C1**：输入控制电压点 1，默认为 0V。
- **C2**：输入控制电压点 2，默认为 1V。
- **C3**：输入控制电压点 3，默认为 2V。
- **C4**：输入控制电压点 4，默认为 3V。
- **C5**：输入控制电压点 5，默认为 4V。
- **F1**：输出控制频率点 1，默认为 0kHz。
- **F2**：输出控制频率点 2，默认为 1kHz。
- **F3**：输出控制频率点 3，默认为 2kHz。
- **F4**：输出控制频率点 4，默认为 3kHz。
- **F5**：输出控制频率点 5，默认为 4kHz。

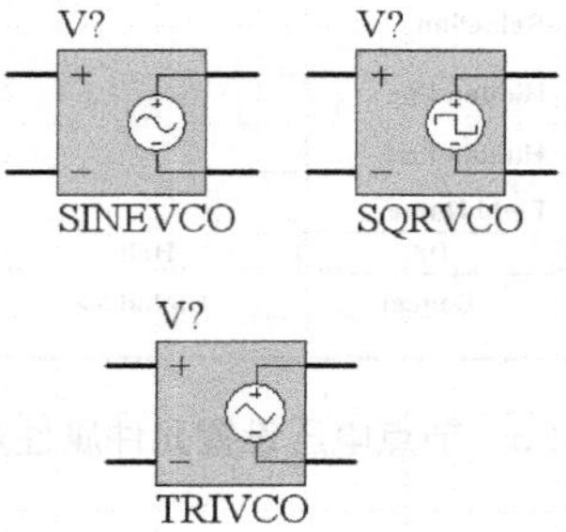

图 12-62　仿真器中的压控振荡器

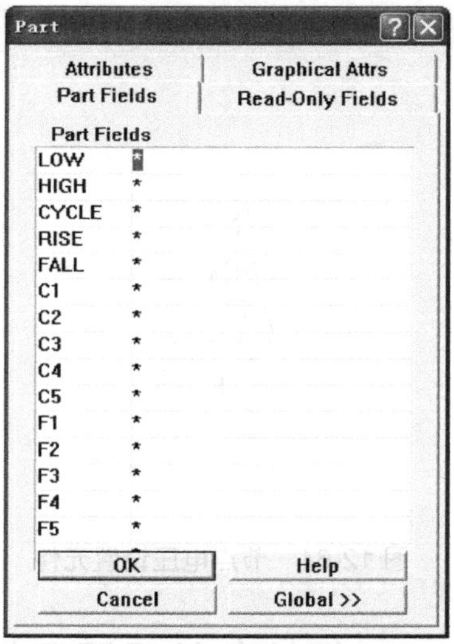

图 12-63　压控振荡器属性设置对话框

12.4 设置初始状态

设置初始状态，是为计算仿真电路直流偏置点而设定一个或多个电压(或电流)值。在仿真非线性电路、振荡电路及触发器电路的直流或瞬态特性时，常出现解的不收敛现象，而实际电路是收敛的，其原因是偏置点发散或收敛的偏置点不能适应多种情况。设置初始值最通常的原因就是在两个或更多的稳定工作点中选择一个，以便仿真顺利进行。

在 Simulation Symbols.lib 库中，包含了两个特别的初始状态定义符。

- **NS NODESET：**节点电压设置 NS。
- **IC Initial Condition：**初始条件设置 IC。

下面分别进行介绍。

12.4.1 节点电压设置元件(NS)

该设置使指定的节点固定在所给定的电压下，仿真器按这些节点电压求得直流或瞬态的初始解。其对双稳态或非稳态电路的计算收敛可能是必需的，它可使电路摆脱“停顿”状态，而进入所希望的状态。一般情况下，设置是不必要的。节点电压设置元件如图 12-64 所示。

节点电压设置元件的属性对话框如图 12-65 所示，可设置如下参数。

- **Designator：**节点名称，每个节点电压设置必须有唯一的标识符，如 NS1。
- **Part Type：**节点电压的初始幅值，如 12V。

图 12-64 节点电压设置元件

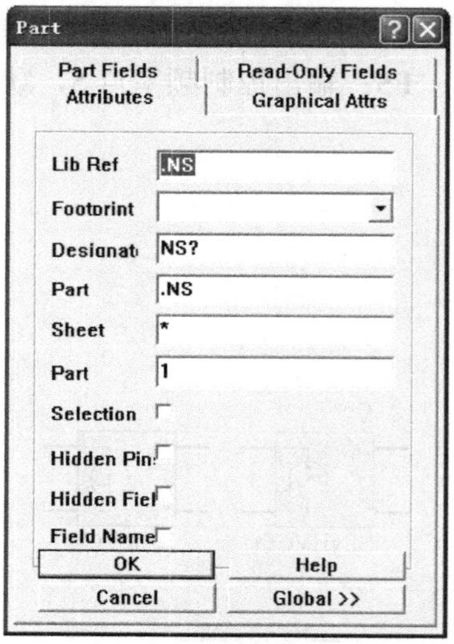

图 12-65 节点电压设置元件属性对话框

12.4.2 初始条件设置元件(IC)

这是用来设置瞬态初始条件的，IC 仅用于设置偏置点的初始条件，它不影响 DC 扫描。放置的初始条件设置元件，如图 12-66 所示。

注意：初始状态的设置共有 3 种途径：IC 设置、NS 设置和定义元器件属性。在电路模拟中，如有这 3 种或两种共存时，在分析中优先考虑的次序是定义元器件属性、IC 设置、NS 设置。如果 NS 和 IC 共存时，则 IC 设置将取代 NS 设置。

初始条件设置属性对话框如图 12-67 所示，可设置如下参数。

- **Designator：**节点名称，每个初始条件设置必须有唯一的标识符(如 IC1)。
- **Part Type：**节点电压的初始幅值，如 5V。

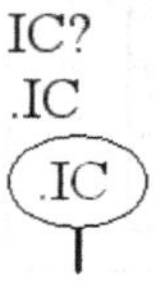

图 12-66　初始条件设置元件

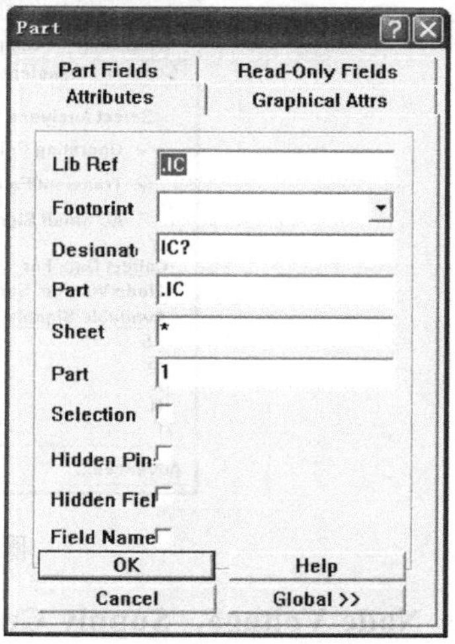

图 12-67　初始条件设置属性对话框

12.5 仿真设置

在进行仿真前，设计者必须确定对电路进行哪种分析，要收集哪几个变量数据，以及仿真完成后自动显示哪个变量的波形等。

(1) 进入 Protel 99 SE 原理图编辑的主菜单后，执行 Simulate | Setup 命令，如图 12-68 所示，进行仿真器的设置。

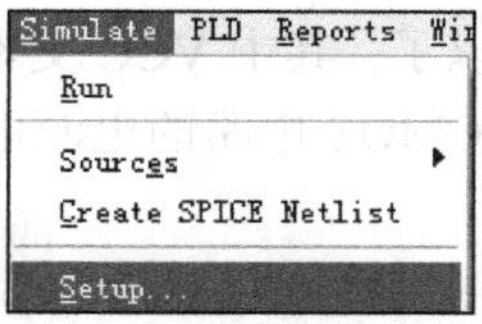

图 12-68　进入仿真器的设置命令

(2) 启动 Analyses Setup 对话框，如图 12-69 所示。在 General 选项卡中，设计者可以选择 Sheets to Netlist(分析类别)、Active Signals(需要画图或显示数据的信号)。

(3) Select Analyses to Run 选项组说明如下。

- **Operating Point Analyses：** 工作点分析。
- **Transient/Fourier Analyses：** 瞬态/傅里叶分析。
- **AC Small Signal Analyses：** 交流小信号分析。
- **DC Sweep：** 直流扫描分析。
- **Monte Carlo Analyses：** 蒙特卡洛分析。
- **Parameter Sweep：** 参数扫描分析。
- **Temperature Sweep：** 温度扫描分析。
- **Transfer Function：** 传递函数分析。
- **Noise Analyses：** 噪声分析。

(4) Collect Data for 下拉列表如图 12-70 所示。

- **Node Voltage and Supply Current：** 收集节点电压和电源电流。
- **Node Voltage ，Supply and Device Current：** 收集节点电压、电源和组件电流。

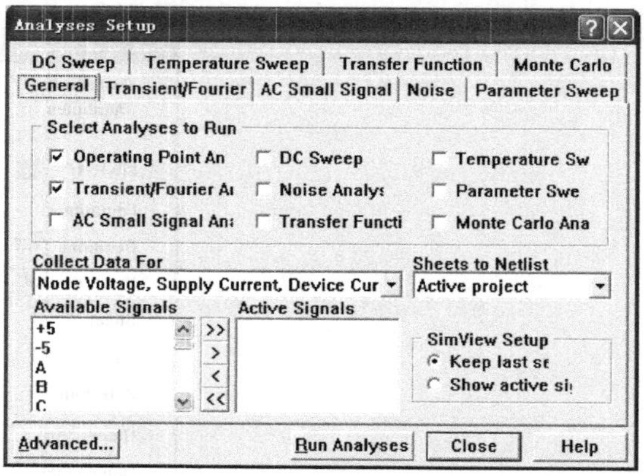

图 12-69　General 选项卡

- **Node Voltage，Supply Current，Device Current and Power：**收集节点电压、电源电流、组件电流和功率。
- **Node Voltage，Supply Current and Subcircuit VARs：**收集节点电压、电源电流和子电路变量。
- **Active Signals：**收集被选择的信号。

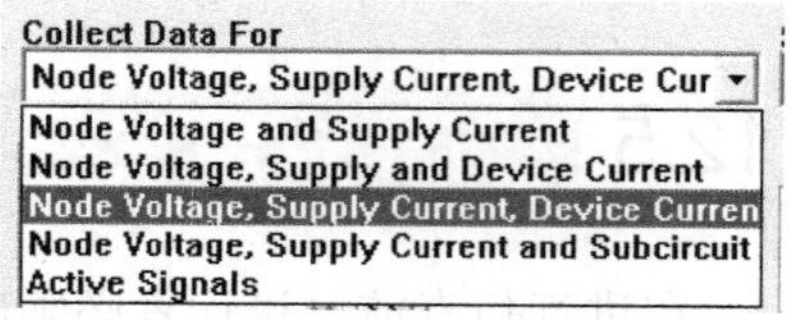

图 12-70　Collect Data for 下拉列表

(5) 单击 Advanced 按钮，弹出如图 12-71 所示的对话框。该对话框显示的是有关 SPICE 软件分析电路时需要的一些参数，一般无须改动，使用默认值就可以了。其中 VCC 文本框用于输入 TTL 电路的电源电压，默认为 5V。VDD 文本框用于输入 CMOS 电路的电源电压，默认为 15V。

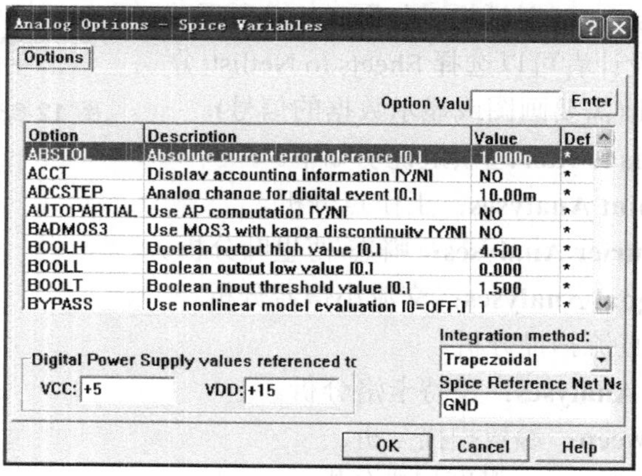

图 12-71　Analog Options-Spice Variables 对话框

12.5.1　瞬态/傅里叶分析(Transient/Fourier Analysis)

瞬态特性分析是从时间零开始，到用户规定的时间范围内进行分析。瞬态分析的输出是在一个类似示波器的窗口中，在设计者定义的时间间隔内计算变量瞬态输出电流或电压值。如果不使用初始条件，则表态工作点分析将在瞬态分析前自动执行，以测得电路的直流偏置。

瞬态分析通常从时间零开始。若不从时间零开始，则在时间零和开始时间(Start Time)之间，瞬态分析照样进行，只是不保存结果。从开始时间(Start Time)到终止时间(Stop Time)的间隔内的结果将予保存，并用于显示。步长(Step Time)通常是指在瞬态分析中的时间增量。Transient/Fourier Analysis(瞬态/傅里叶分析)选项卡如图 12-72 所示。

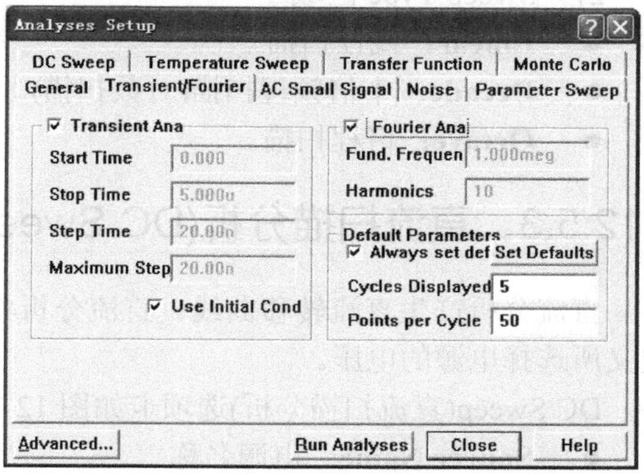

图 12-72　瞬态/傅里叶分析选项卡

傅里叶分析是计算瞬态分析结果的一部分，得到基频、DC 分量和谐波。

12.5.2　交流小信号分析(AC Small Signal)

交流小信号分析将交流输出变量作为频率的函数计算出来。先计算电路的直流工作点，决定电路中所有非线性元器件的线性化小信号模型参数，然后在设计者所指定的频率范围内对该线性化电路进行分析

当选中 AC Analysis 复选框后，即可进行交流分析。电路原理图中必须包括至少一个交流源，且应对此交流源进行设置。

AC Small Signal(交流小信号分析)选项卡如图 12-73 所示。

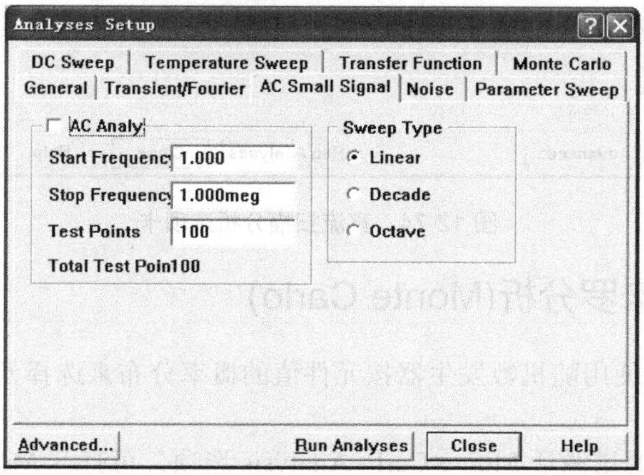

图 12-73　交流小信号分析选项卡

1)　AC Analysis 区域

- **Start Frequency：**开始分析频率。
- **Stop Frequency：**结束分析频率。
- **Test Points：**分析点数。

2) Sweep Type 区域

- **Linear：** 线性扫描。
- **Decade：** 十倍频程扫描(对数扫描)。
- **Octave：** 倍程扫描。

12.5.3 直流扫描分析(DC Sweep)

直流分析产生直流转移曲线。直流分析将执行一系列表态工作点分析，从而改变前述定义所选择电源的电压。

DC Sweep(直流扫描分析)选项卡如图 12-74 所示。

- **Source Name：** 电源名称。
- **Secondary：** 设置第二个扫描电源的名称。
- **Start Value：** 扫描初始值。
- **Stop Value：** 扫描终止值。
- **Step Value：** 扫描步长。

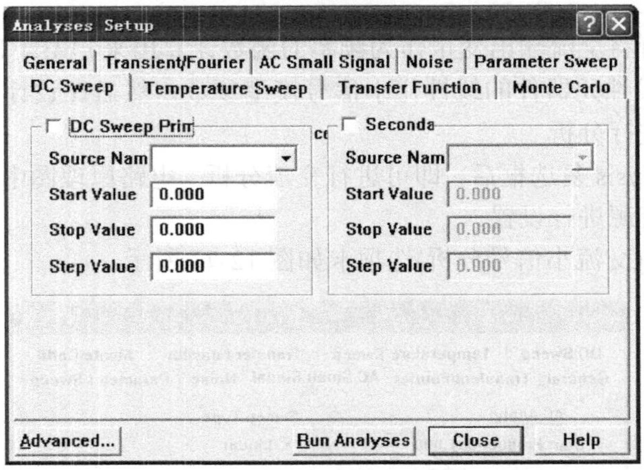

图 12-74 直流扫描分析选项卡

12.5.4 蒙特卡罗分析(Monte Carlo)

蒙特卡罗分析是使用随机数发生器按元件值的概率分布来选择元件，然后对电路进行模拟分析。

在 SIM 99 中，通过激活 Monte Carlo Analysis 选项，可打开 Monte Carlo 选项卡，如图 12-75 所示。

- **Uniform：** 均匀分布。
- **Gaussian：** 高斯分布。
- **Worst Case：** 最坏情况分析。
- **Seed：** 向随机数发生器输入一个基本数。
- **Runs：** 进行蒙特卡洛分析的次数。

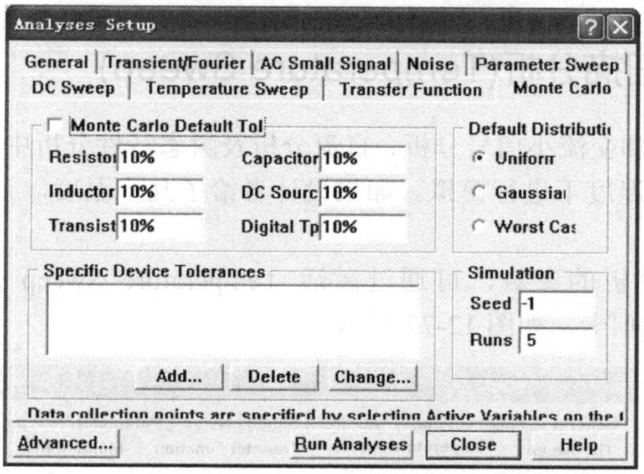

图 12-75　蒙特卡罗分析选项卡

12.5.5　参数扫描分析(ParameterSweep)

扫描参数分析允许设计者以自定义的增幅扫描元器件的值。扫描参数分析可以改变基本的元器件和模式，但并不改变子电路的数据。

设置扫描参数分析的参数，可通过激活 Paramete Sweep Analyses 选项，打开 Parameter Sweep 选项卡，如图 12-76 所示。

- **Parameter：** 选择需要扫描的参数。
- **Secondary：** 设置第二个扫描电源的名称。
- **Start Value：** 扫描初始值。
- **Stop Value：** 扫描终止值。
- **Sweep Type：** 扫描形式设置，通常不选中 Relative Value(相对值)项。

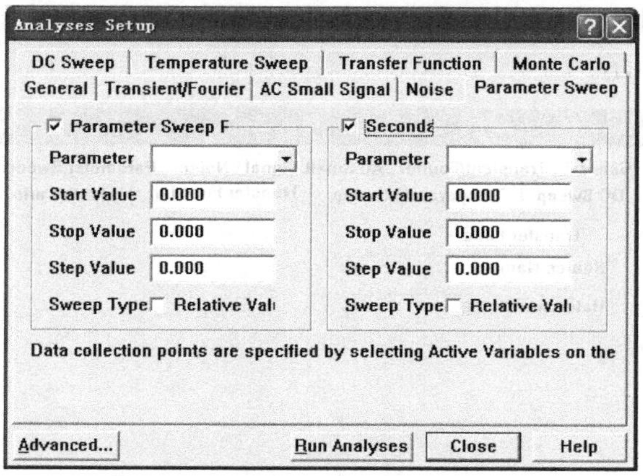

图 12-76　扫描参数分析选项卡

参数扫描分析允许对组件的参数在一定范围内进行扫描。对每一个组件参数的扫描点，都要进行交流、直流和瞬态分析各一次。

12.5.6 温度扫描分析(Temperature Sweep)

温度扫描分析是和交流小信号分析、直流分析及瞬态特性分析中的一种或几种相连的。该设置规定了在什么温度下进行模拟。如果设计者给了几个温度，则对每个温度都要做一遍所有的分析。

设置温度扫描分析的参数，可通过激活 Temperature Sweep Analyses 选项，打开 Temperature Sweep 选项卡，如图 12-77 所示。

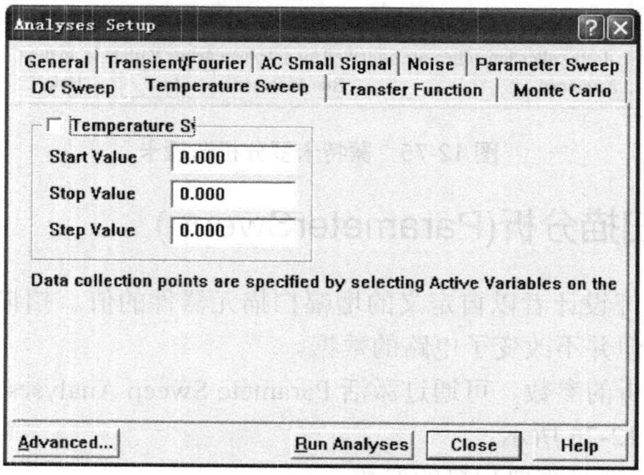

图 12-77 温度扫描分析选项卡

12.5.7 传递函数分析(Transfer Function)

传递函数分析计算直流输入阻抗、输出阻抗，以及直流增益。

设置传递函数分析的参数，可通过激活 Transfer Function 选项，打开 Transfer Function 选项卡，如图 12-78 所示。

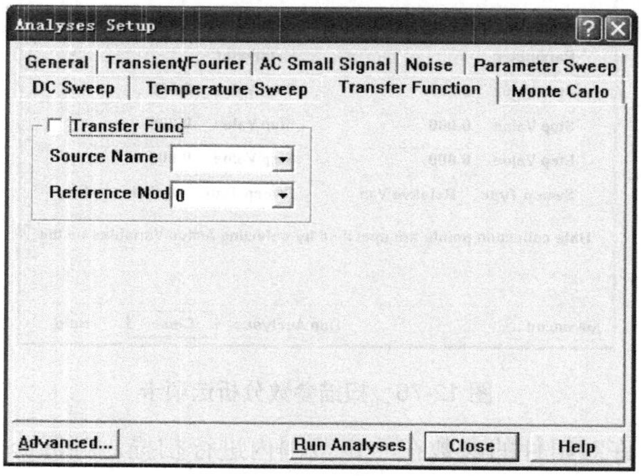

图 12-78 传递函数分析选项卡

12.5.8 噪声分析(Noise)

电路中产生噪声的元器件有电阻器和半导体元器件，每个元器件的噪声源在交流小信号分析中的每个频率计算出相应的噪声，并传送到一个输出节点，所有传送到该节点的噪声进行 RMS(均方根)相加，就得到了指定输出端的等效输出噪声。

设置噪声分析的参数，可通过激活 Noise 选项，打开 Noise 选项卡，如图 12-79 所示。

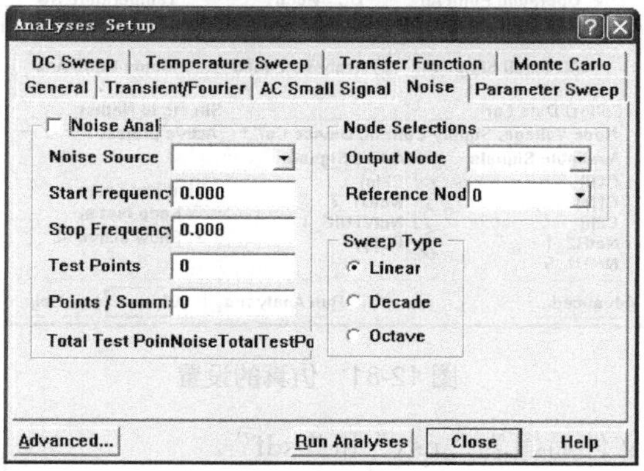

图 12-79　噪声分析选项卡

12.6 模拟电路仿真实例

本节通过对一个简单模拟电路的仿真，具体说明 Protel 99 SE 中仿真器的使用。步骤如下。

(1) 如图 12-80 所示为一个设计好的仿真用的 555 单稳多谐振荡器电路。

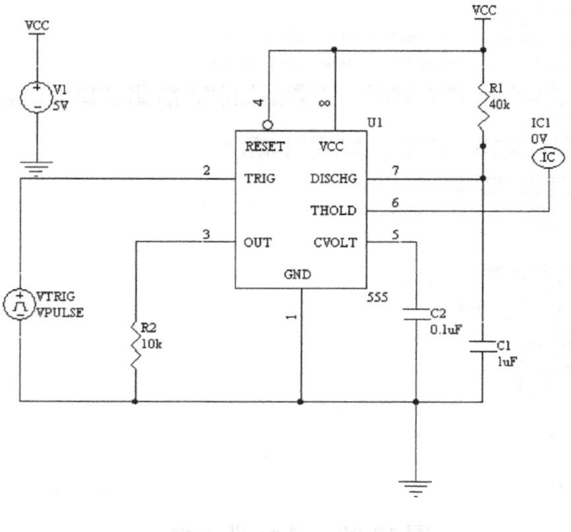

图 12-80　仿真用的 555 单稳多谐振荡器电路

(2) 仿真的设置视具体电路和目的而定，在本次仿真中，采用如图 12-81 所示的仿真设置，对电路进行瞬态分析和工作点分析。从 Available Signals 列表中选择要观察的信号到 Active Signals 列表中。

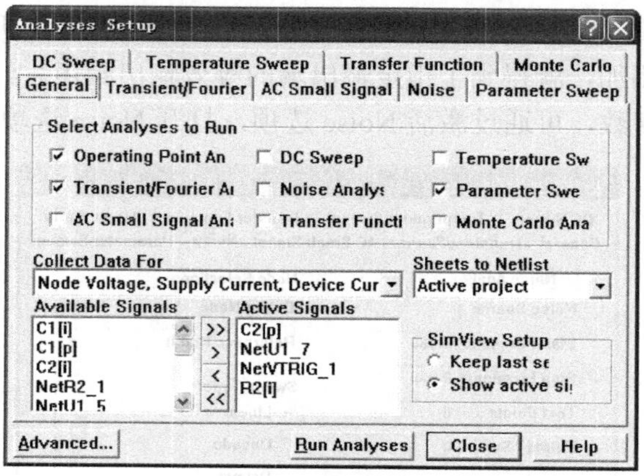

图 12-81 仿真的设置

(3) 仿真器的输出文件后缀为“.nsx”和“.sdf”。为了更好地完善原理图设计，可以执行 Simulate | Create SPICE Netlist 命令，如图 12-82 所示。之后，将生成一个扩展名为“.nsx”的文件，如图 12-83 所示。“.nsx”文件为原理图的 SPICE 模式描述。

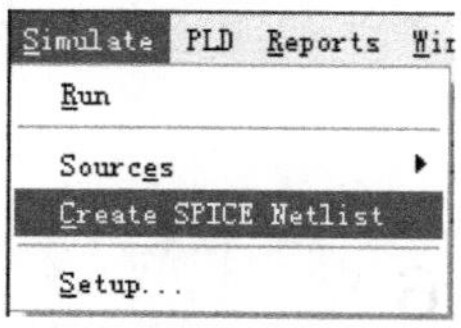

图 12-82 Create SPICE Netlist 命令

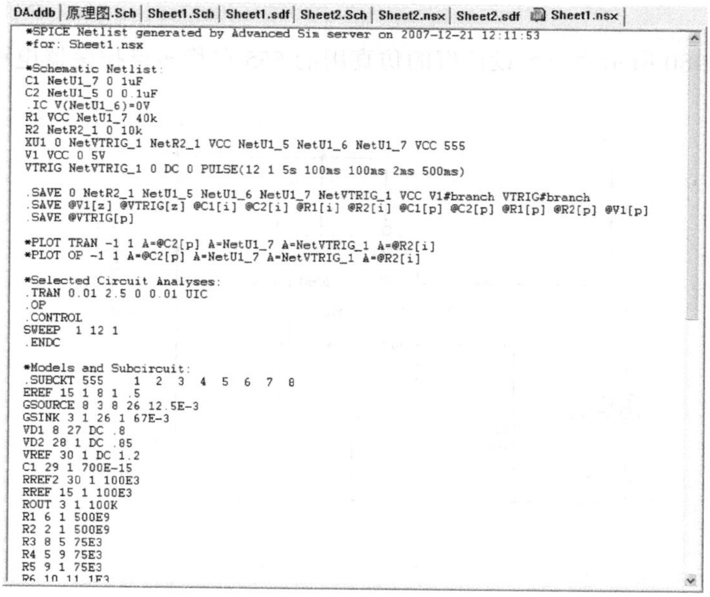

图 12-83 “.nsx”文件

(4) 当仿真完成后，执行“*.sdf”文件，将出现如图 12-84 所示的波形编辑器。

- **Waveforms**：栏内列出了所能显示的原理图中节点的波形，或某节点信号的多次谐波波形。该栏下的按钮 Show、Hide 和 Color 分别用于显示波形、隐藏波形和改变波形颜色等。
- **View**：波形编辑器中的 View 选项用于选择在编辑器中是显示单一波形，还是显示所有选中的波形。为了对比多个信号的不同，可以选择多波形显示，如图 12-85 所示。为更好地观察波形，可以选择显示单一波形，如图 12-86 所示。
- **Scaling**：设置显示的范围，X Division 设置每横格显示的时间间隔，Y Division 设置每纵格显示的幅值大小，Y Offset 设置纵轴的偏移量。
- **Measurement Cursors**：测量光标，可以同时选择 A、B 两个游标，并可以测量出两者的差值(B−A)。

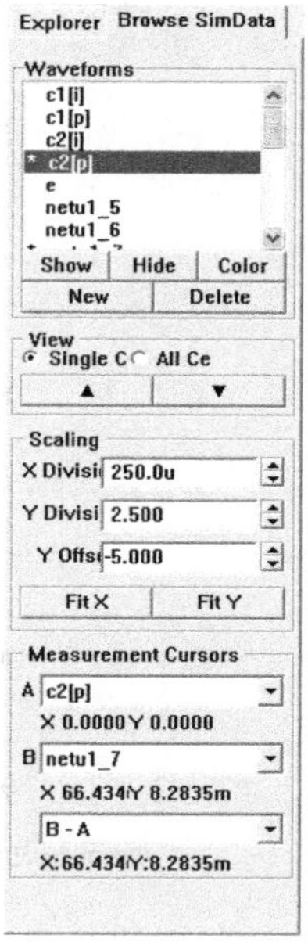

图 12-84　波形编辑器

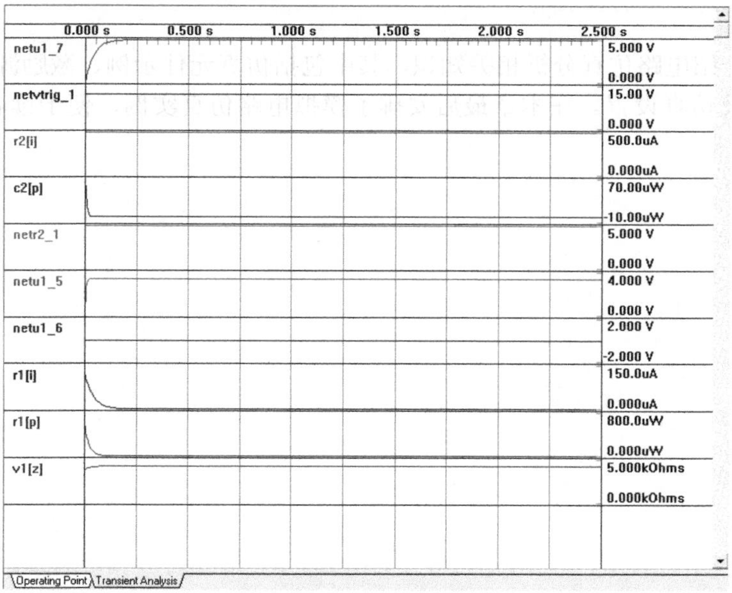

图 12-85　多波形显示

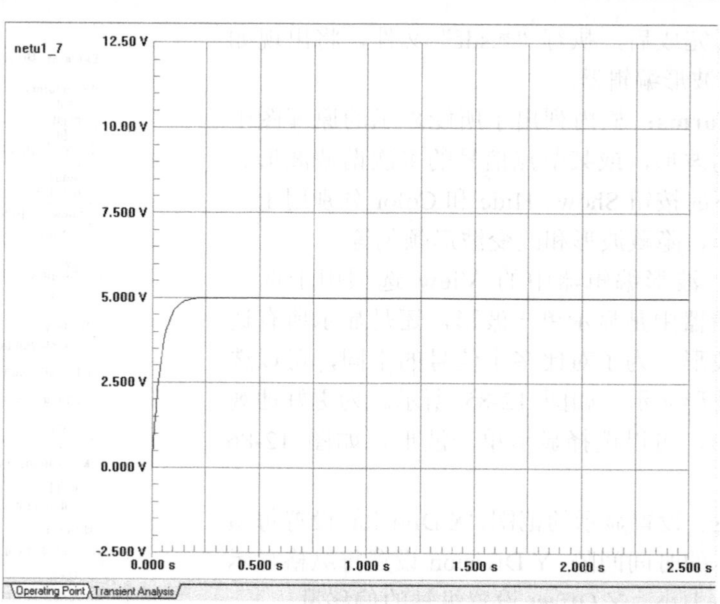

图 12-86 单一波形显示

12.7 本章小结

本章主要介绍电路仿真分析相关知识，其中包括仿真元件示例、激励源及其属性设置、初始状态设置及仿真设置。在本章最后安排了模拟电路仿真实例，便于读者对相关知识牢固掌握。

第 13 章

综合案例演练

本章内容提示

本章结合实际案例对前面的基础知识进行综合演练操作，具体实例包括：

- **高速 A/D、D/A 电路设计**
- **单片机最小系统板设计**
- **FPGA 系统板设计**
- **DSP 系统板设计**

13.1 高速 A/D、D/A 电路设计

随着数字电路的发展，数字信号的处理速度越来越快，处理的数据量也越来越庞大，对处理器前端 A/D 速度的要求也越来越快。此外，通信系统的发展使得带宽成为制约传输使用的一个重要因素，宽带通信、扩频通信成为当前研究的热点，对具有较宽频谱的采样也要求使用采样频率高的 A/D 变换器。数据处理结束后，高速的 D/A 还要将信号由数字量还原为模拟量。

A/D 作为数字信号的入口，采样编码的准确率影响着后端处理的有效性。如果 A/D 输出的噪声过大，后端电路无法依靠算法来修正时，数据将失去意义。因此设计一个 A/D 电路板最重要的是干扰的处理，这也是衡量一个 A/D 电路板好坏的标准。

D/A 是电路后端的输出部分，一般是电路的最后一部分电路，D/A 的性能直接决定了输出信号的性能。因此一个 D/A 电路的设计对整个系统起着至关重要的作用。

13.1.1 实例解析

本实例以高速 AD9057 模数转换器和 DAC902 数模转换器为核心芯片，创建高速 A/D、D/A 电路。为方便不同的电路板使用，将输入输出信号设置为插针的形式。

在 A/D 电路中，电源使用插针引脚，给各芯片供电，在 AD9057 前端加入了放大器，对输入信号进行前级调理。

在 D/A 电路中，由于 DAC902 是将输入的数字量转换成电流输出，因此后端需要接入电压反馈式放大器，此处选择 OPA690。

下面列出所使用的核心芯片的部分资料，包括 AD9057、DAC902 和 OPA690。

1. AD9057 的主要特点

- 内含 8 位低功耗模数转换器。
- 具有 120MHz 模拟信号带宽。
- 片内带有 2.5V 基准电压源和跟踪/保持电路。
- 1V 峰-峰值(Vp-p)模拟电压输入。
- 采用单一+5V 电源供电。
- 适用+5V 或+3V 供电的数字逻辑系统。
- 具有休眠模式，在休眠模式时的低耗低于 10mW。
- 具有 40MHz、60MHz、80MHz 三个采样速率等级可选。
- 采用 20 脚贴片式塑料封装(20-SSOP)形式，工作温度范围为-40～+85℃。

2. DAC902 的主要特点

- 12 比特高速数模转换器。
- 优秀的 SFDR 性能，在 100mbps 速率输出时在 20MHz 可达到 68dBc。
- 低功耗，+5V 供电时功耗为 170mW。

- 自适应全范围变化。
- 采用单一+5V 或+3V 电源供电。
- 采用 28 脚贴片式塑料封装(TSSOP)形式，工作温度范围为-40～+85℃。

3. OPA690 的主要特点

- 宽带电压反馈运算放大器。
- 增益带宽积为 500MHz。
- 最小工作电流 5.5mA，最大输出电流 190mA。
- 输出电压范围±4V。
- 采用单电源+5～+12V 供电，或双电源±2.5～±6V。
- 最高转换速率为 1800V/μs。
- 采用 8 脚贴片式塑料封装(8-SSOP)形式，工作温度范围为-40～+85℃。

13.1.2 绘制 A/D 原理图

绘制 A/D 原理图的步骤如下。

(1) 元件库中没有 AD9057 这个元件，需要自己动手制作。由于 AD9057 是 20 脚对称排列，因此以 Miscellaneous Devices.lib 元件库中的 HEADER 10×2 为基础创建 AD9057 元件，如图 13-1 所示。

(2) 单击 Edit 按钮，在弹出的元件编辑器中按照 AD9057 的管脚进行编辑，如图 13-2 所示，编辑完成后对元件重新命名，如图 13-3 所示。

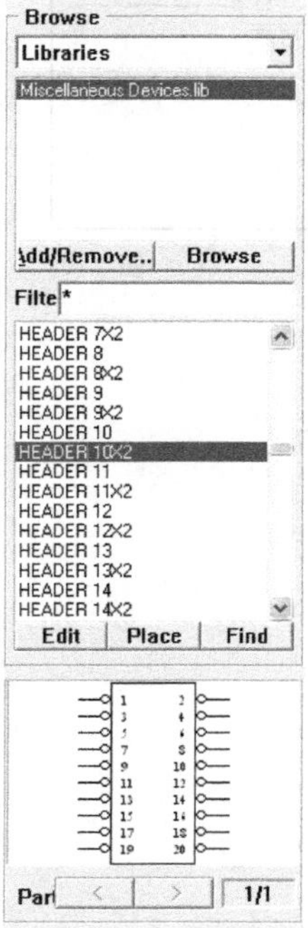

图 13-1 元件库浏览器

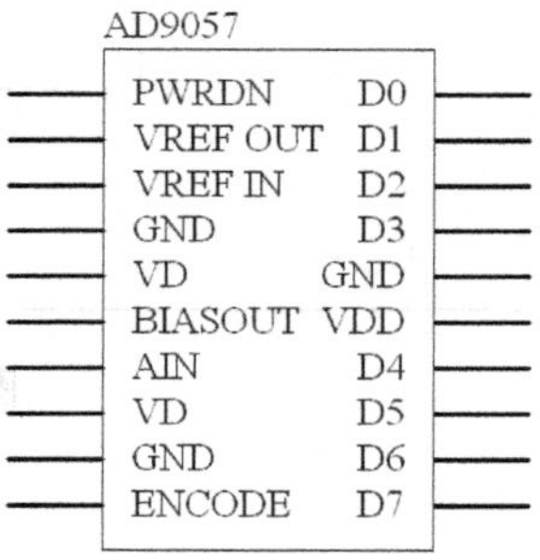

图 13-2 编辑完成的 AD9057

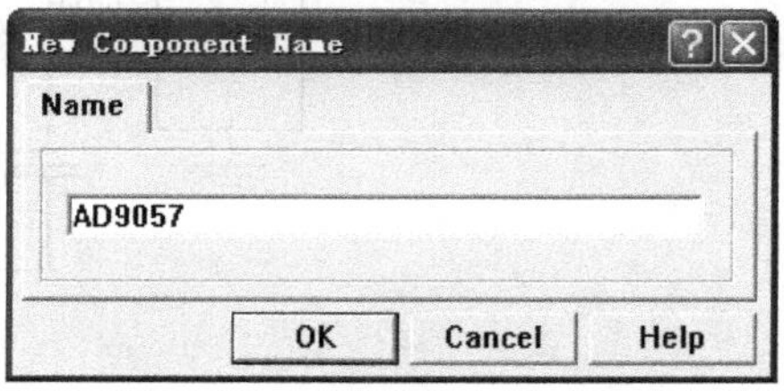

图 13-3 对元件进行命名

(3) 同样，以 HEADER 4×2 为基础绘制放大器 LF741，如图 13-4 所示。在 LF741 中有 3 个管脚为 NC，注意引脚属性的设置。绘制完成后，将元件保存为 LF741。

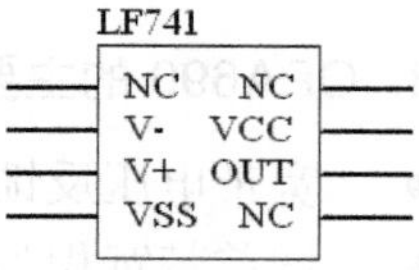

图 13-4 绘制放大器 LF741

(4) 绘制完成元件后，按照芯片特性和电路原理连接电路图，连接完成的核心电路如图 13-5 所示。

(5) 为减少对电源进行去耦，在每个电源的接入端进行电容滤波，电路如图 13-6 所示。

(6) AD9057 各数据位与插针的连接采用网络标识形式。为减少时钟信号对其他信号的影响，将时钟信号周围的管脚接地，如图 13-7 所示。

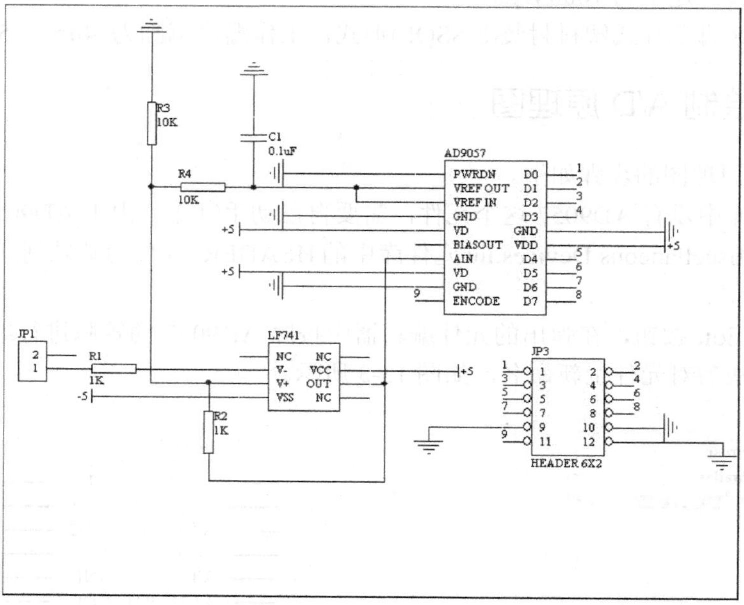

图 13-5 核心电路

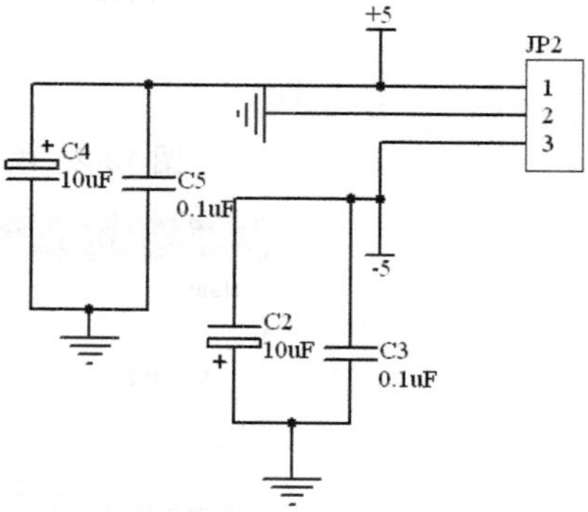

图 13-6 电源去耦

(7) 连接好电路原理图后，对元件进行自动标注。执行 Tools | Annotate 命令，在 Annotate Options 下拉列表中选择 All Parts，在 Group Parts Together If Match By 选项组中选择 Part Type，如图 13-8 所示，单击 OK 按钮进行标注。完成后，生成元件更新报表，列出更新情况，如图 13-9 所示。

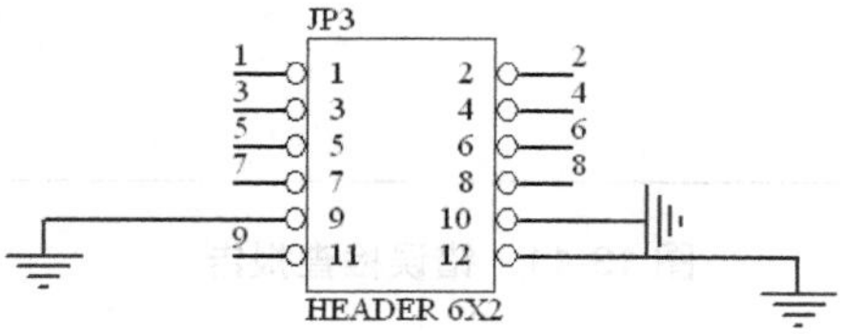

图 13-7 时钟信号周围的管脚接地

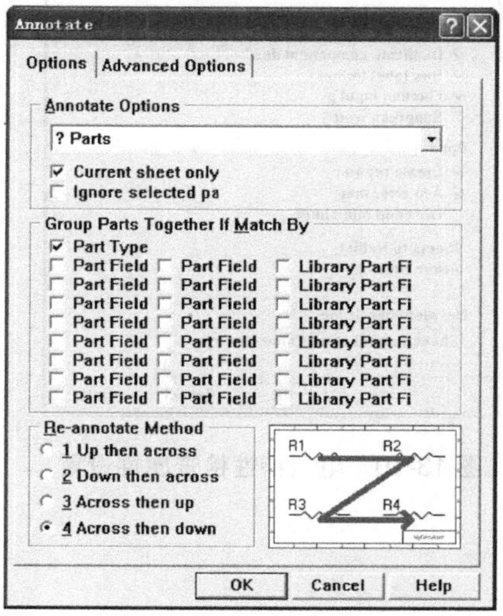

图 13-8 设置自动标注

```
Protel Advanced Schematic Annotation Report for 'Sheet1.Sch'
    17:45:59 21-Dec-2006

C2                    => C6
C5                    => C7
C4                    => C8
R2                    => R5
R1                    => R6
JP1                   => JP4
LF741                 => LF1
R4                    => R7
C1                    => C9
R3                    => R8
C3                    => C10
JP2                   => JP5
JP3                   => JP6
AD9057                => AD1
```

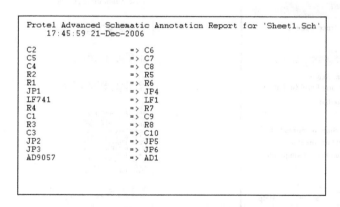

图 13-9 自动标注更新报表

(8) 标注完成后，进行 ERC 检查，执行 Tools | ERC 命令，在弹出的电气特性检查属性对话框中设置要检查的项目、范围以及网络标识和端口的有效范围。对于本电路，设置如图 13-10 所示，单击 OK 按钮开始检查。完成后，生成原理图错误报告，没有任何错误，如图 13-11 所示。

(9) 原理图绘制完成后，生成网络表，以便进行 PCB 设计。执行 Design | Create Netlist 命令，在弹出的设置对话框中选择 Active sheet(当前文档)，Output Format(输出格式)选择 Protel 2，Net Identifier Scope(网络标识的范围)为 Net Labels and Ports Global，选中 Append sheet numbers to local 和 Include un-named single pins 复选框，如图 13-12 所示。

(10) 生成的网络表如图 13-13 所示。检查网络表，查看各网络连接情况，尤其是元件的封装形式是否正确，否则如果有错将无法导入 PCB，无法设计印制电路板。

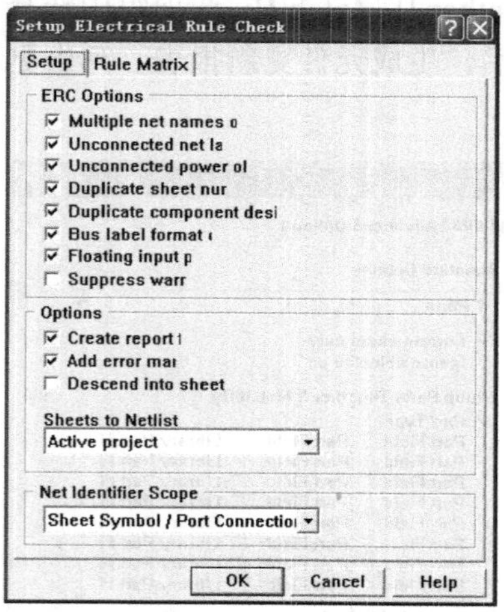

图 13-10 电气特性检查属性设置

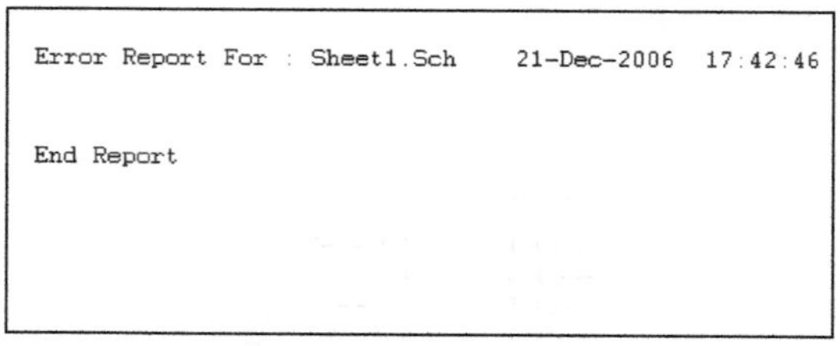

图 13-11 错误检查报告

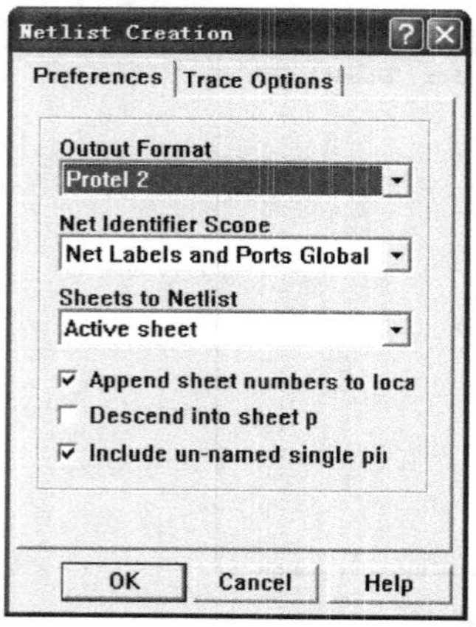

图 13-12 生成网络表设置

图 13-13 生成的网络表

(11) 生成元件报表可以了解元件的使用情况，便于制板后的焊接。执行 Report | Bill of Material 命令，执行生成元件报表向导，如图 13-14 所示。

(12) 按照向导提示，设置完成后生成的元件报表如图 13-15 所示。

(13) 新建 PCB 设计文档，将名称改为 AD9057.PCB。双击图标，进入 PCB 编辑器，执行 Design | Layer Stack Manager 命令，设置电路板的工作层，如图 13-16 所示。

(14) 设置好工作层后，在 Keep-Out Layer 工作层中绘制 PCB 边界，然后导入网络表。执行 Design | Load Net 命令，选择要装入的网络表，如图 13-17 所示。

(15) 导入网络表以后，可以看到所有的元器件都堆积在一起。进行自动布局，执行

Tools | Auto Placer 命令，执行自动布局，如图 13-18 所示。

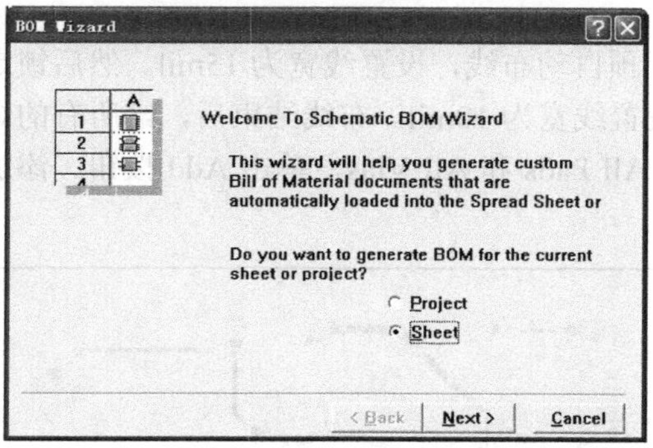

图 13-14 生成元件报表向导

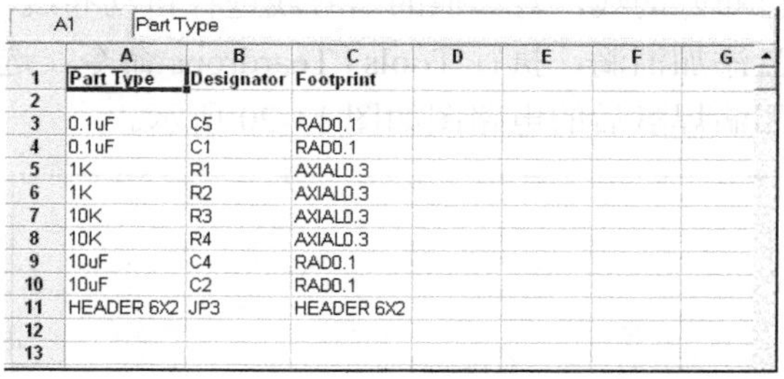

	A	B	C	D	E	F	G
1	Part Type	Designator	Footprint				
2							
3	0.1uF	C5	RAD0.1				
4	0.1uF	C1	RAD0.1				
5	1K	R1	AXIAL0.3				
6	1K	R2	AXIAL0.3				
7	10K	R3	AXIAL0.3				
8	10K	R4	AXIAL0.3				
9	10uF	C4	RAD0.1				
10	10uF	C2	RAD0.1				
11	HEADER 6X2	JP3	HEADER 6X2				
12							
13							

图 13-15 生成的元件报表

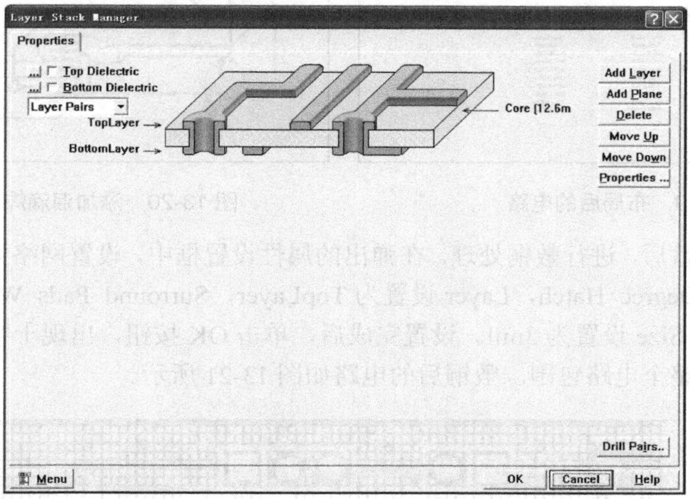

图 13-16 设置电路板的工作层

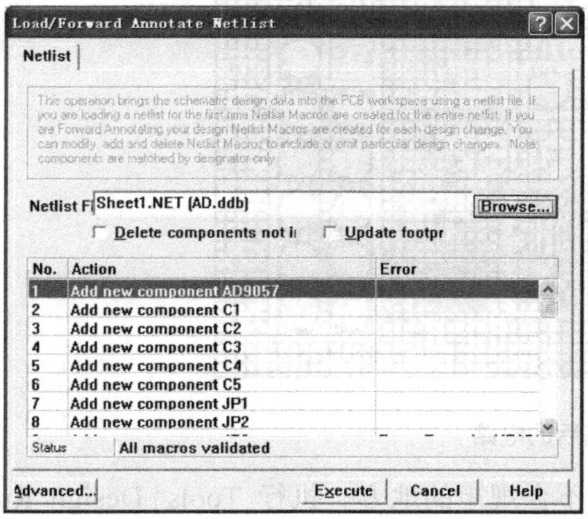

图 13-17 装载网络表

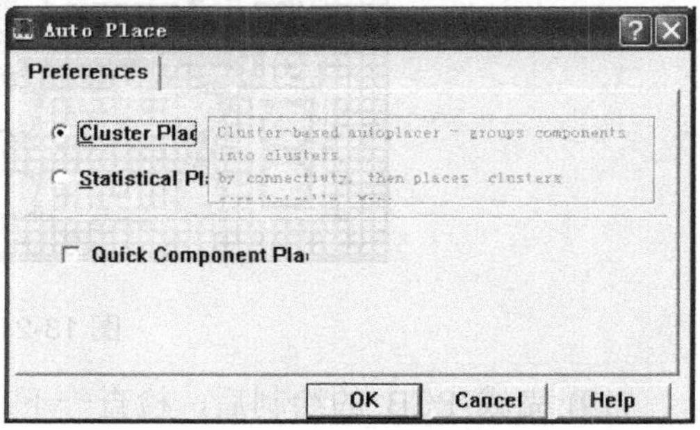

图 13-18 设置自动布局

(16) 执行自动布局命令后，手动调整某些元件，使布局看起来更整齐一些，完成布局后的电路如图 13-19 所示。

(17) 对电路进行布线。首先对电源和地进行预自动布线，设置线宽为 15mil。然后锁定已布好的线，对其他的信号线进行自动布线，设置线宽为 10mil。布线结束后，给所有的焊盘添加泪滴，执行 Tools | Teardrops 命令，选中 All Pads 和 All Vias，单击 Add 按钮。添加泪滴焊盘后的电路图如图 13-20 所示。

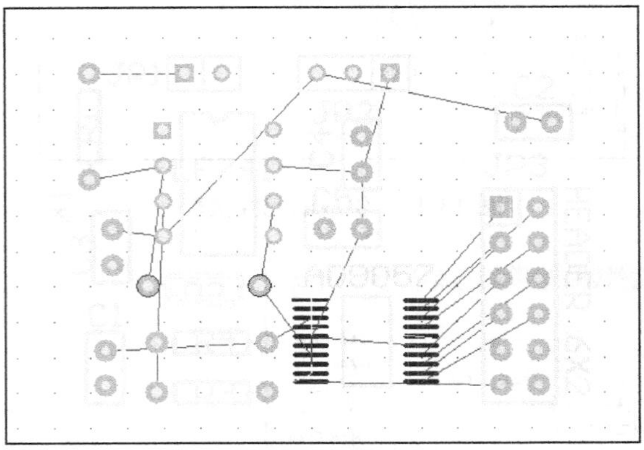

图 13-19　布局后的电路

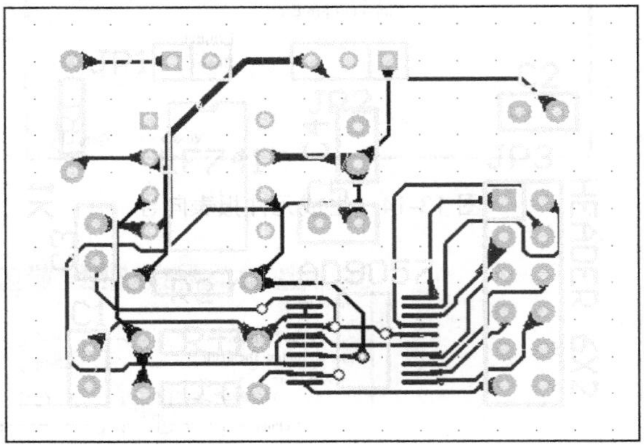

图 13-20　添加泪滴焊盘后的电路图

(18) 添加焊盘后，进行敷铜处理。在弹出的属性设置框中，设置网络为 GND，Hatching Style 设置为 90-Degree Hatch，Layer 设置为 TopLayer，Surround Pads With 设置为 Arcs，Minium Primitive Size 设置为 3mil。设置完成后，单击 OK 按钮，出现十字光标，绘制出敷铜区域，此处将整个电路包围。敷铜后的电路如图 13-21 所示。

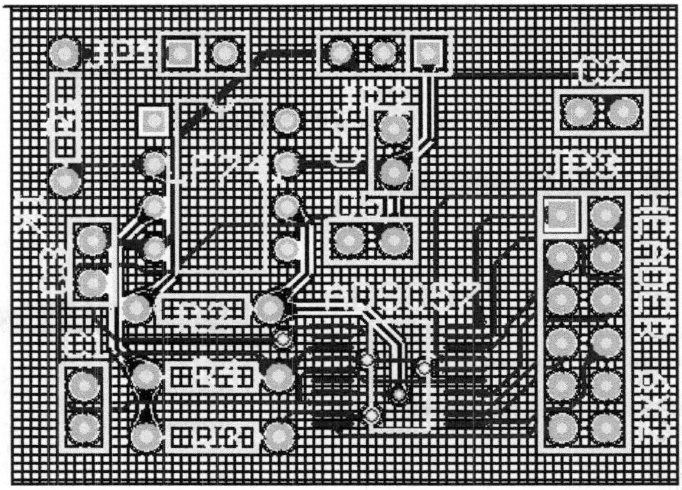

图 13-21　敷铜后的电路

(19) 完成 PCB 的绘制后，检查一下是否有不合规矩的地方。执行 Tools | Design Rule Check 命令，设置检查规则，如图 13-22 所示。

(20) 检查错误结果报告如图 13-23 所示，如果有错误，需要参照提示改正相应的错误，直至没有错误为止。

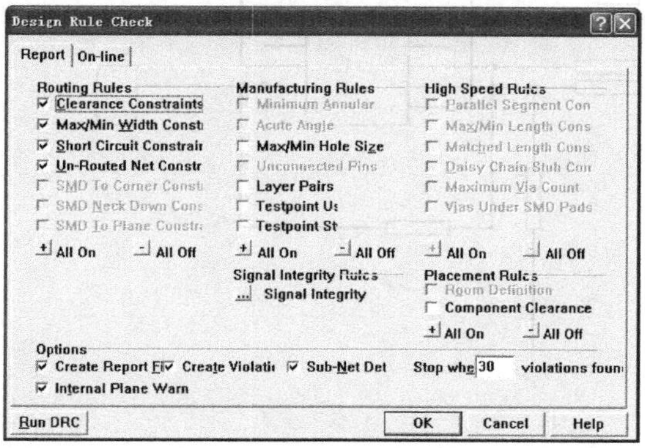

图 13-22　设置检查规则

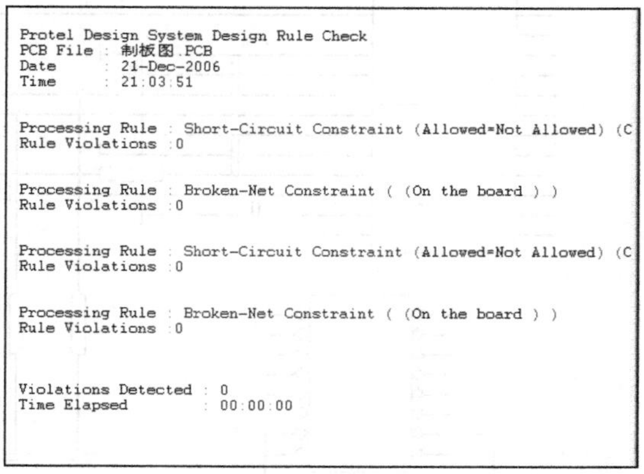
```
Protel Design System Design Rule Check
PCB File  : 制板图.PCB
Date      : 21-Dec-2006
Time      : 21:03:51

Processing Rule : Short-Circuit Constraint (Allowed=Not Allowed) (C
Rule Violations :0

Processing Rule : Broken-Net Constraint ( (On the board ) )
Rule Violations :0

Processing Rule : Short-Circuit Constraint (Allowed=Not Allowed) (C
Rule Violations :0

Processing Rule : Broken-Net Constraint ( (On the board ) )
Rule Violations :0


Violations Detected : 0
Time Elapsed        : 00:00:00
```

图 13-23　检查错误结果报告

A/D 电路设计完成，保存文档。可以将设计图按 1∶1 比例打印出来，检查元件的封装，如果没有其他问题，则可以生成光绘文件，送制板厂制作电路板。

13.1.3　绘制 D/A 原理图

(1) 元件库中没有 DAC902 和 OPA690 这两个器件，需要自己动手制作。由于 DAC902 是 28 脚对称排列，因此以 Miscellaneous Devices.lib 元件库中的 HEADER 14×2 为基础创建 DAC902 元件，D0～D11 是数据输入管脚，修改后的 DAC902 如图 13-24 所示。

(2) OPA690 共有 8 个管脚，以 Miscellaneous Devices.lib 元件库中的 HEADER 4×2 为基础，创建后的 OPA690 如图 13-25 所示，注意引脚属性的设置。绘制完成后，将元件保存为 OPA690，执行 Tools | Rename Component 命令，在弹出的对话框中输入新的元件名称，如图 13-26 所示。

(3) 绘制完成元件后，按照芯片特性和电路原理连接电路图，连接完成的核心电路如图 13-27 所示。

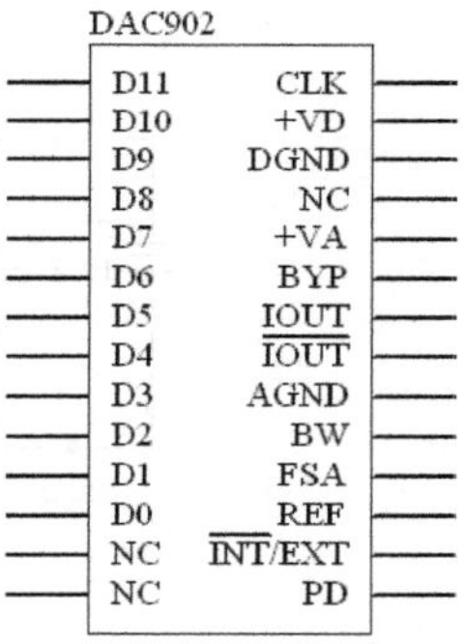

图 13-24　修改后的元件 DAC902

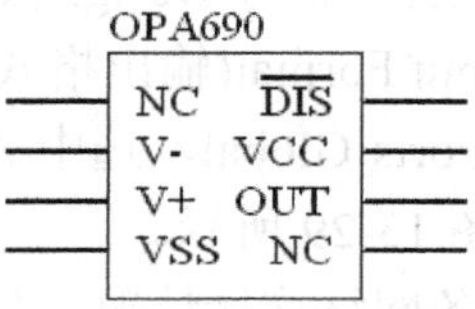

图 13-25　绘制放大器 OPA690

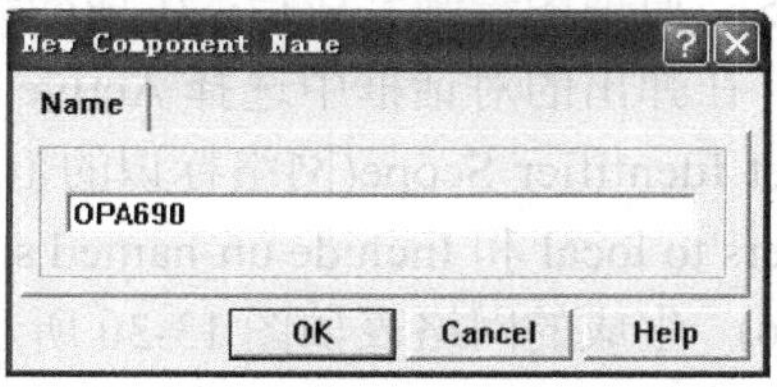

图 13-26　为元件命名

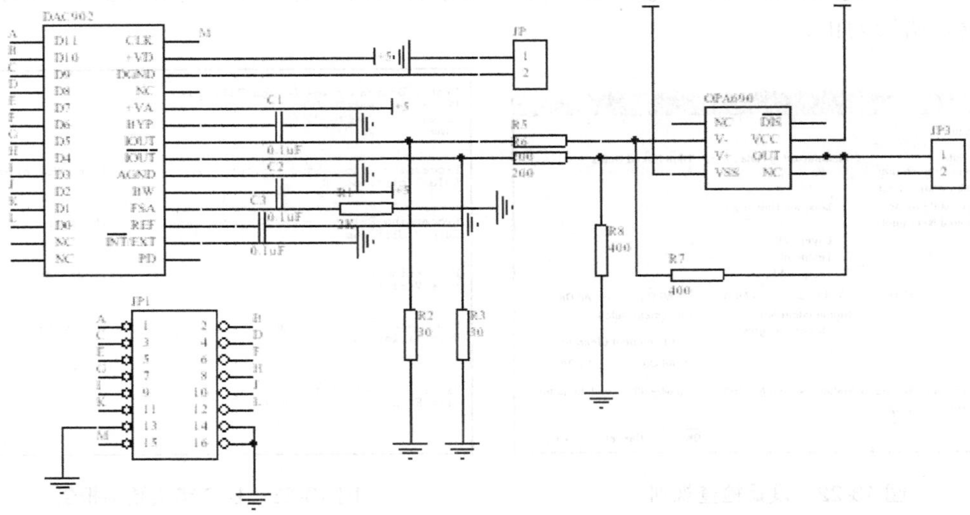

图 13-27　核心电路

(4) 为减少对电源进行去耦，即在每个电源的接入端进行电容滤波，电路如图 13-28 所示。

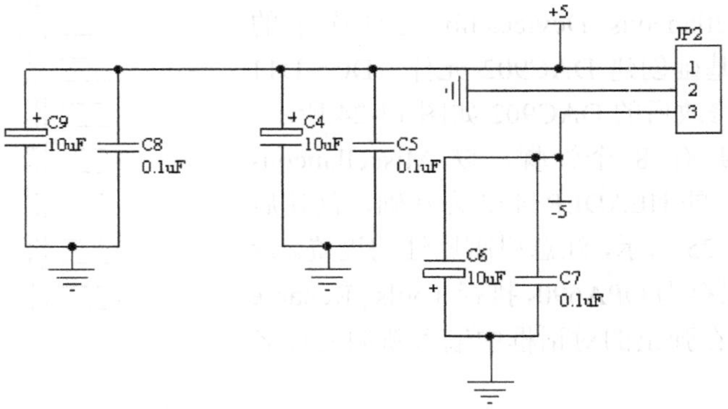

图 13-28　电源去耦

(5) 原理图绘制完成后，生成网络表，以便进行 PCB 设计。执行 Design | Create Netlist 命令，在弹出的对话框中选择 Active sheet(当前文档)，Output Format(输出格式)选择 Protel 2，Net Identifier Scope(网络标识的范围)为 Net Labels and Ports Global，选中 Append sheet numbers to local 和 Include un-named single pins 复选框，如图 13-29 所示。

(6) 生成的网络表如图 13-30 所示。检查网络表，查看各网络连接情况，尤其是元件的封装形式是否正确，如果有错将无法导入 PCB，无法设计印制电路板。

(7) 生成元件报表，可以了解元件的使用情况，便于制板后的焊接。执行 Report | Bill of

Material 命令，执行生成元件报表向导，如图 13-31 所示。

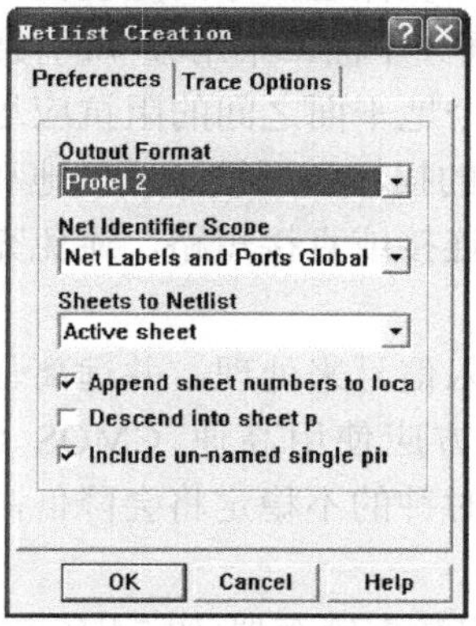

图 13-29　生成网络表设置

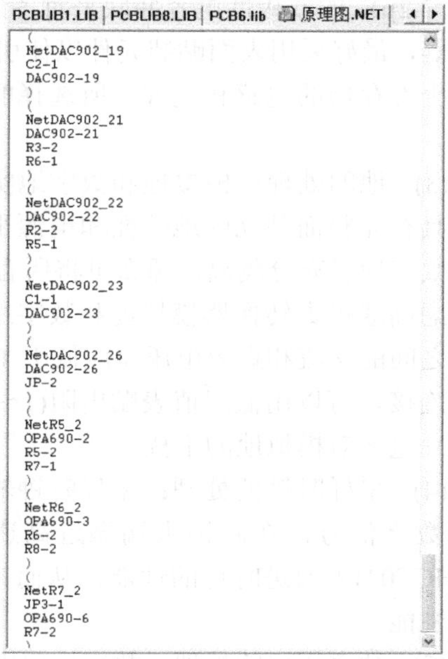

图 13-30　生成的网络表

(8)　按照向导提示，使用默认设置即可，设置完成后生成的元件报表如图 13-32 所示。

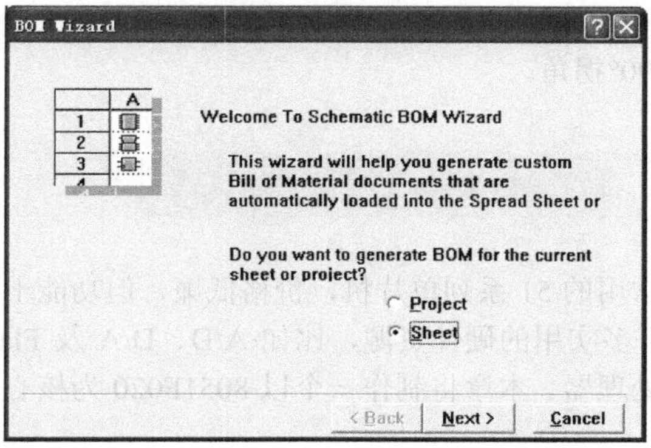

图 13-31　生成元件报表向导

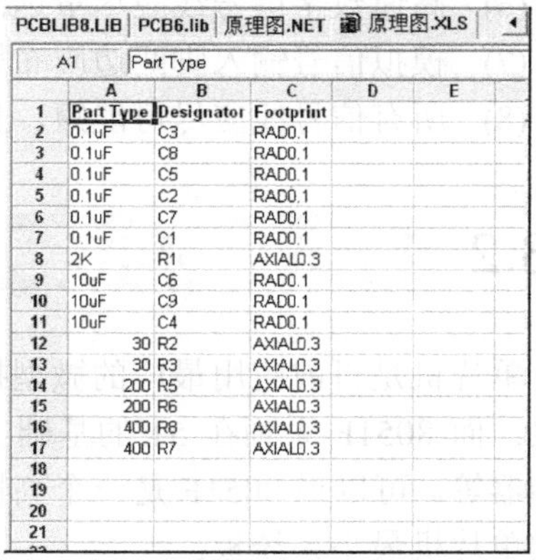

图 13-32　生成的元件报表

13.1.4　案例点拨

对于高速数模转换器的电路设计，要注意遵循一定的规则，否则可能造成信号噪声增大甚至根本没有数字数据输出。在印刷线路板的布局布线上，更是要十分注意。根据经验，使用时应注意以下几点。

(1)　电源的选择：最好使用低噪声的线性电源，如三端稳压器 78L12、78L05 等线，线性电源应尽可能地靠近高速模数转换器，一般不要用开关电源作为高速模数转换器的电源。

(2) 电源的去耦：模拟电源、数字电源、基准电源和输入公共端等应采用 0.1μF 的电容和 2.2μF 的双极性电容并联来对各自的地进行旁路去耦。去耦电容应尽量靠近高速模数转换器，最好采用表面贴装元件以使引线最短，在布局上应和高速模数转换器在同一层面，以减少寄存器的电感和电容。所选择的电容应当具有良好的高频去耦特性，最好选用瓷片电容。

(3) 地的处理：模拟地和数字地实际上分隔开将有助于消除电容性耦合和干扰，应当使用具有完整而独立的地平面和电源平面的多层电路板，以保证信号的完整性。如果模拟地与数字地已充分隔离，那么可将所有的接地引脚置于同一平面。采用独立的接地平面时，应考虑高速模数转换器模拟地和数字地的物理位置。两个地平面之间的阻抗应尽可能小，两者之间的交流和直流电压差应低于 0.3V，以避免器件的损坏和死锁。模拟地和数字地应单点连接，可以用低阻值表贴电阻(1～5Ω、铁氧体磁珠连接或直接短路，避免充满噪声的数据地电流对模拟地的干扰。

(4) 采样时钟的处理：采样时钟输入应作为模拟输入信号来处理，并远离任何模拟输入和数字信号，在时钟末端靠近高速模数转换器的地方应使用高速 CMOS 缓冲器(如 74AHCT04)来改进时钟的性能，从而减少过冲和振铃。时钟的不稳定将会降低高速模数转换的性能。

(5) 数字接口的处理：数字接口电路应使用数字输出数据锁存器(如 74HCT574)等并使之尽量靠近高速模数转换器，以减少高速模数转换器的电容性负载，过大的电容性负载可能会增加高速模数转换器内部噪声。

(6) 高速数字信号线应尽量远离模拟信号线。

(7) 模拟信号输入脚两边应布模拟地线，以使之与数字信号和时钟隔离开来。

(8) 所有信号线应尽可能短，且应避免 90°拐角。

13.2 单片机最小系统板设计

单片机是目前应用最广的微型控制器。常用的 51 系列单片机，价格低廉，但功能十分局限；而 8051F 系列在 51 的基础上增加了许多实用的硬件资源，比如 A/D、D/A 及 Flash 存储器等。可以说 8051F 是一个高性能的微处理器。本章将制作一个以 8051F020 为核心芯片的单片机最小系统板。

13.2.1 单片机简介

1. C8051F020 单片机简介

C8051F020 单片机是 Cygnal 公司于 2000 年推出的新一代混合信号系统(SOC)单片机，与 8051 系列兼容，在性能上得到了大幅度提高。SOC 是随着半导体生产技术的不断发展而产生的新概念，它是对集成度要求越来越高和对嵌入式控制技术可靠性要求越来越高的产物。C8051F020 单片机采用 Cygnal 公司的专利 CIP251 微处理器内核，CIP251 在提升 8051 速度上采取了新的途径，即设法在保持 CISC 结构及指令系统不变的情况下，对指令运行实行流水作业。在这种模式中，废除了机器周期的概念，指令以时钟周期为运行单位，平均每个时钟可以执行完1条单周期指令，从而大大提高了指令运行速度。C8051F020单片机扩展了中断处理，增加了中断源，可提供22个中断源，这对实时多任务系统的实现是很重要的。C8051F020还在内部增加了复位源，从而大大提高了系统的可靠性。

C8051F020单片机具有100个引脚，主要特点如下。

- 带有与8051全兼容的高速(峰值达25MI/s)微控制器内核。
- 大容量的F1ash程序存储器(64kB)和内部数据存储器RAM(4352B)。
- 具有较高精度和速度的2个多通道ADC(最大速度可达100Kbps)和2路12位DAC。
- 工作温度范围较大，为-45～+85℃。
- 功耗低，供电电压为2.7～3.3V，典型工作电流为12mA，并具有多种节电休眠和停机模式，全部I/O、RST、JTAG引脚均允许5V电压输入。
- 片内JTAG仿真电路可提供全速、非插入式的电路内仿真。
- C8051F020的串行口(UART0)是具有帧错误检测和地址识别硬件能力的增强型串行口，可以工作在全双工异步方式或半双工同步方式，并且支持多处理器通信。

2. RS-232C 标准

RS-232C是美国电子工业协会(EIA)正式公布的，在异步串行通信中应用最广的标准。该标准适用于DCE和DTE间的串行二进制通信，最高数据传送速率可达19.2Kbps，最长传送电缆可达15米。RS-232C标准定义了25根引线，对于一般的双向通信，只需使用串行输入RXD、串行输出TXD和地线GND。RS-232C标准的电平采用负逻辑，规定+3V～+15V之间的任意电平为逻辑0电平，-15～-3V之间的任意电平为逻辑1电平，与TTL和CMOS电平是不同的。在接口电路和计算机接口芯片中，大都为TTL或CMOS电平，所以在通信时，必须进行电平转换，以便与RS-232C标准的电平匹配。MAX232芯片可以完成电平转换这一工作。

3. MAX232 芯片简介

MAX232芯片是MAXIM公司生产的低功耗、单电源双RS-232发送/接收器，适用于各种EIA-232E和V.28/V.24的通信接口。MAX232芯片内部有一个电源电压变换器，可以把输入的+5V电源变换成RS-232C输出电平所需±10V电压，所以采用此芯片接口的串行通信系统只要单一的+5V电源就可以。MAX232外围需要4个电解电容C1、C2、C3、C4，是内部电源转换所需电容，其取值均为1μF/25V，一般选用钽电容并且应尽量靠近芯片。C5为0.1μF的去耦电容。MAX232的引脚T1IN、T2IN、R1OUT、R2OUT为接TTL/CMOS电平的引脚，引脚T1OUT、T2OUT、R1IN、R2IN为接RS-232C电平的引脚，因此TTL/CMOS电平的T1IN、T2IN引脚应接MCS-51的串行发送引脚TXD；R1OUT、R2OUT应接8051的串行接收引脚。

4. RS-485 标准

1977年，EIA制定了新的标准RS-449，它定义了在RS-232C中没有的10种电路功能，可以支持较高的传输速率、较远的传输距离，提供平衡电路改进接口的电器特性，规定用

37 脚连接器 RS-423/422 是 RS-449 标准的子集，RS-485 则是 RS-422 的一个变型。

RS-485 标准优点如下。

1) 通信速度和通信距离

通常标准接口的电气特性，都有满足可靠传输时的最大通信速度和传送距离指标，但这两个指标具有相关性，适当地降低通信速度，可以提高通信距离，反之亦然。例如，采用 RS-232C 标准进行单向数据传输时，最大数据传输速率为 20Kbps，最大传送距离为 15m；若改用 RS-422 标准时，最大传输速率可达 10Mbps，最大传送距离为 300m，降低数据传输速率，传送距离可达到 1200m。

2) 抗干扰能力

通常选择的标准接口，在保证不超过其使用范围时都有一定的抗干扰能力，以保证可靠的信号传输。但一些工业测控系统，通信环境往往十分恶劣，因此在通信接口标准选择时，要充分注意其抗干扰能力，并采取必要的抗干扰措施。例如在长距离传输时，使用 RS-422 标准能有效地抑制共模信号干扰；使用 20mA 电流环技术，能大大降低对噪声的敏感程度。在高噪声污染环境中，通过使用光纤介质减少噪声干扰，通过光电隔离提高通信系统的安全性等都是一些行之有效的方法。

3) RS-232C、RS-485 性能参数比较

在 RS-232 连接的串行通信系统中，实际上只用到 RXD、TXD 和地。RS-485 标准是一种多发送器的电路标准，它扩展了 RS-422A 的性能，允许双导线上发送一个驱动 32 个负载设备，负载设备可以是被动发送器、接收器或收发器。RS-485 标准没有给出在何时控制发送器发送或接收机接收数据的规则，电缆选择比 RS-422 更严格。RS-485 标准对驱动器和接收器规定了双端电气接口形式，把电位差转变成逻辑电平，实现终端的信息接收。

5. MAX485 芯片介绍

MAX485 是用于 RS-485 和 RS-422 通信的低功率收发器，芯片中包含有 1 个驱动器和 1 个接收器。MAX485 芯片由 8 个管脚组成，其功能如下。

- RO 脚(接收器输出端)：若 A 比 B 大 200mV，RO 为高；若 A 比 B 小 200mV，RO 为低。
- PRE 脚(接收器输出使能端)：PRE 为低时，RO 有效；PRE 为高时，RO 成高阻状态。
- DE 脚(驱动器输出使能端)：若 DE 为高，驱动输出 A 和 B 有效；若 DE 为低，它们成高阻状态，若驱动器输出有效，器件作为线驱动器用；若为高阻状态时，PRE 为低，它们作线接收器用。
- DI 脚：(驱动器输入)：DI 为低，将迫使输出 Y 为低，Z 为高；若 DI 为高，将迫使输出 Y 为高，Z 为低。
- GND 脚：接地。
- B 脚：反相接收器输入和反相驱动器输出。
- A 脚：同相接收器输入和同相驱动器输出。
- *V*cc：电源正极 4.75～5.25V。

RS-485 最大的优点在于它的多点总线互连功能，它可以连接 1 台主机和多台终端同时

通信，由于它是半双工的方式，所以只能有一方发送，一方接收；而且它采用差动电平接收的方法提高抗干扰能力，适合在比较恶劣的环境下工作。

13.2.2 绘制原理图

原理图可以画在一个版面里，也可以分不同的功能将原理图绘制成层次式。下面分别介绍这两种方案。

1. 整图

整图设计步骤如下。

(1) 创建核心芯片 8051F020 件，参照元器件手册的管脚排列绘制器件 8051F020，如图 13-33 所示。

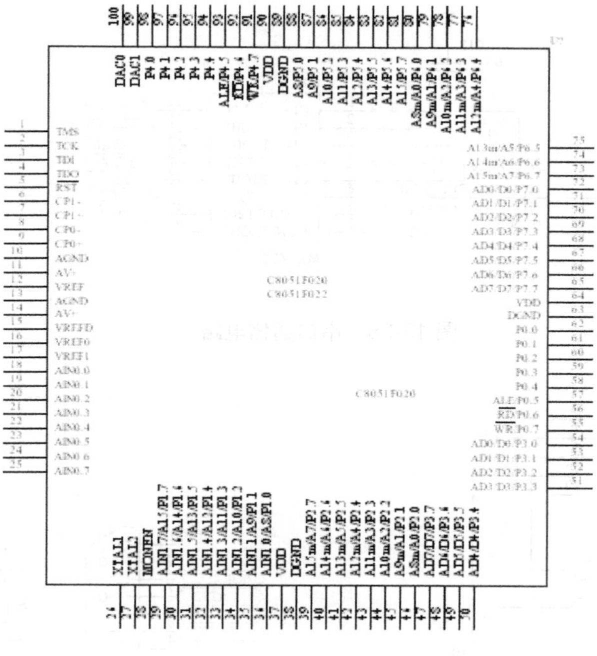

图 13-33 绘制器件 8051F020

(2) 创建器件 MAX3232，以 Miscellaneous Devices.lib 元件库中 HEADER 4×2 为基础绘制，设置各引脚的电气属性，分别为 Input、Output 及 Power。绘制完成效果如图 13-34 所示。然后对元件重新命名保存元件。

(3) 绘制串口通信电路。设计两个串口，分别以 MAX3232 和 MAX485 为核心，执行 RS-232 标准和 RS-485 标准，绘制的电路如图 13-35 所示。

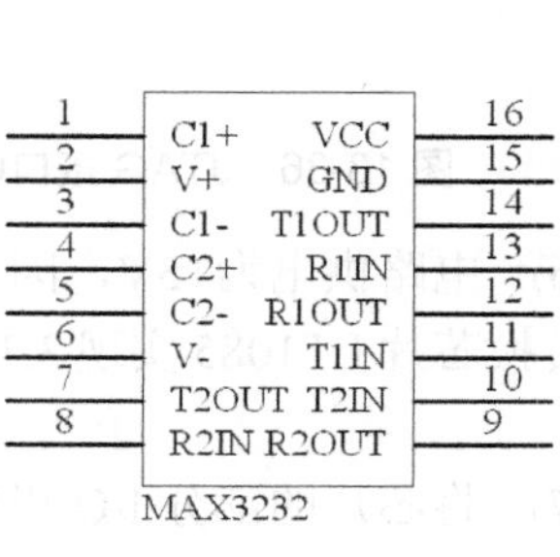

图 13-34 绘制器件 MAX3232

(4) 8051F020 支持 JTAG 在线调试，供电电压为 3.3V，JTAG 接口电路如图 13-36 所示。

(5) 放置串口器件，可以在 Miscellaneous Devices.lib 元件库中找到器件 DB9，注意输入和输出的关系，2 脚接读信号，3 脚接写信号，电路连接图如图 13-37 所示。

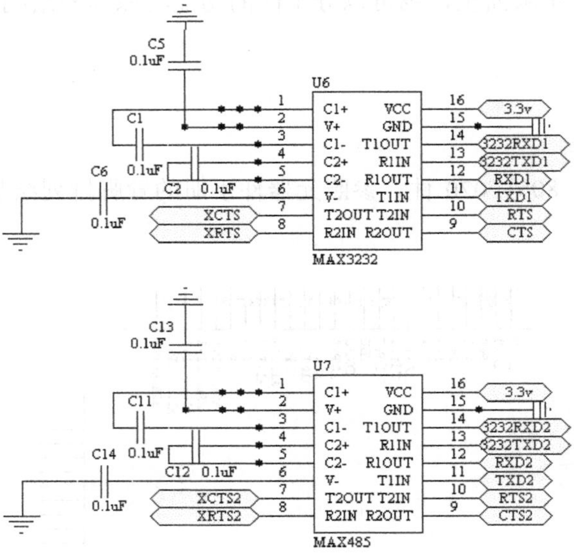

图 13-35　串口通信电路

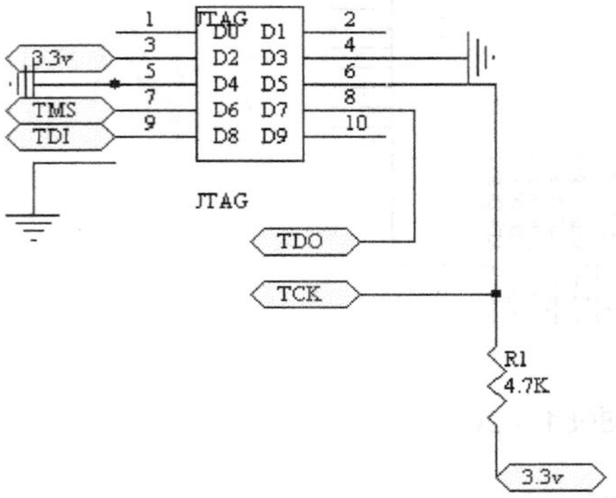

图 13-36　JTAG 接口电路

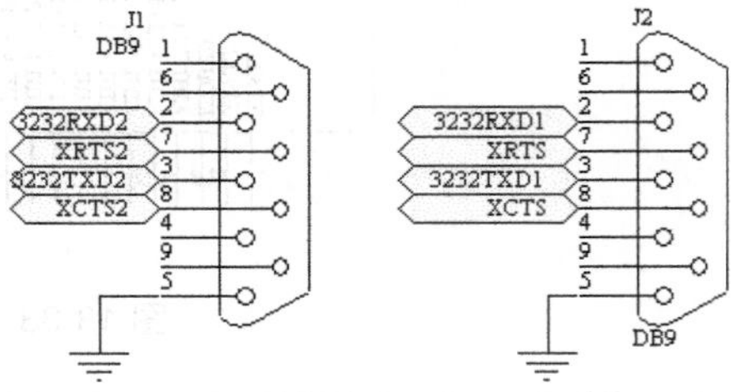

图 13-37　串口电路

(6) 电路供电为+5V，因为芯片 MAX3232 和 MAX485 需要 3.3V 电源供电，因此使用电压转换芯片 LT1085 实现 3.3V 电压的产生，同时在芯片电源管脚进行滤波，电路如图 13-38 所示。

(7) 将芯片的部分 I/O 引脚作为端口引出，共引出三排 I/O 管脚，分别是 P2.0～P2.7、P3.0～P3.7 和 P7.0～P7.7，选择 10 孔插针，最后两个插针作为电源和地。另外分别设计 10 孔和 12 孔插针为 AD 提供输入，如图 13-39 所示。

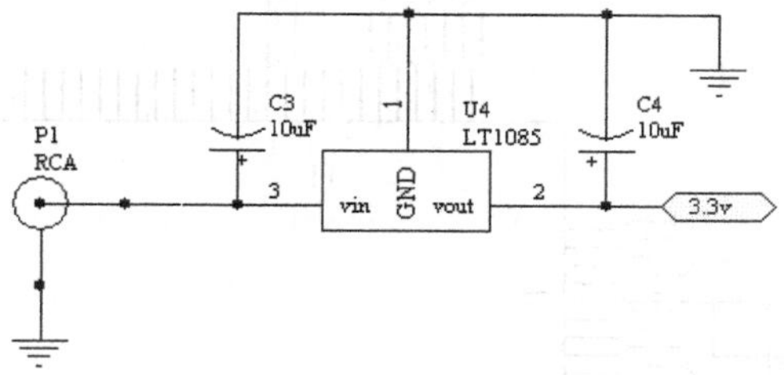

图 13-38　电压转换电路

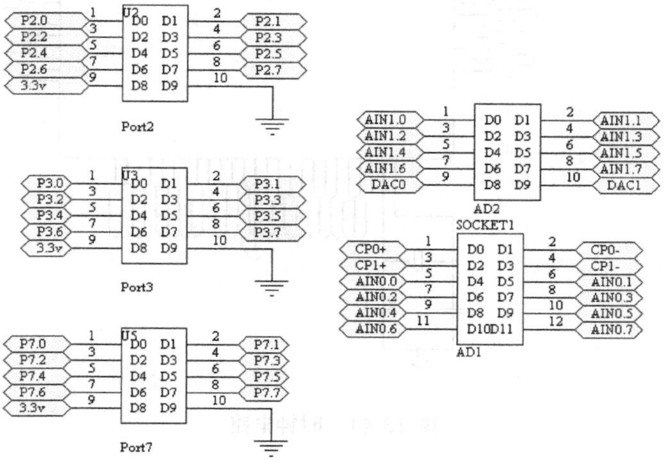

图 13-39　引出 I/O 管脚

(8) 8051F020 需要四路参考电压，采用 VRFE 提供，此外，由于电路中既有模拟地又有数字地，为减小干扰，将数字地和模拟地进行一点接地，并在接入的地方连接一个磁珠或一个 0 欧姆电阻，电路设计如图 13-40 所示。

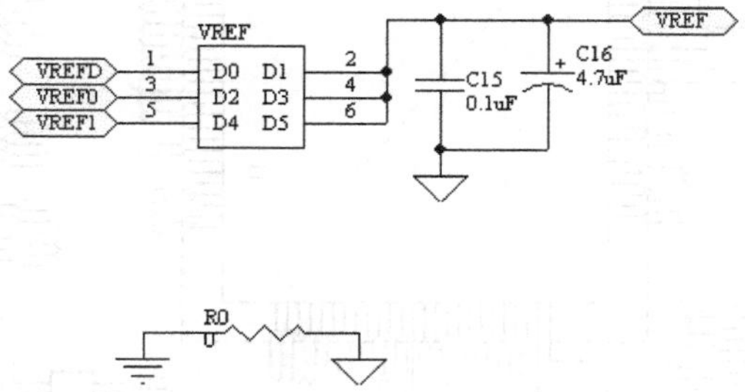

图 13-40　参考电压电路

(9) 8051F020 时钟电选用 22.1184MHz 的晶振提供，与其他电路的接口如图 13-41 所示。

(10) 将各部分电路绘制在同一张电路图上面，按功能布局，完整的电路如图 13-42 所示。

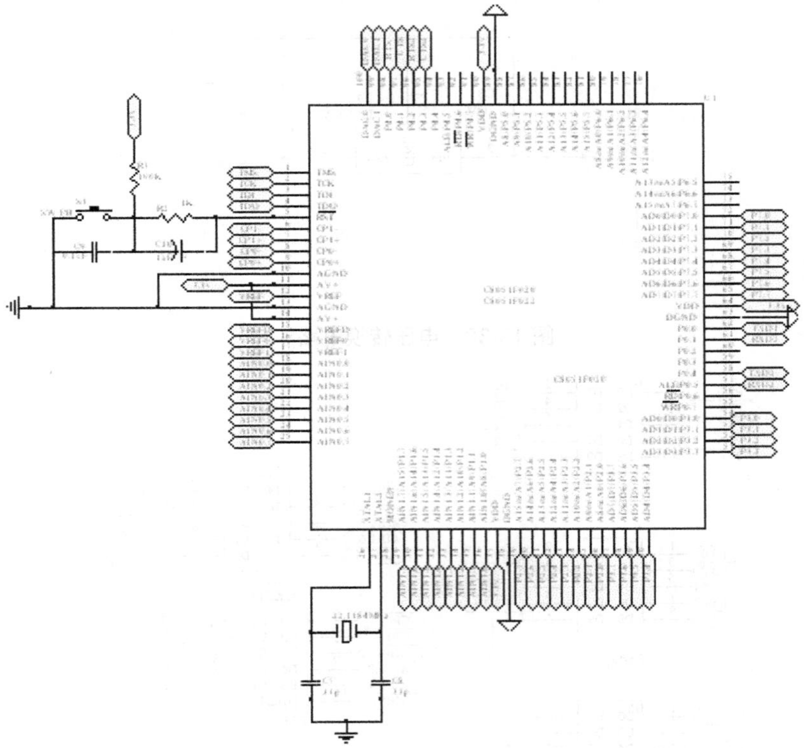

图 13-41　时钟电路

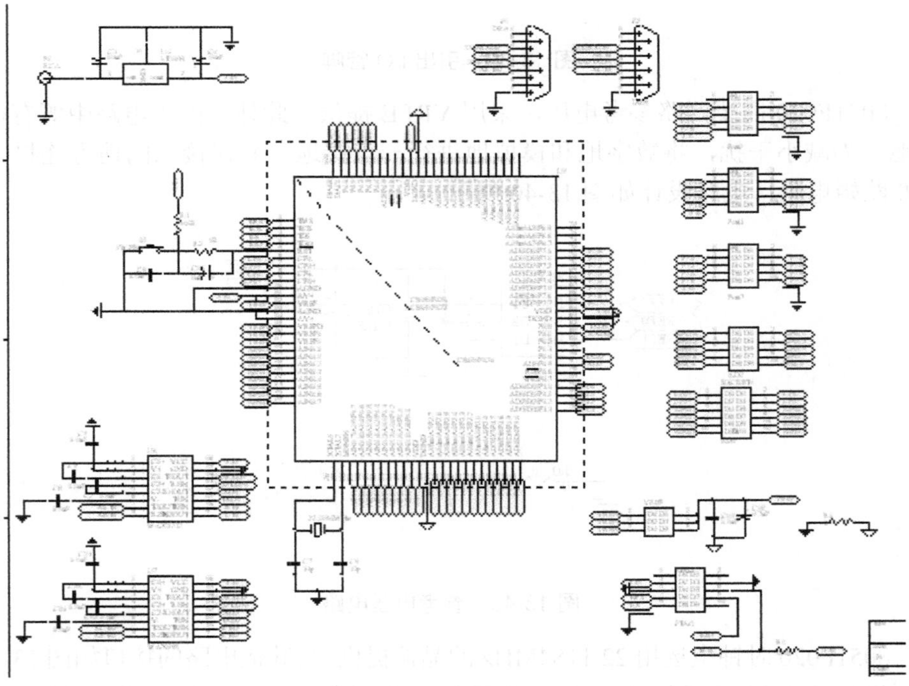

图 13-42　完整电路图

2. 自顶向下设计原理图

自顶向下原理图设计步骤如下。

(1) 采用自顶向下设计方法时，将整个电路根据功能的不同划分为几个模块。在8051F020单片机最小系统板设计电路中，将整个电路分为3个子电路，分别为电源模块电路、输入输出I/O模块电路和通信(JTAG及串口)模块电路。顶层电路设计如图13-43所示。

(2) 将功能划分后，主芯片8051F020需要拆分成3个不同的子部分，但是在封装上它们还是一个电路。将芯片中电源部分拆分出来后，如图13-44所示。

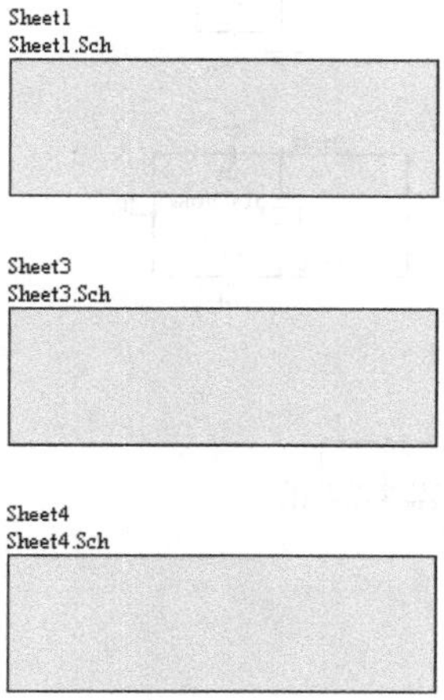

图 13-43　顶层电路

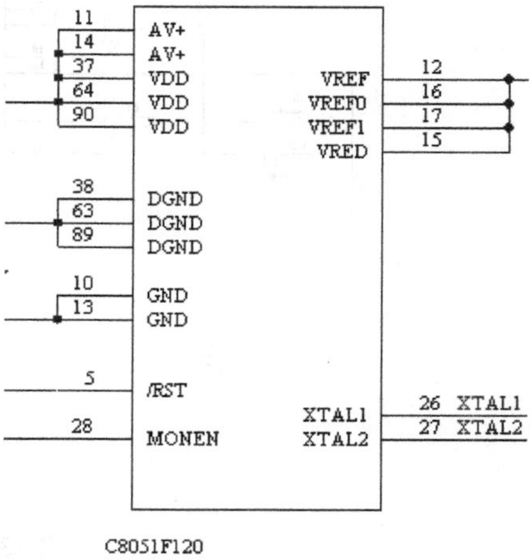

图 13-44　8051F020 电源部分

(3) 为了使3个不同的子部分在生成网络表时为统一的整体，在它们的属性设置时要求 Lib Reference、Footprint、Designator 和 Part 的设置均相同，如图13-45所示。

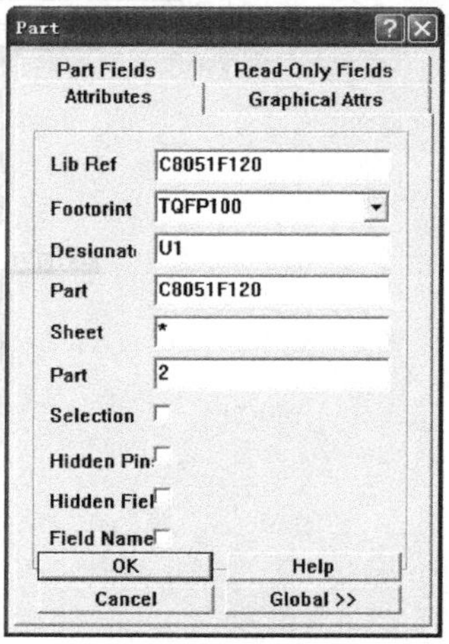

图 13-45　8051F020 子部分属性设置

(4) Sheet1 设计为电源部分，如图13-46所示。其中包括 8051F020 的供电、参考电压的连接以及时钟电路；此外，将电平转换芯片的电路也划分进来，电路图最下面是数字地和模拟地连接时放置的磁珠，以及电源的去耦电路。

(5) Sheet2 部分为与外界输入输出的I/O模块，包括与外部的 I/O 引脚、D/A、A/D 的接口电路，其中8051F020部分的电路连接如图13-47所示。

(6) 双击“Sheet2”中的8051F020元件，在弹出的对话框中设置电路如图13-48所示的参数，保证和Sheet1中的属性设置相同。

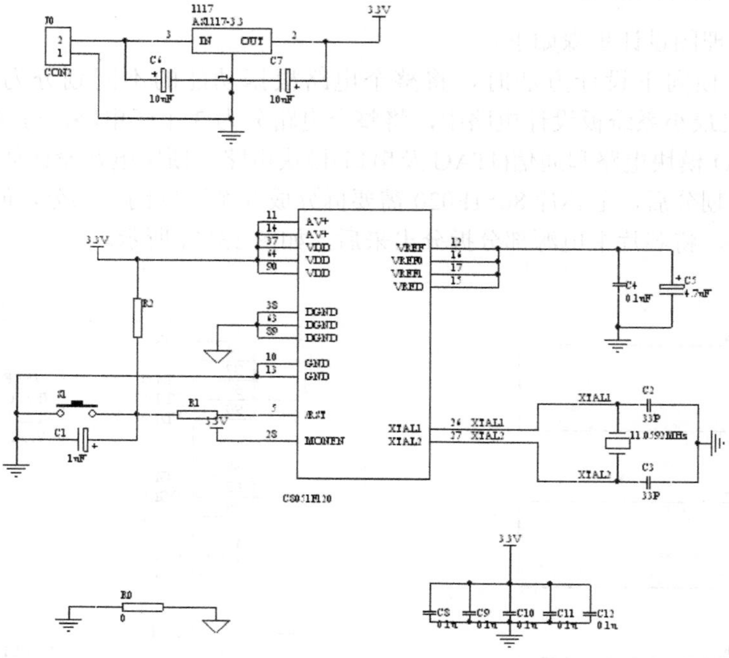

图 13-46　电源模块电路

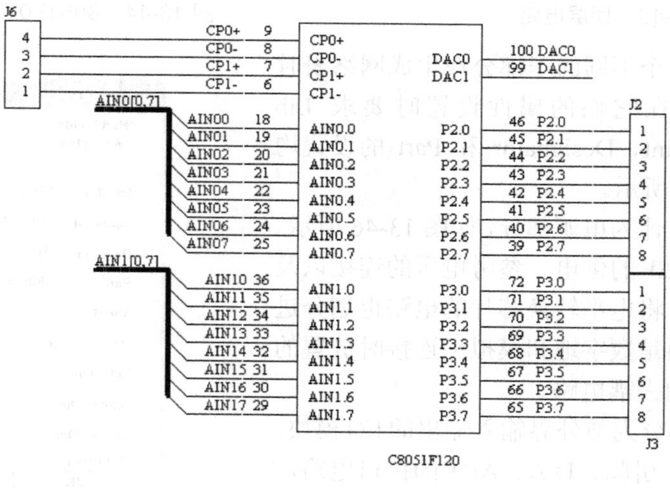

图 13-47　Sheet2 中的 8051F020 部分的电路

(7) 为了保护 A/D 的输入管脚，防止输入电流过大将单片机烧毁，在每个 A/D 的输入管脚接入两个 1kΩ电阻、一个限制电流、一个限制电压，采用总线的连接方法，AIN0 的保护电路如图 13-49 所示。

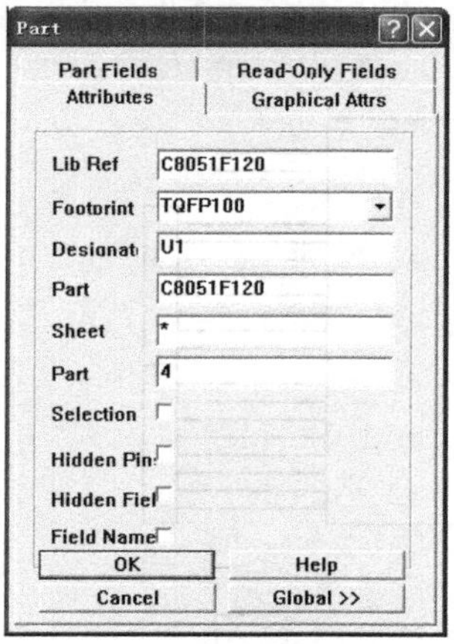

图 13-48　设置相同属性

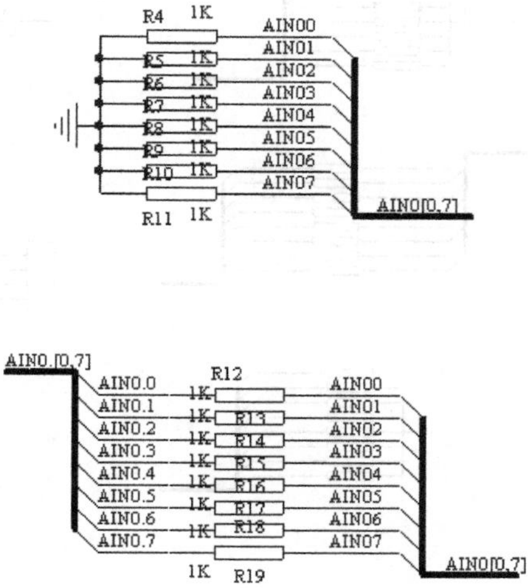

图 13-49　AIN0 的保护电路

(8)　与外部的 I/O 引脚电路设计如图 13-50 所示。虽然每个端口只有 8 个引脚，但为了引出 3.3V 电源和地，选用 10 个引脚的插针。

(9)　为了保护 A/D 的输入管脚，AIN1 的保护电路如图 13-51 所示。

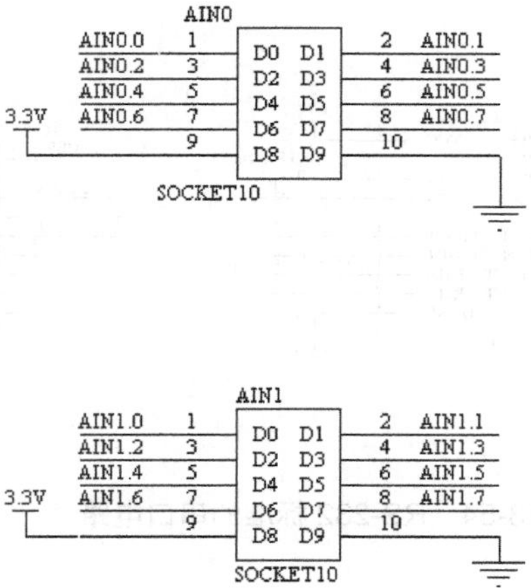

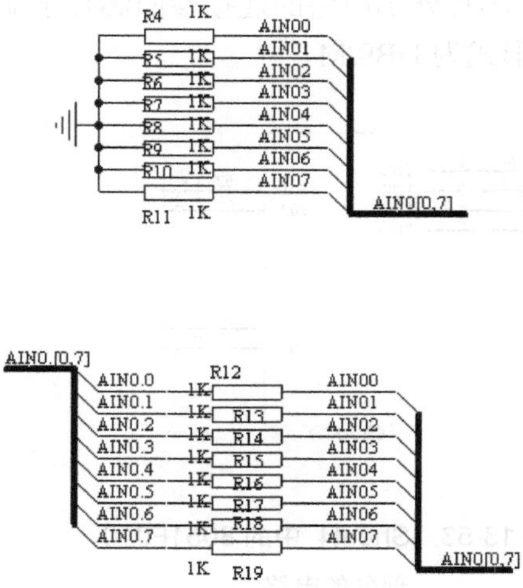

图 13-50　与外部的 I/O 引脚电路设计

图 13-51　AIN1 的保护电路

(10) Sheet3 完整的电路如图 13-52 所示。

(11) Sheet4 中连接 8051F020 的通信部分电路，包括串口的连接及 JTAG 接口电路，其中 8051F020 部分如图 13-53 所示，注意属性设置要和前面两个部分相同。

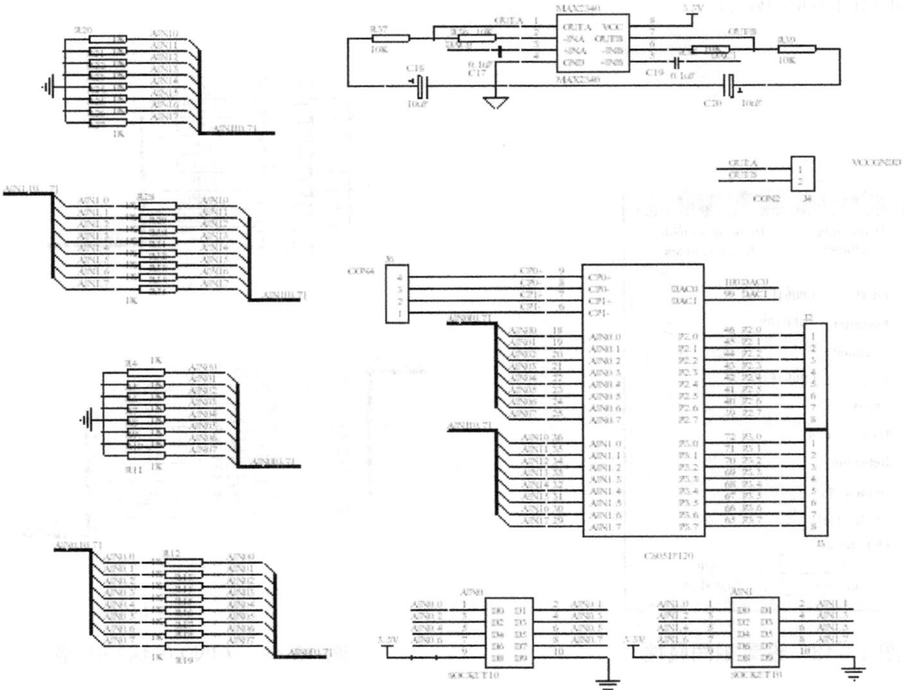

图 13-52　Sheet3 完整电路图

(12) 执行 RS-232 标准的串口电路如图 13-54 所示，通过一个 SP3232E 的转换接口芯片实现，芯片外部电路的连接参照芯片手册，该芯片的封装形式为 SO-16。串口的元件为 DB9，封装形式为 DB9/M。

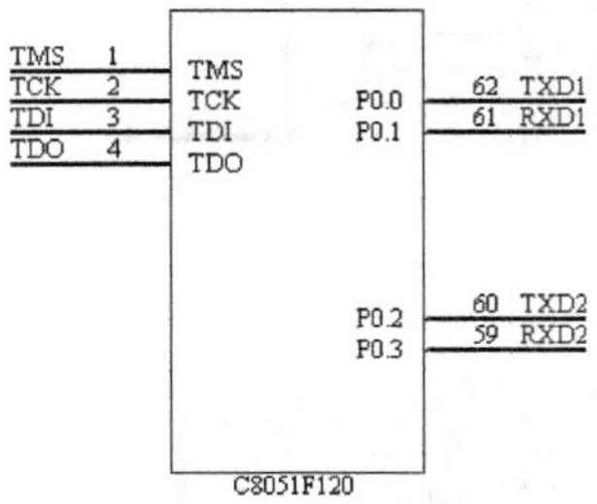

图 13-53　Sheet4 中的 8051F020 部分的电路

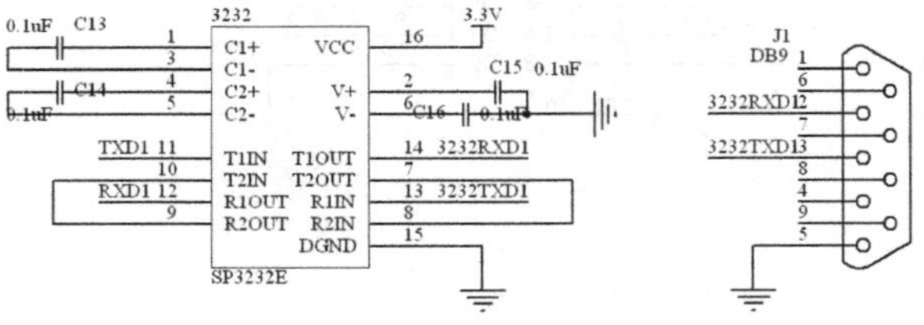

图 13-54　RS-232 标准的串口电路

(13) JTAG 接口电路如图 13-55 所示。

(14) 执行 RS-485 标准的串口电路如图 13-56 所示，通过一个 MAX490E 的转换接口芯片实现。

(15) 执行 RS-485 标准的串口如图 13-57 所示。

(16) Sheet4 完整的电路如图 13-58 所示。

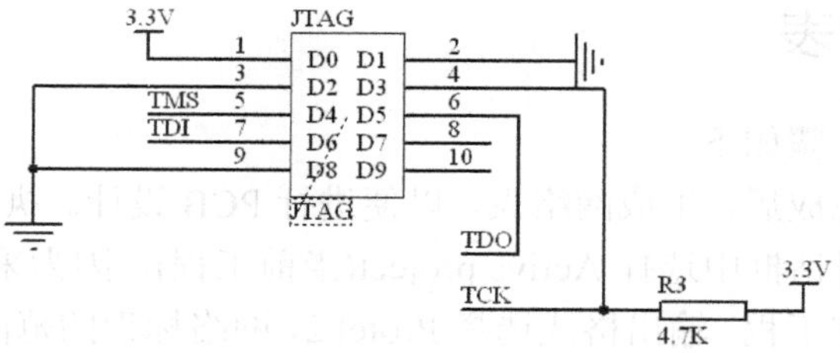

图 13-55　JTAG 接口电路

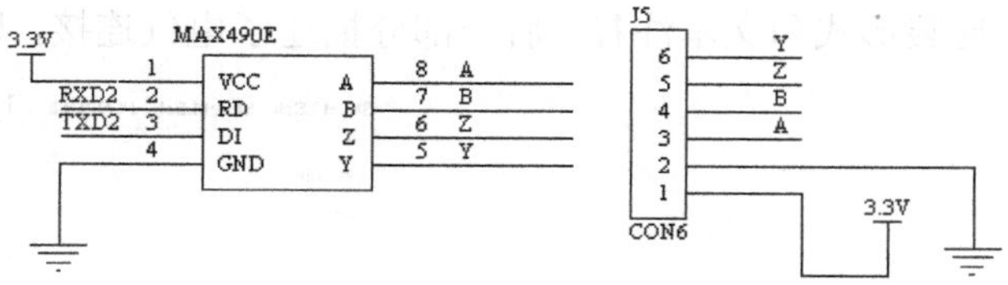

图 13-56　RS-485 标准的串口电路

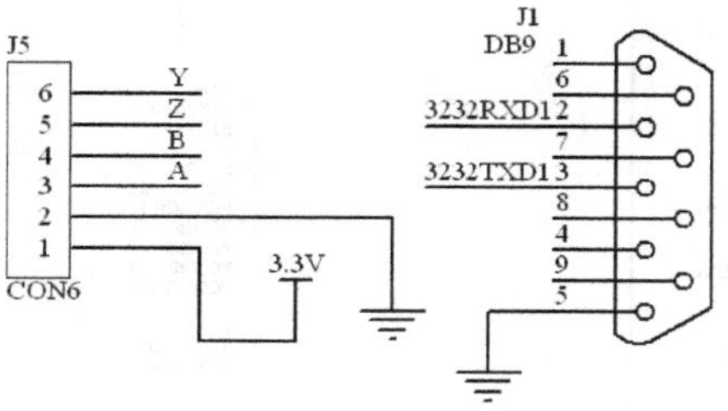

图 13-57　RS-485 标准的串口

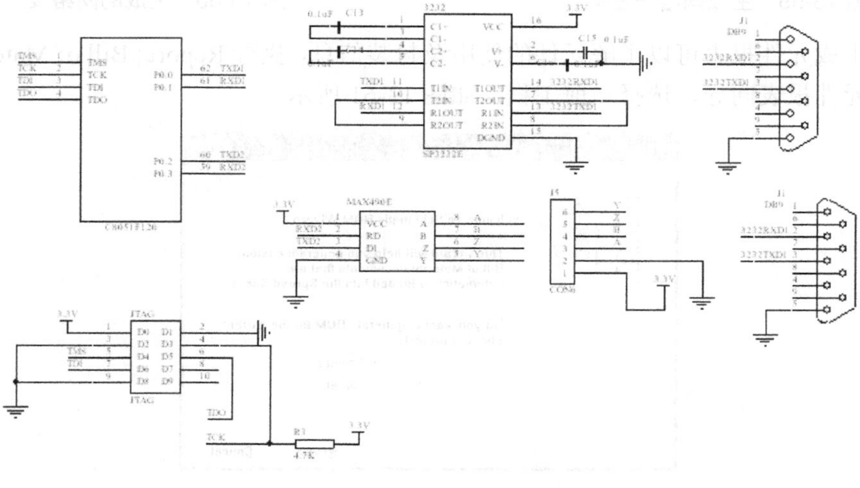

图 13-58　Sheet4 完整电路图

13.2.3 生成报表

生成报表的操作步骤如下。

(1) 原理图绘制完成后，生成网络表，以便进行 PCB 设计。执行 Design | Create Netlist 命令，在弹出的设置对话框中选择 Active project(当前工程)，因为采用了层次设计方法，所以网络范围要选择当前工程。输出格式选择 Protel 2，网络标识的范围为 Net Labels and Ports Global，选中 Append sheet numbers to local 和 Include un-named single pins 复选框，如图 13-59 所示。

(2) 生成的网络表如图 13-60 所示。网络表分为两部分，前一部分描述了元器件的属性，包括元器件的序号、封装形式和文本注释。后一部分描述了电气连接，以(、)作为起止标志。

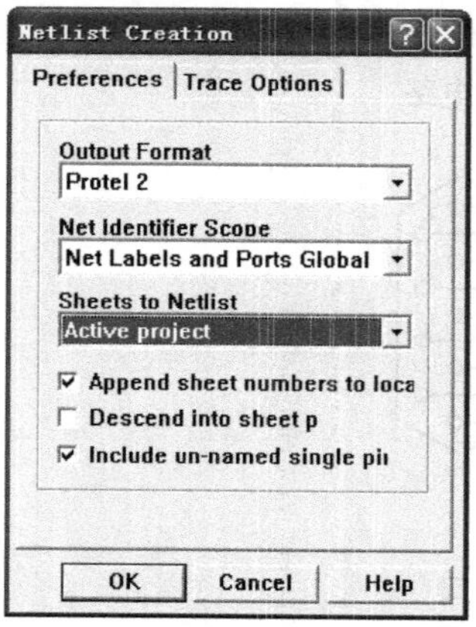

图 13-59 生成网络表设置

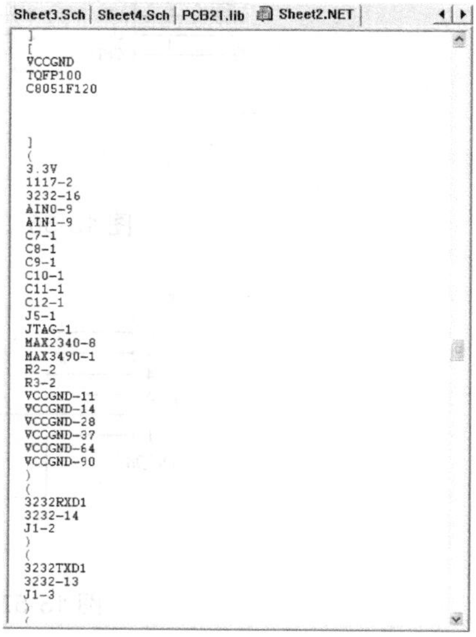

图 13-60 生成的网络表

(3) 生成元件报表可以了解元件的使用及封装信息，执行 Report | Bill of Material 命令，执行生成元件报表向导，选择当前工程，如图 13-61 所示。

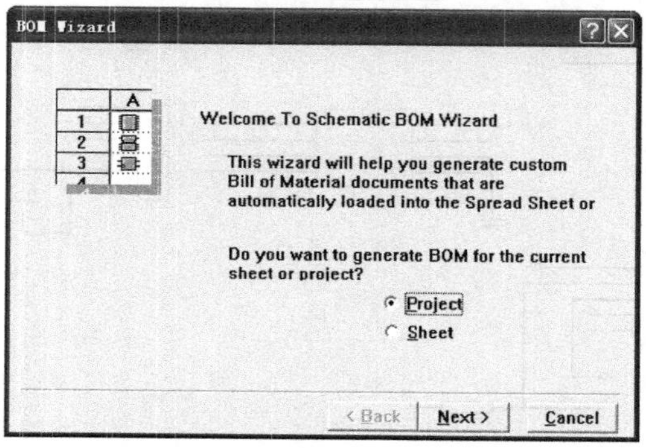

图 13-61 生成元件报表向导

(4) 按照向导提示，设置完成后生成的元件报表如图 13-62 所示。

A1	Part Type			
	A	B	C	D
49	10K	R37	805	
50	10K	R36	805	
51	10K	R39	805	
52	10K	R38	805	
53	10uF	C6	1210	
54	10uF	C7	1210	
55	10uF	C18	1210	
56	10uF	C20	1210	
57	33P	C2	805	
58	33P	C3	805	
59	100K	R2	805	
60	AS1117-3.3	1117	AS1117	
61	C8051F120	VCCGND	TQFP100	
62	CON2	J4	SIP2	
63	CON2	J0	SIP2	
64	CON4	J6	SIP4	
65	CON6	J5	SIP6	
66	CON8	J3	SIP8	
67	CON8	J2	SIP8	
68	CRISTAL	11.0592MHz	XTAL1	
69	DB9	J1	DB9/M	
70	JTAG	JTAG	IDC2X5JTAG	
71	MAX490E	MAX3490	SO-8	
72	MAX2340	MAX2340	SO-8	
73	R18	1K	805	
74	RES0805	R1	805	
75	SOCKET10	AIN1	IDC10	
76	SOCKET10	AIN0	IDC10	
77	SP3232E	3232	SO-16	
78	SW-PB	S1	SW	

图 13-62 生成的元件报表

13.2.4 设计印制电路板

设计印制电路板的具体步骤如下。

(1) 新建 PCB 设计文档，将名称改为 8051F020.PCB，双击图标，进入 PCB 编辑器，执行 Design | Layer Stack Manager 命令，设置电路板的工作层，如图 13-63 所示。

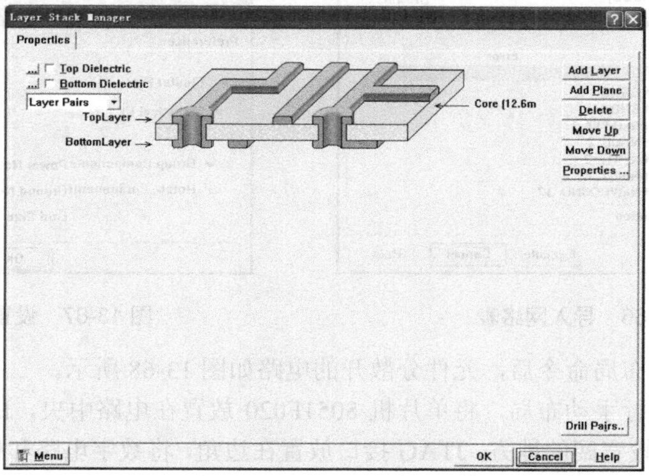

图 13-63 设置电路板的工作层

(2) 设置好工作层后，选择 Keep-Out Layer 选项卡，在 Keep-Out Layer 工作层中绘制 PCB 边界。执行 Place | Wire 命令，绘制完成的边界如图 13-64 所示。

(3) 设置好工作层后，选择 Bottom Overlay 选项卡，在 Bottom Overlay 工作层中绘制

电气特性边界，执行 Place | Wire 命令，绘制完成的边界如图 13-65 所示。

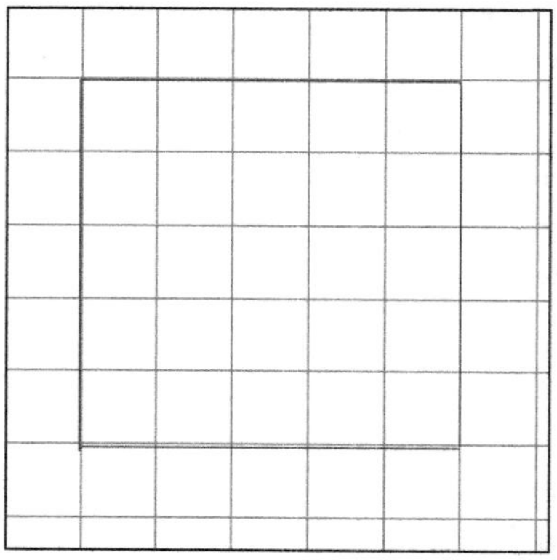

图 13-64　绘制 PCB 边界

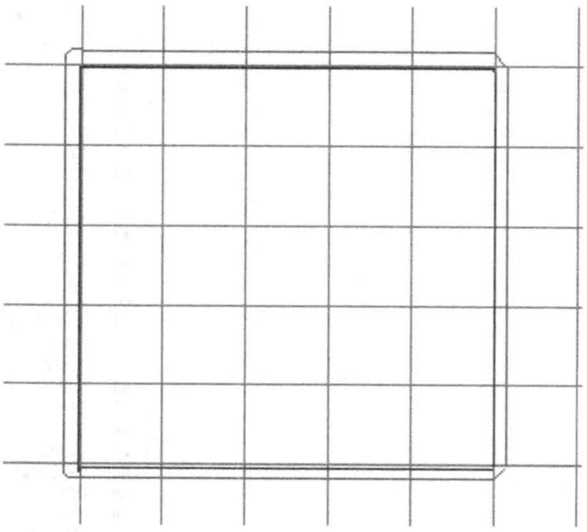

图 13-65　绘制电气特性边界

(4) 绘制边界后，导入网络表，执行 Design | Load Net 命令，选择要导入的网络表 Sheet1.NET，如图 13-66 所示。

(5) 导入网络表以后，可以看到所有的元器件都堆积在一起。进行自动布局，执行 Tools | Auto Placer 命令，将元器件分散开，如图 13-67 所示。

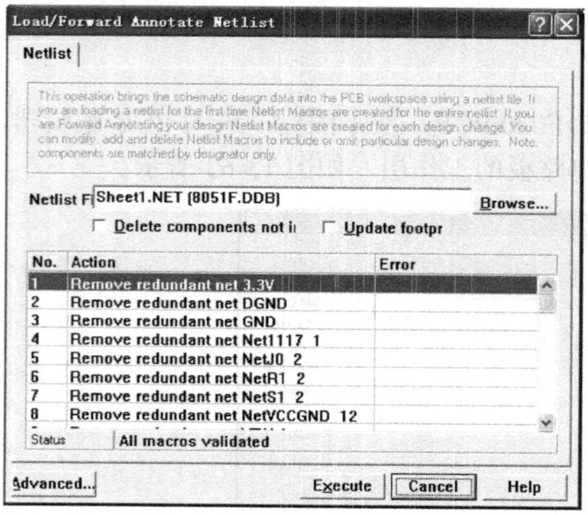

图 13-66　导入网络表

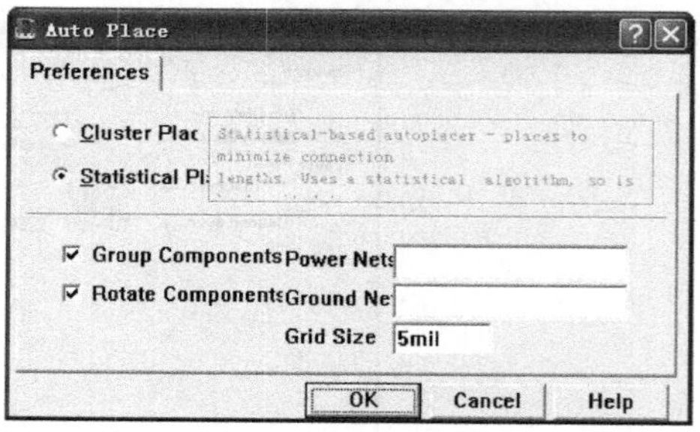

图 13-67　设置自动布局

(6) 执行自动布局命令后，元件分散开的电路如图 13-68 所示。

(7) 对电路进行手动布局，将单片机 8051F020 放置在电路中央，I/O 引脚放置在电路外围，串口放置在较宽阔的地方，JTAG 接口放置在边角，将数字电路和模拟电路分开放置。手动布局后的电路图如图 13-69 所示。

(8) 首先对电源和地进行预自动布线，设置线宽为 15mil，然后锁定已布好的线，对其他的信号线进行手动布线，设置线宽为 10mil。注意相同类型的走线方向最好平行一致，手动布线后电路如图 13-70 所示。

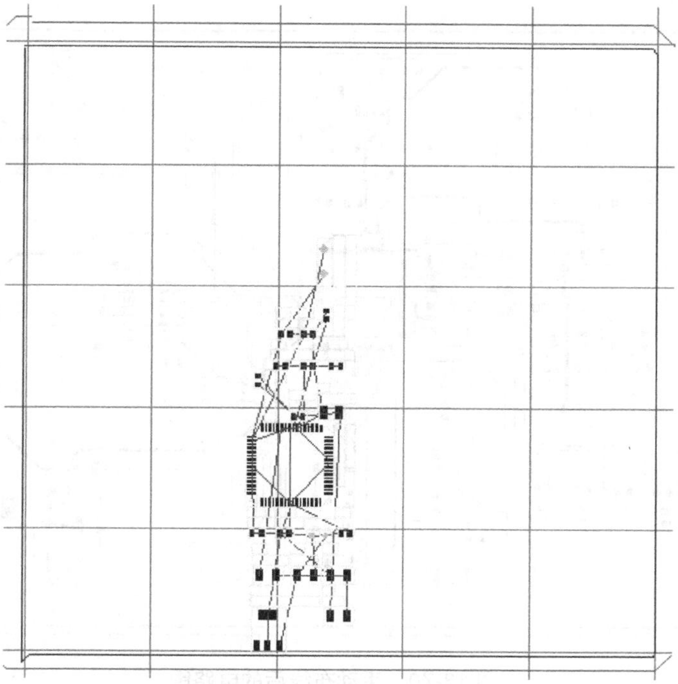

图 13-68　元件分散开的电路

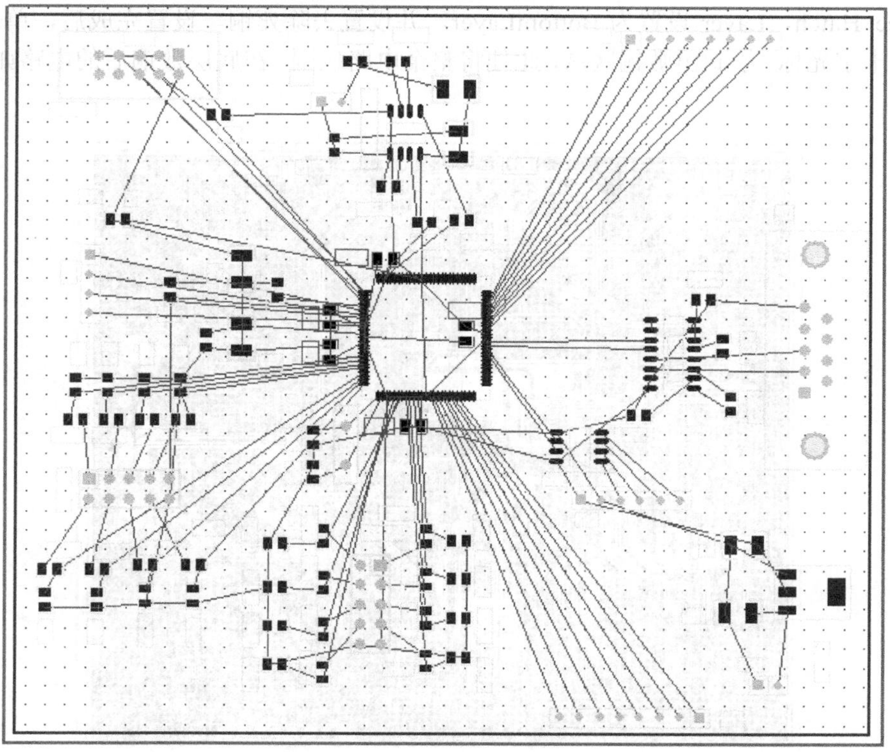

图 13-69　手动布局后的电路图

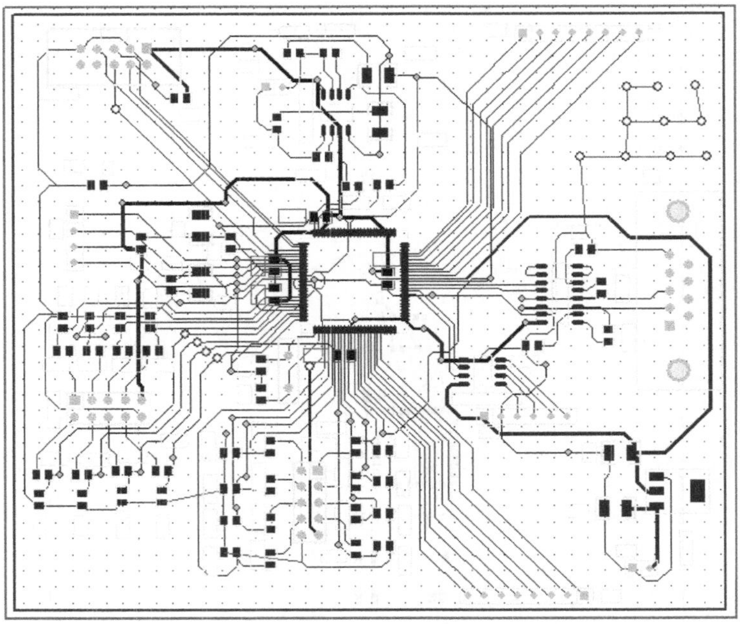

图 13-70　手动布线后的电路图

(9) 进行敷铜处理。在弹出的属性设置框中设置网络为 GND，Hatching Style 设置为 45-Degree Hatch，Layer 设置为 BottomLayer，并设置去除死铜。设置完成后，单击 OK 按钮，出现十字光标，绘制出敷铜区域，此处将整个电路包围。在底层敷铜后的电路如图 13-71 所示。

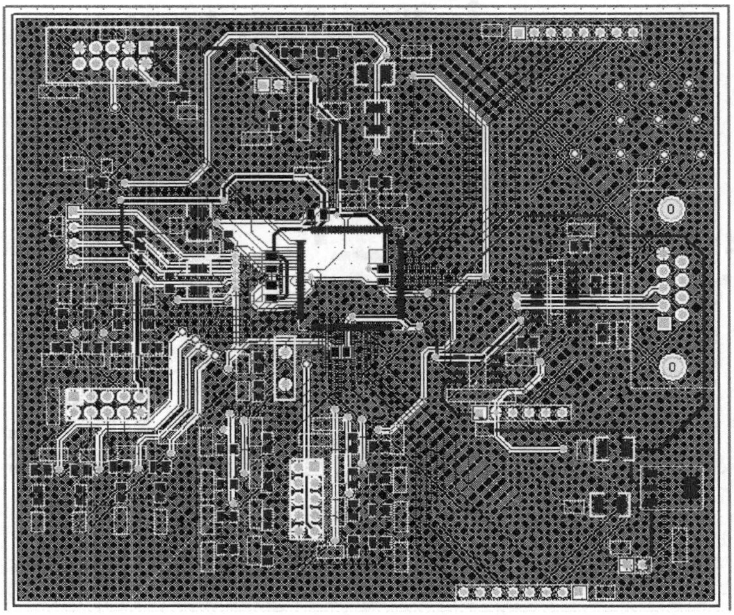

图 13-71　敷铜后的电路

(10) 进行顶层敷铜处理，执行 Place | Polygon Plane 命令，网络同样设置为 GND，Layer 设置为 TopLayer，其他设置与底层相同，对整个电路进行敷铜处理。对顶层敷铜后的电路，如图 13-72 所示。

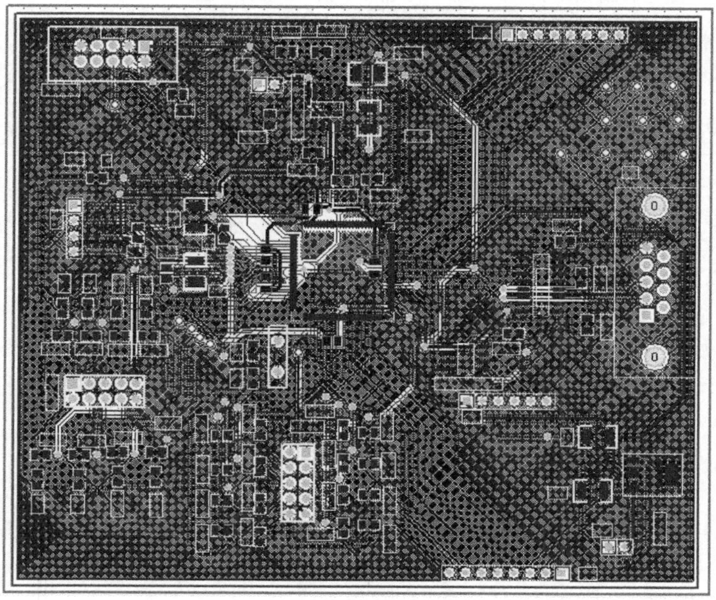

图 13-72　敷铜后的电路

(11) 完成 PCB 的绘制后，检查是否有不合规矩的地方。执行 Tools | Design Rule Check 命令，设置检查规则，单击 Run ERC 按钮开始检查，设置对话框如图 13-73 所示。

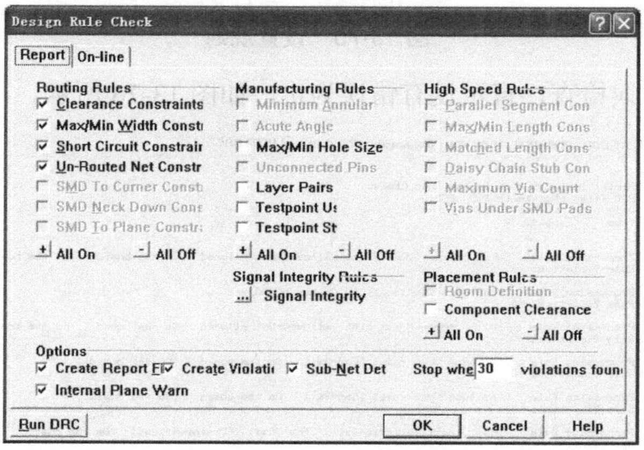

图 13-73　设置检查规则

(12) 检查错误结果报告如图 13-74 所示，如果有错误，需要参照提示改正相应的错误，直至没有错误为止。

(13) 从错误报告上可以发现，报错为检查规则设置冲突，因此要更改规则设置。执行 Design | Rules 命令，对规则进行修改，如图 13-75 所示。

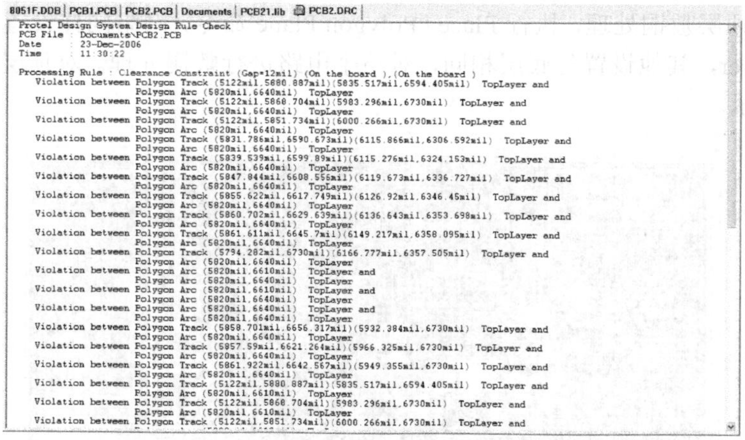

图 13-74　检查错误结果报告

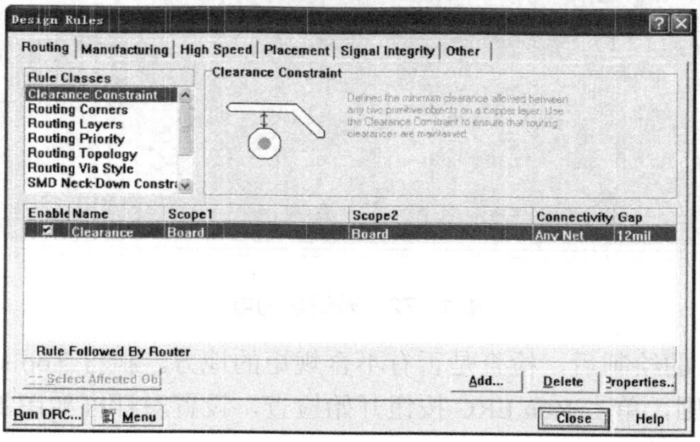

图 13-75　设置规则

(14) 重新进行错误检查，直至没有错误为止，如图 13-76 所示。

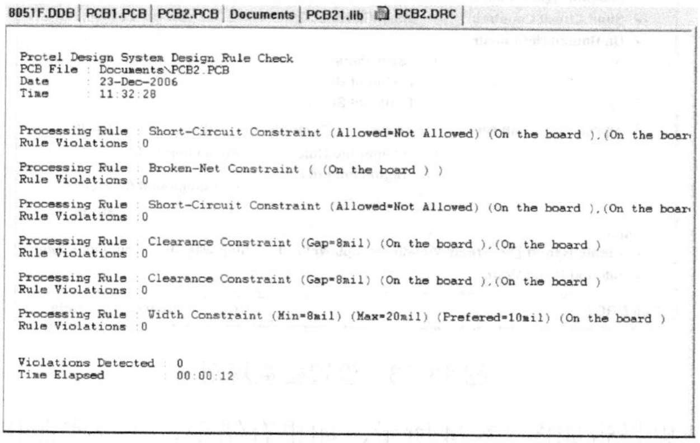

图 13-76　无错误检查结果

(15) 进行电路板 3D 显示，电路的正面如图 13-77 所示。

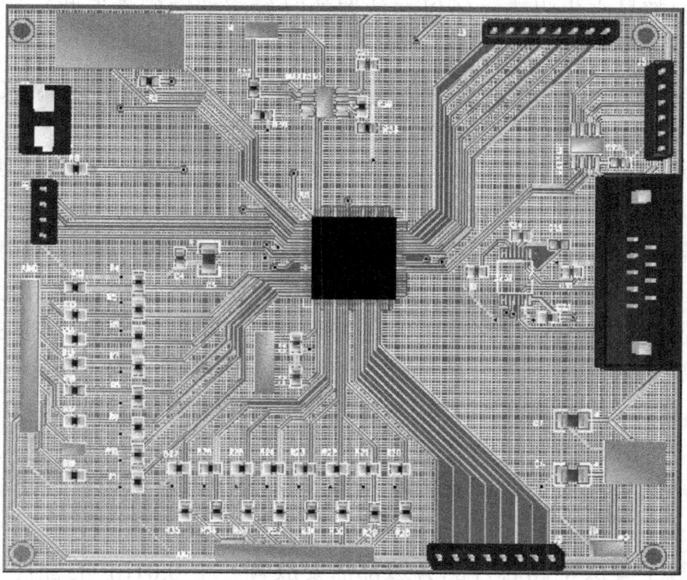

图 13-77　3D 电路板正面

(16) 3D 显示电路板的反面如图 13-78 所示。

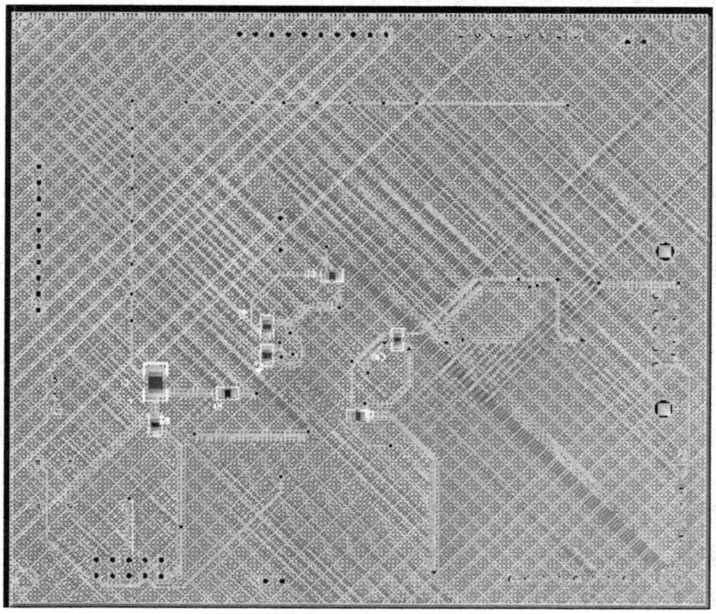

图 13-78　3D 电路板反面

13.2.5　案例点拨

对于单片机的电路设计，注意以下几点。

(1) 在元器件的布局方面，应该把相关的元件尽量放得靠近一些，例如晶振、时钟输入端等，因为它们都易产生噪声，所以在放置的时候应把它们靠近些。这样有利于抗干扰，提高电路工作的可靠性。

(2) 时钟线垂直于I/O线比平行I/O线干扰小，时钟元件引脚远离I/O线。

(3) 石英晶体下面以及对噪声敏感的器件下面不要走线。

(4) 在关键元件旁边安装去耦电容。实际上，印制电路板走线、引脚连线和接线等都可能含有较大的电感效应。大的电感可能会在 *V*cc 走线上引起严重的开关噪声尖峰。防止 *V*cc 走线上开关噪声尖峰的唯一方法，是在 *V*cc 与电源地之间安放一个 0.1μF 的电子去耦电容。如果电路板上使用的是表面贴装元件，可以用片状电容直接紧靠着元件，在 *V*cc 引脚上固定。最好是使用瓷片电容，这是因为这种电容具有较低的静电损耗(ESL)和高频阻抗，另外，这种电容温度和时间上的介质稳定性也很不错。尽量不要使用钽电容，因为在高频下它的阻抗较高。

在安放去耦电容时，需要注意以下几点。

- 在印制电路板的电源输入端跨接 100μF 左右的电解电容，如果体积允许的话，电容量大一些则更好。
- 原则上每个集成电路芯片的旁边都需要放置一个 0.01μF 的瓷片电容，如果因电路板的空隙太小而放置不下时，可以每 10 个芯片左右放置一个 1～10μF 的钽电容。
- 对于抗干扰能力弱、关断时电流变化大的元件和 RAM、ROM 等存储元件，应该在电源线(*V*cc)和地线之间接入去耦电容。
- 电容的引线不要太长，特别是高频旁路电容不能带引线。

(5) 在单片机控制系统中，地线的种类有很多，有系统地、屏蔽地、数字地、模拟地等，地线是否布局合理，将决定电路板的抗干扰能力。在设计地线和接地点的时候，应该考虑以下问题。

- 逻辑地和模拟地要分开布线，不能合用，将它们各自的地线分别与相应的电源地线相连。在设计时，模拟地线应尽量加粗，而且尽量加大引出端的接地面积。一般来讲，对于输入输出的模拟信号，与单片机电路之间最好通过光耦进行隔离。
- 在设计逻辑电路的印制电路板时，地线应构成闭环形式，提高电路的抗干扰能力。
- 地线应尽量粗。如果地线很细的话，则地线电阻将会较大，造成接地电位随电流的变化而变化，致使信号电平不稳，导致电路的抗干扰能力下降。在布线空间允许的情况下，要保证主要地线的宽度在 2～3mm，元件引脚上的接地线应该在 1.5mm 左右。
- 要注意接地点的选择。当电路板上信号频率低于 1MHz 时，由于布线和元件之间的电磁感应影响很小，而接地电路形成的环流对干扰的影响较大，所以要采用一点接地，使其不形成回路。当电路板上信号频率高于 10MHz 时，由于布线的电感效应明显，地线阻抗变得很大，此时接地电路形成的环流就不再是主要的问题了，所以应采用多点接地，尽量降低地线阻抗。
- 电源线的布置除了要根据电流的大小尽量加粗走线宽度外，在布线时还应使电源线、地线的走线方向与数据线的走线方向一致，在布线工作的最后，用地线将电路板的底层没有走线的地方铺满，即进行敷铜设计，这些方法都有助于增强电路的抗干扰能力。

- 数据线的宽度应尽可能宽，以减小阻抗。数据线的宽度至少不小于 0.3mm(12mil)，如果采用 0.46～0.5mm(18～20mil)则更为理想。
- 由于电路板的一个过孔会带来大约 10pF 的电容效应，这对于高频电路，将会引入太多的干扰，所以在布线的时候，应尽可能地减少过孔的数量。而且，过多的过孔也会造成电路板的机械强度降低。

(6) I/O 驱动电路尽量靠近印制电路板边，让其尽快离开印制电路板。对进入印制电路板的信号要加滤波，从高噪声区来的信号也要加滤波，同时用串终端电阻的办法，减小信号反射。

(7) 印制板尽量使用 45° 折线而不用 90° 折线布线，以减小高频信号对外的发射与耦合。

13.3 FPGA 系统板设计

13.3.1 FPGA 系统板简介

可编程逻辑器 PLD(Programmable Logic Devices)是 ASIC(Application Specific Integrated Circuits)的一个重要分支。ASIC 按制造方法又可分为全定制(Full Custom)产品、半定制(Semi-custom)产品和可编程逻辑器件(PLD)。PLD 从 20 世纪 70 年代发展到现在，已形成了许多类型的产品，其结构、工艺、集成度、速度和性能都在不断的改进和提高。PLD 又可分为简单低密度 PLD 和复杂高密度 PLD。可编程阵列逻辑器件 PAL(Programmable Array Logic)和通用阵列逻辑器件 GAL(Generic Array Logic)都属于简单 PLD，结构简单，设计灵活，对开发软件的要求低，但规模小，难以实现复杂的逻辑功能。随着技术的发展，简单 PLD 在集成度和性能方面的局限性也暴露出来。其寄存器、I/O 引脚、时钟资源的数目有限，没有内部互连，因此包括复杂可编程逻辑器件 CPLD(Complex PLD)和现场可编程门阵列器件 FPGA(Field Programmable Gate Array)在内的复杂 PLD 迅速发展起来，并向着高密度、高速度、低功耗以及结构体系更灵活、适用范围更广阔的方向发展。FPGA 具备阵列型 PLD 的特点，结构又类似掩膜可编程门阵列，因而具有更高的集成度和更强大的逻辑实现功能，使设计变得更加灵活和易实现。相对于 CPLD，它还可以将配置数据存储在片外的 EPROM 或者计算机上，设计人员可以控制加载过程，在现场修改器件的逻辑功能，即所谓的现场可编程。所以 FPGA 得到了更普遍的应用。

由于 FPGA 具有现场可编程的特点，并且它使用系统内可再编程(ISP)技术，使系统内的硬件功能可以像软件一样被编程并再配置，为实现很多复杂的信号处理提供了新方法。FPGA 还具有设计周期短、片内资源丰富、可无限次加载等特点，很适合对具体任务进行全硬件设计实现。FPGA 是一种对纯软件实现和纯硬件实现方法的合理折衷，它具有以下优势。

(1) 性能高，速度快。FPGA 根据要实现的算法来形成电路，而不是根据基于硬件资源的指令序列来实现。因此它能获得比纯软件算法更高的性能，更快的速度。

(2) 开发周期短，节约成本。在设计硬件时，许多设计过程需要在不同级别上建立硬件模型。设计可以通过硬件描述语言(比如 VHDL)进行描述，通过 EDA 工具进行仿真校验。由于 FPGA 是在线可编程的，修改后的设计可以直接下载到 FPGA 中，在工作环境下全速运行，这样就大大减少了对设计进行校验所耗费的时间，从而减少了开发时间，缩短了产品的设计周期。另外，FPGA 的可重新配置的特性，使得设计更改后不须重新制作硬件，既节省了时间又节约了成本。

(3) 灵活性好，便于修改。硬件描述语言可以像软件编程一样对 FPGA 进行硬件设计，有较好的灵活性。FPGA 具有可无限次重复加载的特点。应用 FPGA 设计的模糊控制器可以根据现场情况随时修改设计，而不需要增加硬件的成本。这使得我们可以尝试各种设计思路，以取得较好的控制效果。

(4) 可再用性强。硬件描述语言采用模块化的设计方法，很多模块可以在一次设计后，只需稍作修改就可以应用到很多不同的场合。

因此 FPGA 成为新一代可编程逻辑电路应用的热点，本章将介绍 FPGA 系统板的设计。一个 FPGA 系统板，包括了核心芯片 Cyclone EP1C6 的主要配置电路，下载及调试接口(JTAG)，以及其他电路通信的接口(USB、SPI)等。

1. Cyclone EP1C6 简介

Cyclone 器件平衡了逻辑、存储器、锁相环和高级 I/O 接口，Cyclone 系列 FPGA 是性价比非常高的一款选择。Cyclone 系列 FPGA 具有以下特性。

- 新的可编程构架通过设计实现低成本。
- 嵌入式存储资源支持各种存储器应用和数字信号处理(DSP)实施。
- 专用外部存储接口电路集成了 DDR FCRAM 和 SDRAM 器件以及 SDR SDRAM 存储器件。
- 支持串行、总线和网络接口及各种通信协议。
- 使用 PLLs 管理片内和片外系统时序。
- 支持单端 I/O 标准和差分 I/O 技术，支持高达 311Mbps 的 LVDS 信号。
- 处理能力支持 Nios Ⅱ系列嵌入式处理器。
- 采用新的串行配置器件的低成本配置方案。
- 通过 Quartus Ⅱ软件 OpenCore 评估特性，免费评估 IP 功能。
- Quartus Ⅱ网络版软件提供免费的软件支持。

EP1C6 属于 Cyclone 系列 FPGA 中的一种，该芯片的工作电压为 3.3V，内核电压为 1.5V。它可在线编程，采用 0.13μm 工艺技术，全铜 SRAM 工艺，具有 12 万基本门，5980 个逻辑单元，包含 20 个 128×36 位的 RAM 块(M4K 模块)，总的 RAM 空间达到 92160 位。内嵌 2 个锁相环电路和一个用于连接 SDRAM 的特定双数据率接口，工作频率高达 200MHz。此外，该芯片还支持多种不同的 I/O 标准。

2. SPI 接口简介

SPI(Serial Peripheral Interface)总线是 Motorola 公司提出的一个同步串行外设接口，用于 CPU 与各种外围器件进行全双工、同步串行通信。SPI 可以同时发出和接收串行数据，它只需 4 条线就可以完成 MCU 与各种外围器件的通信。这些外围器件可以是简单的 TTL 移位寄存器，复杂的LCD显示驱动器，A/D、D/A转换子系统或其他的MCU。利用SPI总线，可在软件的控制下构成各种系统，如1个主MCU和几个从MCU、几个从MCU相互连接构成多主机系统(分布式系统)、1个主MCU和1个或几个从I/O设备所构成的各种系统等。在大多数应用场合，可使用1个MCU作为主控机来控制数据，并向1个或几个从外围器件传送该数据。从器件只有在主机发命令时才能接收或发送数据，其数据的传输格式是高位(MSB)在前，低位(LSB)在后。一般而言，SPI总线接口主要用于主从分布式的通信网络，只需4根I/O接口线，分别为时钟线(SCLK)、数据输入线(MOSI，主机输出从机输入)、数据输出线(MOSO，主机输入从机输出)、片选线(SS)。

SPI接口协议要求接口设备按主-从方式进行配置，且同一时间内总线上只能有一个主器件。一般情况下，实现SPI接口需要3～4根线，其中：同步时钟(SCK)线用于同步主器件和从器件之间在MISO盒MOSI线上的串行数据传输，该数据由主器件输出并决定其传输速率；主输出/从输入(MOSI)线用于主器件的输出或从器件的输入；主输入/从输出(MISO)线用于主器件的输入或从器件的输出；另外还有从选择(NSS)线(可选)，实际上当SPI工作在3线方式时，NSS被禁止，而当其工作在4线方式时，NSS用于可以使用器件。根据MOSI及MISO上的数据在SCK的哪种极性和相位上有效，SPI可分为4种工作模式，其SPI的工作时序图如图13-79所示。

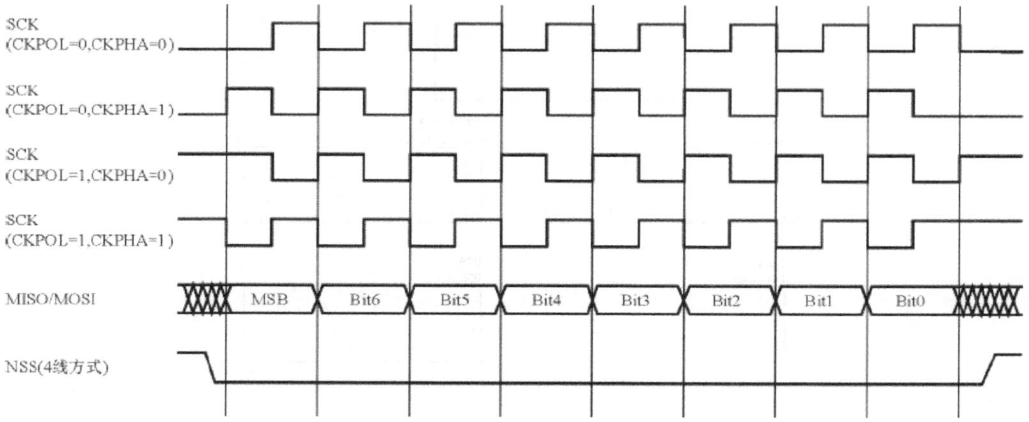

图13-79　工作时序图

3. USB接口简介

USB接口(Universal Serial Bus)是一种通用的高速串行接口。它最主要的特点是高速传输特性，可以很好地解决海量数据在嵌入式系统与PC之间的互传问题；同时，USB接口还具有热插拔、速度快(具有3种数据传输模式，即低速、全速、高速；最快可达480Mbps)和扩展性好(最多可以连接127个USB设备)等特点，从而使得USB接口得到了广泛的应用。

4. USB芯片CY7C68013介绍

CY7C68013属于Cypress公司的FX2系列产品，是Cypress公司生产的第一款USB 2.0芯片。CY7C68013是一个带增强型MCS51内核和USB接口的单片机，完全遵从USB 2.0

协议，可提供高达 480Mbps 的传输率；内部集成 PLL(锁相环)，最高可使 51 内核工作在 48MHz；对外提供两个串口，可以方便地与外部通信；片内拥有 8KB 的 RAM，可完全满足系统每次传输数据的需要，无需再外接 RAM。由于芯片内部没有 ROM，一旦 USB 设备断开与 PC 的连接，程序代码将无法保存，需要每次在 PC 接入 USB 设备后，重新下载。另外，CY7C68013 支持一种“E2PROM 引导方式”，即先将固件下载到片外 E2PROM 中，当每次 USB 设备通电后，FX2 自动将片外 E2PROM 中的程序读入芯片中。CY7C68013 外设有主、从两种接口方式：可编程接口 GPIF 和 SlaveFIFO。可编程接口 GPIF 是主机方式，可以通过软件编写读/写控制时序，灵活方便，几乎可以与所有 8/16 位接口的控制器、存储器和总线实现无缝连接。SlaveFIFO 是从机方式，外部控制器可以像对待普通 FIFO 一样对芯片内的多个缓冲区进行读/写；SlaveFIFO 方式也可以灵活配置，以适应不同的需要。

13.3.2 绘制原理图

绘制原理图步骤如下。

(1) 使用层次化的设计方法，将整个电路划分为 5 个子电路，分别是 FPGA.Sch、SPI.Sch、Power.Sch、USB.Sch 和 CY7c68013.Sch，顶层电路设计如图 13-80 所示。

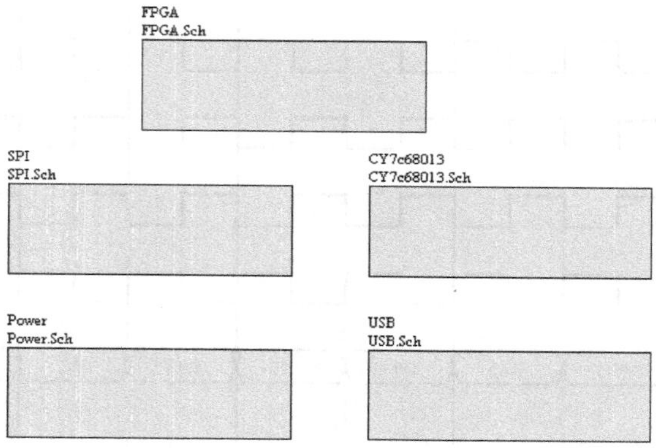

图 13-80 顶层电路设计

(2) SPI.Sch 电路设计如图 13-81 所示。SPI 接口包括了 4 个接口，一个为主机接口，另外 3 个为从机接口，通过一个 MAX3485 后，连接成 SPI 总线模式。

(3) SPI 主控芯片负责控制收发使能信号(SPI_SO-En 和 SPI_SI-En)，电路如图 13-82 所示。

(4) SPI 从芯片接受命令，并进行接收和发送(SPI_SCK、SPI_SI 和 SPI_SO)，如图 13-83 所示。

(5) 为将信号转换成 SPI 电平，使用串口电压转换芯片 MAX485(MAX3485 指一个芯片内封装了 3 个相同的 MAX485)，电路连接图如图 13-84 所示。

(6) 由 MAX3485 输出的信号将输出到 SPI 端口，电路如图 13-85 所示。SPI 端口共有 15 针，使用元件 DB15，封装类型为 DB15RA/M。

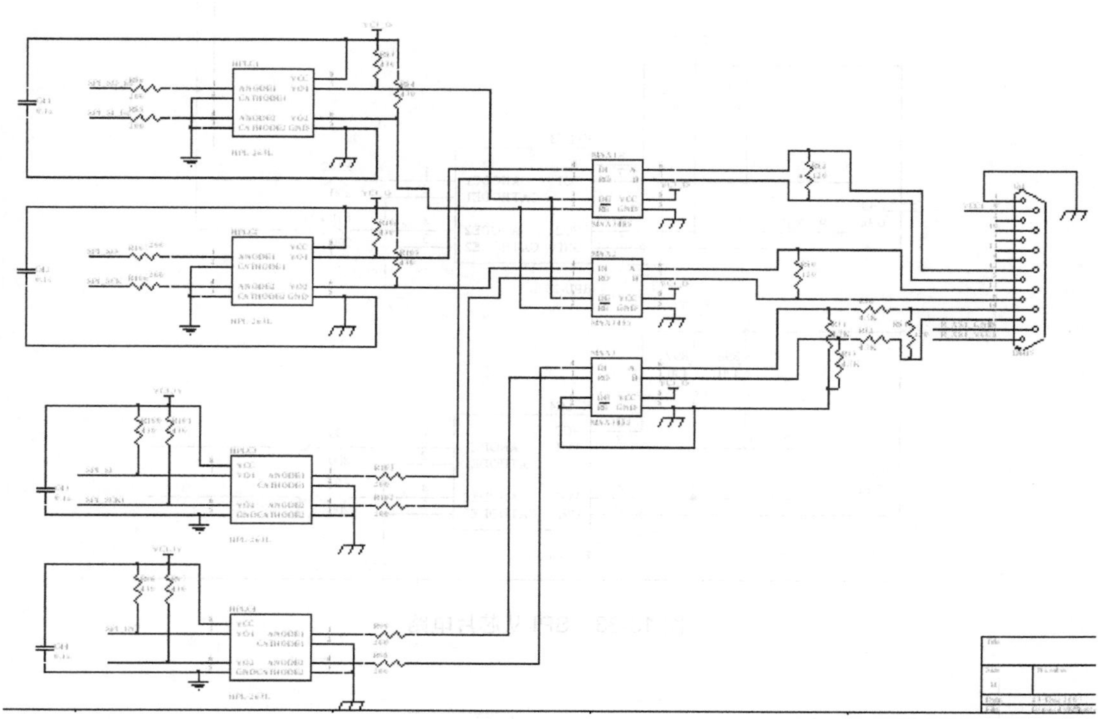

图 13-81　SPI.Sch 电路设计

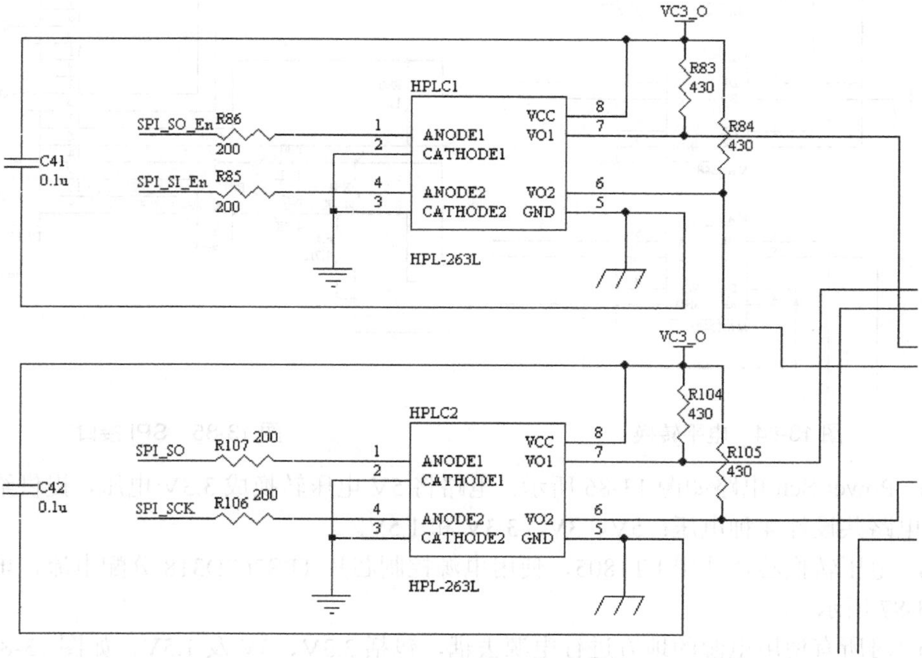

图 13-82　SPI 主控芯片电路

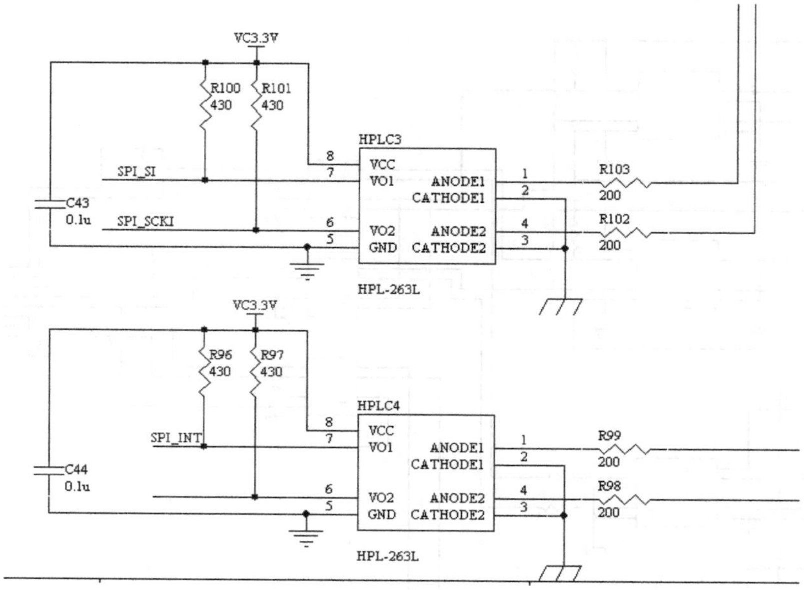

图 13-83　SPI 从芯片电路

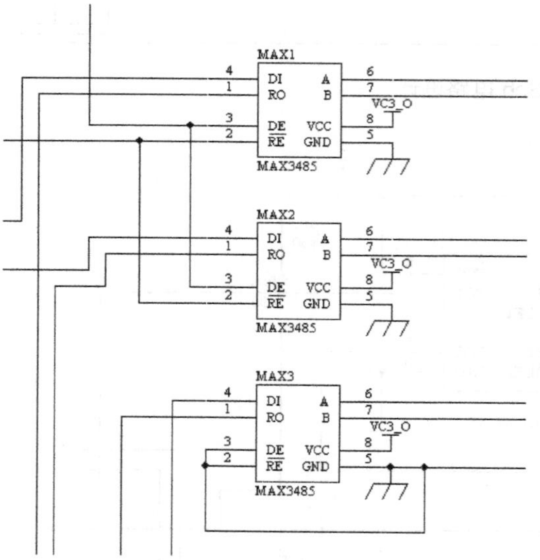

图 13-84　电平转换

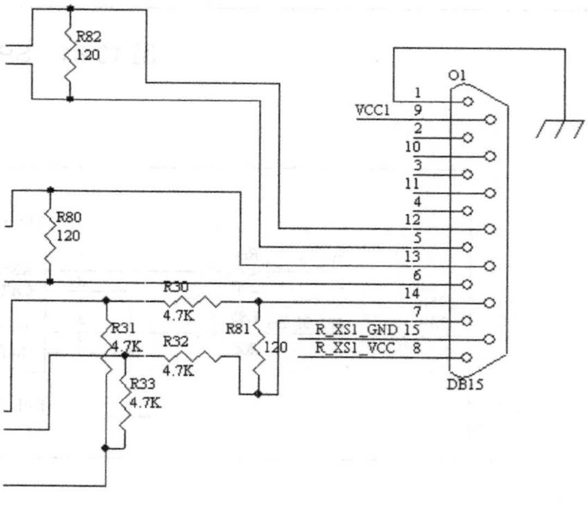

图 13-85　SPI 接口

(7) Power.Sch 电路如图 13-86 所示。电路将 5V 电压转换成 3.3V 电压，提供给芯片使用。本电路共设计 4 种电压：5V、3V、3.3V 和 1.5V。

(8) 电压转换芯片使用 LT1805，使用电源控制芯片 TPS767D318 分配电流，电路设计如图 13-87 所示。

(9) 对所有使用电源的地方进行电源去耦，包括 3.3V、3V 及 1.5V，如图 13-88 所示。

(10) 复位电路如图 13-89 所示。

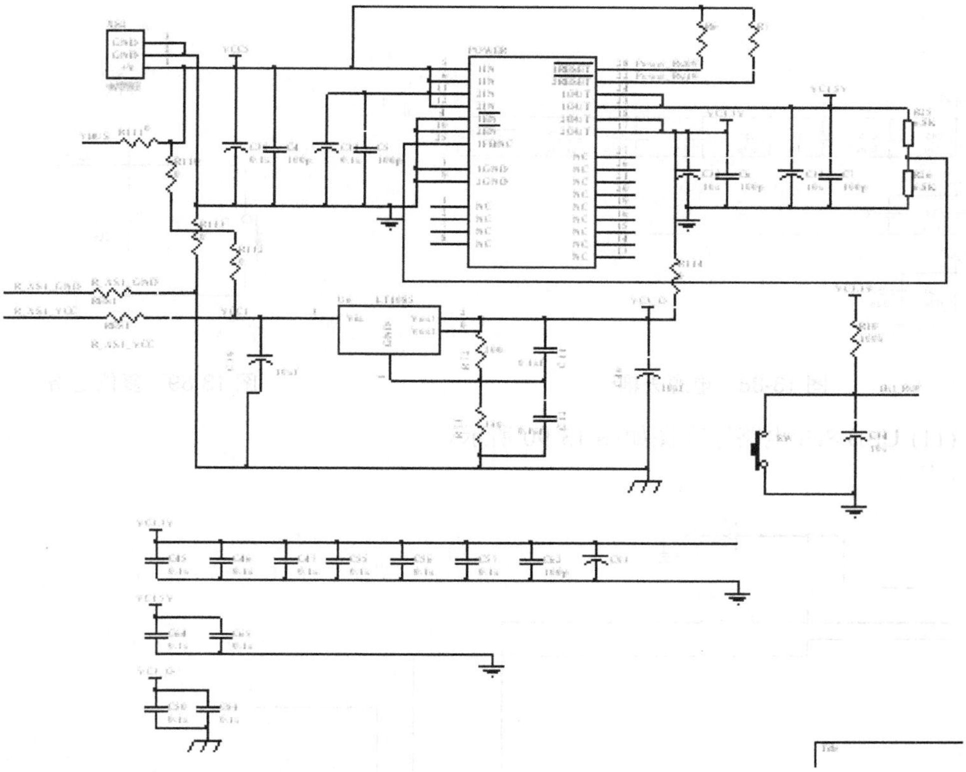

图 13-86　Power.Sch 电路原理图

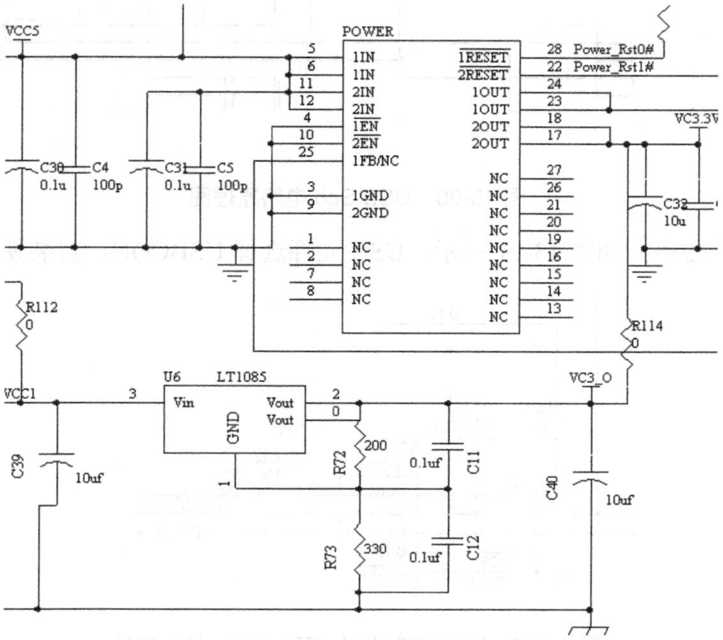

图 13-87　参考电压电路

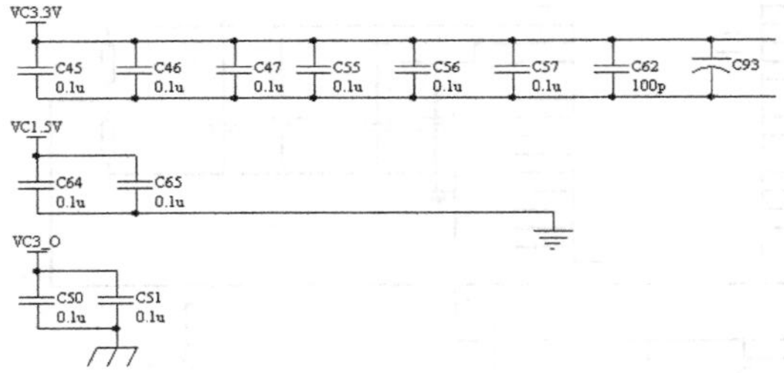

图 13-88　电源去耦

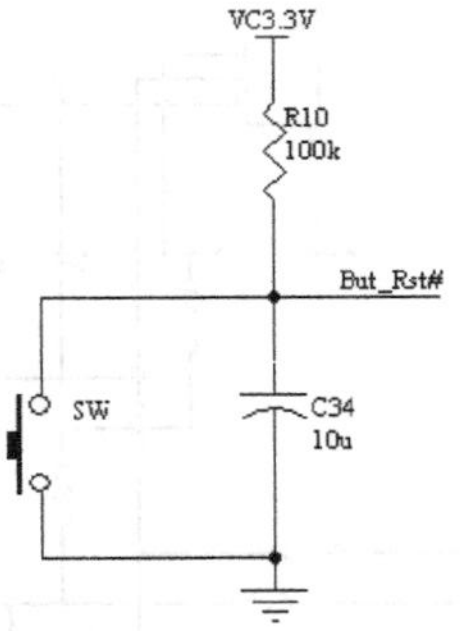

图 13-89　复位电路

(11) USB.Sch 电路原理图如图 13-90 所示。

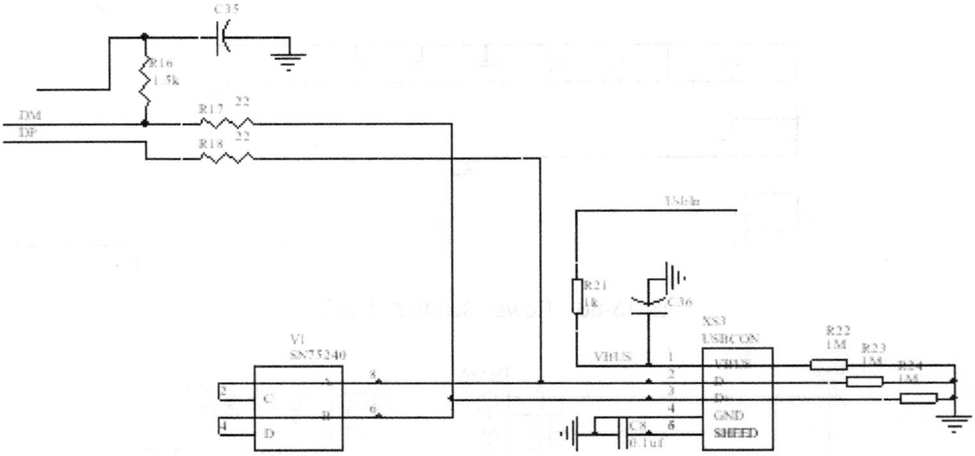

图 13-90　USB.Sch 电路原理图

(12) USB 核心电路如图 13-91 所示，USB 元件选择 USBCON，封装使用 USBPORTB。

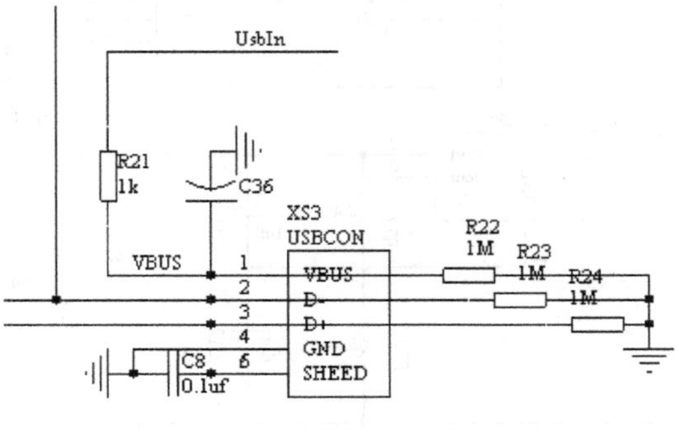

图 13-91　USB 控制芯片 c77c68013 核心电路

(13) CY7c68013.Sch 电路配置部分电路如图 13-92 所示。

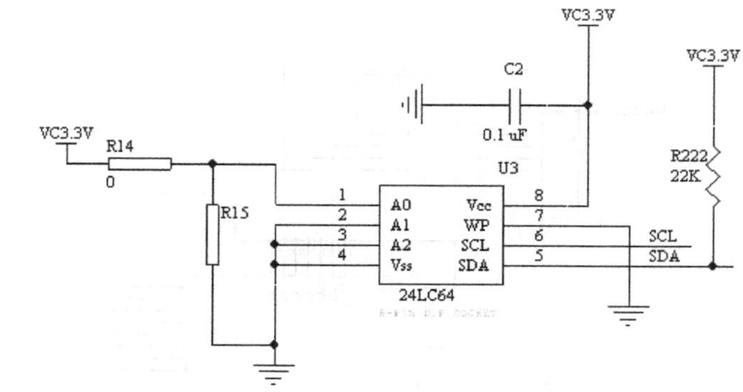

图 13-92 CY7c68013.Sch 电路配置部分电路

(14) USB 控制芯片 CY7c68013 的核心电路如图 13-93 所示。

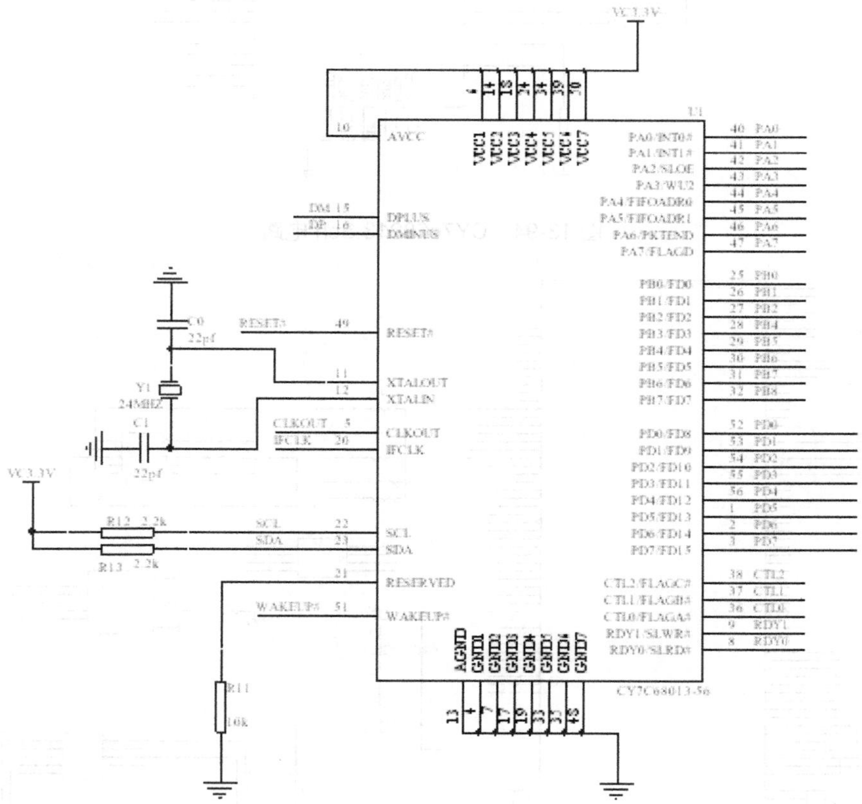

图 13-93 USB 核心电路

(15) CY7c68013.Sch 电路如图 13-94 所示。

(16) FPGA.Sch 电路如图 13-95 所示，包含 144 脚的 EP1C6 的核心电路，配置芯片 EPCS1、EP1C6 下载调试的 JTAG 接口和下载配置芯片的 AS 接口。此外，还设计了 4 个 LED 指示灯。

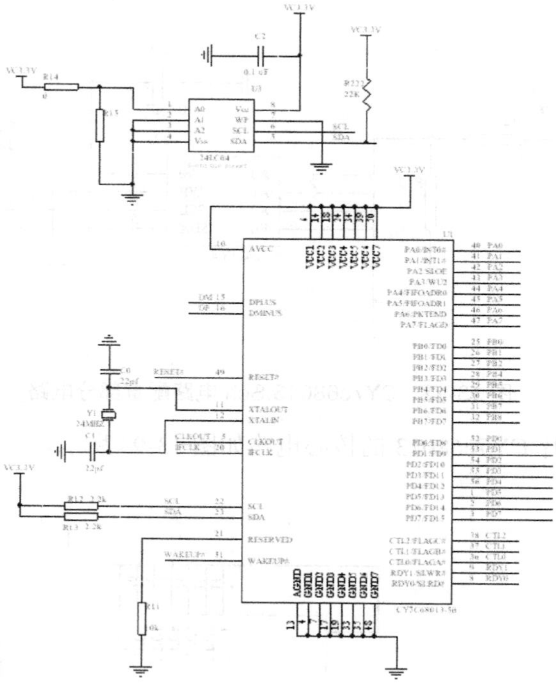

图 13-94　CY7c68013.Sch 电路

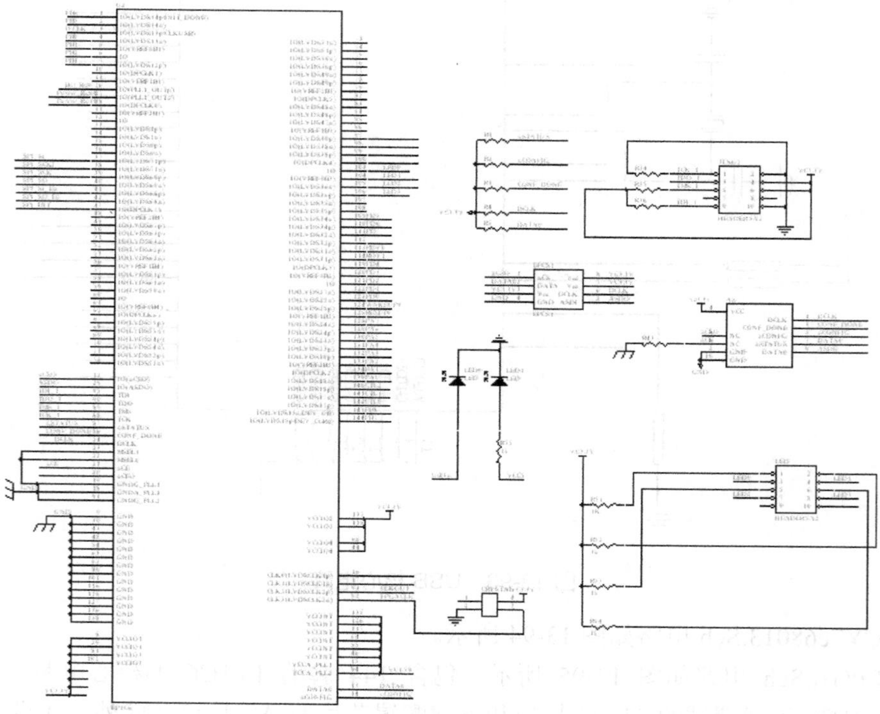

图 13-95　FPGA.Sch 电路

(17) EP1C6 与 SPI 接口部分的电路如图 13-96 所示。可以任意指定 I/O 成为 SPI 接口，考虑到元器件的布置，选择 37 脚到 47 脚。

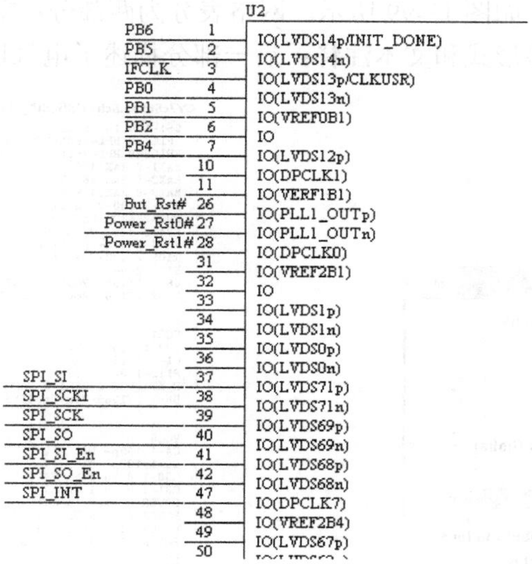

图 13-96　EP1C6 与 SPI 接口部分电路

(18) JTAG 接口和 AS 接口电路如图 13-97 所示。

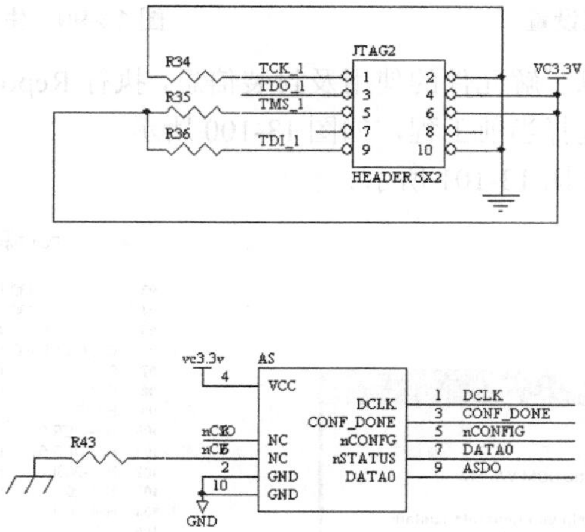

图 13-97　JTAG 接口和 AS 接口电路

13.3.3　生成报表

生成报表的具体步骤如下。

(1)　原理图绘制完成后，生成网络表，以便进行 PCB 设计。执行 Design | Create Netlist

命令，在弹出的设置对话框中选择 Active Project，因为采用了层次设计方法，所以网络范围要选择当前工程。输出格式选择 Protel 2，网络标识的范围为 Net Labels and Ports Global，选中 Append sheet numbers to local 和 Include un-named single pins 复选框，如图 13-98 所示。

(2) 生成的网络表如图 13-99 所示。网络表分为两部分：前一部分描述了元件的属性，包括元件的序号、封装形式和文本注释；后一部分描述了电气连接，以(、)作为起止标志。

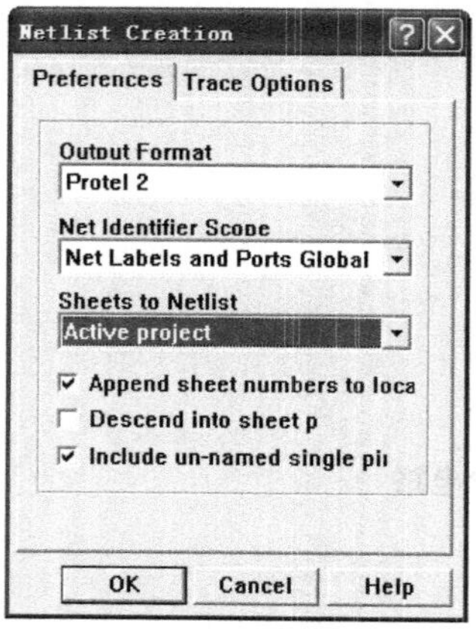

图 13-98 生成网络表设置

图 13-99 生成的网络表

(3) 生成元件报表可以了解元件的使用及封装信息，执行 Report | Bill of Material 命令，执行生成元件报表向导，选择当前工程，如图 13-100 所示。

(4) 生成的元件报表如图 13-101 所示。

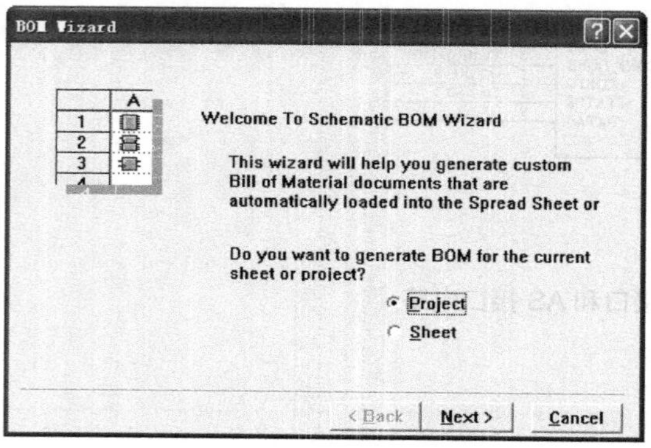

图 13-100 生成元件报表向导

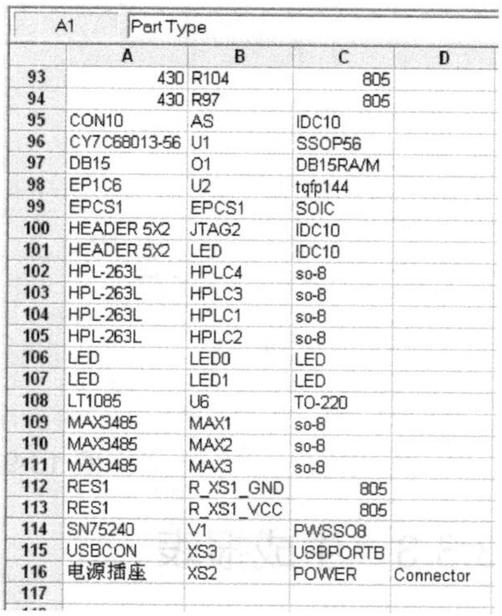

图 13-101 生成的元件报表

13.3.4 设计印制电路板

设计印制电路板的具体步骤如下。

(1) 新建 PCB 设计向导，如图 13-102 所示。单击 Next 按钮，进行 PCB 设置。

(2) 选择电路板类型为 Custom Made Board，如图 13-103 所示。

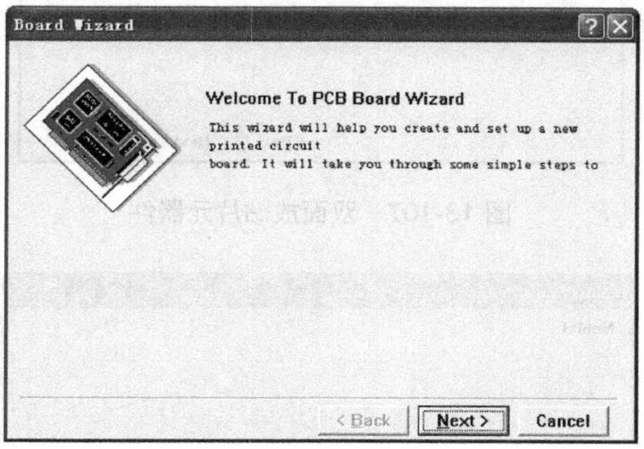

图 13-102 新建 PCB 设计向导

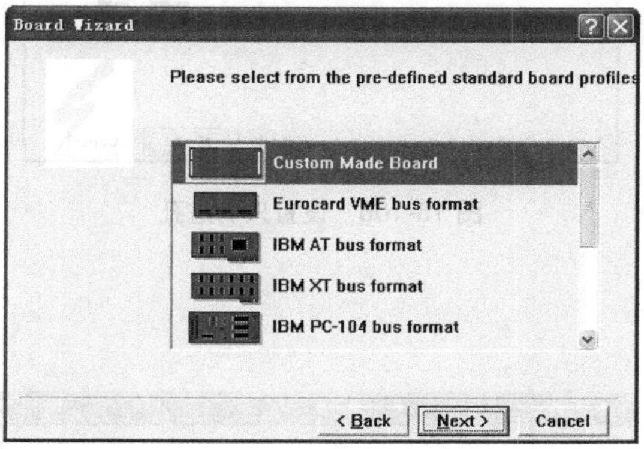

图 13-103 选择电路板类型

(3) 设置电路板的尺寸为 2000mil×2000mil，其他设置如图 13-104 所示。

(4) 设置电路板的工作层数，此电路选择两层，如图 13-105 所示。

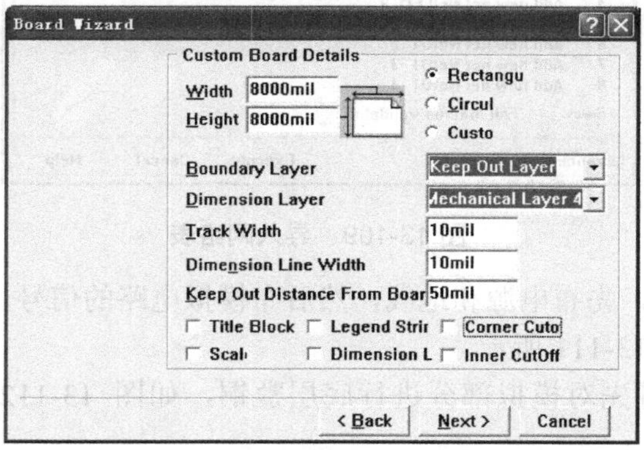

图 13-104 设置电路板的尺寸

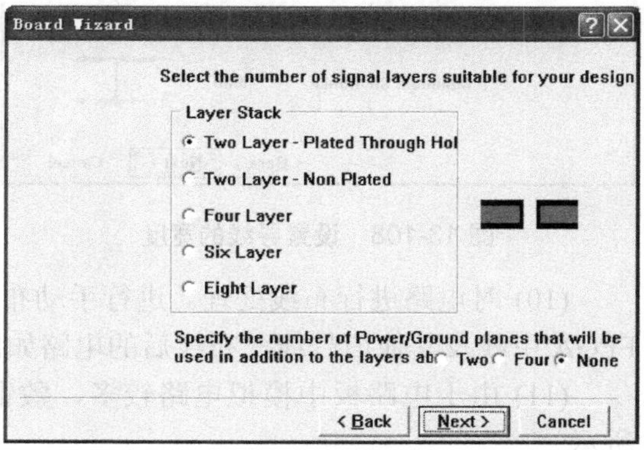

图 13-105 设置工作层数

(5) 设置只有过孔，如图 13-106 所示。

(6) 选择双面放贴片元件，如图 13-107 所示。

(7) 设置导线的宽度、过孔和内孔直径，以及导线之间的安全距离，如图 13-108 所示。

(8) 导入网络表，执行 Design | Load Net 命令，选择要导入的网络表，如图 13-109 所示。

(9) 导入网络表以后，对电路进行布局。可以先自动布局，然后手动调整，也可以直接手动布局。将模拟电路部分集中在一边，接口电路放置在电路板靠近边缘的地方。布局后的电路如图 13-110 所示。

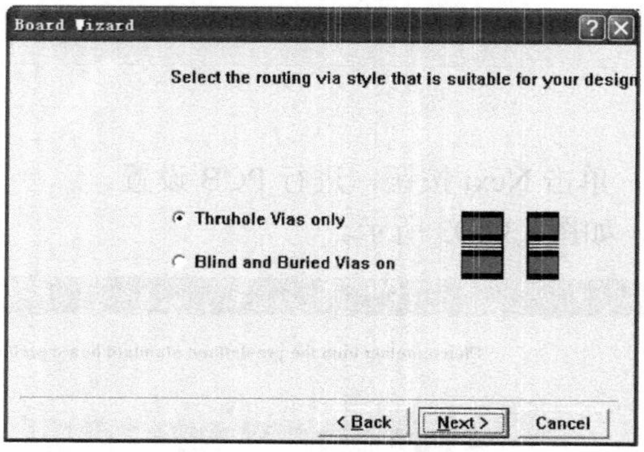

图 13-106　设置只有过孔

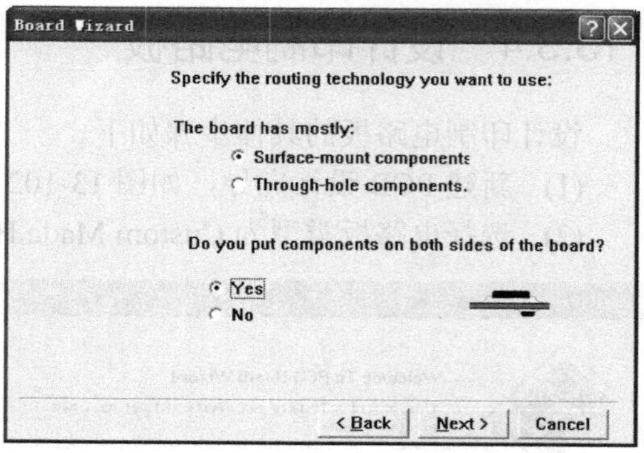

图 13-107　双面放贴片元器件

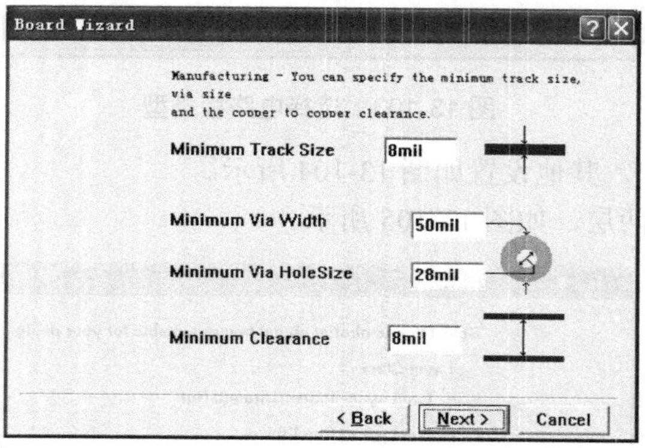

图 13-108　设置导线的宽度

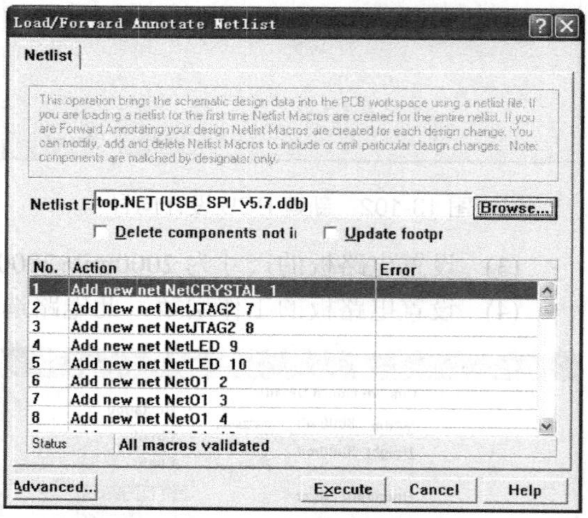

图 13-109　导入网络表

(10) 对电路进行布线处理。进行手动布线，先布电源和地线，然后布模拟电路的信号、FPGA 引线及其他信号线，布线后的电路如图 13-111 所示。

(11) 由于电路板中模拟电路较多，敷铜时先对模拟部分进行底层敷铜，如图 13-112 所示。

(12) 再对模拟电路部分进行顶层敷铜处理，然后对其他部分进行底层敷铜处理，底层两块铜之间用一点连接，而且中间连接一个磁珠或 0Ω电阻来减小数字地对模拟地的影响，敷铜后的电路如图 13-113 所示。

(13) 完成 PCB 的绘制后，对 PCB 进行 ERC 检查，执行 Tools | Design Rule Check 命令，设置检查规则，如图 13-114 所示。

(14) 检查错误结果报告，如图 13-115 所示，如果有错误，需要参照提示改正相应的错误，直至没有错误为止。

(15) 进行电路板 3D 显示，执行 View | Board in 3D 命令，电路的正面如图 13-116 所示(元件中没有 SPI 接口及电压转换的 3D 封装，仅做参考)。

(16) 3D 显示电路板的反面如图 13-117 所示，电路中的贴片电阻和电容都放置在反面。

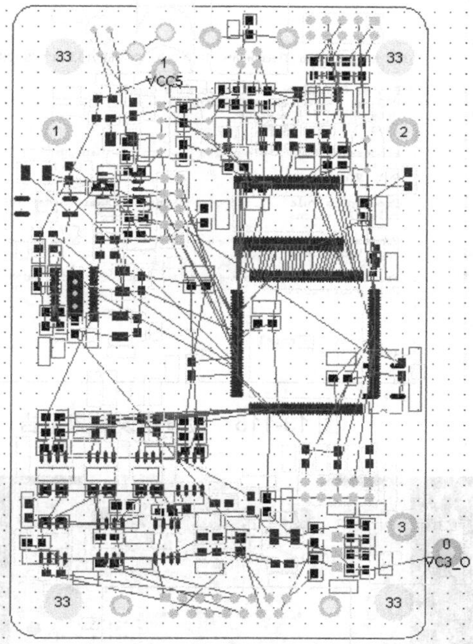

图 13-110　布局后的电路

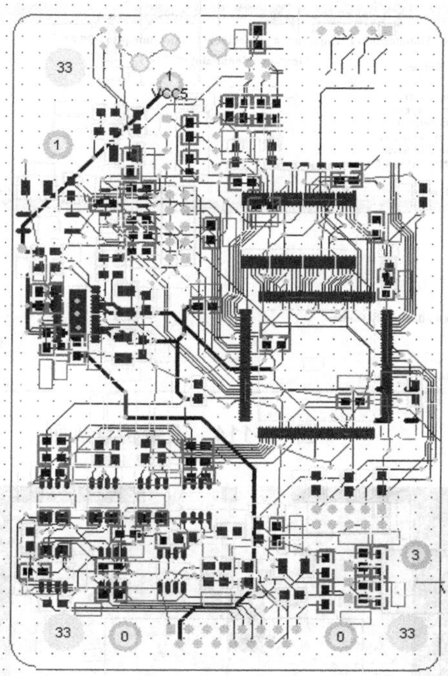

图 13-111　布线后的电路

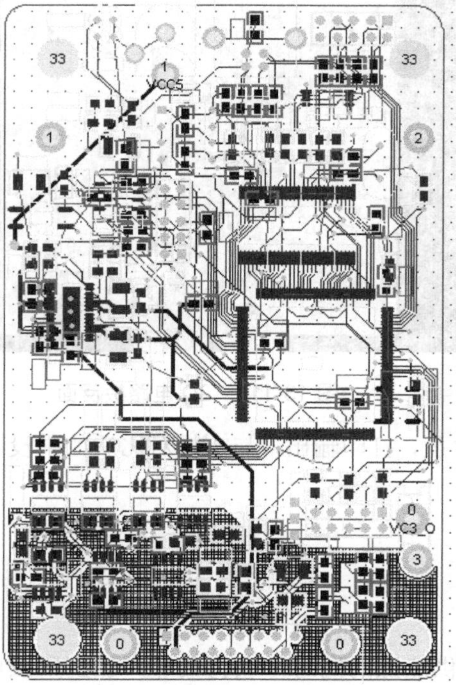

图 13-112　模拟部分敷铜的电路图

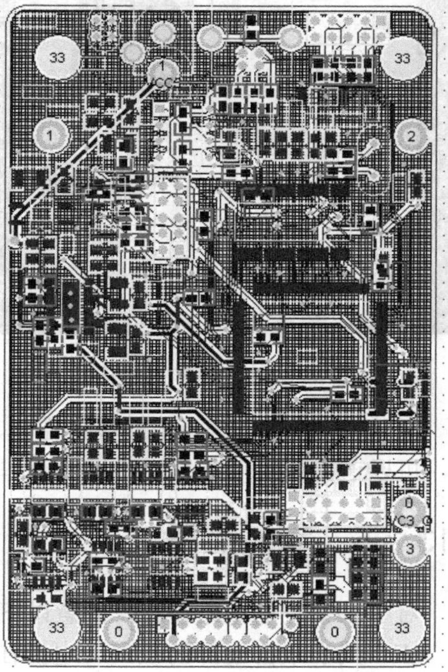

图 13-113　分开敷铜后的电路

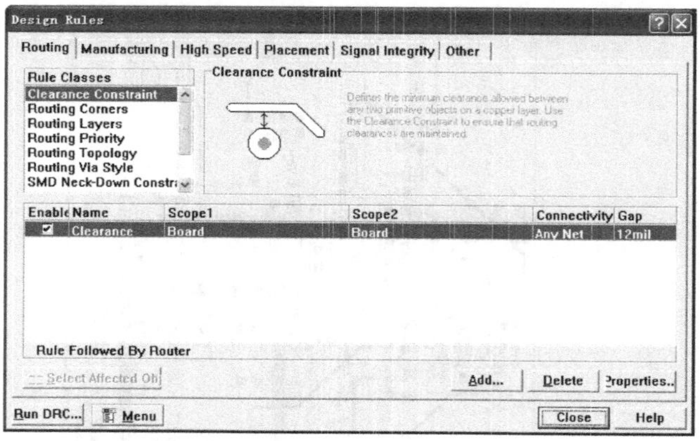

图 13-114　设置检查规则

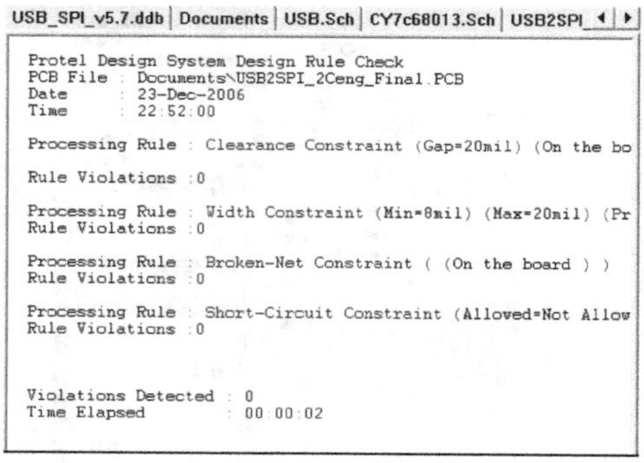

图 13-115　检查错误结果报告

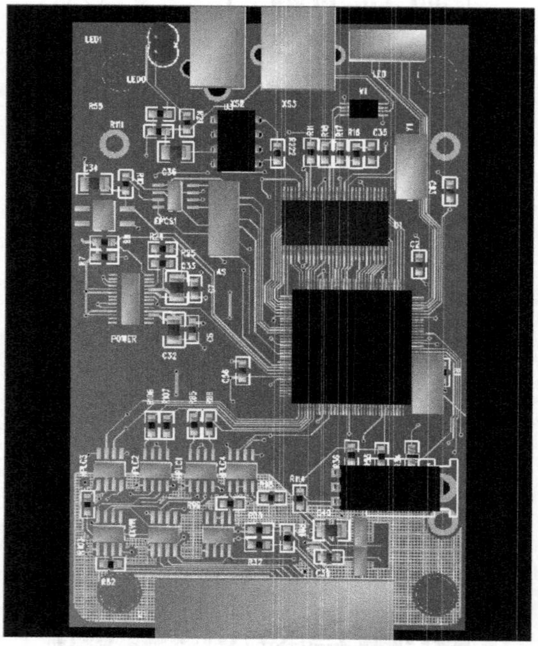

图 13-116　3D 电路板正面

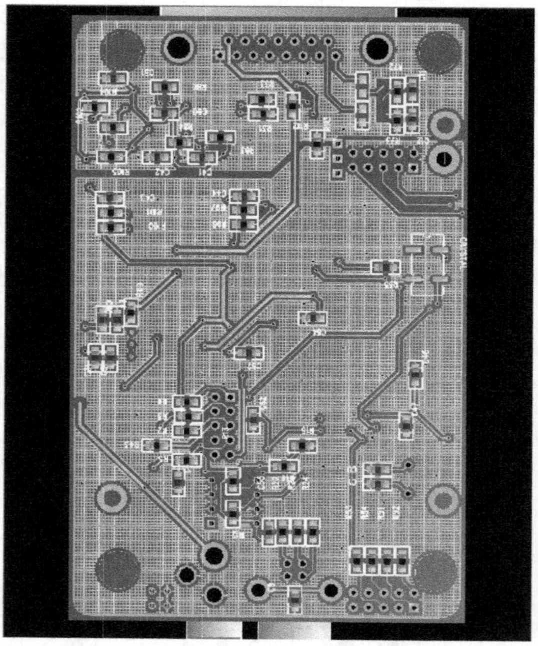

图 13-117　3D 电路板反面

至此，FPGA 系统板电路设计完成，将文件存盘，打印输出，与实物对比后如果没有问题，可以送交制板厂进行电路板的制作。

13.3.5　案例点拨

对于 FPGA 的电路设计，注意以下几点。

(1)　减小来自电源的噪声。电源在向系统提供能源的同时，也将其噪声加到所供电的电源上。电路中微控制器的复位线、中断线以及其他一些控制线最容易受外界噪声的干扰。电网上的强干扰通过电源进入电路，即使电池供电的系统，电池本身也有高频噪声。模拟电路中的模拟信号更经受不住来自电源的干扰。

(2) 注意印制线路板与元器件的高频特性。在高频情况下，印制线路板上的引线、过孔、电阻、电容、接插件的分布电感与电容等不可忽略。电容的分布电感不可忽略，电感的分布电容不可忽略。电阻产生对高频信号的反射，引线的分布电容会起作用，当长度大于噪声频率相应波长的 1/20 时，就产生天线效应，噪声通过引线向外发射。

(3) 元件布局要合理分区。元件在印刷线路板上排列的位置要充分考虑抗电磁干扰问题，原则之一是各部件之间的引线要尽量短。在布局上，要把模拟信号部分、高速数字电路部分、噪声源部分(如继电器、大电流开关等)合理地分开，使相互间的信号耦合为最小。

(4) 处理好接地线。印制电路板上，电源线和地线最重要。克服电磁干扰，最主要的手段就是接地。对于双面板、地线布置特别讲究，通常采用单点接地法，电源和地是从电源的两端接到印制线路板上来的，电源一个接点，地一个接点。印制线路板上，要有多个返回地线，这些都会聚到回电源的那个接点上，就是所谓单点接地。所谓模拟地、数字地、大功率器件地开分，是指布线分开，而最后都汇集到这个接地点上来。与印制线路板以外的信号相连时，通常采用屏蔽电缆。对于高频和数字信号，屏蔽电缆两端都接地。低频模拟信号用的屏蔽电缆，一端接地为好。对噪声和干扰非常敏感的电路或高频噪声特别严重的电路，应该用金属罩屏蔽起来。

(5) 用好去耦电容。好的高频去耦电容可以去除高到 1GHZ 的高频成分。陶瓷片电容或多层陶瓷电容的高频特性较好。设计印刷线路板时，每个集成电路的电源，地之间都要加一个去耦电容。去耦电容有两个作用：一方面是本集成电路的蓄能电容，提供和吸收该集成电路开门关门瞬间的充放电能；另一方面旁路掉该器件的高频噪声。数字电路中典型的去耦电容为 0.1μF 的去耦电容有 5nH 分布电感，它的并行共振频率大约在 7MHz，也就是说对于 10MHz 以下的噪声有较好的去耦作用，对 40MHz 以上的噪声几乎不起作用。1μF，10μF 电容，并行共振频率在 20MHz 以上，去除高频率噪声的效果要好一些。在电源进入印制电路板的地方和一个 1μF 或 10μF 的去高频电容往往是有利的，即使是用电池供电的系统也需要这种电容。

每 10 片左右的集成电路要加一片充放电电容，或称为蓄放电容，电容大小可选 10μF、最好不用电解电容，电解电容是两层薄膜卷起来的，这种卷起来的结构在高频时表现为电感，最好使用胆电容或聚碳酸酯电容。

去耦电容值的选取并不严格，可按 $C=1/f$ 计算(f 指并行共振频率)；即 10MHz 取 0.1μF，对微控制器构成的系统，取 0.1～0.01μF 之间都可以。

(6) 降低噪声与电磁干扰的一些经验。

- 芯片能用低速就不用高速的，高速芯片用在关键地方。
- 可用串一个电阻的办法，降低控制电路上下沿跳变速率。
- 使用满足系统要求的最低频率时钟。
- 时钟产生器尽量靠近使用该时钟的器件。石英晶体振荡器外壳要接地。
- 用地线将时钟区圈起来，时钟线尽量短。
- I/O 驱动电路尽量靠近印制电路板边，让其尽快离开印制电路板。对进入印制电路板的信号要加滤波，从高噪声区来的信号也要加滤波，同时用串终端电阻的办法减小信号反射。

- 闲置不用的门电路输入端不要悬空，其正输入端接地，负输入端接输出端。
- 印制板尽量使用 45° 折线而不用 90° 折线布线，以减小高频信号对外的发射与耦合。
- 印制板按频率和电流开关特性分区，噪声元器件与非噪声元器件距离要再远一些。
- 单面板和双面板用单点接电源和单点接地，电源线、地线尽量粗。经济如能承受的话，用多层板以减小电源、地的容生电感。
- 时钟、总线、片选信号要远离 I/O 线和接插件。
- 模拟电压输入线、参考电压端要尽量远离数字电路信号线，特别是时钟。
- 时钟线垂直于 I/O 线比平行于 I/O 线干扰小，时钟元件引脚远离 I/O 电缆。
- 元件引脚尽量短，去耦电容引脚尽量短。
- 关键的线要尽量粗，并在两边加上保护地。高速线要短要直。
- 对噪声敏感的线不要与大电流、高速开关线平行。
- 石英晶体下面以及对噪声敏感的器件下面不要走线。
- 任何信号都不要形成环路，如不可避免，让环路区尽量小。
- 每个集成电路加一个去耦电容。每个电解电容边上都要加一个小的高频旁路电容。

13.4 DSP 系统板设计

13.4.1 DSP 系统板简介

随着信息技术革命的深入和计算机技术的飞速发展，数字信号处理技术已经逐渐发展成为一门关键的技术学科。DSP 芯片，即数字信号处理器，是专门为快速实现各种数字信号处理算法而设计的、具有特殊结构的微处理器，其处理速度已高达 2000MIPS，比最快的 CPU 还快 10～50 倍。在当今的数字化时代背景下，DSP 已成为通信、计算机、消费类电子产品等领域的基础器件，被誉为信息社会革命的旗手。同时 DSP 已成为集成电路中发展最快的电子产品，并成为电子产品更新换代的决定因素。

在国外，DSP 芯片已经被广泛地应用于当今技术革命的各个领域；在我国，DSP 技术也正以极快的速度被应用在通信、电子系统、信号处理系统、自动控制、雷达、军事、航空航天、医疗、家用电器、电力系统等许多领域中，而且新的应用领域还在不断被发掘。因此，基于 DSP 技术的开发应用正成为数字时代的应用技术潮流。

数字信号处理，即 DSP(Digital Signal Processing)。其技术是对数字信号作加工处理，以达到符合要求的信号形式。当输入信号是模拟信号时，DSP 系统的输出信号也应是模拟信号，因此经过加工处理后的数字信号需经 D/A(Digital/Analog)转换器转换成模拟信号，再由内插滤波器进行内插和平滑滤波，最后得到一个所需要的模拟信号。

1. 数字信号处理的发展历程

- 20 世纪 60～70 年代是数字信号处理技术的理论研究阶段，比较有代表性的著作是《*Digital Signal Processing*》，作者是美国的 A.V.Oppenheim 和 R.W.Schafer。此阶段是在通用计算机上进行算法的研究和处理系统的模拟和仿真。受当时电子发展水平的限制，信号的处理基本上都是模拟的方法。

- 20 世纪 70 年代，数字处理算法、数字滤波、频谱分析采用通用计算机实现。
- 20 世纪 80 年代，开始采用专用的 DSP 器件，这类器件采用哈佛结构，即将指令和数据的存储空间分开，各自具有自己的地址和数据总线，运算能力得到提高。
- 20 世纪 90 年代，DSP 器件内部使用流水线、并行指令和多核结构。

2. 实现数字信号处理的方法

- 在通用的微机上用软件实现。这种实现方法速度较慢，主要用于教学和科研。
- 用单片机实现。可用于一些不太复杂的场合，如数字控制、医疗仪器等。
- 用通用的 DSP 芯片实现。在 DSP 芯片中增加了许多特殊的针对 DSP 算法的硬件运算部件和结构，这大大提高了 DSP 的运算速度，现在 DSP 器件的运算速度已达到 100MIPS 以上。目前，这种方法使用较多。
- 用专用的 DSP 芯片实现。已有 FFT、FTR 滤波、卷积等专用芯片，其软件算法已在芯片内部用硬件电路实现，使用者只要输入数据，就可在输出端直接得到结果。

3. DSP 系统优点

- 精度高。模拟系统的精度由元器件决定，模拟元器件的精度很难达到 1.0E−3 以上，而数字系统只要 14 位字长就可以达到 10E−4 的精度。
- 灵活性高。数字系统的性能主要由乘法器的系数决定，而系数是存放在系数存储器中的，只要改变存储的系数，就可得到不同的系统，比改变模拟系统方便得多。
- 稳定性好。数字系统只有 0、1 两个信号电平，因而受周围环境温度以及噪声的影响小。而模拟系统中，各元器件都有一定的温度系数，且电平是连续变化的，容易受到温度、噪声、电磁感应等的影响。
- 集成方便。由于数字器件比较规范，便于大规模集成、大规模生产。尤其对于几十赫兹的低频信号，模拟电路的电感器，电容器的数值、体积和重量都很大，且性能达不到要求，而数字信号处理系统在这个频率处表现却非常优越。
- 可获得高性能指标。用有限长冲激响应数字滤波器，可实现准确的线性相位特性，这在模拟系统中是很难达到的。

4. DSP 器件特点

- 在单指令周期类完成乘加运算。
- 高速的运算能力。
- 一般采用哈佛结构和流水线技术。
- 芯片具有满足数字信号算法特殊要求的功能，如为了支持 Viterbi 蝶形算法而设计的比特反转寻址。
- 数据交换能力高。
- 支持并行处理指令等。

本节根据实际工程需要设计完成一个带有USB总线的实时信道模拟器，利用WSSUS信道模型对室内信道进行实时模拟。该模拟器实时完成信道模拟，同时集成了一个标准的WPAN发射机。用户利用PC端的应用程序，设置需要发送的测试数据(MAC的标准)、信道参数，经USB与模拟器通信。模拟器完成发射机编码/调制及信道模拟处理。模拟器能够以模拟和数字两种形式输出波形信号。留有一个用户自定义接口，通过修改FPGA程序产生所需逻辑，可以方便地和其他电路模块进行连接，如与RF模块连接，便可以组成一个完整的带射频处理的实时信道模拟器。系统结构如图13-118所示。

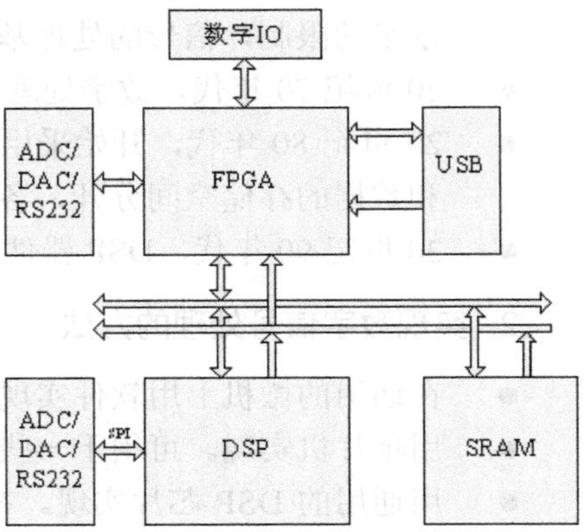

图 13-118　DSP 系统结构图

13.4.2　相关资料

1. DSP 芯片：TMS320VC5402

目前，DSP芯片厂商中最成功的DSP芯片当数美国得州仪器公司(Texas Instruments，简称TI)的系列产品。TI公司将常用的DSP芯片归纳为三大系列，它们是TMS320C2000、TMS320C5000、TMS320C6000系列。

- TMS320C2000是控制用的最佳DSP，可替代老的Clx和CZx，主要应用于电机控制等领域。
- TMS320C5000是低功耗高性能DSP，16位定点，特别适用于手持通信产品，如手机、PDA、GPS等。目前的处理速度达80～400MIPS。C5000系列主要分为C54xx和C55xx两个系列。C5000包含的主要外设有McBSP同步串口、HIP并行接口、定时器、DMA等。其中C55xx提供EMIF外部存储器扩展接口，允许用户直接使用SDRAM、SBSRAM、SRAM、EPROM等各种存储器。而C54xx并不提供EMIF，所以只能直接使用静态存储器SRAM和EPROM。C5000系列一般都提供PGE封装，便于PCB板的制作。
- TMS320C6000综合了目前DSP的所有优点，具有最佳的性价比和低功耗，处理速度为800～2400MIPS，主要用于无线基站、数字音频广播设备、医学图像处理、语音识别、3D图形等。

如今，TI公司成为世界上最大的DSP芯片供应商，其DSP市场份额占全世界份额近50%，约占国内市场份额的90%。本系统选用TI公司的产品，在器件购买、更新换代等方面都会带来很大的方便。

TMS320VC5402是TI公司TMS320VC54x系列的DSP芯片，主要是为实现低功耗、高性能而专门设计的定点DSP芯片。它采用改进的哈佛结构，具有高度的操作灵活性和运行速度，适用于远程通信等实时嵌入式应用，现已广泛应用于无线电通信系统中。

TMS320VC5402的主要特点如下。

- 操作速率达 100MIPS。
- 具有先进的多总线结构，通过一组程序总线、3 组数据总线和 4 组地址总线来实现。
- 40 位算术逻辑单元 ALU，包括 1 个 40 位桶形移位寄存器和 2 个独立的 40 位累加器(ACCA 和 ACCB)。
- 17×l7 位并行乘法器，与 40 位专用加法器相连，可用于进行非流水线的单周期乘法与累加(MAC)运算。
- 配有两个地址生成器，包括 8 个辅助寄存器和 2 个辅助寄存器算术运算单元(ARAU)。
- 内置 4KB 的 ROM 和 16KB 的 RAM，可访问最大存储空间为 1M 字的程序存储器、64 千字的数据存储器以及 64 千字的 FO 空间。
- 有单指令重复或指令块重复功能，程序空间和数据空间的数据块移动指令，运算指令和存储指令并行执行，软件堆栈。
- 内置可编程等待发生器，锁相环(PLL)时钟产生器，两个多通道缓冲串口，一个与外部处理器通信的 8 位并行 HPI 口，两个 16 位定时器以及 6 通道 DMA 控制器。
- 低功耗，工作电源 3V 和 1.8V(内核)，具有多种节电模式。

考虑到算法实现、系统改进、价格、功耗和开发工具等因素，本节选用 TMS320VC5402 作为核心处理器。

2. FPGA 芯片：FLEX10K

Altera 公司的 FPGA 经过多年的发展，已经形成了从低端到高端的一系列产品。从过去单一的 FLEX10K 系列，发展出现在的多个系列。包括在 10K 系列基础上发展出来的 ACEXIK 系列，更大规模和更强功能的 APEX 系列，规模较大、性价比又很高的 CYCLONE 系列，以及高端的 Stratix 系列。规模从最初的几千门发展到百万门。

这些系列的 FPGA 中普遍采用了许多新技术，如低电压供电，I/O 电压与核电压分开。从 10K 系列比较新的型号开始，核电压一再降低，出现了核电压是 3.3V、2.5V、1.8V、1.5V 的一系列产品。I/O 电压可以根据用户的需要自己设置。可以满足和接口之间电平要求。片内集成了大容量的存储器，大大方便了电路的设计。此外，为了进一步提高 FPGA 的性能，在一些高端的 FPGA 芯片中集成了 DSP 处理单元，甚至可以内嵌微处理器软核，在 FPGA 中构建出微处理器，使很复杂的电路都能在一片 FPGA 中实现。

为了提高 FPGA 的工作速度。从 ACEXIK 系列开始，Altera 的 FPGA 普遍采用了锁相环技术。时钟可以通过 FPGA 内建的锁相环进行倍频，使得较慢的外部时钟可以在 FPGA 内部驱动高速电路工作。为了改善输入输出性能，Altera 公司较新的 FPGA 都提供了差分输入管脚，I/O 脚能输入的最高频率的信号可以高达 600MHz。随着 FPGA 技术的不断发展，基于 FPGA 的电路设计将会变得越来越简单可靠。

本节选用了 FLEX10K 系列芯片，典型参数如下。

- 典型逻辑门数：1 万门。
- 最大系统门数：5.6 万门。
- 逻辑单元数：576。
- EBA 数：3。

- RAM 总数：12288 位。
- 最大用户 I/O 脚数：130。

此外，USB 芯片选择 USBN9602/3，DAC 芯片选择 AD9709。这些芯片与前面几章介绍类似，不再赘述。

13.4.3 绘制原理图

绘制原理图步骤如下。

(1) 新建原理图，使用层次化的设计方法，根据系统的结构，将整个电路划分为 7 个子电路，分别是 FPGA.Sch、dsp.Sch、DAC.Sch、Ram.Sch、Power_Cpld.Sch、USB.Sch 和 Filter.Sch，顶层电路设计如图 13-119 所示。可以先确定各电路之间的接口关系，也可以先绘制一个无端口的框图，在绘制完成子电路后再以新的框图代替。

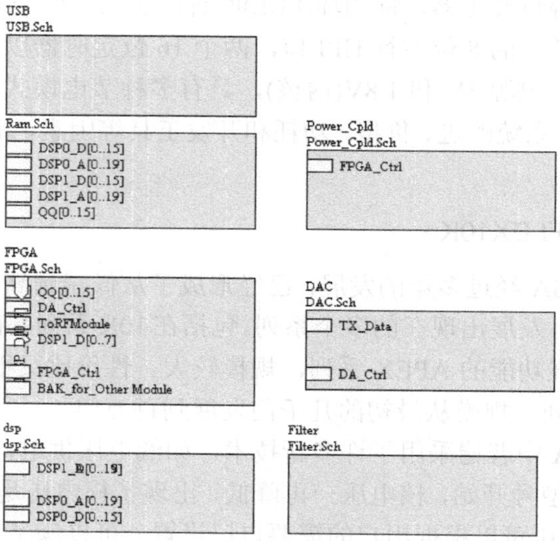

图 13-119 顶层电路设计

(2) DAC.Sch 电路设计如图 13-120 所示，其中包括了 D/A 芯片 DAC9709 的电路设计，以及对 DAC9709 供电的设计。DAC9709 芯片使用 3.3V 电源电压，经电压转换芯片 LT1805 获得。在每个芯片的电源管脚旁使用滤波电容，并在数字地和模拟地及屏蔽地之间连接磁珠，以尽量减少电源和地引入的干扰。在 DAC9709 的输出端接入运算放大器放大输出信号，运放芯片使用 AD8041。

(3) 为保护 D/A 的输入管脚，在输入管脚前接入小电阻，电路如图 13-121 所示。电平转换芯片 LT1805 的电路如图 13-122 所示。

(4) 对输出信号进行放大，采用比例放大的电路形式，如图 13-123 所示。

(5) 电源滤波及磁珠接地电路如图 13-124 所示。

(6) 在 dsp.Sch 原理图电路中包含两个 DSP 芯片电路，以及一个 JTAG 接口电路，如图 13-125 所示。

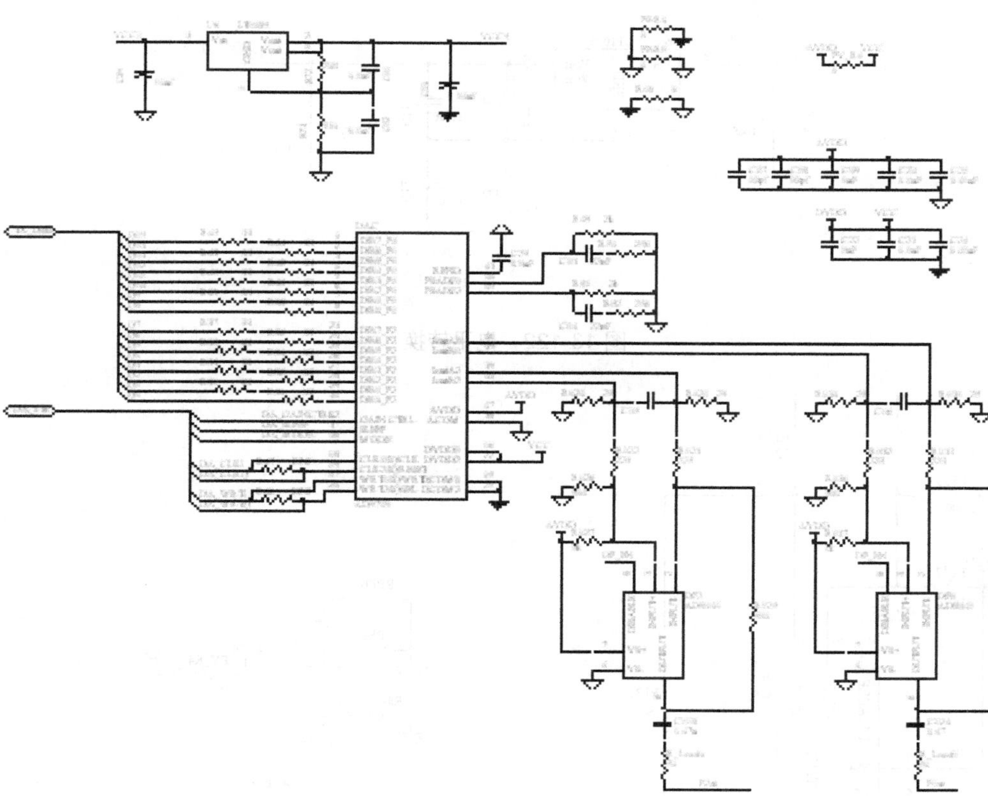

图 13-120　DAC.Sch 电路设计

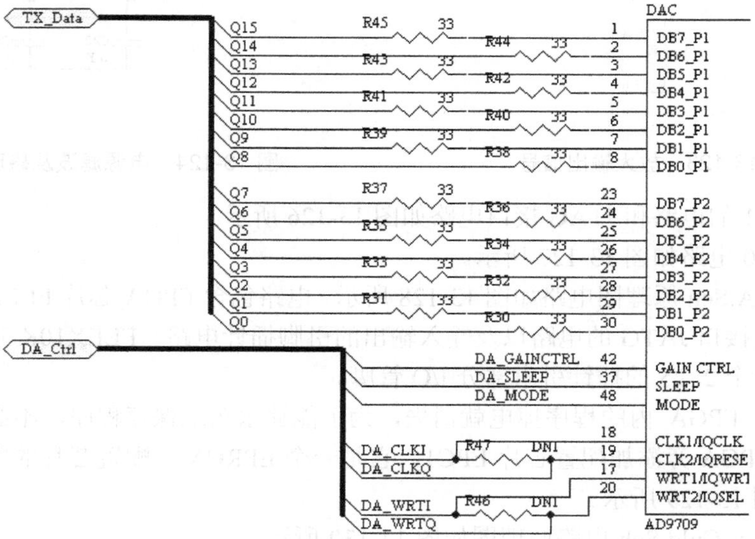

图 13-121　D/A 输入保护电路

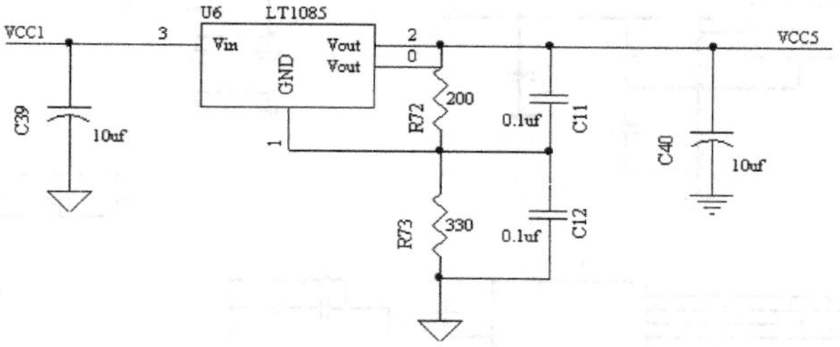

图 13-122　电平转换

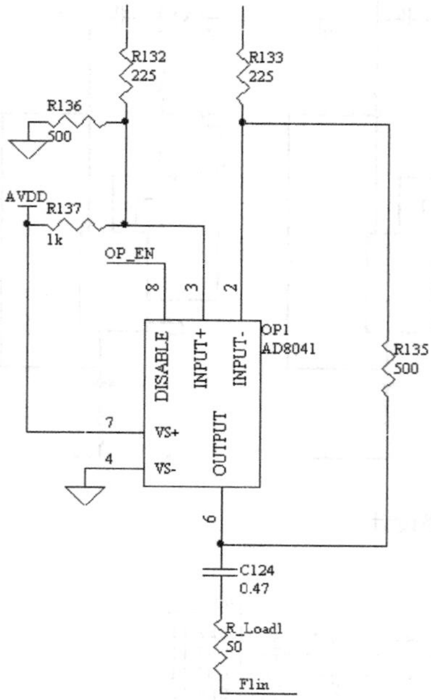

图 13-123　放大输出信号

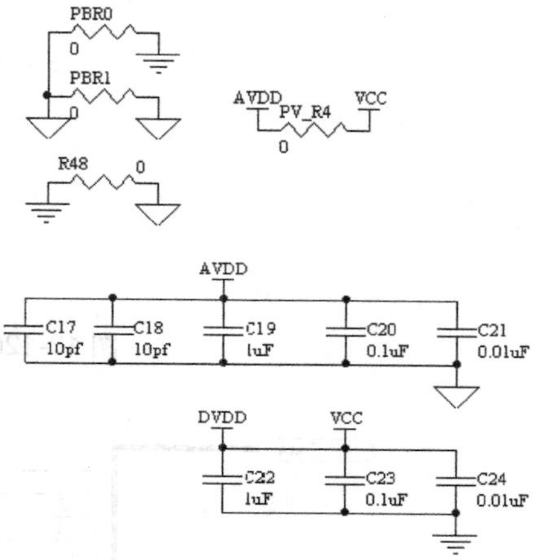

图 13-124　电源滤波及磁珠接地电路

(7)　DSP1 的电路和 JTAG 接口电路如图 13-126 所示。

(8)　DSP0 电路如图 13-127 所示。

(9)　FPGA.Sch 原理图电路如图 13-128 所示。电路包含 FPGA 芯片 FLEX10K 的电路连接、下载调试接口 JATG 的电路以及输入输出的引脚插针电路。FLEX10K 芯片共有 144 个管脚，使用两个 2×25 的插针引出部分 I/O 管脚。

(10) 由于 FPGA 内的程序掉电就消失，为了能够永久地保存程序，不必每次上电都下载程序，在 FPGA 旁添加配置芯片 EPC1，它是一个 EPROM。配置芯片的电路及 JTAG 接口的电路如图 13-129 所示。

(11) Power_Cpld.Sch 电路原理图如图 13-130 所示。

(12) 使用 ACTIVE 双路输出低压降 (LDO) 稳压器芯片 TPS767D318，配置各芯片的电压。稳压器芯片电路如图 13-131 所示。

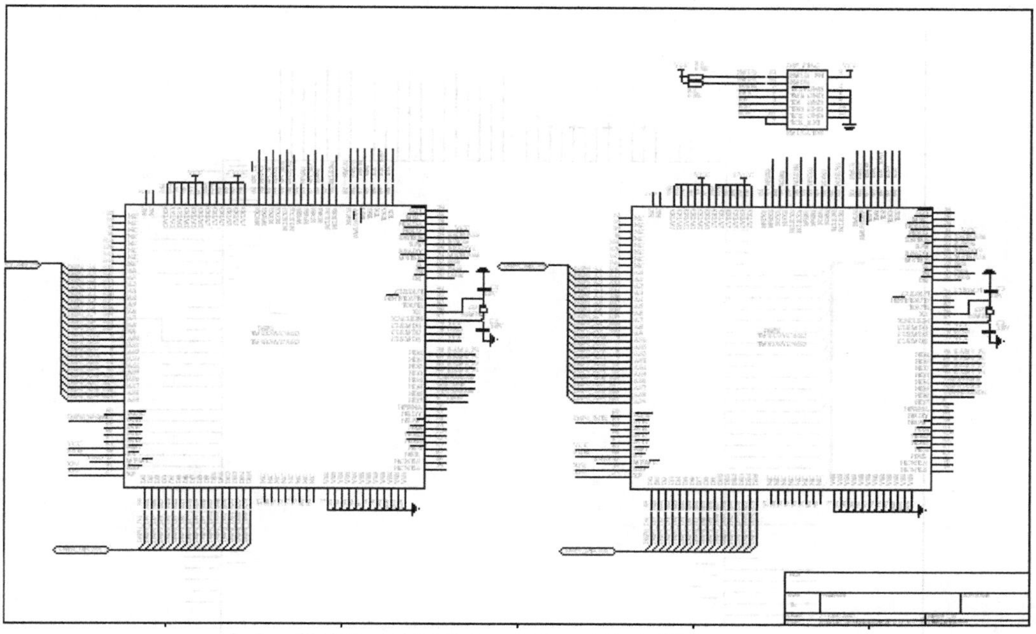

图 13-125　dsp.Sch 原理图电路

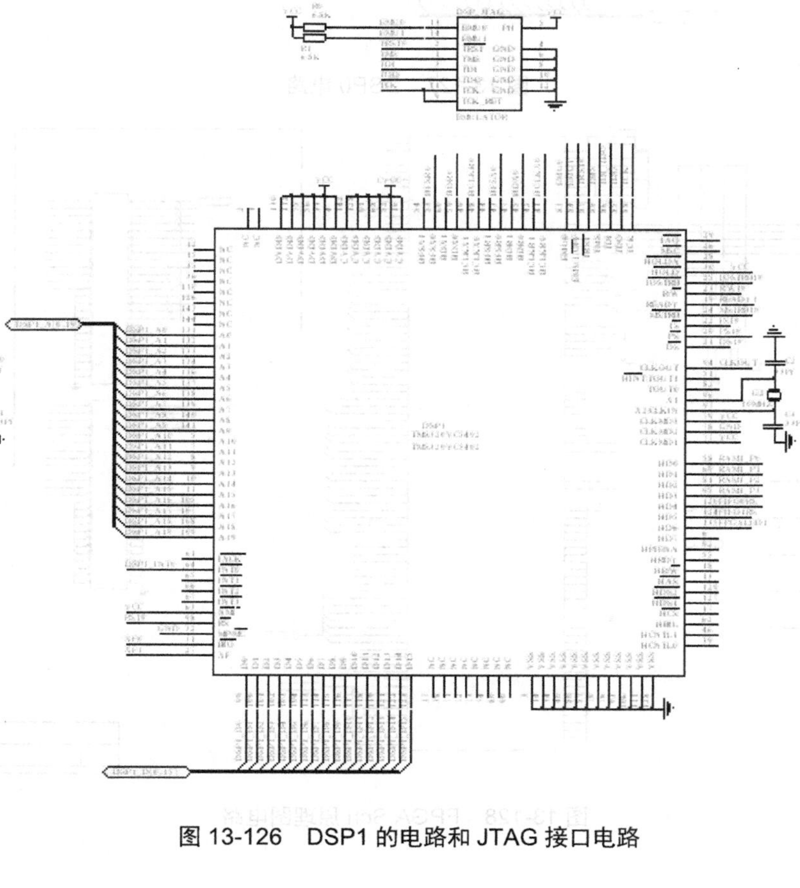

图 13-126　DSP1 的电路和 JTAG 接口电路

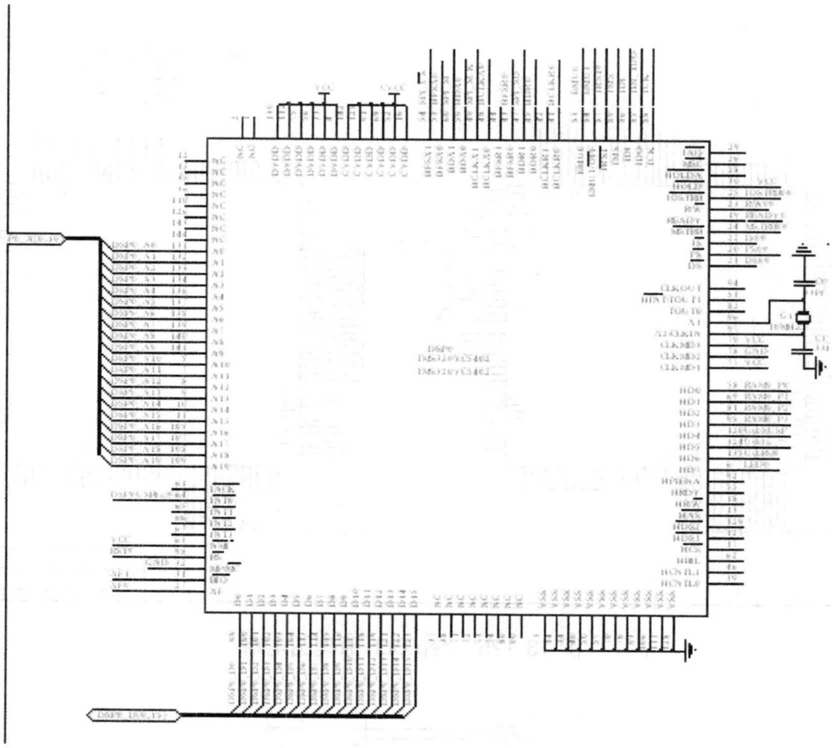

图 13-127　DSP0 电路

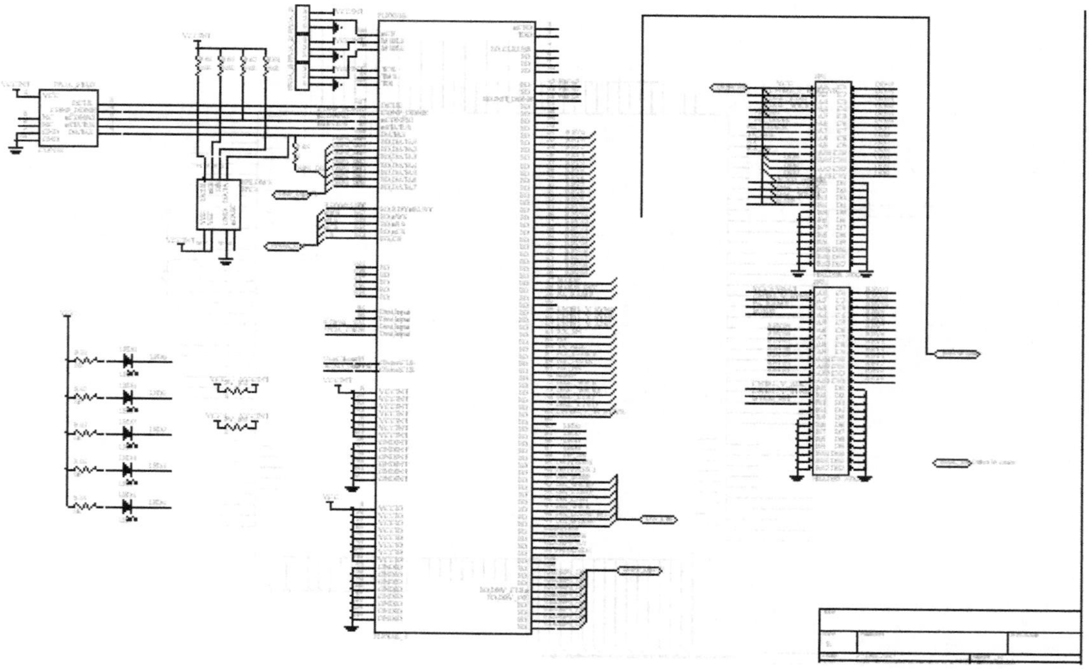

图 13-128　FPGA.Sch 原理图电路

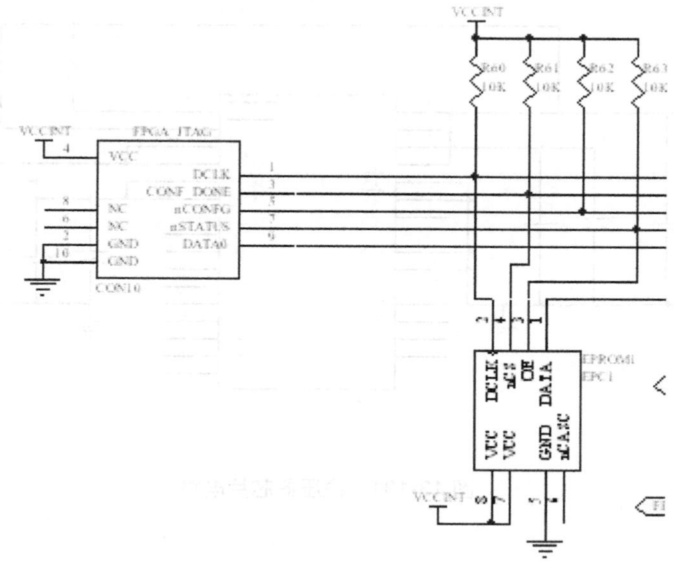

图 13-129　配置芯片的电路及 JTAG 接口的电路

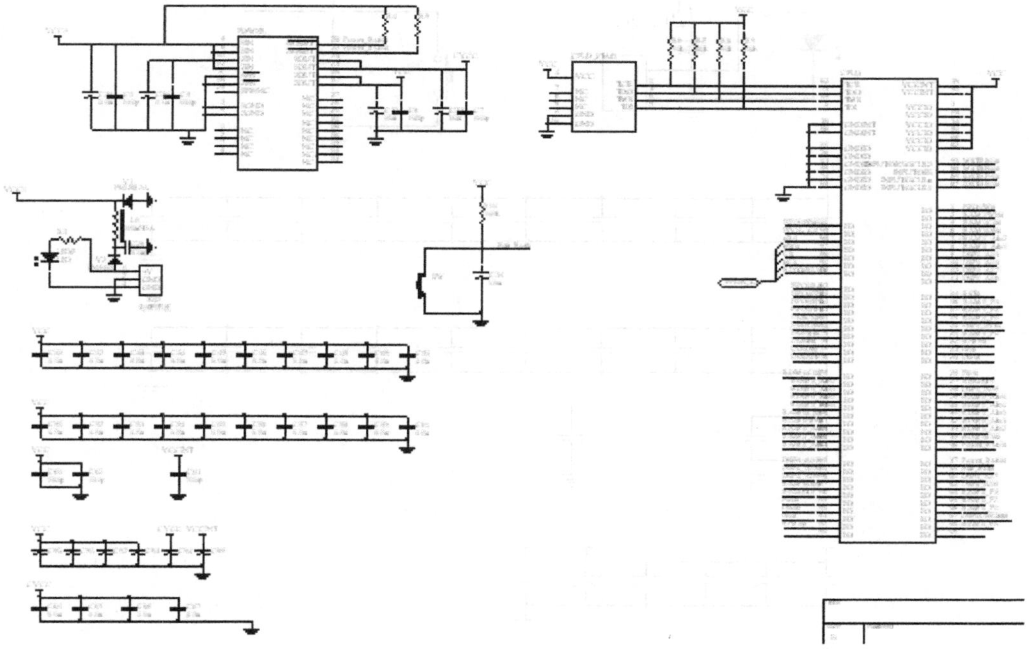

图 13-130　Power_Cpld.Sch 电路原理图

(13) 电源及滤波电路如图 13-132 所示。

(14) CPLD 芯片 EPM7128S 电路如图 13-133 所示。

(15) Ram.Sch 电路如图 13-134 所示。电路包含 4 个 FIFO 电路、2 个 Flash 电路、2 个 Ram 电路和 1 个双向收发器电路。

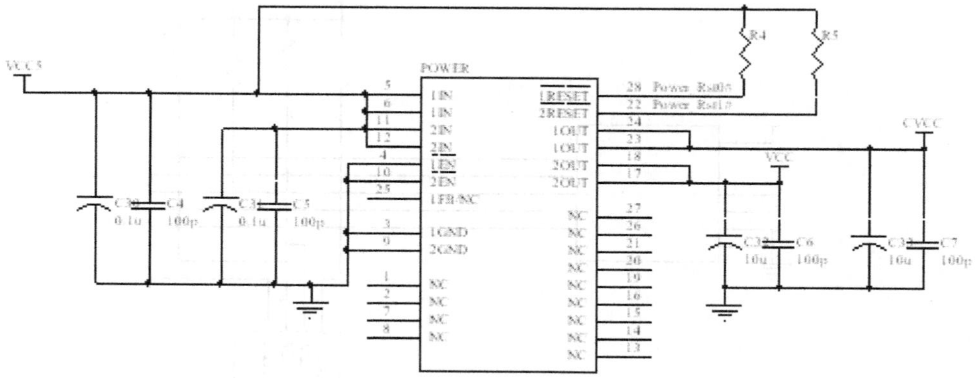

图 13-131　稳压器芯片电路

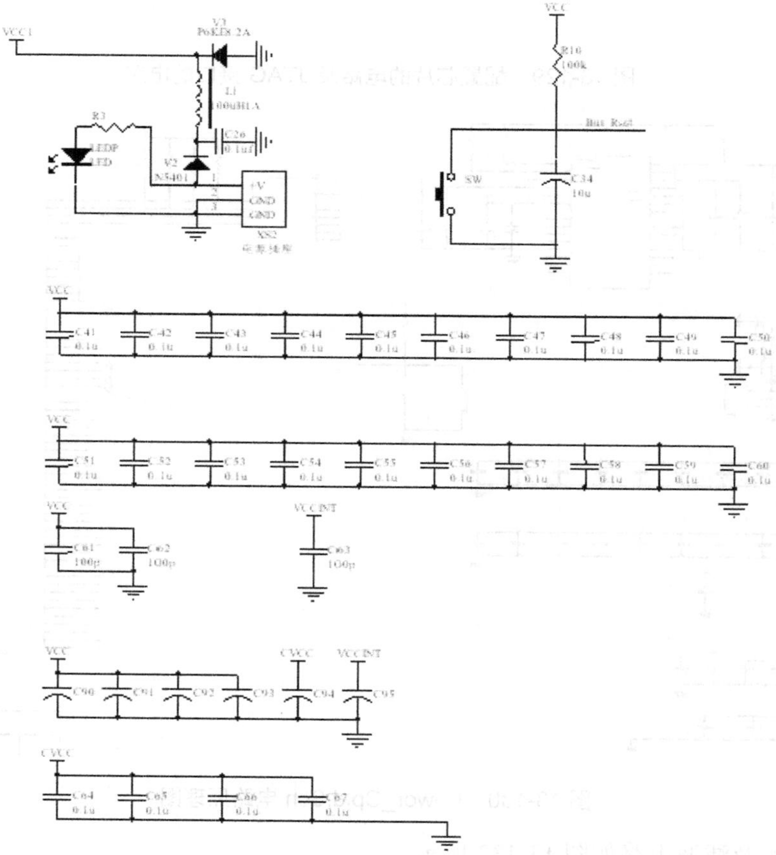

图 13-132　电源及滤波电路

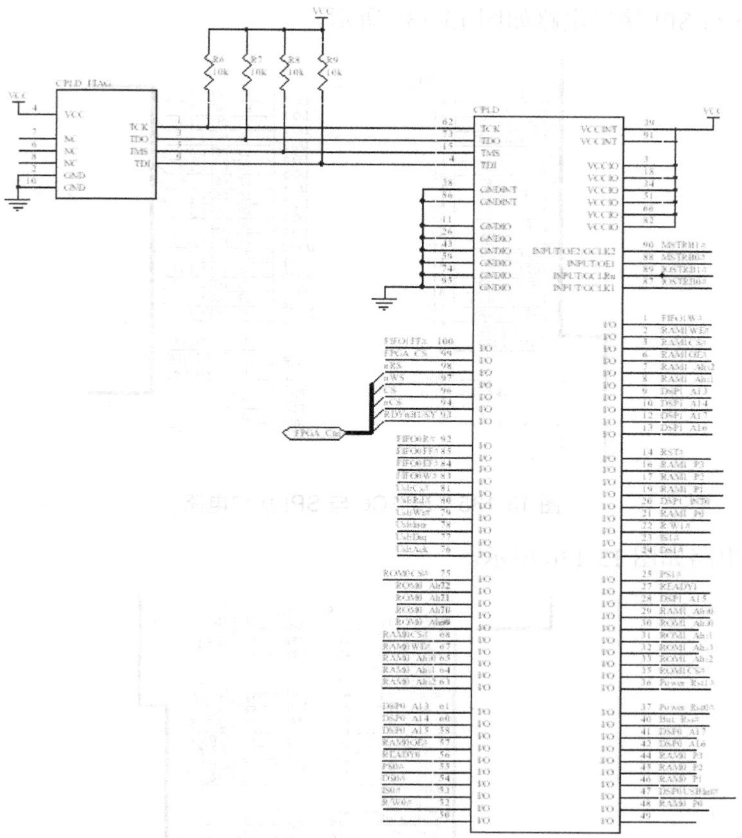

图 13-133　CPLD 芯片 EPM7128S 电路

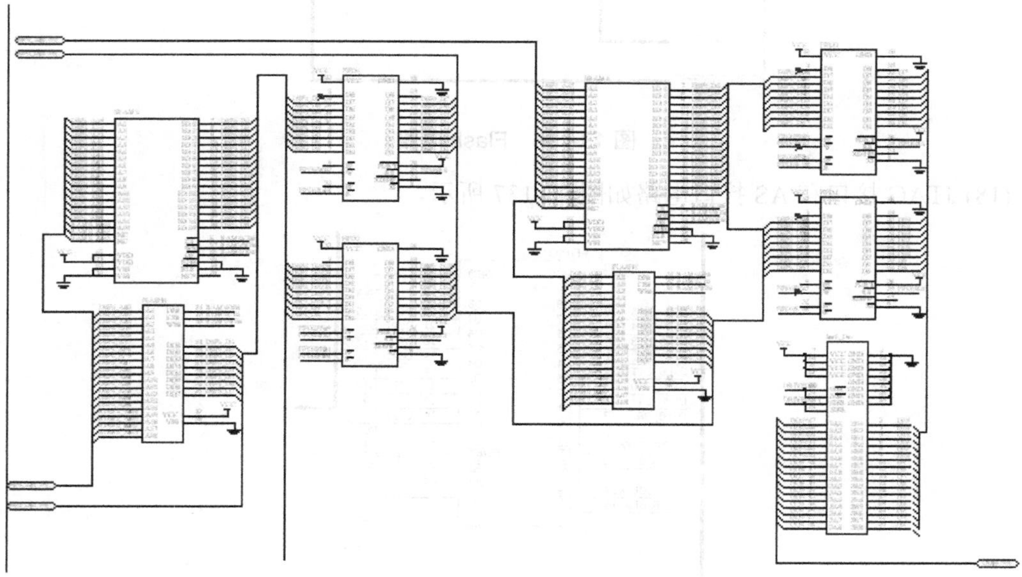

图 13-134　Ram.Sch 电路

(16) EP1C6 与 SPI 接口电路如图 13-135 所示。

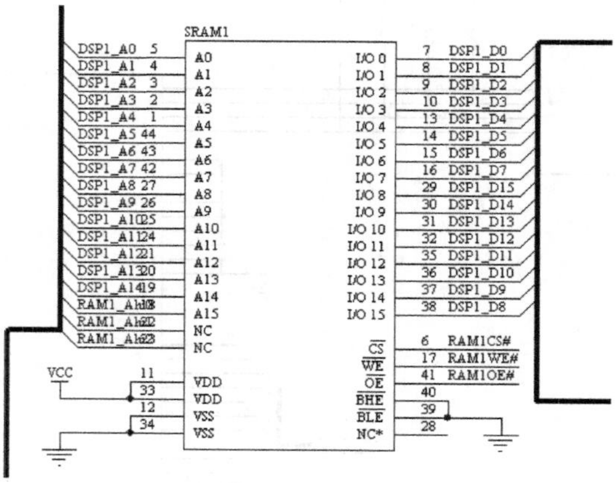

图 13-135　EP1C6 与 SPI 接口电路

(17) Flash 电路如图 13-136 所示。

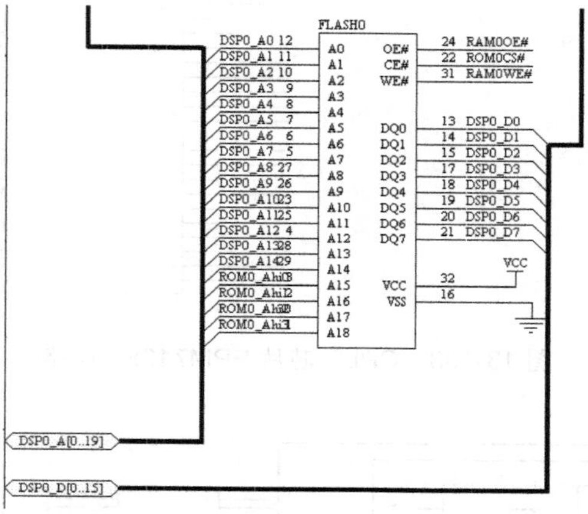

图 13-136　Flash 电路

(18) JTAG 接口和 AS 接口电路如图 13-137 所示。

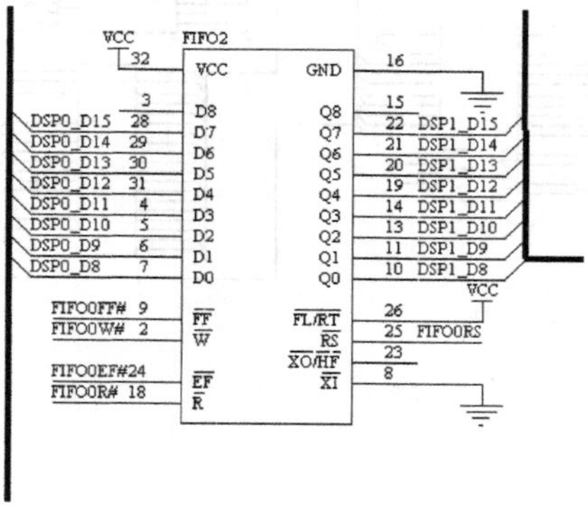

图 13-137　JTAG 接口和 AS 接口电路

(19) 74FCT16245 是 5V 供电的 16 位双向收发器，电路如图 13-138 所示。

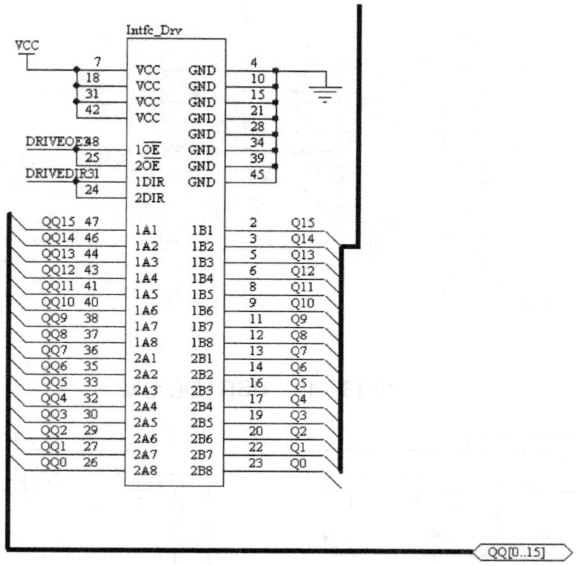

图 13-138　74FCT16245 电路

(20) USB.Sch 原理图电路如图 13-139 所示。

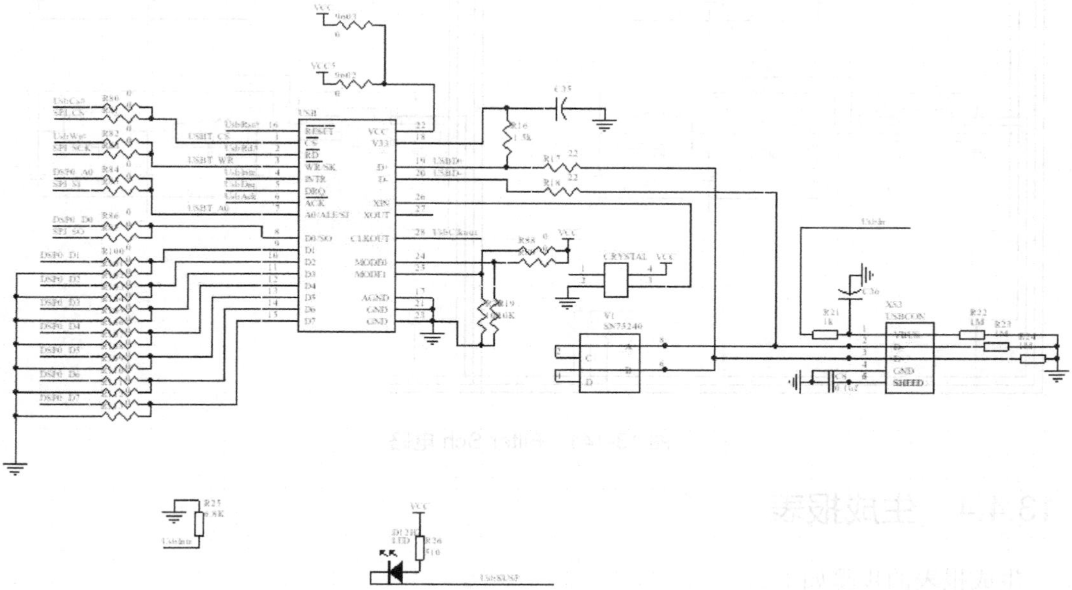

图 13-139　USB.Sch 原理图电路

(21) USB 核心电路如图 13-140 所示。

(22) Filter.Sch 电路如图 13-141 所示。

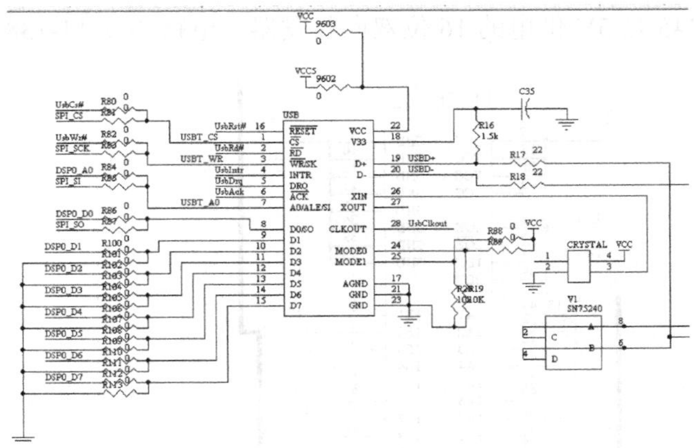

图 13-140　USB 核心电路

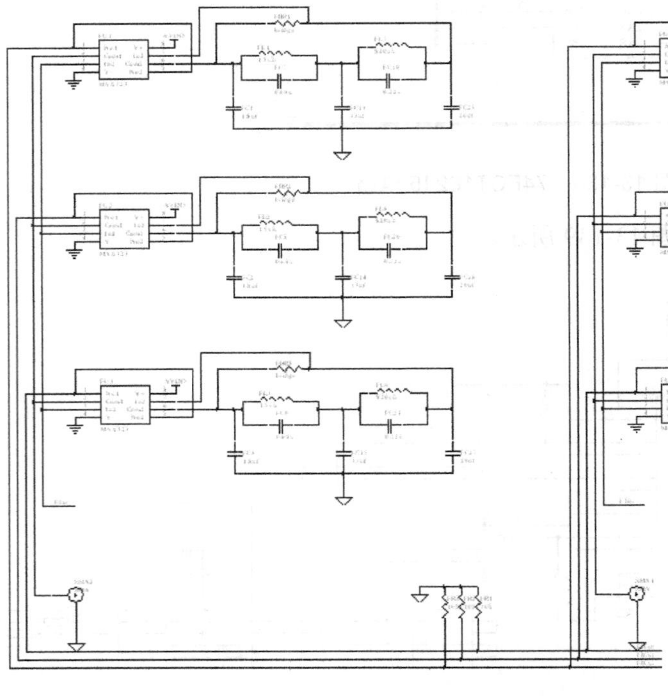

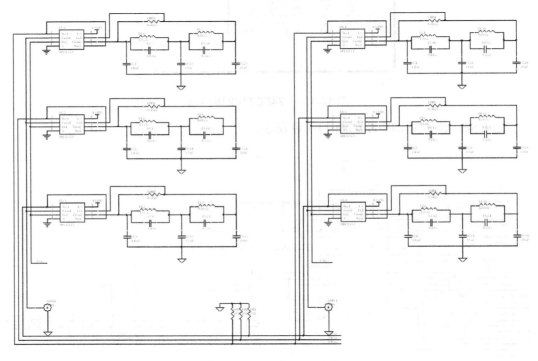

图 13-141　Filter.Sch 电路

13.4.4　生成报表

生成报表的步骤如下。

(1)　原理图绘制完成后，生成网络表，以便进行 PCB 设计。执行 Design | Create Netlist 命令，在弹出的设置对话框中选择 Active Project，因为采用了层次设计方法，所以网络范围要选择当前工程。输出格式选择 Protel 2，网络标识的范围为 Net Labels and Ports Global，选中 Append sheet numbers to local 和 Include un-named single pins 复选框，如图 13-142 所示。

(2)　生成的网络表如图 13-143 所示。网络表分为两部分：前一部分描述了元件的属性，包括元件的序号、封装形式和文本注释；后一部分描述了电气连接，以(、)作为起止标志。

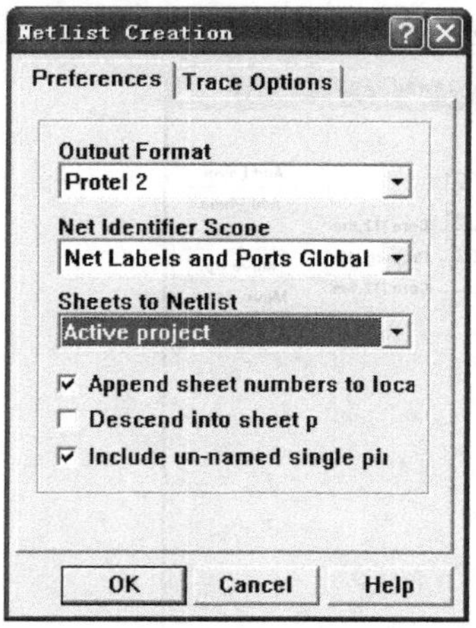

图 13-142　生成网络表设置

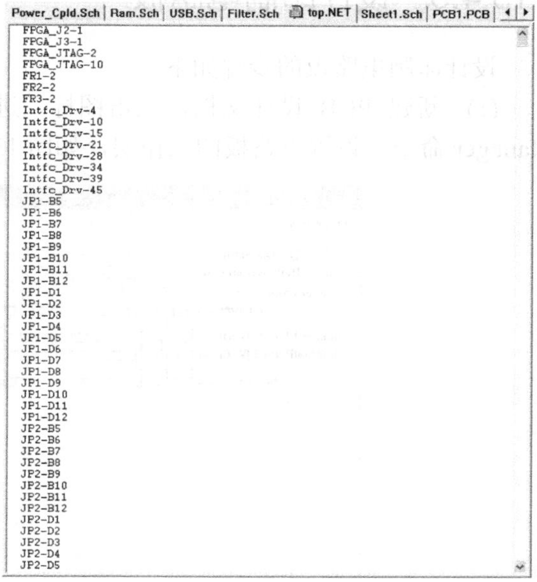

图 13-143　生成的网络表

(3) 生成元件报表可以了解元件的使用及封装信息，执行 Report | Bill of Material 命令，执行生成元件报表向导，选择当前工程，如图 13-144 所示。

(4) 生成的元件报表如图 13-145 所示。

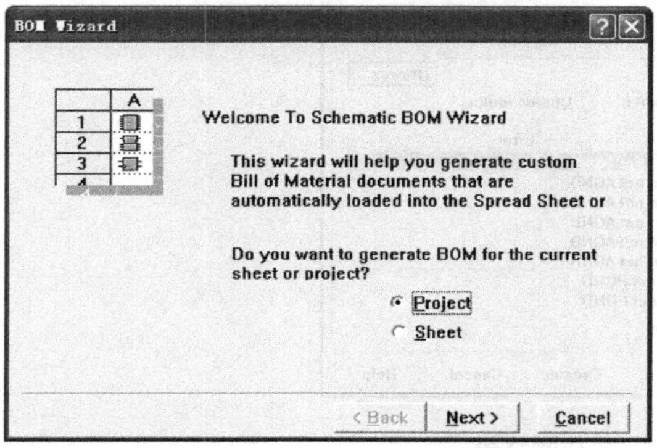

图 13-144　生成元件报表向导

图 13-145　生成的元件报表

13.4.5 设计印制电路板

设计印制电路板的步骤如下。

(1) 新建 PCB 设计文档，双击图标，进入 PCB 编辑器，执行 Design | Layer Stack Manager 命令，设置电路板的工作层，如图 13-146 所示。

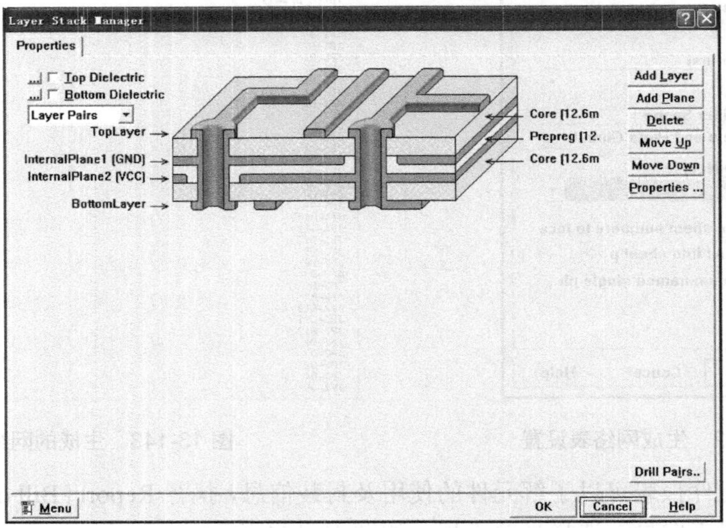

图 13-146 设置电路板的工作层

(2) 设置好工作层后，在 Keep-Out Layer 工作层中绘制 PCB 边界。然后导入网络表，执行 Design | Load Net 命令，选择要装入的网络表，如图 13-147 所示。

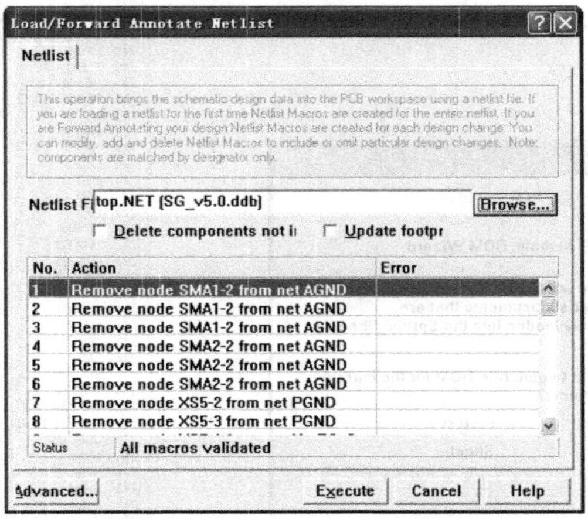

图 13-147 装载网络表

(3) 导入网络表以后，对电路进行布局。可以先自动布局，然后手动调整，也可以直接手动布局。将模拟电路部分集中在一边，接口电路放置在电路板靠近边缘的地方。注意，DSP 芯片、FPGA 芯片保持一定的距离。布局后的电路如图 13-148 所示。

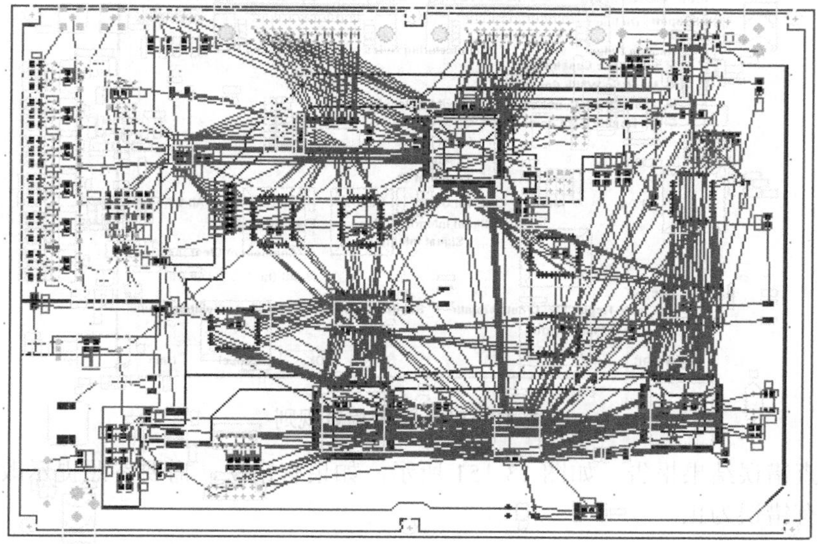

图 13-148　布局后的电路

(4)　对电路进行布线处理。由于电路设置为 4 层板，中间要使用 V_{cc} 和 GND 层。然后布模拟电路的信号线，包括 DSP、FPGA 引线及其他信号线。布线后的电路如图 13-149 所示。

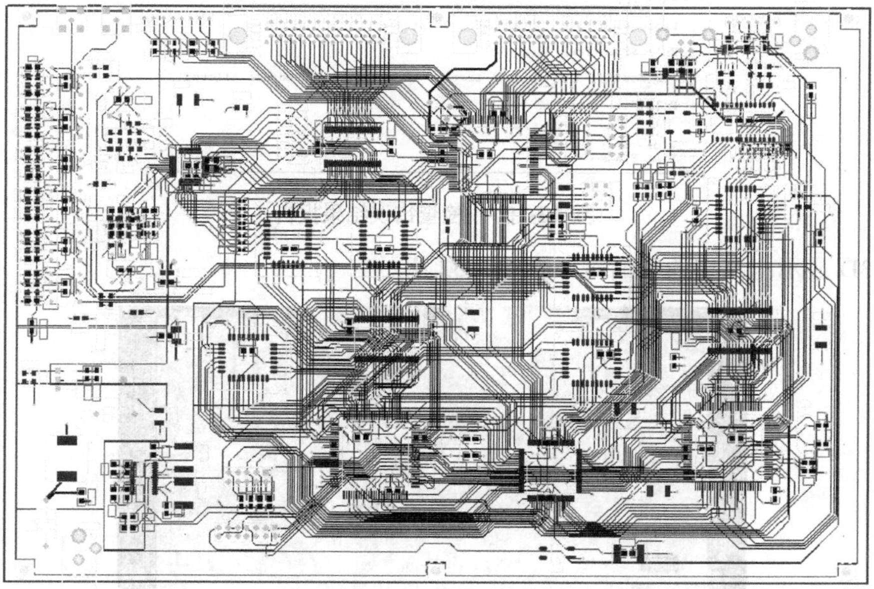

图 13-149　布线后的电路

(5)　完成 PCB 的绘制后，对 PCB 板进行 ERC 检查，执行 Tools | Design Rule Check 命令，设置检查规则，如图 13-150 所示。

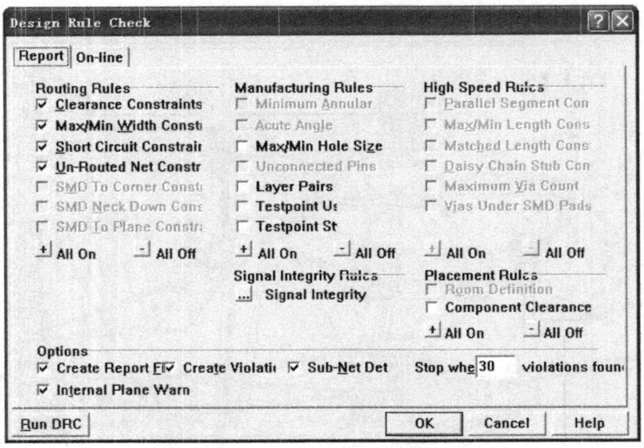

图 13-150　设置检查规则

(6) 检查错误结果报告，如图 13-151 所示。如果有错误，需要参照提示改正相应的错误，直至没有错误为止。

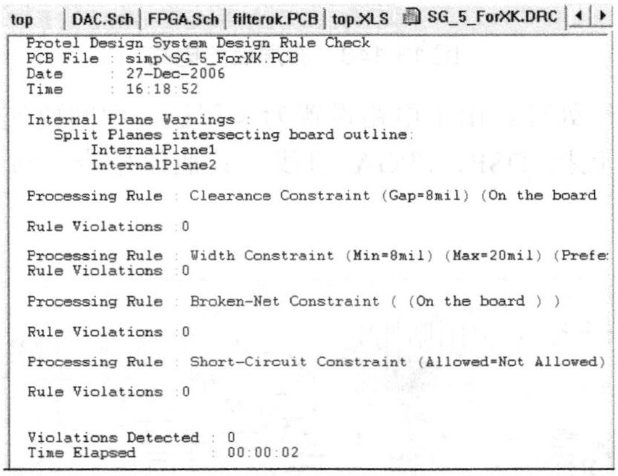


```
Protel Design System Design Rule Check
PCB File : simp\SG_5_ForXK.PCB
Date     : 27-Dec-2006
Time     : 16:18:52

Internal Plane Warnings :
   Split Planes intersecting board outline:
        InternalPlane1
        InternalPlane2

Processing Rule : Clearance Constraint (Gap=8mil) (On the board

Rule Violations :0

Processing Rule : Width Constraint (Min=8mil) (Max=20mil) (Prefe
Rule Violations :0

Processing Rule : Broken-Net Constraint ( (On the board ) )

Rule Violations :0

Processing Rule : Short-Circuit Constraint (Allowed=Not Allowed)

Rule Violations :0


Violations Detected : 0
Time Elapsed        : 00:00:02
```

图 13-151　检查错误结果报告

(7) 3D 显示电路板的正面，如图 13-152 所示。

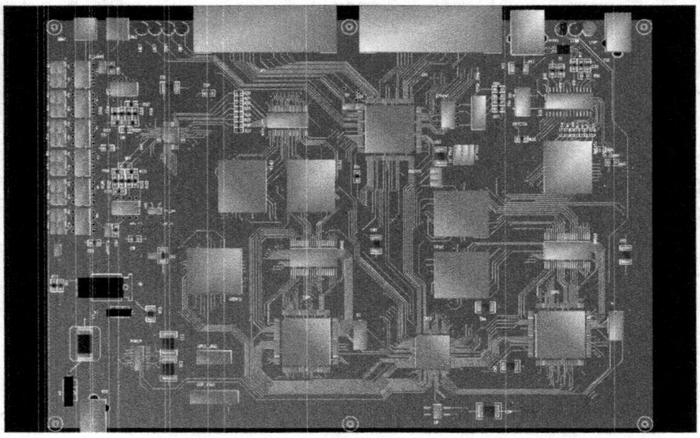

图 13-152　3D 电路板正面

(8) 3D 显示电路板的反面，如图 13-153 所示。

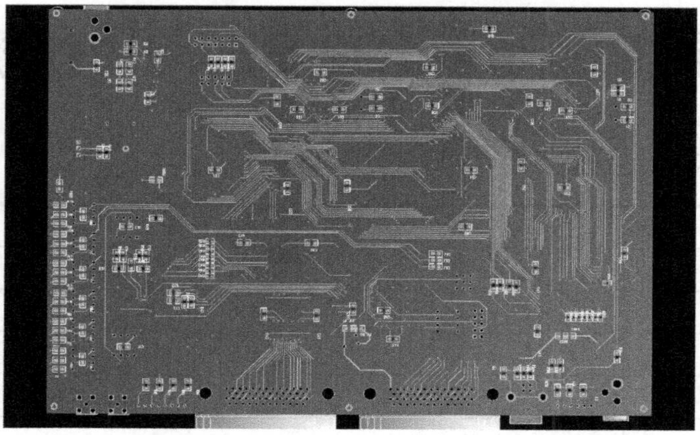

图 13-153 3D 电路板反面

13.4.6 案例点拨

对于 DSP 系统的电路设计，注意以下几点。

(1) 电源线设计。根据印制线路板电流的大小，尽量加粗电源线宽度，减少环路电阻。同时使电源线、地线的走向和数据传递的方向一致，这样有助于增强抗噪声能力。

(2) 地线设计的原则如下。

- 数字地与模拟地分开。低频电路的地应尽量采用单点并联接地，实际布线有困难时可部分串联后再并联接地。高频电路宜采用多点串联接地，地线应短而粗，高频元件周围尽量用栅格状大面积地箔。
- 接地线应尽量加粗。若接地线用很细的线条，则接地电位随电流的变化而变化，使抗噪性能降低。因此应将接地线加粗，使它能通过 3 倍于印制板上的允许电流。

(3) 尽可能缩短高频元器件之间的连线，设法减少它们的分布参数和相互间的电磁干扰。易受干扰的元器件不能相互挨得太近，输入和输出元件应尽量远离。

(4) 按照电路的流程安排各个功能电路单元的位置，使布局便于信号流通，并使信号尽可能保持一致的方向。

(5) 设置外扩程序及数据存储器时，应尽量减小其与 DSP 芯片的距离，一般不要超过 5cm，尤其对贴片封装的芯片更是如此。如果距离过大，可能会使芯片驱动能力不够大，信号无法正常传输。

(6) 对于主频较高的 DSP 芯片(如 TMS320LF2812，最高主频达到 150MHz)，片外的时钟信号不宜太高，否则容易给 DSP 芯片引入高频噪声。应该适当降低片外时钟信号的频率，利用 DSP 芯片内的 PLL 电路在片内对时钟信号进行倍频，达到需要的主频。

(7) 处理好 DSP 的复位信号，要经过 RC 滤波来消除复位信号中存在的毛刺。

(8) 模拟电路和数字电路独立布线，最后单点连接电源和地。为了更好地提高系统的稳定性和抗干扰性，可以在模拟电源和数字电源之间使用磁珠，模拟地与数字地也是如此。

附录 A　Protel 99 SE 常用快捷键

1. 原理图库元件制作常用快捷键

快捷键	功　能
P/P	画元件引脚
P/A	画弧线
P/L	画直线
P/R	画矩形
T/C	创建一个新的元器件
T/R	删除原理图元件库浏览器窗口中选中的元器件
T/E	为原理图元件库中选中的元器件重命名
T/W	为原理图元件库中选中的元器件创建一个子件
T/T	删除原理图元件库中选中的元器件子件

2. 原理图绘制常用快捷键

快捷键	功　能
Ctrl＋ 空格键	重复上一次操作
Alt＋ 空格键	取消上一次操作
PageUP	以光标当前位置为中心进行放大
Ctrl＋PageDown	显示所有图件
PageDown	以光标当前位置为中心进行缩小
End 或 V/R	刷新工作区
Shift＋←	光标以十倍锁定栅格的尺寸为单位左移
Shift＋↑	光标以十倍锁定栅格的尺寸为单位上移
Shift＋→	光标以十倍锁定栅格的尺寸为单位右移
Shift＋↓	光标以十倍锁定栅格的尺寸为单位下移
Shift＋Insert	粘贴
Ctrl＋Insert	复制
Shift＋Delete	剪切
Ctrl＋Delete	删除
Ctrl＋F	查找元件
P/P	放置元件
P/W	画连线
P/B	画总线

续表

快捷键	功　能
P/U	画总线分支线
P/J	放置电路接点
P/O	放置电源或地
P/N	放置网络标号

3. PCB 库元件制作常用快捷键

快捷键	功　能
PageUP	以光标当前位置为中心进行放大
Ctrl + PageDown	显示所有图件
PageDown	以光标当前位置为中心进行缩小
End 或 V/R	刷新工作区
Shift + ←	光标以十倍锁定栅格的尺寸为单位左移
Shift + ↑	光标以十倍锁定栅格的尺寸为单位上移
Shift + →	光标以十倍锁定栅格的尺寸为单位右移
Shift + ↓	光标以十倍锁定栅格的尺寸为单位下移
Ctrl + Delete	删除选中的内容
P/A	放置弧线
P/F	进行填充
P/P	放置焊盘
P/S	放置字符串
P/T	放置线段
P/V	放置过孔
T/C	创建一个新的元件
T/R	删除浏览器窗口中选中的元件
T/E	对浏览器窗口中选中的元件重命名

4. PCB 设计布线常用快捷键

快捷键	功　能
L	打开 Document(设计)\Options(选项)对话框中的 Layers 标签
Q 或 V/U	公制/英制尺寸单位切换
G	锁定栅格大小的选择设置
Ctrl + G	锁定栅格大小的输入设置
PageDown 或 PageUP	缩放画面
Ctrl + PageDown	画面最小化

续表

快捷键	功　能
Ctrl + PageUP	画面最大化
Shift + PageDown	以 10%为步距进行画面缩小
Shift + PageUP	以 10%为步距进行画面放大
Alt + 空格键	取消上一次操作
Ctrl + 空格键	重复上一次操作
Ctrl + Delete	删除选中的
+ 或 −	切换到后一个或前一个工作层
↑ 或 ↓	垂直移动 1 个锁定栅格的尺寸
Shift +↑ 或 Shift + ↓	垂直移动 10 个锁定栅格的尺寸
← 或 →	水平移动 1 个锁定栅格的尺寸
Shift + ← 或 Shift + →	水平移动 10 个锁定栅格的尺寸
P/A	放置圆心弧
P/E	放置边沿弧
P/C	放置元件
P/O	放置坐标
P/D	放置尺寸标注
P/F	放置填充区域
P/T	放置导线
P/P	放置焊盘
P/S	放置字符串
P/V	放置过孔
P/G	放置多边形覆铜
J/C	查找
S/N	选取网络
S/A	选取全部
S/P	选取连接的导线与元件
S/C	选取导线
S/I	选取范围以内的内容
S/O	选取范围以外的内容
End 或 V/R	刷新画面

5. Protel 99 SE 原理图操作命令

使用各个菜单，如 FILE，可用 Alt+F

快捷键	功　能
S+A	全选

续表

快捷键	功　能
X+A	不选
V+F	全屏
V+A	部分查看
E+D	删除部分元件
E+C	复制
E+P	粘贴
CTRL+F	查找元件
S+N	选择相同网络

6. Protel 99 SE 印制电路板操作命令

快捷键	功　能
S+A	全选
X+A	不选
V+F	全屏
J+C	查找元件
S+N	选择相同网络
S+P	选择相同物理连接
O+D	PCB 属性
L	PCB 层设置
O+K	添加 PCB 层
P+T	放导线
P+C	放元件
E+C	复制
E+P	粘贴
Q	切换测量单位
G	切换网格
Shift+空格	切换走线角度
M+E	以走线端点移动
M+B	打断走线移动

附录 B　Protel 99 SE 常用封装

Protel 99 SE 常用元件的电气图形符号和封装形式介绍如下。

(1) 电阻原理图中常用的名称为 RES1-RES4；引脚封装形式：AXIAL 系列，从 AXIAL-0.3 到 AXIAL-1.0，后缀数字代表两焊盘的间距，单位为 Kmil。

(2) 电容原理图中常用的名称为 CAP(无极性电容)、ELECTRO(有极性电容)；引脚封装形式：无极性电容为 RAD-0.1 到 RAD-0.4，有极性电容为 RB.2/.4 到 RB.5/1.0。

(3) 电位器原理图中常用的名称为 POT1 和 POT2；引脚封装形式：VR-1 到 VR-5。

(4) 二极管原理图中常用的名称为 DIODE(普通二极管)、DIODE SCHOTTKY(肖特基二极管)、DUIDE TUNNEL(隧道二极管)、DIODE VARCTOR(变容二极管)、ZENER1~3(稳压二极管)；引脚封装形式：DIODE0.4 和 DIODE 0.7。

(5) 三极管原理图中常用的名称为 NPN，NPN1 和 PNP，PNP1；引脚封装形式：TO18、TO92A(普通三极管)、TO220H(大功率三极管)、TO3(大功率达林顿管)。

(6) 场效应管原理图中常用的名称为 JFET N(N 沟道结型场效应管)、JFET P(P 沟道结型场效应管)、MOSFETN(N 沟道增强型管)、MOSFETP(P 沟道增强型管)；引脚封装形式：与三极管同。

(7) 整流桥原理图中常用的名称为 BRIDGE1 和 BRIDGE2；引脚封装形式：D 系列，如 D-44，D-37，D-46 等。

(8) 单排多针插座原理图中常用的名称为 CON 系列；从 CON1 到 CON60；引脚封装形式：SIP 系列，从 SIP-2 到 SIP-20。

(9) 双列直插元件原理图中常用的名称根据功能的不同而不同；引脚封装形式：DIP 系列。

(10) 串并口类原理图中常用的名称为 DB 系列；引脚封装形式：DB 和 MD 系列。

附录C　Protel 99 SE 元件封装缩写含义

缩　写	含　义
BGA	球栅阵列封装
CSP	芯片缩放式封装
COB	板上芯片贴装
COC	瓷质基板上芯片贴装
MCM	多芯片模型贴装
LCC	无引线片式载体
CFP	陶瓷扁平封装
PQFP	塑料四边引线封装
SOJ	塑料 J 形线封装
SOP	小外形外壳封装
TQFP	扁平薄片方形封装
TSOP	微型薄片式封装
CBGA	陶瓷焊球阵列封装
CPGA	陶瓷针栅阵列封装
CQFP	陶瓷四边引线扁平
CERDIP	陶瓷熔封双列
PBGA	塑料焊球阵列封装
SSOP	窄间距小外形塑封
WLCSP	晶圆片级芯片规模封装
FCOB	板上倒装片

参 考 文 献

[1] 清源科技. Protel 99 SE 电路原理图与 PCB 设计及仿真[M]. 北京：机械工业出版社，2011.
[2] 张辉. Protel 99 SE 项目式教程[M]. 西安：西安交通大学出版社，2014.
[3] 魏雅文，李瑞等. Protel 99 SE 电路原理图与 PCB 设计[M]. 北京：机械工业出版社，2016.
[4] 周润景等. Protel 99 SE 电路设计及应用[M]. 北京：机械工业出版社，2012.
[5] 汤伟芳，戴锐青等. Protel 99 SE 实用教程[M]. 北京：人民邮电出版社，2010.
[6] 邱寄帆等. Protel 99 SE 印制电路板设计与仿真[M]. 北京：人民邮电出版社，2006.